수문학

김형수

도서출판 동화기술

Preface

수문학은 지구상 물의 순환을 다루는 학문으로서 분야마다 필요한 이론과 방법론을 고안해 이용하여 왔다. 토목분야에서는 주로 홍수조절과 이수목적을 위해, 농업분야는 작물들을 위한 관개용수 및 그 영향 분석을 위해, 삼림분야는 삼림에 대한 물 순환의 영향을 위해, 기타 다른 분야들도 자체의 특성을 가지고 수문학을 다루어 왔다. 그러나 수문학의 기본적인 개념과 골격은 유사성을 가지고 분야에 따라 적용하고 발전하여 왔으며, 이는 주로 사람들의 필요에 따른 수문학의 발전이었다.

최근 우리들의 삶의 질 향상과 함께 우리 주변의 환경 및 생태에 대한 관심이 커져가면서 물이 환경과 생태에 미치는 영향과 그 관계를 이해하기 위해 물을 다루는 수문학은 새로운 관점에서 조명되고 있다. 즉, 물과 관련한 모든 분야에서 물이 미치는 영향과 그 관계성에 대한 이해를 위해 수문학을 필요로 하고 있다. 더구나 기후변화에 따른 기상이변과 함께 전 지구적으로 발생하고 있는 홍수, 가뭄과 같은 자연재해, 그리고 이들이 우리의 환경과 생태계에 미치는 영향을 분석하기 위해 수문학은 새로운 전기를 맞이하고 있다고 할 수 있다.

이러한 관점에서 본서는 다양한 분야에서 적용할 수 있는 수문학에 대한 기본적인 개념과 이해를 위해 다루고자 하였다. Part I인 제1장 서론에서는 물 순환에 대한 기본 개념과 수문학에서 중요한 유역에 대한 개념을 소개하였고, Part II인 제2장과 제3장에서는 수문학을 학습하기위한 기본통계와 빈도해석을 간략히 설명하였다. Part III는 물 순환, 즉 수문순환의 요소를 다루고자 하였으며, 그 요소들을 다음과 같이 장별로 구성하였다; 제4장 수문기상, 제5장 강수, 제6장 손실, 제7장 지하수로 하였으며 분석 방법론들을 기술하였다. Part IV는 유역에서 발생하는 유출해석을 위해 제8장 하천유량관측, 제9장 유출/유출수문곡선, 제10장 단위유량도, 제11장 홍수추적에 대한 내용을 설명하였다. 또한 Part V는 다양한 수문학 분야의 이용과 적용을 소개하고자 제12장 구름수문학, 제13장 레이더수문학, 제14장 습지수문학, 제15장 기후변화를 선정하여 그 내용들을 다루었다.

따라서 본서의 내용은 대학 및 대학교의 교재로 이용할 수 있는데 허락되는 시간과 학교의 상황에 따라 다를 수 있을 것이다. 다만 Part I에서 Part IV까지는 학부의 과정에서 그 내용을 필요에 따라 선택하여 강의할 수 있을 것으로 생각된다. 그리고 Part II, Part III, Part IV의 내용 중에서 학부에서 다루기 어려운 부분과 Part V는 대학원 과정에서 강의가 가능할 것으로 판단되고 또는 관심있는 수자원 및 수문분야 종사자 분들이 볼 수 있을 것으로 생각된다.

사실 본서를 작성하면서 그동안 수자원분야의 발전을 위해 공헌하신 많은 분들에게 누가 되지 않을까하는 걱정과 부족한 경험과 지식으로 도움이 될 수 있을지 염려스러웠다. 그러나 다만 본서의 내용이 수문학을 배우는 학생들과 이에 관심이 있는 후학들이 수문학의 개념을 이해하고 보다 더 발전시키는데 보탬이 되기를 바라는 마음으로 본서를 출간하게 되었다. 미흡하지만 이러한 기회를 갖게 된 것은 우리나라 수자원 분야의 선각자님들과 선학들로부터 배우고 익힌바 크고, 이에 진심으로 머리숙여 감사와 고마움을 드린다.

본서를 완성하기까지 여러분들의 도움이 있었는데 제15장 기후변화 부분을 정리 해준 삼성방재연구소의 경민수 박사, 제9장 유출곡선지수 부분을 정리 해준 곽재원군과 도움을 준 김수전, 이건행군, 제14장 습지수문학 자료 정리를 도와준 김덕길, 윤선화, 이정기군, 제13장 레이더수문학 자료 정리를 도와준 노아 솔루션의 김보경 대리, 그리고 문제와 예제풀이 등을 검토하는데 도움을 주고 음으로 양으로 신경을 써준 인하대학교 수문생태학 연구실 재학생 및 졸업생 제자들에게 큰 고마움을 느낀다. 또한 본서를 완성하는데 처음부터 마지막까지 돌보아주시고 마음을 써주신 도서출판 동화기술 정우용 회장님과 서철종 상무님, 편집에 심혈을 기울여주신 직원분들께도 큰 감사를 드린다. 마지막으로 연구년 기간동안 옆에서 마음을 다해준 사랑하는 아내와 아들 유민, 딸 소원에게도 감사와 고마움을 표하고 싶다.

김 형 수

Contents

PART Ⅰ 서 론

PART Ⅱ 수문통계

PART Ⅳ 유출해석

PART I

서 론

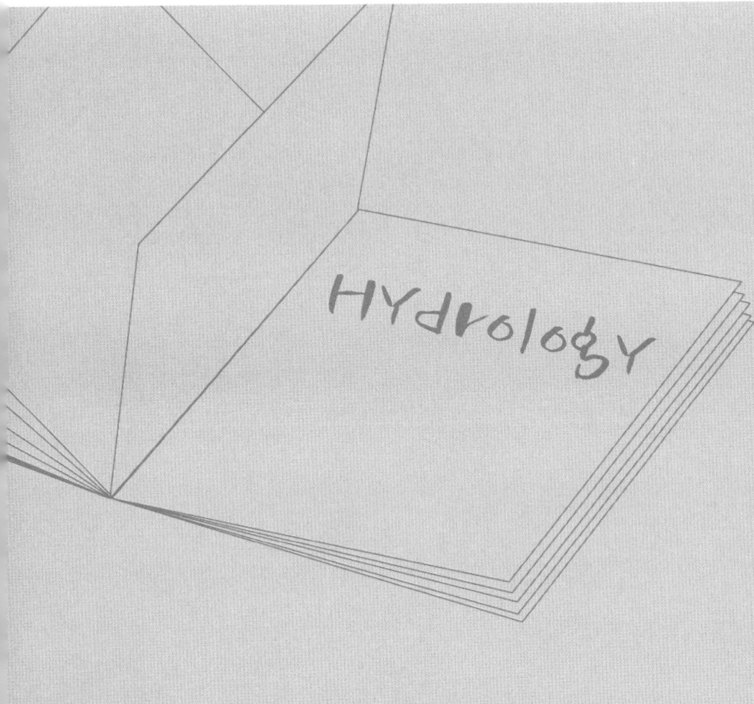

Chapter 01 서 론

Chapter 01

서 론

1.1 수문학

1.1.1 물과 수문학

물은 지구상에 존재하는 모든 생명체가 살아가는데 가장 중요한 요소일 뿐만 아니라 다양한 얼굴을 지니고 있다. 조용한 시골마을 시냇물 소리, 깊은 산속 계곡의 물소리는 한여름 시원함을 더해주고 우리에게 평안한 마음을 가져다준다. 물을 마시고 말없이 자란 나무와 풀 그리고 새들과 동물, 곤충 들은 바로 우리네 자연과 생태계를 형성하고 있다. 이렇게 아름다운 자연을 유지시켜주고 생태계에 생명의 다양성을 보존시켜 주는 것이 바로 물이다. 그러나 물은 태풍으로, 호우(storm)로 다가와서 홍수를 발생시키고 강풍과 함께 우리의 생명과 재산을 위협하기도 한다. 겨울에 내린 폭설 또한 많은 피해를 입히고, 비가 적게 와서 가뭄으로 인해 고통을 받기도 한다.

물의 흐름과 움직임이 어떻게 생태계에 영향을 미치고 어떻게 홍수나 가뭄을 유발시키는지를 이해하는데 수문학이 중요한 역할을 한다. 특히, 지구온난화에 따른 기후변화의 중요성이 대두되면서 기후변화에 따른 수문현상의 변화가 생태계와 자연재해에 어떠한 영향을 미칠 것인지에 대한 연구가 지속적으로 이루어지고 있다. 기후변화가 수문현상에 미치는 영향을 이해하고 미래에 어떻게 적응하며 대책을 마련할 것인지는 하나뿐인 지구상의 자연과 생태계를 보존하고 우리의 생명을 보호하기 위해 매우 중요하다고 할 수 있다.

1.1.2 수문학의 정의

수문학(hydrology)은 대기(atmosphere)와 지구상에 존재하는 물의 이동과 흐름을 연구하는 학문이라고 할 수 있다. 즉, 구름이 응축(condensation)하여 **강수**(precipitation)로 땅위로 떨어지면 이 물은 땅위(지표면)로 흘러가거나 땅속으로 스며든다. 지표면(ground surface)위로 흘러간 물은 하천이나 바다, 호수 등으로 유입되며 땅속으로 스며든 물은 지하수를 이루게 된다. 하천이나 바다, 호수 등으로 형성된 물은 다시 증발(evaporation)되며, 땅속의 물은 나무나 식생 등을 통해 증산(transpiration)되기도 하고, 증발되기도 한다. 증발과 증산을 통해 이루어지는 증발산(evapotranspiration) 양은 다시 구름을 형성하고 강수의 형태로 지표면에 떨어지는 물의 순환(water cycle) 또는 **수문 순환**(hydrologic cycle)을 이루게 된다. 이러한 수문 순환 과정을 연구하는 학문을 수문학이라고 할 수 있다.

1.2 수문순환

지구의 표면과 대기에는 약 $1.386 \times 10^9 km^3$의 물의 양이 존재하고 있다. 이중 지표면의 약 71%는 바닷물로 이루어져 있으며, 이때 바다의 평균 깊이는 3.7km이다. 지구상에 존재하는 물을 용적(volume)으로 따져서 그 분포도를 살펴보면 개략적으로 〈표 1.1〉과 같다. 이는 지구상의 물의 이동, 즉 수문순환의 과정을 고려하지 않고 단순하게 평가한 것을 나타낸다.

〈표 1.1〉 물의 형태에 따른 물의 용적 분포

물의 형태	물의 용적($km^3 \times 10^3$)	비율(%)
바다(Ocean)	1,338,000	96.5365
빙하(Glacial ice)	24,400	1.7605
지하수(Groundwater)	23,400	1.6883
담수호(Freshwater lakes)	105	0.0076
염호(Saline lakes)	85	0.0061
대기수분(Atmosphere)	13	0.0009
하천(Rivers)	2	0.0001

〈표 1.1〉에서 보는 바와 같이 물은 수문순환을 통해 일정한 이동을 함으로써 바다, 빙하, 지하수, 담수호, 염호, 대기수분, 하천 등의 형태로 존재하게 된다. 따라서 이러한 물의 수문순환 과정을 연구하는 학문으로서의 수문학은 공학, 산림, 농업, 환경, 생태학 등 다양한 분야에서 적용되고 필요한 학문이다. 〈그림 1.1〉의 수문순환과정의 요소들에 대하여 간략히 설명하면 다음과 같다.

1.2.1 강수

지구로부터 증발한 물은 대기(atmosphere) 중에 증기(vapor)상태로 머물러 있다가 구름을 형성하게 된다. 대기 중의 수분이 포화하게 되면 물은 지구로 다시 떨어지게 되는데 이를 **강수**라고 한다. 강수는 **강우**(rain), 눈(snow), 진눈깨비(sleet) 등 대기 중에서 땅위로 떨어지는 모든 종류의 수분을 의미한다.

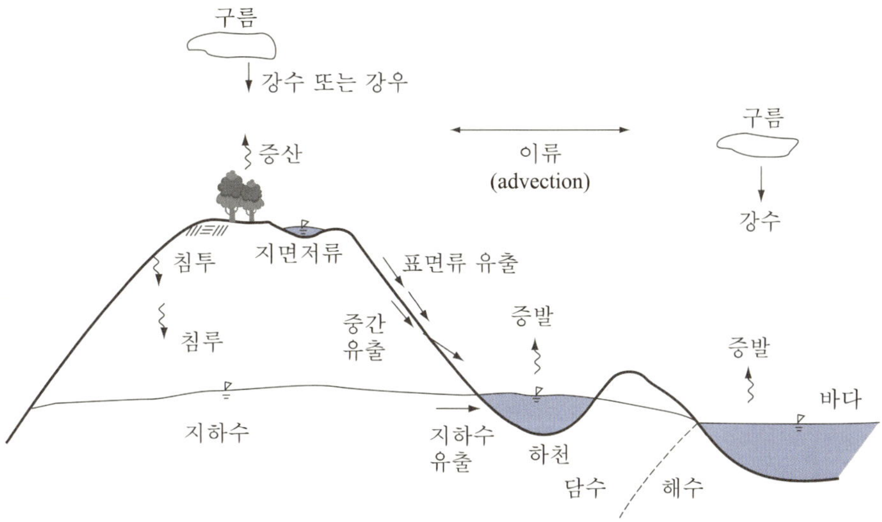

〈그림 1.1〉 수문순환과정

1.2.2 증발

증발은 물이 액체로부터 기체로 변화할 때 발생한다. 기온(air temperature)과 물의 온도, 바람, 태양 복사에너지(solar radiation)가 커지면 물의 증발율(evaporation rate)은 증가한다. 그러나 공기 중에 수분의 비율이 높아지면(상대습도가 높아지면) 잠재증발량(potential for evaporation)은 작아진다. 증발과정을 통해 물은 증기의 형태로 대기 중으로 이동한다.

1.2.3 증산

토양 속으로 스며들어간 물은 토양 속에 저류되는데 저류된 물은 토양의 특성에 따라 어떤 비율을 가지고 아래쪽으로 계속 이동한다. 지표면과 가까운 토양 속에 저류된 물중에서 일부는 식물에 의해 사용되기도 한다. 식물에 의해 사용된 물은 결국 증기의 형태로 대기 중으로 돌아가게 된다. 즉, 식물이 증기의 형태로 물을 대기 중에 방출하는 과정을 **증산**이라 하고, 이 증기는 광합성작용에 의한 자연적인 부산물임을 알 수 있다.

1.2.4 증발산

증발과 식물에 의한 증산의 과정을 분리하는 것이 모호하기도 하여 이들 두 과정을 묶어서 **증발산**이라고 하기도 한다. 증발산은 토양(soil)과 식생표면으로부터 증발하는 물과 식생의 증산에 의해 토양 속으로부터 이동해 지상으로 내보내진 물을 포함한다. 토양 속으로 스며든 물의 절반 이상이 증발산을 통해 대기 중으로 되돌아간다.

1.2.5 침투

침투(infiltration)는 토양 속으로 스며들어가는 물을 의미하는데, 그 양은 흙 속에 물을 얼마나 함유하고 있는지를 나타내는 **토양함수비**(soil water content), 토양의 구조(texture), 밀도(density), 유기질 종류(organic matter content), **수리전도도**(hydraulic conductivity) 또는 투수능(permeability), **공극률**(porosity) 등에 따라 달라진다. 수리전도도는 물이 토양층을 얼마나 빨리 투수하는지의 정도를 나타내고, 공극률은 물을 포함하고 있는 토양이 얼마만큼 빈 공간을 가지고 있는지의 비율을 나타낸다. 예를 들어, 자갈이나 모래층은 수리전도도나 공극률이 크고 진흙층은 작다.

1.2.6 침루와 지하수 함양

토양 속으로 침투한 물은 중력(gravity)에 의해 아래쪽 토양층으로 계속해서 이동하게 되는데 이를 **침루**(percolation)라고 한다. 물이 식물뿌리가 물을 빨아올릴 수 있는 영역(plant root zone)을 지나 더 깊숙한 토양층까지 내려갔을 때 이를 **깊은 침루**(deep percolation)라고 한다. 깊은 침루에 의해 토양 속으로 이동한 물은 지하수에 물을 공급하는 역할을 하며 물이 지하수를 채우는 과정을 **지하수 함양 또는 주입**(groundwater recharge)이라고 한다.

1.2.7 유출과 표면류

유출(runoff)은 강수 또는 강우, 눈 녹은 물(snowmelt), 또는 관개용수(irrigation water) 등의 일정 부분이 지표면이나 토양 속을 통해 흐르는 물을 의미하며, 결국에는 지표수(surface water)를 구성하게 된다. 유출은 **표면류**(overland flow) **유출**, **중간유출**(interflow), **지하수 유출**(groundwater flow)을 포함한다. 표면류와 중간유출은 **지표유출**(surface runoff)로 정의된다.

시간당 내리는 강우량(rainfall)을 **강우강도**(rainfall intensity)라고 한다. 강우강도가 물이 토양 속으로 침투하는 **침투율**(infiltration rate)을 초과하면 지표면의 오목한 부분에 물이 고이게 되는데 이를 **지면저류**(depression storage or surface storage)라고 한다. 지면저류량을 초과하여 강우가 계속 내리게 되면 물은 지표면의 경사면을 따라 아래쪽으로 흘러가게 되며 이를 **표면류** 또는 표면류 유출이라고 한다. 표면류는 지표유출에 기여하게 되고 지표유출의 많은 부분이 하천에 도달하게 되면 하천의 **유량**(streamflow or discharge)이 된다.

1.2.8 중간유출

물이 침루할 때 더 이상 아래로 침루할 수 없는 토양층이나 암석층 등을 만나게 되면 물은 이 층을 따라 횡방향으로 이동하게 되고 하천이나 호수 등으로 흘러들어가게 된다. 물의 횡방향 흐름(lateral movement of water)을 **중간유출**이라고 한다.

1.2.9 지하수 유출

침루를 통해 토양 속으로 계속 물이 강하하게 되면 지하수 함양이 이루어지게 되고 지하수를 형성하게 된다. 지하수는 수문순환의 요소 중 약 4% 정도를 차지하고 있으며 바다, 하천 또는 호수 등으로 흘러들어가게 되는데 이러한 흐름을 **지하수 유출**이라고 한다.

1.2.10 강수손실

수문순환에 있어서 강수는 가장 중요한 요소이다. 강수가 건물 지붕이나 나무위에 떨어져 땅위에 도달하지 못하는 경우를 **차단**(interception)이라고 하며, 이 양은 지표유출에 기여하지 못한다. 〈그림 1.1〉에서 볼 수 있듯이 증발산, 침투, 지면저류등도 지표유출에 기여하지 못한다. 이와 같이 지표유출에 기여하지 못하는 부분을 **강수손실**(precipitation loss)이라고 한다. 따라서 총강수와 강수의 손실량을 간단하게 표현하면 다음과 같다.

$$\text{총강수} = \text{강수손실} + \text{지표유출}$$
$$\text{강수손실} = \text{증발산} + \text{차단} + \text{지면저류} + \text{침투}$$

1.3 유역과 하천

1.3.1 유역

빗방울이 하늘에서 땅위로 떨어져 물이 지형학적 경계를 가지고 모이는 집수구역(catchment area)을 **유역**(watershed, catchment area, 또는 drainage basin)이라고 한다(〈그림 1.2〉). 유역에 모인 물은 유출을 통해 하천으로 흘러들어가게 되며, 하천은 본류(main stream)와 지류(tributary)로 구분된다. 각각의 지류하천은 자체의 유역을 구성하게 되는데 이를 **소유역**(sub-watershed 또는 sub-basin)이라고 한다.

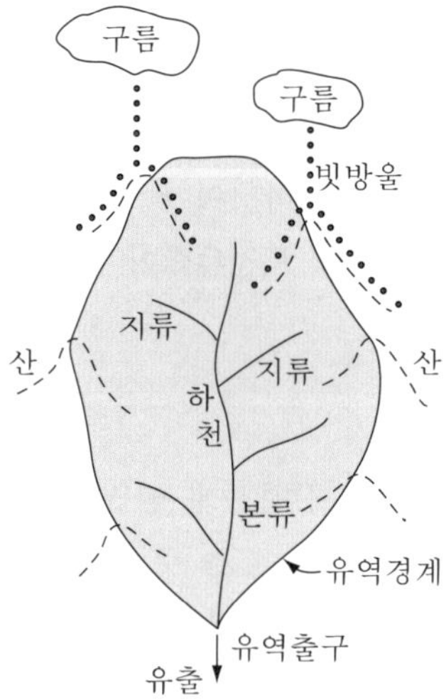

〈그림 1.2〉 유역의 개념도

하천(river, stream)의 물의 양, 하도(channel)의 형상, 하천의 생태계, 하천의 물질 등은 해당 하천의 유역에 의해 결정된다. 하천의 물과 물질은 **유역출구**(outlet)를 통해 다른 하천, 호수, 하구, 바다 등으로 흘러가게 된다. 따라서 유역의 형상, 유역의 지형 및 지질 조건, 유역의 산림, 유역의 생태계 등은 해당하천뿐만 아니라 유역출구를 통해 영향을 받는 다른 하천, 호수, 하구, 바다 등에도 매우 중요하게 작용한다. 즉, 유역이 생태나 환경적으로 건전하면 하천도 건전하게 되고 유역의 조건이 홍수에 불리하면 하천도 홍수에 위험하게 된다.

1.3.2 유역시스템과 물수지

유역시스템에 있어서의 입력(input)과 출력(output)을 간단하게 표현하면 입력은 강수가 되고 출력은 유출이 된다. 〈그림 1.3(a)〉는 유역의 강수와 유출을 나타내고 〈그림 1.3(b)〉는 유역을 시스템으로 표현하여 입력과 출력을 나타내고 있다. 유역시스템에서는 증발산, 침투 등의 현상을 포함하고 있다.

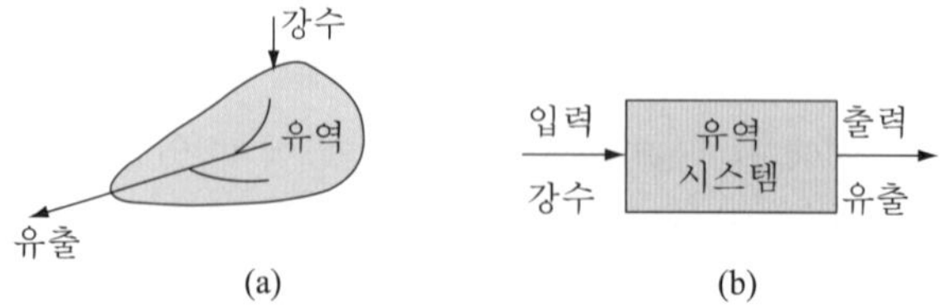

〈그림 1.3〉 유역시스템

〈그림 1.3(a)〉에서 유역을 하나의 저수지라고 생각하면, 이 저수지로 들어오는 유입량과 저수지로부터 나가는 유출량을 고려한 물 수지(water budget)를 간략히 생각하며 유역 자체 내 저류량을 계산할 수 있다. 유역의 유입량을 강수(precipitation) P, 유출량을 유출(outflow) O라고 하면 이때 유역 저류량(storage)은 $S=P-O$가 된다. 즉, 유역의 물수지란 유역에 얼마만큼의 물이 들어오고 나가고 저류되는지 유역 내 물의 변화를 이해하기 위한 방안이라고 할 수 있으며, 시간에 따라 그 변화를 산정할 수 있다. 즉, 어떤 저수지 또는 유역의 유입량(inflow)을 I라고 하면 임의의 시간 간격 Δt 시간 동안 저류량의 변화는 식 (1.1)과 같이 쓸 수 있다.

$$\frac{\Delta S}{\Delta t}=I(t)-O(t) \tag{1.1}$$

1.3.3 유역의 하천형태

하천은 지표면에 형성된 하도(channel)를 따라 흐르는 물의 흐름 또는 물길이라고 할 수 있는데 강(river)과 시내(stream, small river) 등을 포함한다. 유역의 형상(drainage pattern)은 개개 하천이 서로 연계되어 이루어진 하천의 형태(river or stream pattern), 즉 하천망(river or stream network)의 기하학적 유사성(geometric similarity)에 의해 표현될 수 있다. 기본적인 유역의 하천형태를 살펴보면 〈그림 1.4〉와 같다.

- 수지형(dendritic) : 상대적으로 균일한 지질학적 구조를 가진 유역의 하천형태
- 방사형(radial) : 원뿔 모양의 화산이나 돔 형태의 산지 중심에서 방사상으로 하천이 흐르는 유역의 하천형태
- 구심형(centripetal) : 하천이 중심으로 모이는 유역의 하천형태
- 직사각형(rectangular) : 직각의 단층구조나 절리와 같은 지질구조로 이루어진 유역의 하천형태
- 부채형(pinnate) : 섬세한 나뭇결 모양을 가진 유역의 하천형태
- 격자형(trellis) : 연암과 경암의 지층구조가 교대로 발달한 유역의 하천형태
- 평행형(parallel) : 지역적인 경사가 뚜렷하게 발달한 유역의 하천형태
- 분류형(distributary) : 삼각주 형상으로 발달한 유역의 하천형태
- 환상형(annular) : 연암과 경암이 동심원 형태를 갖는 지층구조와 함께 분지 또는 돔 형상의 유역으로 발달한 하천형태

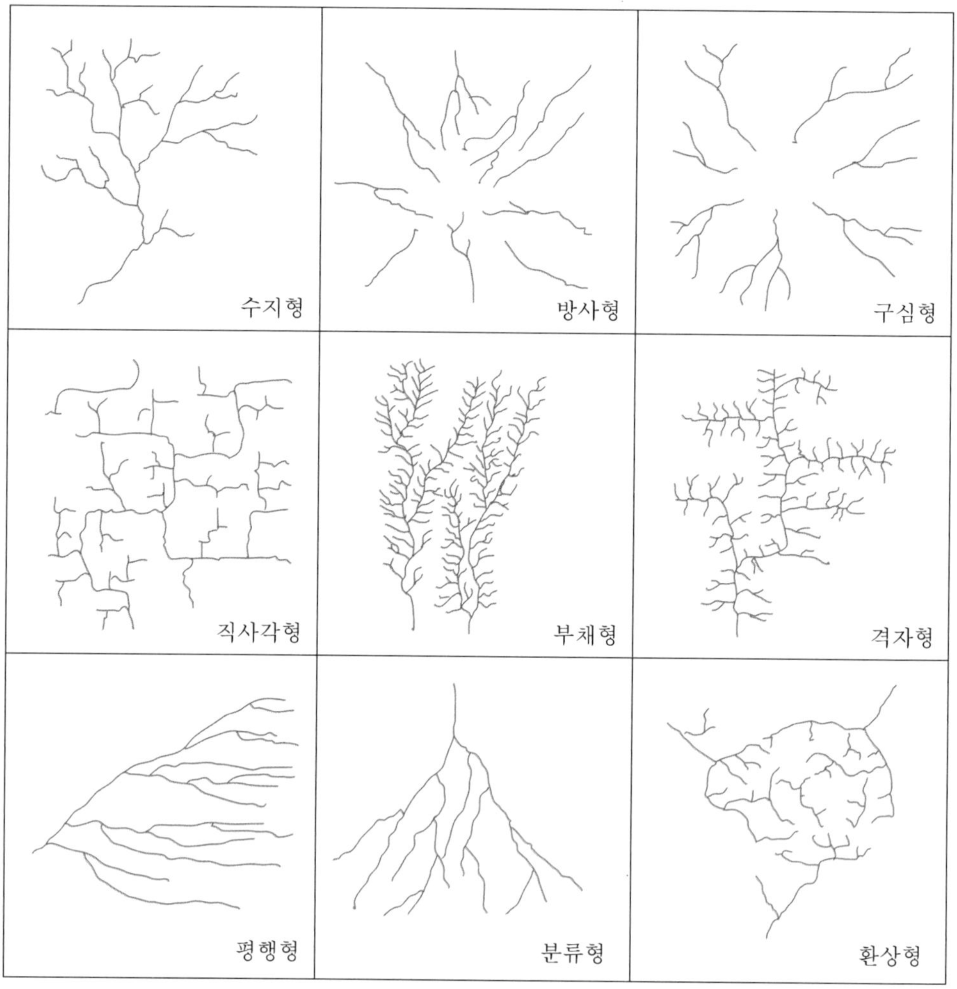

〈그림 1.4〉 유역의 하천형태

연 습 문 제

1.1 수문학의 정의에 대하여 조사하고 정리하라.

1.2 수문학의 역사에 대하여 조사하고 간략히 정리하라.

1.3 수문순환의 각 요소들에 대한 물의 양을 조사하여 지구상의 물수지를 개략적으로 설명하라.

1.4 어떤 유역에서 총강수량이 300mm/day, 지표유출이 0.8cm/hr, 침투는 0.2cm/hr이었다면 차단은 얼마인지 구하라. 단, 증발산과 지면저류는 무시한다.

1.5 어떤 저수지의 유입량과 유출량이 아래의 표와 같다. 2월이 시작하는 시점에서의 저류량이 $50m^3$이었을 때, 4월이 끝나는 점에서의 저류량을 구하라.

월	2월	3월	4월
유입량(m^3)	3	5	7
유출량(m^3)	7	12	6

1.6 유역의 형상 또는 유역의 하천형태에 따라서 홍수에 어떠한 영향을 미치는지 조사하여 정리하라.

1.7 수문순환이 생태계에 미치는 영향을 조사하고 간략히 정리하라.

PART Ⅱ

수문통계

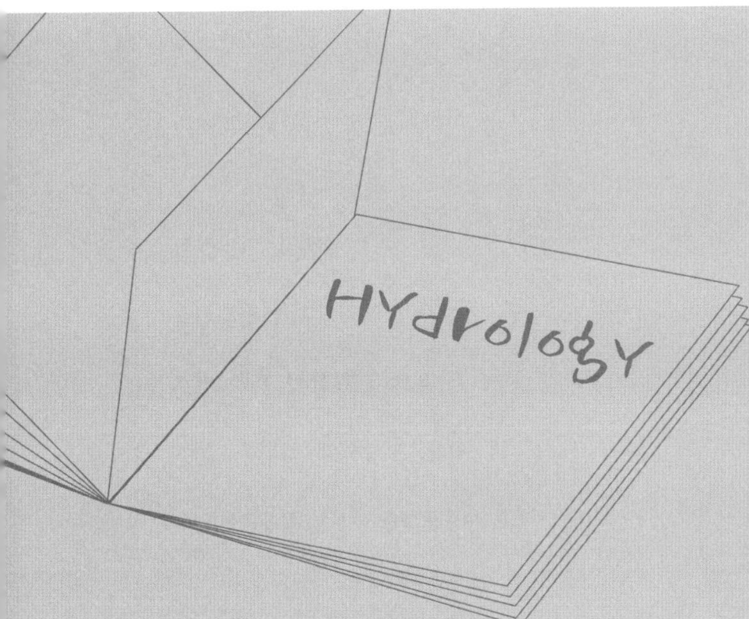

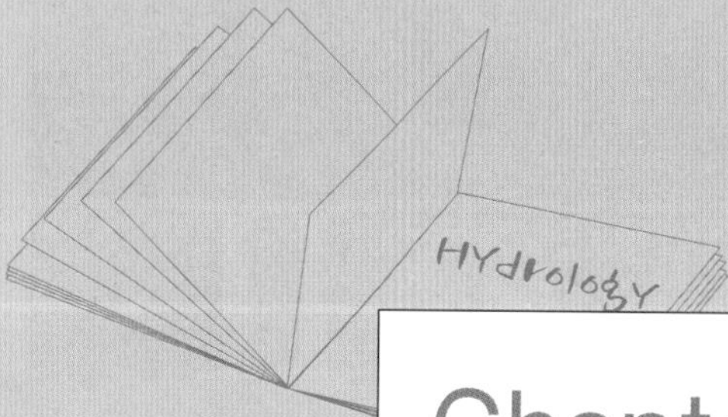

Chapter 02

기본통계

대기(atmosphere)와 지면(earth)을 통해 물이 이동하게 작용하는 과정을 수문과정(hydrologic processes)이라고 한다. 따라서 수문과정은 수문순환요소, 즉 강수, 증발산, 침투, 유출 등의 변동성(variability)에 의해 기술된다. 이러한 수문과정은 예측가능한(predictable) 확정론적 부분(deterministic term)과 무작위한 부분(random term)이 결합된 형태로 시간과 공간 속에서 진행되는데 이를 확률과정 또는 추계학적 과정(stochastic process)이라고 한다. 예를 들어, 어느 유역의 유출량 y가 어떤 상수 A와 시간 t에 따라 $y(t) = A\sin(t) + \varepsilon(t)$의 함수관계를 갖는다면, $A\sin(t)$는 확정론적 부분이고 $\varepsilon(t)$는 무작위한 부분이라고 할 수 있다. 이 유출량이 시간과 공간적으로 독립적이고 무작위한 특성을 가지고 있다면 유출량의 통계학적 특성을 이용하여 그 변동성을 설명하게 된다. 즉, 수문관측자료들은 수문통계를 이용하여 그 변동성과 특성을 분석하고 설명하게 되며, 무작위한 부분은 유출량 y의 불확실성의 정도를 나타낸다.

2.1 확률의 기본성질

어느 무작위의 또는 임의의 한 시행(trial or experiment)에서 얻어진 결과를 사상(event)이라고 하고, 어느 사상이 일어날 확실성의 정도 또는 비율을 그 사상의 확률(probability)이라고 한다. 즉, 확률은 어느 사상이 발생할 가능성의 정도 또는 우도(likelihood)를 정량적으로 표현한 것이다. 예를 들어, 매년 1월 1일 날 비가 오는 횟수를 30년 동안 측정하였더니 10번 강우(rain)가 발생했다면 30년 동안의 자료를 바탕으로 1월 1일 날 강우가 발생할 가능성의 정도는 $\frac{10}{30} = \frac{1}{3}$이라고 할 수 있다.

2.1.1 확률의 기본요소

어떤 지점에서 n년 동안 관측한 연강수량 자료가 $\{x_1, x_2, \cdots, x_n\}$이고, 이를 $X = \{x_1, x_2, \cdots, x_n\}$로 나타낼 경우 X를 무작위 변수 또는 확률변수(random variable)라 하며, $x_1, x_2, \cdots, x_n$ 개개의 관측값들은 무작위 변량 또는 확률변량(random variate)이라고 한다. 이때 연강수량 자료계열 $\{x_1, x_2, \cdots, x_n\}$는 표본(sample)이고 표본의 부분집합들(subsets)은 사상으로 정의된다. 표본들은 통계적 특성이 같은 가상의 무한한 모집단(population)으로부터 추출된다고 가정하며, 추출된 모든 가능한 표본들의 집합을 표본공간(sample space)이라고 한다. X는 확률분포(probability distribution)에 의해 나타낼 수 있는 변수이며, 확률분포는 어떤 관측값 또는 변량 x가 확률 변수 X의 어느 범위에서 발생할지를 말해준다.

(1) 표본공간(sample space) : 표본공간 Φ는 임의의 시행에서 발생할 수 있는 모든 결과의 집합이다. 모든 사상과 이에 대응하는 표본공간과의 관계는 벤다이어그램에 의해 설명할 수 있다. 〈그림 2.〉1에서 표본공간은 직사각형으로 표시하며 사상 A, B는 표본공간 Φ의 부분집합이다.

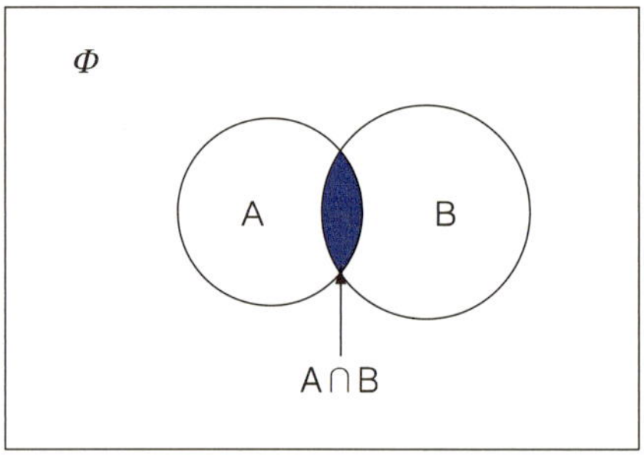

〈그림 2.1〉 표본공간 Φ와 사상 A, B에 관한 벤다이어그램

(2) 사상공간(event space) : 사상공간 A는 표본공간의 부분집합이다. 〈그림 2.1〉에서 사상 A와 B 그리고 $A\cap B$는 사상공간을 나타내고 있다. A와 B가 배반사상(exclusive events)일 경우 $A\cap B=\phi$이고, ϕ는 공사상(null event)을 나타낸다. 그리고 한 사상의 확률이 다른 사상의 발생에 관계없이 일어날 때, 그것을 독립사상(independent event)라고 한다.

(3) 확률공간(probability space) : 사상 A가 발생할 확률을 P(A)라 하면, 확률공간은 표본공간 Φ, 사상공간 A, 확률함수 P(A)의 집합을 의미한다.

2.1.2 확률의 기본법칙

(1) 사상 A의 여사상(complementary event)과 확률

A의 여사상을 $\overline{A}$라고 할 때, A가 발생하지 않을 확률은 $P(\overline{A})=1-P(A)$이고, 임의의 사상 A에 대해 $0\leq P(A)\leq 1$이 성립한다. 또한 $P(\Phi)=1$이고 $P(\phi)=0$이다.

(2) 승법(multiplicative) 및 가법(additive)정리

- 독립적인 사상 A와 B의 교집합 또는 결합확률 : $P(A\cap B)=P(A)\ P(B)$
- 상호 배반사상 A와 B의 합집합의 확률 : $P(A\cup B)=P(A)+P(B)$
- 임의의 두 사상 A와 B의 합집합의 확률 : $P(A\cup B)=P(A)+P(B)-P(A\cap B)$

- 사상 A가 발생한 후 B가 발생할 확률, 즉 조건부확률(conditional probability), P(B/A)를 고려할 경우 사상 A와 B의 교집합의 확률 : $P(A \cap B) = P(A)\ P(B/A)$

예제 2.1

기상청의 서울관측소에서 측정된 연강수량 자료가 〈표 2.1〉과 같을 때, 다음의 확률을 구하라.

(a) 어떤 해에 있어서의 연강수량 R이 1250mm보다 작을 확률

(b) 1500mm보다 클 확률

(c) 1250mm와 1500mm사이에 있을 확률

〈표 2.1〉 서울관측소에서 측정된 연강수량 자료(mm) (1961~2008)

연도	1960	1970	1980	1990	2000
0		1708.2	1242.4	2355.5	1186.8
1	1436.6	1359.7	1216.2	1158.2	1386
2	986.2	1769.6	949.3	1454.9	1388
3	1626.6	928.1	1205.1	1292.7	1989.5
4	1794	1250.7	1249.5	1055.8	1499.1
5	1216.3	1067.4	1544.6	1598.6	1358.4
6	2018.9	1109.5	1247.4	1256.6	1681.9
7	1248.8	1147.5	1751.4	1210.2	1212.3
8	1288.2	1160.9	760.8	2349.1	1253.5
9	1736.8	1279.4	1437.1	1733.1	

풀이

총 자료의 개수는 $n = 2008 - 1961 + 1 = 48$이며, $R < 1250$mm인 자료의 수 $n_a = 20$, $R > 1500$mm인 자료의 수 $n_b = 14$, 그리고 $1250\text{mm} \le R \le 1500\text{mm}$ 인 자료의 수 $n_c = 14$개이다.

(a) $P(a) = 20/48 \approx 0.416$

(b) $P(b) = 14/48 \approx 0.292$

(c) $P(c) = 14/48 \approx 0.292$ 또는 $P(c) = 1 - P(a) - P(b) = 0.292$

2.1.3 도수분포

(1) 계급구간(class interval) : 변량을 적당한 폭으로 구분한 것을 계급(class) i, 각 계급의 폭을 계급구간, 계급의 중앙에 위치하는 값을 계급중앙치(class midpoint) X_{mid}라고 한다.

(2) 도수분포(frequency distribution) : 어느 주어진 계급구간 안에 들어 있는 변량의 수를 도수(frequency) f(i)라 하고, 각 계급 또는 계급중앙치에 대하여 도수를 표시한 것을 도수분포라고 한다. f(i)/n은 상대도수 또는 상대도수함수(relative frequency), f(i)의 누가값은 누가도수(cumulative frequency) F(i)라 하며, F(i)/n은 누가상대도수(cumulative relative frequency)라고 한다.

(3) 도수분포표 : 수문자료에 대한 도수분포표는 자료의 특성을 쉽게 이해할 수 있는 기초정보를 제공한다. 도수분포표를 합리적으로 작성하기 위해 어떤 기준을 필요로 하게 되는데 스터지스 공식(Sturges' formula)이 이용되고 있다. 스터지스는 n개의 자료로 이루어진 모집단 계급의 개수 n_{class}를 식(2.1)과 같이 제안하였다.

$$n_{class} = 1 + \frac{\log(n)}{\log(2)} \tag{2.1}$$

또 다른 경험공식으로는 식(2.2)가 있다.

$$n_{class} = 5\log(n) \tag{2.2}$$

계급개수 n_{class}가 결정된 후에 계급구간 Δx를 결정해야 한다. 자료의 최대값과 최소값을 각각 $x_{\max}$와 $x_{\min}$이라 하면 Δx는 식(2.3)과 같이 주어진다.

$$\Delta x = \frac{x_{\max} - x_{\min}}{n_{class}} \tag{2.3}$$

예제 2.2

예제 2.1의 〈표 2.1〉를 참고로 하여, 식(2.1)과 식(2.3)을 이용해 n_{class}와 Δx를 결정하고, 이의 도수분포표, 히스토그램, 상대도수 그래프를 작성하라.

풀이

(a) n_{class}와 Δx의 결정

$n=48$, $x_{max}=2355.5\text{mm}$, $x_{min}=760.8\text{mm}$

$$n_{class}=1+\frac{\log(48)}{\log(2)}\approx 6.58\approx 6\sim 7 \quad (\text{편의상 7을 선택})$$

$$\Delta x=\frac{2355.5-760.8}{7}\approx 227.81(\text{mm}) \quad (\text{편의상 230mm로 정함})$$

따라서 Δx를 230mm로 정하면 연강수량 R의 범위는 750~2359mm로 할 수 있고, $i=7$의 계급을 가지게 된다.

(b) 서울관측소 연강수량의 도수분포표 작성

〈표 2.2〉 서울관측소 연강수량의 도수분포표

(1)	(2)	(3)	(4)	(5)	(6)	(7)
계급 i	계급구간 Δx(mm)	계급중앙치 X_{mid}(mm)	도수 f(i)	상대도수 $\{f(i)/n\}\times 100(\%)$	누가도수 F(i)	누가상대도수 $\{F(i)/n\}\times 100(\%)$
1	750~979	864	3	6.2	3	6.2
2	980~1209	1094	9	18.7	12	25.0
3	1210~1439	1324	20	41.7	32	66.7
4	1440~1669	1554	5	10.4	37	77.1
5	1670~1899	1784	7	14.6	44	91.7
6	1900~2129	2014	2	4.2	46	95.8
7	2130~2359	2244	2	4.2	48	100.0
합계			48	100.0		

(c) 히스토그램과 상대도수 그래프

연강수량 분포에 대한 히스토그램과 상대도수 그래프는 〈그림 2.2〉와 〈그림 2.3〉과 같다.

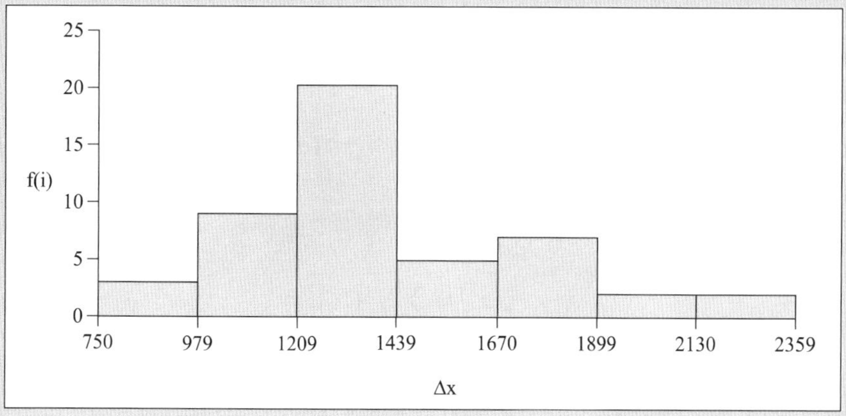

〈그림 2.2〉 히스토그램

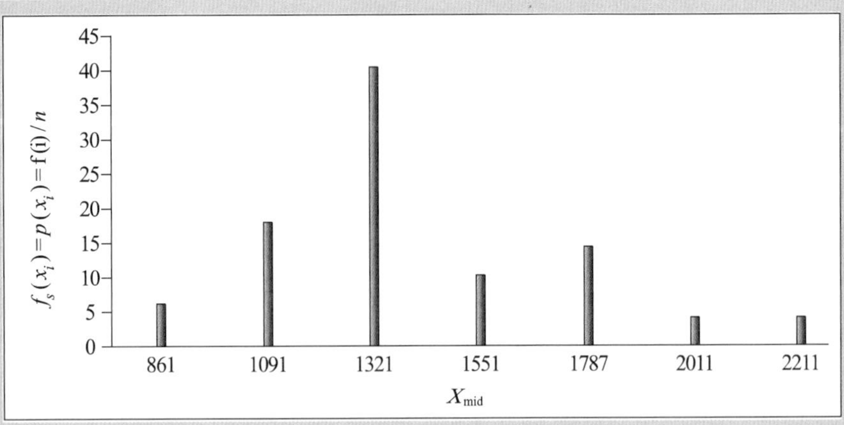

〈그림 2.3〉 상대도수

2.2 확률함수

2.2.1 표본 확률함수

표본 자료(sample data)에 대한 상대도수함수(relative frequency function)는 다음과 같이 정의할 수 있다〈그림 2.4(a)〉.

$$f_s(x_i) = P(x_i) = \mathrm{f(i)}/n \tag{2.4}$$

$f_s(x_i)$는 무작위 변수 X가 구간 $[x_i - \Delta x,\ x_i]$사이에 놓여있을 확률, 즉 $P(x_i - \Delta x \leq \mathrm{X} \leq x_i)$의 추정치(estimate)를 나타낸다.

상대도수의 누가값인 누가상대도수, 즉 누가도수함수(cumulative frequency function)는 다음과 같이 나타낼 수 있다〈그림 2.4(b)〉.

$$F_s(x_i) = \sum_{j=1}^{i} f_s(x_j) \tag{2.5}$$

$F_s(x_i)$는 x_i의 누가확률로서 $P(\mathrm{X} \leq x_i)$의 추정치이다.

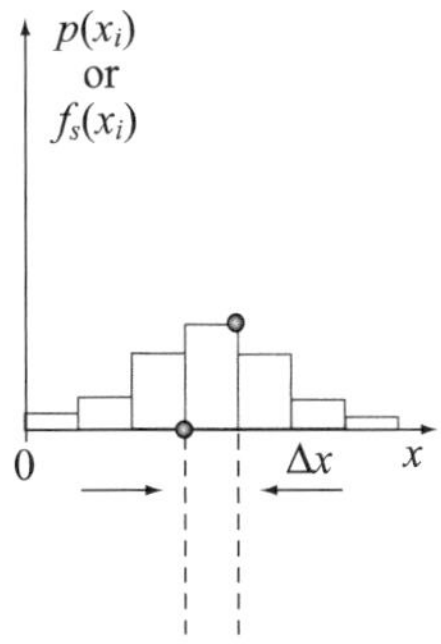

(a) 상대도수함수

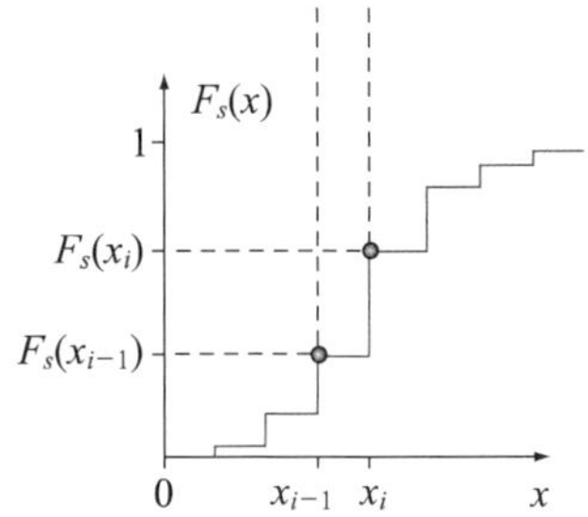

(b) 누가도수함수

〈그림 2.4〉 표본 확률함수

2.2.2 모집단 확률함수

표본에 대한 상대도수함수에 상응하는 모집단(population)의 함수는 확률밀도함수(probability density function, pdf) $f(x)$로 다음과 같이 정의된다〈그림 2.5(a)〉.

$$f(x) = \lim_{\substack{n \to \infty \\ \Delta x \to 0}} \frac{f_s(x)}{\Delta x} \tag{2.6}$$

표본에 대한 누가도수함수에 상응하는 모집단의 함수는 확률분포함수(probability distribution function) 또는 누가분포함수(cumulative distribution function, cdf) $F(x)$로 다음과 같이 정의된다〈그림 2.5(b)〉.

$$F(x) = \lim_{\substack{n \to \infty \\ \Delta x \to 0}} F_s(x) \tag{2.7}$$

확률분포함수 $F(x)$는 누가확률 $P(X \le x)$로서 확률밀도함수의 적분에 의해 식(2.8)과 같이 나타낼 수 있다.

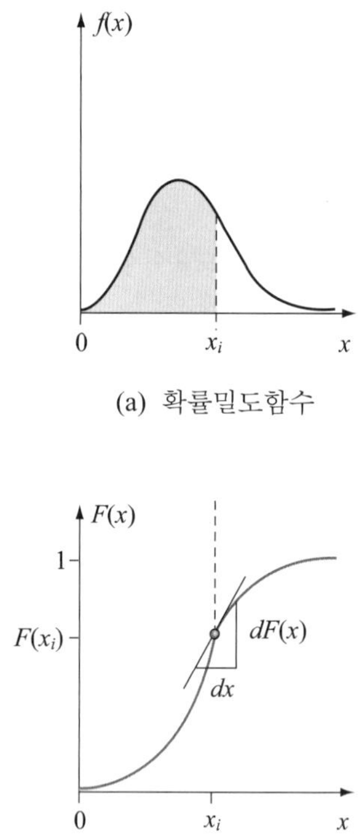

(a) 확률밀도함수

(b) 확률분포함수

〈그림 2.5〉 모집단 확률함수

$$F(x) = P(X \le x) = \int_{-\infty}^{x} f(u)du \tag{2.8}$$

여기서, u는 편의상 사용하는 더미변수(dummy variable)이다. 그리고 $F(x)$의 미분은 다음과 같이 확률밀도함수를 나타낸다.

$$f(x) = \frac{dF(x)}{dx} \tag{2.9}$$

상대도수함수 $p(x_i)$, 확률밀도함수 $f(x)$ 그리고 확률분포함수의 증분(increment)의 관계를 다음의 식(2.10)과 같이 나타낼 수 있다.

$$\begin{aligned} p(x_i) &= P(x_i - \Delta x \le X \le x_i) \\ &= \int_{x_i - \Delta x}^{x_i} f(x)dx \\ &= \int_{-\infty}^{x_i} f(x)dx - \int_{-\infty}^{x_i - \Delta x} f(x)dx \\ &= F(x_i) - F(x_i - \Delta x) \\ &= F(x_i) - F(x_{i-1}) \end{aligned} \tag{2.10}$$

2.2.3 정규분포

정규분포(Normal distribution)는 통계학에서 가장 중요한 연속확률분포인데 동일한 양을 반복해 측정하는데서 나타나는 오차의 연구로부터 정규분포의 방정식을 유도한 가우스를 기리기 위해 가우스분포(Gaussian distribution)라고도 한다.

종형모양(bell-shaped curve)으로 생긴 완전대칭형분포를 이루는 연속확률변수 X를 정규확률변수(normal random variable)라고 한다. 정규분포에 대한 확률밀도함수는 다음의 식(2.11)과 같이 정의된다.

$$f(x) = \frac{1}{\sigma\sqrt{2\pi}} \exp\left[-\frac{(x-\mu)^2}{2\sigma^2}\right] \tag{2.11}$$

여기서, 모집단의 평균 μ와 표준편차 σ는 정규분포의 매개변수(parameter)로서 정규분포를 결정한다(〈그림 2.6〉).

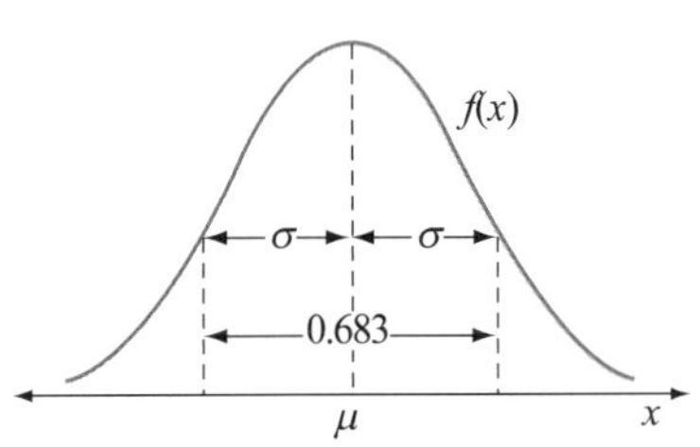

〈그림 2.6〉 정규분포곡선

식(2.11)의 함수는 식(2.12)와 같은 표준정규변수(standard normal variable) z에 의해 식(2.13)과 같은 확률밀도함수와 식(2.14)와 같은 표준정규확률분포함수(standard normal probability distribution function) z로 나타낼 수 있다.

$$z = \frac{x-\mu}{\sigma} \tag{2.12}$$

$$f(z) = \frac{1}{\sqrt{2\pi}} e^{-z^2/2} \quad -\infty \le z \le \infty \tag{2.13}$$

$$F(z) = \int_{-\infty}^{z} \frac{1}{\sqrt{2\pi}} e^{-u^2/2} du \tag{2.14}$$

여기서 u는 더미변수이고, $f(z)$는 평균 $\mu=0$과 표준편차 $\sigma=1$을 갖는 〈그림 2.7〉과 같은 곡선으로 표시할 수 있다. 그리고 $F(z)$의 값은 〈표 2.3〉에 나타내어진다.

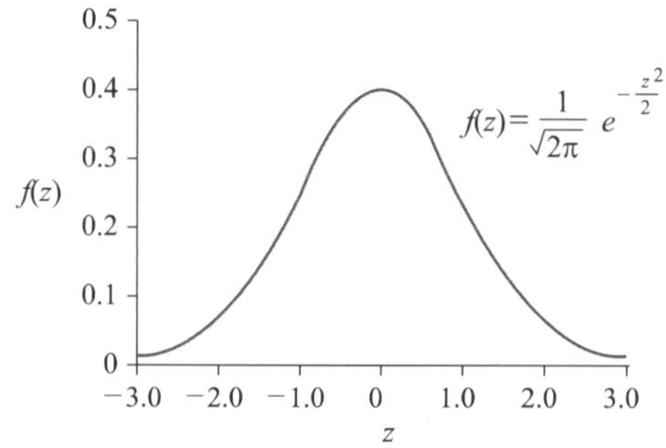

〈그림 2.7〉 $\mu=0$과 $\sigma=1$을 갖는 표준정규분포의 확률밀도함수

표준정규분포의 누가확률 $F(z)$는 다음의 식(2.15)에 의해 근사값을 구할 수 있다.

$$\mathrm{B} = \frac{1}{2}[1+0.196854|z|+0.115194|z|^2+0.000344|z|^3+0.019527|z|^4]^{-4} \tag{2.15a}$$

$$z<0\text{에 대해 } F(z)=\mathrm{B} \tag{2.15b}$$

$$z \ge 0\text{에 대해 } F(z)=1-\mathrm{B} \tag{2.15c}$$

예제 2.3

표준정규변수 z가 −2보다 작을 확률과 1보다 작을 확률을 구하라. 그리고 z가 −2와 1 사이에 있을 확률 $P(-2<z<1)$을 구하라.

풀이

- $P(z \le -2) = F(-2)$, $|z| = |-2| = 2$, 그리고 식(2.15a)로부터

$$B = \frac{1}{2}[1 + 0.196854 \times 2 + 0.115194 \times 2^2 + 0.000344 \times 2^3 + 0.019527 \times 2^4]^{-4} = 0.023$$

식(2.15b)로부터 $F(-2) = B = 0.023$

- $P(z \le 1) = F(1)$, 그리고 식(2.15a)로부터

$$B = \frac{1}{2}[1 + 0.196854 \times 1 + 0.115194 \times 1^2 + 0.000344 \times 1^3 + 0.019527 \times 1^4]^{-4} = 0.159$$

식(2.15c)로부터 $F(1) = 1 - B = 1 - 0.159 = 0.841$

- $P(-2 < z < 1) = F(1) - F(2) = 0.841 - 0.023 = 0.818$

〈표 2.3〉 표준정규분포의 누가확률

z	.00	.01	.02	.03	.04	.05	.06	.07	.08	.09
0.0	0.5000	0.5040	0.5080	0.5120	0.5160	0.5199	0.5239	0.5279	0.5319	0.5359
0.1	0.5398	0.5438	0.5478	0.5517	0.5557	0.5596	0.5636	0.5675	0.5714	0.5753
0.2	0.5793	0.5832	0.5871	0.5910	0.5948	0.5987	0.6026	0.6064	0.6103	0.6141
0.3	0.6179	0.6217	0.6255	0.6293	0.6331	0.6368	0.6406	0.6443	0.6480	0.6517
0.4	0.6554	0.6591	0.6628	0.6664	0.6700	0.6736	0.6772	0.6808	0.6844	0.6879
0.5	0.6915	0.6950	0.6985	0.7019	0.7054	0.7088	0.7123	0.7157	0.7190	0.7224
0.6	0.7257	0.7291	0.7324	0.7357	0.7389	0.7422	0.7454	0.7486	0.7517	0.7549
0.7	0.7580	0.7611	0.7642	0.7673	0.7704	0.7734	0.7764	0.7794	0.7823	0.7852
0.8	0.7881	0.7910	0.7939	0.7967	0.7995	0.8023	0.8051	0.8078	0.8106	0.8133
0.9	0.8159	0.8186	0.8212	0.8238	0.8264	0.8289	0.8315	0.8340	0.8365	0.8389
1.0	0.8413	0.8438	0.8461	0.8485	0.8508	0.8531	0.8554	0.8577	0.8599	0.8621
1.1	0.8643	0.8665	0.8686	0.8708	0.8729	0.8749	0.8770	0.8790	0.8810	0.8830
1.2	0.8849	0.8869	0.8888	0.8907	0.8925	0.8944	0.8962	0.8980	0.8997	0.9015
1.3	0.9032	0.9049	0.9066	0.9082	0.9099	0.9115	0.9131	0.9147	0.9162	0.9177
1.4	0.9192	0.9207	0.9222	0.9236	0.9251	0.9265	0.9279	0.9292	0.9306	0.9319
1.5	0.9332	0.9345	0.9357	0.9370	0.9382	0.9394	0.9406	0.9418	0.9429	0.9441
1.6	0.9452	0.9463	0.9474	0.9484	0.9495	0.9505	0.9515	0.9525	0.9535	0.9545
1.7	0.9554	0.9564	0.9573	0.9582	0.9591	0.9599	0.9608	0.9616	0.9625	0.9633
1.8	0.9641	0.9649	0.9656	0.9664	0.9671	0.9678	0.9686	0.9693	0.9699	0.9706
1.9	0.9713	0.9719	0.9726	0.9732	0.9738	0.9744	0.9750	0.9756	0.9761	0.9767
2.0	0.9772	0.9778	0.9783	0.9788	0.9793	0.9798	0.9803	0.9808	0.9812	0.9817
2.1	0.9822	0.9826	0.9830	0.9834	0.9838	0.9842	0.9846	0.9850	0.9854	0.9857
2.2	0.9861	0.9864	0.9868	0.9871	0.9875	0.9878	0.9881	0.9884	0.9887	0.9890
2.3	0.9893	0.9896	0.9898	0.9901	0.9904	0.9906	0.9909	0.9911	0.9913	0.9916
2.4	0.9918	0.9920	0.9922	0.9925	0.9927	0.9929	0.9931	0.9932	0.9934	0.9936
2.5	0.9938	0.9940	0.9941	0.9943	0.9945	0.9946	0.9948	0.9949	0.9951	0.9952
2.6	0.9953	0.9955	0.9956	0.9957	0.9959	0.9960	0.9961	0.9962	0.9963	0.9964
2.7	0.9965	0.9966	0.9967	0.9968	0.9969	0.9970	0.9971	0.9972	0.9973	0.9974
2.8	0.9974	0.9975	0.9976	0.9977	0.9977	0.9978	0.9979	0.9979	0.9980	0.9981
2.9	0.9981	0.9982	0.9982	0.9983	0.9984	0.9984	0.9985	0.9985	0.9986	0.9986

3.0	0.9987	0.9987	0.9987	0.9988	0.9988	0.9989	0.9989	0.9989	0.9990	0.9990
3.1	0.9990	0.9991	0.9991	0.9991	0.9992	0.9992	0.9992	0.9992	0.9993	0.9993
3.2	0.9993	0.9993	0.9994	0.9994	0.9994	0.9994	0.9994	0.9995	0.9995	0.9995
3.3	0.9995	0.9995	0.9995	0.9996	0.9996	0.9996	0.9996	0.9996	0.9996	0.9997
3.4	0.9997	0.9997	0.9997	0.9997	0.9997	0.9997	0.9997	0.9997	0.9997	0.9998

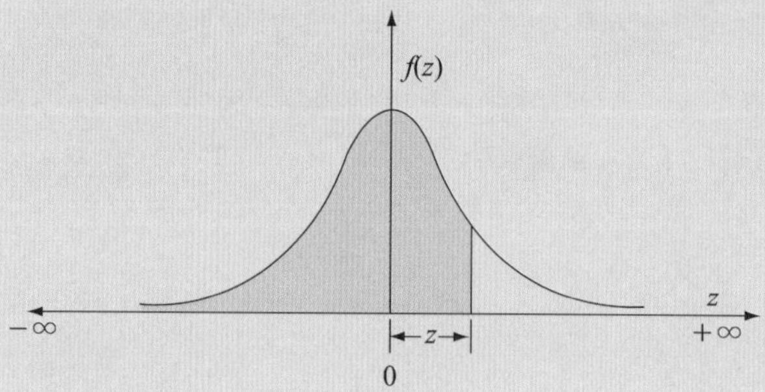

$z<0$ 인 경우에는
$F_z(z)=1-F_z(|z|)$를 이용한다
여기서 $F_z(|z|)$는 <표 2.3>의 값이다.

2.3 통계학적 매개변수

2.3.1 매개변수

수문통계는 관측된 수문자료들로부터 모집단에 대해 함축된 정보를 얻고자 하는데 목적이 있다. 이는 관측된 표본자료들로부터 모집단을 대신할 확률함수를 구하고, 중요한 수문통계 특성치 또는 특성값들을 계산함으로써 수문자료의 모집단이 가지고 있는 통계적 특성들에 대한 설명이 가능하다. 모집단의 특성값들을 매개변수라고 하는데, 식(2.11)의 경우 정규분포의 위치(location)와 규모, 또는 축척(scale)을 결정하는 평균 μ와 표준편차 σ가 매개변수들이다. 이들은 각각 위치매개변수, 규모 또는 축척매개변수라고도 한다.

(1) 모집단의 매개변수

매개변수는 어떤 확률변수의 확률함수에 대한 기대치 또는 기대값(expected value) $E(\cdot)$에 의해 나타내어진다. 기대값은 확률변수의 모멘트(moment)에 의해 구할 수 있는데 확률변수 X에 대해 임의의 함수 $g(x)$와 확률함수 $f(x)$를 고려하면 r차 모멘트는 식(2.16)과 같이 나타낼 수 있다.

$$E[g^r(x)] = \int_{-\infty}^{\infty} g^r(x)f(x)dx \tag{2.16}$$

만약 $g^r(x) = X^r$이고 $r=1$이라고 하면, 즉 원점에 대한 X의 1차 모멘트는 식(2.17)과 같고, 이는 모집단의 평균을 나타낸다.

$$E(X) = \mu = \int_{-\infty}^{\infty} xf(x)dx \tag{2.17}$$

따라서 기대값 또는 평균은 $\{\int$(확률변수가 취하는 값) $\times$ (그 값을 가질 확률)$\}$로 구할 수 있다.

만약 $g(x) = X - \mu$라고 하면, 즉 평균 μ에 대한 X의 r차 모멘트는 식(2.18)과 같다.

$$E[(X-\mu)^r] = \mu^r = \int_{-\infty}^{\infty} (x-\mu)^r f(x)dx \tag{2.18}$$

식(2.18)에서 $r=2$는 모집단의 분산(variance)을 나타내며 식(2.19)와 같고, 표준편차는 $\sigma = \sqrt{\sigma^2}$이다. 분산과 표준편차는 자료가 평균으로부터 얼마나 편차를 가지고 퍼져있는지를 보여주는 변동성을 나타내는데 정규분포에 대해 〈그림 2.8〉를 참고 할 수 있다.

$$E[(X-\mu)^2] = \sigma^2 = \int_{-\infty}^{\infty} (x-\mu)^2 f(x)dx \tag{2.19}$$

표준편차와 함께 변동성을 나타내는 무차원의 공식은 변동계수(coefficient of variation), $\mathrm{CV} = \frac{\sigma}{\mu}$가 있다.

식(2.18)에서 $r=3$은 왜곡도(skewness)인데 이는 평균에 대한 정규분포의 대칭성을 나타내며 식(2.20)과 같다. 통상 왜곡도는 무차원(dimensionless)변수인 왜곡도계수(coefficient of skewness) γ에 의해서 나타내며 식(2.21)과 같다. 평균축을 중심으로 좌우가 완전대칭인 정규분포의 경우 왜곡도 계수는 0이 된다.

$$E[(x-\mu)^3] = \int_{-\infty}^{\infty} (x-\mu)^3 f(x)dx \tag{2.20}$$

$$\gamma = \frac{1}{\sigma^3} E[(x-\mu)^3] \tag{2.21}$$

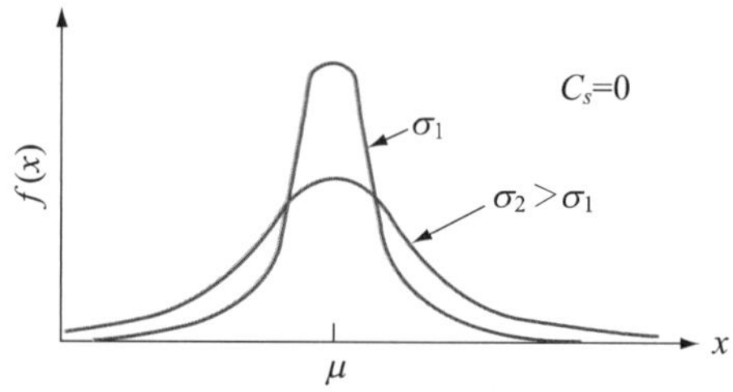

〈그림 2.8〉 표준편차 σ의 크기에 따른 정규분포

(2) 표본의 통계 특성값

모집단의 매개변수에 상응하는 표본의 통계 특성값들은 다음의 식(2.22)~식(2.25)와 같이 나타낼 수 있다.

$$\text{평균} : \bar{x} = \frac{1}{n}\sum_{i=1}^{n} x_i \tag{2.22}$$

$$\text{분산} : s^2 = \frac{1}{n-1}\sum_{i=1}^{n}(x_i - \bar{x})^2 \tag{2.23}$$

$$\text{변동계수} : \mathrm{CV} = \frac{s}{\bar{x}} \tag{2.24}$$

$$\text{왜곡도계수} : C_s = \frac{n\sum_{i=1}^{n}(x_i - \bar{x})^3}{(n-1)(n-2)s^3} \tag{2.25}$$

〈그림 2.8〉은 완전대칭인 정규분포곡선으로 왜곡도계수 $C_s=0$이 된다. 확률밀도함수곡선이 대칭을 이루지 못할 경우 좌우로 왜곡이 되는데, 이때의 왜곡도계수 C_s는 양 또는 음의 값을 가지며 〈그림 2.9〉를 참고할 수 있다.

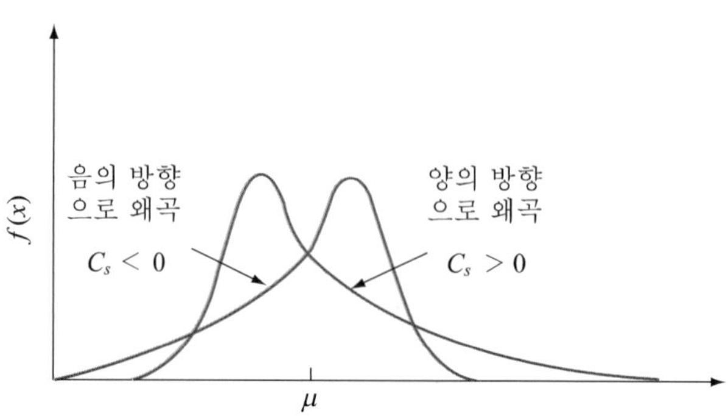

〈그림 2.9〉 왜곡도계수 C_s

예제 2.4

〈표 2.1〉의 서울관측소의 연강수량에서 1999년부터 2008년까지의 자료에 대하여 평균, 분산, 표준편차, 왜곡도계수와 같은 통계 특성값들을 계산하라.

풀이

〈표 2.4〉 서울 관측소에서 측정된 연강수량 자료(x)(mm) (1999~2008)

(1)	(2)	(3)	(4)
연도	x	$(x-\overline{x})^2$	$(x-\overline{x})^3$
1999	1733.1	69822.78	18449971
2000	1186.8	79557.84	−22440085
2001	1386	6865.78	−568898.5
2002	1388	6538.34	−528690.14
2003	1989.5	271066	141127807
2004	1499.1	914.4576	27653.198
2005	1358.4	12201.41	−1347767.9
2006	1681.9	45386.04	9669042.3
2007	1212.3	65823.03	−16887558
2008	1253.5	46379.93	−9988381.6
합계	14688.6	604555.6	117513092

1999년부터 2008년까지의 연강수량은 〈표 2.4〉의 (2)란과 같고 식(2.22)를 이용하면 평균은

$$\overline{x}=\frac{1}{n}\sum_{i=1}^{n}x_i=\frac{14688.6}{10}=1468.86\,(\mathrm{mm})$$

평균으로부터 각 강수량의 편차의 제곱은 〈표 2.4〉의 (3)란과 같고 총계는 604555.6mm로 된다. 식(2.23)으로부터

$$s^2=\frac{1}{n-1}\sum_{i=1}^{n}(x_i-\overline{x})^2=\frac{604555.6}{9}=67172.85\mathrm{mm}^2$$

따라서 표준편차는 다음과 같다

$$s=(67172.85)^{1/2}=259.1773\mathrm{mm}$$

평균으로부터 각 강수량의 편차의 세제곱은 〈표 2.4〉의 (4)란과 같고 총계는 117513092로 된다. 따라서 식(2.25)로부터 왜곡도계수는 다음과 같이 구할 수 있다.

$$C_s=\frac{n\sum_{i=1}^{n}(x_i-\overline{x})^3}{(n-1)(n-2)s^3}=\frac{10\times 117513092}{9\times 8\times 259.1773^3}=0.94$$

2.3.2 매개변수 추정

(1) 모멘트법

모멘트법(method of moment)은 원점에 대한 확률밀도함수의 모멘트가 표본자료의 모멘트와 같을 때 보다 적절한 매개변수의 추정치를 얻을 수 있다는 생각에서 개발되었다. 확률밀도함수와 표본자료의 원점에 대한 모멘트는 〈그림 2.10〉과 〈그림 2.11〉에서 설명된진다.

〈그림 2.10〉에서 원점에 대한 1차 모멘트는 다음의 식(2.26)과 같이 나타낼 수 있다.

$$\mu = \int_{-\infty}^{\infty} x f(x) dx \tag{2.26}$$

여기서 $f(x)dx$는 확률 또는 질량, x는 모멘트 팔을 의미한다. 〈그림 2.11〉은 n개의 표본자료가 각각 발생할 확률 또는 질량이 $1/n$이고, 각각의 표본자료의 모멘트 팔이 x_i임을 나타낸다. 이에 대한 1차 모멘트를 구하면 다음의 식(2.27)과 같이 나타낼 수 있다.

$$\bar{x} = \sum_{i=1}^{n} x_i \frac{1}{n} = \frac{1}{n} \sum_{i=1}^{n} x_i \tag{2.27}$$

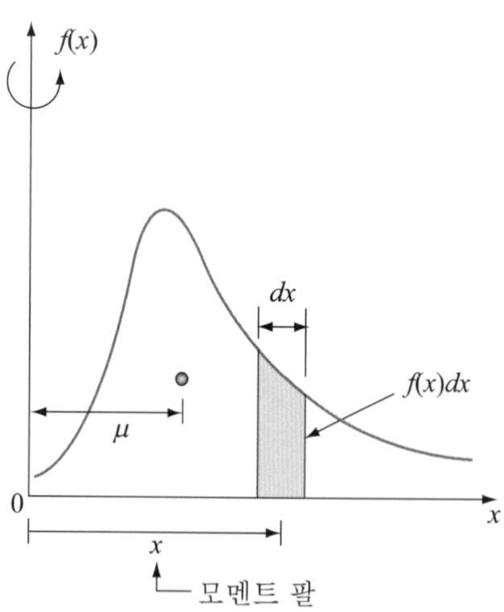

〈그림 2.10〉 확률밀도함수

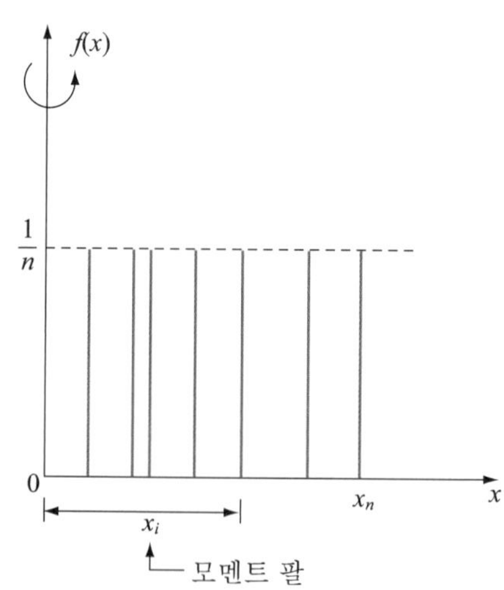

〈그림 2.11〉 표본자료

모멘트법을 이용하여 평균에 대한 2차, 3차 모멘트를 취하면 분산과 왜곡도에 대한 공식을 2.3.1절에서처럼 구할 수 있다.

예제 2.5

수문학에서 종종 이용하는 지수분포에 대한 확률밀도함수는 $f(x) = \lambda e^{-\lambda x}$, $x > 0$ 와 같이 나타내어진다. 원점에 대한 1차 모멘트 μ와 매개변수 λ의 관계를 구하라.

풀이

식(2.26)을 이용하면 아래와 같다.

$$\mu = E(x) = \int_{-\infty}^{\infty} x f(x) dx$$
$$= \int_{0}^{\infty} x \lambda e^{-\lambda x} dx$$

위의 식을 적분하면 $\mu = \frac{1}{\lambda}$ 또는 $\lambda = \frac{1}{\mu}$값을 얻을 수 있다. 표본자료에 대해서는 $\lambda = \frac{1}{\bar{x}}$이다.

(2) 최우도법

최우도법(method of maximum likelihood)은 관측자료 또는 표본자료로부터 발생할 가능성(우도)(likelihood) 또는 결합확률(joint probability)이 가장 큰 매개변수를 구하는 것이다. 즉, 어떤 확률분포의 매개변수는 우도함수가 최대인 매개변수의 추정자(estimator), 즉 매개변수를 구하기 위해 추정된 공식에 관측자료를 대입함으로써 구해지는데 이때 구한 매개변수가 관측자료에 의해 발생할 가능성이 가장 큰 매개변수 값이 되는 것이다(예제 2.6 참조).

〈그림 2.12〉의 확률밀도함수를 dx의 길이를 갖는 구간으로 나누면 각 구간의 확률은 $\cdots$, $f(x_i)dx$, $f(x_{i+1})dx$, $\cdots$, $f(x_n)dx$, $\cdots$ 이 된다. 이들 확률의 결합확률은 식(2.28)과 같고, $\prod_{i=-\infty}^{\infty} f(x_i)$를 우도함수(likelihood function)라고 한다. n개의 표본자료에 대한 우도함수는 식(2.29)와 같다.

$$L_p = \cdot f(x_i)dx \cdot f(x_{i+1})dx \cdot f(x_n)dx \cdot = \left[\prod_{i=-\infty}^{\infty} f(x_i) \right] dx^n \qquad (2.28)$$

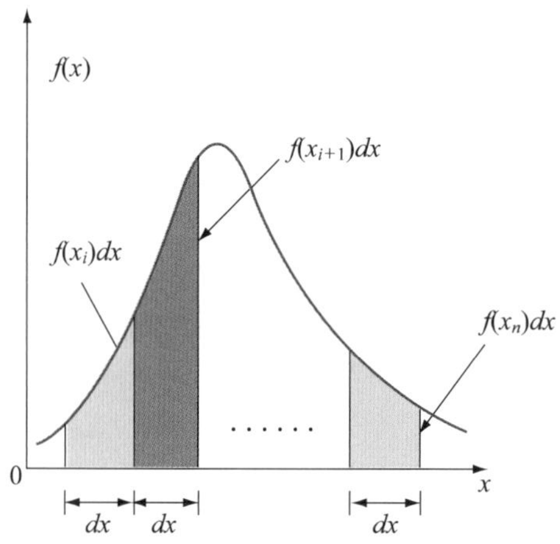

〈그림 2.12〉 확률밀도함수의 구간길이와 구간확률

$$L = \prod_{i=1}^{n} f(x_i) \tag{2.29}$$

지수분포 등 여러 확률밀도함수에 대해 최우도법을 적용해 매개변수를 추정할 때 대수우도함수(log-likelihood function)를 이용하는 것이 보다 편리할 때가 많다. 따라서 표본에 대한 대수우도함수는 식(2.30)과 같이 나타낼 수 있다.

$$\ln L = \sum_{i=1}^{n} \ln[f(x_i)] \tag{2.30}$$

예제 2.6

아래의 자료는 강우지속시간(rainfall duration)과 강우사이의 무강우 지속시간(interarrival time)을 나타내는데, 강우지속시간의 자료가 지수분포를 따른다고 가정할 때 최우도법에 의해 강우지속시간에 대한 매개변수 λ를 구하라.

구분	(1)	(2)	(3)	(4)	(5)	(6)	(7)	(8)	(9)	(10)	(11)
강우 유무	강우	무강우	강우	무강우	강우	무강우	강우	무강우	강우	무강우	강우
강우 지속시간 (hrs)	5	30	10	50	2	20	7	100	8	25	3

풀이

(예제 2.5)에서 지수분포의 확률밀도함수는 $f(x) = \lambda e^{-\lambda x}$이다. 우도함수가 최대인 매개변수의 추정자를 구하기 위해 우선 식(2.30)을 이용해 대수우도함수를 구하면 아래와 같다.

$$\begin{aligned}\ln L &= \sum_{i=1}^{n} \ln[f(x_i)] = \sum_{i=1}^{n} \ln(\lambda e^{-\lambda x_i}) \\ &= \sum_{i=1}^{n}(\ln\lambda - \lambda x_i) = n\ln\lambda - \lambda\sum_{i=1}^{n} x_i\end{aligned}$$

대수우도함수의 최대값은 $\partial(\ln L)/\partial\lambda = 0$일 때 이므로

$$\frac{\partial(\ln L)}{\partial\lambda} = \frac{n}{\lambda} - \sum_{i=1}^{n} x_i = 0$$

따라서 $\frac{1}{\lambda} = \frac{1}{n}\sum_{i=1}^{n} x_i = \bar{x}$ 이고, 매개변수 λ를 구하기 위한 추정자, 즉 공식은 $\lambda = \frac{1}{\bar{x}}$이 된다. 관측자료에 의해 $\bar{x}$를 계산한 후 λ값을 구하게 되는데 이때의 λ값을 추정치(estimate)라고 한다.

- 강우지속시간에 대한 λ

  $\bar{x} = (5+10+2+7+8+3)/6 = 5.83(\text{hrs})$

  $\lambda = \frac{1}{5.83} = 0.17(\text{hrs}^{-1})$

2.4 확률분포함수의 적합도 검정

2.4.1 통계적 가설검정의 개념

통계적 가설검정(statistical hypothesis test)이란 표본으로부터 얻은 어떤 사실을 토대로 가정한 모집단의 특성치가 사실인지 아닌지를 검정하는 절차를 말다. 표본으로부터 얻은 증거가 기술된 가설과 일치하지 않으면 그 가설은 기각될 것이고, 반대로 그것이 가설을 지지한다면 그 가설은 채택 또는 인정된다.

(1) 대립가설과 귀무가설의 개념

가설검정에는 두 개의 가설이 있는데, 그 하나는 새롭게 주장하고자 하는 가설이고 다른 하나는 기존의 주장이 맞는다고 설정하는 가설이다. 이때 전자, 즉 새롭게 주장하고자 하는

가설을 대립가설(alternative hypothesis) H_1이라 하고, 후자의 가설을 귀무가설(null hypothesis) H_0라고 한다. 이 귀무가설이 기각된다는 것은 대립가설(alternative hypothesis) H_1을 채택한다는 뜻이다. 그러므로 귀무가설의 검정은 대립가설과의 관계에서 이루어진다. 따라서 가설검정의 절차로서 증명하고자 하는 대립가설과 반대의 귀무가설을 설정한 다음에 이 귀무가설이 부인된다면 간접적으로 대립가설이 채택된다.

예제 2.7

어떤 유역의 생태계에서 A, B, C 세 종류의 식생군이 존재할 때, 이들에 대한 모집단의 비율이 1 : 2 : 1 로 알려져 있다고 하자. 이를 입증하기 위해 유역의 일정 면적에서 표본 식생을 수집하였더니 A는 18종, B는 55종, C는 27종이었다. 가설에 대해 기술하라.

풀이

각 식생군에 대응되는 모집단의 비율을 $p(x_A)$, $p(x_B)$, $p(x_C)$라고 할 때, 표본자료로부터 모집단의 비율이 제시하는 가설이 틀리는지를 판단하기 위해 다음과 같이 기존의 주장인 귀무가설 H_0 : $p(x_A)=1/4$, $p(x_B)=1/2$, $p(x_C)=1/4$을 검정하여야 한다. 이와 같은 검정을 적합도 검정(goodness-of-fit test)이라고 한다(연습문제 2.9).

(2) 유의수준

가설검정에는 두 가지의 오류가 있다. 제1종 오류는 귀무가설이 맞는데 귀무가설을 기각하는 오류, 제2종 오류에는 귀무가설이 틀리는데 귀무가설을 기각하지 않는 오류이다. 우리는 모집단 전체가 아닌 표본자료를 가지고 결정을 내리기 때문에 항상 오류를 범할 가능성이 존재한다. 이 가능성을 확률로 표현하면 제1종 오류를 범하게 되는 확률을 α로 하고, 보통 제1종 오류가 더 심각한 것으로 알려져 있기 때문에 제1종 오류에 대해 고려하고,작은 오류의 확률이라고 생각하는 α값으로 0.01, 0.05, 0.1 등을 이용한다.

따라서 표본으로부터 오류에 속할 확률의 표본통계량 또는 검정통계량(test statistic)을 구하는데 이를 통해 통계적 가설을 검정하게 되며, 일정한 기각역(critical region), 즉 오류에 들어가는 확률을 유의수준(significance level) α라 한다. 계산된 확률이 α보다 클 경우는 그 가설이 진실하다고 판정하며, 그 확률이 α보다 작으면 잘못된 가설이라고 판정한다.

계산된 확률이 그 가설의 허위를 표시하는 확률 α보다 작은 값일 경우에는 유의적(significant)이라고 한다. 일반적으로 계산된 확률이 $\alpha=0.05$보다 작을 때 그 결과를 유의적이라 하며, $\alpha=0.01$보다 작을 때는 매우 유의적(highly significant)이라고 한다. 그리고 신뢰계수(confidence coefficient) 또는 신뢰수준(confidence level) Ω은 $\Omega = 1-\alpha$으로 정의된다. 따라서 계산된 확률이 $1-\alpha$보다 작을 경우는 그 가설이 진실하다고 판정하며, 그 확률이 $1-\alpha$보다 크면 잘못된 가설이라고 판정한다.

(3) 자유도

자유도(degrees of freedom)란 나머지 변량들이 완전히 결정되기 전에 자유롭게 할당될 수 있는 변량중의 최대수이다. 즉, 자유도는 총변량 중에서 그들 사이에 관계를 맺고 있는 독립관계의 수를 뺀 것이다.

예를 들면, 변수 X의 평균이 10이고 편차가 0이며 표본의 수가 5개라고 하자. 변수 X의 4개 변량들의 값이 5, 7, 10, 13이면 편차가 0이 되기 위해 다섯 번째 변량은 15가 되어야 한다. 즉, 네 번째까지의 변량들은 자유로이 할당될 수 있는 최대 변량의 수이고 다섯 번째 변량은 제약을 받게 되므로 자유도는 $5-1=4$가 된다. 따라서 자료들이 있을 때 자유도는 [자료의 수$-$1]이 된다. 확률분포형에 대한 적합도 검정시 이용하는 자유도는 $k-p-1$이 되고, k는 계급구간 수, p는 매개변수의 수이다.

(4) χ^2-분포

평균 μ와 분산 σ^2를 갖는 정규분포 $N(\mu, \sigma^2)$을 따르는 확률변수 X를 표준화하면 표준정규변수 Z는 $N(0,1)$을 갖고 식(2.31)과 같이 나타낼 수 있다.

$$Z = \frac{X-\mu}{\sigma} \quad \rightarrow \quad z_i = \frac{x_i - \mu}{\sigma}, \ i = 1, 2, \ldots, \nu \tag{2.31}$$

또한 z_i의 제곱의 합계를 확률변수 χ^2(chi-square, 카이스퀘어)로 표시하면, 자유도 ν의 확률변수 χ^2는 식(2.32)와 같이 나타낼 수 있고, χ^2-분포의 확률밀도함수는 식(2.33)과 같다.

$$\chi^2 = \sum_{i=1}^{\nu} z_i^2 = \sum_{i=1}^{\nu}\left(\frac{x_i-\mu}{\sigma}\right)^2 \tag{2.32}$$

$$f(\chi^2) = \frac{1}{2^{\frac{\nu}{2}}\Gamma\left(\frac{\nu}{2}\right)}(\chi^2)^{\frac{\nu}{2}-1} e^{-\frac{1}{2}\chi^2}, \quad 0 < \chi^2 < \infty \tag{2.33}$$

식(2.33)에서 감마(Gamma) 함수 $\Gamma(x)$는 $x>0$에 대해 $\Gamma(x)=\int_0^{\infty} u^{x-1}e^{-u}du$로 정의된다. χ^2-분포는 자유도 ν의 크기에 따라 그 분포의 모양이 달라지며, ν는 분포의 유일한 매개변수이다. 이 ν가 바로 χ^2-분포의 자유도이다. 즉, χ^2의 식에서 보면 χ^2를 구성하는 변수 x_i는 ν개이며, 이때의 제약조건이 없으므로 ν개의 변수는 독립적으로 자유로이 선정할 수 있다는 뜻이다. χ^2-분포의 모양은 비대칭형이나 자유도 ν가 커질수록, 그리고 $\nu\rightarrow\infty$ 일수록 정규분포에 점근한다. 〈그림 2.13〉은 χ^2-분포의 예를 보여주고 있는데, 자유도 ν의 χ^2-분포에서 어느 특정의 확률 α에서의 특정의 χ^2값을 $\chi^2_{\nu,\alpha}$라고 하면 식(2.34)와 같이 표시할 수 있다.

$$P[\chi^2_{\nu,\alpha}<\chi^2<\infty]=\int_{\chi^2_\alpha}^{\infty} f(\chi^2)d\chi^2=\alpha \tag{2.34}$$

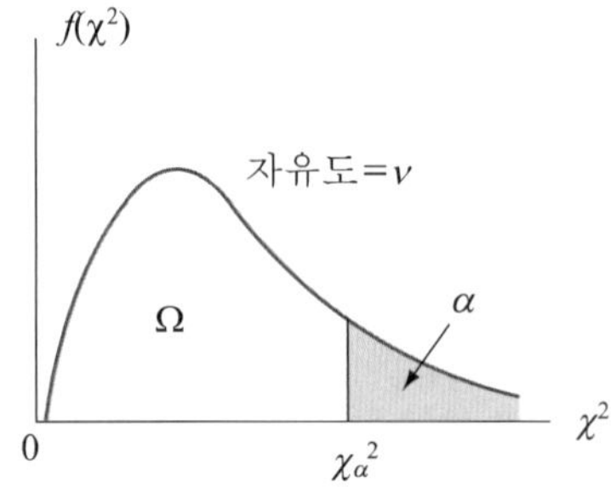

〈그림 2.13〉 특정 확률 α에 대한 자유도 ν의 χ^2-분포함수

〈그림 2.14〉에서는 자유도 ν의 χ^2-분포에서 어느 특정의 확률 $\Omega=1-\alpha$에서의 특정의 χ^2값을 $\chi^2_{\nu,1-\alpha}$라고 하면 식(2.35)와 같이 표시할 수 있다.

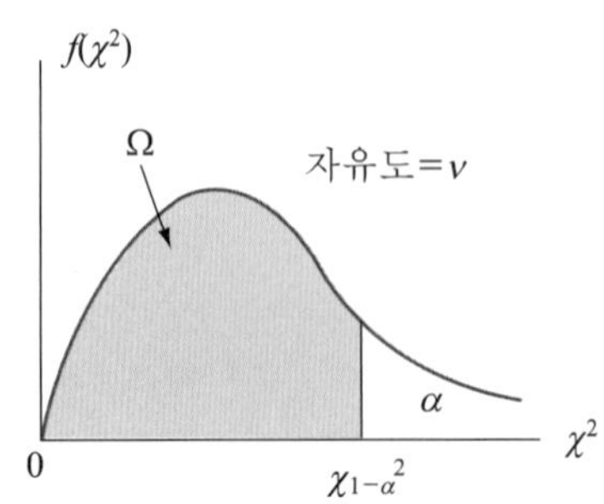

〈그림 2.14〉 특정 확률 $\Omega=1-\alpha$에 대한 자유도 ν의 χ^2-분포함수

〈표 2.5〉 χ^2-분포함수에 있어서 자유도 ν에 따른 $\chi^2_{1-\alpha}$의 값

ν	$\chi^2_{.995}$	$\chi^2_{.99}$	$\chi^2_{.975}$	$\chi^2_{.95}$	$\chi^2_{.90}$	$\chi^2_{.75}$	$\chi^2_{.50}$	$\chi^2_{.25}$	$\chi^2_{.10}$	$\chi^2_{.05}$	$\chi^2_{.25}$	$\chi^2_{.01}$	$\chi^2_{.005}$
1	7.88	6.63	5.02	3.84	2.71	1.32	.455	.102	.0518	.0039	.0010	.0002	.0000
2	10.6	9.21	7.38	5.99	4.61	2.77	1.49	.575	.211	.103	.0506	.0201	.0100
3	12.8	11.3	9.35	7.81	6.25	4.211	2.37	1.21	.584	.352	.216	.115	.072
4	14.9	13.3	11.1	9.49	7.78	5.39	3.36	1.92	1.06	.711	.484	.297	.207
5	16.7	15.1	12.8	11.1	9.24	6.63	4.35	2.67	1.61	1.15	.831	.554	.412
6	18.5	16.8	14.4	12.6	10.6	7.84	5.35	3.45	2.20	1.64	1.24	.872	.676
7	20.3	18.5	16.0	14.1	12.0	9.04	6.35	4.25	2.83	2.17	1.69	1.24	.989
8	22.0	20.1	17.5	15.5	13.4	10.2	7.34	5.07	3.49	2.73	2.18	1.65	1.34
9	23.6	21.7	19.0	16.9	14.7	11.4	8.34	5.90	4.17	3.33	2.70	2.09	1.73
10	25.2	23.2	20.5	18.3	16.0	12.5	9.34	6.74	4.87	3.94	3.25	2.56	2.16
11	26.8	24.7	21.9	19.7	17.3	13.7	10.3	7.58	5.58	4.57	3.82	3.05	2.60
12	28.3	26.2	23.3	21.0	18.5	14.8	11.3	8.44	6.30	5.23	4.40	3.57	3.07
13	29.8	27.7	24.7	22.4	19.8	16.0	12.3	9.30	7.04	5.89	5.01	4.11	3.57
14	31.3	29.1	26.1	23.7	21.1	17.1	13.3	10.2	7.79	6.57	5.63	4.66	4.07
15	32.8	30.6	27.5	25.0	22.3	18.2	14.3	11.0	8.55	7.26	6.26	5.23	4.60
16	34.3	32.0	28.8	26.3	23.5	19.4	15.3	11.9	9.31	7.96	6.91	5.81	5.14
17	35.7	33.4	30.2	27.6	24.8	20.5	16.3	12.8	10.1	8.67	7.56	6.41	5.70
18	37.2	34.8	31.5	28.9	26.0	21.6	17.3	13.7	10.9	9.39	8.23	7.01	6.26
19	38.6	36.2	32.9	30.1	27.2	22.7	18.3	14.6	11.7	10.1	8.91	7.63	6.84
20	40.0	37.6	34.2	31.4	28.4	23.8	19.3	15.5	12.4	10.9	9.59	8.26	7.43
21	41.4	38.9	35.5	32.7	29.6	24.9	20.3	16.3	13.2	11.6	10.3	8.90	8.03
22	42.8	40.3	36.8	33.9	30.8	26.0	21.3	17.2	14.0	12.3	11.0	9.54	8.64
23	44.2	41.6	38.1	35.2	32.0	27.1	22.3	18.1	14.8	13.1	11.7	10.2	9.26
24	45.6	43.0	39.4	36.4	33.2	28.2	23.3	19.0	15.7	13.8	12.4	10.9	9.89
25	46.9	44.3	40.6	37.7	34.4	29.3	24.3	19.9	16.5	14.6	13.1	11.5	10.5
26	48.3	45.6	41.9	38.9	35.6	30.4	25.3	20.8	17.3	15.4	13.8	12.2	11.2
27	49.6	47.0	43.2	40.1	36.7	31.5	26.3	21.7	18.1	16.2	14.6	12.9	11.8
28	51.0	48.3	44.5	41.3	37.9	32.6	27.3	22.7	18.9	16.9	15.3	13.6	12.5
29	52.3	49.6	45.7	42.6	39.1	33.7	28.3	23.6	19.8	17.7	16.0	14.3	13.1
30	53.7	50.9	47.0	43.8	40.3	34.8	29.3	24.5	20.6	18.5	16.8	15.0	13.8
40	66.8	63.7	59.3	55.8	51.8	45.6	39.3	33.7	29.1	26.5	24.4	22.2	20.7
50	79.5	76.2	71.4	67.5	63.2	56.3	49.3	42.9	37.7	34.8	32.4	29.7	28.0
60	92.0	88.4	83.3	79.1	74.4	67.0	59.3	52.3	46.5	43.2	40.5	37.5	35.5
70	104.2	100.4	95.0	90.5	85.5	77.6	69.3	61.7	55.3	51.7	48.8	45.4	43.3
80	116.3	112.3	106.6	101.9	96.6	88.1	79.3	71.1	64.3	60.4	57.2	53.5	51.2
90	128.3	124.1	118.1	113.1	107.6	98.6	89.3	80.6	73.3	69.1	65.6	61.8	59.2
100	140.2	135.8	129.6	124.3	118.5	109.1	99.3	90.1	82.4	77.9	74.2	70.1	67.3

$$P[\chi^2 \le \chi^2_{\nu,1-\alpha}] = \int_0^{\chi^2_{1-\alpha}} f(\chi^2)d\chi^2 = 1-\alpha \tag{2.35}$$

그리고 〈그림 2.14〉의 χ^2-분포함수에 대해 자유도 ν에 따른 $\chi^2_{1-\alpha}$의 값을 〈표 2.5〉에 나타내었다.

2.4.2 χ^2 적합도 검정

χ^2 적합도 검정은 분석 목적에 따라 관측된 자료가 어떤 특정 확률분포로부터 관측된 결과인지를 검정하는 방법이다. 크기가 n인 표본을 k개의 구간으로 분류할 때, 각 구간의 관측도수 f(i)=n_i, $i=1,2,...,k$ 또는 상대도수 $f_s(x_i)=n_i/n$ 그리고 각 구간에 대응되는 모집단 또는 이론적인 비율(상대도수)을 $p(x_i)$라 하면 귀무가설은 식(2.10)으로부터 각 $p(x_i)$들에 어떤 이론에서 제시하는 값, $F(x_i)-F(x_{i-1})$들을 대응시키는 형태를 지닌다. 즉,

$$H_0 \ : \ p(x_i)=F(x_i)-F(x_{i-1}) \tag{2.36}$$

로 표현된다. 귀무가설 H_0하에서 구간 i의 기대도수(expected frequency)는 표본의 크기 n에 귀무가설에서 제시한 구간 i의 비율을 곱하여 $np(x_i)$가 된다. 이와 같은 관측도수와 기대도수의 차이를 측정하는 도구로서 칼 피어슨(Karl Pearson)이 제안한 검정통계량 χ_c^2는 다음과 같다.

$$\chi_c^2=\sum_{i=1}^{k}\frac{n[f_s(x_i)-p(x_i)]^2}{p(x_i)}=\sum_{i=1}^{k}\frac{(O-E)^2}{E} \tag{2.37}$$

여기서 $nf_s(x_i)=n_i$는 관측도수(또는 O)이고, 이에 대응하는 기대도수는 $np(x_i)$(또는 E)이다.

ν의 자유도(degrees of freedom)를 갖는 χ_ν^2 확률분포는 표준정규확률변수 z_i의 제곱에 의한 값들의 합으로 나타내어지는데 χ^2 검정에 있어서 자유도는 $\nu=k-p-1$과 같고, 여기서 p는 해당 확률분포함수의 매개변수의 수이다. 통상 신뢰수준은 Ω=95%, 즉 $\alpha=0.05$를 이용한다. 검정을 위한 귀무가설은 해당 확률분포가 표본자료에 잘 적합하는지의 여부이다. 만약 $\chi_c^2>\chi_{\nu,1-\alpha}^2$이면 가설은 기각역에 포함되어 기각되고, 그렇지 않을 경우는 인정된다. 이때 $\chi_{\nu,1-\alpha}^2$는 누가확률 $1-\alpha$를 갖는 값으로서 자유도가 ν인 χ^2분포로부터 결정되는 한계값이다. 또는 $\chi_c^2<\chi_{\nu,\alpha}^2$이면 가설은 기각되고, 그렇지 않을 경우는 인정된다.

예제 2.8

모멘트법을 이용해 〈표 2.1〉의 강수량자료가 정규분포에 적합한지를 검정하라. 강수량의 상대도수와 이론적 상대도수함수를 도시하라. 그리고 강수량의 누가도수와 이론적 누가도수함수도 도시하라. χ^2 적합도 검정을 이용하여 정규분포에 적합한지 $\alpha=0.05$를 가지고 검정하라.

〈표 2.6〉 서울관측소에서 측정된 연강수량의 정규분포에 대한 적합성

구분	(1)	(2)	(3)	(4)	(5)	(6)	(7)	(8)
구간 i	범위 (mm)	n_i	$f_s(x_i)$	$F_s(x_i)$	z_i	$F(x_i)$	$p(x_i)$	χ_c^2
1	750∼979	3	0.062	0.062	−1.239	0.108	0.108	0.917
2	980∼1209	9	0.188	0.250	−0.561	0.287	0.179	0.017
3	1210∼1439	20	0.417	0.667	0.118	0.547	0.259	4.590
4	1440∼1669	5	0.104	0.771	0.796	0.787	0.240	3.701
5	1670∼1899	7	0.146	0.917	1.474	0.930	0.143	0.003
6	1900∼2129	2	0.042	0.958	2.152	0.984	0.055	0.147
7	2130∼2359	2	0.042	1.000	2.830	1.000	0.013	3.014
합계		48	1.000				1.000	12.388
평균	1399.113							
표준편차	339.168							

풀이

〈표 2.1〉의 강수량 자료에 대해 (예제 2.2)와 같이 구간을 7개로 나누었다. 1구간은 750mm∼979mm, 마지막 구간은 2130mm∼2359mm, 각 구간의 범위는 230mm이고 이들은 〈표 2.6〉에 나타내었다. 강수량 자료의 도수는 〈표 2.6〉의 (2)란과 같이 나타내었다. (3)란의 상대도수 $f_s(x_i)$는 식(2.4)에 의해 계산되었으며 $n=48$이다.

예를 들면, $i=4$ (범위 : 1440∼1669), $n_i=5$일 때

$$f_s(x_4)=\frac{n_4}{n}=\frac{5}{48}=0.104$$

(4)란의 누가도수는 식(2.5)와 같이 상대도수의 합으로 구할 수 있다. 즉, $i=4$일 때

$$F_s(x_4)=\sum_{j=1}^{4} f_s(x_j)=F_s(x_3)+f_s(x_4)$$

$$=0.667+0.104=0.771$$

표준화를 하기 위해 1961∼2008년 강수량 자료의 표본 통계값 $\bar{x}=1399.113\text{mm}$, $s=339.168\text{mm}$을 (예제 2.4)와 같은 방법으로 구했고, 이들 값들을 모집단에 대한 μ와 σ의 추

정치로 고려하여 표준정규변량 z를 구하였다. z의 값은 각 구간 범위의 상한치에 상응하는 값으로 계산한 결과는 (5)란에 나타내었다. 예를 들어, $i=4$일 때

$$z_4 = \frac{x-\mu}{\sigma}$$

$$= \frac{1669-1399.113}{339.168} = 0.796$$

표준정규누가확률의 대응되는 값은 식(2.15) 혹은 〈표 2.3〉에 의해 구할 수 있는데 여기서는 식(2.15)로부터 계산되어진다. 그 값은 0.787이고, 〈표 2.6〉의 (6)란과 같이 된다. 이론적 상대도수함수 또는 모집단의 상대도수함수는 식(2.10)으로 계산되며 (7)란과 같다. $i=4$일 때, 이론적 상대도수함수는

$$p(x_4) = p(1440 \le X \le 1669\text{mm})$$

$$= F(1669) - F(1440) = 0.787 - 0.547 = 0.240$$

표본의 상대도수함수 $f_s(x_i)$와 이론적 상대도수함수 $p(x_i)$는 〈그림 2.15〉와 같으며 표본의 누가도수함수 $F_s(x_i)$와 이론적 누가도수함수 $F(x_i)$는 〈그림 2.16〉과 같다. 이 두 가지의 함수, 즉 상대도수함수와 누가도수함수는 그림에서 비슷한 형태를 보이고 있는 것으로 보이나 상대도수함수의 경우 3번째와 4번째 구간에서 다소 편차가 있어 보인다.

적합도 검정을 하기 위해 χ^2검정 통계치는 식(2.37)로부터 계산된다. $i=4$일 때,

$$\chi_c^2 = \frac{n[f_s(x_4)-p(x_4)]^2}{p(x_4)} = \frac{48\times(0.104-0.240)^2}{0.240} = 3.701$$

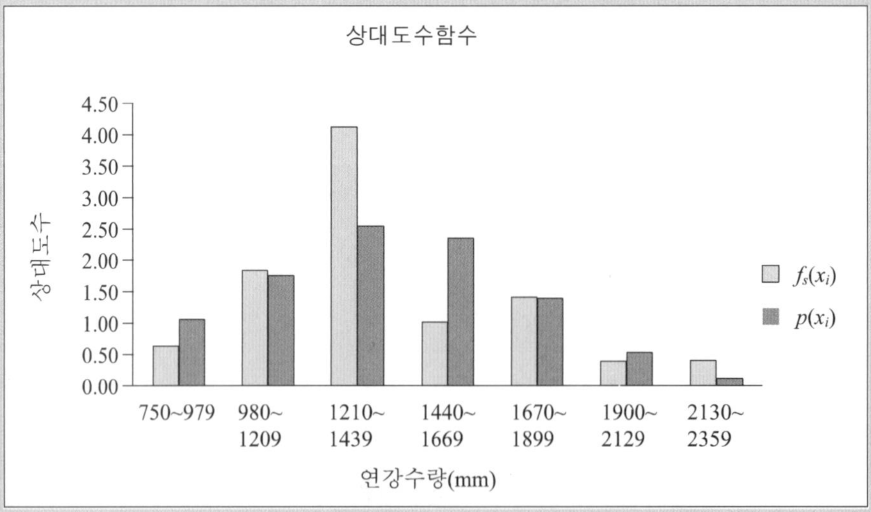

〈그림 2.15〉 표본의 상대도수함수 $f_s(x_i)$와 이론적 상대도수함수 $p(x_i)$

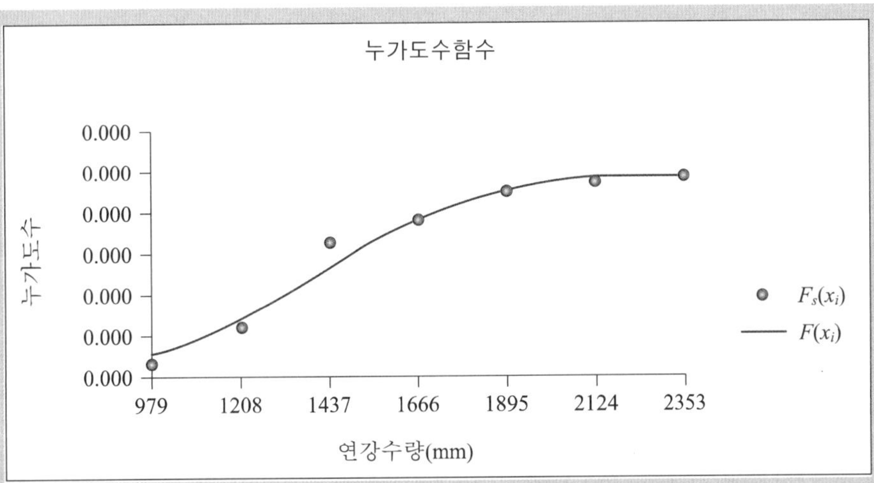

〈그림 2.16〉 표본의 누가도수함수 $F_s(x_i)$와 이론적 누가도수함수 $F(x_i)$

〈표 2.6〉의 (8)란에서 값의 총계는 $\chi_c^2=12.388$이다. 유의수준 $\alpha=0.05$, 즉 신뢰수준이 $1-\alpha=0.95$이고 자유도 $\nu=k-p-1=7-2-1=4$일 때 $\chi_{4,0.95}^2=9.49$로 된다. 이 값은 χ_c^2보다 작으므로 유의수준 $\alpha=0.05$에서는 가설이 기각된 것을 알 수 있다. 따라서 대수정규분포나 기타 다른 분포에 적합한지를 재검정하여야 한다(연습문제 2.10).

2.5 수문분석을 위한 확률분포함수

다양한 수문 관측자료들 또는 수문변수들은 각각 다른 확률분포함수들을 가지며, 수문변수들의 특성에 따라 알맞은 확률분포를 선정하여 이용하여야 한다. 앞의 절들에서 서울관측소의 연강수량에 알맞은 확률분포를 선정하기 위해 어떠한 절차를 거치는지 설명하였다. 확률분포에 대한 수문변수의 적합성 검정을 통해 분포형을 선정하게 되며, 선정된 확률분포함수는 수문분석과 설계 목적에 따라 이용하게 된다. 정규분포에 대해서는 2.2.3절에서 살펴보았고, 본 절에서는 정규분포 이외에 수문변수에 많이 이용되는 확률분포함수들에 대하여 간략히 살펴보기로 한다.

2.5.1 대수정규분포

어떤 수문변수 x에 대해 $y=\log(x)$가 정규분포를 따른다면 x는 대수정규분포(Log-Normal distribution, LN)를 가지게 된다. 2개의 매개변수를 갖는 대수정규분포(LN2)의 확률밀도함수 $f(x)$와 누가분포함수 $F(x)$는 각각 식(2.38), 식(2.39)와 같다.

$$f(x) = \frac{1}{x\sigma_y\sqrt{2\pi}}\exp\left[-\frac{1}{2}\left(\frac{\log(x)-\mu_y}{\sigma_y}\right)^2\right],\ x>0 \tag{2.38}$$

$$F(x) = \frac{1}{\sigma_y\sqrt{2\pi}}\int_0^x \frac{1}{x}\exp\left[-\frac{1}{2}\left(\frac{\log(x)-\mu_y}{\sigma_y}\right)^2\right]dx \tag{2.39}$$

여기서 μ_y는 $\log(x)$의 평균이고, σ_y는 $\log(x)$의 표준편차이다. 이들 평균과 표준편차를 이용해 평균 0과 표준편차 1의 축소변량(reduced variate) z에 대한 $f(z)$와 $F(z)$는 각각 식(2.40), 식(2.41)과 같다.

$$f(z) = \frac{1}{\sqrt{2\pi}}exp(-z^2/2) \tag{2.40}$$

$$F(z) = \int_0^z \frac{1}{\sqrt{2\pi}}\exp(-z^2/2)dz \tag{2.41}$$

매개변수는 각각 $\mu_y = \bar{y}$와 $\sigma_y = s_y$로부터 구할 수 있다.

2.5.2 Pearson Type III 분포

Pearson Type III 분포(PT3)는 3변수로서 3변수 감마분포(Gamma distribution)로도 알려져 있다. 이 분포의 $f(x)$와 $F(x)$는 각각 식(2.42), 식(2.43)과 같다.

$$f(x) = \frac{\lambda^\beta(x-\epsilon)^{\beta-1}e^{-\lambda(x-\epsilon)}}{\Gamma(\beta)},\ x \geq \epsilon \tag{2.42}$$

$$F(x) = \int_\epsilon^x \frac{\lambda^\beta(x-\epsilon)^{\beta-1}e^{-\lambda(x-\epsilon)}}{\Gamma(\beta)}dx \tag{2.43}$$

$\lambda = 1/\gamma$라면 ϵ, γ, β는 각각 위치(location)매개변수, 규모(scale)매개변수, 형상(shape)매개변수이고, 축소변량 $z = \dfrac{x-\epsilon}{\gamma}$에 대한 $f(z)$와 $F(z)$는 각각 식(2.44) 및 식(2.45)와 같다.

$$f(z) = \frac{1}{|\gamma|\Gamma(\beta)}(z)^{\beta-1}e^{-z} \tag{2.44}$$

$$F(z) = \int_0^z \frac{1}{|\gamma| \Gamma(\beta)} (z)^{\beta - 1} e^{-z} \tag{2.45}$$

모멘트법에 의한 매개변수는 다음과 같이 추정할 수 있다.

$$\lambda = \frac{s_x}{\sqrt{\beta}}, \quad \beta = \left(\frac{2}{C_s} \right)^2, \quad \epsilon = \overline{x} - s_x \sqrt{\beta} \tag{2.46}$$

2.5.3 지수함수분포

지수함수분포는 PT3 분포의 특별한 경우로 Pearson Type III에서 형상매개변수 $\beta = 1$일 때를 의미하고 $f(x)$와 $F(x)$는 각각 식(2.47), 식(2.48)과 같다.

$$f(x) = \lambda e^{-\lambda(x - \epsilon)}, \quad x \geq 0 \tag{2.47}$$

$$F(x) = 1 - e^{-\lambda(x - \epsilon)} \tag{2.48}$$

여기서 ϵ은 위치매개변수이고, γ 또는 λ는 규모매개변수이다. 축소변량 $z = \frac{x - \epsilon}{\gamma}$에 대한 $f(z)$와 $F(z)$는 각각 식(2.49), 식(2.50)과 같다.

$$f(z) = e^{-z} \tag{2.49}$$

$$F(z) = 1 - e^{-z} \tag{2.50}$$

2.5.4 Log Pearson Type III 분포

$y = \log(x)$가 Pearson Type III 분포를 따를 때, x는 Log Pearson Type III 분포(LP3)가 된다. 이 분포는 미국에서 홍수빈도해석시 표준으로 이용하고 있으며, $f(x)$와 $F(x)$는 각각 식(2.51), 식(2.52)와 같다.

$$f(x) = \frac{\lambda^\beta (y - \epsilon)^{\beta - 1} e^{-\lambda(y - \epsilon)}}{x \Gamma(\beta)}, \quad \log(x) \geq \epsilon \tag{2.51}$$

$$F(x) = \int_\epsilon^x f(x) dx \tag{2.52}$$

여기서 ϵ은 위치매개변수이고, γ 또는 λ는 규모매개변수이며, β는 형상매개변수이다. 축소변량 $z=\dfrac{y-\epsilon}{\gamma}$에 대한 $f(z)$와 $F(z)$는 각각 식(2.53), 식(2.54)와 같다.

$$f(z)=\frac{1}{|\gamma|\beta}(z)^{\beta-1}e^{-z} \tag{2.53}$$

$$F(z)=\int_0^z f(z)dz \tag{2.54}$$

모멘트법에 의한 매개변수는 다음과 같이 추정할 수 있다.

$$\lambda=\frac{s_y}{\sqrt{\beta}},\ \beta=\left[\frac{2}{C_s(y)}\right]^2,\ \epsilon=\overline{y}-s_y\sqrt{\beta} \tag{2.55}$$

여기서, $C_s(y)$의 값은 양의 값이다.

2.5.5 감마분포

감마분포(Gamma distribution)는 PT3의 특별한 경우로서 $f(x)$와 $F(x)$는 각각 식(2.56), 식(2.57)과 같다.

$$f(x)=\frac{\lambda^\beta x^{\beta-1}e^{-\lambda x}}{\Gamma(\beta)},\ x\geq 0 \tag{2.56}$$

$$F(x)=\int_0^x \frac{\lambda^\beta x^{\beta-1}e^{-\lambda x}}{\Gamma(\beta)}dx \tag{2.57}$$

$\lambda=1/\gamma$라면 γ, β는 각각 위치매개변수, 형상매개변수이고, 축소변량 $z=\dfrac{x}{\gamma}$에 대한 $f(z)$와 $F(z)$는 각각 식(2.58) 및 식(2.59)와 같다.

$$f(z)=\frac{1}{|\gamma|\Gamma(\beta)}(z)^{\beta-1}e^{-z} \tag{2.58}$$

$$F(z)=\int_0^z \frac{1}{|\gamma|\Gamma(\beta)}(z)^{\beta-1}e^{-z} \tag{2.59}$$

모멘트법에 의한 매개변수는 다음과 같이 추정할 수 있다.

$$\lambda = \frac{\overline{x}}{s_x^2} \ , \quad \beta = \frac{\overline{x^2}}{s_x^2} = \frac{1}{CV^2} \tag{2.60}$$

2.5.6 일반 극치분포

일반 극치분포(Generalized Extreme Value distribution, GEV)의 $f(x)$와 $F(x)$는 각각 식(2.61), 식(2.62)와 같다.

$$f(x) = \frac{1}{\gamma}\left[1 - k\left(\frac{x-\epsilon}{\gamma}\right)\right]^{\frac{1}{k}-1} \exp\left[-1 - k\left(\frac{x-\epsilon}{\gamma}\right)\right]^{-\frac{1}{k}} \tag{2.61}$$

$$F(x) = \left[-1 - k\left(\frac{x-\epsilon}{\gamma}\right)^{\frac{1}{k}}\right] \tag{2.62}$$

여기서 ϵ는 위치매개변수, γ는 규모매개변수, k는 형상매개변수이다. 그리고 k가 0이면 EV1 분포, $k<0$이면 EV2 분포, $k>0$이면 EV3 분포가 된다.

2.5.7 Type I 극치분포

Type I 극치분포(Extreme Value Type I, Gumbel distribution 또는 Gumbel EV1 distribution) (EV1 분포)는 홍수빈도해석에 많이 이용되며, $f(x)$와 $F(x)$는 각각 식(2.63), 식(2.64)와 같다.

$$f(x) = \frac{1}{\alpha}\exp\left[-\frac{x-u}{\alpha} - \exp\left(-\frac{x-u}{\alpha}\right)\right], \ -\infty < x < \infty \tag{2.63}$$

$$F(x) = \exp\left[-\exp-\left(\frac{x-u}{\alpha}\right)\right] \tag{2.64}$$

축소변량 $z = \dfrac{x-u}{\alpha}$에 대한 $f'(z)$와 $F'(z)$는 각각 식(2.65) 및 식(2.66)와 같다.

$$f'(z) = e^{-z-(e^{-z})} \tag{2.65}$$

$$F'(z) = e^{-e^{-z}} \tag{2.66}$$

모멘트법에 의한 매개변수는 다음과 같이 추정할 수 있다.

$$\alpha = \frac{\sqrt{6}\, s_x}{\pi},\ \ u = \overline{x} - 0.5772\alpha \tag{2.67}$$

연 습 문 제

2.1 (예제 2.1)의 <표 2.1>를 참고로 하여 다음을 구하라.

(a) 연강수량이 1700mm보다 클 확률

(b) 연강수량이 2년 연속 1700mm보다 클 확률을 <표 2.1>로부터 구하라.

(c) 연강수량이 2년 연속 1700mm보다 클 확률을 독립적인 사상 A와 B의 교집합의 확률을 이용해 구하고 (b)와 비교하여 자료의 경향성 여부를 기술하라.

2.2 (예제 2.1)의 <표 2.1>를 참고로 하여 다음을 구하라.

(a) 연강수량이 1200mm보다 작을 확률

(b) 연강수량이 2년 연속 1200mm보다 작을 확률을 <표 2.1>로부터 구하라.

(c) 연강수량이 2년 연속 1200mm보다 작을 확률을 독립적인 사상 A와 B의 교집합의 확률을 이용해 구하고 (b)와 비교하여 자료의 경향성 여부를 기술하라.

2.3 <표 2.1>를 참고로 하여 식(2.2)와 식(2.3)을 이용해 n_{class}와 Δx를 결정하고 도수분포표, 히스토그램, 상대도수 그래프를 작성하라.

2.4 <표 2.1>의 자료에 상용대수($\log_{10}$)를 취하고, 이들 값들을 이용하여 식(2.2)와 식(2.3)을 이용해 n_{class}와 Δx를 결정하고 도수분포표, 히스토그램, 상대도수 그래프를 작성하라.

2.5 <표 2.1>의 서울관측소의 연강수량에서 1980년부터 1999년까지의 자료에 대하여 평균, 분산, 표준편차, 변동계수, 왜곡도계수를 계산하라.

2.6 (예제 2.6)에서 무강우 지속시간이 지수함수분포를 따른다고 했을 때, 최우도법에 의해 매개변수 λ를 구하라.

2.7 정규분포의 매개변수 $\mu = \frac{1}{n}\sum_{i=1}^{n} x_i$와 $\sigma^2 = \frac{1}{n}\sum_{i=1}^{n}(x_i - \overline{x})^2$을 최우도법에 의해 얻을 수 있음을 보여라.

2.8 (예제 2.4)에서 구한 평균과 표준편차값을 최우도법으로 유도한 문제 2.6의 공식을 이용해 구한 평균과 표준편차값을 비교하라.

2.9 (예제 2.7)에 대해 귀무가설을 유의수준 $\alpha=0.05$로 하고, χ^2 검정통계량을 이용해 검정하라.

2.10 (문제 2.4)의 결과를 이용하여 (예제 2.8)을 풀어라.

2.11 기하평균(geometric mean), μ_g를 정의하고, 대수정규분포에서 $y_i = \log(x_i)$, $i = 1, 2, \ldots, n$의 평균 μ_y는 μ_g에 의해 나타낼 수 있음을 보여라. 즉, $\mu_y = \log(\mu_g)$임을 보여라.

Chapter 03

빈도해석

수문순환의 변동성에 의해 발생하는 강수, 홍수, 가뭄 등의 수문과정은 수문관측자료들에 의해서 검토 및 분석된다. 그러나 관측된 자료들을 이용해 수문과정들을 확정론적인 관계로 표현하기에는 그 변동성 때문에 매우 어렵다. 예를 들면, 어떤 하천에서 매년 발생하는 연 첨두유량(annual peak discharge)의 변동성을 확정론적으로 나타내기는 어렵기 때문에 이 관측자료는 무작위 변수 또는 확률변수로 고려되고, 확률 및 통계적인 방법에 의해 해석된다.

극심한 호우, 홍수, 가뭄 등의 극치수문현상은 우리의 환경과 생태계뿐만 아니라 사회, 경제적으로도 큰 영향을 미친다. 따라서 경제적으로 극치수문현상을 방어할 수 있는 댐, 교량, 암거, 홍수조절 구조물 등의 수문시스템 설계, 극치수문현상이 하천, 습지 등의 환경과 생태계에 미치는 영향 분석, 극치수문현상이 홍수터에 미치는 영향과 경제에 미치는 영향 분석 등은 매우 중요하게 다루어져야 한다. 이러한 극치수문현상에 대한 분석은 첨두유량 또는 첨두홍수량과 같은 극치수문사상(extreme hydrologic events) 또는 극치사상(extreme events)들을 가지고 수행되어지며, 극치사상들의 크기는 극치사상들의 발생빈도(frequency of occurrence)와 관련되어 진다. 극치사상들은 보통의 수문사상들보다 자주 발생하지는 않으며, 발생빈도에 따른 극치사상들의 크기를 구하는 것을 빈도해석(frequency analysis)이라고 한다.

빈도해석은 확률분포함수를 이용하여 수행이 이루어지는데, 빈도해석에 사용되는 극치사상 또는 수문자료들은 독립적이고 동일한 분포(independent and identically distributed, iid)를 가진다고 가정한다. 즉, 자료는 무작위 사상이고, 동질성(homogenity)을 가지고 있으며, 모집단의 매개변수는 표본자료로부터 추정될 수 있고, 품질이 좋은 자료(hydrologic data of good quality)이어야 한다는 가정이 전제되어야 한다.

3.1 재현기간과 수문자료계열

3.1.1 재현기간

극치사상은 확률변수 X가 어떤 변량 x_T보다 크거나 같을 때 발생한다고 가정하면, 변량 x_T를 초과하는 $X \geq x_T$의 극치사상들 간의 간격은 재현간격(recurrence interval) τ로 정의된다. 〈표 3.1〉은 한강대교 지점의 연 최대유량 또는 연 최대홍수량을 나타내고 있고, 주어진 자료 중에서 15,000m^3/sec를 초과하는 연 최대홍수량의 재현간격은 〈표 3.2〉와 같다. 예를 들면, 1990년에 32,800.20m^3/sec로 15,000m^3/sec를 초과한 후 5년 후인 1995년에 20,033m^3/sec로 15,000m^3/sec를 초과하였다. 따라서 15,000m^3/sec를 초과하는 연 최대홍수량의 평균재현간격은 〈표 3.2〉와 같이 쓸 수 있고, $\bar{\tau}$=2.4년임을 알 수 있다.

〈표 3.1〉 한강대교 지점의 연 최대홍수량(m^3/sec) (1986~2004)

연도	1980	1990	2000
0		32,800.20	12,413.29
1		14,463.40	10,549.85
2		6,325.07	31,618.59
3		7,573.40	11,982.15
4		4,976.00	11,071.20
5		20,033.00	
6	3,831.70	15,800.23	
7	13,909.30	8,500.00	
8	10,731.30	25,206.03	
9	3,816.27	21,604.47	

〈표 3.2〉 한강대교 지점에서 15,000m^3/sec를 초과하는 연 최대홍수량의 재현간격

초과연도	1990	1995	1996	1998	1999	2002	합계	평균
재현간격 (년)		5	1	2	1	3	12	12/5 =2.4

평균재현간격 $\bar{\tau}$가 기대재현간격(expected recurrence interval) $E(\tau)$와 같다고 할 때, 이는 1,5000m^3/sec보다 같거나 큰 연 최대홍수량이 발생할 재현기간(return period) T로도 정의된다. 즉, $\bar{\tau}=E(\tau)=T$와 같이 나타낼 수 있고, T=2.4년이 된다. 따라서 1,5000m^3/sec보다 같거나 큰 연 최대홍수량이 어떤 해에 발생할 확률은 $P(X\geq 1,5000)$=1/2.4=0.42와 같이 나타낼 수 있다. 이를 식으로 표현하면, 즉 어떤 해에 재현기간 T의 홍수(Flood, F)가 발생할 확률은 식(3.1)과 같다.

$$P(F)=P(X\geq x_T)=1/T \tag{3.1}$$

따라서 홍수발생 확률과 재현기간간의 관계는 다음의 식들과 같다.

- 어떤 해에 재현기간 T의 홍수가 발생하지 않을 확률

$$P(\overline{F})=P(X< x_T)=1-P(X\geq x_T)=1-(1/T) \tag{3.2}$$

- n년 동안 재현기간 T의 홍수가 발생하지 않을 확률

$$[P(\overline{F})]^n=[1-P(X\geq x_T)]^n=[1-(1/T)]^n \tag{3.3}$$

■ n년 동안 적어도 한번 재현기간 T의 홍수가 발생할 확률

$$R = [P(F)]^n = 1 - [1 - P(X \geq x_T)]^n = 1 - [1 - (1/T)]^n \tag{3.4}$$

식(3.1)은 연 초과확률(annual exceedence probability) 또는 초과확률이라고 하며, 식(3.4)는 위험도(risk of failure) 또는 장기간 위험도(long term risk)라고 한다. 식(3.4)가 의미하는 것처럼 위험도는 특정기간(n) 동안 정해진 용량(x_T)(capacity)을 한 번 이상 초과할 확률로 정의된다. 여기서 특정 기간은 보통 구조물의 경우 내구연한(lifetime) 또는 설계수명기간(design life)을 의미하고, 정해진 용량은 어떤 설계치를 나타낸다.

예제 3.1

〈표 3.1〉의 한강대교 지점의 연 최대홍수량, Q가 향후 3년 동안 적어도 한 번 15,000m^3/sec을 초과할 확률은 얼마인가?

풀이

어떤 해에 홍수가 발생할 확률은 $P(Q \geq 1{,}5000) = 1/2.4 = 0.42$이므로 식(3.4)로부터

$1 - [1 - P(Q \geq 1{,}5000)]^3 = 1 - [1 - 0.42]^3 = 0.80$이 된다.

예제 3.2

어떤 암거의 기대수명기간(expected life)이 15년이라고 한다. (a) 만약 이 기대수명기간동안 적어도 한번 암거의 용량을 초과하는 위험도가 20%라면, 이때의 재현기간은 얼마인가? (b) (a)에서 구해진 재현기간을 가진 홍수사상에 대해 설계한 암거가 50년 동안 그 용량을 초과하지 않을 확률은 얼마인가?

풀이

(a) $R = 1 - (1 - 1/T)^n \Rightarrow 0.20 = 1 - (1 - 1/T)^{15}$
따라서 $T = 67.7$년

(b) $T = 67.7$년, $n = 50$년에 대한 위험도는
$R = 1 - (1 - 1/67.7)^{50} = 0.525$
따라서 50년 동안 암거의 설계용량을 초과하지 않을 확률은 $1 - 0.525 = 0.475$이다.

통상 홍수빈도해석, 확률강우량 등의 용어를 사용하고 있다. 홍수빈도해석이란 홍수가 얼마만한 빈도로 발생하는지를 분석하는 것인데 재현기간과 같은 의미를 가진다. 예를 들면,

- **100년 빈도 홍수 또는 100년 재현주기의 홍수**
  100년 동안 1번 발생할 수 있는 홍수 또는 100년의 주기를 가지고 발생 할 수 있는 홍수를 의미한다. 이를 확률로 나타내면, 1/100 = 0.01, 즉 매년 홍수가 발생할 확률이 1%인 홍수를 의미하고, 200년 빈도 홍수는 1/200 = 0.005, 즉 매년 홍수가 발생할 확률이 0.5%인 홍수를 나타낸다.
- **100년 빈도 확률강우량 또는 100년 재현주기의 확률강우량**
  지속시간별 강우빈도해석을 하여 얻은 강우량을 확률강우량이라고 하는데, 24시간 지속시간에 대한 확률강우량은 24시간 확률강우량이라고 한다. 또한 24시간 100년 빈도 확률강우량은 1/100 = 0.01, 즉 지속시간 24시간을 갖는 강우량이 매년 1%의 확률을 가지고 발생할 수 있는 확률강우량을 의미한다.

3.1.2 수문자료계열

수문자료계열(hydrologic data series)은 보통 전기간치계열(complete duration series), 부분기간치계열(partial duration series), 극치계열(extreme value series)로 구분한다. 전기간치계열은 관측한 전기간의 자료를 의미하고, 부분기간치계열은 연 초과치계열(annual exceedence series, AES)을, 극치계열은 연 최고치 또는 연 최대치계열(annual maximum series, AMS) 그리고 연 최저치 또는 연 최소치계열(annual minimum series)을 의미한다. 연 초과치계열은 어떤 기준치(base value)를 초과하는 계열이고, 연 최고치 또는 연 최대치 계열은 매년 관측한 수문자료계열 중 가장 큰 값들의 계열을 말하며, 가장 작은 값들의 계열은 연 최저치 또는 연 최소치계열이 된다. 예를 들어, 30년 동안 관측한 수문자료가 있을 경우, 매년 가장 큰 값을 선택하면 30개의 AMS 자료가 추출이 된다. 그리고 30개의 자료를 추출할 수 있도록 어느 기준치를 정해서 이 기준치를 초과하는 자료를 30개 선택하면 30개의 AES 자료가 추출된다.

수문학적인 설계목적의 홍수빈도해석에서 주로 사용하는 수문자료계열은 연 초과치계열과 연 최고치계열인데, 연 초과치계열은 연속된 홍수량이 선택될 수도 있어 빈도해석의 전제조건인 자료의 독립성에 영향을 줄 수 있기 때문에 연 최고치계열을 보다 더 많이 사용한다. 그러나 이들 자료들은 목적에 따라 상호 보완적으로 사용될 수 있을 것이다. 연 초과치계열의 재현기간 T_E는 연 최고치계열의 재현기간 T와 식(3.5)의 관계가 있는 것으로 알려

져 있다.

$$T_E = \left[\ln\left(\frac{T}{T-1}\right)\right]^{-1} \tag{3.5}$$

3.2 확률도시법에 의한 빈도해석

3.2.1 확률도시법

확률도시(probability plot)법은 경험적인 방법으로 홍수빈도해석을 위해 연 첨두유량 자료(연 최고치계열)를 가장 큰 값의 자료부터 가장 작은 값의 자료까지 내림차순으로 정렬하여 순위에 따라 도시할 수 있는 위치(plotting position)를 구한다. 도시위치는 경험적인 도시위치공식(plotting position formula)에 의해 구하게 되는데, 이는 첨두유량 자료 각각에 대한 초과확률 또는 재현기간을 결정할 수 있게 해준다. 따라서 재현기간 또는 발생빈도에 따른 극치수문사상의 크기를 구할 수 있게 된다. 또한 재현기간과 극치수문사상을 특정 분포의 확률지에 도시함으로써 대상 수문자료가 특정 확률분포에 적합한지 여부를 판단할 수 있게 해준다. 확률분포형에 따라 일반적으로 추천된 도시위치공식은 〈표 3.3〉과 같고, 표에서 m은 정렬된 자료의 순위이고, N은 자료의 총수이다. 빈도해석에 가장 많이 사용하는 공식은 Weibull 공식으로 재현기간 및 확률과의 관계는 식(3.6)과 같다.

$$P(X \geq x_m) = \frac{m}{N+1} = \frac{1}{T} = 1 - P(X < x_m) \tag{3.6}$$

〈표 3.3〉 확률도시위치공식

도시위치공식명	초과확률 $P(X \geq x_m) = \frac{1}{T}$	적정 분포형
Blom	$\frac{m-0.375}{N+0.25}$	정규분포, LN
Gringorton	$\frac{m-0.44}{N+0.12}$	EV1
Weibull	$\frac{m}{N+1}$	모든 분포
Cunnane	$\frac{m-0.4}{N+0.2}$	PT3, LP3

대부분의 도시위치공식은 다음의 식(3.7)을 따른다.

$$P(X \geq x_m) = \frac{m-b}{N+1-2b} \tag{3.7}$$

여기서 b는 매개변수로서 $b=0$이면 Weibull 공식을, $b=0.44$이면 Gringorton 공식을 나타낸다.

3.2.2 Type I 극치분포

EV1 분포 또는 Gumbel 분포에 대하여 2.5.7절에서 설명하였다. 특히, 식(3.8a)의 축소변량 z와 누가분포함수를 식(2.64)에서 $F(x)=e^{-e^{-z}}$로 정의하였는데 이로부터 축소변량은 식(3.8b)와 같이 된다.

$$z = \frac{x-u}{\alpha} \tag{3.8a}$$

$$z = -\ln\left[\ln\left(\frac{1}{F(x)}\right)\right] \tag{3.8b}$$

식(3.1)은 다음과 같이 쓸 수 있다.

$$P(X \geq x_T) = 1/T = 1-P(X < x_T) = 1-F(x_T)$$

따라서 $F(x_T)$는 식(3.9)와 같다.

$$F(x_T) = \frac{T-1}{T} \tag{3.9}$$

식(3.9)를 식(3.8b)에 대입하면 식(3.10)을 얻을 수 있다. 따라서 재현기간 T를 알면 축소변량 z_T를 구할 수 있다.

$$z_T = -\ln\left[\ln\left(\frac{T}{T-1}\right)\right] \tag{3.10}$$

식(3.8a)로부터 EV1 분포에 대하여 x_T는 축소변량 z_T와 다음의 관계가 있다.

$$x_T = u + \alpha z_T \tag{3.11}$$

예제 3.3

어떤 지점에 대해 아래의 〈표 3.4〉와 같이 30년의 AMS자료 또는 연 최대홍수량 Q가 주어져 있다. (a) Weibull 공식에 의해 홍수량별 재현기간을 결정하고, (b) 식(3.11)의 EV1 분포에 대한 매개변수 u와 α를 구하라. 그리고 (c) Gumbel 확률지에 도시한 결과를 이용해 100년 빈도에 해당하는 홍수량을 구하라.

〈표 3.4〉 어떤 지점의 연 최대홍수량(m^3/sec)

1850	1466	392	915	467	720	675	1175	288	120
325	1500	1366	1095	869	675	792	867	1880	170
2294	860	1395	1100	889	1700	693	467	371	212

풀이

(a) 〈표 3.4〉의 연 최대홍수량 자료를 큰 값부터 작은 값의 내림차순 순으로 〈표 3.5〉와 같이 정렬하고 Weibull 공식을 이용해 재현기간 T를 결정한다.

〈표 3.5〉 Weibull 공식에 의한 연 최대홍수량의 재현기간 결정

(1)	(2)	(3)	(1)	(2)	(3)	(1)	(2)	(3)
m	Q (m^3/sec)	$\frac{N+1}{m}$ $= T$(년)	m	Q (m^3/sec)	$\frac{N+1}{m}$ $= T$(년)	m	Q (m^3/sec)	$\frac{N+1}{m}$ $= T$(년)
1	2294	31.000	11	1095	2.818	21	675	1.476
2	1880	15.500	12	915	2.583	22	467	-
3	1850	10.330	13	889	2.384	23	467	1.348
4	1700	7.750	14	869	2.214	24	392	1.292
5	1500	6.200	15	867	2.067	25	371	1.240
6	1466	5.166	16	860	1.937	26	325	1.192
7	1395	4.428	17	792	1.823	27	288	1.148
8	1366	3.875	18	720	1.722	28	212	1.107
9	1175	3.444	19	693	1.631	29	170	1.069
10	1100	3.100	20	675	-	30	120	1.033

(b) EV1 분포의 매개변수 α를 구하기 위해 2개의 재현기간 T_1과 T_2에 상응하는 연 최대홍수량 x_{T_1}과 x_{T_2}에 대해 식(3.11)로부터 아래의 식을 세운다.

$$x_{T_1} = u + \alpha z_{T_1} \text{와 } x_{T_2} = u + \alpha z_{T_2}$$

그러면 α는 식(3.12)와 같이 구할 수 있으며, 이는 〈그림 3.1〉의 Gumbel 확률지에 도시한 그래프의 직선 경사를 나타낸다.

$$\alpha = \frac{x_{T_1} - x_{T_2}}{z_{T_1} - z_{T_2}} \tag{3.12}$$

따라서 식(3.10)으로부터 다음을 구할 수 있다(〈표 3.5〉 참조).

$$T_1 = 31\text{년에 대해 } z_{T_1} = 3.4176$$

$$T_2 = 1.033\text{년에 대해 } z_{T_2} = -1.234$$

따라서 〈표 3.5〉와 식(3.12)로부터

$$\alpha = \frac{[2294 - 120]}{[3.4176 - (-1.234)]} = 467.39$$

식(3.11)과 〈그림 3.1〉에서 $z_T = 0$일 때 $u = x_T = 696.63\text{m}^3/\text{sec}$

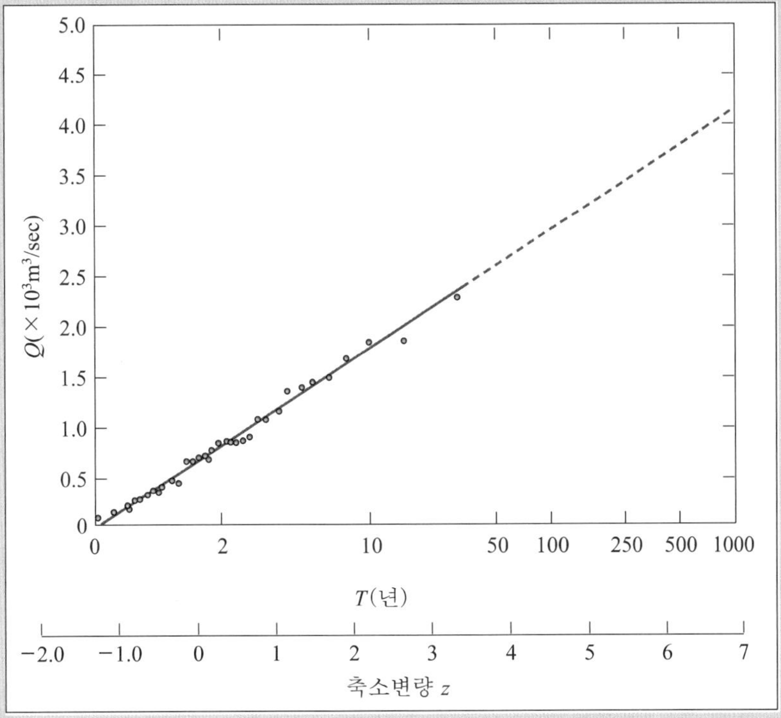

〈그림 3.1〉 Weibull 공식을 이용한 Gumbel 확률지의 도시

(c) 〈표 3.5〉에 의한 결과를 Gumbel 확률지에 작성하면 직선의 형태가 나타난다. 이것은 주어진 수문사상이 EV1 분포에 적합하다는 것을 말한다. 그리고 직선을 〈그림 3.1〉처럼 연장하여 재현기간 100년 빈도에 해당하는 홍수량을 읽으면 $x_{100} = 2550\text{m}^3/\text{sec}$가 된다.

따라서 확률도시법으로 수문사상의 확률분포형의 적합성을 검토할 수 있고, 매개변수도 추정할 수 있다. 그러므로 확률도시법을 이용할 때 확률분포형에 맞는 적정 도시위치공식을 선정하는 것이 중요하다.

3.3 빈도계수법에 의한 빈도해석

3.3.1 빈도계수법

어떤 수문사상 x_T는 평균 μ와 편차 Δx_T의 합에 의해 식(3.13)과 같이 나타낼 수 있다. 그리고 편차 Δx_T는 표준편차 σ와 어떤 계수 K_T의 곱으로 표현할 수 있다. 즉, $\Delta x_T = K_T \sigma$로 표시하면 식(3.14)를 얻게 된다.

$$x_T = \mu + \Delta x_T \tag{3.13}$$

$$x_T = \mu + K_T \sigma \tag{3.14}$$

여기서 K_T는 빈도계수(frequency factor)라고 하며, K_T는 재현기간과 확률분포형에 따른 함수이다. 식(3.14)를 표본자료에 대해 표시하면 식(3.15)를 얻을 수 있고, 대수를 취한 표본자료를 이용하게 되면 식(3.16)과 같이 나타낼 수 있다.

$$x_T = \bar{x} + K_T s \tag{3.15}$$

$$y_T = \bar{y} + K_T s_y \tag{3.16}$$

여기서 $\bar{x}$는 표본자료의 평균, s는 표준편차, $y = \log(x)$이며, $\bar{y}$는 y의 평균이고, s_y는 y의 표준편차이다.

식(3.15)는 재현기간 T에 대한 K_T값에 따라 모든 확률분포형에 적용될 수 있고, T와 K_T는 그 관계가 식으로 정의되거나 표의 형식으로 주어진다. 왜곡된 확률분포형의 경우는 왜곡도가 T와 K_T의 관계에 영향을 미치기 때문에 왜곡도 계수가 고려된다.

3.3.2 정규분포

식(3.14)로부터 빈도계수를 구하면 표준정규변수 z와 같게 된다. 즉, 식(3.17)과 같다.

$$z = K_T = \frac{x_T - \mu}{\sigma} \tag{3.17}$$

따라서 정규분포의 경우는 K_T대신 z를 사용하여 빈도해석을 수행하게 된다. z는 식(3.18)과 식(3.19)에 의해 구하게 된다.

$$w = \left[\ln\left(\frac{1}{p^2}\right)\right]^{1/2}, \ (0 < p \le 0.5) \tag{3.18}$$

$$z = w - \frac{2.515517 + 0.802853w + 0.010328w^2}{1 + 1.432788w + 0.189269w^2 + 0.001308w^3} \tag{3.19}$$

여기서 p는 초과확률 $p = 1/T$를 나타내고, 식(3.18)에서 $p > 0.5$이면 p대신 $1-p$를 이용해 w를 계산하며 계산된 값에 (−) 부호를 붙인다.

예제 3.4

어떤 유역의 유출용적(volume)을 유역면적으로 나누어서 얻은 유출고의 수문사상에 대해 대수정규분포를 이용하여 (a) 100년 빈도의 빈도계수를 구하고, (b) 이에 해당하는 유출고 x_{100}(mm)를 계산하라. 그리고 (c) A=100km^{2}의 유역면적에 대한 100년 빈도의 유출용적 V_{100}(m^3)은 얼마인가? 단, 자연대수를 이용한 유출고의 평균은 $\bar{y}$=1.9327mm이고, 표준편차는 s_y=0.072mm이다.

풀이

(a) T=100년이므로 p=1/100=0.01이다. 식(3.18)로부터

$$w = \left[\ln\left(\frac{1}{0.01^2}\right)\right]^{1/2} = 3.034$$

식(3.19)로부터

$$K_{100} = z = 3.034 - \frac{2.515517 + (0.802853 \times 3.034) + (0.010328 \times 3.034^2)}{1 + (1.432788 \times 3.034) + (0.189269 \times 3.034^2) + (0.001308 \times 3.034^3)}$$

$$= 2.327$$

(b) 식(3.16)으로부터

$y_{100} = \bar{y} + K_{100}\, s_y$=1.9327+2.327×0.072=2.10024

$x_{100} = \exp(y_{100}) = \exp(2.10024)$ =8.168(mm)

(c) $V_{100} = A \times x_{100} = (100 \times 10^6) \times (8.168 \times 10^{-3}) = 816,800(m^3)$

3.3.3 Type I 극치분포

EV1 분포 또는 Gumbel 분포에 대한 K_T값은 식(3.20)과 같이 구할 수 있고, $K_T = 0$일 때 식(3.20)으로부터 재현기간 T를 구하면 T=2.33년이 된다. 즉, 식(3.15)에서 $x_{2.33} = \overline{x}$가 되어 연 평균홍수량의 재현기간이 2.33년임을 나타낸다.

$$K_T = -\frac{\sqrt{6}}{\pi}\left\{0.5772 + \ln\left[\ln\left(\frac{T}{T-1}\right)\right]\right\} \tag{3.20}$$

식(3.20)의 공식은 100년 또는 그 이상의 표본자료에서 좋은 결과를 준다고 알려져 있다. 그러나 실제 작은 표본자료로부터 빈도계수 값을 구해야 하는데 이에 대한 값들이 〈표 3.6〉에 주어져 있다.

〈표 3.6〉 EV1 분포에 대한 빈도계수, K_T

N	지현기간 T(년)								
	5	10	15	20	25	50	75	100	1000
15	0.967	1.703	2.117	2.410	2.632	3.321	3.721	4.004	6.265
20	0.919	1.625	2.023	2.302	2.517	3.179	3.563	3.836	6.006
25	0.888	1.575	1.963	2.235	2.444	3.088	3.463	3.729	5.842
30	0.866	1.541	1.922	2.188	2.393	3.026	3.393	3.653	5.727
35	0.851	1.516	1.891	2.152	2.354	2.979	3.341	3.598	
40	0.838	1.495	1.866	2.126	2.326	2.943	3.301	3.554	5.576
45	0.829	1.478	1.847	2.104	2.303	2.913	3.268	3.520	
50	0.820	1.466	1.831	2.086	2.283	2.889	3.241	3.491	5.478
55	0.813	1.455	1.818	2.071	2.267	2.869	3.219	3.467	
60	0.807	1.446	1.806	2.059	2.253	2.852	3.200	3.4465	
65	0.801	1.437	1.796	2.048	2.241	2.837	3.183	3.429	
70	0.797	1.430	1.788	2.038	2.230	2.824	3.169	3.413	5.359
75	0.792	1.423	1.780	2.029	2.220	2.812	3.155	3.400	
80	0.788	1.417	1.773	2.020	2.212	2.802	3.145	3.387	
85	0.785	1.413	1.767	2.013	2.205	2.793	3.135	3.376	
90	0.782	1.409	1.762	2.007	2.198	2.785	3.125	3.367	
95	0.780	1.405	1.757	2.002	2.193	2.777	3.116	3.357	
100	0.779	1.401	1.752	1.998	2.187	2.770	3.109	3.349	5.261
∞	0.719	1.305	1.635	1.866	2.044	2.592	2.911	3.137	4.936

3.3.4 Log-Pearson Type III 분포

PT III 분포에 대한 빈도계수는 재현기간 2년에서 200년 사이에서 다음의 식(3.21)과 같이 얻을 수 있다.

$$K_T = z + (z^2 - 1)k + (z^3 - 6z)\frac{k^2}{3} - (z^2 - 1)k^3 + zk^4 + \frac{k^5}{3} \tag{3.21}$$

여기서 $k = \frac{C_s}{6}$, C_s는 왜곡도계수로 식(2.25)로부터 구할 수 있고, z는 식(3.19)에서 얻을 수 있다.

LP III 분포에 대해서는 왜곡도계수 C_s대신에 $y = \log(x)$에 대한 왜곡도계수 C_y를 이용한다. 따라서 LP III 분포에 대해 재현기간에 따른 대상 수문사상은 식(3.16)에서처럼 구할 수 있다. K_T값은 재현기간 T와 왜곡도계수 C_y의 함수로서 정의되고, 〈표 3.7〉에서 구할 수 있으며, $C_y = 0$에 해당되는 K_T값은 대수정규분포의 경우와 같다.

〈표 3.7〉 LP III 분포에 대한 빈도계수, K_T

C_y	지현기간 T						
	2	10	25	50	100	200	1000
3.0	−0.396	1.180	2.278	3.152	4.051	4.970	7.250
2.5	−0.360	1.250	2.262	3.048	3.845	4.652	6.600
2.2	−0.330	1.284	2.240	2.970	3.705	4.444	6.200
2.0	−0.307	1.302	2.219	2.912	3.605	4.298	5.910
1.8	−0.282	1.318	2.193	2.848	3.499	4.147	5.660
1.6	−0.254	1.329	2.163	2.780	3.388	3.990	5.390
1.4	−0.225	1.337	2.128	2.706	3.271	3.828	5.110
1.2	−0.195	1.340	2.087	2.626	3.149	3.661	4.820
1.0	−0.164	1.340	2.043	2.542	3.022	3.489	4.540
0.9	−0.148	1.339	2.018	2.498	2.957	3.401	4.395
0.8	−0.132	1.336	1.998	2.453	2.891	3.312	4.250
0.7	−0.116	1.333	1.967	2.407	2.824	3.223	4.105
0.6	−0.099	1.328	1.939	2.359	2.755	3.132	3.960
0.5	−0.083	1.323	1.910	2.311	2.686	3.041	3.815
0.4	−0.066	1.317	1.880	2.261	2.615	2.949	3.670
0.3	−0.050	1.309	1.849	2.211	2.544	2.856	3.525
0.2	−0.033	1.301	1.818	2.159	2.472	2.763	3.380
0.1	−0.017	1.292	1.785	2.107	2.400	2.670	3.235

0.0	**0.000**	**1.282**	**1.751**	**2.054**	**2.326**	**2.576**	**3.090**
−0.1	0.017	1.270	1.716	2.000	2.252	2.482	2.950
−0.2	0.033	1.258	1.680	1.945	2.178	2.388	2.810
−0.3	0.050	1.245	1.643	1.890	2.104	2.294	2.675
−0.4	0.066	1.231	1.606	1.834	2.029	2.201	2.540
−0.5	0.083	1.216	1.567	1.777	1.955	2.108	2.400
−0.6	0.099	1.200	1.528	1.720	1.880	2.016	2.275
−0.7	0.116	1.183	1.488	1.663	1.806	1.926	2.150
−0.8	0.132	1.166	1.448	1.606	1.733	1.837	2.035
−0.9	0.148	1.147	1.407	1.549	1.660	1.749	1.910
−1.0	0.164	1.128	1.366	1.492	1.588	1.664	1.880
−1.4	0.225	1.041	1.198	1.270	1.318	1.351	1.465
−1.8	0.282	0.945	1.035	1.069	1.087	1.097	1.130
−2.2	0.330	0.844	0.888	0.900	0.905	0.907	0.910
−3.0	0.396	0.660	0.666	0.666	0.667	0.667	0.668

예제 3.5

어떤 지점의 연 최대홍수량의 상용대수값들에 대한 통계특성값들이 $\bar{y}=3.6071\text{m}^3/\text{sec}$, $s_y=0.1427\text{m}^3/\text{sec}$, $C_y=0.043$과 같이 주어져 있을 때, LP III 분포에 대해 (a) 100년, (b) 200년, (c) 1000년의 재현기간에 대한 홍수량값을 구하라.

풀이

LP III 분포에 대한 재현기간별 홍수량값을 아래 표와 같이 구하였다.

(1)	(2)	(3)	(4)	(5)
T (년)	K_T <표 3.7> 이용	$K_T s_y$	$y_T=\bar{y}+K_T s_y$	$x_T=10^{y_T}$ (m^3/sec)
100	2.358	0.3365	3.9436	8782
200	2.616	0.3733	3.9804	9559
1000	3.152	0.4498	4.0569	11400

3.4 지역 빈도해석

3.4.1 지역홍수빈도곡선

3.2절과 3.3절의 빈도해석은 해당 관측 또는 계측(gauged)지점의 수문관측자료가 존재할 때 의미를 가지며, 보통 점 빈도해석(point frequency analysis)이라고 불린다. 그러나 관측자료가 없는 미계측유역(ungauged watershed)에 대한 빈도해석의 경우는 지역 빈도해석(regional frequency analysis)이라는 방법을 이용한다. 이는 계측유역의 관측자료에 대한 통계적인 정보를, 계측유역과 유사한 유역 및 수문특성을 가진 주변의 미계측유역에 적용함으로써 빈도해석을 수행하게 된다. 특히, 홍수빈도해석을 위해 지표홍수량방법(Index-Flood method)을 이용하게 되는데 계측유역의 홍수량자료로부터 2가지의 곡선을 작성함으로써 분석을 수행한다. 첫 번째는 (1) 연 평균홍수량(mean annual peak flood)과 유역면적(watershed area), A간의 관계곡선을 작성하는 것이고, 두 번째는 (2) 첨두홍수량비(peak flow ratio)와 재현기간(return period)간의 관계곡선을 작성하는 것이다. 여기서 첨두홍수량비는 주어진 재현기간에 대한 첨두홍수량(peak flow) Q_T와 연 평균홍수량 $\overline{Q}_{2.33}$의 비를 나타낸다. 어떤 지역에 대해 일단 2개의 관계곡선이 작성되면 주변지역의 미계측유역에 대해 홍수빈도곡선을 작성할 수 있으며, 이에 대한 절차를 단계별로 나타내면 아래와 같다.

1. 미계측유역과 유사한 특성을 가진 계측유역의 여러 관측지점에 대한 첨두홍수량계열 자료를 수집하라. 보통 10~15개 지점의 첨두홍수량자료가 추천된다.
2. 관측 자료의 수집기간을 결정한다.
3. Weibull 또는 Gringorten 도시위치공식에 의해 각 지점의 첨두홍수량을 내림차순으로 정렬하여 순위를 정하고 재현기간 T를 계산한다.
4. EV1 분포의 매개변수를 추정한 후, 연 평균홍수량 $\overline{Q}_{2.33}$를 구하거나 첨두홍수량과 재현기간을 Gumbel 확률지(또는 extreme value probability paper)에 도시하여 직선을 확인하고, 재현기간 2.33년에 해당하는 연 평균홍수량을 구한다.
5. 연 평균홍수량과 유역면적간의 관계곡선을 작성한다(〈그림 3.2〉). 일반적으로 관계곡선은 $\overline{Q}_{2.33} = CA^n$의 형태를 가지며, 전대수지(log-log paper)에 도시할 경우 직선의 형태를 나타낸다.
6. 1.25, 2, 5, 10, 25, 50년과 같은 재현기간을 선정하고, 각 재현기간과 각 지점별로 3단계에서 구한 첨두홍수량 Q_T를 준비한다. 4단계의 결과로부터 지점별 유역면적에 따

른 연 평균홍수량 $\overline{Q}_{2.33}$를 준비한다. 그런 후 첨두홍수량비 $Q_T / \overline{Q}_{2.33}$를 구한다. 이러한 결과에 대한 한 가지 간단한 예시를 〈표 3.8〉에 나타내었다.

7. 각 재현기간에 대한 각 지점별 첨두홍수량비를 검토한 후 중앙값(median value)을 선정한다. 이는 〈표 3.8〉의 마지막 줄에 주어진다.
8. 재현기간과 첨두홍수량비의 중앙값(median peak flow ratio)을 Gumbel 확률지에 도시함으로써 직선의 형태를 얻으며 이 곡선을 지역홍수빈도곡선(regional flood frequency curve)이라고 한다(〈그림 3.3〉).

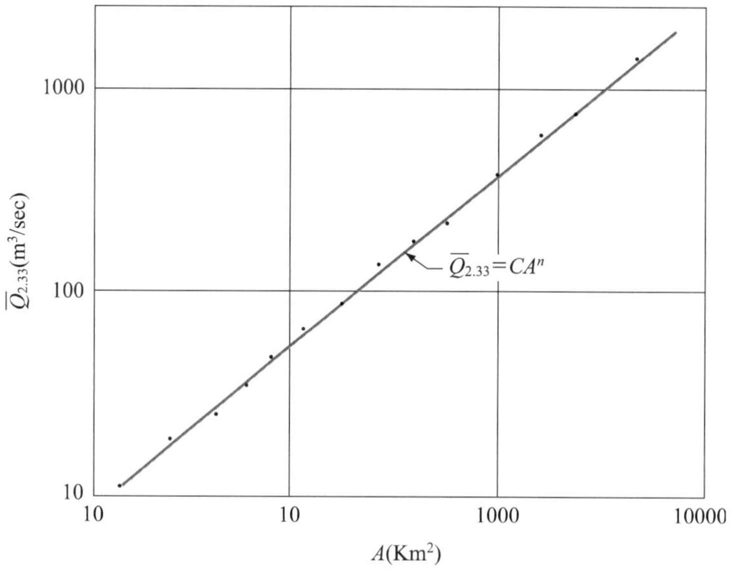

〈그림 3.2〉 유역면적과 연 평균홍수량의 관계곡선

〈표 3.8〉 첨두홍수량비와 중앙값

관측 지점	$Q_T / \overline{Q}_{2.33}$					
	1.25	2	5	10	25	50
1	0.49	0.90	1.45	1.82	2.28	2.62
2	0.51	0.92	1.44	1.79	2.23	2.56
3	0.55	0.92	1.40	1.73	2.14	2.44
4	0.45	0.90	1.50	1.88	2.38	2.74
5	0.50	0.91	1.46	1.84	2.32	2.68
중앙값	0.50	0.91	1.45	1.82	2.28	2.62

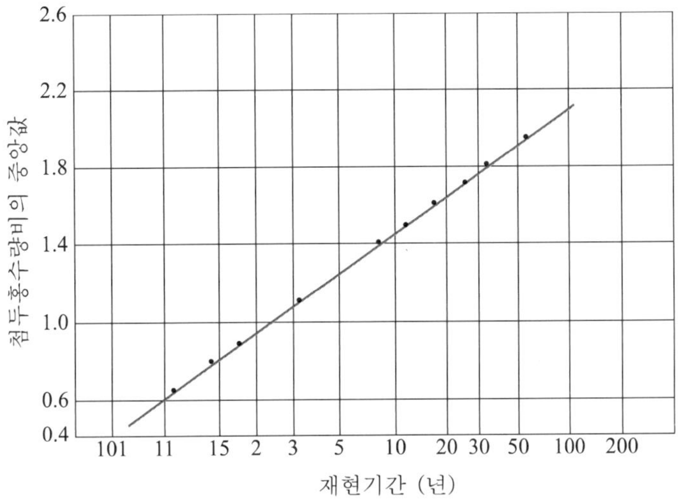

〈그림 3.3〉 지역홍수빈도곡선

3.4.2 미계측유역의 홍수빈도곡선

어떤 미계측유역에 대한 홍수빈도곡선을 작성하는 단계는 아래와 같다.

1. 미계측 지점의 유역면적을 지형도로부터 측정한다.
2. 〈그림 3.2〉로부터 연 평균홍수량을 구한다.
3. 〈그림 3.3〉으로부터 선정한 재현기간에 대한 첨두홍수량비를 구한다.
4. 3단계에서 구한 첨두홍수량비와 2단계에서 구한 연 평균홍수량을 곱하여 해당 재현기간에 대한 첨두홍수량을 결정한다.
5. 4단계에서 결정한 각 재현기간별 첨두홍수량을 Gumbel 확률지에 도시함으로써 미계측 유역에 대한 홍수빈도곡선을 작성할 수 있다.

지역홍수빈도해석을 위해 선정한 하천의 유역은 가능한 동질의 수문특성을 가져야 한다. 또한 지역홍수빈도해석은 주어진 한 재현기간에 대해 모든 지점에서 첨두홍수량비가 같아야 한다는 가정을 전제로 한다. 즉, 변동계수(coefficient of variation) CV$=\dfrac{s_x}{\overline{x}}$가 모든 지점에서 같아야 한다는 것이다. 식(3.15)를 평균 $\overline{x}$로 나누면 식(3.22)가 얻어지는데 어떤 특정 재현기간에 대해 $\dfrac{x_T}{\overline{x}}$를 첨두홍수량비로 간주하면 빈도계수와 변동계수가 모든 지점에서 같아야 첨두홍수량비가 같음을 알 수 있으며, 이것은 지역빈도해석의 단점으로 지적되고 있다.

$$\frac{x_T}{\overline{x}}=1+K_T\frac{s_x}{\overline{x}} \tag{3.22}$$

연 습 문 제

3.1 <표 3.1>로부터 20,000m³/sec를 초과하는 연 최대홍수량의 재현간격과 평균재현간격인 재현기간을 구하라.

3.2 다음의 각각에 대하여 홍수가 발생할 확률을 구하라.
(a) 재현기간 5년의 홍수가 다음해에 발생할 확률을 구하라.
(b) 재현기간 5년의 홍수가 다음 5년 동안 적어도 한 번 발생할 확률을 구하라.
(c) 재현기간 5년의 홍수가 다음 50년 동안 적어도 한 번 발생할 확률을 구하라.

3.3 (예제 3.3)에 주어진 <표 3.4>의 자료를 이용하여 (a) Gringorton 공식에 의해 홍수량별 재현기간을 결정하고, (b) 식(3.11)의 EV1 분포에 대한 매개변수 u와 α를 구하라. 그리고 (c) Gumbel 확률지에 도시한 결과를 이용해 1000년 빈도에 해당하는 홍수량을 구하라.

3.4 어떤 지점의 홍수량이 아래의 표와 같다. 대수정규분포를 이용하여 다음을 구하라.

연도	2001	2002	2003	2004	2005	2006	2007	2008	2009
홍수량 (m^3/sec)	45.3	27.5	16.9	41.1	31.2	19.9	22.7	59.0	35.4

(a) 홍수량이 42.5m³/sec를 초과하지 않을 확률
(b) 홍수량이 42.5m³/sec에 대한 재현기간
(c) 20년 재현기간의 홍수량

3.5 EV1 분포에 대하여 빈도계수가 식(3.20)과 같다는 것을 보여라.

3.6 (예제 3.5)에서 $C_y=0$의 경우인 대수정규분포에 대해 (a) 100년, (b) 200년, (c) 1000년의 재현기간에 대한 홍수량값을 구하라. 그리고 (예제 3.5)의 결과와 비교하라.

3.7 수문학적 동질성을 가진 5개의 유역(homogeneous watersheds)에 대해 각각의 연 평균홍수량 $\overline{Q}_{2.33}$와 50년 재현기간의 첨두홍수량 Q_{50}이 아래의 표와 같이 주어져 있다. 주어진 5개의 유역과 유사한 특성을 가진 어떤 미계측유역의 연 평균홍수량이 40m³/sec일 때, 이 유역에 대한 50년 재현기간의 홍수량을 추정하라.

유역	$\overline{Q}_{2.33}$(m^3/sec)	Q_{50}(m^3/sec)
A	20	100
B	35	150
C	25	120
D	50	170
E	10	90

PART III

수문순환

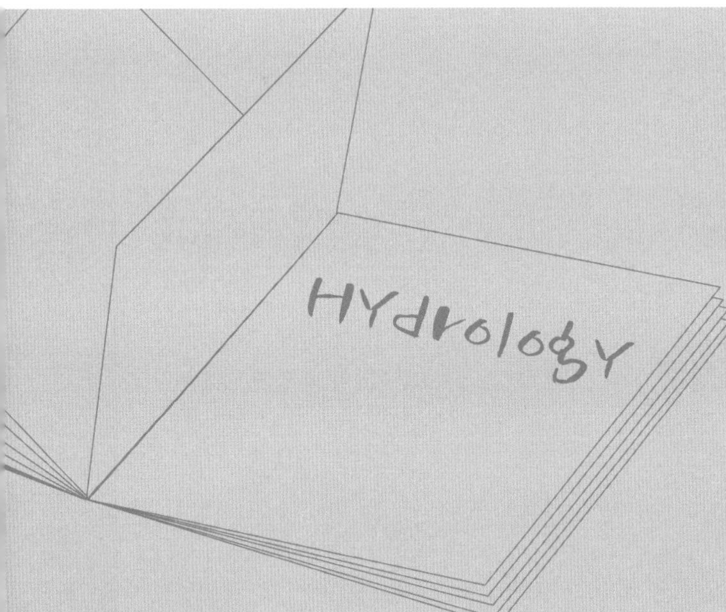

Chapter 04

수문기상

기상학(meteorology)은 수문순환 중에 공기(air) 중에서 물을 이송시키는 대기(atmosphere)의 부분을 다루기 때문에 대기의 현상을 연구하는 학문으로 정의되기도 한다. 특히 수문기상학(hydrometeoroloyg)은 지구의 수자원에 영향을 미치는 대기의 과정(atmospheric processes)을 연구하는 학문이라고 할 수 있는데, 수문순환에서 지상과 대기 중에 존재하는 물의 상호관계를 다룬다고 할 수 있다. 이는 대기의 구성과 에너지가 구름의 형성과 강수에 영향을 미치게 되고, 지상의 수자원에도 영향을 주며 수문순환의 전반적인 현상을 지배하기 때문이다. 따라서 태양으로부터 오는 대기의 에너지와 기상학적인 현상들을 이해하는 것은 구름의 형성과 강수현상 및 전반적인 수문순환을 이해하는데 중요한 요소라 할 수 있다.

4.1 대기의 에너지

4.1.1 대기의 구성과 구조

(1) 대기의 두께

공기의 밀도에 의한 대기의 두께가 얼마인지 명확히 구분 지을 수는 없지만 해수면에서부터 100km 정도의 높이를 대기의 상한으로 하고 있다. 이 높이에서 0.00003%의 공기밀도를 가지고 있고, 10km에서는 10%, 50km에서는 1%의 공기밀도를 가지고 있다. 따라서 해수면으로부터 높이 올라갈수록 존재하는 기체(gases)가 감소한다는 것을 알 수 있고, 대기의 두께를 적도에서의 지구 반지름 약 6,370km와 비교하면 아주 작은 부분을 차지하고 있다.

(2) 대기의 구성

대기는 눈에 보이지 않는 기체들, 떠다니는 수많은 작은 입자들, 그리고 작은 물방울들로 구성되어 있다. 기체는 대기와 지상을 계속해서 순환하고 있는데, 대기를 하나의 저수지로 생각하면 저수지에 있는 기체의 농도는 변화하지 않는다. 즉, 저수지로 들어오는 기체의 유입률(input rate)과 나가는 유출률(output rate)이 같기 때문이며, 이러한 상태를 기체 농도가 정상상태(steady state)에 있다고 한다.

대기의 기체는 **불변기체**(permanent gases)와 **가변기체**(variable gases)로 나눌 수 있는데 불변기체는 기체의 농도가 시간과 공간에 따라 안정된 상태에 있는것이고, 가변기체는 시간과 공간에 따라 기체의 농도가 변하는 것을 말한다. 〈표 4.1〉과 〈표 4.2〉는 불변기체와 가변기체, 그리고 각각의 분자량(molecular weight)을 나타내고 있다.

〈표 4.1〉 대기의 불변기체

구성요소	기호	전체 불변기체에 대한 백분율(%)	분자량
Nitrogen	N_2	78.08	28.01
Oxygen	O_2	20.95	32.00
Argon	Ar	0.93	39.95
Neon	Ne	0.002	20.18
Helium	He	0.0005	4.00
Krypton	Kr	0.0001	83.8
Xenon	Xe	0.00009	131.3
Hydrogen	H_2	0.00005	2.02

〈표 4.2〉 대기의 가변기체

구성요소	기호	전체 기체에 대한 백분율(%)	분자량
Water Vapor	H_2O	0.25	18.01
Carbon Dioxide	CO_2	0.036	44.01
Ozone	O_3	0.01	48.00

(3) 대기의 연직구조

사실상 대기의 상한선은 없으나 고도 100km 정도를 상한선으로 하고 있다. 따라서 이 상한선내에서 대기의 구조를 3가지 정도로 구분하여 그 연직구조를 나타내고 있는데 이는 화학적 성분(chemical composition), 기온(temperature), 전기적 특성(electrical characteristics)에 따라 구분하고 있다.

■ 화학적 성분에 따른 대기의 연직구조

해수면으로부터 80km까지의 대기가 화학적 동질성을 유지하고 있어 이를 **균질권**(homosphere)이라고 부르고, 80km부터는 **비균질권**(heterosphere)이라고 한다. 그러나 일반적으로 우리는 대기를 균질권으로 취급한다.

■ 기온변화에 따른 대기의 연직구조

대기의 두께는 지구의 크기에 비해 상대적으로 얇기 때문에 대기의 연직운동은 급하게 변화하지 않지만 구름의 형성이나 강수 등에는 크게 영향을 미친다. 즉, 고도에 따른 기온(temperature)의 변화에 따라 공기의 이동과 구름의 형성, 강수, 뇌우(thunderstorm) 등에 영향을 준다. 따라서 대기를 **대류권**(troposphere), **성층권**(stratosphere), **중간권**(mesosphere), **열권**(thermosphere)의 4개의 층으로 나누어 기온의 변화를 구분하고 있다. 〈그림 4.1〉은 고도에 따른 대기의 온도변화를 보여주고 있다.

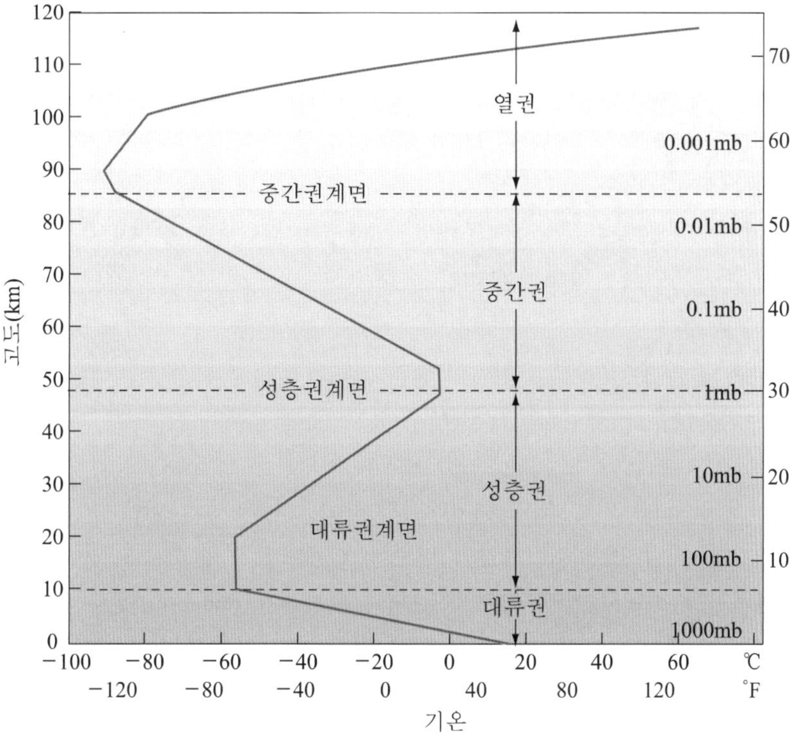

〈그림 4.1〉 고도에 따른 대기의 온도변화

대류권은 대기 질량의 80%를 포함하고 있으며, 그 범위는 8~16km이고 평균은 11km이다. 지상부근에서의 온도는 평균 15℃이지만 대류권 위쪽에서는 －57℃에 달한다. 고도에 따라 기온이 감소하는 비율인 기온체감률(air temperature lapse rate)은 6.5℃/km이다. 기후와 관련한 대부분의 기상현상이 여기에서 발생한다.

성층권은 대체적으로 뚜렷한 기후관련 기상현상이 없고, 고도 20km까지는 －59℃를 유지하며, 고도 20km부터 상부층인 50km까지 기온이 감소하는데 －2℃까지 감소한다. 또한 대류권과 성층권은 대기 질량의 99.9%를 포함하고 있다. 중간권은 고도 80km까지 기온이 감소하고, 열권은 고도에 따라 기온이 증가한다.

■ 전기적 특성에 따른 대기층

전리층(ionosphere)이라고 불리는 이 층은 전기적 특성을 토대로 정의되고, 앞에서 언급한 중간층 상부로부터 열층까지로서 수많은 이온들(ions)로 구성되어 있다. 지구상의 상층 대기를 구성하는 분자나 원자는 태양으로부터의 자외선, X선에 의해 전리되는데 이 분자, 원자 이온과 전자가 혼재하는 영역으로 생성되는 층의 구조에 따라 D층, E층, F층으로 분류된다. 이들 층들은 라디오 전파, 오로라 현상 등에 영향을 미친다.

예제 4.1

해수면에서의 기온이 15℃일 때, 고도 3km에서의 기온은 얼마인가?

풀이

기온체감율이 6.5℃/km이므로, 고도 3km에서의 기온은 해수면보다 6.5×3=19.5℃만큼 감소한다. 따라서 고도 3km에서의 기온은 15−19.5=−4.5℃이다.

4.1.2 태양복사

(1) 에너지

태양복사(solar radiation) 또는 **태양 복사에너지**(solar radiate energy)는 지구의 표면과 대기 에너지의 중요한 에너지원이다. 태양이 방출하는 에너지는 전자기파 형태로 공간 또는 매질을 통해 에너지를 전달하는 전자기 복사(electromagnetic radiation)에 의해 지구로 전달되며, 이중의 일부는 대기와 지표면에 의해 흡수된다. 이 태양복사는 대기 및 지구의 운동, 물의 증발 등 수많은 활동을 위해 에너지를 제공하며, 수문순환에 지대한 영향을 미친다.

에너지는 일반적으로 **운동에너지**(kinetic energy)와 **위치에너지**(potential energy)의 형태로 존재한다. 운동에너지는 어떤 물체가 현재 운동을 하면서 사용하고 있는 에너지를 말하고, 위치에너지는 현재 사용하고 있지는 않지만 사용하면 나타날 잠재적인 에너지(potential energy)를 의미한다. 예를 들어, 구름의 물방울이 대기중의 어떤 위치에 있다면 위치에너지는 그 위치에 의해 정의된다. 이 물방울이 지구의 중력에 의해 지상으로 떨어지기 시작하면 위치에너지는 운동에너지로 바뀌게 된다. 높이 있는 물방울은 지상까지 떨어지는 거리가 더 있기 때문에 낮은 곳에 있는 물방울보다 더 큰 위치에너지를 갖는다.

에너지는 **전도**(conduction), **대류**(convection) 또는 **복사**(radiation)에 의해 한곳에서 다른 곳으로 전이(transfer)된다. 전도는 열(heat)이 전이되는 방향으로 분자의 움직임 없이 어떤 물체를 통해 열이 이동하는 것을 말한다. 즉, 한쪽 끝을 데우면 열이 다른 쪽 끝까지 전도되는 금속막대의 열전도를 생각해 볼 수 있다. 대류는 지표면 위의 아주 얇은 공기층을 생각해볼 때, 이 층이 낮에 데워지게 되면 밀도는 작아지고, 데워진 공기의 부력 때문에 대기 중으로 상승하게 되며, 위쪽의 차가워진 공기층은 아래쪽으로 이동하게 된다. 따라서 대류는 실제로 어떤 매질(medium)이 이동함으로써 에너지의 이동이 일어난다. 복사는 에너지를 전이하는 매질 없이 에너지를 전파한다. 즉, 복사에 의한 에너지의 전이는 전도나 대류와 달리 빈 공간을 통해 발생할 수 있다.

〈그림 4.2〉에서 볼 수 있는 것처럼 전도는 스토브의 열이 냄비 바닥의 분자들을 진동시켜 이웃의 다른 분자들과 충돌하게 하여 열을 전이함으로써 냄비를 뜨겁게 달군다. 대류는 냄비 바닥의 물을 데워서 증기방울을 만들고 데워진 방울은 주변의 물보다 가벼워져 위쪽으로 올라가게 된다. 위쪽의 물은 아래쪽으로 이동하게 되는데 결국에는 전체 물이 데워지게 된다. 공기가 열을 전도하는데는 아주 작은 역할만 하지만 뜨거워진 스토브와 냄비로부터 열을 느낄 수 있는데, 이는 공기를 통한 복사의 결과이다.

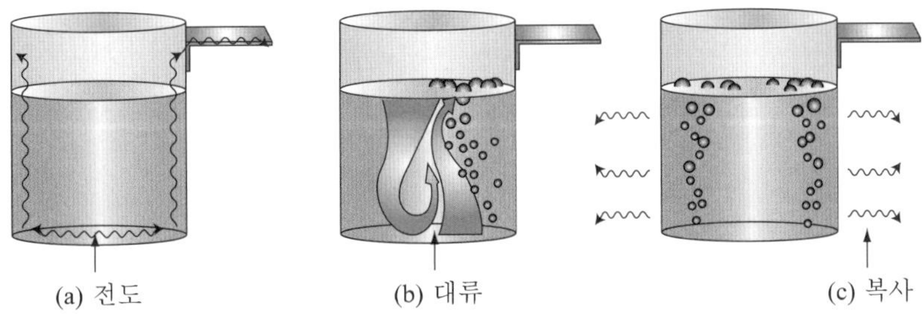

〈그림 4.2〉 전도, 대류, 복사에 의한 에너지 전이

SI(International System) 단위계에 의한 에너지의 표준단위는 joule(또는 J)이며 calories(또는 cal, 1joule=0.239calories)를 사용하기도 한다. 관련 단위로는 동력(power)의 단위를 나타내는 watt(W)가 있고, 이는 1joule/sec에 해당한다. 태양복사의 단위로는 $cal/cm^2/min$을 사용하는데 cal/cm^2은 langley(또는 ly)로 나타낸다. 6,000K의 온도를 가진 태양은 107,050 ly/min의 비율로 에너지를 방출한다.

(2) 복사

모든 물질은 복사 또는 복사에너지를 방사(emit)하고 있다. 즉 별, 지구, 사람들 등 모든 물질은 전자기 에너지(electromagnetic energy)를 지속적으로 방사하고 있는데, 물질들이 방사하는 복사의 형태와 영향은 다를지라도 일련의 파(waves)로써 전파되어 진다. 연못에 돌멩이를 하나 던지면 수표면(water surface)에는 파가 물마루(crest)와 골(trough)을 이루며 진동(oscillation)하면서 퍼져 나가는데 이는 에너지가 전이되고 있음을 말해준다. 복사의 경우도 파의 경우처럼 전기파(electrical wave)와 자기파(magnetic wave)가 진동을 하는데, 이를 전자기 복사(electromagnetic radiation)라고 한다. 〈그림 4.3〉과 같이 전기파(E)와 자기파(M)는 서로 직각으로 작용하며 이는 파의 물마루와 골처럼 작용한다.

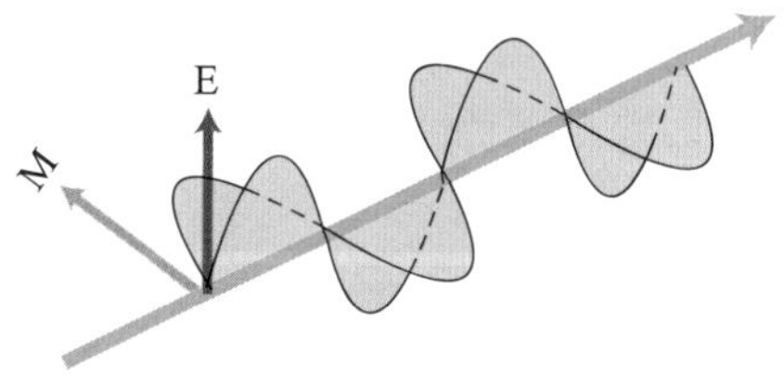

(a) 전기파(E)와 자기파(M)의 단파

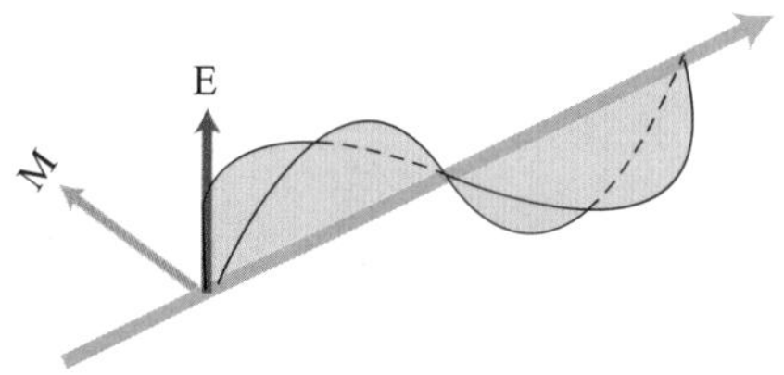

(b) 전기파(E)와 자기파(M)의 장파

〈그림 4.3〉 같은 진폭의 단파와 장파

■ 복사의 양과 질

복사의 양(quantity)은 파의 **진폭**(amplitude)과 관련이 있고, 질(quality)은 **파장**(wavelength)과 관련이 있다. 에너지의 양은 파의 진폭과 비례한다. 즉, 진폭이 같으면 복사의 강도(radiation intensity)도 동일한 크기를 가진다. 파장이 짧은 경우 대기를 통과하지만 파장이 긴경우는 흡수되어 진다. X-선(X-ray)과 같이 파장이 짧은 경우는 부드러운 살갗을 통과하지만, 파장이 긴 일반적인 불빛(light)은 피부에 의해 흡수된다. 파장과 상관없이 전자기 복사의 모든 에너지는 빛의 속도(300,000km/sec)로 여행하며, 〈표 4.3〉은 에너지 형태에 따른 파장을 나타내고 있다. 파장의 단위는 μm (micrometers 또는 microns)이며 이는 10^{-6}m이다.

〈표 4.3〉 파장의 종류

에너지 형태	파장(μm)
감마선(Gamma)	< 0.0001
X-선(X-ray)	0.0001 ~ 0.01
자외선(Ultraviolet)	0.01 ~ 0.4
가시광선(Visible)	0.4 ~ 0.7
근접 적외선(Near Infrared(NIR))	0.7 ~ 4.0
열 적외선(Thermal Infrared)	4.0 ~ 100
Microwave	100 ~ 1,000,000
Radio	> 1,000,000

■ 복사의 강도와 파장

모든 파장에서 최대의 복사를 방사할 수 있는 어떤 가상적인 물체를 **흑체**(blackbodies)라고 하고, 복사의 양과 강도가 이 법칙을 따른다고 하면, 태양과 지구는 이 흑체에 해당이 되나 실제 자연에는 존재하지 않는다. 특히, 주로 기체로 구성된 대기는 이 흑체의 법칙을 따르지 않는다. 흑체가 얼마나 많은 에너지를 방사하는지를 결정하는 하나의 인자(factor)는 바로 온도(temperature)인데, 뜨거운 물체는 차가운 물체보다 더 많은 에너지를 방사하며 온도에 비례하게 된다. 흑체에서 방사하는 에너지의 강도는 절대온도(absolute temperature)의 4승에 비례하게 되고, 이 관계식은 식(4.1)과 같이 표현되며 Stefan-Boltzmann **법칙**이라고 한다.

$$R_b = \sigma T^4 \tag{4.1}$$

여기서 R_b는 복사의 강도(W/m^2), σ는 Stefan-Boltzmann 상수(5.67×10^{-8}W/m^2 · °K^4), 그리고 T는 온도로써 Kelvins의 단위 K를 갖는다. Kevins의 온도는 0에서부터 온도를 측정하고자 개발되었으며 이는 0°K에서 시작해 373.16°K에서 물의 끓는점을 갖는다.

대부분의 액체나 고체와 같은 물질들은 어떤 주어진 온도에서 흑체에서 방사하는 최대 복사량의 백분율(percentage)로 나타내는데 이들을 **회색체**(graybodies)라고 한다. 그리고 물질들이 방출하는 에너지를 흑체에 대한 백분율로 표시한 값을 **방사율**(emissivity)이라고 한다. 따라서 Stefan-Boltzmann 법칙은 식(4.2)와 같이 식(4.1)을 수정하게 된다.

$$R_e = e\sigma T^4 \tag{4.2}$$

여기서 e는 방사율로 0에서 100%의 범위를 갖는다. 대부분의 자연적인 물질들의 표면은 0.9의 방사율을 가지므로 실제로는 온도에 의해 영향을 받게 된다. 다만 대기의 경우는 공기중에 다양한 인자들에 의해 영향을 받기 때문에 위의 법칙을 따르지 않는다.

태양은 복사에너지가 지구의 160,000배에 이르고, 가장 큰 복사를 방사하는 점에서의 파장은 태양이 0.5μm이고 지구는 10μm이다. 따라서 태양의 파장이 지구에 비해 매우 작음을 알 수 있다. 복사를 방출하는 모든 물체들에 대해 최대의 방사를 하는 파장은 Wien의 법칙에 의해 식(4.3)과 같이 주어진다.

$$\lambda_{max} = 2,900 / T \tag{4.3}$$

여기서, λ_{max}는 최대 복사의 강도를 방출하는 에너지의 파장(μm)이고, T는 Kelvins 온도이다. 따라서 온도가 높을수록 파장은 짧고 온도가 낮을수록 파장은 길어진다.

보통 대부분의 태양복사는 4μm보다 짧은 파장을 가지고 있는데 이를 **단파 복사**(shortwave radiation)라고 하며, 태양에서 방사하는 가시광선(visible light), 자외선(ultraviolet) 등이 해당된다. 그리고 지표면이나 대기로부터 방사되는 복사는 4μm보다 긴 파장을 가지는데 이를 **장파 복사**(longwave radiation)라고 한다.

예제 4.2

표면의 온도가 6,000°K인 태양을 흑체라고 가정을 할 때, 태양의 방사복사의 강도와 미터 단위의 파장을 구하라.

풀이

식(4.2)에서 방사율 $e=1$이고, Stefan-Boltzmann 상수 $\sigma = 5.67\times10^{-8}$W/m^2 · °K^{4}이므로 태양복사의 강도는 다음과 같다.

$$R_e = e\sigma T^4 = 1\times(5.67\times10^{-8})\times 6{,}000^4$$

$$= 73{,}483{,}200\mathrm{W/m^2} = 73{,}483.2\mathrm{kW/m^2}$$

방사복사의 파장은 식(4.3)에서 구할 수 있다.

$$\lambda_{max} = (2.9\times10^{-3})/T = (2.9\times10^{-3})/6{,}000 = 4.83\times10^{-7}\mathrm{m}$$

4.1.3 태양상수

태양열은 매우 뜨겁지만 지구와 떨어진 거리 때문에 우리는 보호를 받고 있다. 그러나 공간을 통해 이동하는 전자기 에너지는 지구까지 오는데 소멸되지 않고 태양 표면에서 나온 에너지의 양과 파장이 그대로 지구까지 전달되며, 이들은 넓은 면적에 분산되고 그 강도는 감소하게 된다.

지구와 태양 사이의 평균거리는 1.5×10^{11}m인데 태양으로부터의 거리가 증가함에 따라 복사의 강도는 거리의 제곱에 비례하여 감소하며, 이는 역제곱의 법칙(inverse square law)으로 알려져 있다. 태양과 지구사이의 평균 거리를 반지름으로 하여 태양주변으로 그렸을 때 가상의 구(sphere)에 대한 면적($4\pi r^2$)으로 총 태양 방사량(3.865×1026W)을 나누면 지구와 태양사이의 평균거리를 가지고 입사하는 방사선에 직각인 지표면이 받는 태양에너지의 양을 결정할 수 있다. 이 입사복사에너지는 식(4.4)와 같고, 이는 **태양상수**(solar constant)라고 한다.

$$\frac{3.86\times 10^{26}\mathrm{W}}{4\pi(1.5\times 10^{11}\mathrm{m})^2}=1367\mathrm{W/m^2} \tag{4.4}$$

예제 4.3

화성과 태양의 평균거리가 2.25×10^{11}m일 때 화성에 대한 태양상수를 구하고 지구에 대한 태양상수와 비교하라.

풀이

화성에 대한 태양상수는 다음과 같다.

$$\frac{3.86\times 10^{26}\mathrm{W}}{4\pi(2.25\times 10^{11}\mathrm{m})^2}=606.7537\mathrm{W/m^2}$$

따라서 화성에 대한 입사복사는 지구에 비해 약 44.3858%를 가진다.

4.2 에너지 평형

4.2.1 태양복사에 대한 대기의 영향

대기는 태양복사의 일정 부분을 **흡수**(absorption)함으로써 열에너지를 얻고, 다른 부분들은 **산란**(scattering)을 통해 약한 빛의 형태로 여러 방향으로 분산된다. 산란된 복사의 일부는 우주공간으로 되돌아가고 나머지는 우리가 하늘에서 볼 수 있는 빛으로 산란된다. 산란된 에너지는 대기에 의해 흡수되지 않기 때문에 대기의 열에너지에 공헌하지 못한다. 나머지 **일사량**(insolation)은 흡수되거나 산란되지 않고 대기를 통과하여 곧바로 지표면에 닿는다. 지표면에 닿은 모든 에너지가 흡수되는 것은 아니고 일부는 산란되어 우주공간으로 되돌아가는데 이는 열에너지로써 지표면에 공헌하지 못한다. 태양 복사에너지의 흡수, 산란, 투과(transmission)와 같은 과정은 대기의 온도에 직접적으로 영향을 미친다.

(1) 흡수

대기의 기체, 입자, 물방울 등은 흡수(absorption)에 의해 일사량의 강도를 감소시키며, 흡수는 에너지를 이러한 흡수체(absorber)로 전이시킨다. 즉, 흡수체는 에너지를 얻어 따뜻해지는 대신에 지표면의 에너지 양은 감소한다.

(2) 반사와 산란

에너지의 **반사**(reflection)는 복사가 어떤 물질들에 흡수되지 않고 표면에 반사되어 되돌아가는 과정을 말한다. 모든 물체들은 **가시광선**(visible light)을 반사하는데 그 영향은 다 다르다. 새하얀 눈덩이는 가시광선을 효과적으로 반사하지만 석탄 덩어리는 입사 가시광선의 일부분만 반사한다. 따라서 어떤 물체가 가시광선을 반사할 수 있는 백분율을 **반사율**(albedo)이라고 한다. 반사율 α는 $0 \leq \alpha \leq 1$까지의 값을 가지고, 깊은 바다에서 $\alpha \approx 0.06$의 값을 가지며, 새하얀 눈의 경우 $\alpha \approx 0.9$까지도 가진다.

빛이 반사할 때 두 가지의 경우가 있는데 첫 번째는 거울에 빛이 도달하여 반사할 때와 같은 강도를 가져 하나의 빛줄기로 반사하는 것이고, 두 번째는 빛이 대상 물체로부터 반사할 때 여러 방향으로 많은 약한 광선으로 반사되는 것이다. 앞의 경우를 **정반사**(specular reflection)라 하고 나중 것을 **난반사**(diffuse reflection) 또는 산란(scattering)이라고 한다. 대부분의 자연적인 표면들은 정반사보다는 난반사들이다. 복사의 산란 특성은 입사 에너지의 파장과 관련된 산란 대상 물질들의 크기에 의해 분류된다. 입사복사(incoming solar radiation) 파장길이의 약 1/10보다도 작은 기체분자들에 의한 산란은 **Rayleigh 산란**이라고 하고, 도시의 공기오염 등에 의한 대기의 에어로졸(aerosols)은 기체분자들보다 상당히 큰데 이들에 의한 산란을 **Mie의 산란**이라고 한다. Rayleigh 산란은 가시광선이 사방으로 산란을 하고, Mei의 산란은 공간으로 되돌아가지 않고 지표면 쪽으로 산란이 된다. 또한 파장도 Mei의 산란이 작기 때문에 오염된 하늘이 뿌옇게 보이는 이유가 여기에 있다(〈그림 4.4〉). 따라서 인간의 활동에 의해 대기가 오염된 도시의 경우, 태양 복사가 Mie의 산란을 하고 지표면으로부터 나오는 장파 복사와 함께 온실효과를 일으키는 원인이 된다. 그리고 구름에 의한 산란을 **비선택적 산란**(nonselective scattering)이라고 하는데, 구름은 어떤 특별한 파장을 선택하지 않고 입사하는 모든 종류의 복사 파장을 그대로 반사하기 때문이다.

태양복사가 진공상태의 우주공간을 여행할 때는 복사의 특성이 그대로 유지된다. 그러나 대기에 들어서면 대기의 상태에 따라 복사의 특성이 달라지는데, 청명한 날은 복사가 그대로 **투과**(transmission)되어 입사복사의 약 80%가 지표면에 닿기도 하며, 흐린 날은 일부분만 지표면에 도달한다.

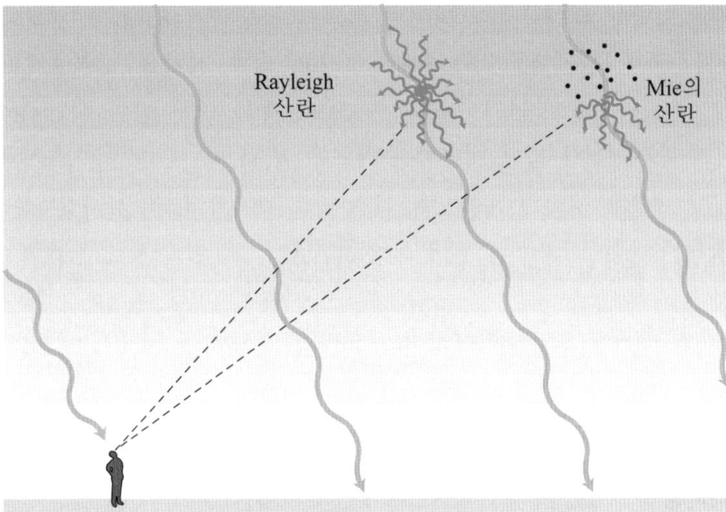

〈그림 4.4〉 Rayleigh 산란과 Mie의 산란

4.2.2 지표면과 대기사이의 에너지 전이과정

(1) 지표면에서의 순 복사

복사는 모든 물체에서 끊임없이 방사되는데 물체의 표면 온도에 따라 그 비율이 달라진다. **순 복사**(net radiation) 또는 순 복사에너지 R_n은 어떤 순간에 있어 지표면에 입사하는 순 복사를 나타내고, 이는 식(4.5)와 같이 나타낼 수 있다.

$$R_n = R_i(1-\alpha) - R_e \tag{4.5}$$

여기서 $R_i(1-\alpha)$는 흡수된 복사를 나타내고, R_i는 입사 복사이다. 그리고 R_e는 식(4.2)의 방사 복사를 의미한다. 식(4.5)를 〈그림 4.5〉와 같이 설명하였다.

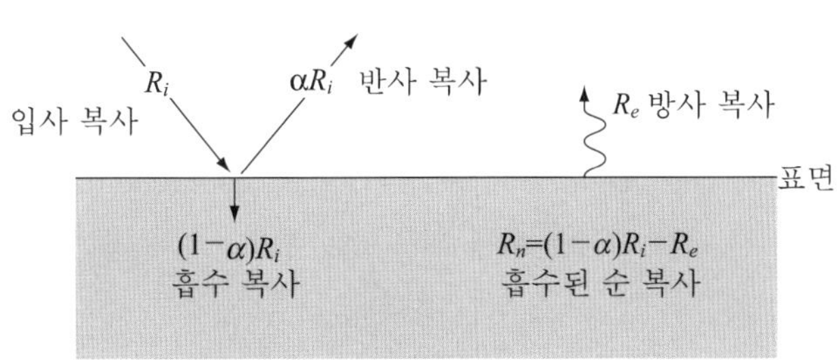

〈그림 4.5〉 어떤 물질 표면에서의 복사 평형

대기의 상부에 도달한 태양복사가 지구의 표면에 도달하기 전에 그 강도가 감소하는데 이는 대기 중의 산란, 구름에 의한 흡수, 그리고 입사 복사에 대한 지표면의 입사각(obliqueness)에 의해 영향을 받는데, 입사각은 고도, 계절, 하루 중의 시간 등의 함수로 정의된다. 지표면의 단위면적당 받는 태양복사 강도는 R_s로 나타낸다. 대기도 특히 구름낀 날 복사체(radiator)로 작용을 하는데 태양보다 긴 파장을 방사하며, 이 복사강도는 R_l로 표시한다. 따라서 지표면의 입사 복사는 $R_i = R_s + R_l$이 되며, 식(4.5)는 식(4.6)과 같이 쓸 수 있다.

$$R_n = (R_s + R_l)(1-\alpha) - R_e \tag{4.6}$$

예제 4.4

어떤 호수에 입사복사 강도가 200W/m^{2}일 때, 호수의 순 복사를 구하라. 단, 반사율 α=0.06, 방사율 e=0.97, 호수 표면의 온도는 30℃이다.

풀이

R_i=200W/m^2, T=273+30=303°K

식(4.2)로부터 $R_e = e\sigma T^4 = 0.97 \times (5.67 \times 10^{-8}) \times 303^4 = 463.6\text{W/m}^2$

식(4.5)로부터 $R_n = R_i(1-\alpha) - R_e = 200(1-0.06) - 463.6 = -275.6\text{W/m}^2$

따라서 순 복사는 호수로부터 대기속으로 발생한다.

(2) 에너지의 전이

■ 전도와 대류

앞의 4.1.2절에서 개념을 설명하였는데 두 현상은 에너지 전이에 있어 매우 중요한 역할을 한다. 공기는 열에너지의 전도체로서 부적합하므로 전도에 의해 지표면의 에너지로 대기를 따뜻하게 하는 것은 지표면 위의 몇 센티미터에 불과하다. 전도에 의해 에너지를 전이하는 이 층을 층류 경계층(laminar boundary layer)이라고 한다. 층류 경계층을 통해 전도된 에너지는 대류의 혼합과정(mixing process)에 의해 대기를 통해 에너지가 전이된다.

대류에는 **자연대류**(free convection)와 **강제대류**(forced convection)가 있다. 자연대류는 가벼운 유체가 밀도가 더 큰 유체의 주변에서 위쪽으로 부유하고자 하는 성향을 말하는데 이는 부력과 관련된 혼합과정이라고 할 수 있다. 강제대류는 대기 또는 하천에서의 난류의 흐름과 같은 예를 들 수 있으며, 난류의 흐름은 와류에 의해 에너지를 전이하게 된다. 자연대류와 강제대류는 현열(sensible heat)과 잠재열(latent heat)의 두 가지 형태의 에너지를 전이한다.

■ 현열과 잠재열

현열(sensible heat)(느낀열)은 온도 변화가 수반됨으로써 우리가 느낄 수 있는 열에너지이고, 잠열(latent heat) 또는 **잠재열**(숨은열)은 온도 변화 없이 상태변화(고체, 액체, 기체)에 따라 필요한 열에너지이다. 따라서 잠재열은 상태변화에 따라 얼음이 물로 변할 때 **잠재융해열**(latent heat of fusion or melting), 물이 수증기로 변할 때 **잠재기화열**(latent heat of vaporization), 수증기가 물로 변할 때 **잠재응축열**(latent heat of condensation)을 필요로 한다. 그리고 얼음이 수증기로 변하는 과정을 **승화**(sublimation)라고 하고, 수증기가 얼음으로 변하는 것을 **증착**(deposition)이라고 한다.

예제 4.5

영하 3℃에서 얼음 1kg이 있을 때 이 얼음을 0℃의 얼음으로 만들고자 한다. 즉, 온도 변화를 수반하기 위해서는 현열이 필요한데 이를 구하라.

풀이

현열은 어떤 물질 1kg을 1℃ 높이는데 필요한 열량인 비열(specific heat)과 관련이 있다. 얼음의 비열이 0.12J/kg · ℃이므로 현열은 1×0.12×3=0.36J이 된다.

현열은 어떤 물질의 미소 내부에너지(differential internal energy) du의 부분으로 물질의 온도 변화 dT에 비례하며 비례상수로 비열 c_p를 이용하여 식(4.7)과 같이 나타낼 수 있다.

$$du = c_p\, dT \tag{4.7}$$

여기서, p는 비열이 일정한 압력하에서 측정됨을 의미한다.

예제 4.6

(예제 4.5)에서 0℃의 얼음이 온도 변화 없이 0℃의 물로 변화하려고 할 때, 즉 상태변화를 하려고 할 때 잠재열을 필요로 하는데 이 잠재열을 구하라.

풀이

여기서는 1 kg의 얼음이 물로 변하는데 필요한 열량인 잠재융해열을 필요로 한다. 얼음의 잠재융해열은 19.03J/kg이므로 잠재열은 1kg×19.03J/kg=19.03J이 된다.

잠재열의 전이는 물의 내부에너지를 변화시키는데 매우 중요한데 있어 보통의 수문학적 과정에서 작은 온도 변화에도 현열보다 잠재열이 훨씬 크기 때문이다. 잠재기화열 l_v는 온도에 따라 식(4.8)과 같이 변화한다.

$$l_v = 2.501 \times 10^6 - 2370\,T \text{ (J/kg)} \tag{4.8}$$

여기서, T는 섭씨온도 ℃이며, J은 N·m이다.

대기와 지표면의 복사과정의 상호작용은 매우 복잡하다. 〈그림 4.6〉은 대기와 지표면 사이에 대한 연 평균 복사와 열에너지의 평형을 보여주고 있다.

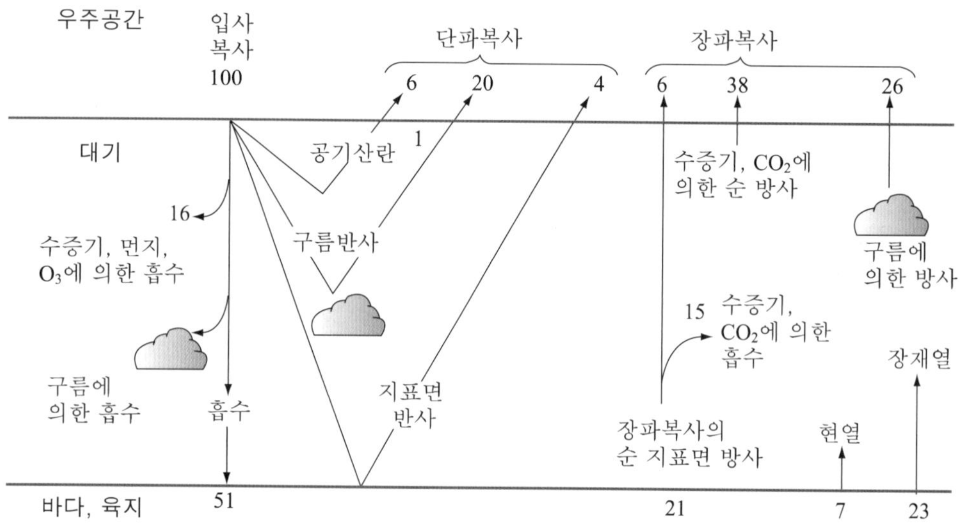

〈그림 4.6〉 대기와 지표면 사이의 복사와 열에너지의 평형

대기 상부에 100의 태양복사가 입사하고 51만큼이 지구표면에 도달한다. 51 중 21은 장파복사로 방사되고, 30이 지표면에 남는다. 30 중에 23은 물을 증발시키는데 이용되는데 이는 잠재열로서 대기 중으로 되돌아간다. 나머지 7은 현열로서 지표면의 공기를 가열하는데 이용된다.

4.3 대기의 순환과 수분지수

대기에서 일어나는 많은 수문기상학적 과정 중에 지표면의 물과 대기의 상호작용에 의한 강수와 증발과정은 수문학에서 매우 중요하다. 지표면에 떨어지는 대부분의 강수는 바다에서 증발된 수증기로부터 오는데, 이는 대기시스템의 순환에 의해 증발된 수증기가 이동하여 어떤 지역에 강수로 지표면에 내리게 된다. 대기의 순환은 지구의 자전 및 적도와 극지역 사이의 열에너지의 전이에 의해 발생한다.

4.3.1 대기의 순환

(1) Hadley 순환

지구는 태양복사를 통해 끊임없이 태양으로부터 열을 받고, 재복사를 통해 우주공간에 열을 방사한다. 그런데 만약 지구가 전지역에 걸쳐 균일하게 태양복사를 받고 자전하지 않는다면, 대류활동은 대기 내에서 발생하게 된다. 즉, 지표면에서 데워진 공기는 가벼워져서 차가워져 지표면으로 되돌아오기 전까지 대류권계면의 높이까지 올라간다.

그러나 지구가 받는 열에너지는 장소에 따라 다르다. 평균적으로 약 210W/m^{2}을 받고, 입사복사가 지표면에 거의 직각으로 들어오는 적도쪽은 약 270W/m^{2}가 들어오며, 극지방은 경사지게 입사복사가 들어와 약 90W/m^2 정도가 들어온다. 이와 같이 균일하지 않은 태양복사를 받고 지구가 자전하지 않는다면 이때도 대류현상은 일어난다. 그러나 이때는 높은 고도의 가볍고 데워진 공기가 적도로부터 극지방으로 이동하게 된다(〈그림 4.7〉의 점선 화살표). 반면에 지표면의 차가워진 공기는 극지방에서 적도쪽으로 이동하게 된다(〈그림 4.7〉의 실선 화살표). 이를 **Hadley(해들리) 순환**(Hadley circulation)이라고 한다.

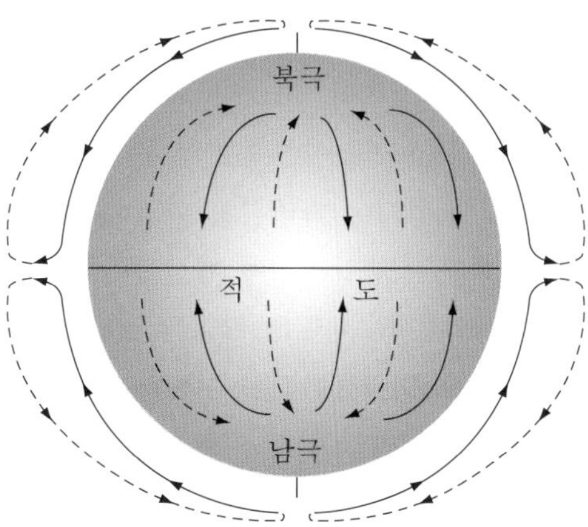

〈그림 4.7〉 지구가 자전하지 않을 때 대기의 순환

(2) Coriolis 효과와 대기의 순환

지구는 서쪽에서 동쪽으로 자전을 하기 때문에 이는 바람의 방향과 속도 등에 영향을 미치며 이를 Coriolis(**코리올리) 효과**(Coriolis effect)라고 한다. 이와 같이 바람의 특성에 영향을 미치는 힘을 Coriolis의 힘(Coriolis force) 또는 **전향력**이라고 한다. 즉, 〈그림 4.8〉과 같이 회전판을 시계반대방향으로 돌리면서 그 위에 자를 대고 볼펜으로 직선을 그리면 회전판이 돌기 때문에 직선은 그림처럼 곡선이 되는데 이와 같은 현상을 말한다. 지구도 서쪽에서 동쪽으로 자전을 하기 때문에 우주공간에서 보면 바람의 방향이 직선으로 보이지만 지표면위에 서있는 우리에게는 곡선의 형태로 보인다.

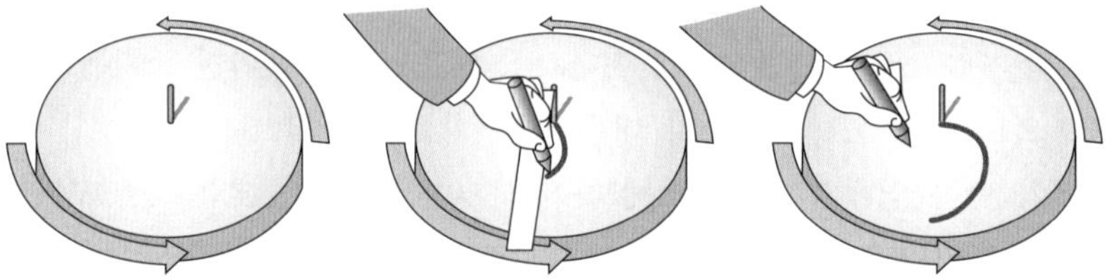

〈그림 4.8〉 Coriolis 효과의 개념

적도에서 지구의 반경이 6,370km인데 위도 60°에서는 반경이 절반으로 된다. 적도 부근의 공기 덩어리(ring of air)의 속도는 463m/s로 지구의 자전속도와 같고, 위도 60°에서는 절반인 231.5m/s와 같다. 즉, 적도에서 지구가 자전하는 거리와 위도 60°에서 지구가 자전하는 거리에 차이가 나지만 걸리는 시간은 동일하므로 선속도에 차이가 난다. 그리고 극축(polar axix)에 대한 적도 근처 공기의 각 운동량(angular momentum)은 $463mR$이 되며, m은 공기의 질량이고, R은 지구의 반경이다. 각 운동량은 지구상에서 동일하다.

〈그림 4.9〉는 북반구(northern hemisphere) 지역만의 대기순환을 보여주고 있는데, 이를 보면 적도지역의 공기가 가열 및 팽창되어 가벼워져 위로 올라가서 위쪽에서는 상대적으로 고기압 지역이, 지면 가까운 곳에는 저기압지역이 형성된다. 이 고기압은 저기압인 위도가 높은 지역으로 움직이게 되고, 적도보다 더 높은 위도에 있던 차갑고 무거운 공기는 적도의 저기압 지역을 채우려고 저위도쪽으로 하강하면서 이동하게 된다. 그런데, 아래로 하강하는 바람은 고위도에서 적도지방으로 진행하므로 상대적으로 자전 방향에 대해 속도가 느려져 서쪽으로 치우치는 것으로 보이게 된다. 따라서 **무역풍**(trade wind)은 북반구에서는 북동풍(easterlies)이, 남반구에서는 남동풍이 분다. 이때 적도와 위도 30° 사이에 공기세포가 생기는데 이를 열대순환(tropical cell)이라고 하며, 이는 육지의 강수량에 매우 큰 영향을 미친다.

편서풍(westerlies)은 위도 30°와 60° 사이의 중위도 지역에서 서쪽에서 동쪽으로 부는 바람을 말한다. 북위 30°에서 북쪽으로 이동하는 공기덩어리들은 북위 60° 지역에서 더 빠르게 자전하게 되므로 이동방향이 더 동쪽으로 치우치게 된다. 편서풍은 30°에서 60° 사이의 중위도에서 지배적이며 마위도(horse latitudes, 30°∽35°)의 고기압 영역에서 극지역 방향으로 분다. 바람은 주로 북반구에서는 남서쪽에서, 남반구에서는 북서쪽에서 불어오며, 30°와 60° 사이에서 공기 덩어리 또는 세포가 생기는데 이를 중간순환(middle cell)이라고 한다. 편서풍은 지역에 따라 부분적으로 강하거나 약하게 부는데, 특히 남반구는 북반구보다 중위도 지역에 육지가 적기 때문에 마찰이 줄어들어 바람이 더 강하게 분다. 편서풍은 위도 40°와 50° 사이에서 가장 강하게 분다.

극지역에서는 차가운 공기가 하강해서 지표면을 따라 적도로 향하게 되고, 이 공기가 위도 30° 부근에서 북상한 공기와 60° 부근에서 만나 다시 상승한다. 이때 상승한 공기는 상공에서 일부는 적도쪽으로, 나머지는 극지역쪽으로 향하게 되는데 이를 **극동풍**(polar easterlies)이라고 한다. 이때, 위도 60°~90° 사이에서 생기는 세포를 극순환(polar cell)이라 부른다.

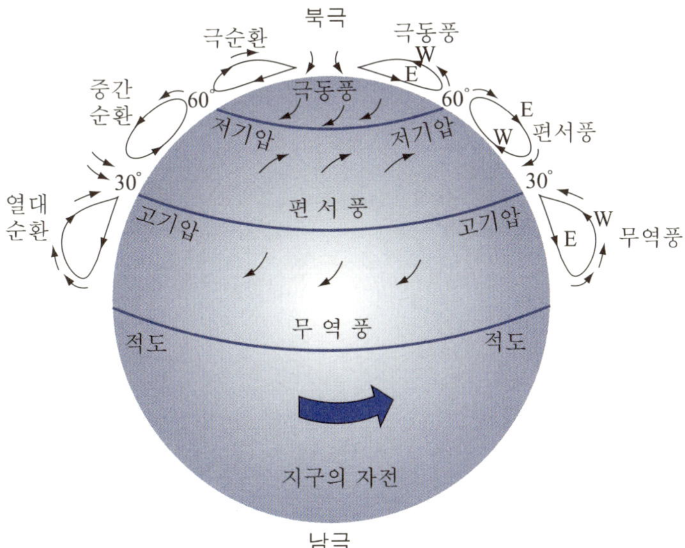

〈그림 4.9〉 대기의 순환

(3) 기단, 전선, 싸이클론

대기순환에서 **기단**(air mass)은 기온, 습도와 같은 특성들이 상대적으로 균일한 큰 공기덩어리라고 할 수 있으며, 이는 지표면이 균일한 지역, 즉 평원이나 사막 그리고 바다와 같은 지역에 공기가 오랫동안 머물러 있을 때 열에너지의 교환을 통해 형성되어진다. 지표면에서 형성된 대륙기단(continental air mass)은 건조하며, 여름과 겨울 등의 계절변화에 따라 온도

변화의 폭이 크다. 해양기단(maritime air mass)은 상대적으로 일정한 온도와 함께 수분을 함유하게 된다. 발원지보다 따뜻한 지표면으로 이동하는 **한랭기단**(cold air mass)과 지표면보다 상대적으로 기온이 높은 **온난기단**(warm air mass)이 있다.

한랭기단과 온난기단이 만났을 때 이들이 섞이지 않고 불연속적인 표면이 생기는데 이를 **전선**(air front or front)이라고 한다. 한랭기단은 온난기단보다 무거워서 한랭기단이 아래에 있게 된다. 한랭기단이 온난기단 쪽으로 전진할 때, 한랭기단의 앞쪽을 한랭전선(cold front)이라고 하며, 거의 수직경사를 보인다. 만약 온난기단이 한랭기단 쪽으로 전진하면 온난기단의 앞쪽을 온난전선(warm front)이라고 하며, 평평한 경사를 가진다.

싸이클론(cyclone)은 북반구에서는 반시계방향으로 남반구에서는 시계방향으로 공기가 흘러들어가는 저기압 지역을 말한다. 싸이클론에는 **열대성 저기압**(tropical cyclone)과 **온대성 저기압**(extratropical cyclone)의 두 가지 형태가 있다.

열대성 저기압은 저위도의 열대지역을 말하는데 이는 보통 강한 햇빛, 높은 습도와 온도, 작은 지표면마찰, 지구자전의 편향력(deflection force), 기온체감율 등의 적절한 혼합에 의해 형성된다. 열대성 저기압은 태평양 북동부와 대서양에서는 허리케인, 우리나라를 포함한 태평양 북서부에서는 태풍, 그리고 인도양과 남태평양에서는 싸이클론이라고 부른다.

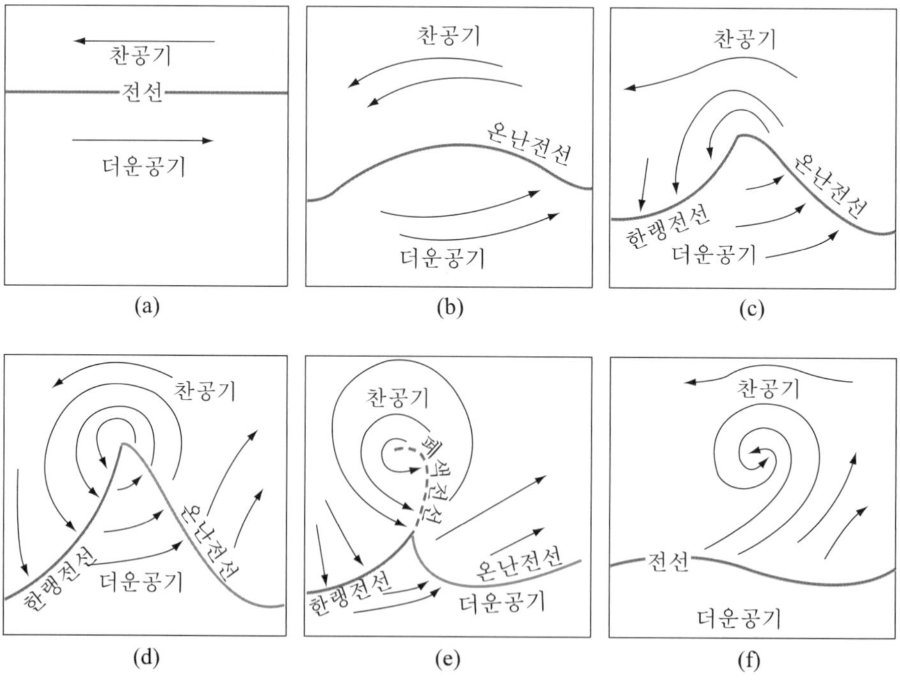

〈그림 4.10〉 북반구 온대성 저기압의 생명주기

온대성 저기압은 주로 중위도와 고위도 지역에서 발생하며, 인접한 지역에서 찬 공기와 더운 공기가 서로 반대방향으로 흘러갈 때 형성된다. 〈그림 4.10〉에서 보는 것처럼 찬 공기와 더운 공기가 만나서 형성을 시작하고, 두 공기가 원형으로 운동하면서 파도가 생긴다. 한랭전선이 빨리 이동하면서 온난전선을 따라잡아 상호작용함으로써 온난전선 부분이 감소해 없어지며, 싸이클론이 감쇄한다.

(4) 기압과 바람

대기에는 수많은 기체 분자들이 있고, 이들은 중력에 의해 지구위에 존재하는 모든 표면에 힘으로 작용한다. 어떤 표면에 단위면적당 작용하는 힘이 압력인데 대기의 압력을 기압이라고 한다. 기압은 기체의 밀도와 온도에 따라 변하는데, 밀도와 온도가 높을수록 압력이 강해진다. 대기에서 고도가 높을수록 기체의 밀도가 희박해지므로 기압도 약해진다는 것을 알 수 있다. 어떤 밀폐된 그릇속의 공기가 여러 기체들의 혼합으로 구성되었다면, 각 기체들이 미치는 압력을 **부분압**(partial pressure)이라고 하며, 이는 Dalton의 법칙으로 알려져 있다. 그리고 압력은 1기압을 아래와 같이 다양한 형태의 단위로 나타내었다.

$$1\mathrm{bar} = 10^5\mathrm{N/m^2} = 100\mathrm{kN/m^2} = 10^6\mathrm{dyne/cm^2}$$
$$= 10^6\mathrm{g/cm\cdot sec^2} = 1{,}000\mathrm{mb(milibar)}$$

$$1atm(1\text{기압}) = 760\,\mathrm{mmHg} : \text{표준대기압}(\text{standard atmospheric pressure})$$
$$= \gamma_{Hg} \cdot h = (13.6\times 1{,}000\,\mathrm{kg/m^3})\times 0.76\,\mathrm{m} = 10{,}336\,\mathrm{kg/m^2}$$
$$= 10{,}336\mathrm{kg/m^2} = 10.336\,\mathrm{mH_2O}\ \ (1\,\mathrm{mH_2O} = 1{,}000\mathrm{kg/m^2})$$
$$= 101{,}300\mathrm{N/m^2}\ \ (1\mathrm{kg} = 9.8\,\mathrm{N})$$
$$= 101{,}300\mathrm{Pa} = 1013\,\mathrm{hPa}$$
$$= 1.013\mathrm{bar}\ \ (1\,\mathrm{bar} = 10^5\,\mathrm{N/m^2})$$
$$= 1{,}013\mathrm{mb}$$

여기서 γ_{Hg}는 수은의 단위중량(specific weight)을 의미하고, h는 수은주의 높이, kg은 무게의 단위를 나타낸다. $1\mathrm{N/m^2} = 1\mathrm{Pa}$(pascal)이고, 1hPa(hecto-pascal)=100Pa이다.

바람을 이해하기 위해서는 지역에 따른 기압의 차이를 알아야 한다. 즉, 기압의 차이는 공기를 이동하게 하는데 이 공기의 움직임이 바로 바람이기 때문이다. 공기의 이동에 있어 지표면과 평행한 부분을 바람(wind)이라고 하고, 수직 부분을 기류(air current)라고 한다. 바람의 방향과 속도는 기상도(synoptic chart)를 작성하는데 매우 유용하며, 〈그림 4.11〉은 기압과 바람의 방향에 대한 기상도의 한 예를 보여주고 있다. 고도에 따른 바람의 속도분포는 보통 식(4.9)에 의해 나타내어진다.

$$\frac{v}{v_0} = \left(\frac{z}{z_0}\right)^k \tag{4.9}$$

여기서 v_0는 높이 z_0에서의 관측된 바람의 속도이고, v는 어떤 특정 높이 z에서 바람의 속도이다. k의 값은 지표면의 조도와 기류에 따라 달라진다.

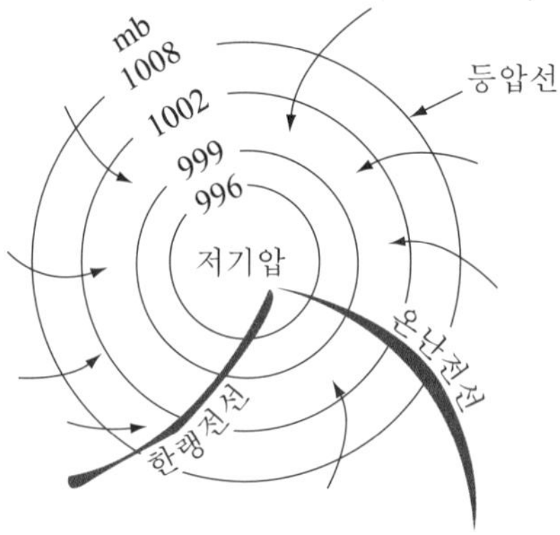

〈그림 4.11〉 북반구의 열대성 저기압에 대한 기상도

예제 4.7

어떤 지역에서 10m 높이의 바람 속도가 5m/s로 관측되었다. 지표면 위 2m에서의 바람 속도는 얼마이겠는가? (단, $k=0.15$)

풀이

$z_0=10\text{m}$, $v_0=5\text{m/s}$, $z=2\text{m}$이므로 식(4.9)로부터

$$\frac{v}{5} = \left(\frac{2}{10}\right)^{0.15} = 0.7855$$

따라서 지표면위 2m에서의 바람속도는 $v = 0.7855 \times 5 = 3.93\text{m/s}$

4.3.2 대기의 수분지수

(1) 증발과 응축

수증기(water vapor)는 눈에 보이지는 않지만 항상 공기 속에 존재하며 대기의 조건에 따라 기체, 액체, 고체로 그 상태를 변화시키면서 이슬, 구름, 안개, 강우, 눈, 우박 등의 여러 형태로 물을 제공한다. 이들은 물 분자들의 움직임으로 설명할 수 있는데 온도에 따라 분자의 속도가 달라지며, 물 분자들이 주변의 공기로부터 열에너지를 얻거나 잃으면서 그 상태가 변한다.

〈그림 4.12〉에서처럼 밀폐된 용기속에 절반은 물로, 절반은 건조한 공기(dry air)로 채워져 있고, 물과 공기의 온도는 같다고 가정한다. 〈그림 4.12(a)〉는 건조한 공기 속으로 물 분자들이 움직여 나오기 시작함을 보이고 있다. 이는 물 분자들이 증발을 하는 것으로 수증기가 된다. 어느 정도 시간이 지난 다음 〈그림 4.12(b)〉를 보면 공기 속에 있던 물 분자들이 물속으로 들어가기도 하고, 물속의 물 분자들이 공기 속으로 나오기도 한다. 결국, 물속으로 들어가는 분자와 나오는 분자가 같아질 때, 즉, 평형상태가 되었을 때를 **포화**(saturated)되었다고 말한다. 이때 물 분자들이 공기 속으로 나오는 것을 **증발**(evaporation)이라고 하고 물속으로 들어가는 것을 **응축**(condensation)이라고 한다. 따라서 포화는 증발률과 응축률이 같다는 것을 의미한다. 만약 열에너지가 개입이 되었을 때, 즉 온도가 높은 곳에서 포화가 되었을 때는 온도가 낮은 곳에서 포화가 되었을 때보다 더 많은 물 분자들의 이동이 있게 됨을 짐작할 수 있다.

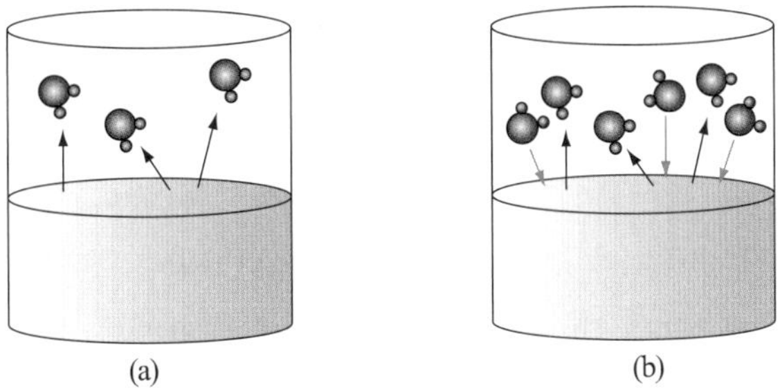

〈그림 4.12〉 공기의 포화과정

(2) 증기압

대기중의 다른 기체들처럼 수증기도 대기압에 공헌을 하는데, 이때 수증기의 압력을 증기압(vapor pressure) e라고 한다. 증기압은 온도와 물 분자들의 밀도에 의해 영향을 받는다. 수증기가 최대로 존재할 때의 압력을 **포화증기압**(saturation vapor pressure) e_s라고 하는데 이는 온도에 의해서만 영향을 받는다. 〈그림 4.12〉의 과정을 생각하면 포화증기압은 온도에 따라 증가할 것임을 알 수 있다.

증기압은 이상기체(ideal gas)의 상태를 나타내는 양들, 즉 압력 p, 부피 V, 온도 T의 상관관계에 의한 상태방정식(equation of state)에 의해 나타낼 수 있는데, 일반적인 이상기체 상태방정식은 식(4.10)과 같다.

$$pV = mRT \tag{4.10}$$

여기서 m은 어떤 물질의 질량이고, R은 기체상수이며, T는 절대온도이다. 밀도 $\rho = m/V$를 이용하면 식(4.10)은 식(4.11)이 된다.

$$p = \rho RT \tag{4.11}$$

p를 **혼합공기**(moist air 또는 air mixture) 또는 혼합기체의 총 압력이라고 하고, 총압력은 증기압 e와 건조공기의 압력 p_d에 의해 구성이 되었다면 $p = e + p_d$가 된다. 즉, 부분압에 대한 Dalton의 법칙을 이용할 수 있다. 따라서 증기압과 건조공기의 압력에 대한 상태방정식은 식(4.12)와 같이 나타낼 수 있다.

$$e = \rho_v R_v T \tag{4.12a}$$

$$p_d = p - e = \rho_d R_d T \tag{4.12b}$$

여기서 ρ_v와 ρ_d는 수증기와 건조공기의 밀도이고, R_v와 R_d는 수증기와 건조공기의 기체상수이며, 그 값은 각각 $R_v = R_d/0.622$이고 $R_d = 287$ J/kg · °K이다. 그리고 0.622는 수증기의 분자 무게와 건조공기의 평균 분자 무게의 비율로서 $m_d/m_v = 0.622$로도 표현할 수 있으며, m_v와 m_d는 각각 수증기와 건조공기의 질량을 나타낸다. 혼합공기의 밀도를 ρ_m이라고 하면 $\rho_m = \rho_v + \rho_d$가 된다. 식(4.12a)를 식(4.12b)에 대입하고 정리하면 다음의 식(4.13)을 얻을 수 있다.

$$p = \left[\rho_d + \left(\frac{\rho_v}{0.622}\right)\right] R_d T \tag{4.13}$$

(3) 비습도, 혼합율, 상대습도, 이슬점

대기의 수분을 나타내는데 유용한 지수로 비습도(specific humidity) q_h, 혼합율(mixing ratio) w, 상대습도(relative humidity) R_h 등이 있는데 이들에 대한 식은 각각 식(4.14), 식(4.15), 식(4.16)에 의해 표시된다.

$$q_h = \frac{m_v}{m} = \frac{m_v}{m_v + m_d} = \frac{\rho_v}{\rho_m} \tag{4.14}$$

$$w = \frac{m_v}{m_d} = \frac{\rho_v}{\rho_d} \tag{4.15}$$

$$R_h = \frac{e}{e_s} \times 100 = \frac{w}{w_s} \times 100 \tag{4.16}$$

여기서 w_s는 포화혼합율(saturation mixing ratio)이다. 비습도는 혼합공기의 단위질량당의 수증기의 질량(g/kg)을 나타내고, 혼합률은 건조공기의 질량에 대한 수증기의 질량 비를 나타낸다. 상대습도는 포화증기압에 대한 실제증기압의 비이다. 식(4.12a)와 식(4.13)의 비(ratio)에 의해 비습도를 구하면 식(4.17)과 같다.

$$q_h = 0.622 \frac{e}{p} \tag{4.17}$$

혼합공기의 기체상수를 R_m라고 하면 식(4.18)과 같은 관계가 성립한다.

$$R_m = R_d(1 + 0.608 q_h) = 287(1 + 0.608 q_h) \ \text{J/kg} \cdot {}^\circ\text{K} \tag{4.18}$$

수표면에서의 포화증기압은 기온과 관련이 있으며 식(4.19)에 의해 근사값을 구할 수 있다.

$$e_s = 611 \exp\left(\frac{17.27\,T}{237.3 + T}\right) \tag{4.19}$$

여기서 e_s의 단위는 Pa이고, T는 ℃이다. 기온에 따른 수표면에서의 포화증기압값의 일부를 〈표 4.4〉와 같이 나타내었고, 포화증기압곡선은 〈그림 4.13〉과 같다.

〈표 4.4〉 수표면에서의 포화증기압

기온(℃)	포화증기압(Pa)	기온(℃)	포화증기압(Pa)
−20	125	20	2337
−10	286	25	3167
0	611	30	4243
5	872	35	5624
10	1227	40	7378
15	1704		

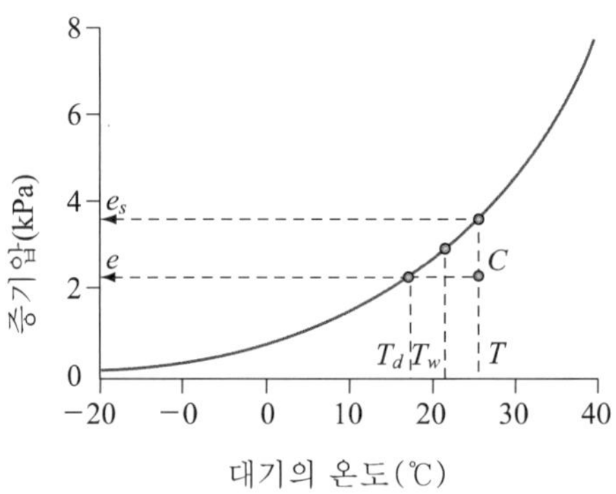

〈그림 4.13〉 대기의 온도에 따른 포화증기압 곡선

기온에 따른 포화증기압의 변화율은 식(4.19)로부터 식(4.20)과 같이 얻을 수 있다.

$$\frac{de_s}{dT} = \frac{4098\, e_s}{(237.3 + T)^2} \tag{4.20}$$

〈그림 4.13〉을 보면 기온 T에서 C점의 공기덩어리 또는 공기는 증기압 e를 갖는다. 증기압의 변화 없이 공기의 온도가 감소하면 공기는 차가워지면서 상대습도가 증가한다. 공기가 충분히 차가워지면 공기는 포화되고 포화증기압곡선에 도달하며, 이때의 온도를 이슬점 온도(dew point temperature) 또는 **이슬점** T_d라고 한다. 이는 공기의 온도와 이슬점의 온도가 같아짐을 의미한다. 공기가 더 차가워지면 응축이 되면서 공기의 온도와 이슬점의 온도가 같아지기 위해서 똑같이 감소한다. C점의 공기가 온도의 변화 없이도 수증기가 더해져 증기압이 증가하면 포화증기압 e_s에 도달하며, e_s와 C점의 e와의 차이를 **포화미흡량**(saturation deficit)이라고 한다. 그리고 공기의 온도 조절 없이 공기덩어리 속에서 증발이 가능하다면, 공기에 수증기가 더해지고 기온이 감소하면서 수평이나 수직으로 공기가 움직이

지 않고 대각선을 따라 움직이면서 포화증기압에 도달하게 된다. 이때의 공기 온도를 **습구 온도**(wet-bulb temperature)라고 한다.

예제 4.8

어떤 관측지점에서 측정한 공기의 압력은 100kPa이었고, 공기의 온도 또는 기온은 20℃이었다. 그리고 이슬점 온도는 16℃이었다. 이때 증기압, 상대습도, 비습도, 공기의 밀도를 계산하라.

풀이

T = 20℃에서의 포화증기압은 식(4.19)로부터 얻을 수 있다.

$$e_s = 611\exp\left(\frac{17.27\,T}{237.3 + T}\right) = 611\exp\left(\frac{17.27\times 20}{237.3+20}\right) = 2339\text{Pa}$$

(a) 실제 증기압도 T_d = 16℃에 대해 식(4.19)로부터 다음과 같이 계산되어진다.

$$e = 611\exp\left(\frac{17.27\,T_d}{237.3 + T_d}\right) = 611\exp\left(\frac{17.27\times 16}{237.3+16}\right) = 1819\text{Pa}$$

(b) 상대습도는 식(4.16)으로부터

$$R_h = \frac{e}{e_s}\times 100 = \frac{1819}{2339}\times 100 = 78\%$$

(c) 비습도는 식(4.17)로부터 구한다.

$$q_h = 0.622\frac{e}{p} = 0.622\times\left(\frac{1819}{100\times 10^3}\right) = 0.0113\text{kg(물)/kg(혼합기체)}$$

(d) 공기의 밀도는 이상기체 법칙으로부터 구할 수 있다. 즉, 기체상수 R_m는 식(4.18)로부터 $R_m = 287(1+0.608\times 0.0113) = 289$ J/kg·°K이고, T=20℃=293°K이므로 공기의 밀도 또는 혼합공기의 밀도는 다음과 같다.

$$\rho_m = \frac{p}{R_m T} = \frac{100\times 10^3}{289\times 293} = 1.18\text{kg/m}^3$$

4.3.3 대기의 가능강수수분

(1) 대기의 수증기

정지해 있는 대기의 한 기둥(static atmospheric column)을 생각해보자. 이 정적 기둥(static column) 내의 수증기 특성은 이상기체 법칙과 정수역학 법칙에 의해 지배를 받는다. 즉, 이상기체 법칙은 식(4.21)과 같다.

$$p = \rho_m R_m T \tag{4.21}$$

대기는 항상 운동을 하고 있는데 만약 가속도가 없는 수직운동을 한다면 압력은 중력과 평형을 이룬다. 따라서 〈그림 4.14〉의 한 미소 정적요소에 대해 정수역학 법칙을 유도할 수 있다. 즉, 기둥의 미소 면적 dA와 미소 높이구간 dz에서의 힘의 평형을 생각하면 $(p+dp)dA + \rho_m g\, dz\, dA = p\, dA$이고, 이로부터 정수역학 공식(hydrostatic equation)을 식(4.22)와 같이 구할 수 있다.

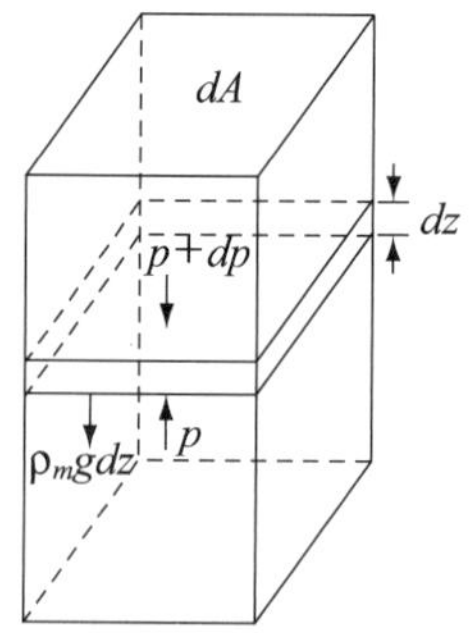

〈그림 4.14〉 정수역학 법칙을 위한 대기의 미소요소

$$\frac{dp}{dz} = -\rho_m g \tag{4.22}$$

그리고 고도(altitude)에 따른 기온의 변화율, 즉 기온체감률(lapse rate) Γ는 식(4.23)과 같이 나타낸다.

$$\frac{dT}{dz} = -\Gamma \tag{4.23}$$

식(4.21)로부터 $\rho_m = p/R_m T$를 얻고, 이를 식(4.22)에 대입하면 식(4.24)를 얻는다.

$$\frac{dp}{dz} = \frac{-pg}{R_m T} \quad \text{또는} \quad \frac{dp}{p} = \left(-\frac{g}{R_m T}\right)dz \tag{4.24}$$

식(4.23)에서 얻은 $dz=-dT/\Gamma$를 식(4.24)에 대입하면 식(4.25)를 얻는다.

$$\frac{dp}{p}=\left(\frac{g}{\Gamma R_m}\right)\frac{dT}{T} \tag{4.25}$$

식(4.25)의 양변을 〈그림 4.15〉의 구간 1과 2에 대해 적분하면 식(4.26)이 된다.

$$\ln\left(\frac{p_2}{p_1}\right)=\left(\frac{g}{\Gamma R_m}\right)\ln\left(\frac{T_2}{T_1}\right) \text{ 또는 } p_2=p_1\left(\frac{T_2}{T_1}\right)^{g/\Gamma R_m} \tag{4.26}$$

고도 z_1과 z_2사이에 대한 온도변화는 식(4.23)으로부터 구할 수 있다.

$$T_2=T_1-\Gamma(z_2-z_1) \tag{4.27}$$

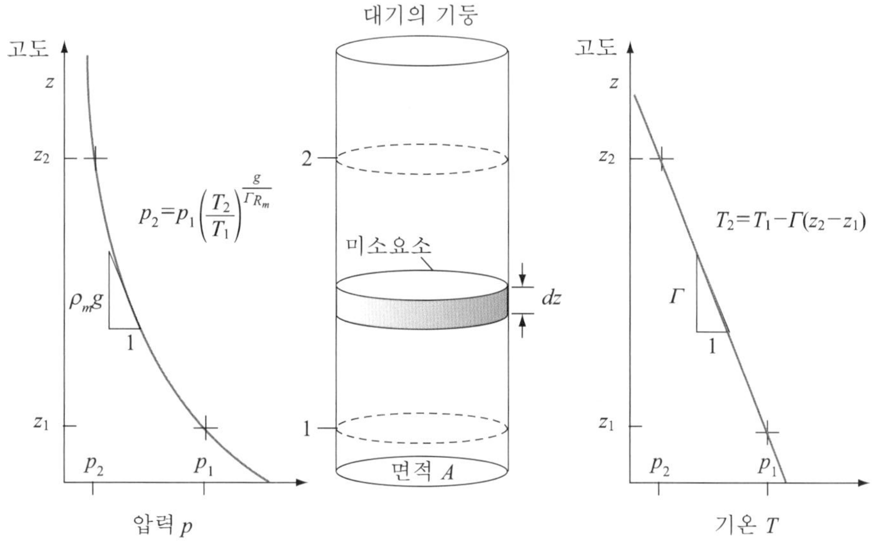

〈그림 4.15〉 대기 기둥 내의 압력과 온도변화

(2) 가능강수수분량

대기 기둥 내에 존재하는 수분의 양을 가능강수수분량(precipitable water)이라고 한다. 〈그림 4.15〉에서 단면적 A와 미소 높이 dz에 의한 원판모양의 요소를 생각하면, 이 요소에 대한 공기의 질량은 $\rho_m A dz$이고, 공기속의 물의 질량은 $q_h \rho_m A dz$이다. 따라서 고도 z_1과 z_2사이에서의 가능강수수분량의 총 질량은 식(4.28)과 같다.

$$m_p = \int_{z_1}^{z_2} q_h \rho_m A dz \tag{4.28}$$

따라서 식(4.28)의 적분을 Δz에 따른 구간으로 고려하면 식(4.29)와 같다.

$$\Delta m_p = \overline{q_h}\ \overline{\rho_m} A \Delta z \tag{4.29}$$

여기서 $\overline{q_h}$와 $\overline{\rho_m}$는 각 구간에서의 비습도와 공기 밀도의 평균값이다. 각 구간별 질량을 대기 기둥에 대해 모두 더하면 총 가능강수수분량이 된다.

예제 4.9

$1m^2$의 지표면 면적 위로 높이 10km를 가진 포화된 공기 기둥에 대한 가능강수수분량을 계산하라. 단, 지표면의 압력은 101.3kPa 지표면 공기의 온도는 30℃, 기온체감률은 6.5℃/km이다.

풀이

(1) 계산결과는 〈표 4.5〉와 같다. Δz=2km=2,000m를 고려하여 첫 번째 구간에 대하여 설명을 하도록 하면 다음과 같다.

〈표 4.5〉 포화 공기기둥의 가능강수수분량의 계산

(1)	(2)	(3)	(4)	(5)	(6)	(7)	(8)	(9)	(10)	(11)
z (km)	T (℃)	K (°K)	p (kPa)	ρ_m (kg/m³)	e (kPa)	q_h (kg/kg)	$\overline{q_h}$ (kg/kg)	$\overline{\rho_m}$ (kg/m³)	Δm_p (kg)	r_m (%)
0	30	303	101.3	1.16	4.24	0.0261				
2	17	290	80.4	0.97	1.94	0.0150	0.0205	1.07	43.7	57
4	4	277	63.2	0.79	0.81	0.0080	0.0115	0.88	20.2	26
6	-9	264	49.1	0.65	0.31	0.0039	0.0060	0.72	8.6	11
8	-22	251	37.6	0.52	0.10	0.0017	0.0028	0.59	3.3	4
10	-35	238	28.5	0.42	0.03	0.0007	0.0012	0.47	1.1	2
계									77.0	

z_1=0m에 대해 T_1=30℃=(30+273)°K=303°K

그리고 Γ=6.5℃/km=0.0065℃/m를 고려하면

(2) z_2=2000m에 대해 $T_2 = T_1 - \Gamma(z_2 - z_1) = 30 - 0.0065(2000-0) = 17$℃

(3) 17℃=(17+273)°K=290°K

(4) 식(4.18)에서 비습도가 작기 때문에 여기서는 R_m=287J/kg · °K를 이용한다. 높이 2000m에서의 공기 압력은 $g/\Gamma R_m = 9.81/(0.0065 \times 287) = 5.26$을 이용하여 식(4.26)으로부터 계산된다.

$$p_2 = p_1\left(\frac{T_2}{T_1}\right)^{g/\Gamma R_m} = 101.3\left(\frac{290}{303}\right)^{5.26} = 80.4k\text{Pa}$$

(5) 식(4.21)로부터 $\rho_m = \dfrac{p}{R_m T} = \dfrac{101.3 \times 10^3}{287 \times 303} = 1.16\text{kg/m}^3$

높이 2000m에서 $\rho_m = 0.97\text{kg/m}^3$

(9) $\overline{\rho_m} = (1.16 + 0.97)/2 = 1.07\text{kg/m}^3$

(6) 식(4.19)로부터 $e = 611\exp\left(\dfrac{17.27T}{237.3+T}\right) = 611\exp\left(\dfrac{17.27 \times 30}{237.3+30}\right) = 4244Pa = 4.24k\text{Pa}$

T=17℃인 높이 2000m에서는 $e = 1.94k\text{Pa}$이다.

(7) 식(4.17)로부터 $q_h = 0.622\dfrac{e}{p} = 0.622 \times \dfrac{4.24}{101.3} = 0.026$

높이 2000m에서 $q_h = 0.015$

(8) $\overline{q_h} = (0.026 + 0.015)/2 = 0.0205$

식(4.29)를 이용하면 높이 2km에서의 가능강수수분량의 질량은 다음과 같이 구할 수 있다.

(10) 식(4.29)로부터 $\Delta m_p = \overline{q_h}\,\overline{\rho_m} A \Delta z = 0.0205 \times 1.07 \times 1 \times 2000 = 43.7\text{kg}$

다른 구간들에 대해서도 같은 방법으로 계산을 하면 (10)란에서 볼 수 있듯이 가능강수수분량의 총 질량은 m_p=77kg이 된다. 이를 물의 깊이로 계산을 하면 $m_p/\rho_w A = 77/(1000 \times 1)$ =0.077m=77mm가 된다.

(11) 란은 총 질량에 대한 각 구간의 백분율을 r_m으로 나타낸다. 이를 보면 57%의 가능강수수분량이 2km높이 내에 있음을 알 수 있다.

4.3.4 구름의 형성과 강수의 발생

(1) 구름의 형성

본 절에서는 구름이 어떻게 형성이 되는지를 간단하게 설명을 하고, 자세한 내용은 제13장에서 설명을 하기로 한다. 지상에 작은 풍선과 같은 공기방울 또는 공기덩어리가 있다고 할 때, 이 공기방울 또는 공기덩어리(air parcel)가 어떻게 하늘로 올라가서 구름이 되는지 설명을 해보기로 한다.

- 지상의 공기방울은 방울 내부의 공기압력이 외부의 압력과 평형을 이룬다. 외부의 압력은 외부의 대기 압력과 공기방울이 원래의 상태로 돌아가려는 탄성력의 합이라고 할 수 있다.
- 공기방울이 위쪽으로 상승하면서 외부 대기의 압력은 작아지고 내부의 공기압력은 팽창하게 된다. 즉, 내부 공기 분자들이 일을 하게 되고, 일을 하면서 에너지를 사용하게 되며, 분자들의 활동은 줄어들게 되고 풍선 내부의 온도는 낮아지게 된다. 즉, 냉각(cooling)이 됨으로써 응축(condensation)이 된다.
- 공기방울이 상승하면서 응축하여 포화되고 이슬점까지 냉각되면 구름의 형성 조건이 된다. 이러한 공기방울들을 흡착 또는 흡수하는 대기 중의 미세먼지, 바닷물의 증발로 남은 소금입자, 연기 등의 작은 입자인 응결핵(condensation nuclei)을 토대로 공기방울들이 모여 구름이 형성된다.

(2) 강수의 발생

강수가 발생하기 위해서는 아래와 같이 통상 네 가지의 기본적인 조건이 만족되어야 한다.

- 강수를 관측할 수 있을 정도로 충분한 강도의 수분이 집적(accumulation of moisture)되어야 한다.
- 포화조건이 형성될 수 있도록 공기가 이슬점까지 냉각(cooling)되어야 한다.
- 응축(condensation)이 되어야 한다.
- 작은 물방울, 즉 수증기 입자가 강수가 될 수 있을 만한 크기로 성장(growth of droplet)하여야 한다.

앞의 세 가지 조건은 보통 형성이 잘 되지만 네 번째 조건의 경우는 구름이 강수를 하지 못하고 점차적으로 사라지기도 한다. 이들 네 가지 조건에 대하여 아래와 같이 간략히 살펴보도록 하자.

① 수분의 집적

대기에 수분을 제공하는 것은 증발이다. 증발과 강수사이에는 질량 보존의 법칙에 의한 평형이 유지되고, 증발에 의해 수분이 대기에 집적된다.

② 공기의 냉각

공기의 냉각은 공기가 상승(lifting)하여 냉각(cooling)이 되는데, 여기에는 크게 세 가지 형태가 있다. 즉 선풍형 냉각(cyclonic cooling), 산악형 냉각(orographic cooling), 대류형 냉각(convective cooling)이 있으며, 선풍형 냉각에는 전선형 냉각(frontal cooling)과 비전선형인 수렴형 냉각(convergence cooling)이 있다.

전선형 냉각은 온대성 저기압의 경우인데 24시간 내지 72시간 동안 약 50mm에서 150mm 정도의 강수가 내린다. 수렴형 냉각은 열대성 저기압의 경우로 24시간 내지 72시간 동안 약 375mm 정도의 강우를 보인다. 산악형 냉각은 공기가 산의 경사면을 따라 저기압의 꼭대기까지 올라가 냉각이 발생하는 경우다. 먼저 구름이 형성되고 이슬점에 도달하면 강수가 발생한다. 대류형 냉각은 지표면이 더워져 수직의 불안정한 혼합공기가 발생할 때 일어난다. 대류형 냉각은 지속기간이 매우 짧고 그 면적도 20에서 50km^2 정도이다. 그러나 강수의 강도는 매우 크다.

③ 응축

어떤 특정 조건 아래 공기의 온도를 낮춘다고 응축이 발생하지는 않는다. 모든 외부의 입자들이 제거된 공기는 액체의 물방울이 형성되기 전에 상대습도가 100%에 도달할 때까지 냉각이 된다. 그러나 공기의 포화상태가 이루어지지 않았더라도 물과 이웃한 공기가 작은 입자들을 포함하고 있을 때 냉각이 발생하는데, 이 작은 입자들이 응결핵이라는 흡습성 입자(hygroscopic particles)이다. 이들 입자의 크기는 0.001부터 10μm이고, 구름이 많은 응결핵을 가지고 있다면 응결은 빨라질 것이다. 아니면 충분한 수분이 구름속에 있다 하더라도 강수하지 않는다.

④ 물방울의 성장

곡선표면에 대한 포화증기압은 수평의 표면에 작용하는 포화증기압보다 더 크다. 응결핵이 물을 끌어당기면 그 물방울의 크기가 증가함으로써 곡선은 다소 완화된다. 따라서 지속적인 응축은 포화가 좀 덜 되더라도 가능하게 된다. 물방울의 성장을 위해 초기에 상호작용하는 표면의 곡선과 흡수성의 영향은 물방울 반지름의 크기가 1μm 이상이 되면 점차 무시할 수 있을 정도로 작아진다. 정상조건하에서 물방울은 수초 만에 10μm, 수 분만에 100μm, 3시간 만에 1000μm(1mm), 약 24시간 만에는 3mm까지 성장할 수 있다. 순수한 응축이 큰 구름 물방울(cloud droplets)을 잘 만들어 낸다고 해도 빗방울(rain drops)을 만들어 내지는 못한다.

구름 물방울이 덩어리가 되어감에 따라 이는 원래의 중심 구름에 대해 상대적인 운동을 하기 시작한다. 이 상대운동은 수증기를 구름 물방울의 부근으로 이동시켜 수증기를 증가시키는 효과가 있으며 이를 환기효과(ventilation effect)라고 한다. 물방울이 구름에 대해 상대적으로 이동할 때 다른 물방울들과 충돌을 하면서 크기가 더 커지게 된다. 이런 현상을 응집(coalescence)이라고 한다. 물방울의 크기가 지름 7mm까지 성장하게 되면, 침강속도(fall velocity)는 약 10m/s까지 증가하게 된다. 이런 큰 속도에서 물방울은 평평해지고 작은 빗방울(rain) 또는 이슬비(drizzle)로 나누어지게 된다. 응집과정이 반복됨으로써 이들은 구름 방울보다 더 빨리 침강하게 된다. 반지름이 18μm보다 작은 물방울은 응집에 의해 성장할 수 없음이 이론적으로 보여지고 있다. 거의 균등한 크기를 갖는 물방울의 반지름이 60μm보다 작으면 상대적으로 안정된 응집이 이루어지고, 80μm보다 큰 물방울의 경우 물방울이 성장하는데 아주 큰 효율성을 가지고 있다. 즉, 상대적으로 크기가 큰 수개의 물방울이 강수의 형성에 있어 가장 중요함을 알 수 있다.

이러한 것이 인공강우(cloud seeding or artificial rain making)의 토대가 된다. 응집과정이 빨리 진행될 수 있도록 도와주는 물질로는 보통 드라이아이스(dry ice)와 요오드화은(silver iodide)을 사용한다. 실제 이들을 이용한 인공강우의 성공여부에는 이견이 있으며, 아직까지 광범위하게 받아들여지지는 않고 있다.

연 습 문 제

4.1 (예제 4.1)에서 고도 5km에서의 기온을 구하라.

4.2 섭씨(Celsius), 화씨(Fahrenheit), 절대온도에 대한 개념을 설명하고 그 관계를 적어라.

4.3 (예제 4.2)를 지구에 대하여 복사의 강도와 파장을 구하고, 비교하라. 지구의 표면온도는 300°K이고 방사율은 0.97로 가정하라.

4.4 반사율 $\alpha=0.8$인 하얀 눈(fresh snow)에 대하여 (예제 4.4)를 풀어라. 단, 방사율 $e=0.97$, 하얀눈 표면의 온도는 0℃이다.

4.5 반사율 $\alpha=0.2$인 풀밭에 대하여 (예제 4.4)를 풀어라. 단, 방사율 $e=0.97$, 풀밭 표면의 온도는 30℃이다.

4.6 영하 6℃의 얼음에 대하여 (예제 4.5)를 참고로 현열을 구하라.

4.7 어떤 지역에서 대기압, p가 수은주에서 29.8인치(inches)로 측정이 되었다. 이를 mb와 N/mm^2으로 나타내어라.

4.8 (예제 4.7)에서 $v_0=7$m/s일 때 지표면위 3m에서의 바람 속도는 얼마이겠는가?

4.9 어떤 관측지점에서 공기압력=101.1kPa, 기온=25℃, 이슬점=20℃를 측정하였다. 이때 증기압, 상대습도, 비습도, 공기의 밀도를 계산하라.

4.10 (문제 4.9)에서처럼 지표면의 조건들이 주어져 있고, 기온체감률이 9℃/km일 때, 고도 1,500m에서의 증기압, 공기압력, 비습도, 공기밀도를 구하라.

4.11 기온이 15℃이고 상대습도가 35% 일 때, 증기압, 비습도, 공기밀도를 계산하라. 이때 표준대기압은 101.3kPa로 가정하라.

4.12 $1m^2$의 지표면 면적 위로 높이 10km를 가진 포화된 공기 기둥에 대한 가능강수수분량을 계산하라. 단, 지표면의 압력은 101.3kPa, 지표면 공기의 온도는 20℃, 기온체감률은 6.5℃/km이다.

4.13 구름의 형성과정에 대해 조사하고 간략히 설명하라.

Chapter 05

강 수

수문학적 측면에서 대기로부터 지표면에 떨어지는 모든 종류의 수분을 강수라고 한다. 강수의 근원이 되는 구름의 형성과 강수 발생에 대한 개념을 4.3.4절에서 설명하였고, 보다 자세한 내용은 12장에서 다루기로 한다. 우리나라의 경우, 수문학적 측면에서 중요한 강수의 주요 부분은 강우(rainfall)이기 때문에 본 교재에서는 강수와 강우를 혼용하여 사용하도록 한다.

강수는 모든 수문분석에 있어서 가장 기본이 되는 아주 중요한 자료이다. 강수는 시간과 공간적으로 변동성이 크기 때문에 홍수나 가뭄 등과 같은 수문학적 분석에 많은 문제들을 야기하기도 한다. 강수의 양, 강도, 빗방울 크기와 분포 등을 측정하기 위해 다양한 기구들과 기법 등이 개발되어 왔고 다양한 분석들이 연구되어 왔지만, 본 장에서는 강수의 양과 강도에 대한 측정과 분석에 한정하여 다루기로 한다.

5.1 강수의 종류와 형태

5.1.1 강수의 종류

4.3.4절에서 설명한 것처럼 강수는 상승과 냉각에 대한 요인에 따라 분류되며, 보통 전선형 강수, 산악형 강수, 대류형 강수의 3가지로 구분하고 있다.

(1) 전선형 강수

전선의 경계를 따라 발생하는 공기의 흐름은 3가지 방법으로 상승하여 구름을 형성하고 냉각을 통해 강수를 발생시킨다. 첫 번째는 〈그림 5.1(a)〉와 같이 밀도가 더 큰 찬공기(한랭전선)가 밀도가 낮은 더운공기를 밀어내면서 위로 상승하게 한다. 두 번째는 〈그림 5.1(b)〉와 같이 더운공기(온난전선)가 찬공기쪽으로 흐르면서 밀도가 큰 찬공기를 만나 위쪽으로 상승하여 구름의 형성과 강수를 발생하는 것이다. 세 번째는 〈그림 5.1(c)〉와 같이 두 개의 찬공기가 저기압지역으로 몰리게 되고 전선이 서로 만나 정지한 전선이 형성이 된다(정체전선, stationary front).

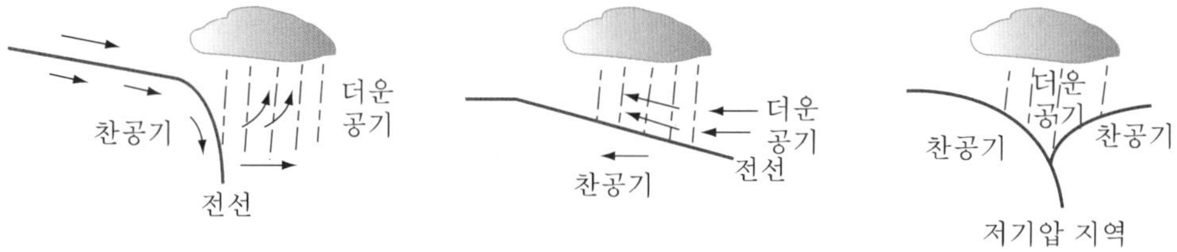

〈그림 5.1〉 전선형 강수

(2) 산악형 강수

바다에서 산쪽으로 불어오는 바람으로서 혼합공기(moist air 또는 mixture of air)는 산지에 막혀 산지를 따라 상승하면서 이슬점에 도달하게 되고, 더 상승하여 강수를 발생하게 된다. 이때 바다쪽 산사면(windward)에서는 많은 강수가 내리고, 반면에 산을 넘어 육지쪽(landward side 또는 leeward side)에는 적은 양의 강수가 내리게 되는데 이 지역을 비 그늘(rain shadow)지역이라고 한다(〈그림 5.2〉).

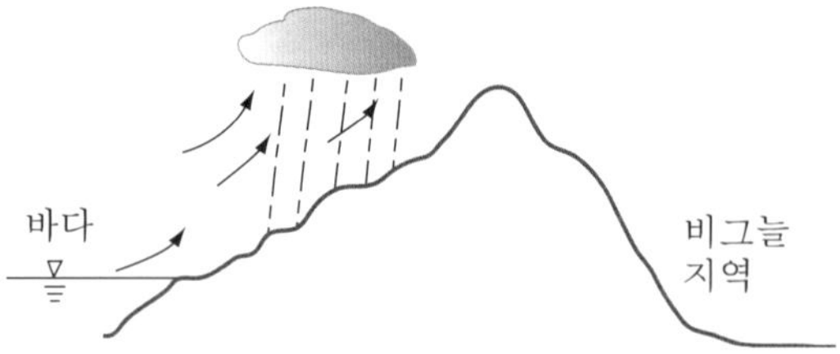

〈그림 5.2〉 산악형 강수

(3) 대류형 강수

복사에너지에 의해 대기 하부층의 공기가 가열됨으로써 적은 밀도를 가지게 되고, 가열된 공기는 불안정한 상태가 되어 상승하며, 단열적으로 냉각되어 구름을 형성하여 강수를 발생시킨다(〈그림 5.3〉).

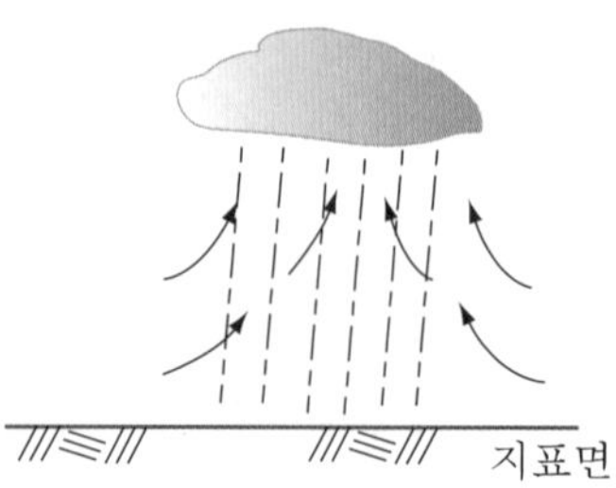

〈그림 5.3〉 대류형 강수

5.1.2 강수의 형태

강수의 형태는 매우 다양하고 종류도 많지만 본 교재에서는 대표적인 몇 가지의 강수 형태를 간략히 소개하기로 한다.

(1) 이슬비(drizzle)

이슬비는 0.1에서 0.5mm사이의 직경을 가지는, 매우 작고 상대적으로 균일한 물방울을 형성하여 부슬 부슬 흩뿌려진다. 방울들이 너무 작아 공기 중에 떠다니는 것처럼 보이기도 하며 이슬비의 강도는 1mm/h를 드물게 초과한다.

(2) 강우(rain)

강우는 액체의 강수로서 물방울은 0.5mm 이상의 크기를 갖는다.

(3) 우빙(glaze)

우빙은 강우나 이슬비가 지상의 차가운 물질 또는 물체와 접촉하여 얼 때 형성되어진 얼음코팅의 형태이다.

(4) 진눈깨비(sleet)

진눈깨비는 0℃ 이하 지표면 부근의 공기가 반쯤 얼은 상태의 층을 형성하고 이 층을 통과하여 빗방울이 떨어지면서 얼거나 녹은 얼음 조각들이 다시 얼면서 발생한다. 이는 투명한 작은 난알 모양의 얼음으로 1mm와 4mm 사이의 직경을 가진다.

(5) 눈(snow)

눈 또는 강설은 얼음 크리스털 형태의 강수로서 이 얼음 크리스털들이 녹아 서로 합해질 때 눈송이(snowflake)라고 부른다.

(6) 우박(hail 또는 hailstone)

우박은 공 또는 불규칙한 얼음 덩어리 모양의 강수로 5mm 이상의 직경을 갖는다. 구름 속에서 얼음과 불투명한 눈들이 상승과 하강을 반복하면서 우박의 층들을 이루게 되며, 갑작스럽고 심한 뇌우(thunderstorm) 속에서 발생한다.

(7) 이슬(dew)

이슬은 복사에너지가 빠져나간 밤에 지표면이 냉각되면서 지상의 공기가 응축을 하여 형성된다.

5.2 강수의 측정

모든 강수의 형태는 통상 강수가 담긴 통의 바닥 표면으로부터 채워진 물의 높이를 토대로 측정된다. 통에 담긴 강수의 체적을 통의 면적으로 나누어 깊이를 구함으로써 강수는 mm, cm 등의 단위로 측정되며, 일 강수량이 1mm 또는 0.1mm 이하의 값은 측정 한계치 이하의 값(trace) 또는 무강수로 간주되기도 한다. 2.5mm/h의 강도를 가진 강우는 가랑비(light rain), 2.5mm/h~7.5mm/h를 보통 비(moderate rain), 7.5mm/h 이상을 호우(heavy rain)로 분류하기도 한다.

강우의 측정은 통상 우량계(rain gauge)에 의해 측정이 되는데 보통우량계(non-recording rain gauge)와 자기우량계(recording rain gauge 또는 automatic recording rain gauge)로 나눈다. 또한 레이더(radar)와 인공위성(satellite) 등을 이용하여 강수를 측정하는데, 우량계가 어떤 특정 지점에서 강수를 측정한다면 레이더와 인공위성 등과 같은 원격탐사(remote sensing)는 지점이 아닌 공간적으로 강수를 측정하는데 이용할 수 있다.

5.2.1 우량계와 원격탐사

(1) 보통우량계와 자기우량계

① 보통우량계

보통우량계는 용기에 수수기와 저수기를 설치하여 수수기로 받아진 물이 저수기로 이동하게 하여, 일정 시간 후에 저수기에 있는 물의 양을 관찰하여 빗물의 양을 측정한다. 우리나라에서는 직경 20cm, 높이 60cm의 상단이 개방된 원통형 구리관 혹은 아연 도금 철관으로서 이 관 상단의 내부에 깔때기 모양의 수수기를 넣어 빗물을 받은 다음 이를 눈금이 든 유리 우량 측정관에 부어 강우의 양을 측정하게 된다.

② 자기우량계

보통우량계는 강우의 양만을 제공하고 강우의 시작과 끝, 강우강도, 강우가 지속되는 동안 강우강도의 변화 등에 대해서는 정보를 제공하지 못한다. 이러한 정보는 시간에 따라 연속적으로 강우를 기록함으로써 얻을 수 있는데 이를 위하여 자기우량계를 사용한다. 자기우량계에는 전도형 버킷(tipping 또는 tilting bucket type), 중량형 버킷(weighing bucket type), 부자형(float type with siphon arrangement) 자기우량계가 있다.

전도형 자기우량계는 우량을 연속적으로 자동 기록하는 관측기계로써 전도형 우량계와 자기전접계수기(recording electronic counter)를 이용한 우량관측 기상측기이다. 즉, 전도형 버킷은 수직축을 중심으로 두 개의 용기부분으로 나뉘는데, 수평축을 중심으로 평형을 이루다가 약 0.25mm의 빗물이 한쪽 용기에 모이면 용기가 기울면서 고인 물을 저수기에 비우게 된다. 이때 전기적인 신호가 기록계의 가동기에 전달이 되고 전기적인 접점이 닫히는 횟수를 계측하여 기록하게 되는데 이 계기를 자기전접계수기라고 한다. 전기적인 접점이 닫힐 때 마다 전자석을 통해 톱니바퀴를 한 톱니씩 돌아가게 하며, 톱니바퀴 축에 둥글게 돌아가는 형태의 캠(cam)이 장치되어 있어 이것에 의해 자기기록을 움직여 자기기록지에 계단식으로 기록을 남긴다. 이는 비교적 장치가 간단하며, 원격측정이 가능하고 관측신호의 디지털화가 용이하므로 자동기상관측시스템에 널리 사용되고 있다(〈그림 5.4a〉).

중량형 자기우량계는 강우량뿐만 아니라 강설량도 측정할 수 있다. 빗물이 용수철(spring) 저울에 의해 지지되고 있는 수수기를 통해 모인다. 빗물의 무게가 저울의 지레를 통해 기록지를 감고 있는 드럼과 접촉함으로써 펜을 움직여 기록하게 된다. 즉, 빗물이 수수기에 모이면 버킷의 무게가 점점 증가하고 저울 접시의 위치가 변화하면서 시간에 따라 연속적으로 움직이는 기록지위에 펜이 선을 그리게 된다. 이 기록은 시간에 따른 강수의 누적량을 나타낸다(〈그림 5.4b〉).

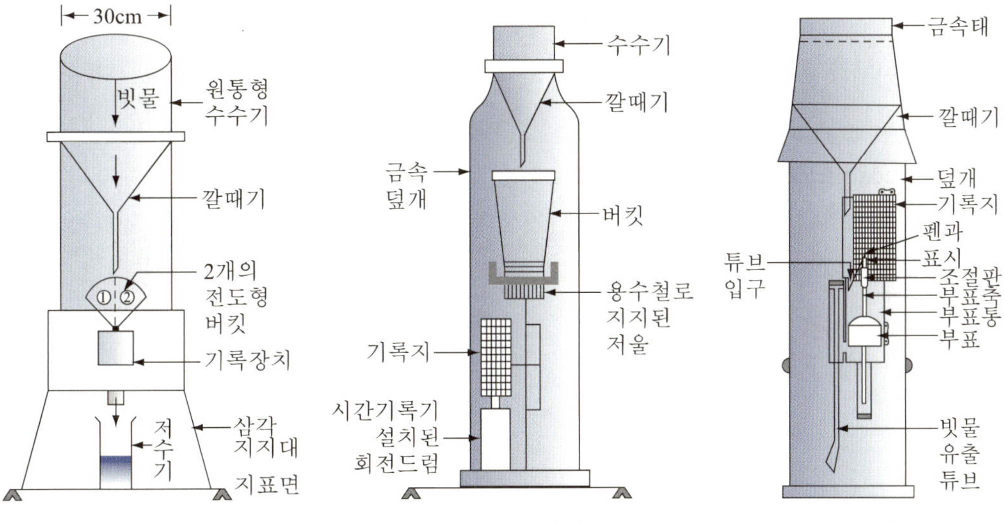

〈그림 5.4〉 자기우량계의 종류

부자형 자기우량계는 강우량의 시간적 변화상태를 측정하기 위하여 사용하는 것으로서 저수형 자기우량계라고도 한다. 비가 내리면 수수기에 연결된 호스를 통해 자기우량계의 조절관을 통해서 저수통에 흘러 들어가게 된다. 따라서, 원통 내 수위의 변화에 따라 금속제의 부표가 움직이게 되어 있고, 원통 속에 고인 빗물이 20mm에 달하면 사이펀의 작용으로 자동적으로 배수되고, 부표축에 달린 펜은 등속으로 회전하는 원통형시계에 부착된 자기기록지에 강수량의 그래프를 그리게 된다(〈그림 5.4c〉).

(2) 원격탐사

우량계와 같은 강수측정 기구들에 의해 지상에서 측정된 자료들은 지점 강수량자료들로서 공간적인 강수의 분포에 대해 취약성을 가지고 있다. 특히 강수측정 지점의 수가 적을 경우, 넓은 지역이나 미계측 지역의 경우는 강수의 공간적인 분포를 나타내는데 한계가 있다. 물론 우량계를 많이 설치해서 공간적인 단점을 보완할 수 있지만 예산 등 여러 가지 제한 조건들을 가지고 있다.

원격탐사의 기법은 보통 지표면 또는 대기와 전자기 복사에너지의 상호작용을 포함하여 이용하고 있다. 이러한 상호작용을 이용하는 레이더(radar)와 기상위성(meteorological satellites)은 넓은 지역의 강수를 실시간으로 측정할 수 있다. 레이더는 1∼2km의 공간적 해상도와 15∼30분 정도의 재방문 시간을 가지고 있다. 인공위성은 10∼20km의 공간적 해상도와 하루에 1∼2번을 반복하여 측정한다. 그러나 레이더와 인공위성은 공간적인 장점에도 불구하고 지상의 강수측정자료와 비교하여 불확실성이 크다. 이는 단점으로 간주되고 있으나 불확실성으로 인한 오차를 줄이고자 하는 노력이 지속되고 있고, 그 이용은 증가하고 있다.

① 레이더

레이더(radio detecting and ranging, radar)는 원래 항공기를 탐색하기 위해 제작되었는데 강수 측정을 위한 이용이 증가하고 있다. 기상레이더(weather radar)의 간단한 원리는 〈그림 5.5〉 및 〈그림 5.6〉과 같다. 〈그림 5.5〉에서 보는 것처럼 펄스형 레이더의 기본적인 형태는

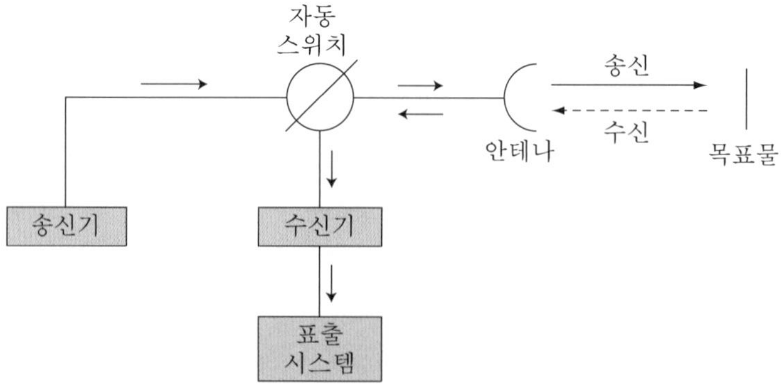

〈그림 5.5〉 레이더의 기본적인 형태

안테나, 송신기, 수신기, 송수신 스위치, 표출 시스템으로 구성되어 있다. 전자기 파(또는 펄스) 에너지가 송신기에 의해 만들어지고 안테나에 의해 방사된다. 방사된 전자기 파는 목표물까지의 범위 내에서 목표물로부터 반사되는데 이를 에코(echoes)라고 한다. 에코는 안테나에 의해 수신되고 수신기는 이 에코들을 탐지하여 증폭시키고 비디오 신호를 검출한다. 표출시스템은 수신된 신호를 에코의 형태로 모니터에 표출시킨다.

표출방식으로 목표물의 수평분포를 보여주는 평면위치표시기(Plan Position Indicator, PPI)와 수직분포를 보여주는 고저범위표시기(Range Height Indicator, RHI)가 있다. PPI의 화면은 만약 목표물이 없으면 흐릿하게 보이고 목표물이 있으면 밝은 얼룩이 보이는데, 소나기와 같은 경우는 헝겊조각 같은 모양의 밝은 빛이 보인다(〈그림 5.6〉).

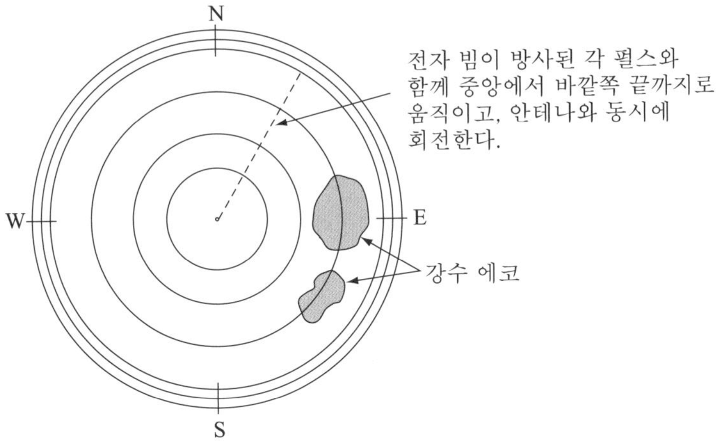

〈그림 5.6〉 평면위치표시기, PPI

목표물의 위치는 방향과 범위 또는 거리로 나타내는데, 전자기파의 방사와 목표물로부터 반사되어 오는 에코의 수신이 이루어지는 시간 간격을 알면 레이더로부터 목표물의 범위를 결정할 수 있고, 목표물의 방향은 에코가 수신되는 시각에 있어서 안테나의 방향에 의해 결정된다. 목표물의 범위와 방향은 PPI상의 에코 위치들에 의해 적절히 투시할 수 있도록 표출된다. 안테나의 움직임에 의해 모든 목표물의 좌표가 주어지고, 수직방향으로는 강수의 구조와 높이에 대한 정보를 제공한다.

일정 시간간격으로 수신되는 평균 에코의 강도는 다음과 같은 식(5.1)에 의해 나타낼 수 있다.

$$\overline{P_r} = \frac{C}{r^2} Z \tag{5.1}$$

여기서 C는 상수이고, r은 목표물까지의 거리이며, Z는 레이더 에코의 계수로서 유효 반사계수(effective radar reflectivity factor)(또는 반사계수)라고 한다. Z는 물방울의 크기 분포로 표시할 수 있는데 물방울 직경을 D라 하면 식(5.2)와 같이 나타낼 수 있다.

$$Z = \int_0^\infty N(D)\, D^6\, dD \tag{5.2}$$

여기서 D는 mm^6/m^3의 단위를 가지며, $N(D) = N_0 e^{-\Lambda D}$이고, 이는 Marshall-Palmer의 물방울 크기 분포식으로 식(12.48)에서도 이용되고 있다. Λ는 빗방울 크기와 관련된다. 강수 측정을 위해 식(5.1)을 이용하려면 Z를 강수강도 R과 관계를 맺을 필요가 있는데 이는 식(5.3)의 경험식으로 나타낼 수 있고, $Z-R$관계식이라고 부른다.

$$Z = aR^b \tag{5.3}$$

여기서, R은 mm/h의 단위를 가진다. a와 b는 지상의 강우강도와의 관계에 대한 보정에 의해 구할 수 있는 상수로서 지역과 기상특성성에 따라 다르나 Marshall-Palmer는 $a=200$과 $b=1.6$을 제시하였다. 따라서 식(5.2)를 알면 식(5.3)으로부터 R을 구할 수 있다. 본 절에서는 강수 레이더에 대해 간략히 설명을 하였는데 13장에서 보다 상세히 다루기로 한다.

② 기상위성

1960년 미국에서 처음으로 인공위성(Television and Infrared Observation Satellite, TIROS-1)을 발사하여 주로 구름의 영상을 제공한 이후, 1980년대는 대기의 상단에서 입사 및 방사복사에너지를 측정하였다. 최근에는 대기의 가능강수수분량, 수분의 함수비, 바람, 온도, 습도, 운량, 해수면 온도, 지표면 온도, 안개 등 다양한 기상 자료들을 제공하고 있다. 그러나 기상위성은 대기의 일정 고도의 범위 내에서 방출되는 것들로 구성된 복사에너지를 보는 것이므로 인공위성은 지상의 관측치들과 상호 보완관계에서 다루어져야 한다.

인공위성은 여러 가지 궤도 속에서 운영이 되는데 대표적인 궤도로 정지궤도(geostationary orbit)와 극궤도(polar orbit)가 있다. 정지궤도는 인공위성이 정지해 있는 것처럼 보이는데, 이는 지구와 똑같은 궤도와 방향으로 움직이고 있기 때문이다. 극궤도는 인공위성이 지구의 기울기를 고려한 궤도를 가지고 있는데, 적도평면과 인공위성의 궤도 평면이 직각을 이루고 있다. 정지 기상위성의 대표적인 것으로는 유럽의 EUMETSAT(The European Organization for the Exploitation of Meteorological Satellites), 미국의 GOES(Geostationary Operational Environmental Satellites), 러시아의 GOMS(Geostationary Operational Meteorological

Satellite) 등이 있고 일본, 중국, 인도 등도 기상위성을 발사하여 운영하고 있다. 극궤도 기상위성으로는 미국의 NASA와 NOAA, 영국과 프랑스의 협력으로 이루어진 POES(The Polar Operational Environmental Satellite)가 있고, NOAA는 TIROS-N 또는 ATN(Advanced Television Infrared Observation Satellite) 시리즈를 운영하고 있다.

기상위성은 바다와 대륙 그리고 사막이나 산지와 같이 자료가 부족한 지역에 대한 강수의 추정치를 제공하기 위해 그 이용도가 증가하고 있으며, GOES 기상위성 등을 이용하여 강수량을 추정하고자 하는 연구가 지속적으로 이루어지고 있다. Ingraham(1980)은 GOES 기상위성을 이용해 단위면적당 강수율이 다음과 같은 식(5.4)에 의해 나타낼 수 있다고 가정하였다.

$$\frac{dP}{dt} = E\rho_m w v \tag{5.4}$$

여기서 w는 구름시스템으로 유입하는 공기의 혼합율, ρ_m은 혼합공기의 밀도, v는 상승하는 혼합공기 덩어리의 상승속도(updraft velocity)이며, E는 구름 속에서 응축하는 수증기 비율을 설명하는 효율계수(efficiency factor)이다. 〈그림 5.7〉에서 시간 t와 $t+\Delta t$의 시간변화에 따라 구름 상단의 면적이 달라짐을 알 수 있고, 식(5.4)의 상승속도 v는 시간에 따른 구름 상단 면적 A의 변화비와 단열과정의 공기 온도체감율 Γ, 그리고 구름 상단의 기온

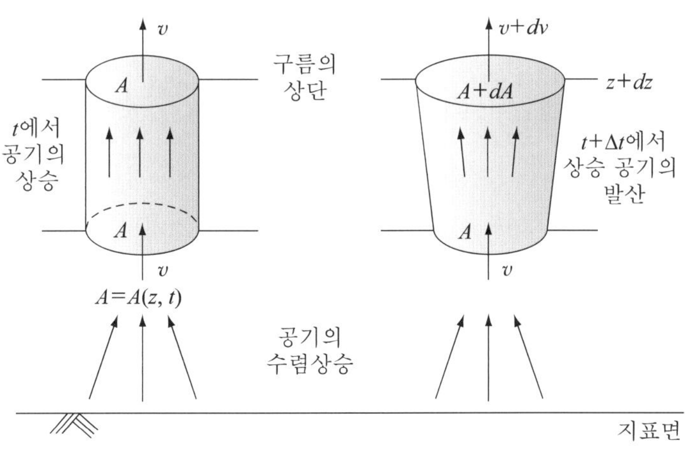

〈그림 5.7〉 시간 t와 $t+\Delta t$, 고도 z와 $z+dz$에 있어서의 공기 기둥의 변화

T에 의해 구할 수 있다. 따라서 식(5.4)를 이산형(discrete form)으로 쓰면 식(5.5)와 같이 나타낼 수 있다. 식(5.5)에서 구름 상단의 면적은 GOES 영상과 적외선 영상을 통하여 추정되어진다.

$$\Delta P = -\frac{Ew\rho_m}{\Gamma}\ln\left[\frac{A(T, t+\Delta t)}{A(T,t)}\right]\Delta T \tag{5.5}$$

예제 5.1

정지해 있는 뇌우(thunderstorm)에 대해 적외선 인공위성 영상을 통해 측정하고 있다. 구름 상단의 온도가 −40℃이고, 30분의 시간간격을 가지고 영상 측정을 시작할 때 구름 상단 면적은 100km²이었으며, 끝날 때의 면적은 120km²이었다. 공기의 발산이 0인 지점(z)에서 온도는 0℃이고, 효율계수는 0.2이며, 단열과정의 공기의 온도 체감율은 5℃/km이다. 구름이 형성되고 있는 지점의 기상관측소에서 이슬점은 20℃, 지상의 온도는 23℃로 측정이 되었고, 기압은 1000mb이다. ΔT 동안의 강수량을 구하라. $\rho_m = 1185\,\text{g/m}^3$이다.

풀이

- 구름에 수분을 제공하는 지상의 수분조건은 상대습도에 의해 구하는데, 공기 온도와 이슬점에 의한 근사공식에 의해 구할 수 있다.

$$R_h = \left[\frac{112-0.1T+T_d}{112+0.9T}\right]^8 = \left[\frac{112-0.1(23)+(20)}{112+0.9(23)}\right]^8 = 0.83$$

- $T = 23$℃에서의 포화증기압은 다음의 근사공식에 의해 구해진다.

$$e_s = 33.8639[0.00738(23)+0.8072]^8 - 0.000019|1.8(23)+48| + 0.001316$$
$$= 28.0\text{mb}$$

- 따라서 공기의 증기압은 $e = 0.83\times 28.0 \approx 23.2\,\text{mb}$
- 혼합율은 $w = 0.622\dfrac{23.2}{1000-23.2} = 0.015\text{g/g}$
- 식(5.5)로부터 30분 동안의 강수량을 계산하면 다음과 같다.

$$\Delta P = -\frac{(0.2)(0.015)(1185)}{5\times 10^{-3}}(-40)\ln\left[\frac{120}{100}\right] = 5.2\times 10^3\text{g/m}^2 = 5.2\text{mm}$$

5.2.2 강수 관측망

어떤 유역에 가능한 많은 관측지점에 우량계를 설치하는 것이 유역의 공간적인 강수분포를 보다 더 잘 표현한다고 할 수 있을 것이다. 그러나 경제적, 지형학적 접근성, 강수의 변동성 등 다양한 요인들이 유역 관측지점의 수에 영향을 미친다. 미계측 지역에 얼마나 많은 수의 강수 관측망을 형성해야 하는지에 대한 정확한 규칙은 없으나 세계기상기구(World Meteorological Organization, WMO)는 우량계의 밀도에 대하여 〈표 5.1〉과 같이 추천하고 있다.

〈표 5.1〉 강수 관측을 위한 최소 관측망 밀도

지역	최소 1개의 관측지점이 있어야 할 면적(km^2)	
	자기우량계	보통우량계
해안지역	9,000	900
산지지역	2,500	250
평야지역	5,750	575
구릉지역	5,750	575
도서지역	250	25
도시지역	10～20	-
건조 및 극지역	100,000	10,000

어떤 유역에 기존에 존재하는 관측지점의 숫자가 적정한지를 검토하기 위하여 식(5.6)을 이용할 수 있다.

$$N = \left(\frac{C_v}{E_p}\right)^2 \tag{5.6}$$

여기서 N은 최적의 관측지점 수, C_v는 백분율의 변동계수, E_p는 면적우량을 추정하는데 있어서 백분율의 허용오차이다.

예제 5.2

어떤 소유역에 아래와 같이 6개의 관측 지점이 있고 연 강수량이 주어져 있다. 허용오차 $E_p = 10\%$라면, 소유역이 필요로 하는 최적 관측지점수를 구하라.

관측지점	A	B	C	D	E	F
연 강수량(cm)	102	77	84	53	66	80

풀이

식(2.22), (2.23), (2.24)를 이용하여 평균, 표준편차, 변동계수를 구할 수 있다.

$$\bar{x} = \frac{1}{n}\sum_{i=1}^{n} x_i = 77(\text{cm})$$

$$s^2 = \frac{1}{n-1}\sum_{i=1}^{n}(x_i - \bar{x})^2 \rightarrow s = 16.61(\text{cm})$$

$$C_v = \frac{s}{\bar{x}} \times 100 = 21.57(\%)$$

$$N = \left(\frac{C_v}{E_p}\right)^2 = \left(\frac{21.57}{10}\right)^2 = 4.6 \approx 5$$

소유역에서 요구되는 우량계 설치 숫자는 5개인데 이미 6개가 존재하므로 더 이상의 우량계 설치가 필요하지 않다.

5.3 강수량 자료의 예비적 검토

어떤 관측지점의 강수 자료를 이용하기 전에 자료의 연속성(continuity)과 일관성(consistency)을 검토할 필요가 있다. 연속성이란 관측기간 동안 우량계의 고장이나 실수 등에 의해 결측이 발생할 경우, 이를 추정 보완하여 자료의 연속성을 보장해 주는 것이고, 일관성이란 관측기간동안 관측 지점에 어떤 변화가 생겨 자료에 모순이 발생하는 경우, 이중누가우량곡선 분석(double mass curve analysis)을 통해 주변 관측자료와 일관성이 유지될 수 있도록 자료를 수정해 주는 것이다.

5.3.1 강수량 자료의 결측치 보완

자료의 연속성을 검토하기 위하여 정상 강수량(normal precipitation)을 이용하는데 정상 강수량이란 어떤 관측지점에 30년 이상의 자료가 존재할 때, 특정 30년 동안의 일 강수량, 월 강수량, 또는 연 강수량의 평균값을 의미한다. 따라서 A관측지점에 있어서의 정상연평균 강수량(normal annual precipitation)이란 A관측지점에서 특정 30년간의 관측 자료에 대한 연평균 강수량(average annual precipitation)임을 알 수 있고, 이는 10년마다 갱신된다.

(1) 산술평균법

어떤 유역에서 특정 연도에 결측이 발생한 X관측지점 주변에 M개의 관측지점이 있고, M개의 각 관측지점에서 특정 연도의 연 강수량값은 $P_1, P_2, P_3, \cdots P_M$이며, X관측지점의 결측치는 P_x라고 한다. 또한 X관측지점을 포함한 $(M+1)$개의 각 관측지점 대한 정상연평균 강수량은 $N_1, N_2, \cdots N_{M+1}$이다.

X관측지점의 정상연평균 강수량이 M개 관측지점의 정상연평균 강수량의 10% 이내에 있다면 P_x를 추정하기 위하여 산술평균법(arithmetic mean method)이 이용되어진다.

$$P_x = \frac{1}{M}[P_1 + P_2 + \cdots + P_M] \tag{5.7}$$

(2) 정상 연강수량 비율법

X관측지점의 정상연평균 강수량이 M개 관측지점의 정상연평균 강수량의 10%범위를 벗어난다면 P_x를 추정하기 위하여 정상 연강수량 비율법(normal ratio method)이 이용되어진다.

$$P_x = \frac{N_x}{M}\left[\frac{P_1}{N_1} + \frac{P_2}{N_2} + \cdots + \frac{P_M}{N_M}\right] \tag{5.8}$$

(3) 역거리법

역거리법(inverse distance method)은 결측 관측지점으로부터 주변 관측지점까지 거리의 제곱의 역수를 가중치로 하여 결측치를 추정하는 방법으로 식(5.9)와 같으며 가장 널리 이용되고 있다.

$$P_x = \frac{\sum_{i=1}^{M} P_i \times W_i}{\sum_{i=1}^{M} W_i} \tag{5.9}$$

여기서 $W_i = 1/D^2$이고, D는 결측지점에서 해당 관측지점까지의 거리이다.

(4) 회귀분석법

다중 회귀분석법은 식(5.10)과 같이 주어진다.

$$P_x = a_0 + a_1 P_1 + a_2 P_2 + \cdots + a_M P_M \tag{5.10}$$

여기서 $a_0, a_1, \cdots, a_M$은 계수로서 최소자승법(least square method)에 의해 구할 수 있다. $\overline{Y}$를 P_i라 하고 X를 N_i라 하면 단순 선형회귀식 $\overline{Y}=a+bX$를 세울 수 있고, 이를 통해 결측치 Y_x(또는 P_x)$=a+bX_x$(또는 N_x)를 구할 수 있다. 관측치가 Y이고 회귀식이 $\overline{Y}$이면 최적의 a, b값들은 관측치와 회귀식의 오차를 나타내는 편차의 제곱값(sum of squared deviation), 즉 $\sum(Y-\overline{Y})^2=A$에서 A가 최소일 때 얻어진다. 따라서 $\dfrac{\partial A}{\partial a}=0$과 $\dfrac{\partial A}{\partial b}=0$으로부터 단순 선형회귀식의 계수 a와 b를 구하기 위한 식(5.11)이 유도된다.

$$a=\frac{\sum Y\sum X^2-\sum X\sum XY}{M\sum X^2-(\sum X)^2} \tag{5.11a}$$

$$b=\frac{M\sum XY-\sum X\sum Y}{M\sum X^2-(\sum X)^2} \tag{5.11b}$$

예제 5.3

어떤 하천유역에서 호우기간 동안 A관측지점에 결측이 발생하였으나 주변 B, C, D의 관측지점에서는 강수량이 각각 12.3, 14.8, 11.9cm가 관측되었다. A, B, C, D의 관측지점에 대한 정상연평균 강수량이 각각 1290, 1510, 1680, 1375mm이었고, 좌표는 각각 (0,0), (6, 4), (8, −6), (−4, 4)이었다. (a) 산술평균법, (b) 정상 연강수량 비율법, (c) 역거리법으로 결측치를 추정하라.

풀이

(a) 정상연평균 강수량이 A관측지점은 1290mm이고, C지점은 1680mm이므로 C지점이 A지점의 값을 10% 이상 초과하므로 산술평균법을 적용할 수 없다.

(b) 정상 연강수량 비율법

$$P_x=\frac{N_x}{M}\left[\frac{P_1}{N_1}+\frac{P_2}{N_2}+\cdots+\frac{P_M}{N_M}\right]=\frac{1290}{3}\left[\frac{123}{1510}+\frac{148}{1680}+\frac{119}{1375}\right]$$
$$=109.65\text{mm}=10.965\text{cm}$$

(c) 역거리법

$$D_B^2=6^2+4^2=52,\quad D_C^2=8^2+(-6)^2=100,\quad D_D^2=(-4)^2+4^2=32$$
$$W_B=1/52=0.01923,\quad W_C=1/100=0.01,\quad W_D=1/32=0.03125$$

$$P_x = \frac{\sum_{i=1}^{M} P_i \times W_i}{\sum_{i=1}^{M} W_i} = \frac{(0.01923 \times 12.3 + 0.01 \times 14.8 + 0.03125 \times 11.9)}{(0.01923 + 0.01 + 0.03125)} = 12.5\mathrm{cm}$$

5.3.2 강수량 자료의 일관성 분석

어떤 관측지점에서 인위적 또는 자연적으로 강수량 자료에 모순 또는 변화가 생겨 주변의 관측자료와 일관성이 결여된 경우, 이중누가우량곡선 분석을 통해 자료가 일관성을 갖도록 보정해 주어야 한다. 즉, 가능한 주변의 많은 관측지점들의 평균 강수량을 구하고, 모순이 발생한 관측지점의 강수량과 이중누가우량곡선 분석을 수행한다.

〈그림 5.8〉을 보면 1983년 지점에서부터 자료의 일관성에 문제가 생겼음을 알 수 있다. 이 경우 1983년부터 1977년까지의 자료를 수정하여 전체 자료의 일관성을 유지하고자 하면, 이를 위한 수정계수(correction factor) $C_f = C_2 / C_1$를 구하여 1983부터 1977년까지의 강수량 자료에 곱해 수정하여 준다. 수정이 필요한 강수량 자료를 P_x, 수정된 강수량 자료를 P_{cx}라고 하면 다음과 같은 식(5.12)를 쓸 수 있다.

$$P_{cx} = P_x C_f = P_x \frac{C_2}{C_1} \tag{5.12}$$

만약에 변화가 심각하지 않다면, 즉 변화한 경사가 원자료 경사간의 차이가 10%를 초과하지 않는다면 단순한 오차인지 여부를 검토하여야 한다.

예제 5.4

〈표 5.2〉의 (1), (2), (4)란의 자료들이 주어져 있을 때, 자료의 일관성을 검토하여 수정이 필요하다면 강수량 자료를 수정하고, 수정 전후의 평균값을 비교하라.

풀이

우선 〈표 5.2〉의 (2)란과 (4)란에 대한 누가값들을 (3), (5)란에 구하여 〈그림 5.8〉과 같은 이중누가우량곡선을 작성하였다. 곡선을 보면 1983년부터 자료의 일관성에 문제가 발생하였다는 것을 알 수 있다. 따라서 원자료에 대한 경사와 변화가 생긴자료의 경사를 비교하여 그 차이가 10%를 초과하는지 여부를 먼저 검토하도록 한다.

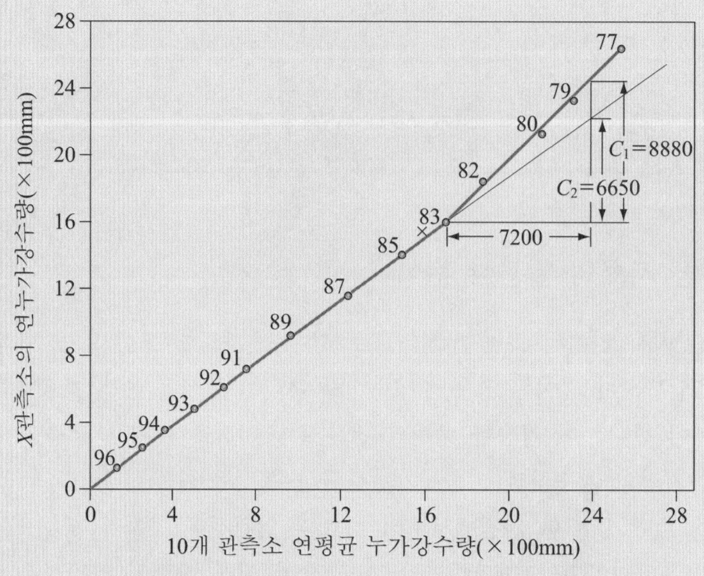

〈그림 5.8〉 강수량의 일관성 검토를 위한 이중누가우량곡선

〈표 5.2〉 강수량 자료의 일관성 분석(단위 : mm)

(1)	(2)	(3)	(4)	(5)	(6)	(7)
연도	X관측소 연강수량	(2)의 누가값	10개 관측소 연평균 강수량	(4)의 누가값	(2)의 수정값 (2)× C_f	비고
1996	1430	1430	1410	1410		
1995	1100	2530	1260	2670		
1994	1170	3700	1100	3770		
1993	1100	4800	1230	5000		
1992	1200	6000	1150	6150		
1991	1220	7220	1430	7580		
1990	1280	8500	1150	8730		
1989	750	9250	950	9680		
1988	1120	10370	1230	10910		
1987	1250	11520	1350	12260		$C_f = \frac{6650}{8880}$
1986	1380	13000	1440	13700		
1985	1210	14210	1360	15060		$= 0.756$
1984	1760	15970	1730	16790	1760	
1983	1400	17370	1080	17870	1058	
1982	1240	18610	970	18840	937	
1981	1760	20370	1320	20160	1330	
1980	1480	21850	1350	21510	1119	
1979	1740	23590	1410	22920	1315	
1978	1420	25010	1270	24190	1074	
1977	1580	26590	1260	25450	1194	

- 원자료의 경사=6650/7200=0.9236

  변화된 자료의 경사=8880/7200=1.233

  두 경사의 차이=$\frac{1.233-0.9236}{0.9236}\times 100=33.5(\%)$

  따라서 10% 이상의 차이가 발생하므로 자료의 수정이 필요하다.
- 수정계수 C_f를 비고란에서처럼 구하여 수정이 필요한 1983~1977년까지의 자료에 곱하여 〈표 5.2〉의 (6)란에 수정된 값들을 수록하였다.
- 수정전의 평균값=1329.5(mm)

  수정후의 평균값=1240.85(mm)

5.4 강수량 자료의 표현

5.4.1 강수량 자료의 경향성

2장에서 언급하였듯이 강수의 자연현상은 무작위한 확률과정으로 불확실성을 가지고 예측된다. 따라서 강수 분석은 확률과 통계학적으로 수행되고, 수문설계의 목적에 따라 분석이 이루어진다.

강수량 자료의 변동성을 가장 쉽게 볼 수 있는 것은 가로축을 시간으로 하고 세로축을 강수량 자료로 하여 시간에 따른 강수량의 변화를 표현한 것이다. 〈그림 5.9〉의 실선이 연 강수량 자료를 보이고 있는데 시간에 따른 변동성이 무작위하게 보인다. 그러나 〈그림 5.9〉의

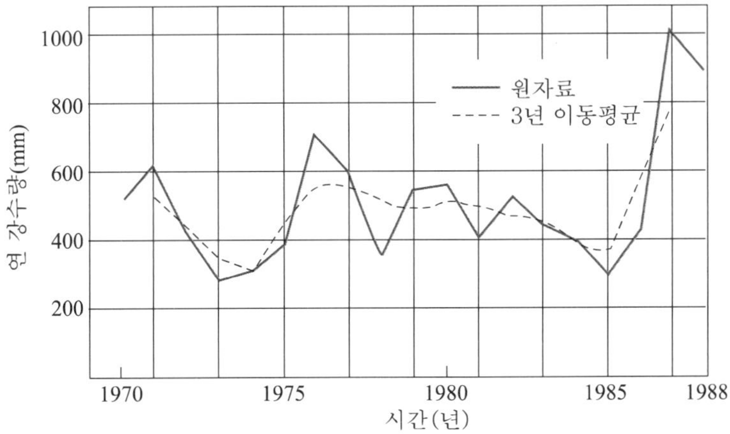

〈그림 5.9〉 시간에 따른 강수량과 3년 이동평균 강수량

점선과 같이 이동평균곡선(moving average curve)을 이용하면 원 자료의 극치값들을 평활화(smoothing)함으로써 자료의 경향성을 보다 쉽게 이해할 수 있다.

〈그림 5.9〉의 실선은 연강수량 자료를 표현하고 있는데 그 값들을 $x_1, x_2, \cdots, x_n$과 같다고 하면 3년 이동평균곡선의 값들은 $y_2 = (x_1 + x_2 + x_3)/3$, $y_3 = (x_2 + x_3 + x_4)/3$, $\cdots$, $y_{n-1} = (x_{n-2} + x_{n-1} + x_n)/3$과 같이 계산된다.

5.4.2 누가우량곡선과 우량주상도

누가우량곡선(rainfall mass curve)은 시간에 따른 누가 강수량을 도시한 그림으로 자기우량계의 기록 방법과 같은 형태이다. 호우기간동안 어떤 관측지점에서 누가우량곡선은 〈그림 5.10〉과 같으며, 호우의 지속기간(duration)과 크기(magnitude)에 대한 정보를 제공한다. 또는 곡선의 기울기로부터 다양한 시간 간격(time intervals)에 대한 강도(intensities)를 얻을 수도 있다.

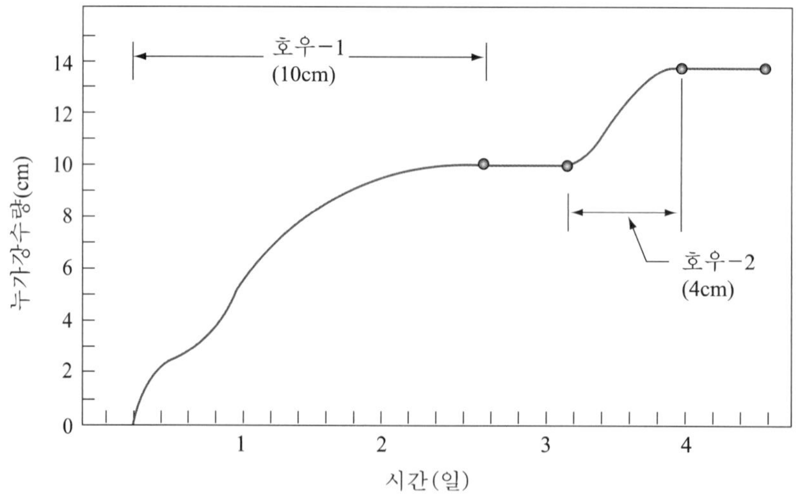

〈그림 5.10〉 누가우량곡선

〈그림 5.11〉에서 보는 것처럼 우량주상도(hyetograph)는 시간 간격에 대한 강수의 강도를 보통 막대그래프로 도시한 것으로 누가우량곡선으로부터 유도될 수 있다. 우량주상도는 호우의 특성을 표현하는데 편리하고, 극한 홍수를 예측하기 위한 호우설계(design storm)를 위해서도 매우 중요하다. 우량주상도의 면적은 호우기간 동안의 총 강수량을 나타내며 시간 간격은 목적에 따라 다르게 표현할 수 있다.

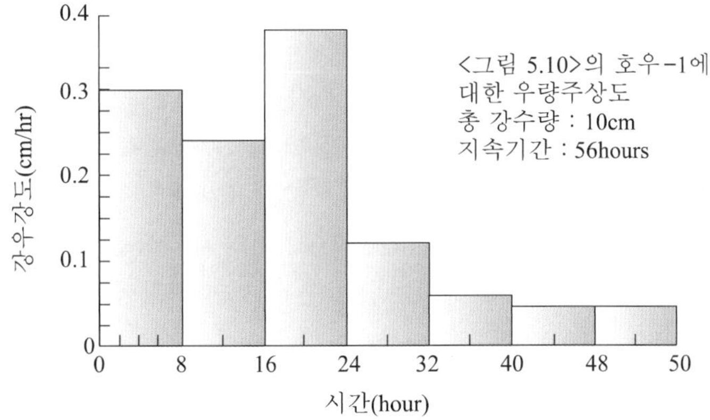

〈그림 5.11〉 호우의 우량주상도

5.5 유역 평균강수량

5.2.1절에서 우량계에 의한 강수량 측정을 설명하였는데 이는 지점에서의 점 강수량(point precipitation)을 얻게 된다. 그러나 실제 수문분석에 있어서는 어떤 유역의 면적에 걸쳐 내린 강수량을 필요로 하게 된다. 따라서 점 강수량을 면적평균강수량(mean aerial precipitation) 또는 유역 평균강수량으로 환산하여야 하는데 그 방법들은 산술평균법, 티센다각형법, 등우선법 등이 있다.

5.5.1 산술평균법

어떤 유역에 많은 관측지점이 존재하고 자료의 변동성이 작다면 유역 면적에 대한 평균 강수량을 식(5.13)과 같은 산술평균법에 의해 구할 수 있다.

$$\overline{P} = \frac{P_1 + P_2 + \cdots + P_N}{N} = \frac{1}{N}\sum_{i=1}^{N} P_i \tag{5.13}$$

여기서, P_i는 N개 관측지점 각각에 있어서 어떤 주어진 기간에 대한 강수량이다.

5.5.2 티센다각형법

티센다각형법(Thiessen polygon method)은 관측지점에 가까운 면적을 가중치로 하여 유역 면적에 대한 강수량을 구하는 방법이다. 〈그림 5.12〉를 보면 관측지점이 유역 내부와 유역 경계에서 가까운 외부에 각각 3개씩 있다. 유역을 그리고, 6개의 관측지점들을 표시하고, 관측지점 6개를 정삼각형에 가깝도록 서로 연결하여 5개의 삼각형을 구성한다. 각 삼각형 변에 대해 수직이등분선을 그어 서로 만나는 점들을 이으면 다각형이 형성이 된다. 예를 들면, 관측지점 3, 4, 5를 꼭짓점으로 하는 삼각형 각 변에 직각으로 수직선을 그으면 g에서 만나고, 4관측점에 대한 다각형 fgh가 형성이 된다. 만약 유역의 경계선이 삼각형 변들에 대해 그은 수직이등분선을 막으면 유역 경계선들이 다각형의 한계가 된다. 예를 들면, 관측점 1, 5, 6을 보면, 관측점 1에 대한 다각형은 abcd인데 관측점 6에 대한 다각형은 jbak가 된다. 이들 다각형의 면적이 각 관측점들의 우량계의 지배면적이 된다.

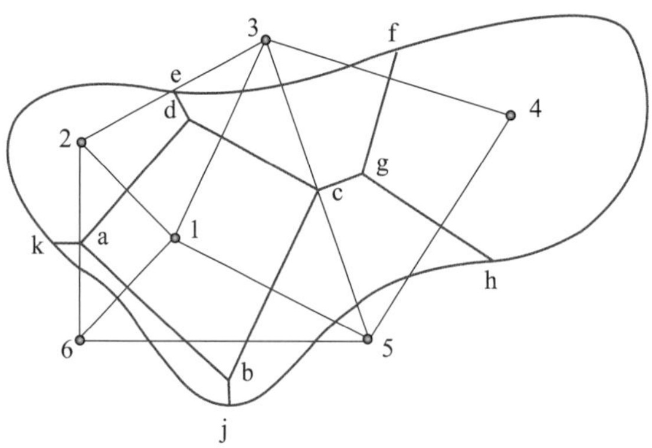

A : 유역의 총면적

관측소	다각형	면적	가중계수
1	abck	A_1	A_1/A
2	kade	A_2	A_2/A
3	edcgf	A_3	A_3/A
4	fgh	A_4	A_4/A
5	hgcbj	A_5	A_5/A
6	jbak	A_6	A_6/A

〈그림 5.12〉 티센다각형

6개의 다각형들이 결정되고 이들에 대한 면적은 구적기(planimeter) 등에 의해 구해진다. 6개의 관측지점들에서 측정된 강수량을 P_1, P_2, $\cdots$, P_6라고 하고, 각 다각형 면적들이 A_1, A_2, $\cdots$, A_6이며, 유역의 면적은 A라고 하면 유역의 평균강수량은 식(5.14a)에 의해 구할 수 있다. 또는 식(5.14a)의 일반식은 식(5.14b)와 같다.

$$\overline{P} = \frac{P_1A_1 + P_2A_2 + \cdots + P_6A_6}{A_1 + A_2 + \cdots + A_6} \tag{5.14a}$$

$$\overline{P} = \frac{\sum_{i=1}^{N} P_iA_i}{A} = \sum_{i=1}^{N} P_i \frac{A_i}{A} \tag{5.14b}$$

여기서, A_i/A는 각 관측지점에 대한 가중계수(Thiessen weights)이다. 티센다각형법은 강수량에 대한 산악의 영향은 고려하지 못하지만 관측지점의 지배면적을 고려하는 객관성 때문에 가장 널리 사용하고 있다.

5.5.3 등우선법

등우선법(Isohyetal method)은 같은 강수량을 가진 점들을 연결한 등우선을 이용하는 방법으로 특히, 관측지점의 수가 많을수록 유리한 방법이다. 어떤 유역에 〈그림 5.13〉처럼 등우선들이 존재할 때, 유역내 2개의 등우선들 사이의 면적 $A_1, A_2, \cdots, A_{N-1}$을 구적기로 구하고, 유역 전체면적은 A이다. 그리고 등우선들의 값들을 $P_1, P_2, \cdots, P_N$이라고 하면 유역의 평균강수량은 식(5.15)와 같다.

$$\overline{P}=\frac{A_1\left(\frac{P_1+P_2}{2}\right)+A_2\left(\frac{P_2+P_3}{2}\right)+\cdots+A_{N-1}\left(\frac{P_{N-1}+P_N}{2}\right)}{A} \tag{5.15}$$

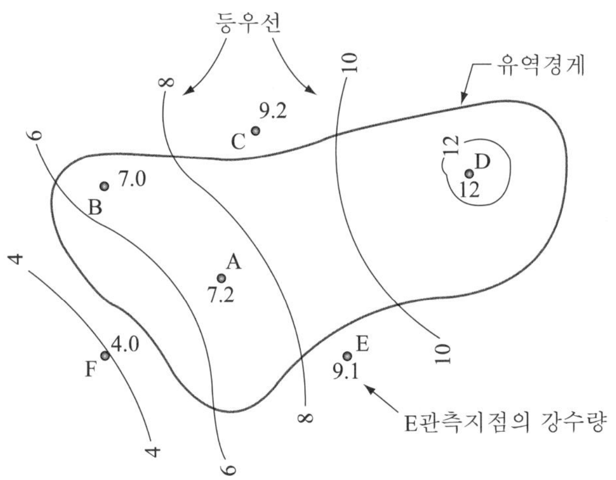

〈그림 5.13〉 호우의 등우선(연습문제 5.9)

> **예제 5.5**
>
> 아래의 〈그림 5.14〉와 같은 유역의 면적이 200km^{2}이고, 관측지점 번호는 1~8로 되어있으며, 강수량은 숫자로 표시되어 있는데 단위는 mm이다. (a) 산술평균법, (b) 티센다각형법, (c) 등우선법을 이용해 유역의 평균강수량을 구하라.

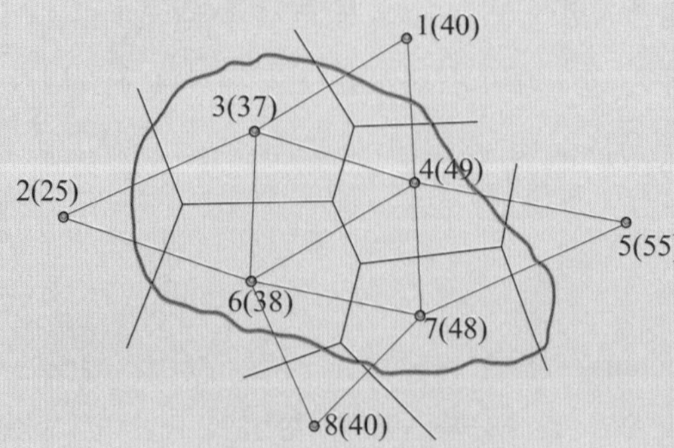

〈그림 5.14〉 티센다각형

풀이

(a) 산술평균법

$$\bar{P}=\frac{1}{N}\sum_{i=1}^{N}P_i=\frac{1}{4}(37+49+38+48)=43(\text{mm})$$

(b) 티센다각형법

〈그림 5.14〉를 토대로 〈표 5.3〉을 작성하였다. 표로부터 유역 평균강수량을 구하면 다음과 같다.

$$\bar{P}=\sum_{i=1}^{N}P_i\frac{A_i}{A}=\frac{8353.4}{200}=41.77\text{mm}$$

〈표 5.3〉 티센다각형법을 위한 계산

(1)	(2)	(3)	(4)
관측소 i	강수량 (mm) P_i	다각형 면적 (km^2) A_i	강수 용적 (km^2-mm) $P_i\times A_i$
1	40	7.2	288.0
2	25	10.4	260.0
3	37	49.8	1842.6
4	49	35.8	1754.2
5	55	6.6	363.0
6	38	47.2	1793.6
7	48	41.5	1992.0
8	40	1.5	60.0
합계		200.0	8353.4

(c) 등우선법

30, 40, 50mm의 등우선을 〈그림 5.15〉와 같이 그리고 등우선간의 면적을 측정하여 〈표 5.4〉와 같이 작성하였다. 표를 토대로 등우선법에 의한 유역의 평균강수량을 구하면 다음과 같다.

$$\overline{P} = \frac{A_1\left(\frac{P_1+P_2}{2}\right) + A_2\left(\frac{P_2+P_3}{2}\right) + \cdots + A_{N-1}\left(\frac{P_{N-1}+P_N}{2}\right)}{A}$$

$$= \frac{8138}{200} = 40.69\text{mm}$$

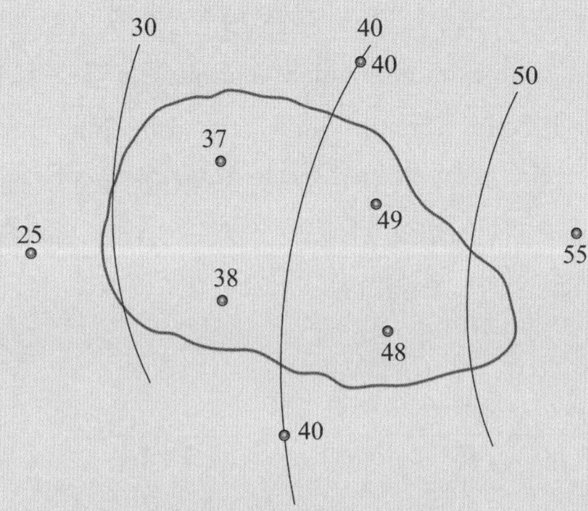

〈그림 5.15〉 등우선도

〈표 5.4〉 등우선법을 위한 계산

(1)	(2)	(3)	(4)	(5)
i	등우선 (mm)	등우선간 면적 (km^2) A_i	평균강수량 (mm) $(P_{i-1}+P_i)/2$	강수 용적 (km^2-mm) (3)×(4)
1	>50	14.0	53	742
2	40~50	89.2	45	4014
3	30~40	95.8	35	3353
4	<30	1.0	29	29
합계		200.0		8138

5.6 강수량 자료의 분석

5.6.1 강우강도와 지속기간

가장 강도가 강한 강우 또는 호우는 보통 짧은 지속기간 동안에 발생하며, 강우의 지속기간이 증가하면 최대강우강도(maximum rainfall intensity)는 감소하는 특성을 가지고 있다. 그리고 어떤 관측지점에서 5min, 10min, 15min, ⋯ , 1hr, 2hr, 5hr 등과 같은 지속기간에 대해 최대강우강도를 작성한 그래프를 강우강도－지속기간 곡선(Intensity-Duration graph)이라고 한다. 강우강도와 지속기간사이의 관계를 설명하기 위해 자기우량계에서 기록이 되는 누가우량곡선의 값들을 이용하여 우량주상도와 강우강도－지속기간 곡선을 예제들을 통해 작성하도록 한다.

예제 5.6

아래의 〈표 5.5〉와 같이 15분 시간간격을 가지고 오전 7 : 00부터 10 : 00까지의 호우사상에 대한 누가우량이 관측 되었다. 이를 이용해 15분 단위의 강우강도를 구하고 우량주상도를 작성하여라.

〈표 5.5〉 누가우량

시각	7:00	7:15	7:30	7:45	8:00	8:15	8:30
누가우량(mm)	0.0	9.5	17.0	27.0	40.5	49.0	63.0
시각	8:45	9:00	9:15	9:30	9:45	10:00	
누가우량(mm)	84.0	95.0	102.0	110.0	112.0	112.0	

풀이

〈표 5.5〉를 〈표 5.6〉과 같이 재작성하여 15분 단위의 강우강도를 구하여 우량주상도를 작성하도록 한다. 〈표 5.6〉에서 (3)란은 연속 15분 동안의 강우깊이를 나타내고 (4)란은 (3)란에 상응하는 강우강도를 나타내고 있다.

〈표 5.6〉 우량주상도를 위한 계산

(1)	(2)	(3)	(4)
시각	누가우량(mm)	15분간격 우량(mm)	강우강도(mm/hr)
7:00	0.0	–	–
7:15	9.5	9.5	38
7:30	17.0	7.5	30
7:45	27.0	10.0	40
8:00	40.5	13.5	54
8:15	49.0	8.5	34
8:30	63.0	14.0	56
8:45	84.0	21.0	84
9:00	95.0	11.0	44
9:15	102.0	7.0	28
9:30	110.0	8.0	32
9:45	112.0	2.0	8
10:00	112.0	0.0	0

〈표 5.6〉을 토대로 우량주상도를 〈그림 5.16〉과 같이 작성한다.

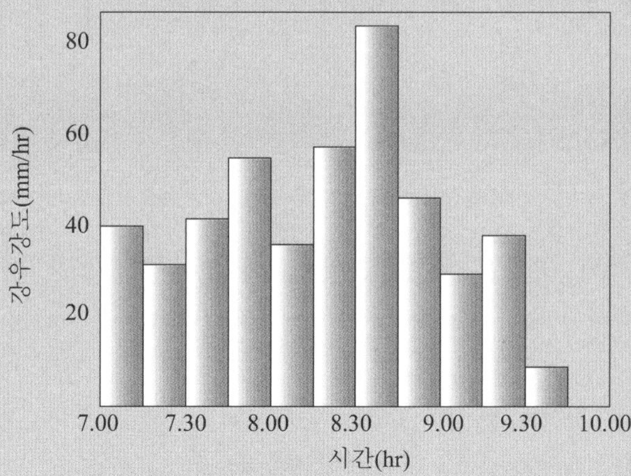

〈그림 5.16〉 우량주상도

예제 5.7

(예제 5.6)을 이용해 15분, 30분, 45분, 60분의 지속기간에 대한 최대강우강도를 구하라.

풀이

최대강우강도를 구하기 위해 우선 최대강우량을 구해야 하는데 〈표 5.7〉에서 진한 글자가 각 지속기간에 대한 최대강우량을 나타낸다.

〈표 5.7〉 최대강우량 계산

(1)	(2)	(3)			
시각	누가우량 (mm)	최대강우량(mm)			
		15분	30분	45분	60분
7:00	0.0				
7:15	9.5	9.5			
7:30	17.0	7.5	17.0		
7:45	27.0	10.0	17.5	27.0	
8:00	40.5	13.5	23.5	31.0	40.5
8:15	49.0	8.5	22.0	32.0	39.5
8:30	63.0	14.0	22.5	36.0	46.0
8:45	84.0	**21.0**	**35.0**	43.5	**57.0**
9:00	95.0	11.0	32.0	**46.0**	54.5
9:15	102.0	7.0	18.0	39.0	53.0
9:30	110.0	8.0	15.0	26.0	47.0
9:45	112.0	2.0	10.0	17.0	28.0
10:00	112.0	0.0	2.0	10.0	17.0

〈표 5.7〉에서 구한 최대강우량을 토대로 각 시간 간격에 대한 최대강우강도를 구하면 다음과 같다.

지속기간 15분에 대한 최대강우강도=21.0/0.25=84mm/h

지속기간 30분에 대한 최대강우강도=35.0/0.50=70mm/h

지속기간 45분에 대한 최대강우강도=46.0/0.75=61.33mm/h

지속기간 60분에 대한 최대강우강도=57.0/1.00=57mm/h

3장에서 재현기간에 대한 개념을 설명하였는데, 어떤 특정 재현기간을 갖는 자료에 대해 강우강도-지속기간 관계를 경험공식에 의해 표현할 수 있다. 예를 들면, (예제 5.7)에서 15, 30, 45, 60분의 지속기간별 최대강우강도를 구했는데 이 강우강도들이 재현기간 10년에 대한 값들이라면 이는 재현기간 10년에 대한 강우강도-지속기간의 관계곡선이 된다. 따라서 재현기간이 동일한 조건하에서 강우강도-지속기간 관계에 대한 경험공식은 다음과 같은 형태들이 있다.

$$\text{Talbot 형} \quad I = \frac{d}{t+e} \tag{5.16a}$$

$$\text{Sherman 형} \quad I = \frac{f}{t^n} \tag{5.16b}$$

$$\text{Japanese 형} \quad I = \frac{g}{\sqrt{t}+h} \tag{5.16c}$$

여기서 I는 최대강우강도, t는 지속기간, d, e, f, g, h, n 값들은 지역특성에 따른 상수값들이다. 보통 I는 mm/h, cm/h로, t는 min(또는 분)에 의해 나타낸다. 식(5.16)을 일반적인 식으로 표현하면 식(5.17)과 같이 나타낼 수 있다.

$$I = \frac{c}{(t+a)^b} \tag{5.17}$$

여기서 c, a, b는 지역에 따른 상수값들이며, 회귀식을 통해 구할 수 있다. 식(5.17)의 양변에 대수(logarithm)를 취하면 다음과 같은 형태가 된다.

$$\log I = \log c - b \log (t+a) \tag{5.18a}$$

최적의 c, a, b값들은 관측치와 회귀식의 오차를 나타내는 편차의 제곱값(sum of squared deviation)이 최소일 때 얻어진다. 즉, 5.3.1절에서 설명한 것과 같은 방법으로 하면, 식(5.18a)는 식(5.18b)가 된다.

$$\sum[(\log I) - (\log c - b\log\{t+a\})]^2 = A \quad \text{minimum} \tag{5.18b}$$

c와 b에 대한 A의 편미분방정식을 풀면 식(5.19a)와 식(5.19b)를 얻을 수 있다.

$$\sum \log I = N \log c - b \sum \log (t+a) \tag{5.19a}$$

$$\sum[\log I \log (t+a)] = \log c \sum \log (t+a) - b \sum [\log (t+a)]^2 \tag{5.19b}$$

여기서 N은 관측자료의 수이고, Σ 은 모든 관측치들에 대한 합을 의미한다. 따라서 관측자료로부터 식(5.19a)와 식(5.19b)의 모든 합을 구하면 a를 가정하여 c와 b를 구할 수 있다. 여기에서 a는 시행착오법을 위해 가정되며 오차가 최소가 되는 값을 선정한다(〈연습문제 5.12〉). 강우강도와 지속기간의 관계식은 도로 암거, 비행장 배수시스템, 우수거 등과 도시 배수시스템의 설계를 위한 설계홍수량 산정에 이용된다.

5.6.2 강우강도-지속기간-발생빈도 곡선

1년 동안 발생한 호우사상들에 대해 어떤 특정 지속기간의 최대강우강도를 구한다면 각 호우사상은 특정 지속기간에 대해 1개의 최대강우강도 값을 줄 것이다. 따라서 1년 동안 발생한 모든 호우사상에 대해 특정 지속기간의 최대강우강도값들 중 가장 큰 값은 해당 연도의 특정 지속기간에 대한 연 최대강우강도(annual maximum intensity)가 된다. 같은 방법으로 매년 특정 지속기간에 대한 연 최대강우강도값들을 구할 수 있고, 그 값들은 해마다 변동성을 가지므로 같지 않을 것이다. 만약 50년 동안의 자료가 있다면 특정 지속기간에 대해 50개의 연 최대강우강도값들을 얻을 수 있으며, 이들 값들은 무작위 변수가 된다. 따라서 3장을 토대로 연 최대강우강도값들에 대해 빈도계수법 또는 확률도시법을 이용해 다양한 지속기간별로 빈도해석을 수행할 수 있고, 〈그림 5.17〉과 같은 강우강도-지속기간-발생빈도(Intensity-Duration-Frequency, IDF) 관계곡선을 얻을 수 있다.

예제 5.8

25년 기간의 연 최대강우량 계열이 지속기간 15min, 30min, 60min, 120min에 대하여 관측이 되었다. 이들 지속기간별 자료 계열들이 Type I 극치분포 (EV1)를 갖는다고 한다. 각 지속기간별 최대강우량 계열의 평균 $\overline{P}$, 표준편차 s값이 아래의 표에 주어진다. 재현기간 5년, 10년, 25년, 50년, 100년에 대하여 빈도계수법을 이용해 IDF 곡선을 작성하라.

지속기간(min)	15	30	60	120
평균 $\overline{P}$ (cm)	0.890	1.208	1.468	1.776
표준편차 s(cm)	0.310	0.430	0.509	0.598

풀이

빈도계수법은 식(3.15)로부터 $P_T = \overline{P} + K_T s$를 얻고, 〈표 3.6〉을 이용해 재현기간별 빈도계수 K_T를 구하여 재현기간별 강우량을 계산한다. 그런 후 계산한 강우량으로 지속기간별 강우강도를 구한다. 계산 결과는 아래의 〈표 5.8〉에 주어진다.

〈표 5.8〉 지속기간별 재현기간별 강우강도 계산

(1)	(2)	(3)		(4)		(5)		(6)	
재현 기간	빈도 계수	15min		30min		60min		120min	
		강우 깊이	강우 강도	강우 깊이	강우 강도	강우 깊이	강우 강도	강우 깊이	강우 강도
T (yrs)	K_T	P_T (cm)	I (cm/hr)	P_T (cm)	I (cm/hr)	P_T (cm)	I (cm/hr)	P_T (cm)	I (cm/hr)
5	0.888	1.17	4.68	1.59	3.18	1.92	1.92	2.31	1.15
10	1.575	1.38	5.52	1.89	3.78	2.27	2.27	2.72	1.36
25	2.444	1.65	6.60	2.26	4.52	2.71	2.71	3.24	1.62
50	3.088	1.85	7.40	2.54	5.08	3.04	3.04	3.62	1.81
100	3.729	2.04	8.16	2.81	5.62	3.36	3.36	4.01	2.00

따라서 〈표 5.8〉을 이용해 〈그림 5.17〉의 IDF 곡선을 얻을 수 있다.

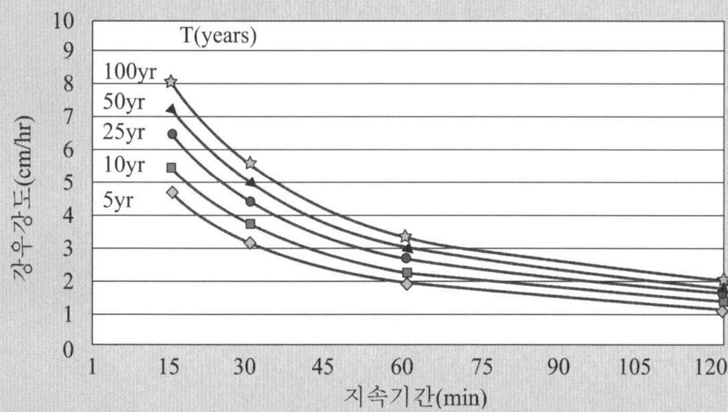

〈그림 5.17〉 IDF 곡선

어떤 특정 재현기간, T_1에 대해 식(5.17)로부터 최대강우강도와 지속기간의 회귀식, $I_1 = \dfrac{c_1}{(t+a_1)^{b_1}}$을 구할 수 있고, T_2에 대해 $I_2 = \dfrac{c_2}{(t+a_2)^{b_2}}$을 얻을 수 있으며 다른 재현기간에 대해서도 같은 분석을 수행할 수 있다. 모든 재현기간에 대해 a와 b는 같은 값을 가지고 c만이 다른 값을 가진다면 식(5.20)을 얻을 수 있다.

$$I = \frac{K\,T^d}{(t+a)^b} \tag{5.20}$$

여기서 T는 재현기간, K와 d는 어떤 특정 지역에 있어서의 회귀상수이다. 만약 모든 재현기간에 대해 a와 b가 같지 않다면 각 재현기간별로 다른 회귀식을 이용할 수 있을 것이다.

5.6.3 강우깊이-면적-지속기간 곡선

어떤 지역에 내리는 호우가 전 지역에 걸쳐 균등하게 내리는 경우는 매우 드물다. 호우의 중심에서의 강우량은 최대값 P_0를 가지며, 이는 해당 지역 강우량의 평균깊이(average depth of rainfall) P보다 항상 큰 값을 가진다. 일반적으로 두 값의 차이 $(P_0 - P)$는 면적이 증가함에 따라 증가하고, 지속기간이 증가함에 따라 감소한다. 각 지속기간별 우량깊이와 면적의 관계는 다음 식으로 나타낼 수 있다.

$$P = P_0\, e^{-kA^n} \tag{5.21}$$

여기서 k와 n은 회귀식으로부터 구할 수 있는 상수이고, A는 면적을 나타낸다.

각종 수문설계를 위하여 유역면적의 크기에 따라 지속기간별로 최대강우깊이를 결정해 놓으면 편리하다. 이러한 용도로 최대평균우량깊이-면적-지속기간(Dept-Area-Duration, DAD) 관계 곡선을 이용하는데 이를 작성하기 위한 절차는 다음과 같다.

① 우선 유역을 등우선에 의해 소구역으로 나눈다.

② 유역에 티센다각형을 작성한 후 다각형의 면적을 가중치로 이용해 소구역별 평균누가우량을 산정한다.

③ 소구역의 면적을 누가해가면서 소구역의 면적들을 가중치로 하여 평균누가우량을 산정한다.

④ 누가면적별로 지속기간별 최대평균우량값을 찾아서 최대평균우량깊이-면적-지속기간(DAD) 관계 곡선을 작성한다.

예제 5.9

어떤 유역 내외에 있는 7개의 우량계로부터 강수량 자료를 〈표 5.9〉와 같이 얻었다. 유역면적은 2790km^{2}이고 유역이 〈그림 5.18〉과 같이 주어질 때 DAD곡선을 작성하라.

〈표 5.9〉 7개 관측소의 24시간 누가우량

시간 (hrs)	누가 강우량(mm)						
	A	B	C	D	E	F	G
4	0	0	0	0	0	0	0
6	12	0	0	0	0	0	0
8	18	15	0	0	0	6	0
10	27	24	0	0	9	15	6
12	36	36	18	6	24	24	9
14	42	45	36	18	36	33	15
16	51	51	51	36	42	36	18
18	51	63	66	51	60	39	18
20	51	72	87	66	66	42	18
22	51	72	96	81	66	42	18
24	51	72	96	81	66	42	18

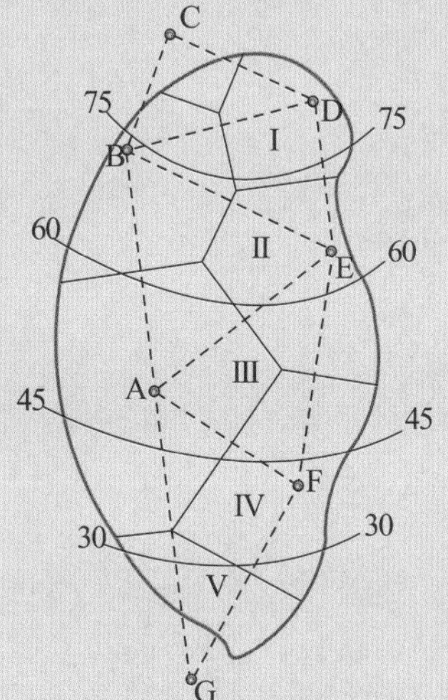

〈그림 5.18〉 DAD 분석을 위한 유역

풀이

(a) 소구역의 구분과 평균누가우량 산정(〈그림 5.18〉 참조)

- 등우선에 의해 소구역을 I~V까지 5개로 나눈다.

  소구역 면적

  I : 415km^2　　II : 640km^2　　III : 1015km^2

  IV : 525km^2　　V : 195km^2

- 소구역별 평균누가우량 산정을 위한 가중치

  티센다각형의 면적에 의한 가중치

I : B, C, D의 관측소에 의해 영향을 받음
B=105km^2　C=57km^2　D=253km^2

II : A, B, D, E의 관측소에 의해 영향을 받음
A=37km^2　B=283km^2　D=20km^2　E=300km^2

III : A, B, E, F의 관측소에 의해 영향을 받음
A=640km^2　B=20km^2　E=185km^2　F=170km^2

IV : A, F, G의 관측소에 의해 영향을 받음
A=202km^2　F=275km^2　G=48km^2

V : F, G의 관측소에 의해 영향을 받음
F=37km^2　G=158km^2

- 소구역별 평균누가우량

티센다각형의 면적 가중치에 의해 관측소의 점우량으로부터 다음과 같이 소구역별 평균누가우량을 구한다.

$$P_I = \frac{105P_B + 57P_C + 253P_D}{105 + 57 + 253} \qquad P_{II} = \frac{37P_A + 283P_B + 20P_D + 300P_E}{37 + 283 + 20 + 300}$$

$$P_{III} = \frac{640P_A + 20P_B + 185P_E + 170P_F}{640 + 20 + 185 + 170} \qquad P_{IV} = \frac{202P_A + 275P_F + 48P_G}{202 + 275 + 48}$$

$$P_V = \frac{37P_F + 158P_G}{37 + 158}$$

위의 식들과 <표 5.9>로 부터 소구역별 평균누가우량을 <표 5.10>에 구하였다.

〈표 5.10〉 소구역별 평균누가우량

시간(hrs)	I	II	III	IV	V
4	0.00	0.00	0.00	0.00	0.00
6	0.00	0.69	7.57	4.62	0.00
8	3.80	7.67	12.65	10.07	1.14
10	6.07	16.39	21.65	18.79	7.71
12	15.24	29.44	31.80	27.25	11.85
14	27.30	39.76	39.46	34.82	18.42
16	41.86	46.31	46.85	40.13	21.42
18	56.10	60.53	50.87	41.70	21.98
20	70.40	67.79	52.64	43.27	22.55
22	80.78	68.25	52.64	43.27	22.55
24	80.78	68.25	52.64	43.27	22.55

(b) 소구역 누가면적별 평균누가우량 산정

소구역의 면적을 누가해가면서 평균누가우량을 산정하는 것으로, 이때 가중치는 소구역별면적이 되며 계산 결과는 〈표 5.11〉과 같다.

$$P_I = \frac{415P_I}{415}$$

$$P_{I+II} = \frac{415P_I + 640P_{II}}{415+640}$$

$$P_{I+II+III} = \frac{415P_I + 640P_{II} + 1015P_{III}}{415+640+1015}$$

$$P_{I+II+III+IV} = \frac{415P_I + 640P_{II} + 1015P_{III} + 525P_{IV}}{415+640+1015+525}$$

$$P_{I+II+III+IV+V} = \frac{415P_I + 640P_{II} + 1015P_{III} + 525P_{IV} + 195P_V}{415+640+1015+525+195}$$

〈표 5.11〉 소구역 누가면적별 평균누가우량

시간 (hrs)	I ($415km^2$)	I+II ($1055km^2$)	I+II+III ($2070km^2$)	I+II+III+IV ($2595km^2$)	I+II+III+IV+V ($2790km^2$)
4	0.00	0.00	0.00	0.00	0.00
6	0.00	0.42	3.92	4.06	3.78
8	3.80	6.15	9.34	9.48	8.90
10	6.07	12.33	16.90	17.28	16.62
12	15.24	23.85	27.75	27.65	26.54
14	27.30	34.86	37.12	36.65	35.38
16	41.86	44.56	45.68	44.56	42.94
18	56.10	58.78	54.90	52.23	50.12
20	70.40	68.82	60.88	57.32	54.89
22	80.78	73.18	63.11	59.10	56.54
24	80.78	73.18	63.11	59.10	56.54

(c) 소구역 누가면적별 지속기간별 최대평균우량의 결정

(예제 5.7)에서 설명한 방법으로 〈표 5.11〉로부터 누가면적별로 지속기간별 최대평균우량값을 찾아서 〈표 5.12〉에 수록하였다.

〈표 5.12〉 소구역 누가면적별 지속기간별 최대평균우량

시간 (hrs)	I ($415km^2$)	I+II ($1055km^2$)	I+II+III ($2070km^2$)	I+II+III+IV ($2595km^2$)	I+II+III+IV+V ($2790km^2$)
4	28.79	24.26	20.21	19.37	18.76
8	55.16	46.45	38.00	35.07	34.04
12	74.71	62.67	51.55	48.17	46.34
16	80.78	72.76	60.88	57.32	54.89
20	80.78	73.18	63.11	59.10	56.54

따라서 <표 5.12>를 토대로 DAD 곡선을 <그림 5.19>에 나타내었다.

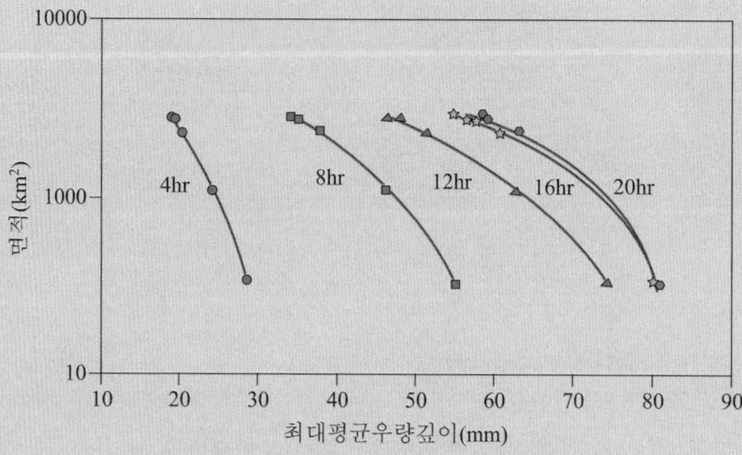

〈그림 5.19〉 DAD 곡선

5.7 가능최대강수량

대 댐의 여수로와 같은 중요한 수공구조물의 설계에 있어 수공 전문가들은 가능한 구조물의 위험성이 매우 낮거나 없도록 설계하고자 한다. 이는 중요한 수공구조물의 붕괴는 많은 인명과 재산피해뿐만 아니라 사회적, 경제적으로도 큰 영향을 미치기 때문이다. 따라서 중요 수공구조물의 분석과 설계를 위하여 특정시간 특정 장소에서 물리적으로 발생할 수 있는 가능한 최대의 강수량을 고려하게 되는데 이를 가능최대강수량(Probable Maximum Precipitation, PMP)이라고 한다.

미국 국립기상청(U.S. National Weather Service, NWS)은 가능최대강수량이란 "어떤 지역에서 생성될 수 있는 가장 극심한 기상조건하에서 발생 가능한 호우로 인한 최대강수량"으로 정의하였고, 우리나라의 댐 설계기준(2005)에서는 가능최대강수량을 "주어진 지속시간 동안 어느 특정 위치에 주어진 유역면적에 대하여 연중 어느 지정된 기간에 물리적으로 발생할 수 있는 이론적 최대 강수량"으로 정의하고 있다. 가능최대강수량을 산정하는 방법은 수문기상학적 방법, 최대강우량 포락선 방법, 통계학적 방법 등 세 가지로 분류되나 실무에서 수문기상학적 방법을 많이 이용하고 있다.

5.7.1 수문기상학적 방법

수문기상학적 방법은 실제호우를 전이하는 방법과 가능최대강수량도를 이용하는 방법이 있는데, 실제 호우전이법의 경우 설계를 하고자 하는 유역에 과거 극치의 호우사상에 대한 기록이 없을 때는 주변에서 과거 가장 컸던 호우를 선정한 후에 그 호우를 대상으로 전이비를 산정해 호우사상에 가중치를 적용함으로써 PMP-DAD를 추정하여 가능최대강수량을 산정하게 된다. 가능최대강수량도를 이용하는 경우에는 가능최대강수량도에 나타나 있는 내용들을 유역별로 면적중앙값을 선정한 후에 각 면적별 지속기간별 가능최대강수량을 독치하게 되는데, 독치되어 나온 값들을 이용하여 DAD를 산정한 후에 계획지점의 PMP-DAD를 산정하여 가능최대강수량을 구하게 된다.

수분최대화와 호우전이에 따라 조절된 강우량을 산정하는 방법은 다음과 같다.

$$R_T = R_{IP} \times R_{HT} \times R_{VT} \times R_{GF} \times OP \tag{5.22}$$

여기서 R_T는 조절된 강우량, R_{IP}는 수분최대화비, R_{HT}는 수평전이비, R_{VT}는 수직전이비, R_{GF}는 지형영향비(또는 산악영향비), OP는 관측강우량을 나타낸다. 관측강우량은 어느 특정지점의 점강우량이 아닌 면적강우량으로 DAD 곡선에서 도출되며, 대상유역에 영향을 미칠 수 있는 관측강우량을 수분최대화와 전이를 통하여 획득한 조절된 강우량을 지속기간별, 면적별로 포락(자료군에서 최대값을 찾기 위한 도해적인 방법)하여 가능최대강수량을 결정한다.

5.7.2 포락선 방법

포락선 방법은 과거 세계적으로 가장 극심했던 최대호우사상들을 지속기간별 최대강우량에 대해 포락곡선(envelope curve)을 〈그림 5.20〉과 같이 작성하여 이에 대한 공식을 산정해 이용하여 가능최대강수량을 추정하는 것이다.

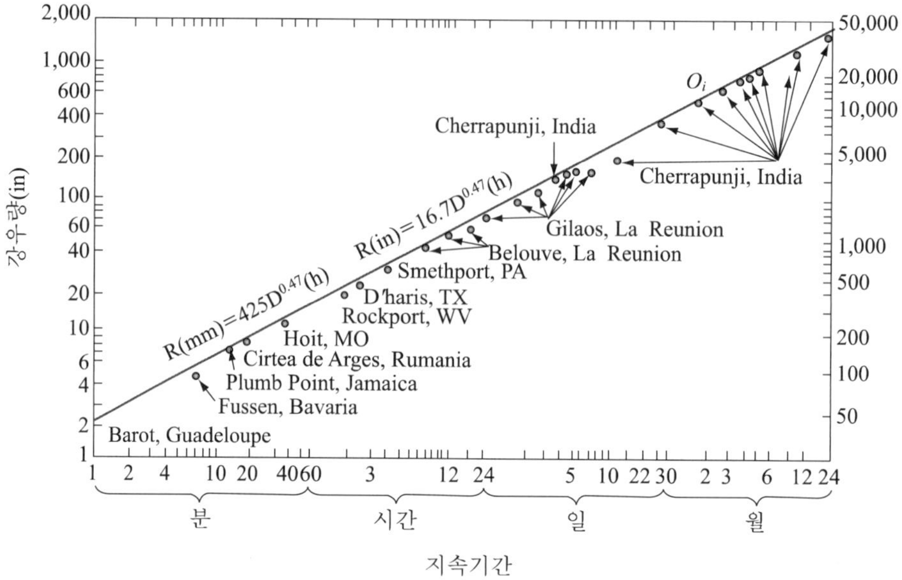

〈그림 5.20〉 PMP 산정을 위한 세계 최대의 점강우량

5.7.3 통계학적 방법

통계학적 방법은 관측지점에서 연 최대치 일강우량 계열을 작성하고 빈도해석을 통해 PMP를 산정하는 방법으로서 24시간 지속기간의 PMP를 추정하기 위한 경험공식은 다음과 같다.

$$PMP_{24} = \overline{P} + K\sigma \tag{5.23}$$

여기서 $\overline{P}$는 관측지점의 연 최대우량의 평균값이고, σ는 연 최대우량의 표준편차이며, K는 빈도계수로 Hershfield에 의해 15의 값이 제안되었다.

연 습 문 제

5.1 열대성 저기압에 대해 조사하여 간략히 정리하고, 특히 태풍이 우리나라에 미치는 영향에 대하여 조사하고 간략히 설명하라.

5.2 장마전선은 여름철 집중호우를 동반하여 우리나라에 큰 영향을 미친다. 장마전선에 대하여 조사하고 간략히 설명하라.

5.3 우리나라의 측우기는 세계최초의 우량계로 알려져 있다. 측우기에 대하여 조사하고 간략히 설명하라.

5.4 어떤 소유역에 아래와 같이 6개의 관측지점이 있고 연 강수량이 주어져 있다. 허용오차 $E_p = 10\%$라면 소유역이 필요로 하는 최적 관측 지점수를 구하라.

관측지점	A	B	C	D	E	F
연 강수량(cm)	82.6	102.9	180.3	110.3	98.8	136.7

5.5 (예제 5.3)에서 단순회귀식을 이용하여 결측치를 구하고, 정상연강수량 비율법과 역거리법의 결과와 비교하라.

5.6 아래표에 연강수량 자료(cm)가 주어져 있을 때 자료의 일관성을 검토하고 수정이 필요하다면 강수량 자료를 수정하고, 수정 전후의 평균값을 비교하라.

연도	연강수량	25개 관측소 연평균 강수량	연도	연강수량	25개 관측소 연평균 강수량
1941	163	135	1959	112	123
1942	119	111	1960	95	142
1943	121	124	1961	106	92
1944	129	111	1962	81	91
1945	126	123	1963	116	131
1946	120	90	1964	112	104
1947	153	138	1965	80	97
1948	172	119	1966	88	111
1949	127	108	1967	85	114
1950	108	107	1968	90	92
1951	126	111	1969	120	146
1952	190	142	1970	72	93
1953	112	112	1971	113	138
1954	97	99	1972	82	112

1955	86	93	1973	116	117
1956	111	131	1974	122	152
1957	68	92	1975	73	90
1958	88	142	1976	74	104

5.7 (예제 5.5)에서 각 방법들로 구한 유역평균강수량을 토대로 유역이 저류하게 되는 강수량의 용적(volume)을 m^3의 단위로 계산하라.

5.8 100km 직경의 둥근 원모양의 유역 내에 4개의 관측소가 있고, 유역 외부에 1개의 관측소가 있다. 유역 중앙의 좌표 및 5개 관측소의 좌표, 그리고 5개 관측소에 대한 연강수량도 주어져 있다. 티센다각형법에 의해 유역의 연평균강수량을 구하라.

관측소	1	2	3	4	5
좌표(cm)	(30, 80)	(70, 100)	(100, 140)	(130, 100)	(100, 70)
강수량(cm)	85.0	135.2	95.3	146.4	102.2

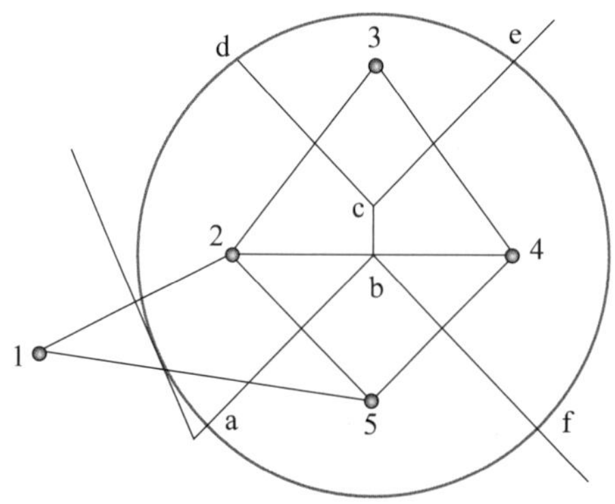

〈그림〉 티센다각형

5.9 어떤 유역에서 호우로 인한 등우선을 <그림 5.13>과 같이 작성하였다. 등우선간의 면적은 아래의 <표>와 같다. 호우로 인한 유역평균강수량을 구하라.

등우선 (cm)	면적 (km^2)
관측소 D − 12.0	30
12.0 − 10.0	140
10.0 − 8.0	80
8.0 − 6.0	180
6.0 − 4.0	20

5.10 어떤 유역에 10개의 관측지점이 있고, 티센다각형이 작성되었다. 티센 가중계수는 0.10, 0.16, 0.12, 0.11, 0.09, 0.08, 0.07, 0.11, 0.06, 0.10이다. 이때 호우가 발생하여 10개의 관측소에서 132, 114, 162, 138, 207, 156, 135, 158, 168, 150mm가 관측되었다.
(a) 산술평균법, (b) 티센다각형법에 의해 유역평균강수량을 구하라. (c) 만약 35%의 침투(infiltration)가 발생하였다면 유역의 지표유출용적(surface runoff volume)은 얼마이겠는가? $10^6 m^3$으로 나타내어라. 이때 유역면적은 $5800 km^2$이다.

5.11 (예제 5.7)에 대해 지속기간 90분, 120분, 180분에 대한 최대강우강도를 구하고, 지속기간 15분, 30분, 45분, 60분, 90분, 120분, 180분을 가로축, 해당 지속기간에 대한 최대강우강도를 세로축으로 하여 그래프를 그려라.

5.12 (문제 5.11)에서 그린 그래프에 대해 식(5.17) 형태의 회귀식을 구하라.

5.13 (예제 5.8)에 주어진 표의 지속기간별 평균과 표준편차가 아래표와 같이 주어질 때 IDF 곡선을 다시 작성하라.

지속기간(min)	15	30	60	120
평균 $\overline{P}$ (cm)	0.890	1.208	1.468	1.776
표준편차 s(cm)	0.310	0.430	0.509	0.598

5.14 (예제 5.9)에서 <표 5.9>의 누가강수량값들이 아래표와 같이 주어질 때 DAD곡선을 다시 작성하라.

〈표〉 7개 관측소의 24시간 누가우량

시간 (hrs)	누가 강우량(mm)						
	A	B	C	D	E	F	G
4	0	0	0	0	0	0	0
6	24	0	0	0	0	0	0
8	36	30	0	0	0	12	0
10	54	48	0	0	18	30	12
12	72	72	36	12	48	48	18
14	84	90	72	36	72	66	30
16	102	102	102	72	84	72	36
18	102	126	132	102	120	78	36
20	102	144	174	132	132	84	36
22	102	144	192	162	132	84	36
24	102	144	192	162	132	84	36

Chapter 06

손 실

1.2절에서 총강수와 강수의 손실에 대하여 설명하였듯이 지표유출에 기여하지 못하는 증발산, 차단, 지면저류, 침투 등을 강수의 손실이라고 정의한다. 증발(evaporation)과 증발산(evapotranspiration)은 수문순환에서 매우 중요하고 복잡한 상태변화를 가지며, 이는 지표면과 대기사이에서 열에너지를 재분배하게 된다. 증발은 액체 또는 고체 상태의 물이 수증기의 상태가 되는 과정인데 대기 중으로 확산된다. 물이 고체상태에서 액체상태를 거치지 않고 수증기로 변하는 것을 기화라고 하고, 식물의 물질대사를 통해 액체 상태에서 수증기로 변하는 것을 증산(transpiration)이라고 하며, 증발과 증산을 합하여 증발산이라고 한다. 침투는 수문순환에 있어서 지하수의 유일한 원천으로 중요한 역할을 하며, 증발과 더불어 가장 큰 손실에 해당된다. 증발과 침투가 유출에 기여하지 못하는 주요 손실이지만 차단과 지면저류 또한 유출을 감소시키는 손실에 포함이 된다. 호우의 시작 초기에 떨어지는 강수는 식물이나 기타 지붕 등에 저장이 되는데 이를 차단이라고 하고, 표면류(overland flow)가 시작되기 전에 움푹 들어간 지면에 물이 채워지게 되는데 이는 지면저류에 해당된다. 따라서 차단과 지면저류는 호우 초기에 발생하므로 초기손실(initial abstractions 또는 initial losses)이라고 하며, 지면저류는 지표저류 또는 지표보유수(surface retention)라고도 한다.

6.1 증발

자유 수표면(free surface)을 가진 수체(water body)에 외부의 열에너지가 제공되면 물 분자들의 운동에너지는 증가하고, 수표면 주변의 물 분자들이 충분한 운동에너지를 갖게 되면 수표면을 이탈하여 대기 중으로 확산된다. 4.2.2절에서 설명하였듯이 일정한 온도하에서 액체 상태로부터 수증기의 기체 상태로 변화하는데 물의 단위질량당 소비된 에너지의 양은 잠재기화열 l_v로 표시된다. 증발 중에 외부 에너지가 제거되면 물의 온도는 낮아지고 증발은 냉각(cooling)에 의해 응축이 된다. 증발과 응축, 증기압과 포화증기압 등에 대해서는 4.3.2절을 참고하기 바란다.

증발이 발생하기 위해서는 수분의 공급, 열에너지의 공급, 포화미흡량 등의 조건이 갖추어져야 한다. Dalton(1802)은 이러한 조건들 하에 증발은 포화증기압 e_s와 실제증기압 e_a의 차이인 포화미흡량 $e_s - e_a$에 비례하며, 식(6.1)과 같이 표현할 수 있다고 하였다.

$$E = C(e_s - e_a) \tag{6.1}$$

6.1.1 증발에 미치는 영향 인자

증발율에 영향을 미치는 다양한 기상 및 물리적인 인자들이 있는데, 기상학적 인자들로는 복사, 온도, 습도, 바람, 대기압 등이 있고, 물리적인 인자들은 수질, 증발표면의 크기, 모양 등이 있다. 증발은 mm/h, mm/day, mm/month 등의 단위를 가진다.

(1) 기상학적 인자

증발은 에너지 공급이 이루어져야 하기 때문에 복사는 에너지의 원천이므로 중요한 인자이다. 어떤 장소에서 월 증발량과 월 태양복사에너지의 관계를 비교해 보면 동일한 경향성을 가짐을 알 수 있으며, 복사가 큰 지역이 증발량도 크다.

복사에너지는 기온과 물의 온도에 영향을 미친다. 증발은 포화증기압과 실제 증기압의 차이에 비례하는데, 포화증기압은 물의 온도가 증가함에 따라 증가하고, 일정한 대기압하에서 수증기의 부분압, 즉 실제증기압도 기온에 따라 증가한다. 따라서 기온과 물의 온도는 증발에 영향을 미치며, 공기의 온도가 비교적 측정이 쉽기 때문에 통상 증발율은 기온과 비교되어진다.

수표면 위의 대기가 움직임이 없다면 금방 포화가 되어 증발이 일어나지 않지만, 바람이 불어 수증기를 제거한다면 수표면위의 대기는 새로운 수증기를 받아들일 수 있는 여지가 생기게 된다. 따라서 바람의 속도가 커지면 증발율도 커지지만 여기에는 한계가 존재하며, 바람의 속도는 고도에 따라 다르고, 수표면의 면적에 따라서도 증발율에 미치는 영향이 다르다.

대기압이 감소하면 포화미흡량도 증가하고 증발율은 커지게 된다. 그러나 고도의 증가에 따라 대기압과 함께 기온도 감소하기 때문에 고도에 따른 증발율의 영향은 다양한 조건들과 함께 고려되어야 한다.

(2) 물리적 인자

순수한 물의 증기압은 단지 온도에만 영향을 받지만, 어떤 용질이 물속에 용해되어 있다면 증발은 감소하게 된다. 1%의 염도(salinity) 증가는 1%의 증발율을 감소시킨다. 따라서 평균 3.5% 정도의 염도를 가진 해수의 증발율은 담수의 증발율보다 2~3% 정도 작다. 탁도(turbidity)는 간접적으로 증발에 영향을 미치는데, 이는 탁도의 정도에 따라 복사에너지의 반사율과 열에너지에 영향을 미쳐 증발에 영향을 미치기 때문이다.

큰 호수나 저수지가 총 증발 체적에 있어서는 더 크지만 증발량의 깊이는 작은 수표면을 가진 지역보다 더 작다. 이는 넓은 지역을 통과하는 공기는 서서히 수분을 함유하기 때문에 물의 수용능력(water holding capacity)을 잃는다. 그러나 상대적으로 작은 크기를 가진 수표면은 유입하는 공기의 습도에 의해 영향을 크게 받기 때문에 증발율은 유입 공기에 의해 달라진다.

사실상 강수가 도달하는 모든 표면은 증발의 잠재성을 가지고 있다. 즉 토지의 표면, 만년설의 표면 등에서도 증발이 발생한다. 지표면은 토양의 포화정도와 식생의 피복정도에 따라 증발에 영향을 미칠 것이다. 눈으로 덮인 표면의 증발은 공기의 증기압이 눈 표면의 증기압보다 작을 때 발생하지만 수표면의 증발율보다는 작을 것이다.

6.1.2 증발량 산정

(1) 물수지 방법

물수지 방법(water balance 또는 water budget method)은 호수나 저수지의 유입(inflow, I), 유출(outflow, O), 저류량(S) 및 증발량(E)의 관계를 통하여 증발량을 산정하는 방법이다. 따라서 물수지 방정식을 간단히 표시하면 다음과 같다.

$$E = \sum I - \sum O - \Delta S \tag{6.2}$$

여기서 $\sum I = P + I_s + I_g$, $\sum O = O_s + O_g$, $\Delta S = S_2 - S_1$이다. P는 강수량이고, I_s와 I_g는 지표면 및 지하수 유입량이며, O_s와 O_g는 지표면 및 지하수 유출량이다.

실제로 I_g와 O_g를 측정하기가 어렵기 때문에 물수지 방법을 이용해 일(daily) 단위와 같은 짧은 기간 동안의 증발량을 산정하기는 쉽지 않다. 다만 연 증발량과 같이 장기간 동안의 값을 산정할 때는 이용이 가능하다. 즉, 물수지 방법은 이론적인 측면에서 설명이 쉽기 때문에 불투수층으로 지하수 출입이 없는 호수의 연 증발량 산정과 같은 경우에는 적용이 가능할 것이다.

(2) 에너지수지 방법

물수지 방법과 마찬가지로 호수나 저수지에 유입, 유출 및 저류되는 에너지 수지를 고려해 증발량을 산정하며, 그 관계를 〈그림 6.1〉과 식(6.3)에 나타내었다.

$$H_{li} + H_{si} - H_{so} - H_{lo} = H_i + H_{if} + H_s + H_e + H_{lr} + H_{gf} \tag{6.3}$$

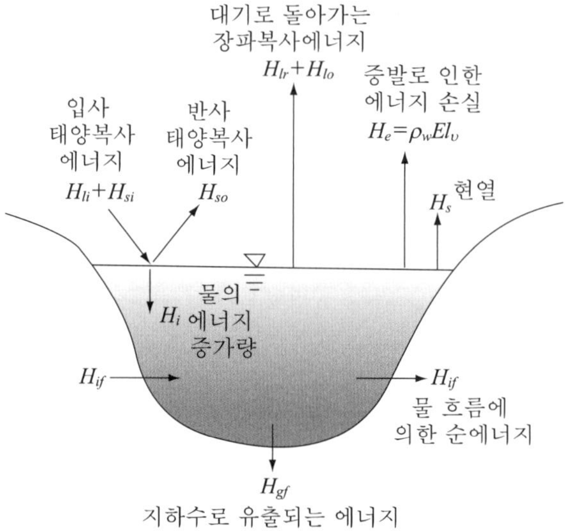

〈그림 6.1〉 저수지의 에너지 수지

여기서 H_{li} = 수표면에 입사하는 장파복사에너지

H_{si} = 수표면에 입사하는 단파복사에너지

H_{so} = 반사되는 태양복사에너지

H_{lo} = 반사되는 장파복사에너지

H_i = 물의 열에너지 증가량

H_{if} = 물 흐름에 의해 발생한 시스템의 대류 및 전도로 인한 순에너지

H_s = 현열로써 물로부터 공기중으로 전도되는 에너지

H_e = 증발에 사용한 에너지($=\rho_w \cdot E \cdot l_v$)

H_{lr} = 물로부터 방사된 장파복사에너지

H_{gf} = 지하수로 유출된 열에너지

일 증발량 계산을 위해서 모든 변수들을 측정하기는 어렵지만 월별 또는 연 증발량 산정에는 적용할 수 있다. 장기간에 대한 증발량을 계산하기 위해 현열을 제외한 모든 값들을 측정하거나 계산할 수 있다. 현열 H_s와 H_e의 비인 Bowen 비(Bowen ratio)를 다음의 식 (6.4)와 같이 나타낼 수 있다.

$$\beta = \frac{H_s}{H_e} = 0.66\left(\frac{T_s - T_a}{e_s - e_a}\right)\frac{p}{1000} = \gamma\left(\frac{T_s - T_a}{e_s - e_a}\right) \tag{6.4}$$

여기서 γ는 습도계 상수(psychrometric constant)로서 0.58~0.66(mb/℃)의 값을 가지며 평균적으로 0.61의 값을 가진다. e_s와 e_a는 수표면의 온도 T_s(℃)에서의 포화증기압과 대기의 온도 T_a(℃)에서의 실제 증기압으로 milibar의 단위를 가진다. 식(6.4)로부터 $H_s = \beta H_e = \beta \rho_w l_v E$를 얻을 수 있고 이로부터 식(6.5)를 얻을 수 있다.

$$H_e + H_s = \rho_w l_v (1+\beta) E \tag{6.5a}$$

$$E = \frac{H_e + H_s}{[\rho_w l_v (1+\beta)]} \tag{6.5b}$$

식(6.3)으로부터 식(6.6)을 얻을 수 있다.

$$E = \frac{H_{li} + H_{si} - H_{so} - H_{lo} - H_i - H_{if} - H_{lr} - H_{gf}}{[\rho_w l_v (1+\beta)]}$$

$$= \frac{R_n - H_{if} - H_{gf} - H_i}{[\rho_w l_v (1+\beta)]} \tag{6.6}$$

$$R_n = H_{li} + H_{si} - H_{so} - H_{lo} - H_{lr} \tag{6.7}$$

여기서 R_n은 식(4.5)와 식(4.6)의 순 복사에너지를 나타낸다. 태양과 대기의 복사에너지 $H_{li} + H_{si}$는 고도에 따라 값을 구할 수 있고, 반사 태양복사에너지 H_{so}는 복사에너지의 파장 및 물과 공기의 탁도 인자들에 의해 결정되는데 물의 경우, 입사복사에너지의 5~15% 정도를 가진다. 순 장파복사에너지는 다음의 식(6.8)과 같이 구할 수 있다.

$$[H_{lr}] = H_{li} - (H_{lo} + H_{lr}) = (1-\alpha) H_{li} \tag{6.8}$$

여기서, α는 4.2.1절의 반사율(albedo)을 나타낸다. 태양입사에너지는 다음의 식(4.25)에 의해 주어진다.

$$H_{li} = (0.18 + 0.55 n/D) I_0 \tag{6.9}$$

여기서 I_0 [$= R_s$: 식(4.6)]는 지구에 입사하는 태양복사에너지이고, n은 월별 일조시간, D는 월별 최대가능 일조시간으로 〈표 6.1〉에 나타나 있다. I_0는 일별 증발 가능한 물의 mm단위로 〈표 6.2〉에 주어진다.

Penman에 의해 순 유출 열복사에너지는 다음의 식(6.10)과 같이 주어진다.

$$H_{net} = H_{so} = \sigma T^4[0.56 - 0.092 e_a^{0.5}](0.1 + 0.9n/D) \tag{6.10}$$

〈표 6.1〉 월 평균 최대가능일조시간(D)

	북위					
월	0°	10°	20°	30°	40°	50°
1	12.1	11.6	11.1	10.4	9.6	8.6
2	12.1	11.8	11.5	11.1	10.7	10.1
3	12.1	12.1	12.0	12.0	11.9	11.8
4	12.1	12.4	12.6	12.9	13.2	13.8
5	12.1	12.6	13.1	13.7	14.4	15.4
6	12.1	12.7	13.3	14.1	15.0	16.4
7	12.1	12.6	13.2	13.9	14.7	16.0
8	12.1	12.4	12.8	13.2	13.8	14.5
9	12.1	12.9	12.3	12.4	12.5	12.7
10	12.1	11.9	11.7	11.5	11.2	10.8
11	12.1	11.7	11.2	10.6	10.0	9.4
12	12.1	11.5	10.9	10.2	9.1	8.1

〈표 6.2〉 월 평균 지구에 입사하는 태양복사에너지로 인해 증발가능한 물(mm/day)(I_0)

	북위									
월	0°	10°	20°	30°	40°	50°	60°	70°	80°	90°
1	14.5	12.8	10.8	8.5	6.0	3.6	1.3	-	-	-
2	15.0	13.9	12.3	10.5	8.3	5.9	3.5	1.1	-	-
3	15.2	14.8	13.9	12.7	11.0	9.1	6.8	4.3	1.8	-
4	14.7	15.2	15.2	14.8	13.9	12.7	11.1	9.1	7.8	7.9
5	13.9	15.0	15.7	16.0	15.9	15.4	14.6	13.6	14.6	14.9
6	13.4	14.8	15.8	16.5	16.7	16.7	16.5	17.0	17.8	18.1
7	13.5	14.8	15.7	16.2	16.3	16.1	15.7	15.8	16.5	16.8
8	14.2	15.0	15.3	15.3	14.8	13.9	12.7	11.4	10.6	11.2
9	14.9	14.9	14.4	13.5	12.2	10.5	8.5	6.8	4.0	2.6
10	15.0	14.1	12.9	11.3	9.3	7.1	4.7	2.4	0.2	-
11	14.6	13.1	11.2	9.1	6.7	4.3	1.9	0.1	-	-
12	14.3	12.4	10.3	7.9	5.5	3.0	0.9	-	-	-

여기서 σ는 식(4.1)과 식(4.2)의 Stefan-Boltzmann 상수로서 2×10^{-9}mm(물)/day를 가지며, T는 Kelvin에 있어서 수표면의 온도이다. 따라서 H_{si}를 무시하면 순 복사에너지는 다음의

식(6.11)과 같은데 이는 식(4.5)와 같음을 알 수 있다.

$$R_n = H_{li}(1-\alpha) - H_{net} \tag{6.11}$$

H_{if}는 다음의 식(6.12)로 나타낼 수 있는데 c_p는 물의 비열을 나타낸다.

$$H_{if} = \frac{c_p H_e T}{l_v} \tag{6.12}$$

사실상 H_{if}를 알기 위해서는 호수나 저수지 시스템에 출입하는 모든 변수들을 알아야 하기 때문에 어려움이 있다. 에너지수지 방법은 만약 모든 변수들을 정확히 알 수 있다면 정확한 방법이라고 할 수 있겠고, 일주일 동안의 증발량 산정에서 오차율이 10~20% 정도라는 보고도 있지만, 그러나 사실상 많은 매개변수들을 모두 측정하고 정확히 도출하기란 쉬운 일은 아니다. 만약 저수지가 물이 갇혀 있어 유입과 출입이 없는 가상의 증발접시라면 $H_{if}=0$으로 놓을 수 있고, 지하수로의 열에너지 유출도 매우 적다면 $H_{gf}=0$이라 할 수 있다. 물의 에너지 증가량 H_i도 입사복사에너지가 크지 않아 호수나 저수지 수온의 변화가 무시할 수 있을 정도로 작다면 0으로 할 수 있다. 따라서 식(6.6)을 다시 쓰면 식(6.13)과 같이 쓸 수 있다.

$$E = \frac{R_n}{[\rho_w l_v (1+\beta)]} = \frac{H_{li}(1-\alpha) - H_{net}}{[\rho_w l_v (1+\beta)]} \tag{6.13}$$

또한 측정이 어려운 현열 $H_s=0$이면 $\beta=0$이 된다. 따라서 식(6.13)은 다시 식(6.14)와 같이 된다.

$$E_r = \frac{R_n}{\rho_w l_v} = \frac{H_{li}(1-\alpha) - H_{net}}{\rho_w l_v} \tag{6.14}$$

예제 6.1

북위 20°지역에서 8월중 지구에 입사하는 태양복사에너지와 순 유출 복사에너지를 계산하라. 월별 일조시간은 11.5이고, 평균 기온은 25℃이었으며, 8월의 상대습도는 98%였다.

풀이

〈표 6.1〉로부터 북위 20°N에 대한 월 평균 최대가능일조시간 :

$$D = 12.8\text{hours}$$

〈표 6.2〉로부터 8월 평균 지구에 입사하는 태양복사에너지로 인해 증발가능한 물 :

$$I_0 = 15.3\text{mm/day}$$

따라서 태양입사에너지는 다음의 식(6.9)로부터 구해진다.

$$H_{li} = (0.18 + 0.55n/D)I_0 = \left(0.18 + 0.55 \times \frac{11.5}{12.8}\right) \times 15.3 = 10.3\text{mm/day}$$

식(6.10)의 순 유출 열복사에너지를 계산하기 위해

$$\sigma = 2 \times 10^{-9}\text{mm(물)/day}, \quad T = 25 + 273 = 298°\text{K}$$

$$T = 25℃ \text{에서} \ e_s = 3167\text{Pa(<표 4.4>)} = 23.76\text{mmHg}$$

$$e_a = 23.76 \times 0.98 = 23.28\text{mmHg}$$

$$\begin{aligned} H_{net} = H_{so} &= \sigma T^4[0.56 - 0.092e_a^{0.5}](0.1 + 0.9n/D) \\ &= 2 \times 10^{-9} \times 298^4[0.56 - 0.092 \times 23.28^{0.5}][0.1 + 0.9 \times 11.5/12.8] \\ &= 15.77 \times 0.11515 \times 0.9086 = 1.66\text{mm/day} \end{aligned}$$

(3) 공기동역학적 방법

수표면이 대기와 접해 있을 때 에너지 이외에 증발율을 조절하는 또 다른 인자는 수표면으로부터 수증기를 이송(transport)하는 능력이다. 이송률은 수표면 주변 공기의 습도구배(humidity gradient)와 수표면을 지나가는 바람의 속도에 의해 지배된다. 이는 질량과 운동량 이송을 위한 방정식으로부터 해석될 수 있다.

〈그림 6.2〉의 검사체적(control volume)에서 고도 z의 위치에 있는 단위면적의 수평면을 고려하자. 이 평면에서 대류(convection)에 의해 상승하는 수증기의 플럭스(vapor flux)는 식(6.15)로 나타낼 수 있다.

$$\dot{m}_v = -\rho_m K_w \frac{dq_h}{dz} \tag{6.15}$$

여기서 K_w는 수증기의 와류 확산계수(eddy diffusivity)이다. 수평면을 통해 상승하는 운동량 플럭스(momentum flux)는 다음의 식(6.16)과 같이 나타낼 수 있다.

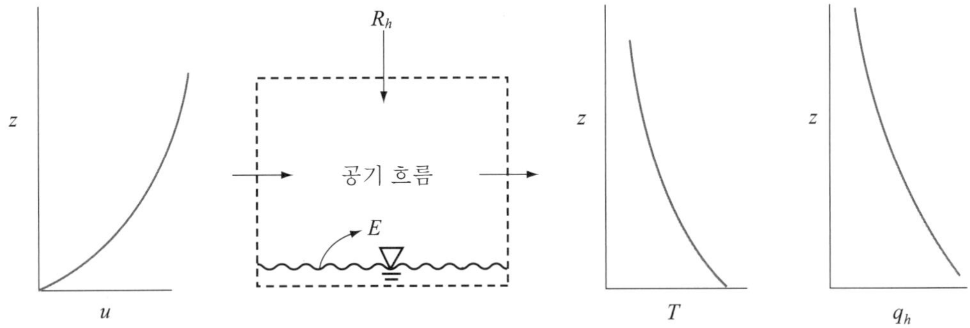

〈**그림 6.2**〉 대기와 접해있는 수표면의 검사체적과 증발

$$\tau = \rho_m K_m \frac{du}{dz} \tag{6.16}$$

여기서 K_m은 운동량 확산계수(momentum diffusivity) 또는 와류 점성계수(eddy viscosity)이다. 바람의 속도, 즉 풍속 u_1과 비습도 q_{h_1}은 z_1에서 측정되고, u_2와 q_{h_2}는 z_2에서 측정된다고 가정하자. 식(6.15)와 식(6.16)의 비를 이산형(discrete form)으로 나타내면 식(6.17)과 같이 적을 수 있다.

$$\dot{m}_v = \tau \frac{K_w (q_{h_2} - q_{h_1})}{K_m (u_2 - u_1)} \tag{6.17}$$

지표면 근처의 경계층에 있어서의 풍속은 대수 풍속곡선(logarithmic profile)에 의해 식(6.18)과 같이 표현될 수 있다.

$$\frac{u}{u^*} = \frac{1}{\kappa} \ln\left(\frac{z}{z_0}\right) \tag{6.18}$$

여기서 $u^* = \sqrt{\tau/\rho_m}$는 전단속도(shear velocity)이고, κ는 von Karman 상수로 보통 0.4를 이용한다. z_0는 지표면의 조도이고 〈표 6.3〉과 같다. 식(6.18)을 이산형으로 적고 운동량 플럭스를 유도하면 다음과 같다.

$$u_2 - u_1 = \frac{u^*}{\kappa}\left[\ln\left(\frac{z_2}{z_0}\right) - \ln\left(\frac{z_1}{z_0}\right)\right] = \frac{u^*}{\kappa} \ln\left(\frac{z_2}{z_1}\right)$$

$$u^* = \frac{\kappa(u_2 - u_1)}{\ln(z_2/z_1)} = \sqrt{\tau/\rho_m}$$

$$\tau = \rho_m \left[\frac{\kappa(u_2 - u_1)}{\ln(z_2/z_1)} \right]^2$$

따라서 τ에 대한 식과 식(6.17)로부터 수증기 이송을 위한 Thornthwaite-Holzman 방정식이라 불리는 다음의 식(6.19)를 얻을 수 있다.

$$\dot{m}_v = \frac{K_w \kappa^2 \rho_m (q_{h_1} - q_{h_2})(u_2 - u_1)}{K_m [\ln(z_2/z_1)]^2} \tag{6.19}$$

식(6.19)의 실제 적용을 위하여 다음과 같은 가정을 하기로 한다.

① $K_w / K_m = 1$으로 일정하다.

② $z_1 = z_0$ 그리고 $u_1 = 0$

③ z_2에서 실제증기압 e_a, 지표면에서 포화증기압 e_{as}를 가정하고,

식(4.17)의 $q_h = 0.622 \dfrac{e}{p}$를 이용하면 식(6.20)을 얻을 수 있다.

$$\dot{m}_v = \frac{0.622 \kappa^2 \rho_m (e_{as} - e_a) u_2}{p [\ln(z_2/z_0)]^2} \tag{6.20}$$

증발율 E_a는 [L/T]의 단위를 가지고 표현되는데 단위면적당의 수증기 플럭스를 $\dot{m}_v = \rho_w E_a$로 하여 식(6.20)을 재정리하면 식(6.21)과 같이 나타낼 수 있다.

$$E_a = B(e_{as} - e_a) \tag{6.21}$$

여기서 $B = \dfrac{0.622 \kappa^2 \rho_m u_2}{p \rho_w [\ln(z_2/z_0)]^2}$는 수증기 이송계수(vapor transfer coefficient)이고, 식(6.21)은 식(6.1)과 비교된다.

〈표 6.3〉 지표면의 조도

지표면	조도, z_0(cm)
얼음, 진흙	0.001
물	0.01∼0.06
초지(0∼10cm)	0.1∼2.0
초지(10∼50cm)	2.0∼5.0
초목(1∼2m)	20
나무(10∼15m)	40∼70

예제 6.2

수표면위 2m 높이에서 기온이 25℃이고 상대습도가 40%, 대기압력이 101.3kPa, 바람 속도는 3m/s이다. $z_0 = 0.03$cm일 때 동역학적 방법에 의해 증발율을 구하라. 단, 기온이 25℃에서 $\rho_m = 1.19$kg/m^{3}이다.

풀이

$\kappa = 0.4$, $\rho_m = 1.19$kg/m^3, $\rho_w = 997$kg/m^3, B를 계산하면

$$B = \frac{0.622\kappa^2 \rho_m u_2}{p\rho_w[\ln(z_2/z_0)]^2} = \frac{0.622 \times 0.4^2 \times 1.19 \times 3}{101.3 \times 10^3 \times 997\{\ln[2/(3 \times 10^{-4})]\}^2}$$
$$= 4.54 \times 10^{-11} \text{m/Pa} \cdot \text{sec}$$

〈표 4.4〉로부터 $e_{as} = 3167$Pa, 식(4.16)으로부터 $e_a = R_h e_{as} = 1267$Pa

식(6.21)로부터

$$E_a = B(e_{as} - e_a) = 4.54 \times 10^{-11}(3167 - 1267) = 8.62 \times 10^{-8} \text{m/sec}$$
$$= 8.62 \times 10^{-8} \times 1000 \times 86400 = 7.45 \text{mm/day}$$

(4) 혼합 방법

에너지수지와 공기동역학적 방법은 각각 에너지공급과 수증기의 이송에 제한이 없을 경우에 증발을 산정할 수 있을 것이다. 그러나 에너지공급과 수증기 이송에는 보통 제한이 있어 두 방법의 혼합이 필요하다. 에너지수지 방법에 있어 현열 H_s를 얻는 것이 어려웠으나 열에너지는 수표면 위의 공기를 통해 대류에 의해 이송되고, 수증기도 대류에 의해 이송되기 때문에 현열 플럭스(sensible heat flux)와 수증기의 열에너지 플럭스(vapor heat flux)가 비례한다고 가정하면, 식(6.4)에서 정의하였듯이 그 상수를 Bowen 비라고 한다. 따라서 식

(6.4)의 Bowen 비를 식(6.22)와 같이 다시 쓸 수 있다.

$$\beta = \frac{H_s}{l_v \dot{m}_v} \tag{6.22}$$

따라서 Bowen 비는 열에너지와 수증기에 대한 이송방정식을 합하여 계산된다. 수증기에 대한 이송방정식은 식(6.15)에 주어져 있고, 현열 H_s에 대한 열에너지의 이송방정식은 식(6.23)과 같이 주어진다.

$$H_s = -\rho_m c_p K_h \frac{dT}{dz} \tag{6.23}$$

여기서 c_p는 일정한 압력하의 비열이고, K_h는 열 확산계수(heat diffusivity)이다. 따라서 식(6.15)와 식(6.23)의 비를 이산형으로 적으면 식(6.24)와 같다.

$$\frac{H_s}{\dot{m}_v} = \frac{c_p K_h (T_2 - T_1)}{K_w (q_{h_2} - q_{h_1})} \tag{6.24}$$

따라서 식(6.22)와, 식(6.24), 식(4.17)을 이용하면 다음의 식(6.25)를 얻을 수 있다.

$$\beta = \frac{c_p K_h p (T_2 - T_1)}{0.622\, l_v K_w (e_2 - e_1)} = \gamma \left(\frac{T_2 - T_1}{e_2 - e_1} \right) \tag{6.25}$$

따라서 식(6.4)에서 제시된 γ는 식(6.25)로부터 다음의 식(6.26)과 같이 쓸 수 있으며, 여기에서의 단위는 Pa/℃이다.

$$\gamma = \frac{c_p K_h p}{0.622\, l_v K_w} \tag{6.26}$$

통상 $K_h / K_w = 1$이다. 혼합방법에 의한 증발율 E_c는 E_r과 E_a의 가중치를 고려해 다음의 식(6.27)에 의해 나타낼 수 있다.

$$E_c = \frac{\Delta}{\Delta + \gamma} E_r + \frac{\gamma}{\Delta + \gamma} E_a \tag{6.27}$$

여기서 Δ은 기온에 따른 포화증기압의 변화율을 나타내는 식(4.20)을 의미하며, 가중치 $\Delta/(\Delta+\gamma)$와 $\gamma/(\Delta+\gamma)$는 합하면 1이 된다. 기상 자료들을 이용해 증발율을 계산할 때 자료가 가능하고 가정들이 적합하다면 혼합방법이 가장 정확한 방법이라고 할 수 있다. 아주 넓은 지역에 대해 Priestley-Talyor는 식(6.27)을 식(6.28)로 다시 나타낼 수 있다고 하였다.

$$E_c = \eta \frac{\Delta}{\Delta+\gamma} E_r \tag{6.28}$$

여기서, $\eta = 1.3$이다.

예제 6.3

공기의 온도 25℃, $R_n = 200\,\text{W/m}^2$, $R_h = 40\%$, $p = 101.3\,\text{kPa}$, $E_r = 7.10\,\text{mm/day}$, $E_a = 7.45\,\text{mm/day}$, $c_p = 1005\,\text{J/kg}\cdot{}^\circ\text{K}$, $K_h/K_w = 1$, $l_v = 2441\times10^3\,\text{J/kg}$이다. 혼합방법에 의해 증발율을 구하라.

풀이

γ와 Δ을 계산하여 증발율 E_c를 구한다.

$$\gamma = \frac{c_p K_h p}{0.622\, l_v K_w} = \frac{1005\times1.00\times101.3\times10^3}{0.622\times2441\times10^3} = 67.1/\text{Pa}℃$$

〈표 4.4〉에서 $e_s = e_{as} = 3167\,\text{Pa}$

$$\Delta = \frac{de_s}{dT} = \frac{4098\,e_s}{(237.3+T)^2} = \frac{4098\times3167}{(237.3+25)^2} = 188.7\,\text{Pa}/℃$$

$$E_c = \frac{\Delta}{\Delta+\gamma}E_r + \frac{\gamma}{\Delta+\gamma}E_a = 0.738\times7.10 + 0.262\times7.45 = 7.2\,\text{mm/day}$$

(5) 증발접시를 이용한 증발량 산정

증발접시(evaporation pan)를 이용한 증발량 산정은 비교적 간편하고 저렴해 저수지나 호수 등의 주변에 설치하여 실무에서 널리 이용하고 있다. 증발접시를 이용한 증발량 산정은 증발접시계수(evaporation pan coefficient) k_p를 이용하는데 이는 저수지의 실제 증발량과 증발접시 증발량의 비를 가지고 산정한다.

$$k_p = \frac{\text{저수지의 실제 증발량}(E)}{\text{증발접시로 측정된 증발량}(E_{pan})}$$

$$E = k_p E_{pan} \tag{6.29}$$

여기서 k_p는 0과 1사이의 값으로 0.65~0.81의 값을 가지며, 통상 0.7을 이용하나 이 계수값은 계절과 지역에 따라 변한다. 따라서 저수지의 실제 증발량은 증발접시에 의해 측정된 증발량에 증발접시계수를 곱해서 얻어진다. 기상관측소는 보통 증발접시를 포함하고 있는데 세계기상기구는 다음과 같은 증발계(evaporimeter)의 관측망을 제시하고 있다.

〈표 6.4〉 증발량 측정을 위한 관측소의 관측망

지역	1개 관측소가 필요한 면적
지역 Ⅰ : 건조지역	30,000km^2
지역 Ⅱ : 온대 습윤지역	50,000km^2
지역 Ⅲ : 한대지역	100,000km^2

6.2 증발산

증발산(evapotranspiration, ET)은 토양 표면으로부터의 증발과 식물로부터의 증산(transpiration)을 합한 것으로 6.1절에서 자유수표면을 가진 호수나 저수지의 증발량을 산정한 것과 같이 에너지 공급과 수증기의 이송에 의해 지배된다. 여기에 증발산은 토양속의 물이 식물의 뿌리에 의해 흡수되고 그 줄기를 따라 위쪽으로 이송되어 기공(stoma 또는 stomata)이라 불리는 엽면(leaves)의 작은 숨구멍을 통해 대기 중으로 확산되는 증산의 조건이 추가되어 설명된다.

증발산에는 잠재증발산(potential evapotranspiration, PET)과 실제증발산(actual evapotranspiration, AET)의 개념이 있다. PET는 물이 무한정 있을 때 발생하는 증발산량을 의미하고, AET는 물의 양이 한정된 상태에서의 실제증발산량을 의미한다. 만약 어떤 큰 호수에서 연간 증발량이 200cm라면 이 경우는 PET=AET의 경우가 될 것이다. 즉, 호수에서 증발산에 필요한 물을 무한정 공급한다고 보면 200cm는 그 지역에서 가능한 최대의 증발산량인 잠재증발산량 PET인 동시에 실제증발산량 AET가 되는 것이다. 그러나 어떤 사막지역의 경우 연간 강수량이 10cm라면 이 지역의 실제증발산 AET는 10cm일 것이다. 이 지역에 물을 무한정 공급할 수 있다면 PET는 보다 더 클 것이지만 물의 양은 한정되어 있어 AET는 10cm가 되고, PET > AET가 된다.

6.2.1 증산

증산은 식물로부터 나오는 수증기 형태의 손실로 정의된다(Kramer, 1983). 따라서 증산은 기본적으로 증발과정이라고 할 수 있는데 뿌리로부터 올라온 물이 엽면(잎)을 통해 대기 중으로 증산이 되는 것이다. 〈그림 6.3〉은 전형적인 엽면의 구조를 보이고 있는데 표피조직으로 상부표피(upper epidermis)와 하부표피(lower epidermis)가 존재하고, 이 표피세포(epidermal cells)에는 주로 육상식물에 발달되어 있는 큐티클층(cuticle)이 있다. 이는 내부의 수분 증발과 외부로부터 식물을 보호하는 역할을 한다. 상부와 하부표피층 사이에는 두 가지의 엽육(잎살)(mesophyll)조직이 있는데 이는 책상조직(palisade)과 해면조직(spongy)을 말한다. 그리고 해면조직의 엽육세포(mesophyll cells)들 사이에 세포간 공간이 존재하는데 이는 증산을 위한 주요 장소가 된다. 대기와 세포간 공간을 연결하는 공극을 기공(stoma 또는 stomata)이라고 하며, 기공의 가장자리에는 공변세포(guard cell)가 있다. 공변세포는 세포의 크기를 변화시키면서 기공을 열었다 닫았다 하는 역할을 한다. 엽육세포가 포화되면 세포간 공간과 접촉이 이루어지게 되고, 포화된 표면이 대기와 접촉을 하게 되어 증발이 이루어진다. 물론 증발이 발생하기 위해서는 세포간 공간과 대기와의 에너지 그리고 수증기의 구배 등 조건이 충족되어져야 한다.

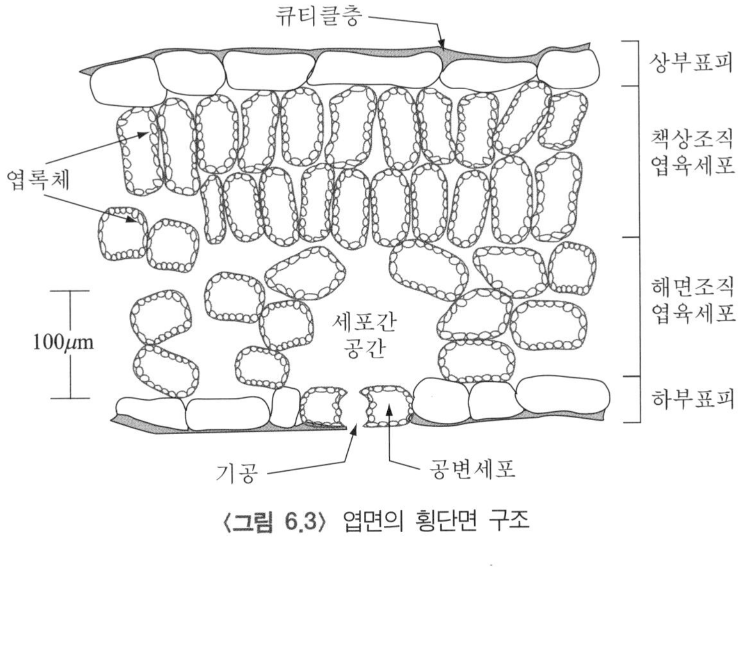

〈그림 6.3〉 엽면의 횡단면 구조

증산은 식물이 뿌리를 통해 토양수분을 취함으로써 기본적인 영양분을 가지게 되고, 무기물을 흡수하며, 증산을 통해 엽면이 냉각되는데 도움을 준다. 엽면의 냉각은 한여름 높은 온도에서 엽면의 손상을 막아 주지만, 증산을 증가시키기도 한다. 과도한 증산은 식물에 해로운데도 증산을 하는데, 이는 광합성과 관련이 있고 수증기의 손실을 유발하는 CO_2도 흡수하기 때문이다.

(1) 식물의 뿌리와 토양수분 채취

식물이 증산을 하기 위해서는 뿌리가 토양 속의 수분을 취함으로써 시작된다. 식물의 키가 클수록 식물의 뿌리도 깊은 경우가 종종 있는데, 뿌리가 깊을수록 물을 흡수할 수 있는 기회가 많아진다. 심근식물(pheatophytes)의 경우는 지하수위까지 뿌리가 도달하는 경우가 있어 많은 양의 물을 증산하기도 한다. 그러나 토양으로부터 물을 추출해낼 수 있는 능력은 뿌리가 깊은 것과 꼭 상관관계가 있는 것은 아니며, 뿌리가 낮더라도 더 많은 물을 토양으로부터 얻을 수 있다. 〈그림 6.4〉는 식물 뿌리의 깊이(D)에 따라 토양으로부터 물을 취하는 비율을 나타내고 있다(National Engineering Handbook, Irrigation, USDA-SCS). 지표면으로부터 $D/4$의 뿌리에서 식물이 토양으로부터 취하는 수분의 40%을 차지하고 있음을 알 수 있고, 깊이가 깊어질수록 감소한다. 〈그림 6.5〉에는 식물 종류별 뿌리의 깊이를 나타내고 있는데 알팔파라는 식물의 경우, 식물의 키에 비해 뿌리가 상대적으로 깊고, 리마콩(강낭콩의 일종)은 뿌리가 넓게 퍼져 있다.

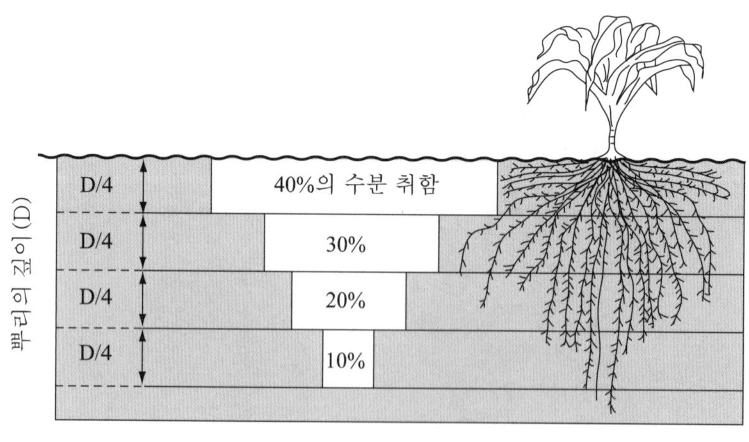

〈그림 6.4〉 식물의 뿌리 깊이에 따른 토양수분 추출 정도

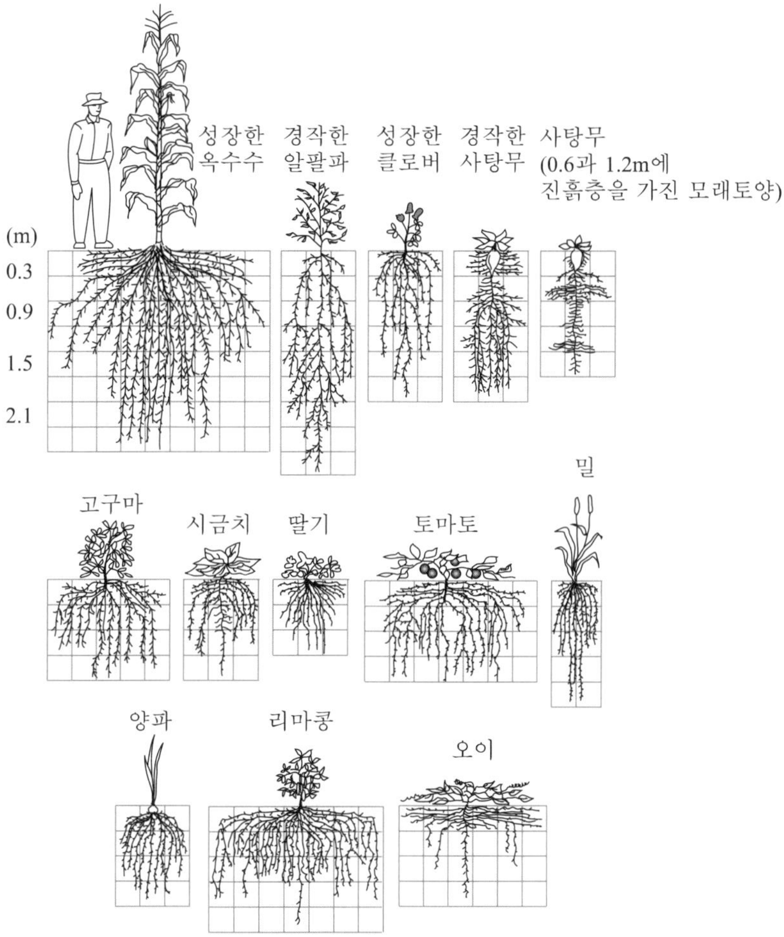

〈그림 6.5〉 식물의 종류에 따른 뿌리의 깊이

(2) 증산비와 소비수량

증산과 관련하여 자주 사용되는 용어가 있는데 증산비(transpiration ratio)와 소비수량(consumptive use)이다. 증산비는 건조한 식물의 무게당 증산된 물의 무게로 표현이 된다. 예를 들어, 알팔파의 증산비가 900 정도인데 이는 1kg의 건조한 알팔파가 900kg의 물을 증산을 위해 사용한다는 의미가 된다. 고구마는 640, 밀은 500, 클로버는 450, 옥수수는 350이다. 소비수량은 작물이 성장하는데 필요한 총 물의 양을 의미하는데, 이는 증발산에 사용된 물과 식물 조직에 저장되어 있는 물의 양을 합한 것이다. 그러나 일반적으로 소비수량은 증발산양으로 대체되는데 이는 식물 조직에 저장된 물의 양이 증발산양보다 무시할 수 있을 정도로 적기 때문이다.

6.2.2 증발산량 산정

PET, 강수 그리고 토양수분(soil moisture)의 관계를 3가지의 다른 뿌리 깊이를 가진 식물을 토대로 〈그림 6.6〉에서 설명하고 있는데, 함수능(field capacity) 또는 포장용수량과 시듦점(wilting point) 또는 위조점을 가지고 표현하고 있다. 함수능은 수분에 의해 포화된 토양이 수분증발이 없이 지구의 중력에 의해 아래로 배수되는 중력수를 완전히 배제하고 남은 수분상태를 말한다. 시듦점은 식물이 토양에서 더 이상 수분을 흡수할 수 없어 시들다가 다시 수분을 공급해도 원래의 상태로 되돌아 올 수 없는 영구시듦점 또는 영구위조점의 상태와 수분 공급에 원래의 상태로 돌아오는 초기시듦점 또는 초기위조점이 있다. 즉, 시듦점은 식물의 뿌리가 토양에서 더 이상 물을 빨아들일 수 없는 토양수분의 상태를 의미한다. 토양수분이 함수능 아래로 감소하면 AET는 PET보다 작게 되고, 만약 토양수분이 시듦점 아래로 감소하면 식물은 죽게 될 것이다. 이러한 복잡한 과정은 식물, 토양의 종류, 기상학, 계절 등에 영향을 받는다.

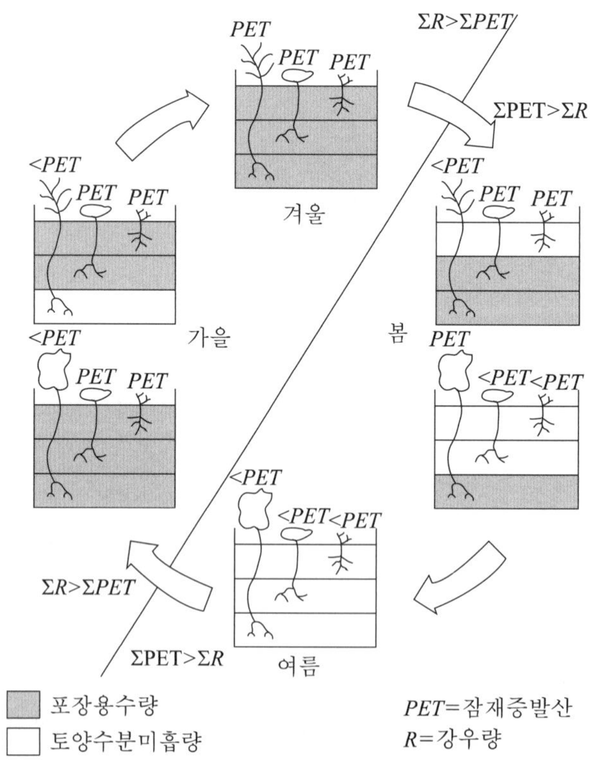

〈그림 6.6〉 세 가지 식물의 연간 토양수분순환

기준작물증발산(reference crop evapotranspiration)량 ET_r는 기준이 되는 지표면 또는 어떤 기준이 되는 작물의 증발산율로 정의된다(Jensen 등, 1990). 미국에서 전형적인 기준작물로 잔디와 알팔파를 이용하는데 식물이 완전히 지면을 덮고 있고 물이 잘 공급되고 있다는 가정 하에 방정식 등이 유도된다. 특정작물을 ET_r과 연계시키는 것은 기준작물의 소비수량과 특정작물의 소비수량의 비인 작물계수의 일관성과 이 비를 기준증발산량에 곱해 특정작물의 증발산량을 구할 수 있고, 새로운 지역에서도 이를 보정하여 이용할 수 있기 때문이다.

증발산량 산정은 측정하거나 공식에 의해 추정하는 방법이 있는데 이미 지나간 기간에 대해서는 공식을 이용하고, 미래에 대해서는 경제적, 시간적 여건이 허락하면 측정을 해야 한다. 공식에 의해 추정을 하는 경우 여러 가지 방법들이 제시되고 있는데 대표적인 방법들로 Blaney-Criddle 방법, Jensen-Haise(또는 복사에너지) 방법, Thornthwaite 방법, Penman 방법, Penma-Monteith 방법 등이 있다. 이들 방법들은 기상자료를 이용해 추정하고자 하는 증발산량의 기간에 따라 〈그림 6.7〉과 같이 구분할 수 있다.

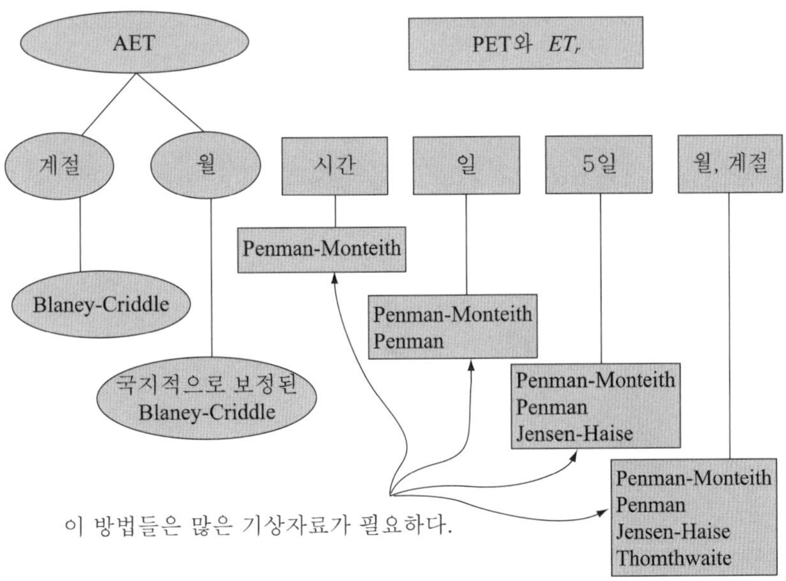

〈그림 6.7〉 기상자료를 이용해 기간별 ET 추정을 위한 방법론 선정

(1) Blaney-Criddle **방법**

이 방법은 실제 증발산량 AET가 월평균기온 및 일조시간과 밀접한 상관관계가 있다는 가정하에 월 소비수량계수 f를 식(6.30)과 같이 정의하였다.

$$f = \frac{p \cdot T_m}{100} \tag{6.30}$$

여기서 T_m은 °F의 단위를 가진 월평균 기온(mean monthly temperature)이고, p는 연간 총 일조시간에 대한 월 일조시간의 백분율이며, f는 inches의 단위를 갖는다. 즉, p를 다시 나타내면 식(6.31)과 같다.

$$p = \frac{\text{어떤 특정 월의 일조시간}}{\text{1년간의 일조시간}} \times 100 \tag{6.31}$$

p는 대상 장소의 고도와 특정 월에 대하여 〈표 6.5〉로부터 얻어지며, 월 소비수량은 다음의 식(6.32)로부터 구할 수 있다.

$$u = K \cdot f \tag{6.32}$$

여기서 K는 경험적인 작물계수로 지역, 작물, 월별로 다른 값을 갖고, 〈표 6.6〉과 같다. 작물 성장기간 동안의 총 소비수량 또는 AET는 다음의 식(6.33)과 같다.

$$\text{AET} = U = \sum_{i=1}^{n} u_i = \sum_{i=1}^{n} K_i f_i \tag{6.33}$$

여기서, n은 작물 성장 계절기간동안의 개월 수이다.

〈표 6.5〉 연간 일조시간에 대한 월별 일조시간의 백분율

위도 \ 월	1	2	3	4	5	6	7	8	9	10	11	12
64°N	3.81	5.27	8.00	9.92	12.50	13.63	13.26	11.08	8.56	6.63	4.32	3.02
62	4.31	5.49	8.07	9.80	12.11	12.93	12.73	10.87	8.55	6.80	4.70	3.65
60	4.70	5.67	8.11	9.69	11.78	12.41	12.31	10.68	8.54	6.95	5.02	4.14
58	5.02	5.84	8.14	9.59	11.50	12.00	11.93	10.52	8.53	7.06	5.30	4.54
56	5.31	5.98	8.17	9.48	11.26	11.68	11.67	10.36	8.52	7.18	5.52	4.87
54	5.56	6.10	8.19	9.40	11.04	11.39	11.42	10.22	8.50	7.28	5.74	5.16
52	5.79	6.22	8.21	9.32	10.85	11.14	11.19	10.10	8.48	7.36	5.92	5.42
50	5.99	6.32	8.24	9.24	10.68	10.92	10.99	9.99	8.46	7.44	6.08	5.65
48	6.17	6.41	8.26	9.17	10.52	10.72	10.81	9.89	8.45	7.51	6.24	5.85
46	6.33	6.50	8.28	9.11	10.38	10.53	10.65	9.79	8.43	7.58	6.37	6.05
44	6.48	6.57	8.29	9.05	10.25	10.39	10.49	9.71	8.41	7.64	6.50	6.22
42	6.61	6.65	8.30	8.99	10.13	10.24	10.35	9.62	8.40	7.70	6.62	6.39
40	6.75	6.72	8.32	8.93	10.01	10.09	10.22	9.55	8.39	7.75	6.73	6.54
38	6.87	6.79	8.33	8.89	9.90	9.96	10.11	9.47	8.37	7.80	6.83	6.68
36	6.98	6.85	8.35	8.85	9.80	9.82	9.99	9.41	8.36	7.85	6.93	6.81
34	7.10	6.91	8.35	8.80	9.71	9.71	9.98	9.34	8.35	7.90	7.02	6.93
32	7.20	6.97	8.36	8.75	9.62	9.60	9.77	9.28	8.34	7.95	7.11	7.05
30	7.31	7.02	8.37	8.71	9.54	9.49	9.67	9.21	8.33	7.99	7.20	7.16
28	7.40	7.07	8.37	8.67	9.46	9.39	9.58	9.17	8.32	8.02	7.28	7.27
26	7.49	7.12	8.38	8.64	9.37	9.29	9.49	9.11	8.32	8.06	7.36	7.37
24	7.58	7.16	8.39	8.60	9.20	9.19	9.40	9.06	8.31	8.10	7.44	7.47
22	7.67	7.21	8.40	8.56	9.22	9.11	9.32	9.01	8.30	8.13	7.51	7.56
20	7.75	7.26	8.41	8.53	9.15	9.02	9.24	8.95	8.29	8.17	7.58	7.65
18	7.83	7.31	8.41	8.50	9.08	8.93	9.16	8.90	8.29	8.20	7.65	7.74
16	7.91	7.35	8.42	8.47	9.01	8.85	9.08	8.85	8.28	8.23	7.72	7.83
14	7.98	7.39	8.43	8.43	8.94	8.77	9.00	8.80	8.27	8.27	7.76	7.93
12	8.06	7.43	8.44	8.40	8.87	8.69	8.92	8.76	8.26	8.31	7.85	8.01
10	8.14	7.47	8.45	8.37	8.81	8.61	8.85	8.71	8.25	8.34	7.91	8.09
8	8.21	7.51	8.45	8.34	8.74	8.53	8.78	8.66	8.25	8.37	7.98	8.18
6	8.28	7.55	8.46	8.31	8.68	8.45	8.71	8.62	8.24	8.40	8.04	8.26
4	8.36	7.59	8.47	8.28	8.62	8.37	8.64	8.57	8.23	8.43	8.10	8.34
2	8.43	7.63	8.49	8.25	8.55	8.29	8.57	8.53	8.22	8.46	8.16	8.42
0	8.50	7.67	8.49	8.22	8.49	8.22	8.50	8.49	8.21	8.49	8.22	8.50

〈표 6.6〉 Blaney-Criddle 공식을 위한 작물계수 K

작물＼월	1	2	3	4	5	6	7	8	9	10	11	12
쌀	-	-	-	0.85	1.00	1.15	1.30	1.25	1.10	0.90	-	-
옥수수	-	-	-	0.50	0.60	0.70	0.80	0.80	0.60	0.50	-	-
밀	0.50	0.70	0.75	0.70	-	-	-	-	-	-	-	-
사탕수수	0.75	0.80	0.85	0.85	0.90	0.95	1.00	1.00	0.95	0.90	0.85	0.75
목화	-	-	-	0.50	0.60	0.75	0.90	0.85	0.75	0.55	0.50	0.50
야채	0.50	0.55	0.60	0.65	0.70	0.75	0.80	0.80	0.70	0.60	0.55	0.50
알팔파 애리조나주 메사	0.35	0.55	0.75	0.90	1.05	1.15	1.15	1.10	1.00	0.85	0.65	0.45
캘리포니아주 LA	0.35	0.45	0.60	0.70	0.85	0.95	1.00	1.00	0.95	0.80	0.55	0.30
캘리포니아주 데이비스	-	-	-	0.70	0.80	0.90	1.10	1.00	0.80	0.70	-	-
유타주 로건	-	-	-	0.55	0.80	0.95	1.00	0.95	0.80	0.50	-	-

예제 6.4

Blaney-Criddle 방법을 이용하여 6월부터 9월까지 4개월의 성장기간 동안 알팔파의 증발산량을 산정하라. 위도는 북위 41°13′이고, 기온은 각각 64.2°F, 70.3°F, 65.7°F, 61.6°F로 주어진다. 또한 알팔파 성장기간 동안의 작물계수는 $K=0.80$으로 일정하다고 가정하라.

풀이

Blaney-Criddle 방법에 의한 계산을 〈표 6.7〉에 주어졌다. (1)란, (2)란, (5)란은 주어져 있고, (3)란은 〈표 6.5〉로부터 찾는데 42°와 40° 사이의 값을 이용 보간법으로 구한다. (4)란은 식(6.30)에 의해 계산되고, (6)란은 식(6.32)에 의해 산정된다.

〈표 6.7〉 4개월간 알팔파의 실제 증발산량 산정

(1)	(2)	(3)	(4)	(5)	(6)
월	T_m(°F)	p(%)	f(in)	K	u_i=AET(in)
6	64.2	10.18	6.536	0.80	5.229
7	70.3	10.30	7.241	0.80	5.793
8	65.7	9.59	6.301	0.80	5.041
9	61.6	8.396	5.172	0.80	4.138
합 계					20.201

따라서 실제 증발산량 AET=20.201 in=512.8878mm

(2) Jensen-Haise 방법

이 방법은 에너지와 증발산을 연계해 공식에 태양복사에너지 항이 포함되므로 복사에너지 방법이라고도 한다. Jensen과 Haise는 식(4.6)에서 언급되어진 태양 복사에너지 R_s를 알팔과 기준 잠재증발산과 관계를 맺으며 식(6.34)를 제안하였다.

$$ET_r = C_T(T - T_x)R_s / l_v \tag{6.34}$$

여기서 ET_r은 mm/day, C_T는 식(6.35)의 온도계수, R_s는 MJ/m^2/day 또는 〈표 6.2〉에서 구할 수 있다. l_v는 잠재증기기화열(J/kg 또는 MJ/kg), T는 5일 동안의 평균기온(℃), T_x(℃)는 식(6.38)에 증기압차와 고도에 의해 주어진다.

$$C_T = \frac{1}{C_1 + 7.3C_H} \tag{6.35}$$

$$C_1 = 38 - (2℃ \times H)/305 \tag{6.36}$$

$$C_H = \frac{5.0\,k\mathrm{Pa}}{(e_2 - e_1)} = \frac{50\mathrm{mb}}{(e_2 - e_1)} \tag{6.37}$$

여기서 H는 해수면위의 고도(m)이고, e_2와 e_1은 각각 대상 지역의 연중 가장 따뜻한 달의 최대 및 최소 평균기온에 있어서의 포화증기압(kPa 또는 mb)이다.

$$T_x = -2.5 - 1.4(e_2 - e_1) - \frac{H}{550} \tag{6.38}$$

(3) Thornthwaite 방법

Thornthwaite은 월평균 기온과 위도 자료를 가지고 월 증발산량을 예측하고자 공식을 제안하였는데 이론적 단점에도 불구하고 그 간편성 때문에 널리 이용하고 있다. Thornthwaite는 월열지수(monthly heat index) i_m을 식(6.39)와 같이 정의하였다.

$$i_m = \left(\frac{T_m}{5}\right)^{1.514} \tag{6.39}$$

여기에서 T_m은 월평균 기온(℃)이고 12개월을 고려하면 연열지수(annual heat index) I를 식(6.40)과 같이 얻을 수 있다.

$$I = \sum_{m=1}^{12} i_m \quad (T_m > 0℃\text{에 대하여}) \tag{6.40}$$

한 달을 평균 30일이라 하고 월평균 일조시간을 12시간이라고 하면, $b=1$일 때 월 잠재증발산량은 cm/month의 단위로 다음의 식(6.41)에 의해 계산된다.

$$\text{PET} = 1.6b\left(\frac{10\,T_m}{I}\right)^a \tag{6.41}$$

여기서 a는 위치에 따른 계수이고 식(6.42)와 같다.

$$a = 6.75\times10^{-7}I^3 - 7.71\times10^{-5}I^2 + 1.792\times10^{-2}I + 0.49239 \tag{6.42}$$

식(6.41)에서 b는 월별로 다른 일수를 보정해주기 위한 보정계수로 식(6.43)과 같이 나타낼 수 있다.

$$b = \frac{\text{특정 월의 일조시간}}{12\times30(\text{또는 } 31)} \tag{6.43}$$

예제 6.5

위도 20°N에서 월평균기온이 아래의 〈표 6.8〉과 같을 때 Thornthwaite 방법을 이용해 5월과 11월의 PET를 계산하라.

〈표 6.8〉 위도 20°N 위치에서 월평균기온

월	1	2	3	4	5	6	7	8	9	10	11	12
기온(℃)	16.6	18.5	23.3	27.6	28.4	25.8	24.4	23.8	23.5	23.6	20.2	17.1

풀이

■ 식(6.39)와 식(6.40)에 의해 월열지수와 연열지수를 아래 〈표 6.9〉의 (3)란에 산정하였다.

〈표 6.9〉 월열지수의 계산

(1) 월	(2) 월평균기온(℃), T_m	(3) 월열지수, i_m
1	16.6	6.152
2	18.5	7.249
3	23.3	10.279
4	27.6	13.283
5	28.4	13.870
6	25.8	11.994
7	24.4	11.022
8	23.8	10.614
9	23.5	10.413
10	23.6	10.480
11	20.2	8.281
12	17.1	6.435
합계		$I=120.072$

- 위도 20°N에서 5월과 11월의 p값을 〈표 6.5〉에서 구하면
  5월에 대하여 $p=9.15$
  11월에 대하여 $p=7.58$
- 5월과 11월의 조도시간(또는 일조시간)
  5월의 조도시간$=(9.15/100)\times 365\times 12=400.77$
  11월의 조도시간$=(7.58/100)\times 365\times 12=332.004$
- 5월과 11월의 보정계수 b

$$b_5=\frac{400.77}{12\times 31}=1.0773$$

$$b_{11}=\frac{332.004}{12\times 30}=0.9222$$

- 5월과 11월의 PET

$$\mathrm{PET}_5=1.6\times 1.0773\times\left(\frac{10\times 28.4}{120.070}\right)^{2.701}=17.63\mathrm{cm}$$

$$\mathrm{PET}_{11}=1.6\times 0.9222\times\left(\frac{10\times 20.2}{120.070}\right)^{2.701}=6.0138\mathrm{cm}$$

(4) Penman 방법

Penman은 간단한 모든 작은 손실들은 무시하고 에너지 수지에 의해 식(6.44)를 제안하여 PET를 구할 수 있도록 하였다.

$$\text{PET}=\frac{H\Delta+\gamma E_a}{\Delta+\gamma} \tag{6.44}$$

여기서 PET는 mm/day의 단위를 가지고, H는 작물들이 있는 지역의 일 열수지(mm/day), γ는 습도계상수(0.49mmHg/℃ 또는 0.66mb/℃), Δ은 식(4.20)과 같으며, E_a는 풍속과 포화미흡량을 고려한 증발량을 나타내는데 식(6.21)과 유사한 형태로 식(6.45)와 같이 표현된다.

$$E_a=0.002187(160+u_2)(e_s-e_a) \tag{6.45}$$

여기서 u_2는 지상 2m에서의 평균풍속(km/day), e_s는 평균기온에서 포화증기압(mmHg)(〈표 4.4〉), e_a는 평균기온에서 실제증기압(mmHg)이다. 그리고 H는 다음의 식(6.46)으로부터 구할 수 있다.

$$H=H_a(1-\alpha)(0.29\cos\phi+0.55n/D)-\sigma T_a^4(0.56-0.092\sqrt{e_a})(0.10+0.9n/D) \tag{6.46}$$

여기서 H_a는 증발가능한 물/day로 〈표 6.2〉에서 위도(latitude)에 따라 mm로 구할 수 있다. ϕ는 PET계산을 위한 위도, α는 반사율로 상대적으로 작은 작물들은 0.15~0.25, 메마른 땅에서는 0.05~0.45, 수표면은 0.05를 이용한다. n은 월별 일조시간, D는 월별 최대가능 일조시간으로 〈표 6.1〉에 나타나 있다. σ는 식(4.1)과 식(4.2)의 Stefan-Boltzmann 상수로 2×10^{-9}mm/day를 가지며, T_a는 Kelvin에 있어서 평균기온, 그리고 어떤 높이 z에 있어서의 풍속, u를 u_2로의 환산은 식(6.47)로 하며, 이는 1/7승 공식으로 알려져 있다.

$$u_2=u\left(\frac{2}{z}\right)^{1/7} \tag{6.47}$$

예제 6.6

Penman 방법을 이용하여 2월달 쌀에 대한 PET 또는 소비수량을 계산하라. 주어진 자료는 아래와 같다.

$u_2=30$km/day, 대상지역의 고도=220m, 2월의 상대습도=50%,
위도=22°N, 월 평균기온=16℃ 벼와 같은 작물의 α=0.20, γ=0.49

풀이

- 16℃에 대해 〈표 4.4〉로부터 구해 환산하면 $e_s = 13.67\text{mmHg}$
  식(4.20)으로부터 $\Delta = 0.86\text{mm/℃}$
- 22°N에 대해 〈표 6.2〉로부터 $H_a = 11.94\text{mm/day}$
  22°N에 대해 〈표 6.1〉로부터 $D = 11.42\text{hours}$
  〈표 6.5〉로부터 $n = 7.21\text{hours}$
  따라서 $n/D = 7.21/11.42 = 0.63$
- $e_a = e_s \times R_h = 13.67 \times 0.50 = 6.88\text{mmHg}$
  $E_a = 0.002187(160 + u_2)(e_s - e_a)$
  $= 0.002187(160+30)(13.67-6.88) = 2.84\text{mm/day}$
- $\sigma = 2 \times 10^{-9}\text{mm/day}$, $T_a = 273 + 16 = 289°\text{K}$
  $H = H_a(1-\alpha)(0.29\cos\phi + 0.55n/D) - \sigma T_a^4(0.56 - 0.092\sqrt{e_a})(0.10 + 0.9n/D)$
  $= 11.94(1-0.2)(0.29\cos 22^o + 0.55 \times 7.2/11.42)$
  $- 2.01 \times 10^{-9} \times 289^4(0.56 - 0.092\sqrt{6.88}) \times (0.1 + 0.9 \times 7.2/11.42)$
  $= 11.94 \times 0.8 \times (0.269 + 0.347) - 14.02(0.56 - 0.24)(0.1 + 0.568)$
  $= 5.88 - 3.00 = 2.88\text{mm/day}$
- $\text{PET} = \dfrac{\Delta H + \gamma E_a}{\Delta + \gamma} = \dfrac{0.86 \times 2.88 + 0.49 \times 2.84}{0.86 + 0.49} = \dfrac{3.864}{1.35} = 2.865\text{mm/day}$
  $= 2.865 \times 28 \times 1/10\text{cm/month} = 8.03\text{cm} = 80.3\text{mm}$(2월)

(5) Penman-Monteith 방법

Penman은 에너지공급과 수증기 증발에 대한 요소들을 혼합하여 위와 같은 Penman공식을 제안하였다. 여기에는 바람의 요소도 포함이 되어 공식이 증발산에도 영향을 미치게 하였다. 증발과 증발산량에 대한 많은 공식들은 이러한 Penman의 공식을 수정하여 발전시켜 오고 있다. Penman의 공식은 아주 이론적인 토대를 바탕으로 한 것은 아니기 때문에 공기동역학적 저항함수(aerodynamic resistance function)와 수증기 이송에 대한 표면저항(surface resistance to vapor transfer)에 관한 고려가 없었다. 즉, 경계층 저항에 대한 고려와 엽면 기공의 저항에 대한 내용을 고려하지 않았었는데 이러한 내용들을 고려한 공식들 중에 실제로 가장 많이 인용되고 있는 것이 식(6.48)의 Penman-Monteith공식이다. 아래에 Penman-Monteith 공식을 설명하는데 이는 Monteith(1965), Allen 등(1989), Jensen 등(1990), Kim과 Kim(2008)의 연구를 토대로 아래와 같이 작성하였다.

$$ET_{PM} = \frac{\Delta \cdot (R_n - G) + \rho_a c_{pm} Q}{(\Delta + \gamma^*) l_v} \tag{6.48}$$

여기서 ET_{PM}은 기준 증발산량(mm/day 또는 mm/hour), Δ은 식(6.49)와 같고(kPa/℃), R_n은 순 복사에너지(MJ/m^2/day 또는 MJ/m^2/hour), G는 토양의 열 플럭스(soil heat flux)(MJ/m^2/day 또는 MJ/m^2/hour), Q는 공기동역학적 저항계수와 포화미흡량의 비로 식(6.50)과 같다. γ^*는 식(6.51)과 같고, l_v(MJ/kg)는 식(4.8)에서 구할 수 있다. ρ_a와 c_{pm}은 각각 일정한 압력에서 공기의 평균밀도(kg/m^3)와 공기의 비열(MJ/kg · ℃)이다.

$$\Delta = \frac{2503}{(T_m + 237.3)^2} \exp\left[\frac{17.27 \cdot T_m}{(T_m + 237.3)}\right] \tag{6.49}$$

여기서, T_m은 일평균기온이다(℃).

$$Q = \frac{1}{r_a}[e_s - e_a] = \frac{1}{r_a}\left[\frac{e^0_{max} + e^0_{min}}{2} - e_a\right] \tag{6.50}$$

여기서 e^0_{max}는 일 최대온도에 있어서의 포화증기압(kPa), e^0_{min}는 일 최소온도에 있어서의 포화증기압(kPa), e_a는 이슬점에서의 증기압(kPa), 그리고 r_a는 식(6.52)에 주어진다.

$$\gamma^* = \gamma\left[1 + \frac{r_s}{r_a}\right] \tag{6.51}$$

$$r_a = \frac{\ln\left[\frac{z_w - d}{z_{om}}\right] \cdot \ln\left[\frac{z_h - d}{z_{ov}}\right]}{\kappa^2 \cdot u_z} \tag{6.52}$$

$$r_s = \frac{\gamma_1}{0.5 \cdot LAI} \tag{6.53}$$

$$LAI = 5.5 + 1.5 \ln(h_c) \tag{6.54}$$

여기서 γ는 식(6.26)을 참고로 할 수 있고, r_a는 공기저항계수(aerodynamic resistance)(sec/m), r_s는 식물표면저항계수(surface or plant resistance) (sec/m)이다. z_w는 풍속계 높이(anemometer height)(m), d는 조도길이(roughness length)(m), z_{om}는 바람에 대한 조도길이

(roughness length for wind)(m), z_{ov}는 수증기와 열이송에 대한 조도길이(roughness length for vapor and heat transfer)(m), z_h는 습도측정 높이(humidity measurement height)(m), κ는 von Karman 상수, u_z는 높이 z에서의 풍속(m/sec), γ_1는 엽면의 평균저항계수(average resistance of an individual leaf)(sec/m), h_c는 작물높이(forage height)(m)이다. 그리고 LAI는 엽면적지수(leaf area index)이다.

따라서 위의 내용들을 토대로 알팔파 기준작물에 대하여 계산하는 과정을 정리해보면 아래와 같다(〈연습문제 6.11〉).

① 식(6.49), l_v, γ를 계산한다.

② LAI 를 계산한다.

③ $z_{om}=0.123h_c$, $z_{ov}=0.1z_{om}$, $d=0.67h_c$를 계산한다.
여기서 h_c는 알팔파의 높이이다.

④ 식(6.51), 식(6.52), 식(6.53)을 계산한다.

⑤ 식(6.50)을 계산한다.

⑥ 식(6.52)를 계산한다. 여기서 G는 식(6.55)에 의해 구해진다.

$$G=4.2\frac{(T_m)_{i+1}-(T_m)_{i-1}}{\Delta t} \tag{6.55}$$

여기서, Δt는 시간구간 $i+1$과 i사이의 시간으로서 일(day)의 단위를 가진다.

(6) 실제 증발산량의 산정

앞에서 설명한 방법론들은 주로 잠재증발산량, PET나 기준작물 ET에 대하여 설명을 하고 있는데 이들은 작물이나 토양의 수분상태는 설명을 하지 못한다. 실제로 작물에 필요한 것은 어떤 기간 동안 작물이 이용할 물의 양을 추정함으로써 관개시스템의 설계나 계획 등을 수립하는데 이용할 수 있다. 잠재증발산량은 물의 양에 제한이 없을 때의 증발산량을 의미하므로 실제 증발산량보다 대체로 크게 추정된다. 실제 증발산량을 산정하기 위해 작물계수를 이용하는데 이는 증산계(lysimeters)로 측정한 AET를 PET 또는 기준작물 ET인 ET_r과 관련지어 구하게 된다. 따라서 작물계수 k_c를 알면 다음의 식(6.56)으로부터 AET를 구할 수 있고, k_c값은 작물의 종류, 기상조건, 지역 등에 따라 그 값들이 산정된다.

$$\text{AET}=k_c\cdot ET_r \quad \text{또는} \quad \text{AET}=k_c\cdot \text{PET} \tag{6.56}$$

작물보다 어떤 유역이나 지역에 대해 잠재 증발산량을 산정하고 실제 증발산량을 산정하기 위해서도 증발산 계수를 이용해야 하는데 평균적으로 0.7을 이용하고 있다. 예를 들면, Thornthwaite 방법에 의해 어떤 지역에 대한 잠재 증발산량을 구하고, 이 잠재 증발산량에 0.7을 곱하여 이 지역의 실제 증발산량을 추정한다.

6.2.3 증발산 측정

(1) 물수지 방법

물수지 방법은 보통 넓은 유역에 이용을 하는데 유입량과 유출량이 강수량과 하천유출량 측정으로부터 결정되고, 측정한 유입량과 유출량의 차이는 바로 계절과 같은 장기간 동안에 대한 증발산량이 된다. 즉, 물수지 방정식을 식(6.57)과 같이 쓸 수 있다.

$$\text{AET} = P - Q \pm \Delta G \pm \Delta\theta \tag{6.57}$$

여기서 P는 강수량, Q는 하천유출량, ΔG는 지하수 유입량과 유출량, $\Delta\theta$는 토양수분의 변화이다. 단기간의 경우에는 ΔG와 $\Delta\theta$를 측정해야 하지만 장기간의 경우에는 무시할 수 있다.

(2) 토양수분 감소의 측정

작물 성장기간 동안 가능한 촘촘한 시각 간격을 가지고 토양 깊이에 따라 토양수분 감소를 측정(soil moisture depletion studies)함으로써 실제 증발산량을 추정하는 것이다. 균일한 토양에서 성장하는 작물에 대해 비교적 만족할 만한 결과를 주는데, 이는 뿌리대(root zone) 이내의 토양수분의 변동이 지하수에 의한 영향을 받지 않기 때문이기도 하다. 어떤 시간 간격을 두고 표본채취(sampling)를 하였을 때 그 간격동안의 증발산량은 식(6.58)에 의해 나타내어진다.

$$\text{AET} = \frac{\Delta SM}{\Delta t} = \frac{\sum_{i=1}^{n}(\theta_1 - \theta_2)_i \Delta S_i + f - D}{\Delta t} \tag{6.58}$$

여기서 AET는 mm/day에 있어서의 실제 증발산량, ΔSM은 토양수분함수의 변화량, Δt는 표본채취 간격, n은 유효 뿌리대(effective root zone)에서의 토양층의 수, ΔS_i는 각 토양층의 두께(mm), θ_1은 첫 번째 표본채취 시간에 있어서 i번째 토양층의 체적토양함수

(m^3/m^3), θ_2은 두 번째 표본채취 시간에 있어서 i번째 토양층의 체적토양함수(m^3/m^3), f는 Δt시간 동안 침투량(mm), D는 Δt시간 동안 뿌리대 아래로 배수된 양(mm)이다. 표본채취 간격마다 다 합하면 계절별 증발산량이 구해진다.

(3) 증발산계의 이용

증발산량을 측정하기 위하여 증발산계(lysimeter)를 이용하는데 0.6~0.9m 정도의 직경과 1.8m 정도의 깊이를 가진 원통형 용기에 흙과 작물 또는 식물을 심고 성장하는데 필요한 물로써 증발산량을 산정한다. 즉, 물을 공급해서 용기 바닥으로 유출되는 유출량과 토양수분의 변화를 측정함으로써 증발산량을 산정하게 된다. 그러나 증발산계의 한계는 토양함수의 분포, 토양수분의 지역, 식물의 뿌리 특성, 온도, 에너지 등이 자연적인 조건들과 상이하다는데 있다.

6.3 차단과 지면저류

6.3.1 차단

차단(interception)은 강수가 지상에 도달하지 못하고 식물, 빌딩 등에 의해 중간에 차단되어 발생하게 되며, 이는 증발에 의해 대기 중으로 되돌아가게 된다. 따라서 차단손실(interception loss)은 차단 면적에 의해 저류된 물과 식물 등에 의해 흡수되거나 증발된 물을 합쳐서 정의된다. 강수가 나무 등이 차단을 수용할 수 있는 양이 넘쳐 떨어지는 물을 수관통과강수(through fall)라고 하고, 나무줄기를 따라 흘러내리는 물을 수간류(stem flow)라고 한다.

어떤 호우기간동안 총 차단(total interception)은 초기 차단(initial interception)과 강수가 지상에 도달하기 전에 나무 엽면으로부터 증발하는 강수의 일부분이다. 따라서 차단손실은 식(6.59)와 같이 나타낸다.

$$I_l = I_s + R_v\, E\, D_s \tag{6.59}$$

여기서 I_l은 차단손실(mm/h), I_s는 초기손실 또는 차단저류량(0.2~1.2mm), R_v는 증발하는 엽면의 총면적과 수평면에 투영된 엽면면적의 비, E는 증발율(mm/h), D_s는 호우기간(hrs)을 나타낸다.

지역의 특성에 따라 다르지만 차단과 강수의 관계곡선을 그려보면 〈그림 6.8〉과 같이 지수함수의 형태를 보인다. 조밀한 숲의 피복으로 덮인 지역의 차단은 1년간 총 강수의 25%까지도 차지한다. Horton은 〈그림 6.8〉의 직선부분에 대하여 차단과 강수 P(mm)와의 관계를 식(6.60)과 같이 제안하였다.

$$I_l = 0.38 + 2.3P \tag{6.60}$$

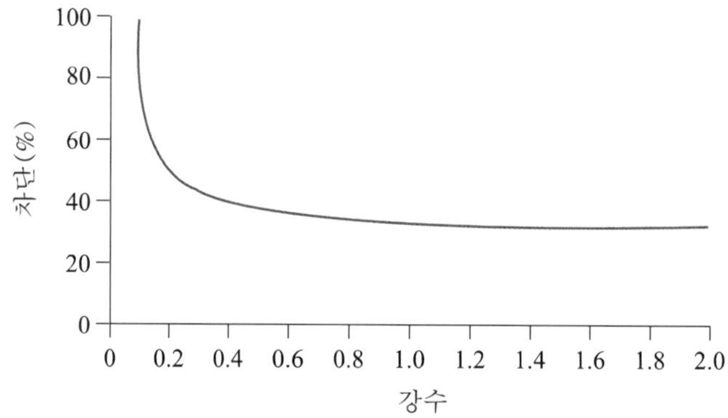

〈그림 6.8〉 전형적인 차단곡선

차단은 식생피복(vegetal cover)과 강수에 따라 다르지만 일반적인 형태는 식(6.61)과 같다.

$$I_l = aP + b(1 - e^{-P/b}) \tag{6.61}$$

여기서 a와 b는 차단손실에 따른 상수이며, a는 0.01~0.2, b = $0.025P$~$0.38P$의 값을 가진다.

예제 6.7

어떤 지역에 $a = 0.11$, $b = P$의 15%이며, 그 지역에 강우강도는 균등하게 내리고, 총 호우의 깊이가 4cm일 때 차단손실을 구하라.

풀이

$P = 4\text{cm}$, $a = 0.11$, $b = 0.15P$

차단손실 $I_l = aP + b(1 - e^{-P/b}) = 0.11P + 0.15P(1 - e^{-P/0.15P}) = 0.2598P$

$= 1.039\text{cm} = 10.4\text{mm}$

6.3.2 지면저류

지표면은 다양한 크기, 형태, 깊이로 함몰된 저지대가 형성이 되어 있고, 이러한 지역은 강수가 발생할 때 임시적으로 물을 보유하는 작은 저수지를 형성한다. 이들 지역에 저류된 물은 증발하거나 침투하게 되는데 이를 측정하기는 매우 어렵다. 이를 지면저류(depression storage)라고 하는데, 이 양이 다 채워지게 되면 표면류(overland flow)가 발생하게 된다. 토지이용은 시간에 따라 변화하고, 지면저류 또한 변하게 되므로 이 양의 측정은 불가능하게도 보인다.

Hicks는 지면저류를 측정하고자 시도를 하였는데 점토질 토양에서는 2.5mm, 보통의 양질의 토양에서는 3.8mm, 사질토에서는 5.0mm를 제시하였다. 일반적인 지면저류 공식은 식 (6.62)의 형태를 갖는다.

$$V_{DS} = K(1 - e^{-P_e/K}) \tag{6.62}$$

여기서 K는 지면저류를 할 수 있는 유역의 용량, V_{DS}는 지면저류체적, P_e는 침투와 차단 이외의 유효 강수의 체적이다. 지면저류량은 지수적으로 감소하고, P_e/K의 값이 증가하면 최대로 K값에 도달하게 된다. 지면저류는 토양침식을 감소시키고, 토양수분을 증가시킨다. 따라서 테라스(terrace)형태의 농토가 토양을 보존하고 빗물을 이용하기에 유리할 것이다.

6.4 침투

침투(infiltration)는 지표면을 통해 물이 토양 속으로 이송되는 현상을 말하며, 이는 유역의 유출에 영향을 미치는 주요 강수손실이다. 강수기간 동안 차단, 지면저류, 증발은 크지 않기 때문에 홍수시 유역의 유출에 영향을 미치지 않는다. 그러나 침투과정(infiltration process)은 유역의 출구에서 지표유출의 크기, 타이밍(timing), 분포 등에 지속적인 영향을 미치며, 강수기간 동안 토양과 물 사이의 응집력, 표면장력, 모세관현상, 중력 등은 토양입자들 사이의 공극에 물이 더 많이 공급될 수 있도록 영향을 미친다.

토양이 물을 흡수하여 토양 속으로 침투한 물이 토양수분미흡량(soil moisture deficit)을 채우고 나면, 1.2.6절에서 설명하였듯이 물이 지하수위(groundwater table)에 도달할 때까지 중력에 의해 계속 아래로 내려가는데 이를 침루(percolation)라고 한다. 어떤 주어진 조건하에서 토양이 물을 흡수할 수 있는 최대의 능력을 잠재침투율 또는 잠재침투능(potential infiltration rate or capacity)이라고 하며, f(mm/h, cm/h)로 나타낸다. 그러나 본 교재에서는 잠재침투능 대신 침투능의 용어를 사용하도록 한다. 그리고 실제 침투능을 f_a로 표시하면 강우강도 i와 다음의 관계가 있다. 즉, $i \geq f$이면 $f_a = f$이고, $i < f$이면 $f_a = i$의 관계가 있다.

6.4.1 침투에 미치는 영향 인자

침투능의 변동은 큰데 이는 여러 가지 인자들에 의해 영향을 받기 때문이다. 인자들에 따라서 공간적으로 영향을 주기도 하고 시간적으로 영향을 미치기도 한다.

(1) 지면보유수와 포화층의 두께

침투는 모세관 현상과 중력의 혼합적인 영향에 의해 발생하게 되는데 이는 토양 속의 공극들이 가는 관처럼 연결이 되어 있어 물이 아래로 이동하게 된다. 아래로 이동하는 물은 포화된 토양층의 두께에 따라 영향을 받는다. 지면 보유수의 깊이가 포화된 토양층의 두께보다 크면 물은 토양 속으로 빠르게 침투하는데 이는 침투의 초기에 f가 큰 이유이고, 점점 포화층이 두꺼워지면 상대적으로 지면 보유수의 깊이는 무시할 정도로 작아지며 결국 f는 일정하게 된다.

(2) 토양수분

강우 초기에 토양이 완전히 건조상태에 있었다면 중력과 같은 방향으로 강한 모세관 인력이 토양수분에 작용하여 초기 침투능이 매우 크게 된다. 물이 침루되면서 토양층이 반 포화상태가 되고 모세관 인력은 작아지게 된다. 강우 초기에 토양이 포화되어 있었다면 건조한 토양과 비교해 초기 침투능도 작을 것이다.

(3) 식생피복

만약 지표면에 조밀한 식생이 존재한다면 침투능 f가 증가한다. 이는 식생피복이 표면류를 지연시키고 지면 보유수의 깊이를 크게 하며, 빗방울에 의한 토양의 다짐을 감소시킨다. 또한 식생에 의한 증산은 토양수분을 감소시켜 침투가 유리하도록 한다.

(4) 기후

침투에 대한 온도의 영향은 물의 점성(viscosity)과 관련이 있는데, 온도가 높으면 물의 점성이 낮아지고 침투능이 커지게 된다. 겨울철의 낮은 온도는 침투능을 낮게 만든다. 따라서 기후는 침투능의 계절적인 변동에 영향을 미친다.

(5) 기타

위의 4가지 이외에도 침루, 인간의 영향, 지하수위의 고갈, 수질, 토양입자의 크기, 유역의 변수들, 토양의 다짐정도 등이 모두 침투에 영향을 미친다.

6.4.2 침투능 측정

침투능 결정을 위해 일반적으로 2가지 방법이 있는데 하나는 유역의 관측 우량주상도와 유출수문곡선을 분석하여 구하는 것이고, 다른 하나는 침투계(infiltrometers)를 이용하는 방법이다. 수문곡선 분석방법은 실제 침투능의 값을 주고, 원형침투계와 같은 침투계에 의한 것은 유역의 여러 장소에서 측정한 침투능과 관련된 정보를 제공한다. 또 다른 침투계로는 인위적으로 강우를 발생시켜 물수지를 이용해 침투능을 측정하는 강우모의기(rainfall simulator)가 있다. 본 절에서는 원형침투계에 의한 방법을 소개하기로 한다.

(1) 단일 원형침투계

단일 원형침투계(single ring infiltrometer)는 〈그림 6.9a〉와 같이 원통의 직경은 25~30cm, 길이는 50~60cm의 크기를 갖는다. 원통안의 토양표면은 구멍을 뚫은 금속접시를 놓아 보호하고, 일정수위가 유지될 수 있도록 표시해주는 지시기(pointer)가 원통내부에 있다. 지시기가 표시하는 수위까지 물을 원통 안에 빨리 부은 후 침투를 진행시키고, 수위가 내려가면 물을 더 붓고 시간 간격에 따라 더해진 물의 양을 관측한다. 이는 침투능이 일정해질 때까지 계속하며 토양의 종류에 따라 3~6시간 정도 걸린다. 단일 원형침투계의 단점은 원통의 바닥에서 물이 측방향으로 침루하여 실제 침투가 발생하는 면적을 나타내지 못한다는 것이다. 이를 보완하기 위해 이중 원형침투계(double ring infiltrometer)를 이용한다.

(2) 이중 원형침투계

이중 원형침투계(double ring infiltrometer)는 〈그림 6.9b〉에서 보는 것처럼 두 개의 원통을 이용하고, 최소 15cm까지는 토양이 균일하고 흩어짐이 없도록 한다. 원통의 직경은 25~60cm이고, 안과 밖의 원통에 약 5cm의 일정한 수위를 유지하도록 한다. 약 1cm 정도의 물이 빠질 때 새로 채우고, 두 개 원통은 관측기간 동안 동일한 수위가 되어야 한다. 일정한 시간간격을 두고 물을 더해주면서 내부 원통의 침투능을 계산한다. 외부 원통의 목적은 내부원통의 물이 측방으로 침루하지 않도록 하는 것이다.

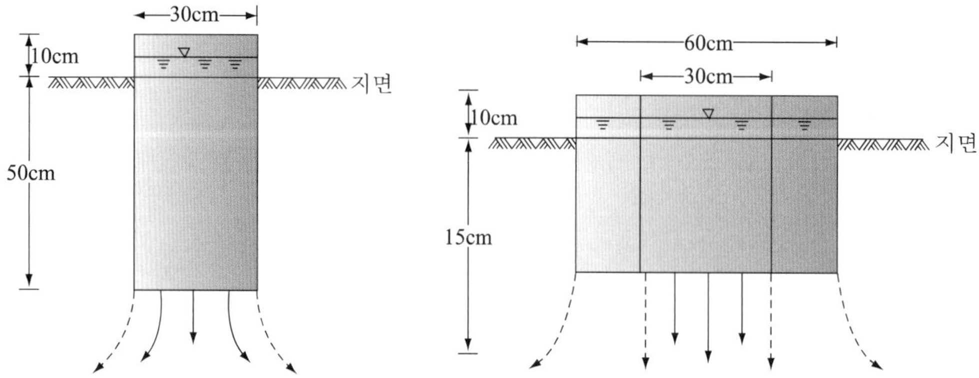

(a) 단일 원형침투계

(b) 이중 원형침투계

〈그림 6.9〉 단일 및 이중 원형침투계

6.4.3 비포화대의 흐름

〈그림 6.10〉에서 보듯이 지표하 물의 영역과 과정(subsurface water zone and processes)에는 3가지의 중요한 흐름이 있는데 토양수분(soil moisture)이 되는 침투(infiltration), 토양 속을 흐르는 비포화대의 지표하 흐름, 포화대의 지하수 흐름(groundwater flow)이 있다. 또한 〈그림 6.11〉에는 포화대와 비포화대 영역에 대한 정의를 보여주고 있다. 토양수분의 변화에 따라 크게 2개의 영역으로 나누는데 이는 지하수위(groundwater table)를 경계로 비포화대(unsaturation zone) 또는 vadose zone과 포화대(saturation zone) 또는 통기대(aeration zone)로 나뉜다. 비포화대의 물을 현수수(vadose water 또는 suspended water), 포화대의 물을 지하수(groundwater)라고 하며, 비포화대는 식생과 토양의 종류에 따라 변화하는 토양수대(soil water zone), 토양수대와 모관수대 사이에 위치하는 현수대 또는 중간수대(intermediate zone), 모세관현상에 의해 지하수가 상승하는 모세관 상승고까지의 모관수대(capillary zone)로 나눈다.

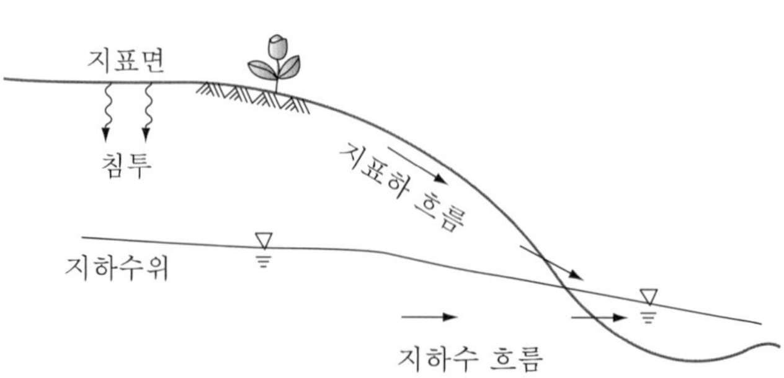

〈그림 6.10〉 지표하 수분 영역과 흐름과정

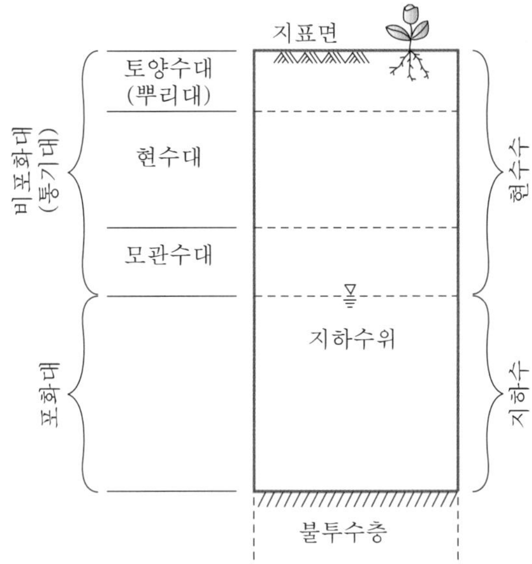

〈그림 6.11〉 포화대와 비포화대 영역에 대한 정의

(1) 공극률과 토양함수비

비포화대 토양의 검사표면(control surface)에 대한 횡단면도를 〈그림 6.12〉에서 보면 토양입자(soil particles)들이 있고, 입자들 주변에는 토양수분(soil water) θ가 존재하며, 나머지는 공극(air-filled voids) η로 남아 있다. η는 공극률(porosity)로 식(6.63)과 같이 정의된다.

$$\eta = \frac{\text{공극의 부피}}{\text{총 부피}} \tag{6.63}$$

η의 범위는 $0.25 < \eta < 0.75$이며, 토양구조에 따라 변한다. 토양의 공극에는 수분과 공기가 존재하는데 수분이 차지하고 있는 부피를 토양함수비(soil moisture content)로 식(6.64)와 같이 나타낼 수 있다.

$$\theta = \frac{\text{공극내 물의 부피}}{\text{총 부피}} \tag{6.64}$$

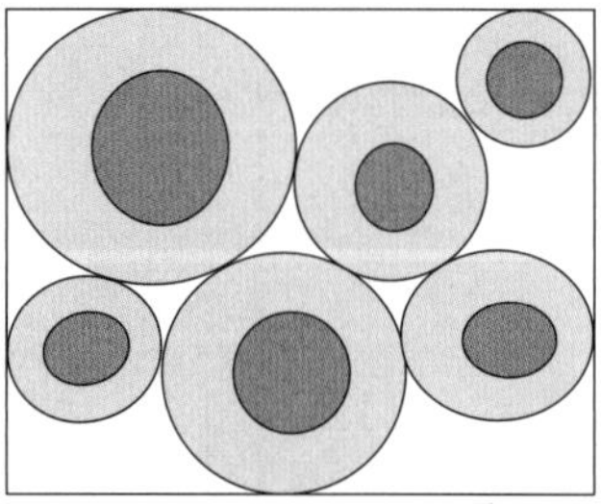

〈그림 6.12〉 비포화대 토양의 횡단면에 대한 검사표면

따라서 $0 \le \theta \le \eta$임을 알 수 있고, 토양이 포화되면 $\theta = \eta$가 된다.

(2) 비포화대 흐름을 위한 Richard 공식 유도

물에 대한 총 수두(total head) h는 높이(m)의 단위를 가지는데 이는 유체의 단위 무게당 에너지로 생각할 수 있다(kg · m/kg). 유체가 가지고 있는 총 에너지의 일부는 비포화대 토양의 흡인력(soil suction force)에 의해 발생하는데 이를 흡인수두(suction head) ψ라고 하며, ψ는 토양함수비에 따라 변한다. 총 수두는 흡인수두와 함께 중력수두(gravity head) z로 이루어지며 식(6.65)와 같이 나타낼 수 있다.

$$h = \psi + z \tag{6.65}$$

① 연속방정식

비포화된 토양을 포함한 개념적인 검사체적(control volume)을 〈그림 6.13〉과 같이 나타내었다. 토양내 수분에 대해 시간에 따른 저류량의 변화율이 유입량에서 유출량을 뺀 것과 같으므로 검사체적에 대해 적용하면 식(6.66)과 같다.

$$\frac{\partial}{\partial t}[\rho_w \theta \, dx \, dy \, dz] = \rho_w q \, dx \, dy - \rho_w \left[q + \frac{\partial q}{\partial z} dz \right] dx \, dy \tag{6.66}$$

따라서 식(6.66)을 정리하면 식(6.67)의 연속방정식을 얻을 수 있다.

$$\frac{\partial \theta}{\partial t} + \frac{\partial q}{\partial z} = 0 \tag{6.67}$$

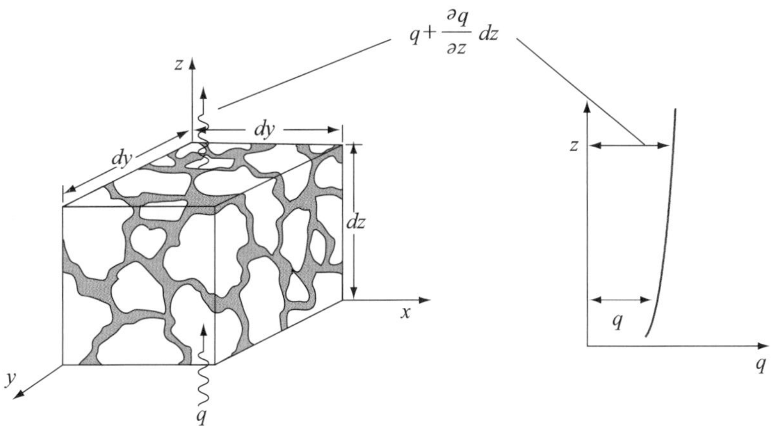

〈그림 6.13〉 비포화된 토양의 연속방정식 유도를 위한 검사체적

② 운동량방정식

Darcy는 토양 내의 단위길이당 손실수두 S_f를 Darcy 플럭스, 즉 단위면적당 유량 q와 관련지어 식(6.68)과 같은 운동량 방정식을 제안하였다.

$$q = KS_f = -K\frac{\partial h}{\partial z} \tag{6.68}$$

여기서 (−)는 마찰로 인해 흐름방향으로 총수두가 감소함을 의미하고, K는 투수계수이다. 따라서 식(6.65)를 식(6.68)에 대입하면 다음의 식(6.69)를 얻는다.

$$q = -K\frac{\partial(\psi+z)}{\partial z} \tag{6.69}$$

③ Richard 공식

식(6.69)로부터 다음과 같은 식(6.70)을 유도할 수 있으며, 식(6.70)을 다시 연속방정식인 식(6.67)에 대입하여 식(6.71)의 1차원 Richard 공식을 얻을 수 있다.

$$\begin{aligned} q &= -K\frac{\partial(\psi+z)}{\partial z} = -K\left[\frac{\partial\psi}{\partial z}+1\right] = -K\left[\frac{\partial\psi}{\partial\theta}\frac{\partial\theta}{\partial z}+1\right] \\ &= -\left[K\frac{\partial\psi}{\partial\theta}\frac{\partial\theta}{\partial z}+K\right] = -D(\theta)\frac{\partial\theta}{\partial z}-K(\theta) \end{aligned} \tag{6.70}$$

$$\frac{\partial \theta}{\partial t}+\frac{\partial}{\partial z}\left[-D(\theta)\frac{\partial \theta}{\partial z}-K(\theta)\right]=0 \tag{6.71}$$

여기서 $D(\theta)=K(d\psi/d\theta)$는 토양수분확산계수(soil water diffusivity)라고 하며, $[L^2/T]$의 차원을 가진다. D와 K가 일정하다면 식(6.71)은 식(6.72)가 된다.

$$\frac{\partial \theta}{\partial t}=D\frac{\partial^2 \theta}{\partial z^2} \tag{6.72}$$

6.4.3 침투능 산정 공식

물이 토양 속에서 아래로 이동하는 동안 연직방향에 대한 토양수분의 분포는 〈그림 6.14〉와 같다. 여기에는 4가지의 토양수분영역이 있는데 지표면 부근의 포화영역(saturated zone), 비포화영역이면서 상대적으로 일정한 토양수분을 함유하고 있는 투과영역(transmission zone), 깊이에 따라 토양수분이 감소하는 습윤영역(wetting zone), 그리고 깊이에 따른 토양수분 변화의 경계선을 나타내는 습윤선(wetting front)이 있다. 천이영역은 투과영역과 포화영역사이의 수분변화영역이다.

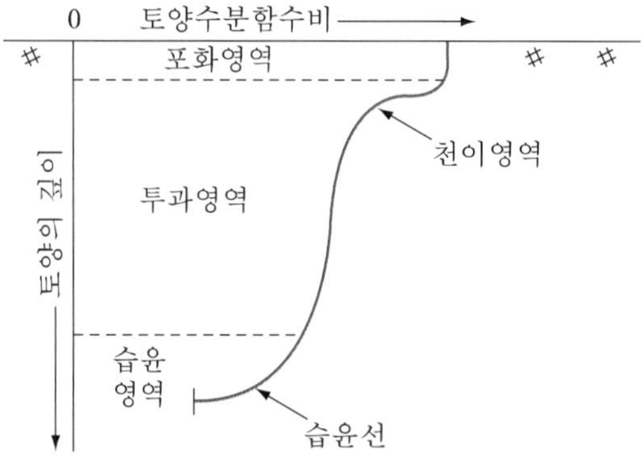

〈그림 6.14〉 침투기간 동안의 토양수분 영역

$[LT^{-1}]$의 차원을 갖는 침투능 $f(t)$를 시간에 따라 누가하면 [L]의 차원을 갖는 누가침투량(cumulative infiltration) $F(t)$가 구해지며 이는 식(6.73)으로 표시할 수 있다.

$$F(t)=\int_0^t f(\tau)d\tau \tag{6.73}$$

여기서 τ는 더미변수이다. 따라서 식(6.73)으로부터 침투능을 식(6.74)와 같이 쓸 수 있다.

$$f(t) = \frac{dF(t)}{dt} \tag{6.74}$$

(1) Horton 공식

Horton은 침투가 어떤 침투능 f_0에서 시작하여 지수적으로 감소해 일정한 침투능 f_c에 도달한다는 것을 관찰하였다. 즉, 식(6.75)와 같은 식을 제안하였다.

$$f(t) = f_c + (f_0 - f_c)e^{-kt} \tag{6.75}$$

여기서 k는 1/h의 단위를 갖는 감소상수이고, f_0는 초기침투능, f_c는 종기침투능이라고 하며, k 그리고 침투능 및 누가침투량의 변화를 〈그림 6.15〉에 보이고 있다.

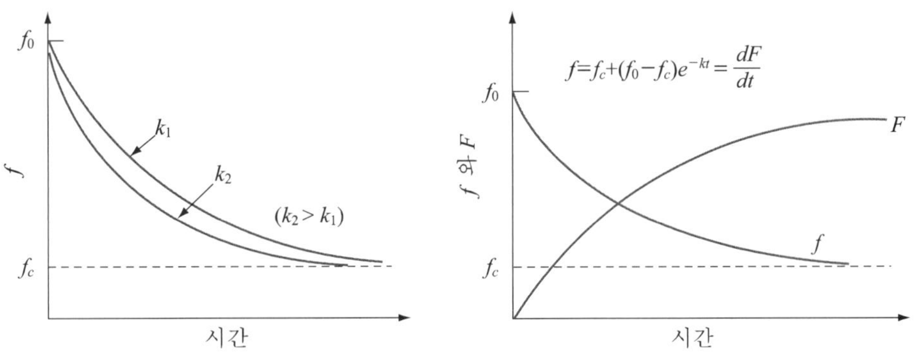

(a) k의 변화에 따른 침투능 (b) 침투능과 누가침투량

〈그림 6.15〉 k의 변화와 침투능 및 누가침투량

예제 6.8

이중 원형침투계로부터 아래의 〈표 6.10〉과 같은 결과를 관측하였다. 〈표 6.10〉의 결과를 설명하기 위해 Horton 공식의 f_0, f_c, k를 결정하라.

〈표 6.10〉 이중 원형침투계로 관측한 침투능

시간(hrs)	0.0167	0.0583	0.125	0.25	0.50	0.75	1.25
f (cm/h)	8.76	7.90	6.45	4.68	2.75	1.76	1.10

풀이

〈표 6.10〉에 주어진 자료를 〈그림 6.16〉과 같이 나타내었다. 이 그림으로부터 $f_0=9.2\text{cm/h}$, $f_c=1.0\text{cm/h}$를 얻었고, $F_c=2.515\text{cm}$를 구하였다.

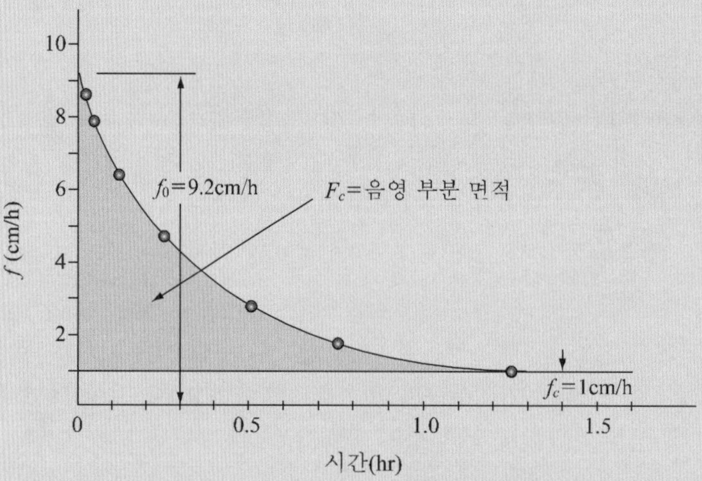

〈그림 6.16〉 〈표 6.10〉의 침투능 곡선

따라서 식(6.75)를 아래와 같이 쓸 수 있고, 이 양변을 적분하면 아래와 같다.

$$(f-f_c)=(f_0-f_c)e^{-kt}$$

$$\text{좌변의 적분}=\int_0^\infty (f-f_c)dt=F_c$$

$$\text{우변의 적분}=\int_0^\infty (f_0-f_c)e^{-kt}dt=\frac{(f_0-f_c)}{k}$$

위의 식들로부터 아래와 같이 k를 구할 수 있다.

$$k=\frac{f_0-f_c}{F_c}=\frac{9.2-1.0}{2.515}=3.26$$

위에서 얻은 결과들을 이용해 Horton 공식은 아래와 같이 나타낼 수 있다.

$$f=1.0+8.2e^{-3.26t}$$

(2) Philip 공식

Philip은 식(6.71)의 1차원 Richard 공식을 풀어서 누가 침투량에 대한 다음과 같은 근사공식을 제안하였다.

$$F(t) = St^{1/2} + Kt \tag{6.76}$$

여기서 S는 흡습율(sorptivity)(cm/h$^{1/2}$)이고, K는 cm/h의 단위를 갖는 투수계수(hydraulic conductivity)이다. 식(6.76)을 미분하여 침투능으로 표시하면 식(6.77)과 같다.

$$f(t) = \frac{1}{2}St^{-1/2} + K \tag{6.77}$$

$t \to \infty$ 이면 $f(t)$는 K가 된다. 따라서 Philip 공식은 흡인수두(suction head)인 S와 중력수두(gravity head)인 K로 이루어져 있는데, 만약 토양의 수평방향의 힘만 고려한다면 S의 영향만 받으므로 $F(t) = St^{1/2}$가 된다.

(3) Green-Ampt 방법

Green-Ampt는 〈그림 6.14〉의 일반적인 토양수분의 분포를 아래 〈그림 6.17b〉와 같이 단순화하여 침투능공식을 유도하였다. 그림에서 θ_i는 초기 토양함수비(initial soil moisture content), η는 토양이 포화되어 함수비가 공극률과 같음을 나타낸다. θ_r은 토양 내 수분이 완전히 배수가 되었음에도 불구하고 남아 있는 잔류토양함수비(the residual moisture content of the soil)이며, θ_e는 η에서 θ_r을 뺀 유효토양함수비로 유효공극률(effective porosity)이고, $\Delta\theta$는 $\eta - \theta_i$를 나타낸다. 〈그림 6.17a〉는 횡단면적 A 또는 단위면적을 가진 토양기둥의 침투를 보여주고 있고, L은 침투가 시작되어 습윤선까지 토양수분이 내려간 길이를 나타낸다. 〈그림 6.17〉을 통해 아래와 같이 Green-Ampt 공식을 유도하도록 한다.

① 연속방정식

〈그림 6.17〉로부터 연속방정식을 세워보면 다음의 식(6.78)과 같다.

$$FA = AL(\eta - \theta_i) = AL\Delta\theta \tag{6.78a}$$

$$F = L\Delta\theta \tag{6.78b}$$

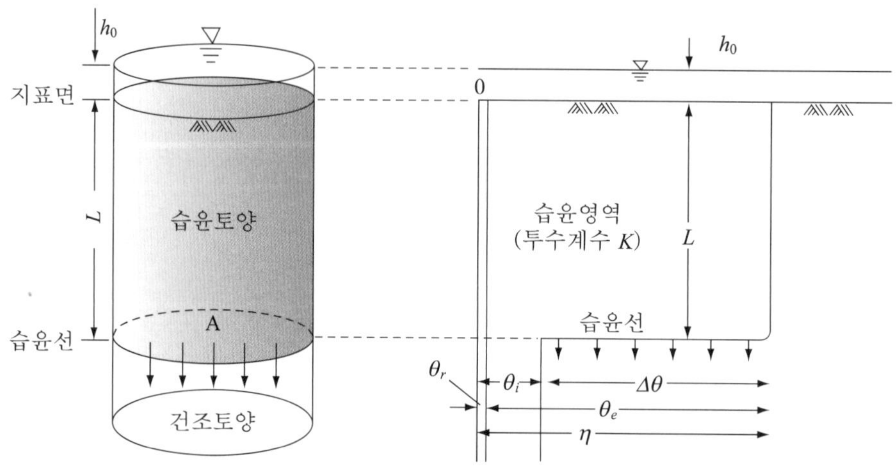

(a) Green-Ampt 모형의 침투　　(b) Green-Ampt 모형과 매개변수

〈그림 6.17〉 Green-Ampt 모형의 침투와 매개변수

② 운동량방정식

Darcy의 공식에서 q는 연직 깊이 방향으로 일정한 값을 가지고, 윗 방향이 양의 값이므로 아랫방향이 양의 값인 f와는 $q=-f$의 관계가 있다. 〈그림 6.17a〉에서 지표면을 1의 지점, 습윤선 바로 아래 건조토양지점을 2의 지점으로 하면 Darcy의 공식을 식(6.79)와 같이 쓸 수 있다.

$$q=-K\frac{\partial h}{\partial z}=-K\left[\frac{h_1-h_2}{L}\right]=-K\left[\frac{h_0+(\psi+L)}{L}\right] \tag{6.79}$$

여기서 $L=z_1-z_2$, $h_1=h_0$이고, $h_2=-\psi-L$이다. 만약 $h_0 \ll \psi+L$이고, 식(6.78b)의 $L=F/\Delta\theta$를 대입하면 식(6.79)는 식(6.80)으로 다시 쓸 수 있다.

$$f=-q\approx K\left[\frac{\psi+L}{L}\right]=K\left[\frac{\psi\Delta\theta+F}{F}\right]=\frac{dF}{dt} \tag{6.80}$$

따라서 식(6.80)은 식(6.81)로 다시 나타낼 수 있다.

$$\left[\frac{F}{F+\psi\Delta\theta}\right]dF=K\,dt \tag{6.81}$$

식(6.81)의 좌변을 다시 작성하면 식(6.82)와 같다.

$$\left[\left(\frac{F+\psi\Delta\theta}{F+\psi\Delta\theta}\right)-\left(\frac{\psi\Delta\theta}{F+\psi\Delta\theta}\right)\right]dF=K\,dt \tag{6.82}$$

식(6.82)를 적분하면 식(6.83)을 얻는다.

$$\int_0^{F(t)}\left(1-\frac{\psi\Delta\theta}{F+\psi\Delta\theta}\right)dF=\int_0^t K\,dt$$

$$F(t)-\psi\Delta\theta\{\ln[F(t)+\psi\Delta\theta]-\ln(\psi\Delta\theta)\}=Kt \tag{6.83a}$$

$$F(t)-\psi\Delta\theta\ln\left(1+\frac{F(t)}{\psi\Delta\theta}\right)=Kt \quad \sim \quad F \text{ vs } t \tag{6.83b}$$

식(6.83b)를 누가침투량을 위한 Green-Ampt 공식이라고 한다. t에 따라 F를 가정한 시행착오법을 이용해 식(6.83b)로부터 $F(t)$를 구하면 식(6.80)과 같은 식(6.84)로부터 $f(t)$를 얻을 수 있다.

$$f(t)=K\left(\frac{\psi\Delta\theta}{F(t)}+1\right) \quad \sim \quad f \text{ vs } t \tag{6.84}$$

시행착오법으로 풀기위해 식(6.83b)를 다시 적으면 식(6.85)와 같고, $F=Kt$의 값을 처음 값으로 시행하면 좋다.

$$F(t)=Kt+\psi\Delta\theta\ln\left(1+\frac{F(t)}{\psi\Delta\theta}\right) \tag{6.85}$$

③ Green-Ampt 공식의 매개변수

Green-Ampt 공식을 적용하기 위해 K, η, ψ, $\Delta\theta$ 등의 변수값들을 추정하여야 한다. K, η, ψ의 값들은 〈표 6.11〉에 의해 주어지고, $\Delta\theta$의 값은 유효포화도(effective saturation) s_e의 개념을 이용해 구하는데, 식(6.86)과 같이 정의된다.

$$s_e=\frac{\theta-\theta_r}{\eta-\theta_r}=\frac{\theta-\theta_r}{\theta_e} \tag{6.86}$$

여기서 $\theta_e=\eta-\theta_r$은 유효공극률(effective porosity)이다. 초기조건 $\theta=\theta_i$를 고려하면 식(6.86)은 $\theta_i-\theta_r=s_e\theta_e$가 되고, 토양함수비의 변화는 $\Delta\theta=\eta-\theta_i=\eta-(s_e\theta_e+\theta_r)$과 같으며, 식(6.87)을 얻을 수 있다.

$$\Delta\theta = (1 - s_e)\theta_e \tag{6.87}$$

〈표 6.11〉 Green-Ampt 공식을 위한 매개변수

토양종류	공극률 η	유효공극률 θ_c	습윤선 흡인수두 ψ (cm)	투수계수 K (cm/hr)
Sand(사토)	0.437(0.374~0.500)	0.417(0.354~0.480)	4.95(0.97~25.36)	11.78
Loamy sand(양질사토)	0.437(0.363~0.506)	0.401(0.329~0.473)	6.13(1.35~27.94)	2.99
Sandy loam(사양토)	0.453(0.351~0.555)	0.412(0.283~0.541)	11.01(2.67~45.47)	1.09
Loam(양토)	0.463(0.375~0.551)	0.434(0.334~0.534)	8.89(1.33~59.38)	0.34
Silt loam(미사질양토)	0.501(0.420~0.582)	0.486(0.394~0.578)	16.68(2.92~95.39)	0.65
Sandy clay loam(사질식양토)	0.398(0.332~0.464)	0.330(0.235~0.425)	21.85(4.42~108.0)	0.15
Clay loam(식양토)	0.464(0.409~0.519)	0.309(0.279~0.501)	20.88(4.79~91.10)	0.10
Silty caly loam(미사질식양토)	0.471(0.418~0.524)	0.432(0.347~0.517)	27.30(5.67~131.5)	0.10
Sandy clay(사질식토)	0.430(0.370~0.490)	0.321(0.207~0.435)	23.90(4.08~140.2)	0.06
Silty clay(미사질식토)	0.479(0.425~0.533)	0.423(0.334~0.512)	29.22(6.13~139.4)	0.05
Clay(식토)	0.475(0.427~0.523)	0.385(0.269~0.501)	31.63(6.39~156.5)	0.03

예제 6.9

〈표 6.11〉의 sandy loam 토양에 대하여 유효포화도가 초기에 40%이었다면, Green-Ampt 공식을 이용해 1시간 후의 (a) 누가침투량과 (b) 침투능을 구하라. 지표면은 계속 물이 고여 있다고(ponded) 가정하라.

풀이

〈표 6.11〉로부터 $\theta_e = 0.412$, $\psi = 11.01\text{cm}$, $K = 1.09\text{cm/hr}$를 얻을 수 있다.
초기 유효포화도가 $s_e = 0.4$이므로 $\Delta\theta = (1 - s_e)\theta_e = (1 - 0.4) \times 0.412 = 0.247$이고,

$$\psi\Delta\theta = 11.01 \times 0.247 = 2.72\text{cm}\text{이다.}$$

(a) 누가침투량

1시간 후의 누가침투량 F는 식(6.85)를 이용해 시행착오법으로 구한다.
첫 번째 시행값을 $F = 3\text{cm}$로 하면

$$F(t) = Kt + \psi\Delta\theta\ln\left(1 + \frac{F(t)}{\psi\Delta\theta}\right) = 1.09 \times 1 + 2.72\ln[1 + 3/2.72]$$

따라서 시행착오법에 의해 $F(t) = 3.21\text{cm}$를 구한다.

(b) 1시간 후의 침투능은 식(6.84)로부터 구한다.

$$f(t) = K\left(\frac{\psi \Delta\theta}{F(t)} + 1\right) = 1.09(2.72/3.21 + 1) = 2.01\,\text{cm/hr}$$

6.4.4 침투 지표법

〈그림 6.18〉처럼 침투능 곡선 f를 우량주상도에 겹쳐 놓았을 때 침투능 곡선 위에 있는 우량주상도의 면적은 지표 유출(surface runoff)이 되며, 침투능 곡선 아래에 있는 우량의 용적(rainfall volume)은 호우기간동안의 총 침투량이 된다. 그러나 호우의 시작에 있어 존재하는 조건들을 대표할 수 있는 적절한 침투능 곡선을 선정하는데 어려움이 존재한다. 따라서 토양의 종류, 토지이용, 토양수분 등과 침투능 곡선의 매개변수들의 상관관계를 이용하고자 하였다.

강우강도가 침투능보다 항상 크다면 침투능 곡선은 만족할만한 결과를 주지만, 강우강도가 침투능 곡선 위와 아래로 변동한다면 문제는 복잡해진다. 또한 강우강도는 시공간적으로 균일하지도 않고, 유역내의 지점마다 토양, 식생, 토양함수 등의 조건도 다르기 때문에 침투능곡선을 지점마다 작성을 해야 하는 어려움이 존재한다.

이와 같은 어려움으로 인해 호우기간동안 평균침투능에 의한 침투지표법(infiltration index)을 이용하기도 한다. 실제로 침투능은 지속되는 강우에 따라 감소하기 때문에 평균침투능의 이용은 호우 초기에는 침투능을 과소평가하게 되고, 호우 종기에는 과대평가하게 된다. 따라서 침투 지표법은 토양 수분 함수비가 높거나 강우강도와 지속기간이 커서 호우의 초기부터 종기까지 침투가 가능한 일정하게 유지되는 경우에 적절하고, 이로 인해 발생하는 주요 홍수분석에 유용하다. 본 절에서는 주요 침투지표법인 Φ-지표법과 W-지표법을 설명하고자 한다.

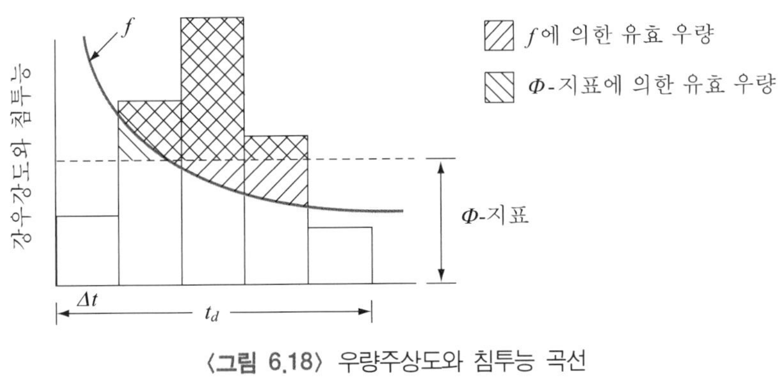

〈그림 6.18〉 우량주상도와 침투능 곡선

(1) Φ-지표법

Φ-지표법(Φ-index)은 어떤 호우에 대해 유역 출구에서의 지표면 유출량 또는 직접유출량, Q를 구하고, 우량주상도상에 임의의 평균침투능값을 수평으로 그어 우량주상도 위쪽부분의 유효우량, 즉 우량주상도 상의 직접유출량을 구해 유역의 직접유출량과 비교하여 두 직접유출량이 같게 되는 평균침투능값을 구하는 것이다(〈그림 6.18〉 참조). 따라서 평균침투능값의 높이를 Φ-지표라 하고, 식(6.88) 및 식(6.89)와 같이 Φ를 나타낼 수 있다.

$$Q = \sum_{i=1}^{n} (I_i - \Phi)\Delta t \tag{6.88}$$

$$\Phi = \frac{F}{t_d} = \frac{P-Q}{t_d} \tag{6.89}$$

여기서 n은 직접유출에 기여하는 강우구간의 수, I_i는 직접유출에 기여하는 강우구간별 강우강도이고, Φ는 평균침투능값이며, Δt는 시간간격이다. P는 총 강우량을 나타내고, Q는 직접유출량이며, t_d는 강우지속기간이다.

(2) W-지표법

W-지표법(W-index)은 지면보류량(D)과 호우기간동안 짧은 무강우 시간을 고려하고자 하였고, 이는 강우강도가 침투능을 초과하는 시간동안의 평균침투능을 구한다. 따라서 W-지표법은 Φ-지표법에 의한 값에서 지면보류량을 빼는 것이기 때문에 W-지표법 < Φ-지표법의 값을 가진다.

$$W = \frac{F}{t_d} = \frac{P-Q-D}{t_d} \tag{6.90}$$

예제 6.10

어떤 호우에 대해 3시간동안 30분의 간격으로 관측한 강우강도가 1.6, 3.6, 5.0, 2.8, 2.2, 1.0cm/hr와 같았다. 지표면 유출이 3.6cm이고 지면보류량은 0일 때, Φ-지표법과 W-지표법으로 침투능을 구하라.

풀이

■ Φ-지표법

시행착오법에 의해 Φ를 구하는데 $n=1$일 때 $I_3=5$를 대입해 Φ를 구하여 적정성을 검토하고, 다음 $n=2$일 때는 $I_3=5$와 $I_2=3.6$을, $n=3$일 때는 $I_3=5$, $I_2=3.6$, $I_4=2.8$을, $n=4$일 때는 $I_3=5$, $I_2=3.6$, $I_4=2.8$, $I_5=2.2$를 대입해 Φ를 구한다.

n에 따라 Φ를 구한 후 Φ가 적정한지 Q와 비교 검토하여 적정 n을 구한다. 본 예제에서는 $n=4$를 예로 하여 아래와 같이 Φ를 계산한다.

$$Q=\sum_{i=1}^{n}(I_i-\Phi)\Delta t \rightarrow$$

$$3.6=[(3.6-\Phi)+(5.0-\Phi)+(2.8-\Phi)+(2.2-\Phi)]\times\frac{30}{60}$$

따라서 $\Phi=1.6\text{cm/hr}$

■ W-지표법

$$P=(1.6+3.6+5.0+2.8+2.2+1.0)\times\frac{30}{60}=8.1\text{cm}$$

$$W\text{-지표법}=\frac{F}{t_d}=\frac{P-Q}{t_d}=\frac{8.1-3.6}{3}=1.5\text{cm/hr}$$

풀이에 대해 〈그림 6.19〉에 나타내었다.

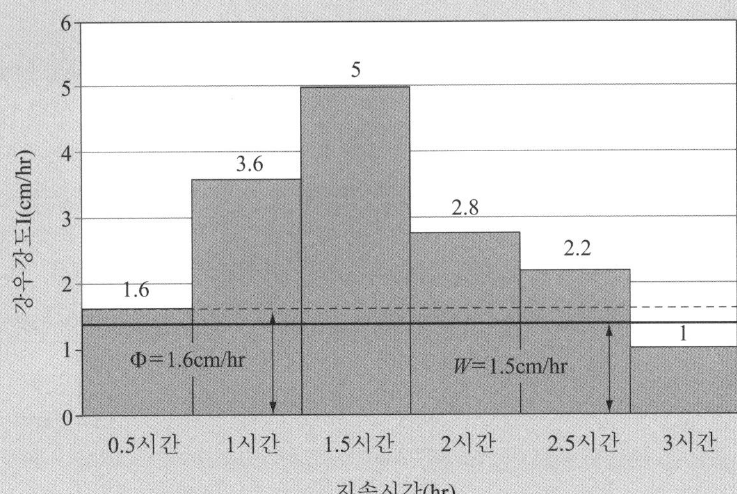

〈그림 6.19〉 Φ-지표법과 W-지표법에 의한 침투능

연 습 문 제

6.1 어떤 유역의 저수지에서 5개월 동안 관측한 강수량이 800mm이었고, 지표면 유입량이 700mm, 지표면 유출량은 850mm, 저수지의 저류량이 100mm 감소하였다. 지하수 유입과 유출은 없다고 가정하고, 물수지 방정식을 이용하여 저수지의 월 평균 증발량을 구하라.

6.2 순 복사에너지 $R_n = 200\,\text{W/m}^2$이고 공기의 온도가 25℃일 때 $\rho_w = 997\text{kg/m}^3$이라면 식 (6.14)에 의해 증발율을 구하라.

6.3 2m의 고도에서 순 복사에너지가 185W/m^2, 공기의 온도가 28.5℃, 상대습도가 55%, 그리고 바람속도가 2.7m/s라면, 자유수표면을 가진 저수지의 증발율을 mm/day의 단위로 다음의 방법에 의해 계산하라. 단, $\rho_w = 996.3\text{kg/m}^3$이다.
(a) 에너지수지 방법, (b) 공기동역학적 방법, (c) 혼합방법, (d) Priestley-Talyor 방법

6.4 2m의 고도에서 순 복사에너지가 40W/m^2, 공기의 온도가 14℃, 상대습도가 65%, 그리고 바람속도가 2.0m/s라면, 자유수표면을 가진 저수지의 증발율을 mm/day의 단위로 다음의 방법에 의해 계산하라. 단, $\rho_w = 999.2\text{kg/m}^3$, 표준대기압은 101.3kPa이고, $z_0 = 0.03$으로 가정하라.
(a) 에너지수지 방법, (b) 공기동역학적 방법, (c) 혼합방법, (d) Priestley-Talyor 방법

6.5 어떤 저수지에서 월별 수표면의 면적과 증발접시 증발량이 아래의 표와 같이 관측되었다. (a) 저수지의 연 증발량 손실을 산정하라. (b) 만약 어떤 농작물에 물을 대기 위해 1년에 단위면적당 57cm의 물이 필요하다면 손실된 증발량으로 얼마만한 면적을 관개할 수 있겠는가? m의 단위로 구하고 증발접시계수는 0.7을 이용하라.

월	월 평균 수표면의 면적(hectares)	증발접시 증발량(cm)
1	872.0	10.2
2	797.0	15.3
3	754.5	25.4
4	739.5	30.5
5	726.0	28.0
6	717.5	17.8
7	735.0	15.3
8	765.0	14.0
9	807.5	14.0
10	850.0	15.3
11	891.0	12.7
12	917.0	10.2

6.6 위도 20°N의 장소에서 5월과 11월의 월평균기온이 각각 28.4℃와 20.2℃이었다. 사탕수수에 대하여 2달 동안의 증발산량을 구하라.

6.7 Jensen-Haise 방법을 이용하여 어떤해의 8월 7일부터 11일까지의 성장기간동안 알팔파의 증발산량을 산정하라. 대상지역의 해수면위 고도는 213.36m이고, 아래의 <표>에 5일동안에 대한 자료가 주어져 있다. 그리고 대상지역에 대해 가장 따뜻한 달이 7월이며, 평균최대기온=80.3°F, 평균최소기온=60.3°F이다.

〈표〉 5일 동안에 대한 기상자료

8월	7	8	9	10	11	5일 평균
Max T(°F)	83	85	86	90	93	87.4
Min T(°F)	52	57	61	62	65	59.4
R_s(ly/d)	485	544	609	543	631	562.4
E_{pan}(in)	0.23	0.16	0.29	0.13	0.34	

6.8 (연습문제 6.7)에서 Jensen-Haise 방법에 의해 알팔파에 대한 5일 동안의 ET_r을 구하였다. <표 6.8>에 증발접시에 의한 증발량 E_{pan}이 주어져 있는데 ET_r/E_{pan}= 0.92일 때 증발접시에 의한 ET_r을 구하고, (예제 6.5)의 결과와 몇 % 정도의 차이가 있는지 비교하라.

6.9 위도 38°N에서 월평균기온이 아래의 <표>와 같을 때 Thornthwaite 방법을 이용해 5월과 11월의 PET를 계산하라.

〈표〉 위도 38°N 위치에서 월평균기온

월	1	2	3	4	5	6	7	8	9	10	11	12
기온(℃)	−1	5	17.3	19.6	20.4	25.8	29.4	28.8	20.5	18.6	15.2	1.1

6.10 어떤 지역에 $a=0.15$, $b=P$의 20%이며, 그 지역에 강우강도는 균등하게 내리고, 차단손실이 20mm일 때 총 호우의 깊이를 구하라.

6.11 아래와 같이 자료들이 주어져 있을 때, Penman-Monteith 방법을 이용하여 알팔파 기준작물에 대한 기준증발산량을 산정하라. 온도는 절대온도 °K를 이용하라

$T_{\max}=29.4$℃	$T_{\min}=8.9$℃	$T_{mean}=19.2$℃
$R_h=43\%$, $\alpha=0.24$	대상지역의 고도=1,950m	$u_2=2.33\text{m/sec}$
$z_w=2\text{m}$	$z_h=1.5\text{m}$	$h_c=0.39\text{m}$
$\kappa=0.41$	$c_{pm}=1004\text{J/kg}$	

$R_s = 14.5\text{MJ/m}^2\text{/day}$, $R_{nl} = 3.5\text{MJ/m}^2\text{/day}$

6.12 어떤 유역에서 Horton 공식이 $f = 6 + 16e^{-2t}$와 같이 주어졌다. 여기서 f는 mm/h이고 t는 hours이다.

(a) f_0, f_c, k는 얼마인가?

(b) 만약 이 유역에 22mm/h보다 큰 강도의 호우가 발생하였다면 처음 45분 동안의 침투깊이는 얼마이겠는가?

(c) 그리고 처음 75분 동안의 평균침투능은 얼마이겠는가?

6.13 Philip 공식에서 $S = 5\text{cm/h}^{1/2}$, $K = 0.4\text{cm/h}$이고, 지표면은 계속해서 물이 고인(ponded)다고 가정하라.

(a) 0, 0.5, 1.0, 1.5, 2.0 hours에 대한 누가침투량을 구하라.

(b) 시간의 함수로 침투능과 누가침투량곡선을 그려라.

6.14 식(6.76)과 식(6.77)로부터 f를 F의 함수로 나타내어라.

6.15 (예제 6.9)와 같은 조건으로 $t = 0$, 0.5, 1, 1.5, 2, 2.5, 3hrs에 대하여 F와 f를 계산하고, 시간에 따른 F와 f를 도시하라.

6.16 어떤 호우에 대해 15시간 동안 3시간마다 관측한 강우량이 1.2, 1.5, 0.9, 2.2, 0.2cm와 같았다. 지표면 유출이 25mm이고, 지면보류량은 총강우량의 5%이다. Φ-지표법과 W-지표법으로 침투능을 구하라.

Chapter 07

지하수

〈그림 6.10〉에서 지표하 물(subsurface water)의 흐름을 지하수와 분리하여 설명을 하였는데 교재에 따라 지표하의 물을 지하수로 설명하기도 한다. 지하수의 주요 수원(water sources)은 침투이며 침투량이 토양수분미흡량을 다 채우고 나면 침루에 의해 계속 아래로 내려가 지하수를 형성한다. 지하수는 특히 고립되어 있는 지역, 즉 작은 마을의 생활용수, 농촌의 관개용수, 도서지방의 수원으로서 중요한 역할을 담당하고 있다.

〈그림 6.11〉에서 수분에 따라 지표면 아래의 영역을 포화대와 비포화대로 나누었는데, 특히 지하수위 아래의 토양은 모두 포화되어 있기 때문에 포화대(saturation zone 또는 phreatic zone)라 한다. 포화대는 대기보다 더 큰 압력하에 있기 때문에 포화대 내의 땅을 파는 공사를 한다면 이곳으로 물이 흐르게 될 것이다. 따라서 포화대 내에서 중력에 의해 자유롭게 생성되고 이동하는 물을 지하수(groundwater)라고 한다. 지하수는 토목, 농업, 지질, 지구물리, 기타 과학 및 공학에서 다룰 수 있는 학문으로 매우 광범위한 영역을 가지고 있으나 본 교재에서는 지하수의 기본적인 개념에 대하여 소개하고자 한다.

7.1 대수층

7.1.1 지하수의 생성

지하수는 다양한 형태로 형성되며 물리적 특성에 따라 지표면 아래에 위치해 있다. 〈그림 7.1〉은 대수층(aquifer)에서 지하수의 생성을 보이는 전형적인 지각의 횡단면을 보이고 있다.

(1) 대수층

지하수를 포함하고 있고, 이용할 수 있는 물을 채수(yield)할 수 있으며, 충분한 투수성(permeability)을 가진 지질 구조의 형태를 대수층(aquifer)이라고 한다. 대수층은 강수와 침투에 의해 직접 지하수의 함양(recharge)이 이루어지기도 하고, 지표면 상의 다른 어떤 지역에서도 함양이 될 수 있다. 대수층에 포함된 물의 양은 대수층의 공극률과 관련이 있고, 대수층이 채수할 수 있는 물의 양은 투수성과 관련이 있다.

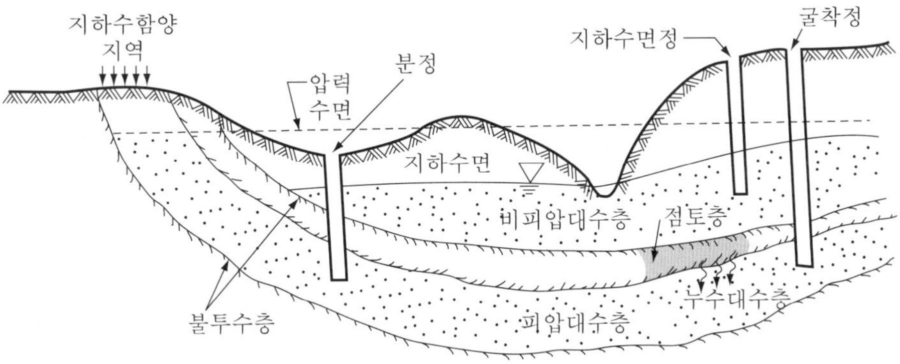

〈그림 7.1〉 피압 및 비피압대수층의 지하수

(2) 비피압대수층

수면을 가진 대수층을 비피압대수층(unconfined aquifer, free aquifer, phreatic aquifer, water table aquifer 또는 nonartesian aquifer)이라고 하는데 수면은 포화대의 상부표면이고 불투수층 또는 투수성이 작은 층은 대수층의 하부경계로 정의된다. 비피압대수층은 지하수 함양과 유출, 우물로부터의 양수와 투수성 등에 의해 수면과 그 경사가 변화하는데 이것을 지하수위라고 한다.

(3) 피압대수층

두 개의 불투수층 사이에 존재하는 대수층을 피압대수층(confined aquifer, pressure aquifer 또는 artesian aquifer)이라고 하는데 두 개의 점토층사이에 있는 모래층을 예로 들 수 있다. 피압대수층은 물로 채워져 있고 자유수면이 존재하지 않으며, 지표면상에 지하수 함양지역을 가질 수 있다. 피압대수층의 물은 압력을 받는데 이 압력은 〈그림 7.1〉에서 보듯이 압력수면(piezometric surface)에 의해 나타내어진다. 우물의 압력수면이 대수층의 상부층보다 위에 있으면 자분정(artesian well)이라 하고, 지표면보다 위에 있으면 유출정(flowing well 또는 free-flowing well)이라고 한다. 비피압대수층을 관통한 우물은 지하수면정(water table well)이라고 한다. 지하수는 단층(faults)이나 함락공(sinkholes)의 자연적인 통로를 통해 지표면으로 이동하기도 하는데 이때 샘(spring)이 형성된다.

(4) 난대수층

포화되고 많은 물의 양을 담을 수 있으나 상대적으로 불투수층에 가까워 물을 이동할 수 없는 지질구조를 난대수층(aquiclude)이라 하며 점토층의 경우이다.

(5) 반대수층

반대수층(aquitard)은 투수성이 낮은 포화된 지질구조를 가지고 있어 어떤 인위적인 힘없이 우물까지 채수를 하지 못한다. 연직방향의 다른 대수층에 물을 보낼 수 있는데 모래질 점토층(sandy clay)이 이에 해당한다.

(6) 불투수층

불투수의 지질 구조로 물을 포함하지도 않고 물을 전달하지도 않으며 불투수층(aquifuge)이라고 한다. 견고한 화강암(solid granite rock)이 예이다.

(7) 누수대수층

반대수층에 의해 경계가 이루어진 대수층으로 누수대수층(leaky aquifer 또는 semi-confined aquifer)이라고 한다.

(8) 부유대수층

지하로 침투한 물이 주 대수층과 분리되어 상부에 렌즈상으로 발달된 불투수층의 작은 지역에 형성된 자유수면을 가진 지하수로 부유대수층(perched groundwater)이라 하며 주수대수층이라고도 한다(〈그림 7.2〉). 이는 통기대에 존재하며, 우물을 이용해 채수할 수도 있는데 임시적으로 작은 양을 채수한다.

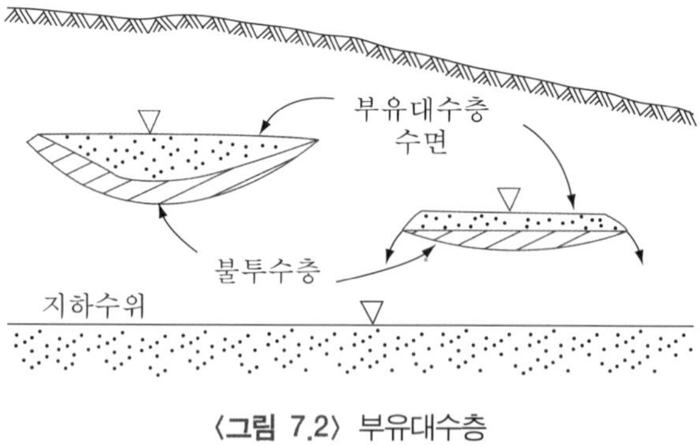

〈그림 7.2〉 부유대수층

(9) 지하수 하천유출량과 하천의 지하수함양량

만약 비피압대수층의 수위가 하천수면을 지나간다면 대수층은 하천유출량에 공헌하게 되며, 이를 지하수 하천유출량(effluent stream)이라 하고, 하천수면이 지하수위 위에서 흐른다면 물은 하천으로부터 대수층으로 흐르게 되며 이를 하천의 지하수함양량(influent stream)이라고 한다(〈그림 7.3a〉). 비가 오지 않아도 계속해서 하천에 물이 고여 흐르는 항류하천(perennial stream)은 지하수 하천유출량 때문이며, 대부분의 간헐천(ephemeral stream 또는 intermittent stream)은 비가 오랫동안 오지 않으면 침루로 지하수가 되면서 하천이 건조하게 된다.

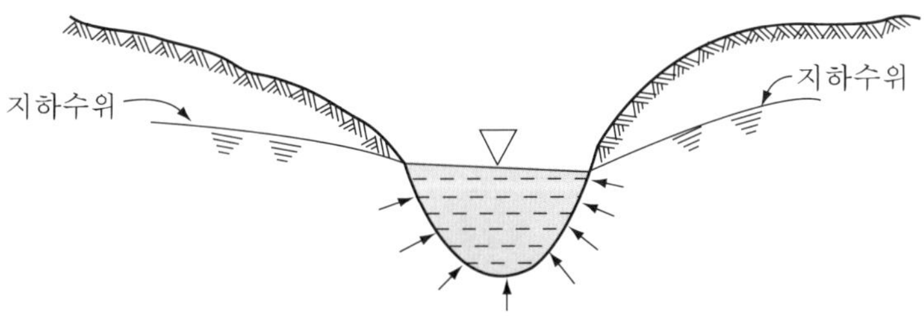

(a) 지하수 하천유출량

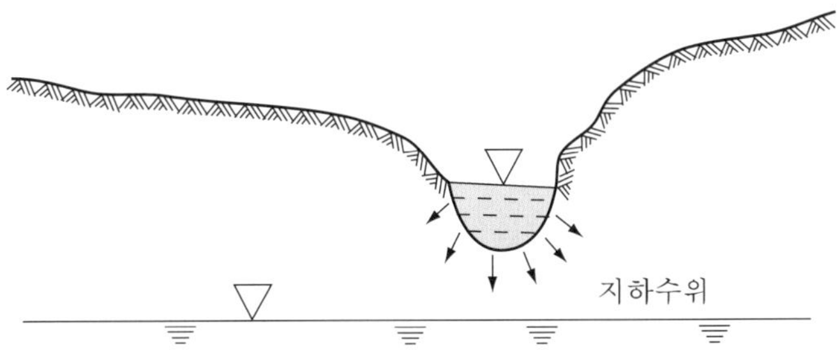

(b) 하천의 지하수함양량

〈그림 7.3〉 지하수 하천유출량과 하천의 지하수함양량

7.1.2 대수층 변수

대수층은 물을 저장하고 전달하는 능력을 가지고 있는데 이는 공극률(porosity), 비산출율(specific yield), 저류계수(storage coefficient), 투수율(permeability), 투수량계수(transmissivity) 등과 같은 대수층의 변수에 따라 변화한다.

(1) 공극률

6장의 식(6.63)에서 정의한 바 있는데 총 부피 V에 대한 공극 부피 V_v의 비로써 표시되며 식(7.1)과 같고, 토양입자의 모양과 크기분포 그리고 압밀의 정도 등에 따라 변화한다.

$$\eta = \frac{V_v}{V} \tag{7.1}$$

어떤 물질의 공극률을 측정할 수 있는데 표본시료를 오븐에 말린 후 무게 w_1을 측정하고, 물질을 어떤 액체로 포화시킨 다음 무게 w_2를 측정한다. 마지막으로 포화된 표본시료를 같은 액체가 들어 있는 용기 속에 넣었을 때 포화된 표본시료에 의해 대체된 액체의 무게 w_3를 측정하면 $(w_2 - w_1)/w_3$에 의해 공극률을 구할 수 있다. 여기에 100을 곱해주면 %에 의한 공극률을 구할 수 있다.

(2) 비산출율

비산출율 S_y은 총 부피 V에 대한 토양으로부터 배수된 물의 부피 w_y의 비로서 표시되며 식(7.2)와 같다. 비산출율은 조밀한 입자들에 의해 구성된 세립질의 대수층(fine grained aquifer)에서는 작을 것이고 조립질의 대수층(coarse grained aquifer)에서는 클 것이다.

$$S_y = \frac{w_y}{V} \tag{7.2}$$

물이 배수되었다 할지라도 작은 공극들 사이에 모관 인장력(capillary tension)으로 인해 작은 양의 물이 항상 남아 있게 된다. 따라서 공극의 부피는 배수된 물의 부피보다 커서 $w_y < V_v$가 되며, 비산출율도 공극률보다 작게 되어 $S_y < \eta$가 된다.

예제 7.1

$3.68\times10^6 m^3$의 물을 $6.2 km^2$의 면적을 가진 비피압대수층으로부터 양수(pump)하였더니 지하수면이 2.6m 하강하였다. 이때 대수층의 비산출율은 얼마인가?

풀이

대수층으로부터 방출되는 물$=(6.2\times10^6)\times2.6\times S_y$ ①

양수한 물$=3.68\times10^6 m^3$ ②

위의 양들을 ①=②로 같게 놓고 S_y를 구하면 다음과 같다.

$$S_y = \frac{3.68}{6.2\times2.6} = 0.2283 = 22.83\%$$

(3) 비보유율

비보유율(specific retention) S_r은 포화된 토양의 물이 배수되고, 총 부피 V에 대해 토양 속에 남아 있는 물의 부피 w_r의 비로 정의되며 식(7.3)과 같다.

$$S_r = \frac{w_r}{V} \tag{7.3}$$

따라서 S_y와 S_r은 서로 보완관계에 있고, 두 변수의 합은 공극률이 된다.

$$\eta = S_y + S_r \tag{7.4}$$

(4) 저류계수

대수층 기둥의 단위면적과 단위깊이에 해당하는 수위만큼의 저류량, 즉 대수층으로부터 유출되거나 유입되는 단위부피만큼의 저류량을 저류계수(storage coefficient 또는 storativity) S로 표현한다. 〈그림 7.4〉에서 볼 수 있듯이 피압대수층은 압력수면이 단위길이 만큼 하강하고, 비피압대수층은 자유수면이 단위길이 만큼 하강한다.

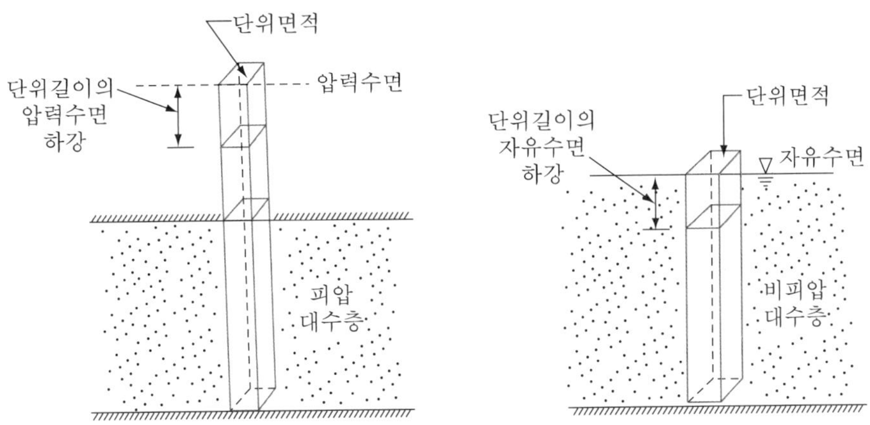

(a) 피압대수층 (b) 비피압대수층

〈그림 7.4〉 저류계수의 정의

피압대수층에서 압력수면에 변화가 생겼다고 해서 물의 유출을 의미하는 것은 아닌데, 이는 피압대수층이 항상 완전히 포화되어 있기 때문이다. 즉, 피압대수층에서 압력수면의 변화는 대수층의 바닥과 물사이의 탄성반응(elastic response) 때문에 나타나며, 이로 인해 저류량의 유출과 유입이 생긴다. 비피압대수층의 경우는 자유수면에 변화가 생길 때 물이 나가고 들어오고 하는데 이때의 저류계수는 비산출율과 같게 된다.

피압대수층의 저류계수는 0.00005~0.005로 매우 작은데 이는 피압대수층에서 많은 물을 채수하려면 아주 넓은 지역에 걸쳐 큰 압력의 변화가 필요함을 의미한다. 비피압대수층의 경우는 저류계수가 0.01~0.3의 범위에 있다.

(5) 투수율

① Darcy 법칙

어떤 물질의 투수율은 그 물질의 틈사이로 물이나 어떤 유체를 전달하는 능력을 측정하는 것이며, 지하수는 아주 작은 속도를 가지고 대수층을 통해 전달된다. 대수층에서 지하수의 흐름은 층류로 고려할 수 있는데 식(6.68)에서 언급한 Darcy의 법칙으로 설명할 수 있으며, 식(7.5)와 같이 다시 표현할 수 있다.

$$v = Ki = -K\frac{dh}{dl} \tag{7.5}$$

여기서 K는 투수계수 또는 수리전도도(coefficient of permeability 또는 hydraulic conductivity)라 하고, v는 유속이며, $i = dh/dl$은 동수경사(hydaulic gradient)이다. 그리고 (−)는 흐름방향으로 총수두가 감소함을 의미한다.

Darcy 법칙을 〈그림 7.5〉와 같은 실험을 통해 보도록 하면, 수압계(piezometers)를 설치하고, 그림의 두 단면에 대해 베르누이 방정식을 적용하면 다음의 식(7.6)을 얻을 수 있다.

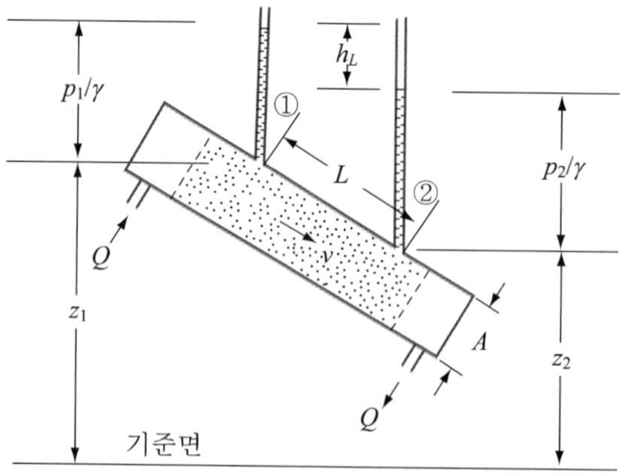

〈그림 7.5〉 원통속 다공성물질을 통한 흐름의 손실수두

$$\frac{p_1}{\gamma}+z_1+\frac{v_1^2}{2g}=\frac{p_2}{\gamma}+z_2+\frac{v_2^2}{2g}+h_L \tag{7.6}$$

여기서 p는 압력, γ는 물의 단위중량, v는 유속, g는 중력가속도, $\frac{p_1}{\gamma}$은 압력수두(pressure head), z는 위치수두(potential head), $\frac{v^2}{2g}$는 속도수두(velocity head), h_L은 손실수두(head loss)를 나타낸다. 유속이 작으므로 속도수두를 무시하면 식(7.7)을 얻을 수 있다.

$$h_L=\left(\frac{p_1}{\gamma}+z_1\right)-\left(\frac{p_2}{\gamma}+z_2\right) \tag{7.7}$$

따라서 Darcy는 실험을 통해 손실수두는 원통의 기울기와는 상관이 없으며, 유량(discharge) Q가 수두손실 h_L과 흐름 단면적 A에 비례하며, 길이 L과는 반비례한다는 것을 보였다. 즉, $Q\propto\frac{A}{L}h_L\rightarrow\frac{Q}{A}\propto\frac{h_L}{L}\rightarrow v\propto\frac{h_L}{L}$ 임을 알았다. 만약 $L\rightarrow 0$이면 $\frac{h_L}{L}\rightarrow\frac{dh}{dl}$이 되며, 비례상수 K를 도입하면 식(7.5)의 Darcy 법칙이 된다. 그리고 $\frac{dh}{dl}$가 단위의 값을 가진다면 $v=K$가 되고, 단위면적당 유량 $q=v=K$가 된다. 이때 K는 cm/s 또는 m/s의 단위를 가지는데 이 경우 값이 너무 작으므로 보통 m/day로 나타내기도 한다.

② 실제유속과 Reynold 수

식(7.5)의 유속 v는 Darcy의 속도, 유량속도(discharge velocity), 겉보기 속도(apparent velocity) 등으로 불린다. v는 물질이 고체이든 다공성이든 상관없이 물질의 전 횡단면(entire cross section)을 통해 흐른다고 가정한 것인데, 실제로 흐름은 공극을 통해 발생한다. 따라서 실제유속을 v_a라고 하면 유량 Q는 식(7.8)과 같이 쓸 수 있다.

$$Q=Av=A_pv_a \tag{7.8}$$

여기서 A_p는 공극공간에 대한 면적이다. 그리고 유속 v_a는 식(7.9)와 같다.

$$v_a=v\frac{A}{A_p}=\frac{v}{A_p/A} \tag{7.9}$$

식(7.9)에서 A_p/A는 사실 공극률과 근사한 값을 가지므로 η로 대체할 수 있다. 따라서 식(7.9)는 식(7.10)과 같이 나타낼 수 있다.

$$v_a = \frac{v}{\eta} \tag{7.10}$$

공극 공간은 매개물질의 위치에 따라 다르므로 실제유속은 지점마다 변화한다.

Darcy 법칙은 Reynold 수가 1보다 작은 흐름에 대하여 적용이 가능하며, Reynold 수는 식(7.11)과 같다.

$$R_e = \frac{\rho v d_{10}}{\mu} \tag{7.11}$$

여기서 ρ와 μ는 각각 유체의 밀도와 점성계수이며, v는 Darcy의 속도, d_{10}은 유효입자크기(effective grain size)이다. Darcy 법칙이 취할 수 있는 상한치의 Reynold값은 $R_e < 10$의 범위로 이 값을 벗어나지 않는데, Darcy 법칙을 벗어날 수 있는 경우는 양수정(pumping wells) 부근 등의 급한 동수경사가 발생하는 곳에서 있을 수 있다. 그러나 대부분의 지하수 흐름은 $R_e < 1$에서 발생하므로 Darcy 법칙은 지하수 흐름에 적합하다고 할 수 있다.

예제 7.2

2개의 관측정(observation wells)이 350m 떨어져 있고, 이들의 지하수면은 각각 210.5m와 206.25m였다. 대수층의 투수계수가 12.5m/day이고, 공극률은 15%일 때 대수층 흐름의 실제유속은 얼마인가?

풀이

$$v = K\left(-\frac{dh}{dl}\right) = 12.5 \times \left[-\frac{(206.25 - 210.5)}{350}\right] = 0.1518\text{m/day}$$

$$v_a = \frac{v}{\eta} = \frac{0.1518}{0.15} = 1.012\text{m/day}$$

③ 투수계수

투수계수 K는 유체의 특성과 매개물질의 특성에 따라 다르며 식(7.12)과 같이 나타낼 수 있다.

$$K = \frac{c d^2 \rho g}{\mu} \tag{7.12}$$

여기서 d는 매개물질의 평균 입자크기이며, c는 매개물질의 모양, 다짐정도 및 기타 특성을 나타내는 인자이다. 유체의 특성에 영향을 받지 않는 매개물질의 특성인 고유투수계수(intrinsic permeability), k는 식(7.13)과 같다.

$$k = \frac{K\mu}{\rho g} = cd^2 \tag{7.13}$$

여기서 k의 단위가 면적의 단위임을 알 수 있는데 이는 $darcy$로 표현하고 0.987×10^{-12} m^2의 값을 가진다. 그리고 μ/ρ는 동점성계수 ν이다. 계수값 k는 일반적인 지하수 연구에 이용되기 보다는 액체와 가스를 포함한 다른 점성과 밀도를 가진 유체들의 지하흐름을 다루는 석유나 천연가스 산업 등에서 주로 적용한다.

투수계수는 실험실에서 투수계(permeameters)를 이용해 측정할 수 있는데 실험실에서 얻은 값이 현장의 실제값을 대표하지는 않는다. 사실 교란되지 않은 표본시료를 얻기가 쉽지 않고, 교란된 표본시료는 공극률이나 입자의 방향등에 변화가 생긴다. 특히 자갈층의 대수층 같은 경우 표본시료 채취나 큰 돌의 영향등을 실험실에서 실험하기는 쉽지 않다.

〈표 7.1〉 토양에 따른 평균 공극률, 비산출량, 투수계수

토양	공극률 (%)	비산출량 (%)	투수계수 (m/day)	고유 투수계수 (darcys)
점토(clay)	45	3	0.0004	0.0005
모래(sand)	35	25	41.0000	50.0000
자갈(gravel)	25	22	4100.0000	5000.0000
자갈과 모래	20	16	410.0000	500.0000
사암(sandstone)	15	8	4.1000	5.0000
석회암과 혈암(limestone & shale)	5	2	0.0410	0.0500
석영암과 화강암(quartzite & granite)	1	0.5	0.0004	0.0005

(6) 투수량계수

대수층의 투수량계수(transmissivity 또는 transmissibility)는 투수계수 K와 대수층의 두께 B의 곱으로 나타내며 단위는 m^2/day이다. 대수층의 단위 폭(unit width)을 고려하면 대수층을 통해 흐르는 유량은 식(7.14)와 같다.

$$Q = \text{면적} \times \text{유속} = (B \times 1) \times K\left(-\frac{dh}{dl}\right)$$
$$= KB\left(-\frac{dh}{dl}\right) = T\left(-\frac{dh}{dl}\right) \tag{7.14}$$

여기서 $T = KB$는 투수량계수이며 동수경사가 1이면 유량은 투수량계수와 같다. 즉, 투수량계수는 단위 동수경사하에 단위 폭을 가진 대수층을 통해 흐르는 유량으로 정의할 수 있다.

7.1.3 불균질성의 피압대수층 투수계수

불균질성의 피압대수층(inhomogeneous confined aquifer)은 때로 층리(stratification)현상에 따라 성층화(stratified) 되어 단층별(strata)로 다른 투수계수를 가질 수 있으며, 여기에는 2가지의 경우가 있다. 즉, 수평방향으로 층리현상이 생겨 지하수의 흐름이 층리와 평행한(flow parallel to stratification) 경우와 연직방향으로 층리현상이 생겨 흐름이 층리와 법선방향(flow normal to stratification)인 경우이다.

(1) 층리에 평행한 흐름

〈그림 7.6〉을 보면 수평방향으로 평행하게 층리현상이 발생하여 각 단층마다 투수계수가 다름을 알 수 있다. 따라서 등가 투수계수(equivalent permeability) K_e와 이때의 투수량계수 T를 식(7.15)와 같이 구할 수 있다.

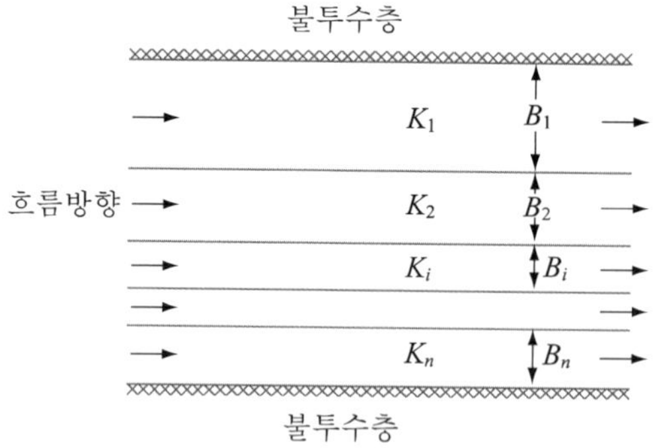

〈그림 7.6〉 층리에 평행한 흐름

$$K_e = \frac{\sum_{i=1}^{n} K_i B_i}{\sum_{i=1}^{n} B_i} \tag{7.15a}$$

$$T = K_e \sum_{i=1}^{n} B_i = \sum_{i=1}^{n} K_i B_i \tag{7.15b}$$

(2) 층리에 법선방향인 흐름

〈그림 7.7〉을 보면 연직방향으로 층리현상이 발생하여 각 단층마다 투수계수가 다름을 알 수 있다. 따라서 등가 투수계수(equivalent permeability) K_e와 이때의 투수량계수 T를 식 (7.16)과 같이 구할 수 있다.

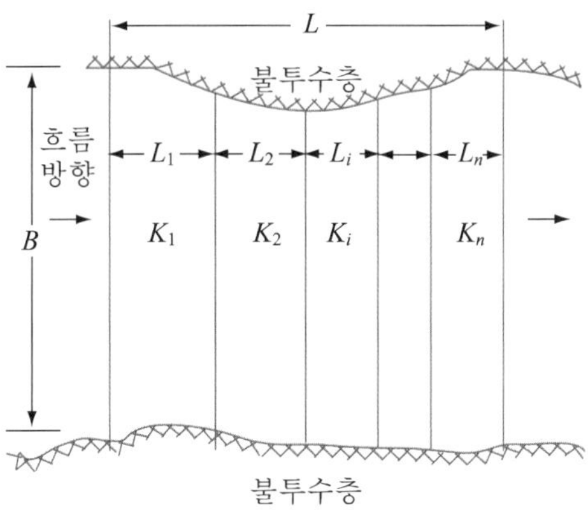

〈그림 7.7〉 층리에 법선방향인 흐름

$$K_e = \frac{\sum_{i=1}^{n} L_i}{\sum_{i=1}^{n} (L_i / K_i)} \tag{7.16a}$$

$$T = K_e B \tag{7.16b}$$

여기서, L은 삼출(seepage)의 길이이다.

예제 7.3

층리에 평행한 흐름에서 식(7.15a)를 유도하라.

풀이

대수층에서 거리 L만큼 떨어진 상류쪽과 하류쪽에 각각 관측정을 관통하고 압력수면 h_1과 h_2를 측정하였다고 하면 유량은 아래의 식들과 같다.

$$Q = K_e B \frac{h_1 - h_2}{L}, \quad Q = \frac{h_1 - h_2}{L} \sum_{i=1}^{n} K_i B_i$$

여기서 $B = \sum_{i=1}^{n} B_i$ 이며, 위의 두 식을 같게 놓으면 식(7.15a)를 유도할 수 있다.

7.2 대수층의 흐름 방정식

7.2.1 대수층의 압축성

피압대수층의 경우 어떤 점에서의 전압력(total pressure)은 간극수압(pore pressure)과 입자간압력(intergranular pressure)에 의해 생겨나는데, 물의 압축률(water compressibility)과 공극압축률(pore compressibility)은 지하수의 저류량에 변화가 있을 때 이들 압력들을 재조정한다. 따라서 대수층의 압축성은 저류특성에 중요하다.

〈그림 7.7〉의 검사체적(control volume)의 부피는 $\Delta V = \Delta x \, \Delta y \, \Delta z$ 이고, 물의 질량은 $\Delta m = \rho \eta \Delta V$이며, z방향에 대해서만 변형(deformation)을 고려하면 미소 질량에 대해 식(7.17)을 얻을 수 있다.

$$d(\Delta m) = [\rho \, d(\eta \Delta z) + \eta \Delta z \, d\rho] \, \Delta x \, \Delta y \tag{7.17}$$

여기서 ρ는 물의 밀도이고, 질량의 변화는 공극부피의 변화와 물의 밀도의 변화로 표현된다.

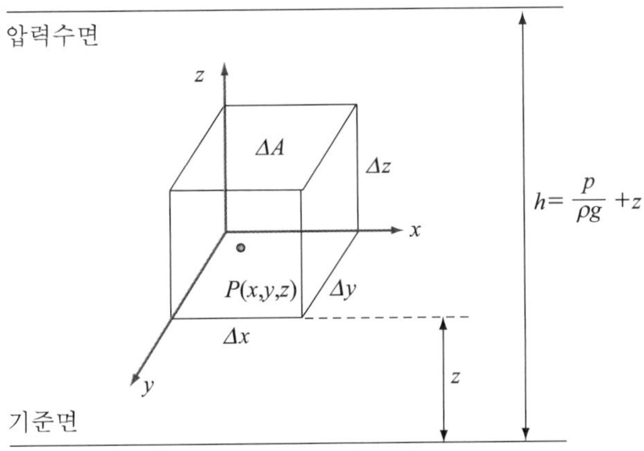

〈그림 7.8〉 압축성 대수층의 검사체적

(1) **공극압축률**

압축률은 탄성계수의 역수이므로 공극압축률 α_p는 식(7.18)과 같이 나타낼 수 있다.

$$\alpha_p = -\frac{d(\Delta V)/\Delta V}{d\sigma_z} \tag{7.18}$$

여기서 σ_z는 입자간 압력(intergranular pressure)이다. 〈그림 7.8〉에서 보듯이 전압력(total pressure) σ는 수압(water pressure) p와 입자간 압력의 합이고, σ가 일정하면 $d\sigma_z = -dp$이다. z방향에 대해 $\Delta V = \Delta A \Delta z$ (ΔA = 일정)를 고려해 식(7.18)을 다시 나타내면 식(7.19a)와 같고, 식(7.19b)을 쓸 수 있다.

$$\alpha_p = -\frac{d(\Delta z)/\Delta z}{d\sigma_z} = \frac{d(\Delta z)/\Delta z}{dp} \tag{7.19a}$$

$$d(\Delta z) = \alpha_p (\Delta z)\, dp \tag{7.19b}$$

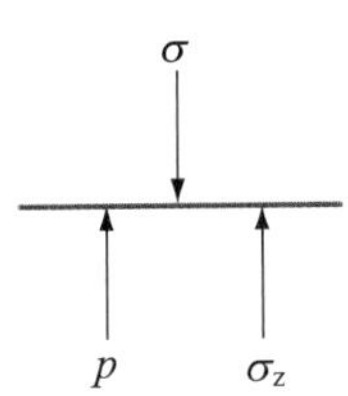

〈그림 7.9〉 전압력, 입자간 압력, 수압

검사체적의 다공성 매질(porus medium)에서 고체 부분의 부피(volume of solid) ΔV_s가 일정한 것을 고려하면, 즉 $\Delta V_s = (1-\eta)\Delta A\,\Delta z =$일정하므로 $d(\Delta V_s) = (1-\eta)d(\Delta z) - \Delta z\, d\eta = 0$이 된다. 따라서 식(7.19b)로부터 식(7.20)을 얻을 수 있다.

$$d\eta = \alpha_p(1-\eta)dp \tag{7.20}$$

(2) 물의 압축률

공극압축률과 유사하게 물의 압축률 β를 정의하면 식(7.21)과 같다.

$$\beta = -\frac{d(\Delta V_w)/\Delta V_w}{dp} \tag{7.21}$$

여기서 ΔV_w는 물의 부피이고, 식(7.21)은 (7.22)와 같이 나타낼 수 있다.

$$\frac{d(\Delta V_w)}{\Delta V_w} = -\beta\, dp \tag{7.22}$$

$\Delta m = \rho\Delta V_w = \rho\eta\Delta V =$ 일정하다면 $d(\Delta m) = \Delta V_w d\rho + \rho d(\Delta V_w) = 0$이다. 따라서 식(7.22)와 함께 식(7.23)을 얻을 수 있다.

$$d\rho = -\rho\frac{d(\Delta V_w)}{\Delta V_w} = \rho\beta\, dp \tag{7.23a}$$

$$\eta\,\Delta z\, d\rho = \eta\,\Delta z\,\rho\beta\, dp \tag{7.23b}$$

따라서 식(7.17), 식(7.20), 식(7.23b)로부터 식(7.24a)를 얻을 수 있고, $p = \rho g h$를 고려하면 식(7.24b)를 얻을 수 있다.

$$\frac{d(\Delta m)}{\Delta x\,\Delta y\,\Delta z} = (\alpha_p + \eta\beta)\rho\, dp \tag{7.24a}$$

$$\frac{d(\Delta V_w)}{\Delta x\,\Delta y\,\Delta z} = (\alpha_p + \eta\beta)\, dp = \rho g\,(\alpha_p + \eta\,\beta)\, dh \tag{7.24b}$$

(3) 비저류계수

식(7.24b)로부터 비저류계수(specific storage) S_s를 식(7.25)와 같이 정의할 수 있는데, 이는 단위 수두 변화에 따른 단위 체적의 대수층에 발생하는 저장량의 변화를 의미한다. 또한 저류계수 S는 식(7.26)과 같으며, S_s는 [L^{-1}]의 단위를 S는 무차원의 단위를 갖는다.

$$S_s = \frac{1}{\Delta x\,\Delta y\,\Delta z}\frac{d(\Delta V_w)}{dh} = \rho g(\alpha_p + \eta\beta) \tag{7.25}$$

$$S = S_s B \tag{7.26}$$

7.2.2 대수층의 흐름 방정식

(1) 연속방정식

〈그림 7.7〉의 검사체적에서 점 $P(x,y,z)$와 Δx, Δy, Δz 대신 dx, dy, dz에 대해 질량 보존의 법칙을 적용하여 연속방정식을 유도하면, x방향의 질량의 변화는 (유입질량유량 − 유출질량유량)이므로 식(7.27)과 같다.

$$x\text{방향의 유입질량유량} = \rho v_x dydz - \frac{\partial(\rho v_x)}{\partial x}\frac{dx}{2}dydz \tag{7.27a}$$

$$x\text{방향의 유출질량유량} = \rho v_x dydz + \frac{\partial(\rho v_x)}{\partial x}\frac{dx}{2}dydz \tag{7.27b}$$

$$x\text{방향의 질량의 변화} = -\frac{\partial(\rho v_x)}{\partial x}dx\,dy\,dz \tag{7.27c}$$

따라서 y와 z방향에 대해서도 식(7.28a)와 식(7.28b)를 얻을 수 있다.

$$y\text{방향의 질량의 변화} = -\frac{\partial(\rho v_y)}{\partial y}dx\,dy\,dz \tag{7.28a}$$

$$z\text{방향의 질량의 변화} = -\frac{\partial(\rho v_z)}{\partial z}dx\,dy\,dz \tag{7.28b}$$

단위시간당 검사체적의 질량변화율은 식(7.29)와 같고, 단위시간당 질량유량의 총 변화는 식(7.27c), 식(7.28a), 식(7.28b)를 모두 더한 값으로 식(7.30)과 같다.

$$\text{단위시간당 검사체적의 질량변화율} = \frac{\partial(\rho\eta)}{\partial t} dx\, dy\, dz \tag{7.29}$$

$$\text{단위시간당 질량유량의 총 변화} = -\left\{\frac{\partial(\rho v_x)}{\partial x} + \frac{\partial(\rho v_y)}{\partial y} + \frac{\partial(\rho v_z)}{\partial z}\right\} dx\, dy\, dz \tag{7.30}$$

따라서 식(7.29)와 식(7.30)을 같게 놓고 $(dx\, dy\, dz)$로 양변을 나누면 연속방정식인 식(7.31)을 얻을 수 있다.

$$\frac{\partial(\rho\eta)}{\partial t} = -\left[\frac{\partial(\rho v_x)}{\partial x} + \frac{\partial(\rho v_y)}{\partial y} + \frac{\partial(\rho v_z)}{\partial z}\right] \tag{7.31}$$

(2) 피압대수층의 흐름

식(7.31)에서 좌변의 항은 식(7.32)와 같이 나타낼 수 있다.

$$\frac{\partial(\rho\eta)}{\partial t} = \rho\left(\frac{\partial\eta}{\partial t}\right) + \eta\left(\frac{\partial\rho}{\partial t}\right) = \left[\rho\frac{\partial\eta}{\partial p} + \eta\frac{\partial\rho}{\partial p}\right]\frac{\partial p}{\partial t} \tag{7.32}$$

여기서 $\partial\eta/\partial p = \alpha_p$이고, $\partial\rho/\partial p = \rho\beta$이며, 이들 식과 식(7.32)로부터 다음의 식(7.33)을 얻을 수 있다.

$$\frac{\partial(\rho\eta)}{\partial t} = \rho(\alpha_p + \eta\beta)\frac{\partial p}{\partial t} \tag{7.33}$$

그리고 $S_s = \rho g(\alpha_p + \eta\beta)$이고, $p = \rho g h$이므로 식(7.31)은 식(7.34)가 된다.

$$-\left[\frac{\partial(\rho v_x)}{\partial x} + \frac{\partial(\rho v_y)}{\partial y} + \frac{\partial(\rho v_z)}{\partial z}\right] = \rho S_s \frac{\partial h}{\partial t} \tag{7.34}$$

여기서, $\frac{\partial(\rho v_x)}{\partial x} = \rho\left[\frac{\partial v_x}{\partial x}\right] + v_x\left[\frac{\partial\rho}{\partial x}\right]$가 되고 $\rho\left[\frac{\partial v_x}{\partial x}\right] \gg v_s\left[\frac{\partial\rho}{\partial x}\right]$이므로 $v_x\left[\frac{\partial\rho}{\partial x}\right]$항을 무시할 수 있으며, 또한 Darcy의 공식으로부터 $\frac{\partial v_x}{\partial x} = -\left[\frac{\partial}{\partial x}\left(K_x\frac{\partial h}{\partial x}\right)\right]$이다. 따라서 식(7.34)는 불균질 이방성(heterogeneous anisotropic) 피압대수층에 대한 일반적인 3차원 흐름방정식 식(7.35)가 된다.

① 불균질 이방성 흐름방정식

$$\frac{\partial}{\partial x}\left(K_x \frac{\partial h}{\partial x}\right)+\frac{\partial}{\partial y}\left(K_y \frac{\partial h}{\partial y}\right)+\frac{\partial}{\partial z}\left(K_z \frac{\partial h}{\partial z}\right)=S_s \frac{\partial h}{\partial t} \tag{7.35}$$

② 균질 등방성 흐름방정식

만약 $K_x = K_y = K_z$이면 식(7.35)는 식(7.36)이 되며 이는 균질한 등방성(homogeneous isotropic) 피압대수층의 흐름방정식이 된다.

$$K\left[\frac{\partial^2 h}{\partial x^2}+\frac{\partial^2 h}{\partial y^2}+\frac{\partial^2 h}{\partial z^2}\right]=S_s \frac{\partial h}{\partial t} \tag{7.36}$$

저류계수 $S = S_s B$이고, 투수량계수 $T = KB$이므로 식(7.36)은 식(7.37)로 다시 쓸 수 있다.

$$\frac{\partial^2 h}{\partial x^2}+\frac{\partial^2 h}{\partial y^2}+\frac{\partial^2 h}{\partial z^2}=\frac{S}{T}\frac{\partial h}{\partial t} \tag{7.37}$$

흐름이 정상류(steady state flow)라면 시간에 따라 수두가 변하지 않으므로 식(7.37)은 식(7.38)과 같은 Laplace 방정식이 된다.

$$\frac{\partial^2 h}{\partial x^2}+\frac{\partial^2 h}{\partial y^2}+\frac{\partial^2 h}{\partial z^2}=0 \quad \text{또는} \quad \nabla^2 h = 0 \tag{7.38}$$

(3) 비피압대수층의 흐름

비피압대수층은 수두가 변화함에 따라 포화된 대수층의 두께가 시간에 따라 변화한다. 따라서 물을 전달할 수 있는 대수층의 능력은 일정하지 않다.〈그림 7.10〉에서 매질의 부피가 $dV = dh\,\Delta x\,\Delta y$라면 $dV_w = S_y\,dV = S_y\,dh\,\Delta x\,\Delta y$가 된다. 따라서 시간에 따른 지하수위의 상승 또는 하강률은 식(7.39)와 같다.

$$\frac{\partial V_w}{\partial t}=S_y\,\Delta x\,\Delta y\,\frac{\partial h}{\partial t} \tag{7.39a}$$

$$\begin{aligned}\frac{\partial V_w}{\partial t}&=\frac{\partial q_x}{\partial x}\Delta x\,\Delta y+\frac{\partial q_y}{\partial y}\Delta x\,\Delta y\\&=-\left[\frac{\partial}{\partial x}\left(K_x h \frac{\partial h}{\partial x}\right)+\frac{\partial}{\partial y}\left(K_y h \frac{\partial h}{\partial y}\right)\right]\Delta x\,\Delta y\end{aligned} \tag{7.39b}$$

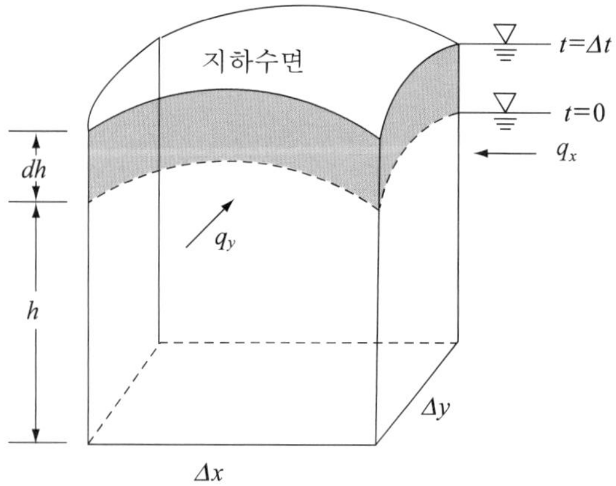

〈그림 7.10〉 비피압대수층의 검사체적

따라서 식(7.39a)와 식(7.39b)로부터 2차원의 식(7.40)을 유도할 수 있는데 3차원의 식으로 표현하도록 한다.

① 불균질 이방성 흐름방정식

$$\frac{\partial}{\partial x}\left(K_x h \frac{\partial h}{\partial x}\right)+\frac{\partial}{\partial y}\left(K_y h \frac{\partial h}{\partial y}\right)+\frac{\partial}{\partial z}\left(K_z h \frac{\partial h}{\partial z}\right)=S_y \frac{\partial h}{\partial t} \tag{7.40}$$

② 균질 등방성 흐름방정식

만약 $K_x = K_y = K_z$이면 식(7.40)은 식(7.41a)가 되며 이는 균질한 등방성 비피압대수층의 흐름방정식으로 Boussinesq 방정식이라고도 한다.

$$\frac{\partial}{\partial x}\left(h \frac{\partial h}{\partial x}\right)+\frac{\partial}{\partial y}\left(h \frac{\partial h}{\partial y}\right)+\frac{\partial}{\partial z}\left(h \frac{\partial h}{\partial z}\right)=\frac{S_y}{K} \frac{\partial h}{\partial t} \tag{7.41a}$$

만약 수위 h의 변화가 대수층의 포화된 두께와 비교해 아주 작다면 그리고 대수층의 평균 두께 B가 대수층에 걸쳐 일정하다면 식(7.41a)는 식(7.41b)와 같다.

$$\frac{\partial^2 h}{\partial x^2}+\frac{\partial^2 h}{\partial y^2}+\frac{\partial^2 h}{\partial z^2}=\frac{S_y}{KB} \frac{\partial h}{\partial t} \tag{7.41b}$$

③ 대수층의 확산계수

대수층의 확산계수(aquifer diffusivity)는 지표면의 물과 지하수의 상호작용 분석에 이용되며 저류계수에 대한 투수량계수의 비 T/S로 정의된다. 따라서 식(7.41b)은 식(7.41c)로 표현할 수 있다.

$$\frac{T}{S}\left[\frac{\partial^2 h}{\partial x^2}+\frac{\partial^2 h}{\partial y^2}+\frac{\partial^2 h}{\partial z^2}\right]=\frac{\partial h}{\partial t} \tag{7.41c}$$

7.3 대수층의 정상류해석

7.3.1 피압대수층

〈그림 7.11〉에 두께 B를 갖는 피압대수층의 양쪽에 하천 A1과 A2가 있고, 불투수층으로 되어 있는 대수층의 기준면으로부터 하천의 수위는 각각 h_1과 h_2이다. 양 하천은 길이 L만큼 떨어져 있는데 압력수두는 선형으로 변화하고 있다. 대수층의 흐름은 x방향으로만 흐르고 있다. 이 대수층에 대해 식(7.38)을 이용할 수 있는데 한 방향으로만 흐름이 있으므로 식(7.38)은 식(7.42)와 같다.

$$\frac{\partial^2 h}{\partial x^2}=0 \tag{7.42}$$

식(7.42)의 일반해는 $h=C_1x+C_2$이다.

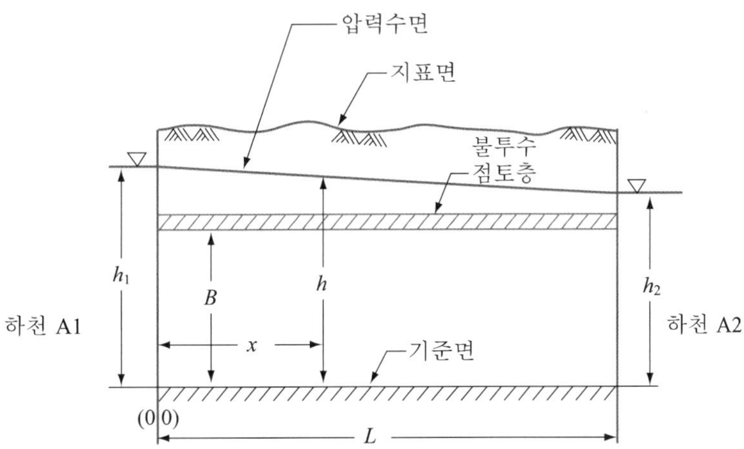

〈그림 7.11〉 기준면과 점토층사이 피압대수층의 정상류흐름

경계조건 $x=0$에서 $h=h_1$이 되므로 $h_1=C_2$가 되며 $h=C_1x+h_1$이 된다. 또 다른 경계조건 $x=L$에서 $h=h_2$가 되고, $h_2=C_1L+h_1$ 또는 $C_1=\frac{h_2-h_1}{L}=-\frac{h_1-h_2}{L}$이다. 따라서 h에 대한 식(7.43)이 얻어진다.

$$h=-(h_1-h_2)\frac{x}{L}+h_1 \quad \text{또는} \quad h=h_1-\left[\frac{h_1-h_2}{L}\right]x \tag{7.43}$$

식(7.43)을 미분하면 $\frac{\partial h}{\partial x}=\frac{-(h_1-h_2)}{L}$가 되고 Darcy의 법칙으로부터 식(7.44)를 얻을 수 있다.

$$q=-KB\frac{dh}{dx}=KB\left(\frac{h_1-h_2}{L}\right)=T\left(\frac{h_1-h_2}{L}\right) \tag{7.44}$$

예제 7.4

〈그림 7.11〉의 피압대수층에서 $h_1=22\text{m}$, $h_2=13\text{m}$, $B=7\text{m}$, $L=5.3\text{km}$이다. 그리고 $K=18\text{m/day}$일 때 유량 q를 구하라.

풀이

식(7.44)를 이용하여 아래와 같이 q를 구한다.

$$q=KB\left(\frac{h_1-h_2}{L}\right)=18\times7\times\left(\frac{22-13}{5300}\right)=0.214\text{m}^3\text{/day/m}$$

7.3.2 비피압대수층

〈그림 7.12〉에 보는 것처럼 비피압대수층이 두 하천사이에 위치하고 있고, 대수층을 통해 물이 경사를 가지고 흐르고 있다. 이런 문제를 풀기 위해 Dupuit은 다음과 같은 가정을 하였다.

(a) 유속은 $\frac{dh}{ds}(=\sin\theta)$ 대신에 $\frac{dh}{dx}(=\tan\theta)$에 비례한다.

(b) 흐름은 수평방향이고 등류이다.

(c) 자유수면의 경사와 동수경사가 같다.

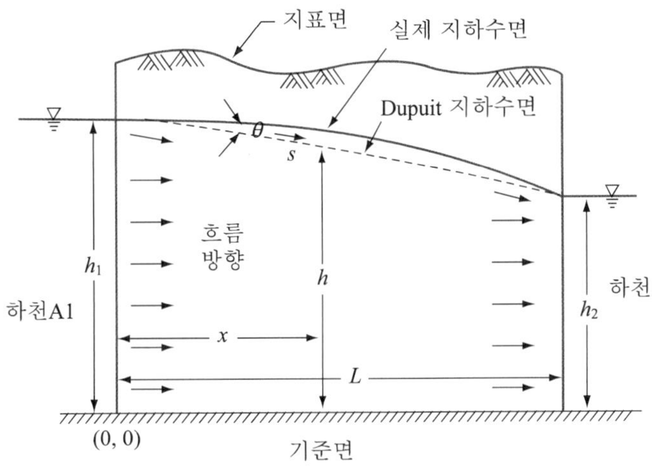

〈그림 7.12〉 비피압대수층의 정상류흐름

1차원 흐름이므로 단위폭당 유량 q는 식(7.45)와 같다.

$$q = -Kh\frac{dh}{dx} \tag{7.45}$$

식(7.45)의 양변을 적분하면 $\int q dx = \int -Khdh$ 또는 $qx = -K\frac{h^2}{2} + C_1$이 된다.

$x=0$과 $h=h_1$에서의 경계조건을 이용하면 $C_1 = \frac{Kh_1^2}{2}$를 얻을 수 있다. 따라서 식(7.46)을 쓸 수 있다.

$$q = \frac{K}{2x}(h_1^2 - h^2) \tag{7.46}$$

경계조건 $x=L$에서 $h=h_2$이므로 식(7.46)은 식(7.47)이 된다.

$$q = \frac{K}{2L}(h_1^2 - h_2^2) \tag{7.47}$$

따라서 식(7.46)과 식(7.47)로부터 식(7.48)을 얻을 수 있다.

$$h = \left[h_1^2 - (h_1^2 - h_2^2)\frac{x}{L} \right]^{1/2} \tag{7.48}$$

예제 7.5

(예제 7.4)의 조건에서, 즉 〈그림 7.10〉에서 불투수 점토층이 없고, 자유수면을 가진 비피압대수층이라면 이때 단위폭당 유량 q는 얼마이겠는가?

풀이

식(7.47)로부터 구할 수 있다.

$$q = \frac{K}{2L}(h_1^2 - h_2^2) = \left[\frac{18}{2 \times 5300} \right](22^2 - 13^2) = 0.535\text{m}^3/\text{day/m}$$

7.3.3 유선망에 의한 흐름계산

댐이나 위어(weir) 구조물 아래 유선(flow lines)과 등포텐셜선 또는 등수두선(equipotential lines)이 〈그림 7.13〉와 같이 유선망(flow net)으로 그려진다면 구조물 아래 침투수에 대한 단위폭당 유량을 식(7.49)와 같이 계산할 수 있다.

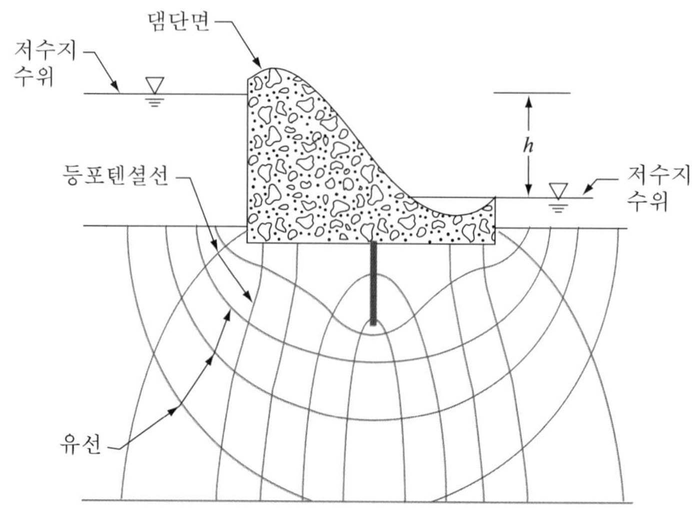

〈그림 7.13〉 댐 아래의 전형적인 유선망

$$q = \frac{n_f}{n_e} K h \tag{7.49}$$

여기서 n_f는 유선들 사이에 형성되어 있는 흐름수로의 수이고, n_e는 등포텐셜선들 사이에서 발생하는 수두강하량(head drop), 즉 등포텐셜 강하의 수이며, 유선과 등포텐셜선은 서로 직각이다. h는 저수지의 상류와 하류 사이의 수두차이이며, K는 투수계수이다. 만약 연직방향과 수평방향의 투수계수가 K_v와 K_h로 다르다면 $K = \sqrt{K_v \times K_h}$를 이용한다.

7.4 양수정의 방사상 정상류해석

지하수 해석의 목적은 대수층으로부터 안전하고 경제적으로 얼마만한 물의 양을 채수할 수 있는지를 결정하는 것이라 할 수 있을 것이다. 경제적으로 최적의 물을 양수하기 위해서는 우물의 설계와 적절한 위치 선정 그리고 분석이 이루어져야 한다. 다음은 우물을 이용해 양수를 할 때 대수층의 흐름에 대하여 살펴보도록 한다.

7.4.1 피압대수층 내 양수정 방향의 방사상 정상류

두께 B의 피압대수층 내로 완전히 깊이 박힌 우물 주변의 정상류 흐름이 〈그림 7.14〉에 보이고 있는데 이는 양수정 방향의 방사상 정상류(steady radial flow to well) 흐름이다. 우물로부터 일정하게 양수를 한다면 우물 방향으로 낮아지는 압력수면의 구배(gradient)가 깔때기 모양으로 형성이 되는데 이를 영향추(cone of depression)라고 한다. 어느 정도 시간이 흐른 뒤에 우물방향으로 흐르는 물과 양수율이 같아지면 영향추는 공간적으로 변하지 않게 되며, 이때 대수층의 흐름은 정상류가 된다. 또한 우물방향으로 압력수면이 강하하게 되는데 이를 수면강하곡선(drawdown curve)이라고 부른다. 〈그림 7.14〉이 무한대의 피압대수층을 보인다고 할 때 수면강하곡선이 일정하게 되는 반경 R을 영향반경(radius of influence)이라고 한다.

양수를 하게 되면 우물방향으로 흐르는 지하수는 원통형의 모양을 가지므로 속도수두 ϕ가 거리 r과 θ의 함수로 표현되는 극좌표계 Laplace 방정식을 이용하여 흐름 방정식을 유도하게 된다. 그러나 이때 방사상의 흐름은 완전히 대칭이라 가정하므로 속도수두는 θ와 무관하게 되므로 식(7.50)을 이용하게 된다.

$$\frac{1}{r}\frac{d\phi}{dr}+\frac{d^2\phi}{dr^2}=0 \tag{7.50}$$

따라서 〈그림 7.14〉에서 우물로부터 반경 r의 단면을 통해 우물로 흐르는 유량은 Darcy의 법칙에 따라 식(7.51a)와 같이 정의될 수 있고, dh는 식(7.51b)와 같이 된다.

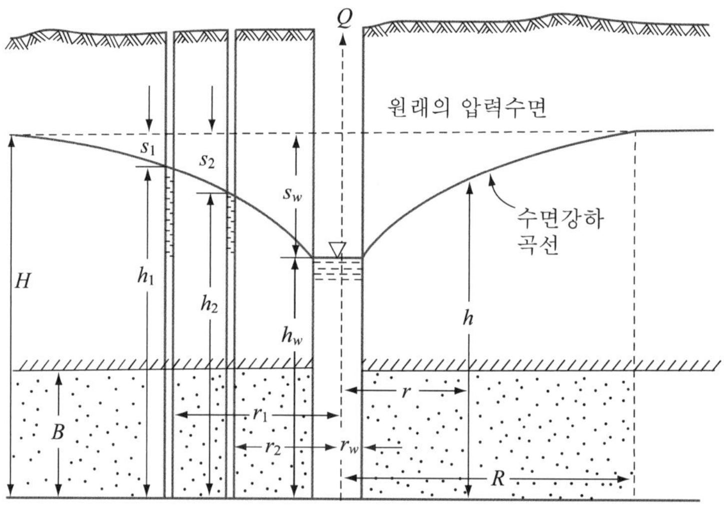

〈그림 7.14〉 피압대수층내 양수정 방향의 정상류

$$Q=\text{면적}\times\text{유속}=(2\pi r B)\left(K\frac{dh}{dr}\right) \tag{7.51a}$$

$$dh=\frac{Q}{2\pi BK}\frac{dr}{r} \tag{7.51b}$$

식(7.51b)를 적분하고, 두 관측정(observation wells)에서 r의 경계조건 r_1과 r_2 그리고 h의 경계조건 h_1과 h_2를 고려하면 식(7.52a)가 얻어진다. 또한 수면강하량에 의해 유량을 표현하면 식(7.52b)와 같다.

$$h_1-h_2=\frac{Q}{2\pi KB}\ln\left(\frac{r_1}{r_2}\right) \text{ 또는 } Q=\frac{2\pi T(h_1-h_2)}{\ln(r_1/r_2)} \tag{7.52a}$$

$$Q=\frac{2\pi T(s_2-s_1)}{\ln(r_1/r_2)} \tag{7.52b}$$

그리고 관측정이 없을 경우, 우물에서의 경계조건을 이용하면 식(7.53)과 같이 쓸 수 있다.

$$Q = \frac{2\pi T(H - h_w)}{\ln(R/r_w)} = \frac{2\pi T s_w}{\ln(R/r_w)} \tag{7.53}$$

여기서 h_w와 r_w는 각각 우물에서의 수면높이와 우물의 반경이고, $H - h_w = s_w$는 우물에서의 수면강하량을 나타낸다.

예제 7.6

두께가 8m인 피압대수층에서 직경 10cm의 우물로 100ℓ/min의 일정률을 가지고 양수를 하고 있다. 2개의 관측정이 우물 중심으로부터 10m와 50m 떨어져 있고, 이때 수면강하량은 각각 3m와 0.05m이었다. 대수층의 투수량계수와 투수계수를 구하라.

풀이

식(7.52b)의 $Q = \frac{2\pi T(s_2 - s_1)}{\ln(r_1/r_2)}$를 이용하여 T와 K를 계산한다.

$$Q = 100\ell/\text{min} = 0.00167\text{m}^3/\text{s}$$

$$r_1 = 50\text{m},\ \ r_2 = 10\text{m}$$

$$\ln(r_1/r_2) = 1.60944,\ \ (s_2 - s_1) = 3 - 0.05 = 2.95\text{m}$$

따라서 투수량계수 $T = \frac{0.00167 \times 1.60944}{2\pi \times 2.95} = 1.4472 \times 10^{-4}\text{m}^2/\text{s} = 12.5\text{m}^2/\text{day}$

투수계수 $K = \frac{T}{B} = \frac{1.4472 \times 10^{-4}}{8} = 1.809 \times 10^{-5}\text{m/s} = 1.563\text{m/day}$

7.4.2 비피압대수층 내 양수정 방향의 방사상 정상류

비피압대수층의 양수정 주변의 흐름 해석을 위해 앞에서 언급한 Dupuit의 가정이 타당하다는 전제하에 방정식을 유도한다. 〈그림 7.15〉는 비피압대수층에서 양수정 방향의 방사상 정상류 흐름에 대해 보여주고 있는데, 우물로부터 r거리의 수심을 h라 하면, 단면적은 $2\pi rh$가 된다. 또한 이 단면에서의 유속은 $K\frac{dh}{dr}$가 되며 유량은 식(7.54)와 같이 나타낼 수 있다.

$$Q = 2\pi r h \, K \frac{dh}{dr} \tag{7.54a}$$

$$h dh = \frac{Q}{2\pi K} \frac{dr}{r} \tag{7.54b}$$

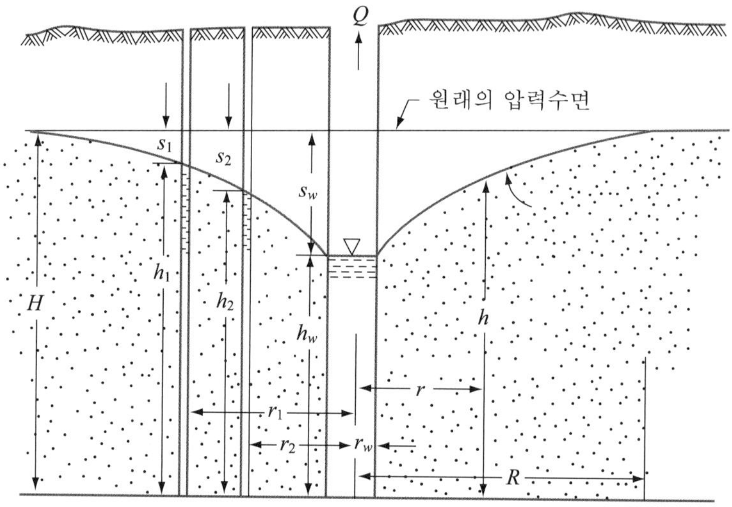

〈그림 7.15〉 비피압대수층 내 양수정 방향의 정상류

식(7.54b)를 적분하고 경계조건을 이용하면 식(7.55)를 유도할 수 있다.

$$\frac{h_1^2 - h_2^2}{2} = \frac{Q}{2\pi K} \ln\left(\frac{r_1}{r_2}\right) \quad \text{또는} \quad Q = \frac{\pi K (h_1^2 - h_2^2)}{\ln(r_1/r_2)} \tag{7.55}$$

그리고 관측정이 없을 경우, 우물에서의 경계조건을 이용하면 식(7.56)과 같이 쓸 수 있다.

$$Q = \frac{\pi K (H^2 - h_w^2)}{\ln(R/r_w)} = \frac{2\pi T s_w}{\ln(R/r_w)} \tag{7.56}$$

여기서 h_w와 r_w는 각각 우물에서의 수위와 우물의 반경이다. 영향반경을 구하기 위해 식(7.57)의 경험공식이 이용되기도 한다.

$$R = 3000 \, s_w \sqrt{K} \tag{7.57}$$

여기서 s_w는 m의 단위이고, K는 m/s의 단위를 갖는다.

예제 7.7

반경 0.5m를 갖는 우물이 비피압대수층에 완전히 박혀 있고, 이때 대수층의 두께는 50m이며, 투수계수는 30m/day이다. 우물에 있어서의 수위가 40m가 되도록 양수를 하고자 한다. 영향반경이 500m라고 가정할 때 정상류의 유량을 구하라.

풀이

주어진 조건들이 $H=50\text{m}$, $h_w=40\text{m}$, $R=500\text{m}$, $r_w=0.5\text{m}$, $K=30\text{m/day}$이므로 식(7.56)으로부터 유량을 구할 수 있다.

$$Q=\frac{\pi K(H^2-h_w^2)}{\ln(R/r_w)}=\frac{\pi\times 30\times(50^2-40^2)}{\ln(500/0.5)}$$
$$=0.1421\text{m}^3/\text{s}=142.12\ell/\text{s}$$

7.5 양수정의 방사상 부정류해석

7.5.1 피압대수층

초기에 수평했던 압력수면이 양수를 시작하여 시간이 지나면 영향추의 모양을 띠게 된다. 즉, 압력수면의 위치가 시간에 따라 변하게 되며, 부정류의 흐름이 되게 된다. 우물에서의 부정류 흐름을 위한 극좌표계의 방정식은 식(7.58)과 같이 나타낼 수 있으며 이는 정상류 흐름에 대한 식(7.50)과 비교할 수 있다.

$$\frac{1}{r}\frac{\partial s}{\partial r}+\frac{\partial^2 s}{\partial r^2}=D\frac{\partial s}{\partial t} \tag{7.58}$$

여기서 s는 초기의 수평한 일정수위 h_0와 양수가 시작된 후의 수위 h와의 차이인 수면강하량 $s=h_0-h$이고, $D=T/S$로 피압대수층의 확산계수이다. 그리고 t는 양수시점으로부터의 시간이다. 따라서 Theis(1935)는 피압대수층에서의 지하수 흐름과 열전도의 유사성을 토대로 다음과 같은 가정과 초기 및 경계조건하에 식(7.58)에 대한 부정류 흐름 방정식의 특수해를 식(7.59)와 같이 유도하였다.

(a) 대수층은 피압대수층이다.

(b) 우물 안에 있는 저류량을 무시할 수 있을 정도로 우물 직경이 작다.

(c) 압력수면이 하강하는 순간 대수층은 바로 배수된다.

초기조건 : $s(r,0)=0$

경계조건 : (i) $s(\infty,t)=0$

(ii) $\lim_{r\to 0} r\frac{\partial s}{\partial r}=-\frac{Q}{2\pi T}$

$$s=\frac{Q}{4\pi T}\int_u^{\infty}\frac{e^{-u}}{u}du \tag{7.59a}$$

$$u=\frac{r^2 S}{4Tt} \tag{7.59b}$$

여기서 Q는 우물에 있어서의 일정한 양수율(pumping rate)이고, u는 Bolzman 변수(Bolzman variable)이다. 식(7.59a)의 적분항은 $W(u)$로 표시하며 우물함수(well function 또는 Theis well function)라고 한다. 따라서 식(7.59)를 다시 쓰면 식(7.60a)와 같고, 우물함수는 식(7.60b)처럼 전개식으로 쓸 수 있다.

$$s=\frac{Q}{4\pi T}W(u) \tag{7.60a}$$

$$W(u)=-0.577216-\ln u+u-\frac{u^2}{2\cdot 2!}+\frac{u^3}{2\cdot 3!}+\frac{u^4}{4\cdot 4!}+\cdots \tag{7.60b}$$

우물함수는 〈표 7.2〉에 주어져 있다. 예를 들면, $u=0.005$에 대하여 $W(u)$는 4.73임을 알 수 있다. Theis 방정식은 피압대수층의 경우로 가정하여 유도되었으나 실제 누수대수층들이 존재하는 경우에도 Theis의 방정식을 수정하여 사용하고 있다. 그러나 여기에서는 다루지 않기로 한다. Theis 방정식은 일정한 양수율을 가진 우물 주변의 관측정들에 있어서 대수층의 평균 S와 T값을 산정하는데 이용될 수 있다. 식(7.59)와 식(7.60)을 이용하여 실제 이용하기에는 수학적인 어려움이 있어 여러 가지 근사적인 방법들이 개발되었고, 이들에는 Theis 방법, Jacob 방법, Chow 방법, Theis 수두회복법(recovery test method), 최적화 방법 등이 있다. 본 절에서는 Theis 방법과 Jacob 방법을 소개하기로 한다.

〈표 7.2〉 Wenzel의 우물함수 $W(u)$

u	1.0	2.0	3.0	4.0	5.0	6.0	7.0	8.0	9.0
×1	0.219	0.049	0.013	0.0038	0.0011	0.00036	0.00012	0.00038	0.00012
$\times10^{-1}$	1.82	1.22	0.91	0.70	0.56	0.45	0.37	0.31	0.26
$\times10^{-2}$	4.04	3.35	2.96	2.68	2.47	2.30	2.15	2.03	1.92
$\times10^{-3}$	6.33	5.64	5.23	4.95	4.73	4.54	4.39	4.26	4.14
$\times10^{-4}$	8.63	7.94	7.53	7.25	7.02	6.84	6.69	6.55	6.44
$\times10^{-5}$	10.94	10.24	9.84	9.55	9.33	9.14	8.99	8.86	8.74
$\times10^{-6}$	13.24	12.55	12.14	11.85	11.63	11.45	11.29	11.16	11.04
$\times10^{-7}$	15.54	14.85	14.44	14.15	13.93	13.75	13.60	13.46	13.34
$\times10^{-8}$	17.84	17.15	16.74	16.46	16.23	16.05	15.90	15.76	15.65
$\times10^{-9}$	20.15	19.45	19.05	18.76	18.54	18.35	18.20	18.07	17.95
$\times10^{-10}$	22.45	21.76	21.35	21.06	20.84	20.66	20.50	20.37	20.25
$\times10^{-11}$	24.75	24.06	23.65	23.36	23.14	22.96	22.81	22.67	22.55
$\times10^{-12}$	27.05	26.36	25.96	25.67	25.44	25.26	25.11	24.97	24.86
$\times10^{-13}$	29.36	28.66	28.26	27.97	27.75	27.56	27.41	27.28	27.16
$\times10^{-14}$	31.66	30.97	30.56	30.27	30.05	29.87	29.71	29.58	29.46
$\times10^{-15}$	33.96	33.27	32.86	32.58	32.35	32.17	32.02	31.88	31.76

(1) Theis 방법

식(7.59b)를 식(7.61)과 같은 형태로 나타낼 수 있다.

$$\frac{r^2}{t}=\left(\frac{4T}{S}\right)u \tag{7.61}$$

식(7.61)과 식(7.60a)를 보면 괄호안의 값은 상수로 취급할 수 있고, $W(u)$와 u의 관계는 s와 $\frac{r^2}{t}$의 관계와 유사함을 알 수 있다. 이들 관계의 유사성을 토대로 Theis는 S와 T를 구하기 위해 도해법을 제안하였으며, 그 절차는 다음과 같다.

(i) 투명한 전대수지에 s와 $\frac{r^2}{t}$의 관계곡선(data curve)을 그린다.

(ii) 전대수지에 $W(u)$와 u의 관계곡선(type curve)을 그린다.

(iii) (i)의 data curve를 (ii)의 type curve위에 겹친다.

(iv) 두 곡선을 중첩시켜 임의의 점을 matching 시키고, $W(u)$, u, s, $\frac{r^2}{t}$를 결정한다.

(v) $T=\frac{Q}{4\pi s}W(u)$와 $S=\frac{4Tt}{r^2}u$를 추정한다.

예제 7.8

피압대수층에서 일정한 양수율 30ℓ/s를 가지고 직경 20cm의 우물에 의해 양수시험을 수행하였다. 우물로부터 60m 떨어진 거리에서 관측정에 의해 〈표 7.3〉과 같이 압력수면 강하량을 측정하였다. 이때 Theis 방법에 의해 m^2/day에 있어서의 T와 S를 구하라.

〈표 7.3〉 시간에 따른 압력수면 강하량

시간(hrs)	0.0167	0.0333	0.0666	0.1333	0.5	1.0	2.0	3.0	4.0
강하량(m)	0.20	0.30	0.41	0.53	0.76	0.90	1.00	1.07	1.12

풀이

$r=60$m에 있어서 시간에 따른 r^2/t값을 〈표 7.4〉의 (3)란과 같이 구한다.

앞에서 언급한 절차에 따라 s와 $\frac{r^2}{t}$의 data curve와 $W(u)$와 u의 type curve를 전대수지에 그리고 이들을 〈그림 7.15〉와 같이 겹친다.

Match point로부터

$W(u)=1.00$, $u=0.01$, $r^2/t=150\text{m}^2/\text{min}=216000\text{m}^2/\text{day}$, $s=0.18$m를 얻는다.

주어진 값 : $Q=30\ell/\text{s}=0.03\text{m}^3/\text{s}=2592\text{m}^3/\text{day}$

따라서 $T=\frac{Q}{4\pi s}W(u)=\frac{2592\times 1}{4\pi\times 0.18}=1145.92\text{m}^2/\text{day}$

$S=\frac{4Tt}{r^2}u=\frac{4\times 1145.92}{216000}\times 0.01=0.0002122$를 얻는다.

〈표 7.4〉 양수시험 자료에 의한 r^2/t값 계산

(1)	(2)	(3)
시간(hrs)	강하량(m)	$r^2/t(\text{m}^2/\text{min})$
0.0167	0.20	3593
0.0333	0.30	1802
0.0666	0.41	901
0.1333	0.53	450
0.5000	0.76	120
1.0000	0.90	60
2.0000	1.00	30
3.0000	1.07	20
4.0000	1.12	15

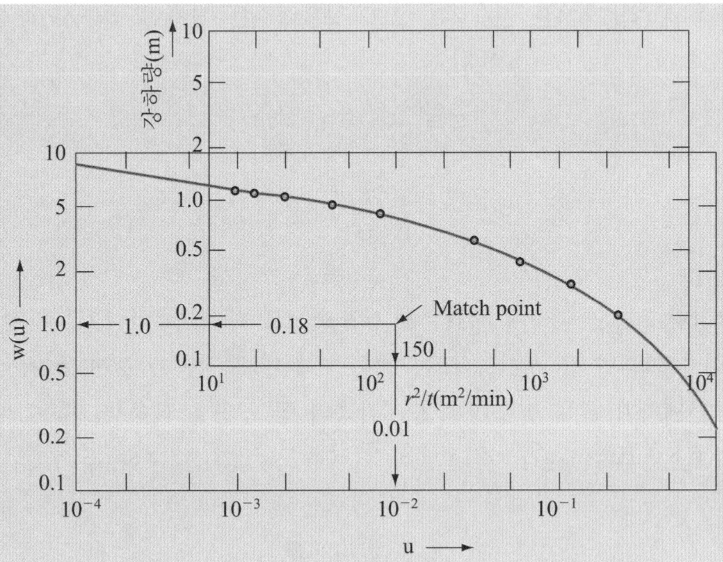

〈그림 7.16〉 data curve, type curve와 match point

(2) Jacob 방법

Jacob의 방법은 r이 작고 t가 클 때 u값이 작으므로 식(7.60b)에서 처음의 2개 항을 제외한 뒤의 항들은 무시할 수 있다. 따라서 양수정에서 가까운 관측정으로부터 긴 시간 t_1과 t_2에서의 강하량 s_1과 s_2를 관측하였을 때 이들은 다음의 값을 갖는다.

$$u_1 = \frac{r^2 S}{4Tt_1} \text{에 대해 } s_1 = \frac{Q}{4\pi T} W(u_1) \text{이고}$$

$$u_2 = \frac{r^2 S}{4Tt_2} \text{에 대해 } s_2 = \frac{Q}{4\pi T} W(u_2) \text{이다.}$$

따라서 $\Delta s = s_2 - s_1 = \frac{Q}{4\pi T}[W(u_2) - W(u_1)]$이고 이는 앞에서 언급한 것처럼 u_1과 u_2가 작으므로

$$\Delta s = \frac{Q}{4\pi T}[(-0.5772 - \ln u_2) - (-0.5772 - \ln u_1)]$$

$$= \frac{Q}{4\pi T}(\ln u_1 - \ln u_2) = \frac{Q}{4\pi T}\ln\left(\frac{u_1}{u_2}\right) = \frac{Q}{4\pi T}\ln\left(\frac{t_2}{t_1}\right)$$

이 된다. T에 대해 식(7.62)를 얻을 수 있고, 상용대수를 취하면 식(7.63)과 같다.

$$T = \frac{Q}{4\pi \Delta s} \ln\left(\frac{t_2}{t_1}\right) \tag{7.62}$$

$$T = \frac{2.3026\,Q}{4\pi \Delta s} \log\left(\frac{t_2}{t_1}\right) \tag{7.63}$$

압력수면 강하량 s는 산술축에 시간 t는 대수축으로 하여 〈그림 7.17〉과 같이 시간에 따른 강하량 곡선을 그리면 큰 시간 t 또는 작은 u에 대해 직선을 갖게 된다. 〈그림 7.17〉으로부터 Δs를 선택하기 위해 상용대수인 시간축의 한 구간을 택하면, 즉 $t_2 = 10t_1$을 택하면 T는 식(7.63)으로부터 $\log(t_2/t_1) = 1$이 되므로 식(7.64)를 구할 수 있다.

$$T = \frac{2.3026\,Q}{4\pi \Delta s} \tag{7.64}$$

식(7.60a)에서 만약 $s = 0$이면, $W(u)$가 0이 되어야 한다. 즉,

$0 = W(u) = -0.5772 - \ln u$이고, $u = 0.56146$이 된다.

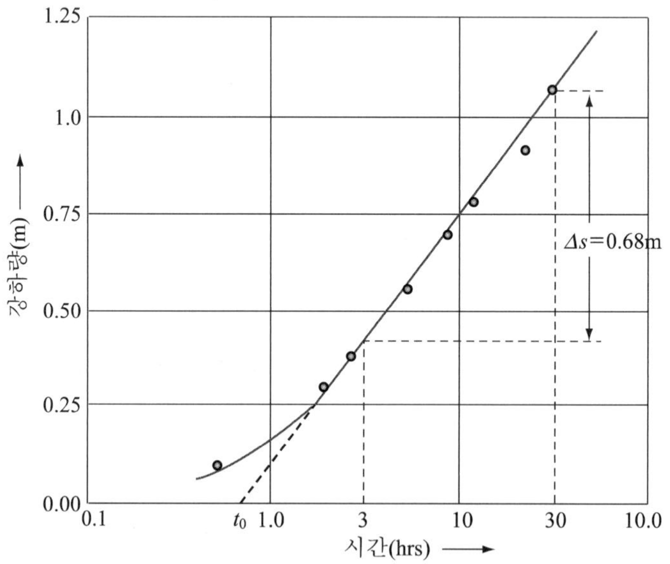

〈그림 7.17〉 Jacob 방법에 대한 시간에 대한 강하량 곡선

〈그림 7.16〉에서 직선을 x축까지 연장하여 그으면 t_0를 만나게 되며 이때 $s=0$이 되고, 식(7.65)를 얻을 수 있다.

$$u = 0.56146 = \frac{Sr^2}{4Tt_0} \quad \text{또는} \quad S = \frac{2.246\,Tt_0}{r^2} \tag{7.65}$$

따라서 T와 S를 구하기 위해 식(7.64)와 식(7.65)를 이용할 수 있다.

예제 7.9

피압대수층에서 일정한 양수율 $22\ell/s$으로 양수시험을 수행하였다. 우물로부터 45.7m 떨어진 관측정에서 관측한 압력수면 강하량은 〈표 7.5〉와 같이 주어진다. Jacob 방법에 의해 m^2/day에 있어서의 T와 S를 결정하라.

〈표 7.5〉 시간에 따른 압력수면 강하량

시간(hrs)	0.5	1.8	2.7	5.4	9.0	12.0	18.0	30.0	54.0
강하량(m)	0.091	0.294	0.382	0.550	0.701	0.785	0.911	1.060	1.240

풀이

〈표 7.5〉의 자료를 〈그림 7.17〉과 같이 반대수지에 도시한다. 그래프로부터 $t_1=3$hrs와 $t_2=30$hrs에 상응하는 $\Delta s=0.68$m를 읽는다. 그래프를 x축까지 연장하여 $t_0=0.8$hrs를 읽는다. 이로부터 T와 S를 구한다.

주어지고 읽은 값 :

$$Q = 22\ell/\text{s} = 0.022\text{m}^3/\text{s},\ \ t_0 = 0.8\text{hrs} = 2880\text{seconds},\ \ r = 45.7\text{m}$$

$$T = \frac{2.3026\,Q}{4\pi\Delta s} = \frac{2.3026 \times 0.022}{4\pi \times 0.68} = 5.928 \times 10^{-3}\text{m}^2/\text{s} = 512.2\text{m}^2/\text{day}$$

$$S = \frac{2.246\,Tt_0}{r^2} = \frac{2.246 \times 5.928 \times 10^{-3} \times 2880}{45.7^2} = 0.01836$$

7.5.2 비피압대수층

비피압대수층에서의 부정류흐름 해석은 대수층의 투수량계수가 시간과 반경 r에 따라 변화하기 때문에 복잡할 뿐만 아니라, 또한 양수정 주변에서 연직방향의 흐름 특성은 Dupuit의 가정이 타당하지 않게 된다. 그러나 대수층의 두께 B에 비해 s가 작다면 Theis의 식

(7.60a)을 비피압대수층에도 이용할 수 있다.

7.6 지하수 흐름에 대한 경계면의 영향

7.6.1 영상정 방법

대수층에서 우물방향의 정상류와 부정류의 흐름 해석은 대수층이 일정한 두께와 무한대의 대수층을 가지며, 자유수표면 또는 압력수면이 양수전인 초기에 수평하다는 가정을 전제로 하였다. 이러한 해석이 어느 정도의 만족할 만한 결과들을 주기도 하지만 실제에서는 드물게 존재하는 조건들이라 할 수 있다. 특히, 양수시 우물 주변의 지하수 흐름은 경계면의 조건에 따라 다른 해석이 필요하다. 우물 주변에 하천, 호수 등이 존재하거나 양수에 따른 강하량이 불투수 경계면에 막혀 영향추가 대칭을 이루지 못하기도 한다. 즉, 지형학적 조건들에 따라 이러한 경계면을 고려한 해석은 영상정(image well) 방법에 의해 다루면 편리하다.

주로 양수정(pumping well, PW)을 중심으로 경계면 반대편에 지하수 함양에 대한 영상우물(image well in recharging, IW)과 양수에 대한 영상 우물(image well in pumping, IW)을 위치시켜 해석을 하게 된다. 〈그림 7.19〉을 보면 양수정을 중심으로 불투수 경계면을 만난 경우와 하천 경계면을 만난 경우 영상정을 위치시키는 방법이다. 불투수 경계면을 만난 경우는 양수의 영상정을, 하천 경계면을 만난 경우는 지하수 함양의 영상정을 위치시킨다. 〈그림 7.19〉은 불투수와 하천의 경계면을 만난 경우 영상정의 위치를 나타내고 있다.

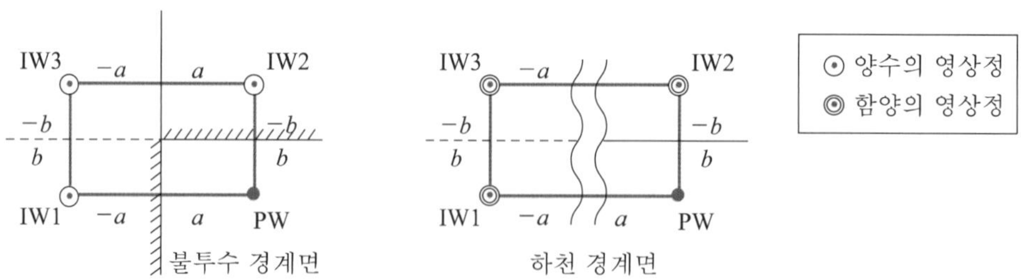

(a) 불투수 경계면(양수의 영상정)　　(b) 하천 경계면(함양의 영상정)

〈그림 7.18〉 경계면에 따른 양수정과 영상정의 위치

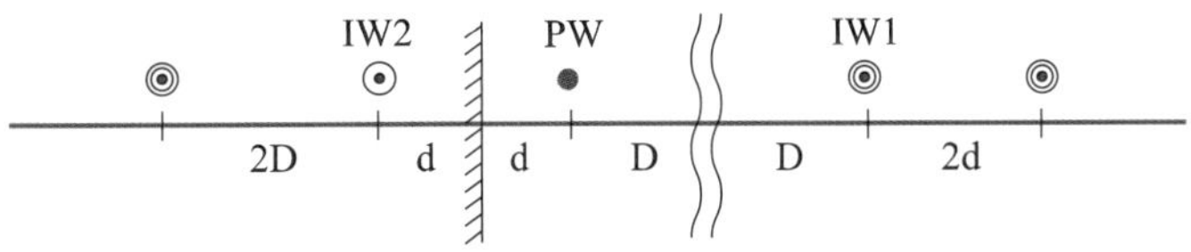

〈그림 7.19〉 불투수 및 하천 경계면 존재시 양수정과 영상정의 위치

7.6.2 양수정 주변의 하천 경계면

양수정 근처에 하천 경계면이 존재할 때, 이 경계면이 영향추에 미치는 영향을 영상정을 고려함으로써 평가할 수 있다. 〈그림 7.20〉에서 볼 수 있는 것처럼 하천을 경계로 영상정은 실제 양수정(PW)의 반대 위치에 같은 거리 d를 가지고 위치해 있다. 이때 영상정은 지하수 함양을 위한 영상정이 된다. 그림에서 3개의 관측정(observation well, OW)이 있는데 하천 경계면의 영향을 고려해 관측정에서의 강하량을 구할 수 있다.

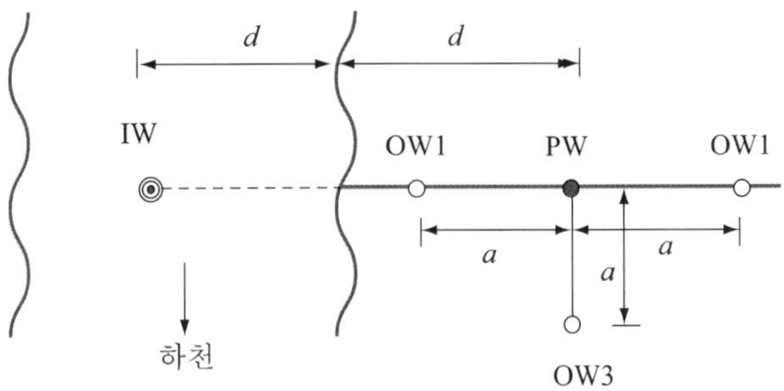

〈그림 7.20〉 양수정 주변의 하천 경계면

〈그림 7.20〉의 상황에 대해 피압대수층의 부정류 흐름해석을 고려하고, Jacob의 방법을 적용하도록 한다. 이때 다른 수원(water source)이나 지하수 함양은 없다고 하면, 임의의 시간 t에 있어서의 압력수면 강하량은 식(7.66)과 같다.

$$s = \frac{2.3026\,Q}{4\pi T}\log\left(\frac{2.246\,Tt}{r^2 S}\right) = \frac{2.3026\,Q}{4\pi T}\log\left(\frac{C}{r^2}\right) \tag{7.66}$$

여기서 $C = \dfrac{2.246\,Tt}{S}$ 이다. 양수와 영상정으로 인한 양수정에 있어서의 강하량은 식(7.67)과 같다.

$$s_w = \frac{2.3026Q}{4\pi T}\left[\log\left(\frac{C}{r_w^2}\right) - \log\left(\frac{C}{4d}\right)\right] = \frac{2.3026Q}{4\pi T}\left[\log\left(\frac{2d}{r_w}\right)\right] \tag{7.67}$$

만약 흐름이 정상류라면 강하량은 s_w대신에 s가 되고 식(7.68)과 같고, 〈그림 7.20〉의 각 관측정에서의 강하량은 식(7.69)부터 식(7.71)과 같다.

$$s = \frac{2.3026Q}{2\pi T}\log\left(\frac{R}{r_w}\right) \tag{7.68}$$

$$s_1 = \frac{2.3026Q}{2\pi T}\log\left(\frac{2d-a}{a}\right), \quad [R = 2d - a] \tag{7.69}$$

$$s_2 = \frac{2.3026Q}{2\pi T}\log\left(\frac{2d+a}{a}\right), \quad [R = 2d + a] \tag{7.70}$$

$$s_3 = \frac{2.3026Q}{2\pi T}\log\left(\frac{\sqrt{4d^2+a^2}}{a}\right), \quad [R = \sqrt{4d^2+a^2}] \tag{7.71}$$

7.7 담수와 해수의 경계면

바다에 가까운 곳에서 담수(fresh water)를 양수하는 것은 해수(sea water) 침수로 지하수의 수질에 심각한 영향을 줄 수 있다. 담수는 비중이 1.0이고 해수는 1.025로 담수는 해수보다 가볍기 때문에 담수를 양수하면 그 빈공간을 해수가 들어와 채우게 된다. 〈그림 7.21〉을 보면 담수와 해수의 경계면(interface)이 있는데 이 경계면에서 담수와 해수의 압력이 같다. 기준면으로부터 지하수면까지의 수두 h_f와 해수면까지의 수두 h_s는 식(7.72)와 같다.

$$h_f = \frac{p_f}{\rho_f g} + z \tag{7.72a}$$

$$h_s = \frac{p_s}{\rho_s g} + z \tag{7.72b}$$

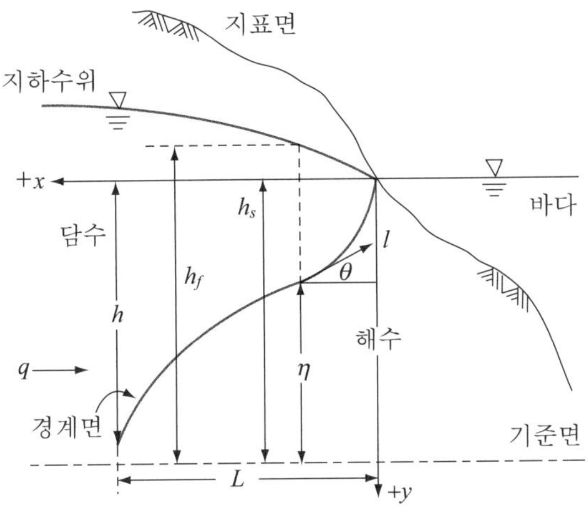

〈그림 7.21〉 담수와 해수의 경계면

여기서 p_f와 p_s는 각각 담수와 해수의 경계면에 대한 압력이고, ρ_f와 ρ_s는 담수와 해수에 대한 각각의 밀도를 나타낸다. $z=\eta$의 경계면을 따라 압력 p_f와 p_s가 같으므로 식(7.73)과 같이 쓸 수 있고, η는 식(7.74)와 같다.

$$\rho_f(h_f-\eta)=\rho_s(h_s-\eta) \tag{7.73}$$

$$\eta=\frac{\rho_s}{\Delta\rho}h_s-\frac{\rho_f}{\Delta\rho}h_f \tag{7.74}$$

여기서 $\Delta\rho=\rho_s-\rho_f$이다. 경계면 l을 따라 η의 변화율은 식(7.75)와 같다.

$$\frac{\partial\eta}{\partial l}=\frac{\rho_s}{\Delta\rho}\frac{\partial h_s}{\partial l}-\frac{\rho_f}{\Delta\rho}\frac{\partial h_f}{\partial l}=-\frac{\rho_s}{\Delta\rho}\frac{v_s}{K_s}+\frac{\rho_f}{\Delta\rho}\frac{v_f}{K_f} \tag{7.75}$$

여기서 $v_s=-K_s\frac{\partial h_s}{\partial l}$이고, $v_f=-K_f\frac{\partial h_f}{\partial l}$이다. 만약 $\frac{\partial\eta}{\partial l}=0$이면 경계면은 수평이 되고, $v_s=v_f=0$이 되며, $\frac{\rho_s}{\Delta\rho}\frac{v_s}{K_s}=\frac{\rho_f}{\Delta\rho}\frac{v_f}{K_f}$이 된다.

경계면은 이론적으로 포물선의 형태를 가지며 유선을 나타낸다. 흐름이 경계면을 횡단할 수는 없지만 담수와 해수의 변동에 따라 혼합되는 영역이 존재할 수 있다. 경험식에 의해 경계면에 대한 포물선 형태를 식(7.76)과 같이 나타낼 수 있고, $L>h$에 대해 해수 침입의 길이 L은 식(7.77)과 같이 쓸 수 있다. 해수의 침입을 막기 위해 바다 근처의 양수제한, 담수의 지하수함양 등의 방법들을 사용하고 있다.

$$y = \sqrt{\frac{80qx}{K_f} + 880\left(\frac{q}{K_f}\right)^2} \tag{7.76}$$

$$L = \frac{0.0125K_f h^2}{q} \tag{7.77}$$

연 습 문 제

7.1 교란되지 않은 암석 표본시료를 오븐에서 건조하였더니 무게가 0.655kg이었다. 등유(kerosene)로 표본시료를 포화시켰더니 0.732kg의 무게를 보였고, 이를 다시 등유가 담긴 용기 속에 넣었을 때 포화된 표본시료에 의해 대체된 등유의 무게는 0.301kg임을 알았다. 표본시료의 공극률은 얼마인가?

7.2 (예제 7.1)과 같은 대수층의 지하수면이 장마기간 동안 10.8m까지 상승하였다. 지하수 함양량은 얼마인가?

7.3 표본시료의 투수계수가 10m/day일 때 (a) 투수계수를 cm/s로 환산하라. (a) *darcy*에 있어서 고유투수계수는 얼마인가? 단, $\mu = 0.01\,\mathrm{g \cdot cm/s}$, $\rho = 1\,\mathrm{g/cm^3}$, $g = 981\,\mathrm{cm/s^2}$이다.

7.4 층리에 법선방향인 흐름에서 식(7.16a)를 유도하라.

7.5 피압대수층이 25m의 두께와 30%의 공극률을 가지고 있다. 만약 물의 탄성계수가 $2.12 \times 10^5\,\mathrm{N/cm^2}$이고, 다공성 매질(porus medium)의 탄성계수가 $5000\,\mathrm{N/cm^2}$이었다면, 저류계수는 얼마인가?

7.6 (예제 7.4)와 조건들이 모두 같고, 불투수 점토층의 두께가 1m일 때 점토층 윗부분의 비피압대수층에 대한 단위폭당 유량 q를 구하라. 단, $K = 18\,\mathrm{m/day}$이다.

7.7 <그림 7.12>처럼 댐 아래에 강널말뚝(steel sheet pile)의 차수벽이 설치되고 있다. 유선망을 그렸더니 30개의 흐름수로와 45개의 등포텐셜 강하의 유선망이 작도되었다. 투수계수가 0.8mm/s이고, 두 저수지의 수두차이는 18m이었다. (a) 단위폭당 유량을 계산하고, (b) 댐의 폭이 1.0km라면 총유량은 얼마인가 계산하라.

7.8 0.5m의 직경을 가진 우물이 피압대수층에 완전히 박혀 있고, 대수층의 투수계수는 $8.2 \times 10^{-4}\,\mathrm{m/s}$이었다. 우물에서의 수면강하량이 3m를 초과하지 않을 때 최대 양수량은 얼마인가? ℓ/s의 단위로 구하라. 단, 영향반경은 260m이다.

7.9 식(7.56)에서 $Q = \dfrac{\pi K(H^2 - h_w^2)}{\ln(R/r_w)}$이 $Q = \dfrac{2\pi T s_w}{\ln(R/r_w)}$와 같음을 증명하라.

7.10 비피압대수층의 두께가 30m이고, 대수층에 완전히 박혀있는 우물의 직경은 20cm이며, 일정율 35ℓ/s를 가지고 양수를 하고 있다. 우물의 중심으로부터 10m와 100m 떨어진 관측정에서의 수위강하량은 각각 7.5m와 0.5m이었다. (a) 대수층의 평균 투수계수와 (b) 영향반경을 구하라.

7.11 일정한 양수율 2.90m^3/min으로 양수시험을 수행하였다. 이때 관측정은 우물로부터 19.20m의 거리에 있었고, 관측한 압력수면 강하량은 <표>와 같았다. Theis 방법에 의해 m^2/min에 있어서의 T와 S를 구하라.

〈표〉 시간에 따른 압력수면 강하량

양수시간 (min)	강하량 (m)	양수시간 (min)	강하량 (m)	양수시간 (min)	강하량 (m)
0.0	0.0000	8.0	0.7102	55.0	1.0089
0.5	0.3596	9.0	0.7254	60.0	1.0150
1.0	0.4298	10.0	0.7407	70.0	1.0211
1.5	0.4785	12.0	0.7742	80.0	1.0302
2.0	0.5090	16.0	0.8108	90.0	1.0363
2.5	0.5394	18.0	0.8209	100.0	1.0363
3.0	0.5608	20.0	0.8504	110.0	1.0424
3.5	0.5791	25.0	0.8809	120.0	1.0516
4.0	0.6096	30.0	0.9083	135.0	1.0607
4.5	0.6309	35.0	0.9296	150.0	1.0668
5.0	0.6401	40.0	0.9449	165.0	1.0820
6.0	0.6706	45.0	0.9693	180.0	1.0942
7.0	0.6888	50.0	0.9906	210.0	1.1003
				217.0	양수 멈춤

7.12 피압대수층에서 일정한 양수율 1651.37m^3/day로 양수시험을 수행하였다. 우물로부터 12.3m 떨어진 관측정에서 관측한 압력수면 강하량은 <표>와 같이 주어진다. Jacob 방법에 의해 m^2/day에 있어서의 T와 S를 결정하라.

〈표〉 시간에 따른 강하량 자료

시간(min)	강하량(m)	시간(min)	강하량(m)
1	0.24	22	0.53
2	0.24	28	0.54
3	0.28	35	0.57
4	0.32	45	0.64
6	0.37	55	0.65
8	0.41	65	0.68
10	0.45	80	0.69
14	0.49	100	0.74
18	0.51	120	0.76

PART IV

유출해석

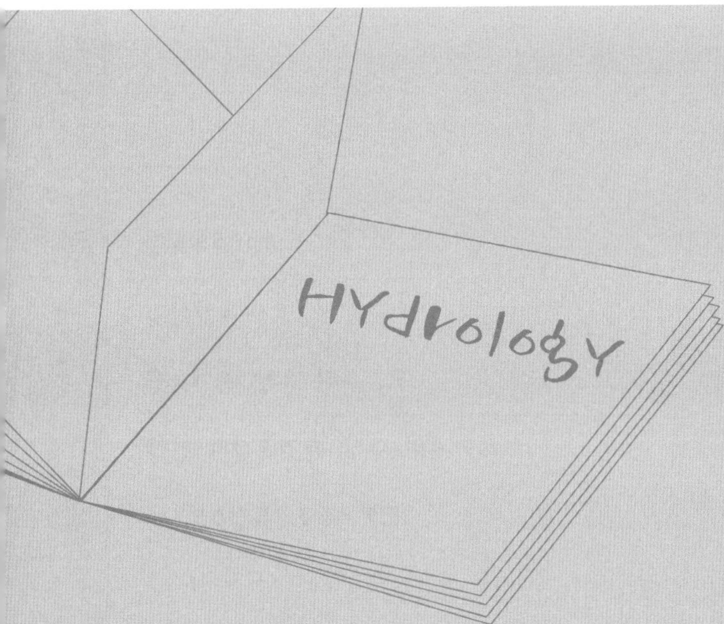

Chapter 08

하천유량관측

지표면의 하천에서 흐르는 물의 시간당 용적을 하천유량이라고 하고, 이 하천유량이 인위적인 영향을 받지 않고 하천의 하도(stream channel)로 유입된 것이라면 이를 유출(runoff)이라고 한다. 하천유량은 수자원관련 프로젝트, 설계, 연구뿐만 아니라 생태계, 환경 등에 미치는 영향을 토대로 한 관련 프로젝트, 설계, 연구를 위해서도 매우 중요한 자료이다. 본 장의 뒤에서 논의 되어질 강우와 유출관계, 단위유량도 작성, 홍수추적 등을 위해서도 하천유량은 필수적인 자료라 할 수 있다.

자연하천에서의 유량 측정은 관수로나 플룸(flume) 등에서의 유량측정보다 어렵다고 할 수 있으나 어떤 기준면에 대하여 연속성을 가지고 수위를 측정할 수 있다면, 수위를 토대로 유량을 구할 수 있다. 즉, 수위가 높으면 유량도 높아진다는 점을 감안하여 수위를 측정해 하천단면적을 구하고, 여기에 유속을 곱하면 유량이 산정된다. 이를 토대로 수위와 유량의 안정적인 관계곡선을 추정해 놓을 수 있다면 수위에 따른 유량을 구할 수 있다. 따라서 본 장에서는 수위 및 유속측정과 이를 통한 유량 산정에 대하여 살펴보도록 한다.

8.1 수위측정

하천수위는 임의의 기준면위에 주어진 단면에서 하천수면의 높이로 정의된다. 임의의 기준면은 평균해수면(mean sea level)을 토대로 하여야 하나 때로는 하천바닥 또는 하상(river bed)이나 하상에서 약간 아래를 기준면으로 이용하기도 한다. 이때 해수면으로부터의 표고 높이를 0.0m로 하는 영점표고를 정하여 수위를 측정하고, 수위의 단위는 미터(meter)를 이용한다. 하천수위는 유량 변화나 하상 변동 혹은 지점 상·하류의 구조물 설치 등에 따라 변화되며, 하구 수위와 감조부의 수위는 조위에 의한 영향을 받는다. 또한 하천의 수위는 한 지점에서 횡단으로 관측되지만 하천의 계획 및 관리상 하도를 따라서 종단으로도 측정할 필요도 있다. 수위 관측은 보통관측과 자기관측으로 구분하는데 이를 위해 보통수위계(manual gauge)와 자기수위계(recording gauge)가 있다.

8.1.1 보통수위계

보통수위계에는 눈금이 새겨진 목자판 또는 준척수위계(staff gauge)가 있는데 교량의 교각이나 하천에 존재하는 구조물에 부착하기에 편리하다. 수위가 한 개의 연직 준척을 초과할때는 〈그림 8.1b〉와 같이 여러개의 연직준척을 세워 측정한다. 그리고 줄에 어떤 중량을 매달아 교량위와 같은 고정점에서 줄을 하천으로 내리는 추선수위계(suspended weight gauge)를 이용해 수위를 측정하기도 한다. 보통수위계는 설치가 간단하고 값이 저렴하지만 연속적인 하천수위를 얻기가 어렵다. 홍수시에는 첨두수위계(crest stage gauge)를 보조로 이용할 수 있다. 그리고 목자판과 같은 보통수위계를 설치할 때 선박, 얼음 또는 홍수시의 유송잡물 등에 의한 손상으로부터 보호할 수 있도록 설치하여야 한다.

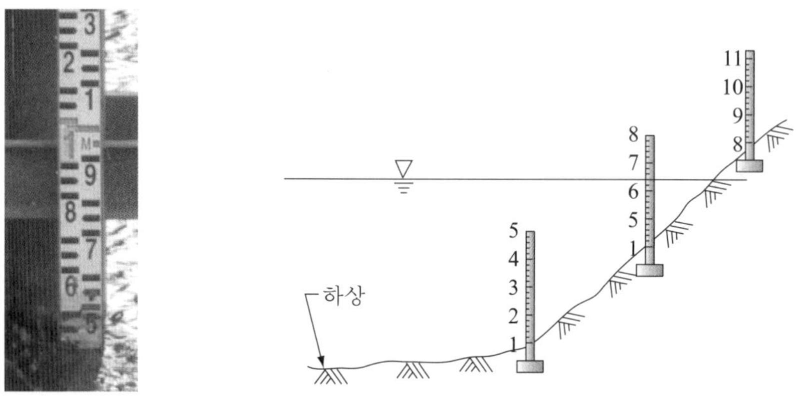

(a) 준척수위계 (b) 수위가 한 개의 수위계 높이를 초과시

〈그림 8.1〉 준척수위계

8.1.2 자기수위계

자기수위계로는 부자식(float type gauge), 기포식(bubble gauge), 압력식(pressure sensor gauge), 초음파식(ultrasonic gauge), 음파식, 리드식, 레이더 수위계(radar gauge), 영상수위계 등이 있다. 부자식 수위계는 도수관을 통해 하천의 물이 유입되고, 유입된 수위가 부표와 도르래를 통해 기록장치에 전달됨으로써 기록되어진다. 관측기구가 간단하여 고장에 대응하기 편리하지만 도수관을 통한 토사유입에 유의하여야 한다. 기포식 수위계는 수심과 압력의 비례관계를 이용한 것인데 수중에서 기체의 기포를 방출해 측정한 압력을 수위로 환산하는 것으로 기포를 방출하기 때문에 미생물 등의 유입이 없고 결빙시에도 이용할 수 있다. 압력식 수위계는 수위변화에 따른 수압의 변화를 감지하여 수위로 변환하여 기록한다. 초음파 수위계는 초음파를 수면에 발사하여 반사된 신호의 도달시간을 측정해 수위로 환산하는 방법으로 설치가 간단하며 토사퇴적이나 하천에 장애요소가 없는 곳에 유리하다. 음파식 수위계는 초음파식과 같은 원리이나 음파가 수면의 움직임에 영향을 덜 받고 수면에서 가까운 거리에서 양호하다. 리드식 수위계는 수중에 설치한 측정기둥 내에 영구자석이 내장되어 있

는 부자와 리드스위치가 있는데 수위에 따라 자력에 의해 리드스위치가 켜짐으로써 수위를 기록하게 된다. 비교적 설치가 용이하고 중하류지역 관측에 유리하다. 레이더 수위계는 고주파수를 이용하여 수위를 측정하는 것으로 고정밀도의 측정이 가능하다. 영상수위계는 준척 수위계의 수위표를 자동으로 촬영하여 수위와 영상정보를 이용한 영상처리로 수위자료를 얻는다.

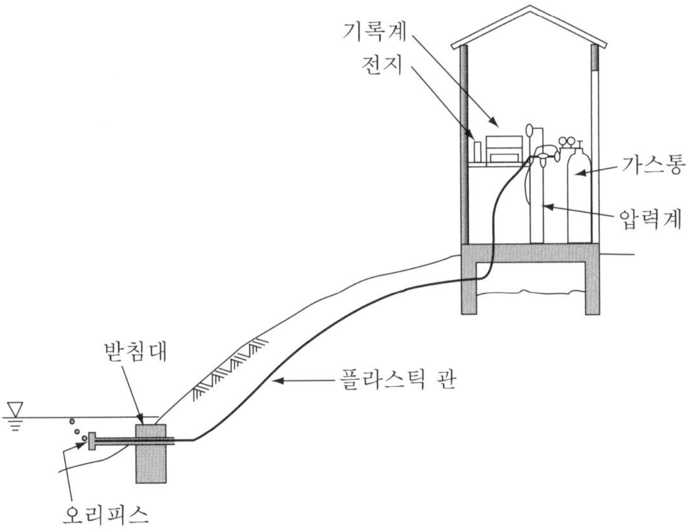

〈그림 8.2〉 기포식 수위계의 설치

8.2 유량산정

8.2.1 유속－단면적법

유량측정을 위해 많은 방법들이 있지만 이중에서 가장 많이 이용하는 방법 중 하나가 유속－단면적 방법(velocity-area method)으로 하천의 횡단면적과 하천 흐름의 평균유속을 곱하여 유량을 얻는 것이다. 즉, 식(8.1)의 공식에 의해 유량을 산정하게 된다.

$$Q = A\,V \tag{8.1}$$

여기서 Q는 유량이고, A는 하천흐름 단면적, V는 평균유속이다. A와 V를 결정하기 위해 하천의 횡단면을 적절한 수의 연직방향 소단면(small sections)으로 나누어 각각에 대한 면적과 평균유속을 측정하게 된다. 소단면 각각에 대한 면적 및 평균유속의 정보를 이용하여 대상 단면을 흐르는 유량을 산정한다.

(1) 유속계

유속계에는 컵형 유속계(cup type current meter 또는 Price meter), 프로펠러 유속계(propeller type current meter), 음향도플러 유속계(acoustic Doppler current meter), 전자기 유속계(electromagnetic current meter) 등 여러 종류의 유속계가 있으나 이들 중 통상적으로 사용하는 유속계는 하천 흐름에 의해 6개 원추형 컵이 연직축을 회전함으로써 유속을 구하는 컵형, 또는 Price meter와 프로펠러가 수평축을 회전함으로써 유속을 구하는 프로펠러 유속계가 있다.

Price meter와 프로펠러 유속계는 하천 흐름에 의해 평형 상태의 유속계가 흐름에 대한 항력(drag force)의 불균형으로 회전을 하게 되며, 이때 회전 속도는 유속과 비례하게 된다. Price meter는 〈그림 8.3〉과 같이 연직축을 중심으로 6개의 컵이 회전을 하며 날개(fin) 부분은 유속계가 항상 흐름방향에 있도록 조정한다. 추(fish weight)는 유선(streamline)과 같은 모양으로 케이블이 연직을 유지할 수 있도록 해준다. 컵이 한 바퀴 회전할 때마다 전기회로가 닫히면서 소리를 내는데 이 소리의 수를 경과된 시간으로 나누면 컵의 초당 회전수인 유속계의 속도 N을 얻을 수 있고, 이때 유속계에 의해 측정된 유속은 식(8.2)와 같이 나타낼 수 있다.

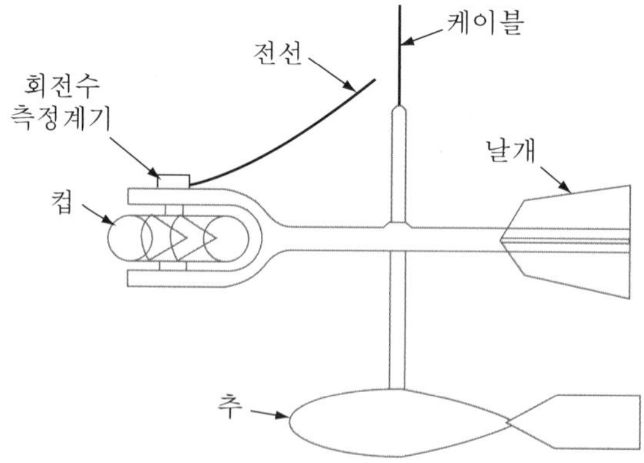

〈그림 8.3〉 Price meter

$$v = a + b\,N \qquad (8.2)$$

여기서 v는 유속(m/sec)이고, a와 b는 검정상수이다. 프로펠러 유속계도 같은 원리인데, 다만 이 유속계는 수평축을 중심으로 흐름방향에 놓여 있는 프로펠러가 회전하게 된다.

(2) 수심에 따른 유속분포

〈그림 8.4〉와 같이 개수로에서 수심에 따른 유속은 하상에서 0이고 수면 바로 아래에서 최대 유속이 발생하게 된다. 난류의 조건하에서 수심에 따른 유속의 변화는 근접하게 대수의 법칙이나 1/7승의 법칙을 따른다. 즉, $v \propto \ln y$ 또는 $v \propto y^{1/7}$의 유속분포를 갖게 된다. 수심 d에 대해 적분을 하면 대수법칙의 경우, 하상으로부터 $0.368d$에서의 유속이 연직방향의 평균유속과 같게 되고, 1/7승 법칙의 경우는 하상으로부터 $0.393d$에서 평균유속과 같게 된다. 따라서 하상으로부터 $0.4d$(또는 수면으로부터 $0.6d$)에서 측정한 유속이 연직방향의 평균유속이 되며, $V = v_{0.4}$와 같이 나타낸다. 그리고 〈그림 8.4〉에서 v_s는 수표면에서의 표면유속을 의미한다.

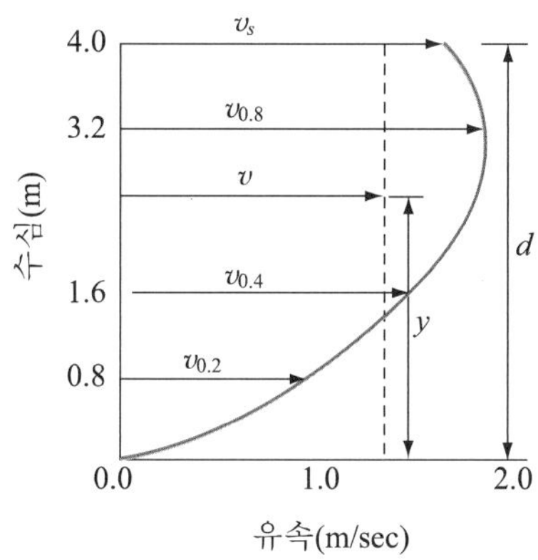

〈그림 8.4〉 연직방향의 유속분포

하상으로부터의 수심 $0.4d$지점에 유속계를 위치시키고, 유속계의 컵 회전수와 경과시간에 의해 유속계 속도가 기록되면 식(8.2)에 의해 평균유속이 계산된다.

$V = v_{0.4}$을 1점법이라 하고, 평균유속측정을 위해 각각 2점법, 3점법이라 불리는 식(8.3)과 식(8.4)를 이용할 수 있다.

$$V = \frac{v_{0.2} + v_{0.8}}{2} \qquad (8.3)$$

$$V = \frac{v_{0.2} + 2v_{0.4} + v_{0.8}}{4} \tag{8.4}$$

(3) 유량계산

연직 소단면들의 평균유속과 단면적을 이용해 소단면의 유량을 구한 후, 이들을 더함으로써 하천의 유량을 얻게 된다. 〈그림 8.5〉와 같이 큰 하천의 경우, 하천폭에 따라 횡단면을 가능한 등간격으로 20~30개로 나누는데 각 연직 소단면에 해당하는 유량이 총 유량의 10%를 초과하지 않도록 한다. 〈그림 8.5〉에서 소단면 ABCD는 EF의 연직선상에서 2점법에 의해 평균유속을 구하고, 길이 EF와 폭 AB를 곱함으로써 소단면적을 얻어 해당 유량을 식(8.1)로 부터 구한다. 그리고 하천변에 있는 소단면 GHI와 G′ H′ I′의 유량은 무시되어 질 수 있다. 이러한 절차에 의해 유량을 구하는 방법을 중간단면적법(mid-section method)이라고 한다.

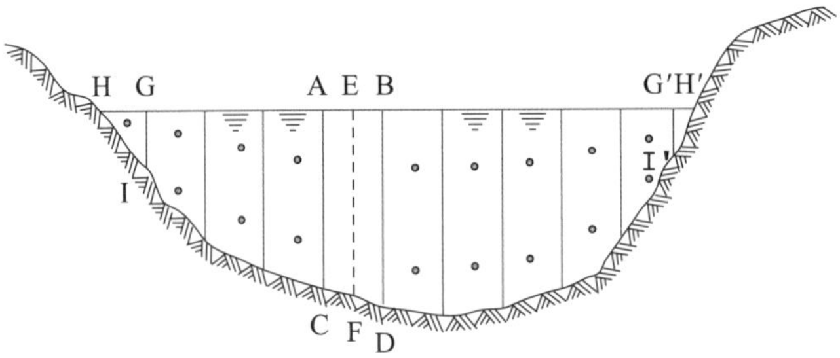

〈그림 8.5〉 유량측정을 위한 연직 소단면에서의 유속계 위치

예제 8.1

유속측정을 위해 관측한 값들이 〈표 8.1〉의 (1)~(5)란에 주어져 있을 때 해당 하천의 유량을 계산하라. 단, 유속측정을 위한 식(8.2)는 $v = 0.05 + 0.3N$과 같다.

풀이

〈표 8.1〉을 보면 (1)란은 하천의 양쪽 중 한 제방으로부터의 거리를 나타내고, (2)란은 각 소단면에서의 수심을 나타내고 (3)란은 유속을 측정하고자 하는 지점의 위치를 나타낸다. (4)와 (5)란은 각각 유속계의 컵 회전수와 해당 경과시간을 의미한다. 따라서 회전수/초의 단위를 갖는 유속계의 속도 N은 (4)란을 (5)란으로 나누어 얻어지며, 이는 (6)란에 나타내어진다. (7)란은 (6)란과 식(8.2)에 의해 구해지고, (8)란은 (7)란으로부터 계산된다. (9)란은 (1)란으로부터 폭을 얻은 후 이를

〈표 8.1〉 유속-단면적법에 의한 유량 측정

(1)	(2)	(3)	(4)	(5)	(6)	(7)	(8)	(9)	(10)
제방으로부터 거리(m)	수심 (m)	유속계 위치 (m)	회전수	시간 (초)	N (회전수/초) (4)/(5)	v (m/s)	평균유속 V (m/s)	소단면 면적 (m^2)	유량 ΔQ (m^3/s) (8)×(9)
0.8	0.5	0.3	12	48	0.250	0.125	0.125	0.40	0.050
1.6	1.0	0.8	23	52	0.442	0.183	0.223	0.80	0.178
		0.2	36	51	0.706	0.262			
2.4	1.6	1.28	27	54	0.500	0.200	0.228	1.12	0.225
		0.32	41	60	0.683	0.255			
3.0	2.0	1.60	33	58	0.569	0.221	0.245	1.20	0.294
		0.40	45	62	0.726	0.268			
3.6	2.0	1.60	32	58	0.552	0.216	0.243	1.20	0.292
		0.40	44	60	0.733	0.270			
4.2	1.8	1.44	28	53	0.528	0.208	0.238	1.26	0.300
		0.36	42	58	0.724	0.267			
5.0	1.2	0.96	24	50	0.480	0.194	0.227	0.96	0.218
		0.24	35	50	0.700	0.260			
5.8	0.6	0.36	14	45	0.311	0.143	0.143	0.48	0.069
6.6	0.0								

(2)란의 수심에 곱하여 계산한다. 즉, 제방으로부터의 거리 2.4m지점에서의 수심은 1.6m이다. 그리고 2.4m지점의 왼쪽단면이 제방으로부터의 거리 1.6m까지라면 2.4m지점에서 왼쪽단면의 폭은 $(2.4-1.6)/2=0.4$m이고, 오른쪽 단면의 폭은 $(3.0-2.4)/2=0.3$m이다. 따라서 2.4m지점의 폭이 $(0.4+0.3)=0.7$m이므로 (9)란에서 해당 소단면의 면적은 $1.6\times0.7=1.12\text{m}^2$이 된다. (10)란은 (8)란에 (9)란을 곱함으로써 얻어지며, 총유량은 $Q=\sum_{i=1}^{8}\Delta Q=1.626\text{m}^3/\text{s}$가 된다. 앞에서 언급한 각 소단면의 유량은 총유량의 10%를 초과하지 않아야 한다는 내용이 있는데 본 예제는 유량측정의 절차를 설명하기 위한 것으로 이해하기 바란다.

8.2.2 수면경사-단면적법

(1) Chezy와 Manning 공식의 이용

개수로 흐름에 있어 유량의 계산은 식(8.5)의 Chezy공식과 식(8.6)의 Manning 공식으로 구할 수 있다.

$$Q = A\,C\sqrt{RS} \tag{8.5}$$

$$Q = A\frac{1}{n}R^{2/3}S^{1/2} \tag{8.6}$$

여기서 A는 단면적, S는 에너지경사, R은 동수반경, C는 Chezy 계수이고, n은 Manning의 조도계수이다. 배수효과나 지류와의 합류 등에 의한 교란이 없고, 비교적 직선인 하도구간에서의 에너지 경사는 식(8.7)과 같이 계산된다.

$$S = \frac{(Z_1 - Z_2) + \left(\frac{V_1^2}{2g} - \frac{V_2^2}{2g}\right)}{L} \tag{8.7}$$

여기서 Z_1과 Z_2는 각각 상류와 하류단면에서 기준면으로부터 수면까지의 높이이고, V_1과 V_2는 각각 상류와 하류단면에서의 평균유속이며, L은 하도구간의 길이이다. 하천 흐름의 횡단면적과 윤변(wetted perimeter)은 식(8.8a), 식(8.8b)와 같이 대상 하도구간의 상류단면, 중간단면, 하류단면을 통해 얻어질 수 있으며, 이는 식(8.5)와 식(8.6)에서 이용할 수 있다. 즉, 횡단면적 A와 윤변 P를 이용해 동수반경 R을 식(8.8c)에서 구하여 이용할 수 있다.

$$A = \frac{A_1 + 2A_3 + A_2}{4} \tag{8.8a}$$

$$P = \frac{P_1 + 2P_3 + P_2}{4} \tag{8.8b}$$

$$R = \frac{A}{P} \tag{8.8c}$$

여기서 아래첨자 3은 대상 하도구간의 중간단면에 대한 것이다. Chezy계수 C와 Manning의 조도계수 n은 현장의 자료로부터 구해진다. 유량을 계산하는 과정은 시행착오법으로 다음과 같다.

① 식(8.7)에서 속도수두항을 무시하고 에너지 경사 S를 구하여 식(8.5)로부터 유량 Q를 구한다.

② ①에서 구한 유량과 단면적, A_1과 A_2를 이용해 V_1과 V_2를 구한다. 그리고 식(8.7)로부터 에너지 경사를 구한다.

③ 식(8.5)로부터 유량을 다시 구하고 에너지 경사도 다시 구한다.

④ 시행착오법을 이용해 위의 절차를 반복하여 유량을 계속 구해나가며 연속적으로 구한 2개의 유량이 거의 같아질 때까지 시행한다.

⑤ 유량을 구하기 위해 식(8.6)을 이용할 수 있다.

수면경사－단면적법은 여러 가지 이유로 유속－단면적법이 가능하지 않을 때 홍수량 추정을 위해 주로 사용되며 추정된 유량은 근사값을 제공한다.

예제 8.2

아래와 같이 자료가 주어져 있을 때 수면경사－단면적법을 이용하여 하천의 홍수량을 계산하라. 단, Manning의 조도계수는 0.029이고, 상류와 하류단면 사이의 하도길이는 250m이다.

	상류단면	중간단면	하류단면
면적(m^2)	108.6	103.1	99.8
윤변(m)	65.3	60.7	59.4
지점 수위표고(m)	+316.8	-	+316.55

풀이

평균 단면적 $A=\frac{A_1+2A_3+A_2}{4}=\frac{108.6+2\times103.1+99.8}{4}=103.65\text{m}^2$

평균 윤변 $P=\frac{P_1+2P_3+P_2}{4}=\frac{65.3+2\times60.7+59.4}{4}=61.53\text{m}$

동수반경 $R=\frac{A}{P}=\frac{103.65}{61.53}=1.685\text{m},\ R^{2/3}=1.416\text{m}$

유량 $Q=A\frac{1}{n}R^{2/3}S^{1/2}=103.65\times\frac{1}{0.029}\times1.416\times\sqrt{S}$

$=5060.98\sqrt{S}\,\text{m}^3/\text{s}$

① 시행 1 : 속도수두를 무시하고 에너지 경사를 계산하여 유량을 구한다.

$$S=\frac{(Z_1-Z_2)}{L}=\frac{316.8-316.55}{250}=\frac{0.25}{250}=\frac{1}{1000}$$

$$Q=5060.98\sqrt{\frac{1}{1000}}=160.04\text{m}^3/\text{s}$$

② 시행 2 : 속도수두항을 구하고, 에너지경사를 구해 유량을 계산한다.

$$\frac{V_1^2}{2g}=\frac{(Q/A_1)^2}{2g}=\frac{(160.04/108.6)^2}{19.62}=0.1107\text{m}$$

$$\frac{V_2^2}{2g}=\frac{(Q/A_2)^2}{2g}=\frac{(160.04/99.8)^2}{19.62}=0.1311\text{m}$$

$$S=\frac{(Z_1-Z_2)+\left(\frac{V_1^2}{2g}-\frac{V_2^2}{2g}\right)}{L}=\frac{0.25+(0.1107-0.1311)}{250}=9.184\times10^{-4}$$

$$Q = 5060.98\sqrt{9.184\times10^{-4}} = 153.37\text{m}^3/\text{s}$$

③ 시행 3 : 시행 2에서 구한 유량을 이용해 속도수두, 에너지경사, 유량을 다시 계산한다.

$$\frac{V_1^2}{2g} = \frac{(Q/A_1)^2}{2g} = \frac{(153.37/108.6)^2}{19.62} = 0.1017\text{m}$$

$$\frac{V_2^2}{2g} = \frac{(Q/A_2)^2}{2g} = \frac{(153.37/99.8)^2}{19.62} = 0.1204\text{m}$$

$$S = \frac{(Z_1 - Z_2) + \left(\frac{V_1^2}{2g} - \frac{V_2^2}{2g}\right)}{L} = \frac{0.25 + (0.1017 - 0.1204)}{250} = 9.252\times10^{-4}$$

$$Q = 5060.98\sqrt{9.252\times10^{-4}} = 153.94\text{m}^3/\text{s}$$

시행 2와 3의 유량이 거의 같으므로 시행 3의 홍수량 153.94m^3/s을 최종 홍수량으로 한다.

(2) 간편법

미국의 지질조사국(US Geological Survey)은 등류 하도의 유량을 계산하기 위하여 간편법을 제시하였다. 즉, 수면경사는 n과 관련이 있고, 동수반경은 하천 흐름 횡단면적과 관련이 있다는 가정하에 $Q = aA^bS^c$의 형태를 이용해 Manning 공식을 식(8.9)와 같이 나타내었다.

$$\log Q = 0.191 + 1.33\log A + 0.05\log S - 0.056\,(\log S)^2 \tag{8.9}$$

여기서 S는 수면경사이고, a, b, c는 상수들이고, Q는 m^3/s, A는 m^{2}의 단위이다.

8.2.3 희석법

희석법은 중크롬산나트륨(sodium dichromate), 소금(NaCl) 또는 방사성 화학물질(radioactive chemical) 등과 같은 추적자(tracer)를 이용하여 유량을 계산한다. 즉, 하천의 흐름은 추적자의 확산(dispersion)에 영향을 미치고, 주입지점(injection point)의 하류에서 추적자의 희석으로부터 유량을 계산하게 된다. 물질은 일정비율로 하천에 주입되는 경우와 한꺼번에 물질을 주입하는 방법이 있는데 이들은 각각 일정량 주입법(constant rate injection 또는 plateau method)과 순간주입법(sudden, gulp, 또는 integration injection method)이라고 한다.

(1) 일정량 주입법

농도 C_1을 가진 추적자가 일정량 q(m^3/s)의 비율로 하천에 주입되어지고, 초기농도 C_0를 가진 동일한 추적자의 농도를 포함한 하천 유량을 Q라고 하자. 하류의 하천단면에서의 농도를 C_2라고 하면, 추적자의 질량보존의 법칙에 의해 식(8.10)과 식(8.11)이 얻어진다.

$$QC_0 + qC_1 = (Q+q)C_2 \tag{8.10}$$

$$Q = q\frac{(C_1 - C_2)}{(C_2 - C_0)} \tag{8.11}$$

초기에 존재하는 추적자의 농도를 무시하면 $C_0 = 0$이 되고, C_1이 C_2에 비해 충분히 크다면 식(8.12)를 얻을 수 있다.

$$Q = q\left(\frac{C_1}{C_2} - 1\right) \approx q\frac{C_1}{C_2} \tag{8.12}$$

(2) **순간주입법**

농도 C_1을 가진 추적자의 체적(또는 용적) ₩하천의 대상 하도구간 시작지점, 즉 첫 번째 단면에서 순간적으로 주입되어지고, 측정하는 동안 유량 Q는 일정하다. 주입된 추적자는 하류의 두 번째 단면(second 또는 sampling cross section)에서 측정되어진다. 첫 번째 단면에서 주입된 추적자가 두 번째 단면을 모두 통과할 때까지 시료를 채취한다. 이를 통해 식(8.13)을 쓸 수 있다.

$$M = ₩C_1 = Q\int_{t_0}^{\infty} C_2(t)dt \tag{8.13}$$

여기서 M은 주입된 추적자의 질량, ₩는 주입된 추적자의 체적, C_1는 주입된 추적자의 농도, Q는 하천유량, $C_2(t)$는 하류단면에서 시간 간격 dt를 가지고 채취된 시료의 농도, t는 경과시간(elapsed time), t_0는 하류단면에서 추적자의 첫 분자가 도달한 시간이다. 주입된 추적자가 하천 흐름에 잘 혼합되어지고 추적자의 통과시간을 T라고 하면 식(8.13)에서 $\int_{t_0}^{\infty} C_2(t)dt$는 식(8.14)와 같이 나타낼 수 있다.

$$\overline{C_2} = \frac{1}{T}\int_{t_0}^{T} C_2(t)dt \tag{8.14}$$

식(8.13)과 식(8.14)로부터 식(8.15)를 쓸 수 있다.

$$Q=(\text{¥}/T)\ (C_1/\overline{C}_2) \tag{8.15}$$

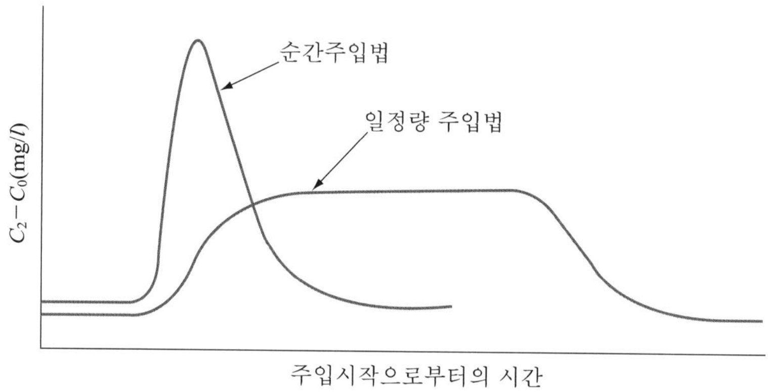

〈그림 8.6〉 주입방법에 따른 시간과 농도곡선의 비교

예제 8.3

순간주입법에 의해 다음과 같은 결과들을 얻었다. 이때 유량을 구하라.

중크롬산나트륨의 질량 : $M=1550$g

시료채취 시간간격 : $\Delta t=15$sec

시료채취 횟수 : $n=39$

추적자의 평균농도 : $\overline{C}=5.24$mg/ℓ

풀이

$$Q=\frac{M}{n\Delta t\,\overline{C_2}}=\frac{1500}{39\times15\times5.24}=0.5\text{m}^3/\text{s}$$

참고 : 5.24mg/ℓ=5.24g/m^3

8.2.4 부자법

부자에 의한 방법(float method) 또는 부자법은 유속이 빠르고 수심이 깊으며 표류물들이 많아 유속계를 사용하기 어려울 경우의 유량측정에 이용된다. 부자법은 부자가 하도구간에서 떠내려간 일정 길이와 걸린 시간을 이용해 식(8.16)과 같이 유속을 구한다.

$$v = \frac{L}{t} \tag{8.16}$$

여기서 v는 부자에 의한 유속, L은 부자가 떠내려간 거리, t는 L의 거리를 부자가 떠내려간 시간이다. 하천의 상류와 하류의 하천 횡단면을 등폭의 소단면으로 나누고, 각각의 소단면에 대해 평균유속을 구한다. 이때 평균유속은 보정이 필요하며 부자에 의해 측정된 평균유속에 보정계수(reduction coefficient)를 곱해 소단면에 대한 보정 평균유속을 구하게 된다. 소단면 보정 평균유속에 각 단면적을 곱함으로써 소단면별 유량을 구하게 되고 이를 합함으로써 대상 단면에서의 유량을 산정하게 된다.

부자의 종류로는 여러 가지가 있으며 대표적으로 표면부자(surface floats), 수중부자(canister 또는 subsurface floats), 봉부자(rod floats)가 있다(〈그림 8.7〉). 식(8.5)와 (8.6)으로부터 Chezy 계수 C를 식(8.17a)와 같이 구할 수 있고, Manning의 조도계수 n을 알면 보정계수 k는 Chezy 계수를 이용해 식(8.17b)와 같이 계산한다.

$$C = \frac{1}{n} R^{1/6} \tag{8.17a}$$

$$k = \frac{C}{C+6} \tag{8.17b}$$

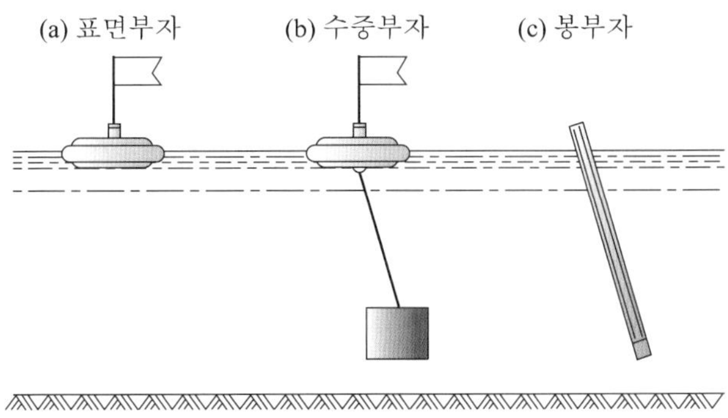

〈그림 8.7〉 부자의 종류

8.2.5 이동시간차 방식 초음파 방법

이동시간차 방식 초음파 유속계(ultrasonic method 또는 ultrasonic velocity meter, UVM)는 초음파를 송신하고 수신할 수 있는 2개의 초음파 변환기 A와 B를 〈그림 8.8〉과 같이 하천의 양안에 위치시켜 흐름방향과 흐름의 역방향에 대한 초음파의 이동시간차에 의해 유속을 측정하는 방법이다. 물속에서 음파의 속도를 u라고 하면, A에서 송신하는 신호는 $(u+v_p)$의 속도로 이동하고, B에서 송신하는 신호는 $(u-v_p)$의 속도를 가진다. 여기서 v_p는 음파의 경로를 따라 흐르는 물의 유속 성분으로 $v_p = v\cos\theta$이다. 신호가 A에서 B까지 이동하는 시간을 t_1이라 하고, B에서 A까지 이동하는 시간을 t_2라고 하면 식(8.18)을 쓸 수 있다.

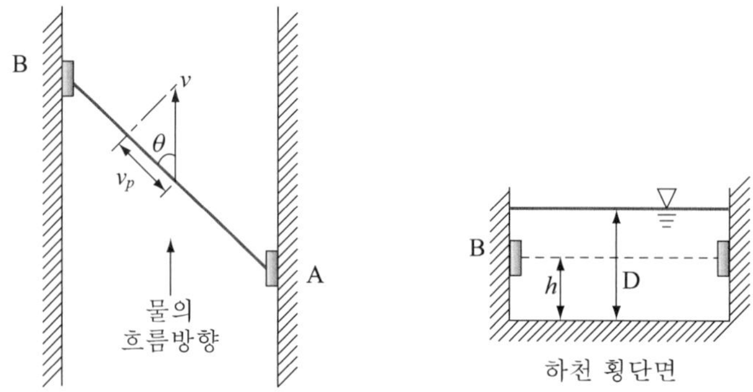

〈그림 8.8〉 초음파 방법

$$t_1 = \frac{L}{u+v_p} \text{이고,}\ t_2 = \frac{L}{u-v_p} \tag{8.18}$$

여기서 L은 A에서 B까지의 길이이고, 식(8.19)를 얻을 수 있다.

$$\frac{1}{t_1} - \frac{1}{t_2} = \frac{2v_p}{L} = \frac{2v\cos\theta}{L} \quad \text{또는}\quad v = \frac{L}{2\cos\theta}\left(\frac{1}{t_1} - \frac{1}{t_2}\right) \tag{8.19}$$

식(8.19)의 유속은 초음파 변환기가 부착되어 있는 하상으로부터의 높이 h에 있어서의 하천 평균유속이지만 횡단면 전체에 대한 평균유속은 아니다. 따라서 단지 2개의 송수신 장치가 이용된다면 우선 v/V와 h/D의 관계가 검정을 통해 설정되어져야 하상으로부터의 높이 h에 있어서의 평균유속을 얻을 수 있다. 그런 후 흐름 단면적을 평균유속에 곱하여 유량을 얻을 수 있다. 이와 같이 한 쌍의 송수신 장치를 이용해 유량을 산정하는 방법을 단일 경로 유량측정(single-path gauging)이라 하고, 하상으로부터 각각 다른 높이에 여러 쌍의 송수신 장치를 이용한 유량측정을 다중 경로 유량측정(multiple-path gauging)이라고 한다.

8.2.6 ADCP

또 다른 초음파 유속계로 도플러방식 초음파유속계(Acoustic Doppler Velocity Meter,

ADVM)가 있는데 ADVM은 유속측정장비인 ADCP(Acoustic Doppler Current Profiler)를 이용한 유량측정방식으로 흐름 내에서 초음파의 도플러 변이를 이용한 유속측정방법이며, 용어는 ADCP와 혼용하여 사용되고 있다. 즉, 고정 주파수의 음파를 송신하고 음파 산란물체에 반사되어 되돌아오는 반향음의 차이로 생기는 도플러 변이(Doppler shift) 효과를 이용하여 유속을 측정한다.

8.2.7 수리구조물을 이용한 유량 산정

작은 하천에서 수리구조물을 이용하여 유량을 측정할 수 있다. 즉 직사각형, 삼각형, 사다리꼴 등의 위어(weirs)나 벤츄리 플륨, Parshall 플륨(flume) 등과 같은 수리구조물의 기하학적 형태와 기준수위의 함수로써 유량을 구하며, 이때 경험적인 계수들이 고려된다. 자세한 내용은 일반적으로 개수로 수리학에서 찾아 볼 수 있다.

8.3 수위-유량 관계곡선

어떤 관측지점에서 연속적인 수위관측과 더불어 충분한 수의 유량을 측정한 후, x축은 유량, y축은 수위로 하여 도시하면 해당 지점에 대한 수위-유량 관계곡선(stage-discharge relation 또는 rating curve)을 얻을 수 있다. 따라서 일단 안정된 수위-유량 관계곡선이 수립되면 향후에는 해당 지점의 수위만 측정하여 관계곡선에 대입해 유량을 구할 수 있게 된다. 대체적으로 수위-유량 관계곡선은 단순 포물선형의 형태를 가지는데 횡단면이 불규칙적일 경우는 불규칙적인 형태를 보이기도 한다. 보통 측정된 유량은 하천의 평균수위 근처값 범위 내에서의 유량값을 갖게 되므로 저수위와 고수위에 대한 측정 유량값은 얻지 못한다. 따라서 저수위와 고수위에 대한 유량을 구하기 위해 수위-유량 관계곡선을 연장하게 된다.

안정된 수위-유량 관계곡선을 얻기 위해서 관측지점의 하도(channel)는 어떤 특정 수위에서 측정단면을 통과하는 유량이 항상 동일하도록 관측지점을 지나는 흐름을 안정화하고 조절할 수 있어야 한다. 수위-유량 관계곡선의 모양, 신뢰성, 안정성은 관측지점의 단면, 하도구간(channel reach) 또는 하류특성에 의해 통제를 받는데 이를 관측점 통제(station control)라고 한다. 관측점에서 가까운 하류에 한계류(critical flow)가 존재하여 관측점 통제가 한계수심(critical depth)을 통제한다면 이를 단면통제(section control)라 하고, 수위-유량 관계곡선이 관측점 하류구간에서 주로 하도의 불규칙성과 마찰에 의해 영향을 받는다면 이를 하로통제(channel control)라 한다. 수위－유량 관계곡선이 시간에 따라 변하지 않는다면 이를 불변통제(permanent control)라 하고, 그렇지 않을 경우를 변이통제(shifting control)라고 한다. 자연적인 통제(natural control)는 그 형태와 안정성이 매우 다양하게 변화하는데 단지 지형학적인 특성에 의해 영향을 받는다면 완전단면통제(complete section control)라 하고, 여러 가지 복합적인 특성에 의해 영향을 받는다면 복합단면통제(compound section control)라고 한다. 보통 단면통제는 저유하량(low flow)에서 효과적이고, 하로통제는 고유량(higher discharge)의 수중에서 영향을 받는다.

8.3.1 수위－유량 관계곡선식 유도

수위－유량 관계곡선식을 작성하기 위한 방법으로는 대수(logarithm)에 의해 변환할 수 있는 식(8.20a)와 같은 포물선 형태가 있는데 이는 식(8.20b)와 같이 대수 변환된다. 그리고 식(8.21)과 같은 다항식의 형태가 있다.

$$Q = c(H + h_0)^n \tag{8.20a}$$

$$\log Q = \log(c) + n\log(H + h_0) \tag{8.20b}$$

$$Q = b_0 + b_1 H + b_2 H^2 + \cdots + b_m H^m \tag{8.21}$$

여기서 Q는 유량, H는 Q에 상응하는 수위, c와 n은 상수들이고 h_0는 유량이 0(zero flow)인 점에서의 수위, 즉 영점표고 기준으로 측정한 수위로 기준면 보정치(datum correc

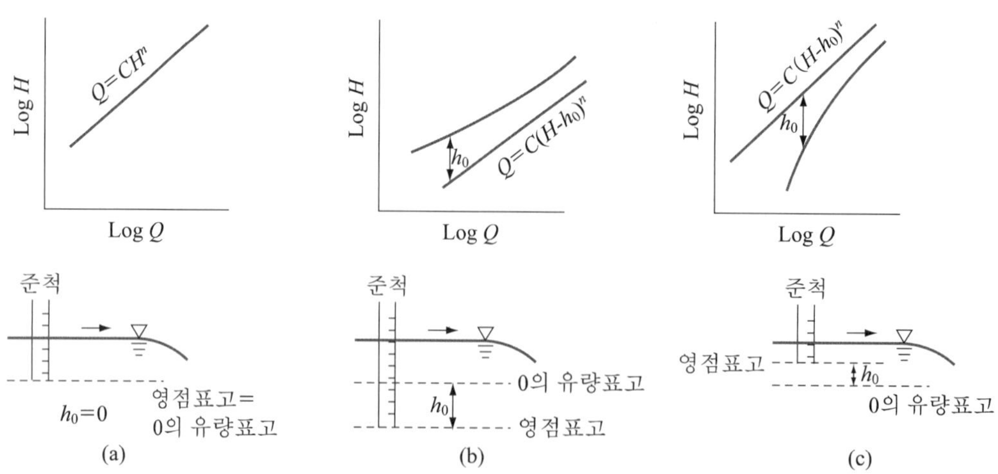

〈그림 8.9〉 수위－유량 관계곡선식에서 기준면 보정치 h_0의 3가지 경우

tion)이다. 따라서 식(8.20a)에서 h_0는 (영점표고 − 유량이 0인 점에서의 표고)의 값에 따라 0, −, + 값을 가질 수 있다(〈그림 8.9〉). b_0, b_1, b_2,⋯, b_m은 다항식의 상수들이다. 본 절에서는 식(8.20)을 토대로 설명을 하며, 식의 유도 등은 산술적 방법으로 기술하도록 한다.

(1) 기준면 보정치 h_0

측정 또는 관측한 수위와 유량 자료들의 점들을 전대수지(log-log paper)에 나타내고, 관측점들에 대해 평균에 대한 선을 그리면 곡선을 얻게 된다(〈그림 8.10〉). 이 곡선에 대해 기준면 보정을 하여 〈그림 8.10〉의 파선(dashed line)과 같은 직선을 얻는다. 3개의 유량 Q_1, Q_2, Q_3을 선택하게 되는데 우선 곡선으로부터 Q_1과 Q_3을 선정하고 Q_2는 식(8.23)으로부터 계산한다.

$$Q_1/Q_2 = Q_2/Q_3 \tag{8.22}$$

$$Q_2^2 = Q_1 Q_3 \tag{8.23}$$

〈그림 8.10〉의 경우는 h_0가 '−'로 〈그림 8.9(b)〉에 해당하며, 이때의 식 $Q = c(H - h_0)^n$을 식(8.23)에 대입하면 $c^2(H_2 - h_0)^{2n} = c(H_1 - h_0)^n c(H_3 - h_0)^n$을 얻게 된다. 여기에서 h_0에 대한 식을 유도하면 식(8.24)를 얻을 수 있다.

$$h_0 = \frac{H_1 H_3 - H_2^2}{H_1 + H_3 - 2H_2} \tag{8.24}$$

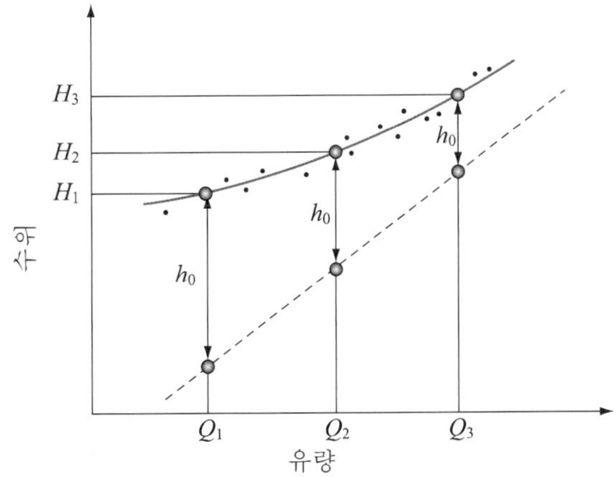

〈그림 8.10〉 전대수지상의 곡선을 직선으로 변환

〈그림 8.9(c)〉의 경우, 즉 $Q=c(H+h_0)^n$에 대한 h_0는 식(8.25)에서 구할 수 있다.

$$h_0 = \frac{H_2^2 - H_1 H_3}{H_1 + H_3 - 2H_2} \tag{8.25}$$

(2) *c*와 *n*의 추정

유량 관측자료에 대해 전대수지상에 직선을 얻은 후, 식(8.20a)의 상수 c와 n을 계산하는데 본 절에서는 산술적인 방법으로 상수들을 산정하도록 한다. 수위－유량 관계곡선은 우선 전대수지 상에서 분석을 하는데 이는 관계곡선이 한 개 또는 한 개 이상의 직선으로 나타나는지를 검토하기 위한 것이며, 한 개 이상의 직선식이 필요하면 각 직선마다 c와 n을 계산하여야 한다.

어떤 관측지점에서 〈표 8.2〉와 같이 수위와 유량을 관측하였고, 이에 대한 기준면 보정치는 $h_0=+1.26$m로 산정되었다. 다음에 수위－유량 관계곡선을 계산하기 위해 상수 c와 n을 결정하여야 한다. 우선 〈표 8.2〉에 주어진 수위자료에 1.26m를 더하고 전대수지상에 도시하면 〈그림 8.11〉처럼 직선을 얻게 된다. 직선상의 범위 내에서 가능한 멀리 떨어진 2개의 점을 선정하도록 한다. 〈그림 8.11〉에서 (Q, H)에 대한 2개의 점을 각각 (97, 1.80)과 (1300, 5.00)이라고 하자. 임의의 2개의 점 (x_1, y_1)과 (x_2, y_2)를 지나는 직선의 방정식은 식(8.26) 및 (8.27)과 같다.

〈표 8.2〉 수위－유량 관계곡선 계산을 위한 수위와 유량 자료

관측횟수	H(m)	Q(m^3/s)	관측횟수	H(m)	Q(m^3/s)
1	1.55	300	15	3.87	1374
2	1.44	287	16	2.33	540
3	1.26	235	17	3.49	1152
4	1.05	193	18	3.93	1452
5	0.73	125	19	2.03	440
6	0.69	113	20	1.61	306
7	0.70	124	21	2.13	469
8	1.70	340	22	1.37	246
9	0.96	169	23	1.05	189
10	0.94	168	24	0.91	163
11	1.35	240	25	0.79	139
12	1.17	202	26	0.68	120
13	1.79	387	27	0.61	104
14	3.09	930	28	0.53	94.6

$$\frac{y-y_1}{x-x_1}=\frac{y_2-y_1}{x_2-x_1} \tag{8.26}$$

$$\frac{\log y-\log y_1}{\log x-\log x_1}=\frac{\log y_2-\log y_1}{\log x_2-\log x_1} \tag{8.27}$$

따라서 식(8.27)을 유량과 수위에 대한 식으로 쓰면 식(8.28)과 (8.29)와 같다.

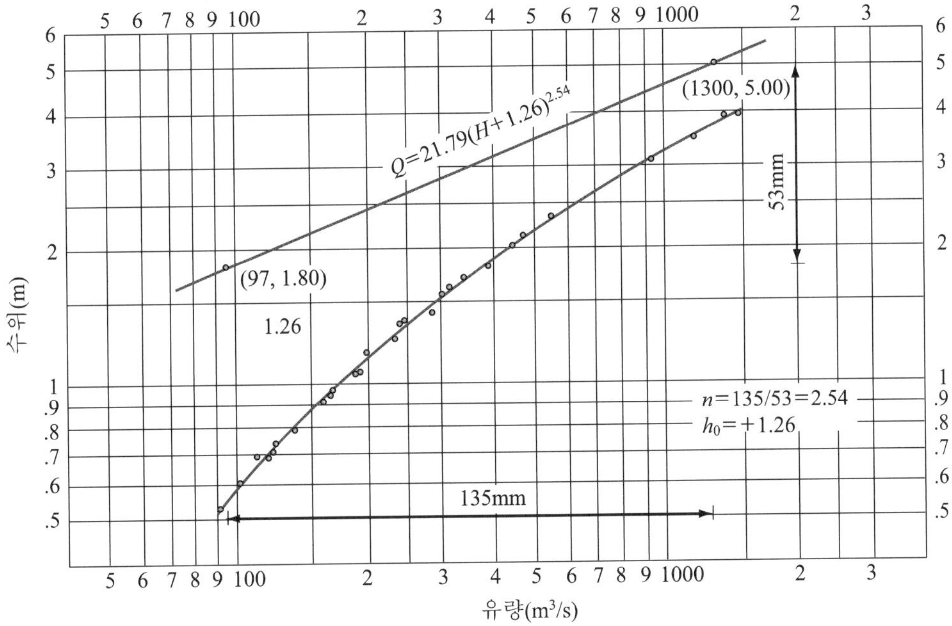

〈그림 8.11〉 대수법에 의한 수위-유량 관계곡선

$$\frac{\log Q-\log Q_1}{\log(H+h_0)-\log H_1}=\frac{\log Q_2-\log Q_1}{\log H_2-\log H_1} \tag{8.28}$$

$$\frac{\log Q-\log 97}{\log(H+1.26)-\log 1.80}=\frac{\log 1300-\log 97}{\log 5.00-\log 1.80} \tag{8.29}$$

따라서 식(8.29)로부터 식(8.30)과 같은 수위-유량 관계곡선식을 얻을 수 있으며, 〈그림 8.11〉에서 볼 수 있다.

$$\frac{\log Q - 1.9868}{\log(H+1.26) - 0.2553} = \frac{3.1139 - 1.9868}{0.6990 - 0.2553} = 2.54$$

$$\log Q = 2.54 \log(H+1.26) + 1.3383$$

$$Q = 21.79(H+1.26)^{2.54} \tag{8.30}$$

8.3.2 수위-유량 관계곡선의 조정

수위-유량 자료가 항상 단순곡선으로 정의되지 않고, 평균 곡선으로부터 편차들의 변동성이 존재하게 되는데 이는 하류의 장애물, 댐 또는 지류의 합류에 의한 배수효과(backwater effect), 홍수시 수위의 변동성 또는 인공 및 자연적인 변화 등으로 발생하게 된다. 이러한 요인들에 의해 수위-유량 관계곡선은 단일곡선이 아닌 고리(loop)형 곡선을 가지게 되고(〈그림 8.12〉), 이는 동일수위라 할지라도 곡선의 상승시와 하강시에 다른 수면경사를 갖게 되어 유량도 다르게 된다. 특히, 배수효과 발생시 상류의 수면경사가 증가하게 되고, 본류 하류에 지류가 존재하여 분류가 발생하면 수면저하효과(drawdown effect)가 생겨 수면하강고에 영향을 미치게 된다. 이러한 영향을 고려하여 수위-유량 관계곡선을 조정하게 되므로 수위-하강고-유량 관계곡선(stage-fall-discharge relation)이라고 한다. 조정 방법에는 일정수위하강고(constant fall method)와 정상수위하강고 방법(normal fall method)이 있으며 본 절에서는 일정수위하강고 방법을 설명하기로 한다. 또한 부정류의 발생조건하에서의 수위-유량 관계곡선 조정에 대해서도 살펴보기로 한다.

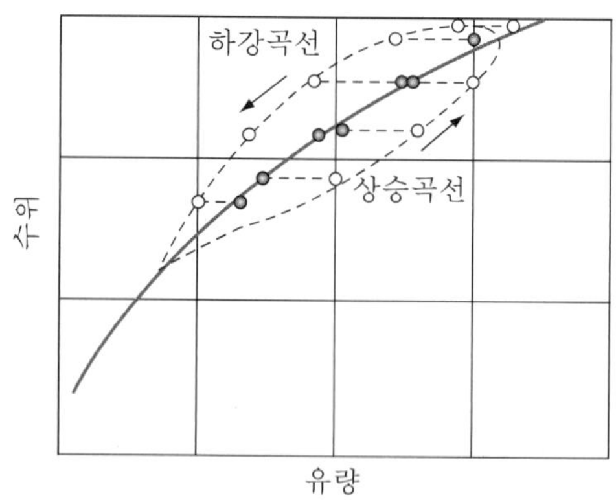

〈그림 8.12〉 수위-유량 관계곡선의 상승과 하강곡선

(1) 일정수위하강고 방법

수면경사를 고려한 수위-유량 관계곡선을 설명하기 위해 우선 기준관측점(base gauging

station)과 거리 L만큼 떨어진 하류에 보조관측점(auxiliary gauging station)을 두어야 하고, 이때 두 관측점 사이에서의 수면하강고는 최소 0.3m 이상은 되어야 한다. 하강고가 F일 때 하천의 유량을 Q라 하고, 하강고가 F_0일 때 하천의 유량은 Q_0라 하자. 그러나 관측점에 있어서의 수위는 동일하며, 개수로 수리학에서 Manning 공식으로부터 $Q \propto S^m$와 $Q_0 \propto S_0^m$임을 알 수 있고, S와 S_0는 에너지 경사이다. 에너지 경사가 수면경사와 같다고 가정하면 S는 $\left(\frac{F}{L}\right)$로, S_0는 $\left(\frac{F_0}{L}\right)$로 대체할 수 있고 식(8.31)과 같이 쓸 수 있다.

$$\frac{Q}{Q_0} = \left(\frac{S}{S_0}\right)^m = \left(\frac{F}{F_0}\right)^k \tag{8.31}$$

여기서 m은 0.5로 쓸 수 있지만, 두 관측점 사이의 수면경사가 꼭 직선이라고 할 수 없으므로 k는 0.5일 필요는 없고, 경험적으로 결정된다. 일정수위하강고 방법은 수위－유량 관계곡선이 관측한 모든 수위마다 가변 수면경사(variable slope)에 의해 영향을 받을 때 이용되어진다. 관측한 모든 수위와 유량을 도시하고, 상응하는 모든 점에서 하강고를 기록한다. 다음에 기록된 하강고가 어떤 일정한 기준 하강고 F_0(즉, 1.0m)와 같은 점들을 지나도록 단순 수위－유량 관계곡선을 그린다(〈그림 8.13〉). 이 곡선은 $F = F_0$일 때 유량을 주는 Q_0곡선 또는 일정수위하강 수위－유량 곡선이라고 한다. Q_0곡선으로부터 편차(deviates)를 가진 다른 점들의 자료들로부터 $\left(\frac{Q}{Q_0}\right)$와 $\left(\frac{F}{F_0}\right)$를 얻을 수 있고, 이에 대한 보조곡선 또는 조정곡선은 〈그림 8.13〉에 보인다. 만약 식(8.31)에서 k가 상수라면, 이 곡선은 전대수지에서 직선이 된다. 어떤 주어진 수위와 하강고 F에 상응하는 어떤 시간에 있어서의 하천 유량 Q는 Q_0곡선상의 수위에 상응하는 유량 Q_0을 읽고, 이를 (Q/Q_0)에 곱함으로써 계산되어질 수 있다. 여기서 (Q/Q_0)는 기지의 값 (F/F_0)를 이용해 보조곡선으로부터 얻을 수 있다.

예제 8.4

기준 및 보조의 두 관측점에서 관측 수위는 각각 12.0m와 11.3m이었다면, 실제유량은 얼마인가?

풀이

$F=(12.0-11.3)=0.7$m를 얻을 수 있다. $F/F_0=0.7/1.0=0.7$이고, 이에 상응하는 (Q/Q_0)의 값은 〈그림 8.13〉의 보조곡선으로부터 0.73을 읽을 수 있다. 그리고 Q_0-곡선으로부터 수위 12m에 상응하는 유량 $45\text{m}^3/\text{s}$를 읽을 수 있으며, 실제 유량은 다음과 같이 산정된다.

$$Q=Q_0\times\frac{Q}{Q_0}=45\times 0.73=32.85\text{m}^3/\text{s}$$

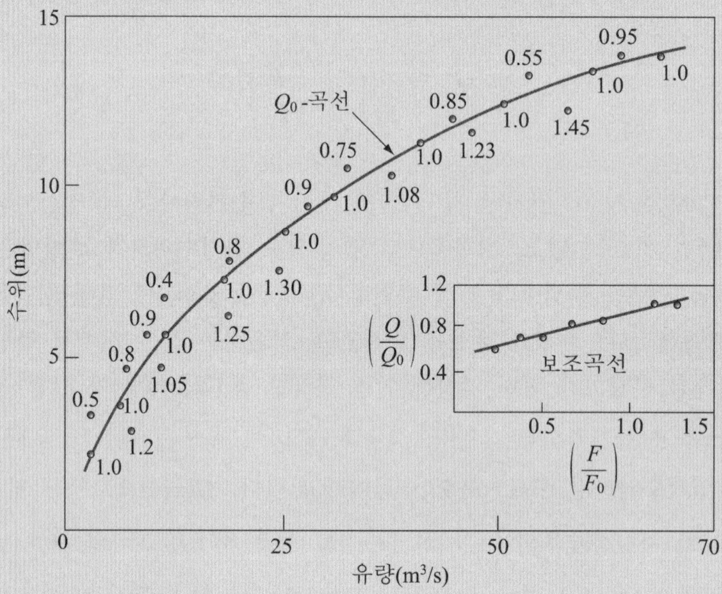

〈그림 8.13〉 수면경사를 고려한 수위–유량 관계곡선

(2) 정상수면 하강고 방법

정상수면하강고 방법은 수위–유량 관계곡선이 F_0 대신 기준관측점 수위의 함수인 정상수면하강고 F_n을 이용하는 것으로 이는 관계곡선이 어떤 특정값 이상으로 수위가 상승할 때에만 영향을 받을 경우에 적용된다. 관측점들에서 어떤 단순 수위–유량 관계곡선은 수면경사가 비교적 급한 경우 저유량에서 적용 가능하고, 반면에 경사가 완만하게 되어 유량이 배수효과의 변동성에 영향을 받게 될 때 고유량에서 적용이 가능하게 된다. 이때 이들 두 영역을 나눌 수 있는 수면경사 또는 하강고의 한계값(critical value)을 정상수면하강고라고 하며, 어떤 유량에서의 정상수면하강고는 수위와 유량을 도시함으로써 정의될 수 있다.

(3) 부정류 조건하에서의 수위-유량 관계곡선

배수효과로 인한 가변의 수면경사에 지배를 받지 않는 관측지점도 부정류 조건(unsteady flow conditions) 하에서는 수위가 시간에 따라 변함으로써 영향을 받게 된다. 수위가 상승하는 동안 유속과 유량은 같은 수위 조건의 정상류(steady flow)보다 크게 되며, 수위가 하강하는 동안 유량은 정상류일 때보다 작게 된다. 어떤 주어진 수위에 대해 정상류 조건하에서의 유량을 Q_0라 하고, 같은 수위 조건을 가진 부정류 조건하에서의 유량을 Q라고 하자. 이때 $\dfrac{dy}{dt}$의 비율로 수위가 시간에 따라 변할 때 유량 Q는 식(8.32)와 같이 쓸 수 있다.

$$Q = Q_0 \sqrt{1 + \frac{1}{V_w S_0} \frac{dy}{dt}} \tag{8.32}$$

여기서 V_w는 홍수파의 속도이고 S_0는 하천의 하상경사이다. 상승 수위에 대해 $\dfrac{dy}{dt}$는 양의 값을 가지고, 하강 수위에 대해서는 음의 값을 가진다. 따라서 수위가 상승 또는 하강하는 동안 측정된 유량은 실제 유량의 오른쪽 또는 왼쪽에 놓이게 되어 실제 유량과 차이가 생긴다. 부정류 조건하에 수위의 변화에 따른 가변 수면경사로 인해 수위-유량 관계곡선에서의

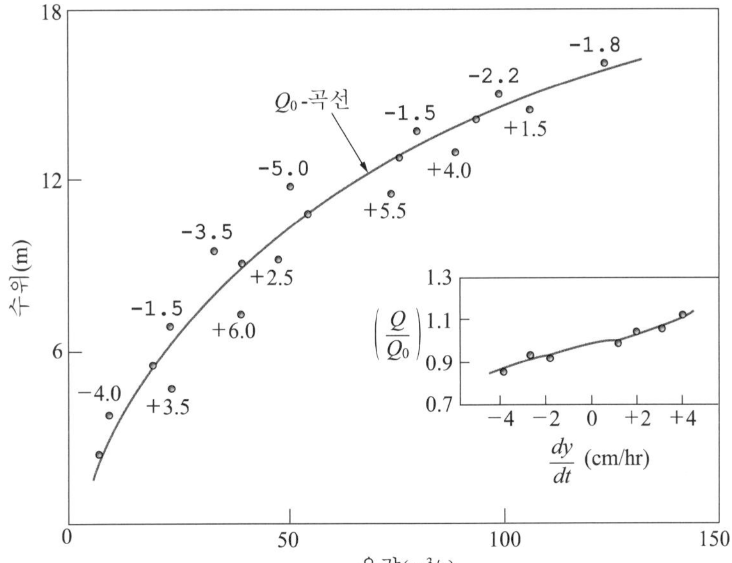

〈그림 8.14〉 부정류 조건하의 수위-유량 관계곡선

차이는 여러 가지 방법으로 조정될 수 있는데, 본 절에서는 식(8.32)에서 $(V_w S_0)$가 관측지점에서 일정하다는 가정 하에 보조 관측지점이 필요하지 않은 방법을 설명하기로 한다.

우선 정상류 조건하에서 측정한 유량을 가지고 수위-유량 관계곡선을 작성하여 Q_0곡선을 얻는다. 부정류 조건하에서 관측한 유량을 이용하여 $\frac{dy}{dt}$의 함수로써 $\left(\frac{Q}{Q_0}\right)$를 구하여 〈그림 8.14〉에서 볼 수 있는 것처럼 조정곡선(correction curve)을 작성한다. 조정곡선을 가진 정상류 조건의 수위-유량 관계곡선은 수위와 $\frac{dy}{dt}$의 어떤 조합에 대해서도 유량을 쉽게 계산할 수 있게 한다. 즉, 먼저 Q_0 곡선으로부터 관측한 수위에 대한 Q_0값을 읽고, 이를 $\frac{dy}{dt}$의 관측값에 대한 조정계수, $\left(\frac{Q}{Q_0}\right)$에 곱함으로써 조정유량을 계산한다.

예제 8.5

어떤 관측지점에서 1시간의 관측기간 동안 수위가 12.02m에서 11.98m로 하강하였다면, 조정된 실제유량은 얼마인가?

풀이

문제로부터 $\frac{dy}{dt}=\frac{11.98-12.02}{1.0}=-0.04$m/hr이고, 수위는 $\frac{12.02+11.98}{2}=12.0$m가 된다. 〈그림 8.14〉의 정상상태 조건하의 Q_0곡선으로부터 수위 12m에 대해 $Q_0=70\text{m}^3/\text{s}$를 읽고, $\frac{dy}{dt}=-0.04$m/hr에 대해 조정곡선으로부터 $\left(\frac{Q}{Q_0}\right)=0.875$를 읽는다. 따라서 조정유량은 $70\times0.875=61.25\text{m}^3/\text{s}$가 된다.

또 다른 방법으로는 관측 유량, $\frac{dy}{dt}$, Q_0곡선으로부터 구한 Q_0값을 이용하여 식(8.32)의 $\left(\frac{1}{V_w S_0}\right)$값을 구하고, 이에 상응하는 수위에 대해 도시를 한다. 수위와 $\frac{1}{V_w S_0}$의 관계곡선은 〈그림 8.14〉의 보조곡선 또는 조정곡선 대신에 이용될 수 있으며, $(V_w S_0)$가 일정한 값이 아니기 때문에 보다 정확한 값을 줄 수 있다. 따라서, 어떤 관측수위에 대해 실제유량은 관측수위에 대한 Q_0값, 조정곡선으로부터 구한 $\frac{1}{V_w S_0}$의 값, $\frac{dy}{dt}$의 관측값들을 식(8.32)에 대입함으로써 구할 수 있다.

8.4 수위-유량 관계곡선의 연장

수위-유량 관계곡선은 보통 하천에서 측정 가능한 평균수위 근처값으로부터 얻은 관측유량을 이용하여 수립된다. 그러나 홍수나 고수위의 시기에는 하천에 접근하기가 어려우므로 유량을 관측하기가 쉽지 않다. 따라서 이미 관측한 최대 유량값을 초과하는 경우를 위해 수위-유량 관계곡선을 연장할 필요가 있다. 예를 들어, 설계홍수량(design flood)의 경우 실측치를 이용하기 보다는 여러 가지 기법에 의해 추정을 하게 되는데, 이 설계홍수량에 상응하는 고수위는 기존의 수위-유량 관계곡선을 연장하여 이용할 수 있다. 또한 수위-유량 관계곡선의 연장은 홍수예측 및 다른 홍수조절 문제를 위해서도 필요하게 된다. 본 절에서는 수위-유량 관계곡선의 연장을 위한 여러 가지 방법 중 2가지 방법에 대하여 살펴보기로 한다.

8.4.1 전대수지 방법

전대수지 방법은 수위-유량의 관계를 식(8.33)과 같이 가정하는 방법이다.

$$Q = a(y - h_0)^b \tag{8.33}$$

여기서 Q는 유량, y는 수위, a, h_0, b는 Q와 y의 관측자료들로부터 결정되고, h_0는 하천에서 0의 유량에 상응하는 수위를 나타낸다. 식(8.33)의 양변에 대수를 취하면 식(8.34)를 얻을 수 있다.

$$\log Q = \log a + b \log (y - h_0) \tag{8.34}$$

식(8.34)는 Q와 $(y - h_0)$의 관계가 전대수지상에서 직선임을 나타내고, 이 직선은 고수위에 상응하는 유량을 결정하기 위해 외삽(extrapolation)될 수 있다. h_0값은 시행착오법에 의해 결정을 하게 된다. 즉, h_0를 가정해 Q와 $(y - h_0)$의 관계를 전대수지상에 도시하여 가장 직선에 가깝게 될 때 h_0값을 결정하고, 이때의 직선을 연장하여 고수위에 해당하는 홍수량값을 구하게 된다.

5.3.1절과 5.6.1절에서 설명한 최소자승법을 이용하여 최적의 a, h_0, b 값들을 산정한 후 이들을 이용해 식(8.33)으로부터 수위-유량 관계곡선을 연장할 수 있다. 그러나 이 방법의

경우, 하천 횡단면에 급한 변화가 발생하는 지점의 고수위에 대한 유량값의 정확성을 보장하기 어렵다.

회귀분석을 수행하지 않고 a, h_0, b를 추정할 수 있는데 이는 기존의 수위-유량 관계곡선식을 이용하는 방법이다. 즉, 기존의 수위-유량 관계곡선식으로부터 (Q_1, y_1), (Q_2, y_2), (Q_3, y_3)의 3점을 선정하고, 이때 $Q_2 = \sqrt{Q_1 Q_3}$가 된다. 그리고 식(8.35)를 이용하여 h_0를 구할 수 있다.

$$h_0 = \frac{y_1 y_3 - y_2^2}{y_1 + y_3 - 2y_2} \tag{8.35}$$

식(8.35)로부터 h_0를 알면 식(8.33)으로부터 a와 b를 구할 수 있으며, 3개의 점들은 중간과 상위부분의 유량 범위에서 선택하도록 한다.

예제 8.6

기존의 수위-유량 관계곡선으로부터 3개의 점들에 대한 유량과 수위의 좌표를 ($100\text{m}^3/\text{s}$, 121.67m), ($200\text{m}^3/\text{s}$, 122.23m), ($400\text{m}^3/\text{s}$, 123.04m)를 얻었다. 이때 h_0를 구하라.

풀이

식(8.35)로부터 h_0를 다음과 같이 구할 수 있다.

$$h_0 = \frac{y_1 y_3 - y_2^2}{y_1 + y_3 - 2y_2}$$

$$= \frac{121.67 \times 123.04 - (122.23)^2}{121.67 + 123.04 - 2 \times 122.23} = 120.42$$

8.4.2 Steven 방법

이 방법은 식(8.5)의 Chezy의 유량공식을 토대로 한다. 관측지점에서 $K = C\sqrt{S}$가 일정하다고 가정하고, 흐름의 평균수심 D가 동수반경 R을 대신한다고 하면 Chezy의 유량공식은 식(8.36)과 같이 된다.

$$Q = KA\sqrt{D} \tag{8.36}$$

K는 일정하므로 기지의 값 $A\sqrt{D}$와 Q를 그래프에 도시하면 직선의 형태를 띠게 되며, $A\sqrt{D}$는 현장에서 측정된다. $A\sqrt{D}$와 Q는 모두 수위 H의 함수이므로 $Q \sim A\sqrt{D}$의 관계곡선과 $H \sim A\sqrt{D}$의 관계곡선을 그래프에 함께 도시할 수 있다. 이들의 관계곡선은 직선의 형태로 표시되므로 연장할 수 있고, 고수위에 대한 $A\sqrt{D}$를 읽고, 이에 해당하는 유량을 구하면 고수위에 대한 유량을 구할 수 있게 된다.

8.5 수위와 유량수문곡선

수위, 유량, 유속, 유사 등과 같은 하천 물 흐름 특성의 시간에 따른 변동성을 나타낸 그래프를 수문곡선이라고 한다. 수위와 유량에 대한 수문곡선은 각각 수위수문곡선, 유량수문곡선이라고 한다. 그러나 일반적으로 특별한 언급이 없다면 수문곡선은 유량수문곡선 또는 유출수문곡선을 의미한다. 보통 유량수문곡선은 관측 수위수문곡선으로부터 얻을 수 있는데, 이는 수위-유량 관계곡선식에서 관측한 수위수문곡선에 상응하는 유량을 구하여 관측 유량수문곡선을 얻는다.

8.5.1 수문곡선에 의한 유량의 체적

어떤 시간간격을 가진 하천유량의 체적은 적절한 범위에서 수문곡선을 적분함으로써 식(8.37)과 같이 얻어진다.

$$\mathrm{V\!\!\!-} = \int_{t_1}^{t_2} Q\,dt \tag{8.37}$$

여기서, $\mathrm{V\!\!\!-}$는 시간구간 $(t_2 - t_1)$에서 하천유량의 체적을 나타낸다. 식(8.37)의 적분을 도해적으로 나타낼 수 있는데, x-축에 1cm$=p$ hours, y-축에 1cm$=q$ m^3/s로 하여 수문곡선 그래프를 그린다. 그래프에서 1cm^{2}의 면적은 pq(m^3/s) hr 또는 $3600pq$ m^{3}을 나타낸다. 따라서 시간구간 $(t_2 - t_1)$에 대한 유량수문곡선 아래의 면적이 Bcm^{2}이라고 하면, 하천유량의 체적은 $B \times 3600pq$m^{3}이 된다.

식(8.37)을 수치적 방법으로 나타내기 위해 우선 균등한 시간간격 Δt hours를 가지고 유량곡선의 종거(ordinates)가 측정되고, $(t_2 - t_1)$는 Δt의 간격으로 나누어 $(n-1)$개의 구간을 갖게 된다. 이들 구간에 대한 수문곡선의 종거, 즉 유량의 값들은 Q_1, Q_2, ⋯ , Q_{n-1}, Q_n이 된다. 각 구간에 있어서 유량이 선형적인 변동성을 가진다고 가정하고, 사다리꼴 법칙을 적용하면 하천유량의 체적은 식(8.38)과 같이 쓸 수 있다.

$$\yen = 3600\,\Delta t \times \left[\sum_{i=1}^{n} Q_i - \frac{(Q_1 - Q_n)}{2} \right] \tag{8.38}$$

어떤 날의 하천유량 체적이 밤 12시부터 그 다음날 밤 12시까지의 수문곡선을 적분함으로써 얻어진다면, 이렇게 구한 하천유량의 체적을 24시간으로 나누면 이날의 평균유량이 되고, 이는 일평균유량(mean daily discharge)이라고 한다.

예제 8.7

2시간의 균등한 시간간격을 가지고 00시부터 24시까지 하천수위를 측정하였다. 측정된 하천수위는 2.85, 2.80, 3.60, 4.75, 4.80, 6.20, 5.40, 6.10, 4.95, 4.35, 3.75, 3.25, 3.00m이었다. 해당 관측지점에 대한 수위-유량 관계곡선이 $Q = 23(y - 2.5)^{1.75}$라고 하며 Q는 m^3/s, y는 m의 단위를 가진다. 수위와 수문곡선을 그리고 총유량을 구하라.

풀이

〈표 8.3〉 수위를 유량으로 환산

(1)	(2)	(3)
시간(hrs)	수위 y (m)	유량 Q (m^3/s)
0	2.85	3.66
2	2.80	2.80
4	3.60	27.17
6	4.75	95.07
8	4.80	98.90
10	6.20	227.03
12	5.40	248.22
14	6.10	216.40
16	4.95	110.35
18	4.35	67.50
20	3.75	33.99
22	3.25	13.90
24	3.00	6.84

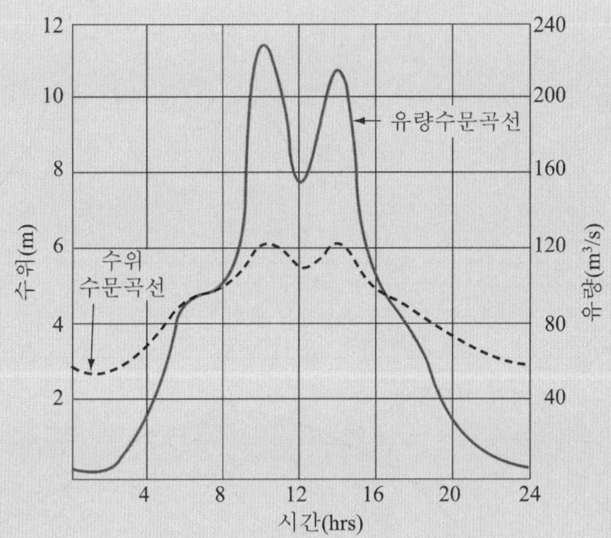

〈그림 8.15〉 수위와 유량수문곡선

문제에서 주어진 수위에 상응하는 유량은 수위－유량 관계곡선식에 수위를 대입하여 <표 8.3>과 같이 (3)란에 산정되어진다. <표 8.3>에서 (1)란은 시간을 나타내고 (2)란은 주어진 수위값들을 보이고 있다. 따라서 수위와 유량수문곡선은 <그림 8.15>와 같이 구해지면 산정한 총유량은 $\Sigma Q = 1051.73\text{m}^3/\text{s}$이 된다.

8.5.2 일 평균유량의 수문곡선

하천유량 자료는 보통 일평균유량(mean daily flow)의 형태로 제공이 되는데 평균을 함으로써 첨두값들이 작아져 왜곡된 값들이 제공된다. 〈그림 8.16a〉를 보면 작은 하천에서 최대순간유량은 보통 가장 큰 일평균유량보다도 훨씬 더 크다. 〈그림 8.16b〉를 보면, 큰 하천에서는 최대순간유량이 최대 일평균유량보다 약간 더 큼을 알 수 있다. 따라서 작은 하천유역에 대한 분석을 수행할 경우는 순간유량에 대한 수문곡선을 이용하는 것이 바람직하다.

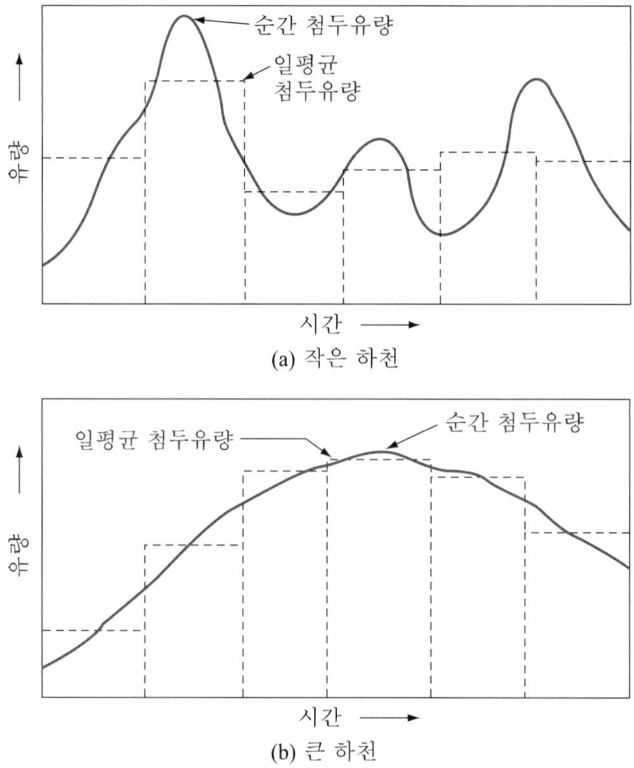

〈그림 8.16〉 순간유량과 일평균유량

연 습 문 제

8.1 조선시대(세종 23년)의 수위관측에 대하여 간략히 조사하여 정리하라.

8.2 $v = 0.10 + 0.05N$에 대하여 (예제 8.1)을 풀고, (예제 8.1)의 결과와 비교하라.

8.3 $n = 0.040$에 대하여 (예제 8.2)를 풀고, (예제 8.2)의 결과와 비교하라.

8.4 하천의 흐름이 등류이고, 대상 하도의 길이가 200m이며, 이때 하류단면에서 수위 하강은 0.15m이었다. 하천의 평균 횡단면적이 120m^2일 때 수면경사－단면적법에서 간편법을 이용해 유량을 구하라.

8.5 추적자의 일정량 주입으로 $q = 7.5\ \text{m}\ell/\text{s}$, $C_1 = 5.67\text{g}/\ell$, $C_2 = 0.05\ \text{mg}/\ell$와 같은 결과를 얻었다. 이때 유량을 구하라.

8.6 <그림 8.11>에서 $Q_1 = 200\text{m}^3/\text{s}$와 $Q_3 = 1000\text{m}^3/\text{s}$을 얻었을 때 Q_2를 구하고, 식 (8.25)를 이용해 h_0를 구하라.

8.7 (예제 8.6)에 주어진 자료를 이용하여 수위－유량 관계곡선을 결정하고, 수위 124.5m에 상응하는 하천의 유량을 구하라.

8.8 (예제 8.7)에서 (a) 수문곡선에 의해 나타낸 하천유량의 체적을 구하라. 그리고 (b) 일 평균 유량도 구하라.

Chapter 09

유출/유출수문곡선

유출은 영구적 또는 간헐적으로 지표하천을 통해 흐르는 강수의 일부로 유역으로부터 집수된 유량이 유역 출구로 흐르는 유량을 의미한다. 유출은 증발산과 같은 손실을 만족한 후에 발생하는 유효강수량을 나타낸다. 강수는 불규칙적으로 발생하지만 유출은 강수에 비해 보다 균등하게 발생을 하는데 이는 지표층에 저류된 저류량의 영향 때문이다.

유출은 m^3/s의 단위를 갖는데 다른 유역과의 비교를 위해 유량을 유역면적으로 나눈 비유량의 단위인 $m^3/s/km^2$의 단위를 이용하기도 한다. 또한 유출을 유역의 깊이로 표시하기도 하는데 이는 강수량과의 비교를 위해 mm/day, mm/month, mm/year 등의 단위로 나타낸다.

9.1 하천유역의 특성

9.1.1 유역의 특성인자

유역의 면적, 유역 지표면의 지형, 기타 다른 유역의 형태학적 특성들은 지질학적 시간에 따라서만 변화하므로 항상 일정하다고 가정할 수 있고, 이들은 유역유출에 영향을 미친다. 본 절에서는 이러한 유역의 특성들을 나타내는 인자들에 대해 살펴보고자 한다.

(1) 유역면적/하천차수

1.3절에서 유역에 대한 정의를 하였는데, 그 유역의 경계를 수평면에 투영함으로써 폐곡선 형태의 모양을 얻게 되는데 이의 면적을 유역면적으로 정의하게 된다. 유역면적은 구적기(planimeter)에 의해 구할 수 있고, km^2의 단위로 나타낸다.

하천망(stream network)에 대한 연구는 Horton(1945)에 의해 수행되었는데, Horton은 하천망의 차수 시스템과 관련 법칙들을 개발하고 유도하였다. 그 후 Strahler(1952, 1964)가 수정 제안한 하천차수 시스템은 〈그림 9.1〉과 같다. 즉, 가장 작은 지류가 1차 하천이 되고, 1차 하천의 지류들이 만나서 이루어진 하천이 2차 하천이 된다. 1차와 2차가 만나면 2차 하천이고, 2차와 2차 하천이 만나서 이루어진 하천이 3차 하천이 된다. 또한 3차와 3차가 만나면 4차 하천이 된다.

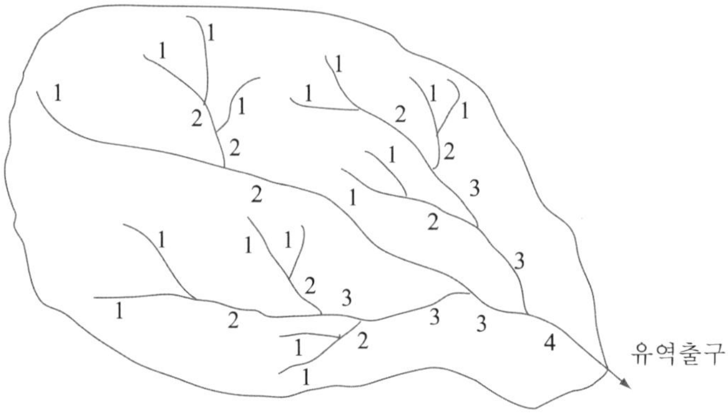

〈그림 9.1〉 하천차수

(2) 배수밀도/하천빈도

배수밀도(drainage density)는 식(9.1)과 같이 유역면적에 대한 총 하천의 길이의 비로 정의된다.

$$D_d = \frac{\sum L}{A} \tag{9.1}$$

여기서 $\sum L$은 모든 차수의 총 하천길이를 나타내고, A는 유역면적을 의미한다. 따라서 배수밀도는 하천 하도의 공간적인 밀도의 정도를 나타낸다. 즉, D_d가 작으면 유역의 배수조건이 불량함을 의미하며, 토양이 침식에 강하고 투수성이 크며, 유역경사가 작음을 나타낸다. D_d가 크면 배수조건이 좋으며, 토양이 쉽게 침식되고 투수성이 작으며, 상대적으로 경사가 급하고, 식생피복(vegetal cover)이 좋지 않음을 나타낸다. 표면류(overland flow)의 평균 길이는 D_d의 절반으로 식(9.2)와 같다.

$$\overline{L_0} = \frac{D_d}{2} \tag{9.2}$$

하천빈도(stream frequency) D_s는 하천밀도(stream density)라고도 하는데 유역면적에 대한 하천들의 수 N_s의 비로 나타내며 식(9.3)과 같다.

$$D_s = \frac{N_s}{A} \tag{9.3}$$

(3) 유역길이/하천연장

유역의 길이(L)는 유역출구로부터 본류를 따라 가장 멀리 떨어져 있는 유역경계점까지 측정한 길이이다. 하천연장 또는 하천길이는 유역의 출구점으로부터 본류를 따라 하천유로의 종점까지의 거리 L_c로 나타낸다. Hack(1959)은 유역길이와 유역면적의 관계를 $L = 1.4A^{0.6}$으로 나타내었고, 우리나라 한강유역의 경우 윤용남(1973)은 $L = 2.0905A^{0.5337}$로 나타내었다.

(4) 유역형상/최고유역기복

유역의 형상(shape)은 형상계수(form factor), 원형성 비(circularity ratio), 연장비(elongation ratio), 밀도계수(compactness coefficient) 등에 의해 나타낸다.

형상계수 : $R_f = \dfrac{A}{L^2}$

원형성 비 : $R_c = \dfrac{4\pi A}{P}$ 또는 $R_c = \dfrac{1}{C_c^2}$

연장비 : $R_e = \dfrac{d_e}{L} = \dfrac{2}{L}\sqrt{\dfrac{A}{\pi}}$

밀도계수 : $C_c = \dfrac{P}{\sqrt{4\pi A}}$

여기서 A는 유역면적, L은 유역길이, P는 유역의 둘레길이, d_e는 유역면적과 동일한 면적을 가진 원의 직경이다.

최고유역기복(maximum basin relief)은 유역출구점과 유역둘레에서 가장 높은 점과의 고도차이로 유역의 기복특성을 나타낸다.

(5) 유역경사/하천경사

유역경사를 구하는데 여러 가지 방법이 있는데 간단한 방법은 유역둘레에서 가장 높은점의 고도와 유역출구 고도사이의 차이를 구하여 이들 두 지점의 길이로 나누어 유역경사를 산정하는 것이다.

하천경사를 구하기 위해 우선 하천종단면도를 〈그림 9.2〉와 같이 그린다.

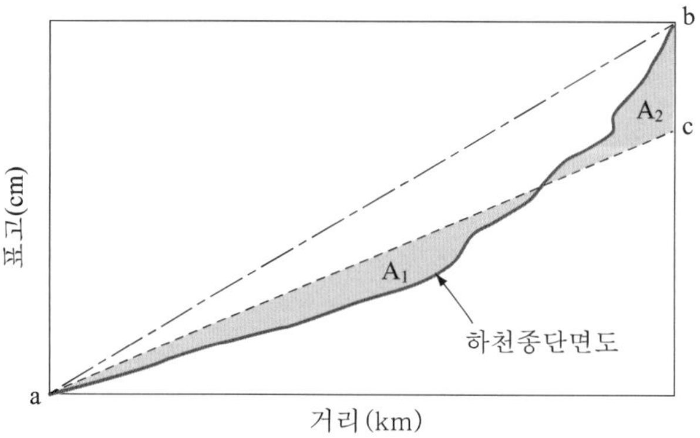

〈그림 9.2〉 하천종단면도와 하천경사

〈그림 9.2〉로부터 하천종단면도의 a와 b를 잇는 직선경사를 구해 하천경사를 산정할 수 있는데 이를 단순경사법이라고 한다. 또한 면적 A_1과 A_2가 같도록 a와 c를 잇는 직선을 구하여 경사를 산정하면 하천경사가 되고, 이를 등면적경사법이라고 한다.

(6) 유역면적-하도길이 관계

유역면적과 하천의 주 하도길이와의 관계를 식(9.4)와 같이 쓸 수 있다.

$$L = 1.273A^{0.6} \tag{9.4}$$

9.1.2 하천유출의 생성

1.2.7절에서 정의한 바와 같이 하천의 유출은 표면류(overland flow) 유출, 중간유출, 지하수유출로 이루어진다. 그리고 표면류 유출과 중간유출을 합하여 지표면유출(surface runoff)이라고 한다. 특히, 표면류 유출을 생성하는 메커니즘(mechanism)은 2가지로 나타낼 수 있는데 첫 번째는 Hortonian 메커니즘으로 이는 〈그림 9.3(a)〉와 같이 강우강도 i가 침투 f보다 커서 토양이 포화된 후에 표면류(overland flow)가 생성되고 유출이 발생하게 되는 경우이다. 두 번째는 〈그림 9.3(b)〉처럼 이미 포화된 지역에 강우가 내리면 바로 유출이 발생하게 되는데, 이를 포화 표면류(saturation overland flow) 유출 또는 Dunne 메커니즘이라고 한다.

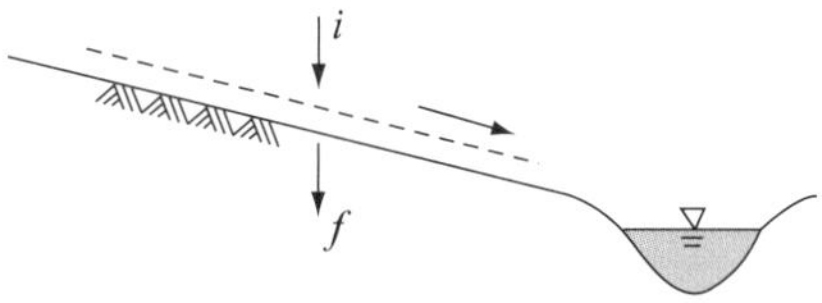

(a) Hortonian 메커니즘

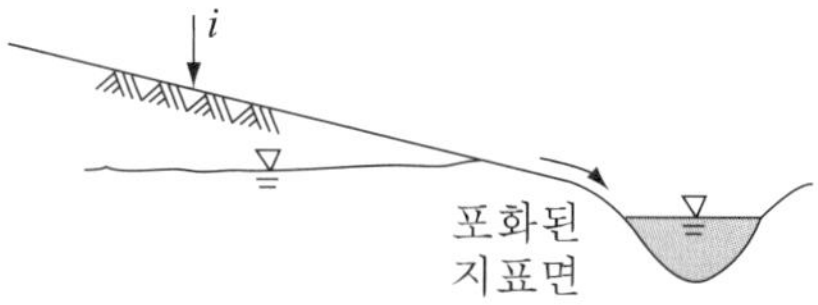

(b) Dunne 메커니즘

〈그림 9.3〉 표면류 유출의 생성 메커니즘

9.2 유출성분과 영향인자

9.2.1 유출성분

유출 흐름이 존재하는 위치에 따라 그 성분들을 분류하고 이들 성분들로부터 최종적으로 얻어지는 총 유출량(total runoff)을 나타내면 〈그림 9.4〉와 같이 표현할 수 있다. 〈그림 9.4〉에서 볼 수 있는 것처럼 총 강수량은 하천 수로상에 떨어지는 강수와 표면류 유출, 중간유출과 지하수유출이 되는 침투, 그리고 차단, 증발산량 같은 손실로 나누어진다. 그리고 중간유출은 조기 중간유출(rapid interflow)과 지체 중간유출(delayed interflow)로 나누어지는데 표면류와 조기 중간유출을 지표면유출(surface runoff)이라고 하기도 하고, 또는 표면류를 지표면유출이라고도 한다. 표면류를 지표면유출이라고 하면 중간유출은 지표하 유출(subsurface runoff)이라고 하는데 어떤 문헌에서는 지체 중간유출을 지표하 유출로 나타내기도 하고, 지체 중간유출과 지하수유출을 합쳐서 지표하 유출로 표현하기도 한다. 〈그림 9.4〉에 보여진 것처럼 마지막으로 유출은 직접유출과 기저유출로 분리가 되고 최종적으로 총 하천 유출량이 발생하게 된다. 따라서 하천유역 출구에서 시간에 따른 총 유출량을 측정하고 도시하면 바로 유출수문곡선이 얻어진다(〈그림 9.5〉). 하천유역 출구에서 유출수문곡선을 측정한다면 이 수문곡선을 이용해 직접유출과 기저유출을 나눌 수 있고, 직접유출을 이용해 유효 강수량(effective precipitation)을 구할 수 있으며, 유효 강수량을 알면 총 강수량으로부터 손실(침투, 차단, 증발산 등)량을 구할 수 있다. 즉, 총 강수량에서 유효 강수량을 빼면 손실량이 된다. 따라서 유효 강수량이란 직접유출에 공헌하는 강수량을 의미하며, 강우량으로 표현하면 유효우량(effective rainfall)이라고 한다.

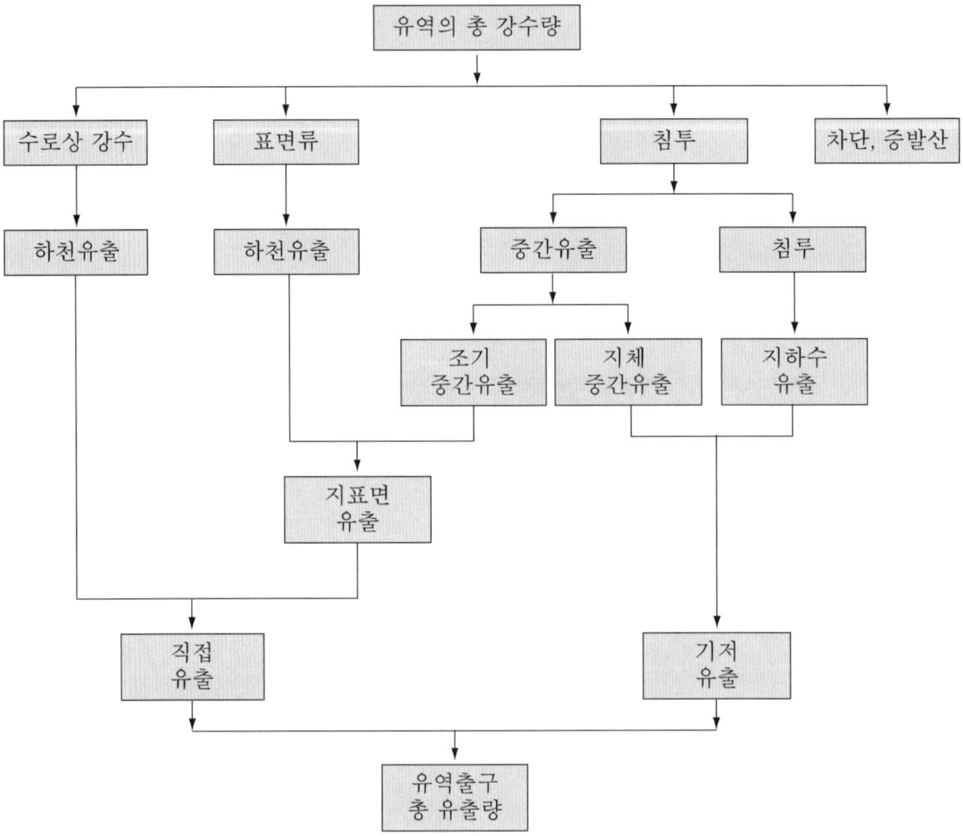

〈그림 9.4〉 유출과정의 구성 성분

9.2.2 유출 영향인자

하천유역의 유출은 다양한 인자들에 의해 영향을 받는데 크게 기상학적 인자(climatic factors)와 지형학적 인자(physiographic factors)로 나눌 수 있다. 기상학적 인자에는 강수의 형태(type of precipitation), 강우강도(rainfall intensity), 강우지속기간(rainfall duration), 강우의 면적분포(areal distribution of rainfall), 호우의 이동방향(direction of storm movement), 선행강수량(antecedent precipitation), 기타 증발산에 영향을 미치는 인자들 등이 있고, 지형학적 인자에는 토지이용(land use), 토양의 종류(type of soil), 유역면적(basin area), 유역형상(basin shape), 고도(elevation), 경사(slope), 유역의 방향성(orientation), 배수망의 형태(type of drainage network), 카르스트 지형(karst topography)이나 평평한 경사를 가진 투수성 지표면의 간접 배수유역(indirect drainage), 도랑이나 측구 같은 인공 배수유역(artificial drainage) 등이 있다.

(1) 유출용적에 대한 인자들의 영향

연간 유출용적(runoff volume)은 일 년 동안 유역에 내린 총강수량에서 연 증발산량을 뺀 양으로 고려할 수 있다. 즉, 연간 유출용적을 고려한다면 기상학적 인자 중에 강우강도, 강우 지속기간, 강우의 면적분포 등과 같은 인자보다는 온도, 습도, 복사량 등과 같이 증발산에 영향을 미치는 인자들이 보다 폭넓게 고려될 수 있다. 연 유출용적에 대해 지형학적 인자들을 생각해보면 유역면적이 유출용적에 영향을 미친다는 것을 생각할 수 있다. 즉, 연 총강수량이 잠재증발산량 보다 클 경우에는 유역면적이 클수록 보다 큰 유출용적이 발생할 것이고, 연 총강수량이 잠재증발산량 보다 작을 경우에는 아주 작은 유출이 발생하므로 유역면적이 크나 작으나 큰 차이가 나지 않을 것이다. 유역의 경사나 토양의 종류도 간접적으로 증발산량에 영향을 준다. 즉, 강수 발생 후 경사나 토양의 종류에 따라 물의 이동을 지체시켜 증발산량에 영향을 주기도 한다. 또한 유역의 고도와 방향성도 유출에 간접적인 영향을 미치는데 강수에 대한 산악의 영향 등을 들 수 있다.

(2) 유출의 시간분포에 대한 인자들의 영향

분(minutes), 시(hourly), 또는 일(daily) 단위를 갖는 유출량의 시간분포에 대한 유출 영향인자들의 영향은 짧은 시간 단위를 가진 유출 자료의 변동성이 커서 예측하기가 어렵다. 〈그림 9.5〉는 유역출구에서 어떤 호우에 의해 발생한 시간에 따른 유출수문곡선을 나타내고 있으며, 여기서 홍수와 관련하여 중요한 것은 첨두유출과 유출의 첨두발생시간이다. 그리고 수문곡선을 보면 직접유출과 기저유출을 분리하고 있으며, 기저유출 양쪽에 수문곡선이 감소하는 부분이 있는데 기저유출 감수(baseflow recession)부분을 보여주고 있다. 아래에는 유출의 시간분포에 대해 유출 영향인자들의 영향에 대하여 기술하고 있다.

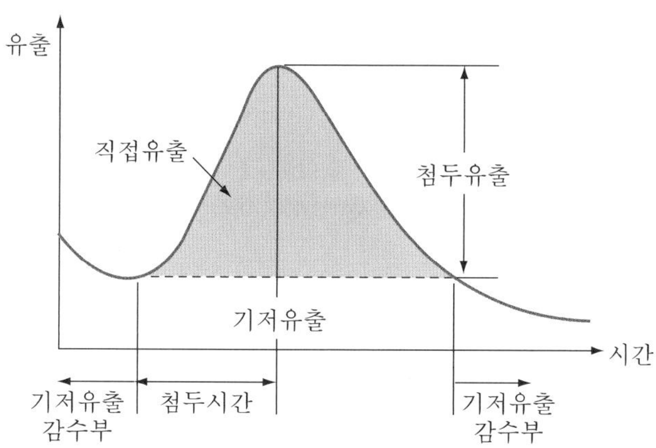

〈그림 9.5〉 유출수문곡선

① 강수의 형태/강도/지속기간

강수가 강우의 형태로 내리면 다른 인자들과 상호작용을 하면서 유출이 빨리 발생을 하지만 눈(snow) 또는 강설의 형태로 내린다면 날씨가 따뜻해져 녹기 전까지는 유출이 발생하지 않는다. 강우강도가 침투능을 초과할 경우, 강우강도에 따라 유출이 발생하게 된다.

강우 지속기간이 길어지면 침투능은 감소하고 유출이 증가하게 된다. 여기에서 유역의 가장 먼 곳에 떨어진 빗방울이 유역출구까지 걸리는 시간으로 정의되는 유역의 집중시간 또는 도달시간(concentration time of the basin) t_c를 고려하여 강우 지속기간을 생각할 필요가 있다. 즉, 강우 지속기간이 t_c보다 크거나 같으면 유역 전체가 유출에 공헌하게 되고, 잠재유출(potential runoff)은 최대가 될 것이다. 그러나 강우 지속기간이 t_c보다 작으면 유역의 일부만이 유출에 공헌하게 되므로 잠재유출은 최대유출량보다는 작게 될 것이다. 물론 강우 지속기간의 중요성은 유역의 크기, 경사, 특성 등에 따라 변한다.

② 강우의 유역분포/호우의 이동방향

강우가 어떤 유역에 균등하게 내리는 경우는 매우 드물고, 유역 내의 위치에 따라 강우량은 다르게 발생할 것이다. 만약 강우가 유역출구에서 가까운 곳에 많이 온다면 유출수문곡선은 빠르게 상승하고 첨두유출이 빨리 발생하게 된다. 반대로 먼 곳에 강우가 많이 내린다면, 수문곡선은 서서히 증가하고 첨두유출도 나중에 발생하게 된다.

강우가 유역에 균등하게 내리지 못하는 것은 호우의 이동이 원인이기도 하다. 좁고 긴유역에서 호우가 상류쪽으로 이동한다면 유역출구에서의 첨두유출은 작아질 것이다. 반면에 호우가 하류쪽으로 이동한다면 첨두유출량은 상대적으로 커질 것이다. 따라서 호우의 이동에 따라 유출수문곡선도 달라진다.

③ 선행강수/기타 기상학적 조건

호우가 발생할 때 유역의 기존 토양함수조건은 첨두유출에 영향을 미치게 된다. 강우가 내릴 때 토양함수가 적다면 유출량 또는 유량은 많지 않을 것이고, 토양함수가 많다면 유출량은 많이 발생할 것이다.

기타의 기상학적 조건으로는 온도, 풍속, 대기압, 태양복사, 습도 등이 있는데 이들은 간접적으로 유출에 영향을 미친다. 즉, 유역에 내린 강수가 얼마나 증발산이 되는지를 통해 유출에 영향을 미친다.

④ 토지이용/토양형태/유역면적

토지이용의 변화는 유역의 차단, 증발산, 토양함수조건 등의 변화를 통해 유출에 영향을 미친다. 특히, 도시화는 침투나 증산 등을 감소시켜 강수가 내리면 바로 직접유출로 이어져 첨두유출을 증가시킨다. 조림이 잘되어진 산림지역에 강수가 내릴 경우는 강수를 흡수함으로써 적은 유출량이 발생하게 된다.

토양의 형태는 침투능에 직접적으로 관련이 있고 유출에 영향을 미친다. 침투능이 큰 사질토(sandy soils)의 경우는 첨두유출량이 적고, 점토질 토양(clay soils)은 상대적으로 유출량이 크다.

강우강도와 강우깊이가 같다는 전제하에서 유역면적 클수록 유역출구에서 유역의 단위면적당 첨두유출량은 감소하게 된다. 그러나 최소유출량에 대해서는 유역이 클수록 작은 유역보다 큰 유출율을 보이는데, 가뭄시의 최소유출량은 지하수로부터 나오는데 유역면적이 클수록 지하수 저류량이 크기 때문이다.

⑤ 유역형상/고도/경사/방향

정사각형이나 원형과 유사한 유역의 경우는 지류들이 유역 가운데에 몰려 본류와 합류하는 경향이 있다. 이는 호우가 발생할 경우 지류의 유량이 비슷한 유하시간을 가지고 본류로 흘러 큰 첨두유출을 발생하게 한다. 반면에 좁고 긴 유역의 경우, 지류의 길이는 짧고 본류의 길이가 길어 상류의 유량이 하류로 오는데 시간이 걸리므로 상대적으로 작은 첨두유출이 발생한다.

유역의 고도는 눈(snow) 형태의 강수 및 증발산과 관련이 있고, 이는 유출에 영향을 미치게 된다. 유역의 경사는 침투, 중간유출, 표면류에 영향을 미치는데 평평한 유역에서는 침투가 크고, 급한 경사의 유역에서는 중간유출과 표면류가 유출에 미치는 영향이 크다. 유역의 방향성은 태양복사의 양을 결정하고, 이는 증발산과 강설의 융해(snowmelt)와 관련이 있고 유출에 영향을 미친다.

⑥ 배수망/간접배수/인공배수

유역의 배수시스템은 유출수문곡선의 특성에 영향을 미치는데, 유역에 지류가 많아 표면류의 흐름길이가 짧으면 지표면 유출은 빠르게 첨두유출을 발생시키고, 최소유량의 경우는 유량이 적다.

강우가 내리면 석회암 표면을 흐르다가 석회암이 화학적으로 용해되어 침식함으로써 땅속으로 강우가 침투하고 지하에 하천을 형성하여 흐르는 카르스트 지형의 경우는 지표면이나 지하수 유출에 미미하게 공헌을 하게 된다. 또한 투수성이 큰 지면저류 지역과 같은 배수시스템을 갖는 유역에서도 지표면 유출에는 크게 공헌하지 못하나 지하수 유출에는 공헌을 하게 된다.

유역의 인공배수 시스템은 도랑, 측구, 하수시스템, 도시유역의 도로 등의 경우를 들 수 있는데, 이런 배수시스템의 유출은 매우 빠르지만 실제는 국지적으로 영향을 미치므로 큰 하천에서의 첨두유출 발생에는 심각한 영향을 주지는 않는다.

9.2.3 유역의 연유출용적

특정 지속기간동안 어떤 유역에 있는 하천의 한 지점에서 얻어지는 가용한 물의 양을 유역 유출용적(basin yield)이라고 하고, 여기서 특정 지속기간이란 월(monthly) 또는 연(annual) 단위를 의미한다. 연유출용적(annual yield)을 고려하면, 이는 강수, 침투, 증발산, 저류 등의 무작위 특성을 가진 여러 과정들을 거쳐 도출된다. 따라서 연유출용적 역시 무작위 변수로 매년 변화한다. 그러나 연유출용적의 빈도해석을 통해 어느 정도의 신뢰성(dependability)을 가진 미래의 연유출용적을 추정할 수 있다. 즉, 75% 신뢰할 수 있는 유역의 연유출용적(75% dependable yield of a basin)이란 4년 중 3년 동안 평균적으로 같거나 초과할 수 있는 연유출용적을 의미한다. 예를 들어, 유역의 연유출용적 자료들에 대해 3.2.1절의 Weibull 공식을 이용해 빈도분석을 실시하여 초과확률에 따른 빈도별 연유출용적을 얻었다고 가정하자. 그러면 75% 신뢰할 수 있는 유역의 연유출용적은 초과확률 0.75에 해당하는 연유출용적값이 되고, 4년 중 3년은 이 값과 같거나 초과하는 연유출용적값이 발생함을 의미한다.

9.3 유출량 분석

9.3.1 강우-유출관계

수문분석과 설계를 위하여 때로는 강수와 유출관계를 설정할 필요가 있는데, 이는 강수자료로부터 외삽 또는 내삽을 통해 미계측유역의 유출자료를 추정할 수가 있기 때문이다. 개별 호우사상에 의해 발생한 시간분포에 따른 유출량의 예측은 효율적인 홍수예측과 수리구조물의 운영 등을 위하여 필요하다. 또한 월 또는 계절 및 연유출량의 추정치들은 저수지 운영이나 저수지 평가를 위한 자료로 이용되기도 한다.

개별 호우사상들에 대한 강우-유출관계는 강우량, 강우 지속기간, 선행강수지수, 일 년 중 강우가 발생하는 주(week)의 수 등을 독립변수로 하여 유출을 추정하는 도해적 방법도 있다(Linsely 등, 1988). 또한 6.4.4절에서 언급한 Φ-지표법과 W-지표법 등이 있다.

계절 또는 연강수량과 유출의 관계는 개별 호우사상들에 대한 강우-유출관계로부터 도출된 결과들을 더해서 얻어질 수도 있으나 이는 개별 호우사상들 사이의 기간 동안에 발생하는 지하수 유출의 영향 등이 있어 오차가 존재하고, 짧은 지속기간의 호우사상 등에 의한 유출량을 더하는 것도 무리가 있다. 따라서 계절 또는 연강수량과 유출과의 관계는 보통 기상학적 또는 유역 특성값들을 독립변수로 하여 유출과의 관계를 맺는다. 즉, 한두 개의 독립변수와 유출과의 관계를 선형회귀식을 통해 설정을 하기도 하고, 또는 강수를 독립변수로 하여 종속변수인 유출과 단순선형관계를 맺어 이용하기도 한다.

9.3.2 유황곡선

유역출구에서 시간에 따라 유출량을 측정하여 도시함으로써 유출수문곡선을 얻을 수 있고, 유출의 변동성은 수문곡선에서 시간에 따른 유출량의 변화에 의해 나타내어진다. 또한 유출의 변동성을 평가하는데는 유황곡선(flow duration curve)과 누가용적곡선(flow mass curve)을 이용할 수 있다.

(1) 유황곡선의 작성

시간의 백분율(percent of time)과 유출량 또는 유량을 나타낸 그래프를 유황곡선이라고 한다. 유역의 어떤 지점에서의 유황곡선을 결정하는 방법은 다음과 같다.

① 1년 또는 그 이상의 기간 동안의 일유량(daily flow)자료를 수집한다.

② 일유량 자료를 가장 큰 값부터 작은 값까지 순위(rank)를 가지고 내림차순으로 정렬한다. 즉, 가장 큰 값의 순위는 1이고 가장 작은 값의 순위는 N이 된다. 여기서, N은 일(day)의 총 수(total number)이다.

③ 각 일유량값에 대해 시간의 백분율은 $\frac{m}{N}\times 100$과 같이 계산한다. 여기서, m은 유량자료의 순위를 나타낸다.

④ 시간 백분율과 유량을 도시하면 유황곡선을 얻을 수 있다.

유황곡선은 일, 주(weekly), 10일, 월(monthly)단위의 유량자료를 이용하여 얻을 수 있으며, 개개의 유량자료를 모두 도시하기보다 유량자료의 크기에 따라 계급구간(class intervals)을 나누어 유황곡선을 구할 수도 있다. 일유량자료의 유황곡선은 월유량자료의 유황곡선보다 더 급한 경사를 가지는데 이는 월단위의 자료가 일단위 자료의 변동성을 보다 평활(smoothing)하게 하기 때문이다.

유황과 관련된 기준 용어에는 갈수량, 저수량, 평수량, 풍수량이 있고, 이는 〈표 9.1〉과 같이 각각 연중 355일(97.3%), 275일(75.3%), 185일(50.7%), 95일(26.0%) 이상 지속되는 유량으로 정의된다. 그리고 하상계수는 하천의 어떤 지점에서 특정연도의 최대유량과 최소유량의 비로서 해당 하천유량의 변동성을 나타낸다. 즉, 하상계수가 크면 연중 유량차이가 커서 하천이 불안정함을 나타낸다.

$$하상계수 = \frac{Q_{max}}{Q_{min}} \tag{9.5}$$

〈표 9.1〉 유황분석을 위한 기준유량

기준유량	의 미
풍수량	1년 중 95일은 이보다 더 작지 않은 유량
평수량	1년 중 185일은 이보다 더 작지 않은 유량
저수량	1년 중 275일은 이보다 더 작지 않은 유량
갈수량	1년 중 355일은 이보다 더 작지 않은 유량

(2) 유황곡선의 이용

① 유황곡선으로부터 저유하량(low flows)을 평가할 수 있다. 〈그림 9.6〉을 보면 시간 백분율 75%에 해당하는 유량은 20m³/s이고, 90%의 유량은 16m³/s이다. 만약 항상 최소유량 25m³/s를 유지하고자 하면, 유황곡선을 조절하고자 하는 유량에 맞게 〈그림 9.6〉의 파선과 같이 수정할 수 있다.

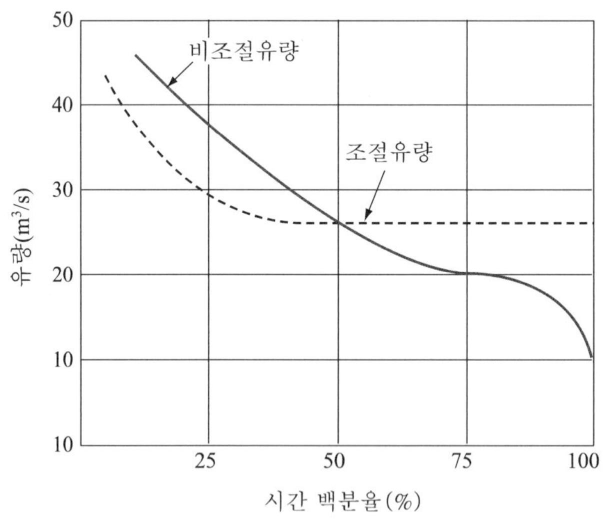

〈그림 9.6〉 유황곡선

② 유황곡선은 수자원 프로젝트의 계획과 설계를 위해 유용하게 이용되어지는데, 특히 유황곡선은 수력발전 개발을 위한 설계유량 또는 최적규모 등을 결정할 때 이용한다. 하천유역에서의 소수력은 개발형식에 따라 크게 수로식(run-of-river type)과 댐식(dam type)으로 구분할 수 있는데, 수로식 소수력은 완경사의 하도에 낮은 높이의 취수댐을 설치하고, 하천의 급경사와 굴곡, 그리고 인공적인 터널에 의해 낙차를 얻는 방식으로 일반적으로 경사가 급한 하천의 상・중류에 적합한 방식이다. 반면, 댐식 소수력은 댐 높이에 의해 낙차가 결정되는 방식으로서 일반적으로 하천의 구배가 완만하나 유량이 풍부한 지점, 낙차는 크지만 하천의 유황이 불안정한 지점에 적합하다.

③ 어떤 하천에서 유사량－유량곡선(sediment rating curve)이 존재한다면 각 유량을 유사량에 곱하여 유황곡선을 누가유사량곡선으로 변환할 수 있다.

④ 유황곡선을 전대수지에 도시하였을 때 경사가 급하면 유출의 변동성이 큼을 나타내고, 경사가 평평하면 유출의 변동성이 크지 않음을 나타낸다. 즉, 변동성이 크다는 것은 유출이 주로 지표유출의 영향을 받는 것이고, 변동성이 작은 것은 지표유출과 지하수유출이 유출에 영향을 미치기 때문이다.

예제 9.1

어떤 하천에서 1년동안 관측한 월평균 유출량 또는 유량이 아래와 같다.

월	1	2	3	4	5	6	7	8	9	10	11	12
유출량(m^3/s)	18	20	46	42	37	30	33	23	26	21	19	8

(a) 시간 백분율 80%에 해당하는 유출량을 결정하라.

(b) $40m^3/s$의 월유출량을 생산할 수 있는 신뢰성

풀이

〈표 9.2〉와 같이 유황곡선을 계산할 수 있고, 〈그림 9.6〉에 도시하였다. 〈그림 9.6〉으로부터 (a)와 (b)를 구하거나 〈표 9.2〉를 이용해 보간법으로 구한다.

〈표 9.2〉 유황곡선의 계산

(1)	(2)	(3)	(4)	(5)
월	관측유량 (m^3/s)	m	내림차순의 유출량 (m^3/s)	$\frac{m}{N}\times 100$ (%)
1	18	1	46	8.33
2	20	2	42	16.67
3	46	3	37	25.00
4	42	4	33	33.33
5	37	5	30	41.67
6	30	6	26	50.00

7	33	7	23	58.33
8	23	8	21	66.67
9	26	9	20	75.00
10	21	10	19	83.33
11	19	11	18	91.67
12	8	12	8	100.00

(a) 80%의 시간 백분율에 해당하는 유량 : 19.4m^3/s
(b) 40m^3/s의 월유출량을 생산할 수 있는 신뢰성 : 20%

9.3.3 누가용적곡선

(1) Rippl의 누가용적곡선

시간에 따른 유량의 누가값(cumulative value)을 그리면 누가용적곡선(flow mass curve)이 되는데 이를 Rippl의 누가용적곡선이라고도 한다. 따라서 유출수문곡선을 적분하면 곡선 아래의 면적이 누가값이 되며, 식(9.6)과 같이 쓸 수 있다.

$$V(t) = \int_0^t Q(\tau)\, d\tau \tag{9.6}$$

여기서 $V(t)$는 시간 0에서 t까지의 누가용적, $Q(\tau)$는 시간에 따른 유량 또는 유출량, τ는 더미변수이다.

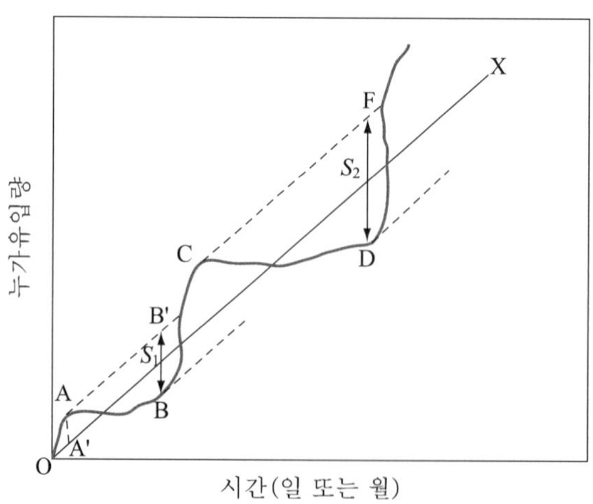

〈그림 9.7〉 Rippl의 누가용적곡선

시간에 따라 측정한 저수지로의 유입량 또는 유역 유출량 자료를 누가하여 도시하면 〈그림 9.7〉과 같은 누가용적곡선을 얻을 수 있다. 하류에 생활용수나 기타 필요한 유량을 위해 비홍수기때 항상 유지해야 하는 저수지의 상한 수위를 상시만수위라 하고, 이 수위를 유지하기 위한 저수지 유입량(상시유량)을 누가하여 〈그림 9.7〉의 OX선으로 도시하였다. 즉, OX선은 하류에서 필요로 하는 누가수요량(cumulative demand)임을 알 수 있고, 이 선을 상시선(draft line 또는 use line)이라고 한다.

처음에 저수지가 상시만수위에 있었다고 가정하면, 〈그림 9.7〉에서 OA는 OX보다 경사가 급한데 이는 저수지 유입량이 상시유량보다 크다는 것을 알 수 있다. 따라서 이 물, 즉 AA'는 상시유량을 초과하는 유량으로 월류(overflow)시켜 하류로 내려 보낸다. 그러면 상시선은 AB'가 된다. 그리고 AB의 경사는 OX보다 평평한데 이 부분은 저수지의 저류량이 감소하게 된다. 따라서 이때의 최대 감소량 또는 안정적인 물 공급을 위해 저류해야 할 최대 저수용량(maximum reservoir capacity) S_1이 된다. 자료가 많다면 다음 누가곡선에서도 S_2, S_3, … 등을 얻을 수 있고, 실제 저수지의 최대 저수용량을 S라고 하면 S는 〈그림 9.7〉과 같은 누가용적곡선을 통해 식(9.7)에 의해 구할 수 있다.

$$S = \max(S_1,\ S_2, \cdots\cdots) \tag{9.7}$$

예제 9.2

어떤 하천의 관측지점에서 저수지로 유입하는 월 유출용적이 아래 표와 같이 1999년 1월부터 2000년 12월까지 24개월 동안 기록되었다. 상시 유량 또는 공급용량이 $8.33 \times 10^6 m^3$/month일 때 저수지의 크기를 결정하라.

개월	1	2	3	4	5	6	7	8	9	10	11	12
유출용적 ($\times 10^6 m^3$)	3	6	16	30	18	15	10	8	6	4	3	1
개월	13	14	15	16	17	18	19	20	21	22	23	24
유출용적 ($\times 10^6 m^3$)	2	5	17	28	20	15	12	7	5	4	3	2

풀이

주어진 자료를 토대로 누가유출용적을 〈표 9.3〉과 같이 계산하였다.

〈표 9.3〉 누가용적곡선 계산

(1) 월	(2) 유출용적 ($\times 10^6 m^3$)	(3) 누가유출용적 ($\times 10^6 m^3$)	(1) 월	(2) 유출용적 ($\times 10^6 m^3$)	(3) 누가유출용적 ($\times 10^6 m^3$)
1	3	3	13	2	122
2	6	9	14	5	127
3	16	25	15	17	144
4	30	55	16	28	172
5	18	73	17	20	192
6	15	88	18	15	207
7	10	98	19	12	219
8	8	106	20	7	226
9	6	112	21	5	231
10	4	116	22	4	235
11	3	119	23	3	238
12	1	120	24	2	240

〈표 9.3〉과 같이 계산된 값을 〈그림 9.8〉과 같이 도시하였으며, 상시선 직선 MN에 상응하는 상시유량의 용적은 $50\times10^6(m^3/6$개월) 또는 $8.33\times10^6(m^3/$월)의 값을 가진다. A와 B에서의 접선을 각각 직선 AC와 BD라 할 때 이들은 직선 MN에 평행하게 되고, 두 직선사이의 값은 $30\times10^6m^3$값이 되며 이는 저수지 설계시 저수지의 용량 또는 크기가 된다. 즉, 이는 식(9.7)의 S인 공급용량이 된다.

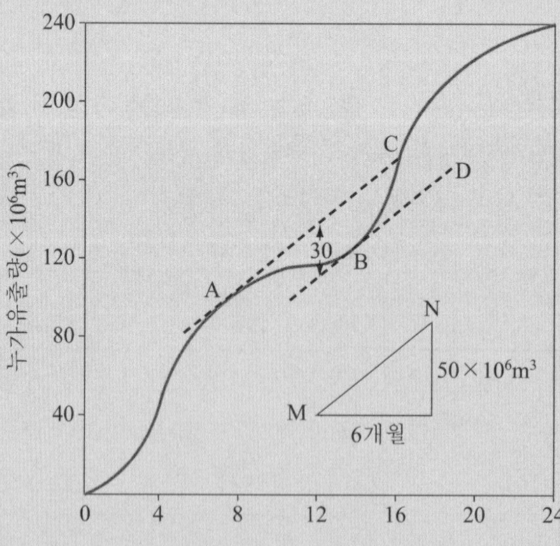

〈그림 9.8〉 누가용적곡선

(2) 연속-정점 알고리즘

〈그림 9.7〉의 누가용적곡선에서 A와 C같은 마루(ridge)와 B와 D같은 골(trough)이 존재하는데 만약 누가용적곡선에 단지 한 개의 마루만 존재하고, 마루 다음에 골이 잘 정의되지 않을 때, 주어진 자료를 한 번 더 반복하여 이용함으로써 요구되어지는 저수지의 저류용량을 구할 수 있다. 이러한 방법을 연속-정점 알고리즘(sequent peak algorithm)이라고 한다. 또한 저수지의 수요량은 계절적인 변동성 때문에 일정하지 않은데 연속-정점 알고리즘은 이러한 변동성을 고려할 수 있으며 그 계산절차를 설명하면 다음과 같다.

① V_i를 저수지 유입량, D_i를 저수지 용량(수요량), 그리고 $i=1, 2, \cdots, N$이라고 할 때, 저수지의 순유입량인 $(V_i - D_i)$를 $i=1, 2, \cdots, 2N$에 대하여 계산한다. 여기서 $2N$은 N개의 자료를 연속해서 한 번 더 기록함으로써 얻어지는 자료의 총 수(total number)이다.

② 누가순유입량 또는 누가순유입용적을 다음과 같이 계산한다.

$$\sum_{i=1}^{t}(V_i - D_i),\ i=1, 2, \ldots, 2N \tag{9.8}$$

③ 누가순유입량 중에서 첫 번째 마루(peak) 값 P_1을 얻는다.

④ 만약 P_2가 P_1보다 크다면 두 번째 마루(peak) 값 P_2를 얻는다.

⑤ P_1과 P_2사이에서 골(가장 작은 값) T_1을 찾고, $(P_1 - T_1)$을 계산한다.

⑥ 다음에 P_2에서 시작해 이 보다 더 큰 값 P_3를 찾는다.

⑦ P_2와 P_3사이에서 T_2를 찾고, $(P_2 - T_2)$를 계산한다.

⑧ P_3에서 시작해 P_4와 T_3를 찾고, $(P_3 - T_3)$를 계산한다.

⑨ 따라서 $2N$개의 자료에 존재하는 마루와 골을 찾아 $(P_j - T_j)$를 계산한다.

⑩ $(P_j - T_j)$의 계산한 값들 중에서 저수지 용량을 식(9.9)에서 찾는다.

$$S = \max\left[(P_1 - T_1), (P_2 - T_2), \cdots, (P_j - T_j)\right] \tag{9.9}$$

9.4 수문곡선의 구성과 분리

9.4.1 수문곡선의 구성

(1) 수문곡선의 구성 성분

8.5절에서 언급하였듯이 보통 수문곡선이라 함은 유량 또는 유출수문곡선을 의미한다. 수문곡선은 9.2절의 영향인자들에 의해 영향을 받는다. 영향인자들이 유출에 영향을 미치고 이는 수문곡선의 형태에 영향을 미친다. 따라서 시간에 따른 유출량 또는 유량의 그래프인 수문곡선의 형태를 보면 영향인자들에 대한 정보를 짐작할 수 있게 된다.

전형적인 수문곡선이 〈그림 9.9〉에 보이고 있는데, 이는 지속시간 t_r동안 균등한 분포로 내린 강우에 의해 발생된다. 〈그림 9.9〉의 직사각형 강우에서 흰 부분은 초기손실과 침투손실을 나타내고 회색부분은 유효우량을 나타내다. 수문곡선에서 직선 또는 곡선 AD 윗부분은 유효우량에 의한 직접유출(direct runoff)을 나타내고, 아래 부분은 기저유출(base flow)을 의미한다. 이렇게 형성되어진 직접유출에 해당되는 수문곡선을 크게 3가지 요소로 구분하면 수문곡선의 상승부인 곡선 AB, 두 개의 변곡점 B와 C사이의 정점(crest)부분, 그리고 하강부 또는 감수곡선(recession curve 또는 depletion curve)을 나타내고 있는 곡선 CD부분의 요소로 나눌 수 있다.

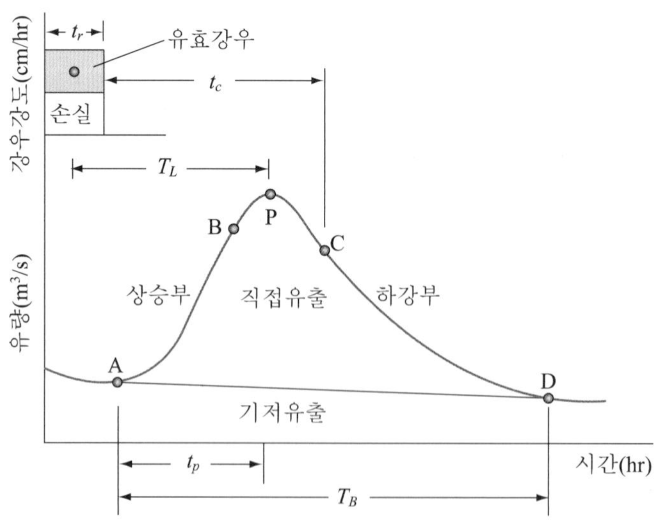

〈그림 9.9〉 수문곡선의 요소

좀 더 세부적으로 보면 첨두유량을 나타내는 P점, 직접유출이 시작되는 A점부터 P점까지의 첨두발생시간(time to peak) t_p, 강우의 중심부터 P점까지의 유역 지체시간(basin lag time) T_L, 유효우량이 끝나는 시점부터 수문곡선의 변곡점 C까지의 도달시간 또는 집중시간(time of concentration) t_c, 직접유출의 발생시각부터 끝나는 시각까지를 나타내는 기저시간(time base) T_B가 있다.

(2) 감수곡선의 특성

〈그림 9.9〉의 CD인 감수곡선은 일반적으로 식(9.10)의 형태로 나타내어진다.

$$Q_t = Q_0 K_r^{(t-t_0)} \tag{9.10}$$

여기서 Q_0와 Q_t는 시간 t_0와 t에 있어서의 유량이고, K_r은 1보다 작은 감수상수(recession constant)이다. 식(9.10)은 식(9.11)과 같은 형태로도 나타낼 수 있다.

$$Q_t = Q_0 e^{-a(t-t_0)} \tag{9.11}$$

여기서 $a = -\ln K_r$이다. 〈그림 9.9〉의 변곡점 C에서 시작하는 감수곡선은 하천저류량의 감소를 나타내는데, 감수곡선상에서 어떤 시간에 직접유출은 그치고, 그 이후에는 지하수유출 또는 기저유출의 저류량이 감수곡선에 공헌하게 된다. 만약 1일(one day)을 시간단위로 하여 감수곡선을 표현해보면 직접유출 감수곡선에 대한 K_r은 0.05와 0.20사이에 있고, 기저유출 감수곡선에 대한 K_r은 0.85와 0.99사이에 있다.

식(9.11)을 반대수지(semi-logarithmic paper)에 도시하면 직선의 형태가 되며, 직선의 경사가 K_r값이 된다. 그리고 시간 t에 있어 유역에 남아 있는 저류량은 식(9.12)와 같이 나타낼 수 있다.

$$S_t = \int_t^\infty Q_t \, dt = \int_t^\infty Q_0 \, e^{-a(t-t_0)} dt$$

또는

$$S_t = \frac{Q_t}{a} = \frac{Q_t}{(-\ln K_r)} \tag{9.12}$$

예제 9.3

어떤 수문곡선의 감수곡선 또는 하강부의 종거가 아래 표와 같이 주어져 있다. 총 유출량이 직접유출과 기저유출로 구성되어 있다고 할 때, 각각의 감수상수를 구하라.

시간(일)	유량(m³/s)	시간(일)	유량(m³/s)	시간(일)	유량(m³/s)
14	411	18	151	22	70
15	358	19	122	23	58
16	250	20	100	24	49
17	192	21	83	25	41

풀이

〈표 9.4〉를 보면 (2)란의 총 유출량으로부터 (3)란의 지하수 유출과 (4)란의 직접유출량이 구해져 있고 설명은 아래와 같다. 그리고 이들을 토대로 〈그림 9.10〉의 반대수지에 감수곡선 분석을 표현하였다.

〈표 9.4〉 기저유출과 직접유출의 계산

(1) 시간 (일, days)	(2) 총 유출량 (m³/s)	(3) 기저유출 (m³/s)	(4) 직접유출 (m³/s)
15	358	229	129
16	250	193	57
17	192	189	30
18	151	136.5	14.5
19	122	115	7
20	100	97	3
21	83	81.3	1.7
22	70	70	0
23	58	58	0

- 총 유출수문곡선의 감수곡선 부분은 〈그림 9.10〉의 $PCFD$에 의해 나타나고, 곡선의 마지막 부분 FD는 지하수 유출을 나타내는 직선부분이다. 이 직선부분을 연장하여 DFH를 그려 보면 F점에서 직접유출이 그치는 것을 알 수 있다. 그리고 총 유출수문곡선의 종거와 직선 FH의 종거 차이를 구하면 직접유출이 된다. 따라서 〈표 9.4〉를 보면, DF를 H까지 연장하여 (3)란의 기저유출을 구하고 (2)란의 총 유출로부터 (3)란의 기저유출을 빼서 (4)란의 직접유출을 구해 〈그림 9.10〉에 직선 MN으로 나타내었다. 이를 토대로 식(9.10)으로부터 감수상수를 구할 수 있다.
- 감수곡선 FH에 대해 $t_0 = 16$일, $t = 18$일 그리고 $Q_0 = 193\text{m}^3/\text{s}$, $Q_t = 136.5\text{m}^3/\text{s}$를 각각 취하고 식(9.10)을 이용하면 기저유출에 대한 감수상수를 구할 수 있다.

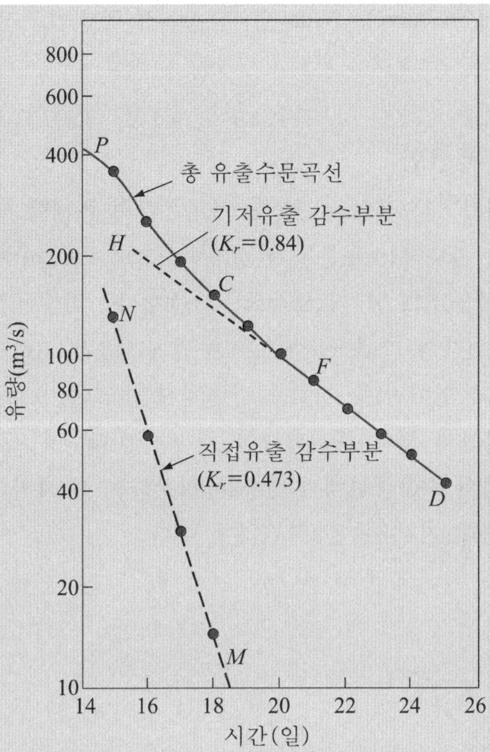

〈그림 9.10〉 감수상수 추정을 위한 감수곡선 분석

$$\frac{Q_t}{Q_0} = K_r^{(t-t_0)} \rightarrow \frac{136.5}{193} = K_r^{(18-16)} = K_r^2$$

$$K_r = 0.84$$

감수곡선 MN에 대해 $t_0 = 16$일, $t = 18$일 그리고 $Q_0 = 57\text{m}^3/\text{s}$, $Q_t = 14.5\text{m}^3/\text{s}$를 각각 취하고 식(9.10)을 이용하면 직접유출에 대한 감수상수를 구할 수 있다.

$$\frac{Q_t}{Q_0} = K_r^{(t-t_0)} \rightarrow \frac{14.5}{57} = K_r^{(18-16)} = K_r^2$$

$$K_r = 0.504$$

9.4.2 수문곡선의 분리

여러 가지 수문분석을 위하여 관측한 수문곡선을 지표면 유출, 중간유출, 지하수 유출 등으로 분리할 필요가 있으나 통상 실제로는 직접유출과 기저유출로 분리하여 목적에 따라 공학적 문제 해결을 위하여 적용을 하고 있다. 수문곡선을 분리하는 방법으로는 주 지하수 감수곡선법(master depletion curve), N-day법, 수평직선 분리법, 수정 N-day법, 가변경사법 등이 있다.

(1) 주 지하수 감수곡선법

수문분석 대상 지점에서 연속적으로 관측한 하천유량이 존재할 때, 〈그림 9.11(a)〉와 같은 관측 유량 수문곡선에서 감수곡선 부분을 선정하여 〈그림 9.11(b)〉처럼 반대수지 상에 도시하고, 감수곡선들에 접선을 그으면 직선 GH를 얻는다. 이 직선이 반대수지상의 주 지하수 감수곡선이 되며, 이를 원래의 그래프상에 도시하면 〈그림 9.11(c)〉와 같은 주 지하수 감수곡선을 얻게 된다. 이렇게 얻어진 주 지하수 감수곡선을 〈그림 9.11(d)〉와 같은 한 호우사상의 수문곡선 감수곡선부분과 겹쳐 분리되는점 D를 구한다. 이 D점은 직접유출이 끝나는 점을 나타낸다. 호우사상의 수문곡선에서 상승을 시작하는 점 A와 D점을 직선으로 연결하여 수문곡선의 직접유출과 기저유출을 분리하게 된다.

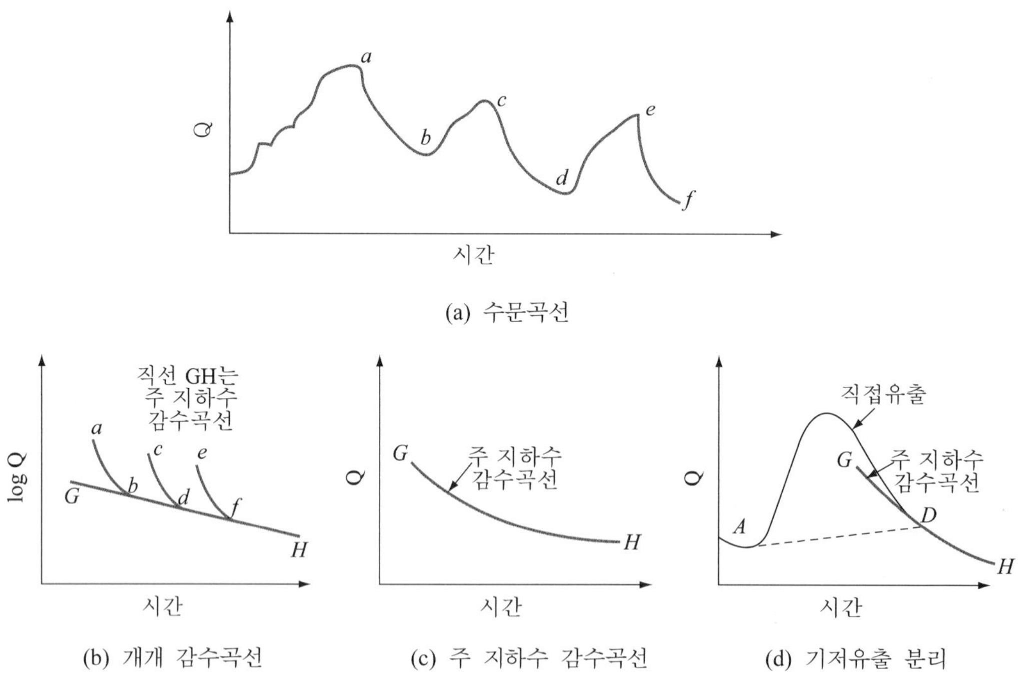

〈그림 9.11〉 주 지하수 감수곡선법에 의한 한 호우사상 수문곡선의 분리

(2) N-day법

주 지하수 감수곡선법이 최선의 방법이라고 할 수 있지만 상대적으로 긴 기간의 관측자료가 존재하여야 한다. 만족할 만한 관측자료가 존재하지 않을 경우 이용할 수 있는 방법 중 N-day법이 있다. 이는 〈그림 9.12〉의 수문곡선 첨두홍수량 지점 P로부터 N-day만큼 떨어져 감수곡선과 만나는 지점 D를 직접유출이 끝나는 지점으로 보고, 수문곡선의 상승이 시작되는 점 A와 직접유출이 끝나는 지점 D를 연결하여 직선 AD에 의해 기저유출을 분리하는 방법이다(〈그림 9.12(a)〉). N-day를 구하는 경험공식은 식(9.13)과 같다.

$$N = 0.827\,A^{0.2} \tag{9.13}$$

여기서 A는 km^2의 단위를 갖는 유역면적이다. 그러나 경험공식에 의한 N값이 절대적인 것은 아니므로 그 값이 타당한지 살펴보아야 하며, 또 다른 경험공식으로는 식(9.14)가 있다.

$$N = a\,t_p \tag{9.14}$$

여기서 t_p는 〈그림 9.9〉의 첨두발생시간이고 a는 상수로서 소유역에서는 2~4의 값을 가지고, 대유역에서는 4 이상의 값을 갖는다.

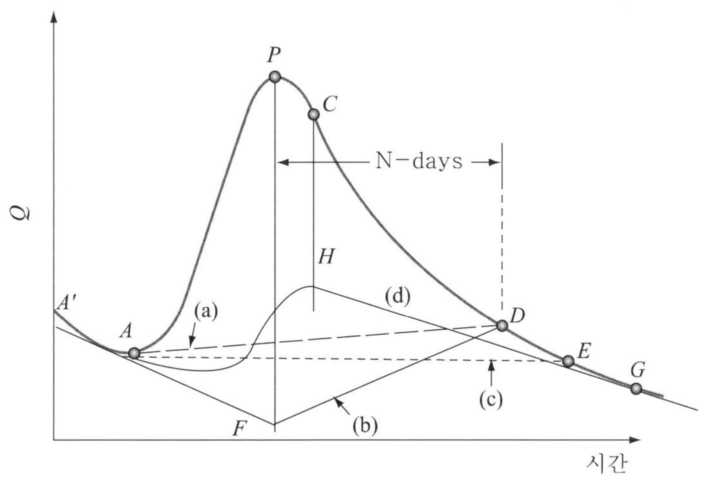

〈그림 9.12〉 수문곡선의 기저유출분리

(3) 수정 N-day법

이 방법은 감수곡선 $A'A$를 연장하여 첨두유량 발생시점인 F까지 선을 긋고, 이를 N-day법에 의해 구한 D점까지 연결하여 기저유출을 분리한다. 즉, 곡선 AFD에 의해 기저유출을 분리한다(〈그림 9.12(b)〉).

(4) 수평직선 분리법

가장 간단한 방법에 수평직선 분리법이 있다. 이는 〈그림 9.12(c)〉처럼 수문곡선의 상승부 기점 A에서 수평선을 그어 감수곡선과 만나는 점 E를 구한다. 즉, 직선 AE에 의해 직접유출과 기저유출을 분리하게 된다.

(5) 가변경사법

수문곡선의 감수곡선상에서 경사가 변화하는 지점 G를 연장하여 변곡점 C선상까지 감수곡선을 외삽하여 선을 긋는다. 그런 후 A와 H를 평활(smooth)하게 곡선으로 연결하여 곡선 AHG에 의해 기저유출을 분리한다(〈그림 9.12(d)〉). 또는 F와 H를 연결하여 선 $AFHG$에 의해 기저유출을 분리할 수도 있다.

9.5 NRCS 방법에 의한 유효우량 산정

어떤 유역의 유효우량을 결정하는 것은 수자원관련계획이나 기타 여러 사업에 있어서 직접유출량의 산정을 위해 필수적인 요소이다. 이를 위하여, 제6장에서 소개한 침투량 곡선이나 유출량이 존재할 경우 지표법을 이용하게 되는데, 특정한 유역에 대해서 강우에 대한 유출량 자료가 존재하지 않을 경우 유효우량과 직접 유출량을 계산할 수 없게 된다. 이와 같이 유역에 대한 강우, 유출량 자료가 없는 경우에 유역을 구성하는 토양 특성과 토지피복상태, 선행유출조건 등을 이용하여 직접유출을 산정할 수 있는 방법을 1972년에 미국 토양보존국(U.S Soil Conservation Service, SCS / 현재 미국 자연자원보존국, U.S National Resources Conservation Service, NRCS)에서 개발하였다. 이는 NRCS의 유출곡선지수(runoff curve number, CN)법으로 알려져 있는데 미계측 유역에서의 유효우량과 직접유출을 산정하기 위해 널리 이용되고 있다. 이러한 NRCS 유출곡선지수법에는 유효우량에 영향을 미치는 인자로서 유역을 형성하는 토양그룹(Hydrologic Soil Group; HGS)과 토지이용상태(land use) 및 토지피복상태(land treatment class), 수문학적인 조건(hydrologic condition), 그리고 유역의 선행토양함수조건(Antecedent soil Moisture Condition, AMC)을 이용하였다. 최근에는 AMC 대신에 선행유출조건(Antecedent Runoff Condition, ARC)을 고려하는 것을 추천하고 있는데 이러한 인자들이 복합적으로 작용하여 유효우량을 구성한다.

9.5.1 NRCS 유출곡선지수법

(1) NRCS 유출곡선지수법의 총우량-유효우량 관계

유출곡선지수법의 기본적인 방정식은 다음과 같은 과정을 통하여 개발되었다. 어떤 유역에 대해서 단위 강우량에 대한 기본적인 물수지 방정식은 $P = Q + F$ 와 같은 형태로 표현이 되는데, 여기서 P는 강우량, Q는 직접유출량 또는 유효우량, F는 손실량을 나타낸다. 유도과정에서는 초기손실이나 취수 등은 없다고 가정한다. 이때, 일정 손실량의 개념에서 최대잠재보유수량(potential maximum retention), S를 다음과 같이 정의한다.

$$S = \lim_{P \to \infty}(P - Q) = \lim_{P \to \infty} F \tag{9.15}$$

여기서 유역의 유출을 구성하는 인자 Q, F, S, P 등의 관계를 식(9.16)과 같이 표현할 수 있다.

$$\frac{Q}{P} = \frac{F}{S} = \frac{\text{실제손실량}}{\text{잠재손실량}} \tag{9.16a}$$

$$Q = \frac{PF}{S} \tag{9.16b}$$

$F = P - Q$를 식(9.16b)에 대입하여 Q에 대하여 정리하면 식(9.17)을 얻는다.

$$Q = P^2 / (P + S) \tag{9.17}$$

식(9.17)은 유출방정식의 가장 기본적인 형태로 강우량 P와 토양상태 측정치 S를 포함하고 있다. 현장조사의 경험에 따르면 강우에 따른 유출자료의 그래프는 $P = 0$, $Q = 0$ 인 시점에서 시작하지 않고 유출을 시작하기 위해서 일정량 이상의 강우량이 필요한 것으로 나타났다. 이 강우량을 '초기손실량' 또는 I_a로 나타내며 이러한 초기손실로 인한 효과를 보정하기 위하여 강우량 P가 아니라 $P - I_a$를 사용한다. 따라서, 식(9.17)은 식(9.18)과 같이 쓸 수 있다.

$$Q = \frac{(P - I_a)^2}{(P - I_a + S)}, \ P \geq I_a \tag{9.18}$$

여기서 $P - I_a$ 를 유효우량이라고 부르며 P_e로 나타낸다. 식(9.18)의 방정식은 초기손실량 I_a와 최대잠재보유수량 S를 모두 포함하고 있으므로 이 두 가지 변수를 모두 고려하여야 하나, 초기손실량은 유역의 최대잠재보유수량과 밀접한 관계가 있는 것으로 알려져 지속된 연구에서 다음과 같은 관계가 있음을 도출하였다.

$$I_a = 0.2\,S \tag{9.19}$$

따라서, 총우량과 유효우량의 관계를 나타낸 식(9.18)은 유역의 최대잠재보유수량 S로 간략화시킬 수 있으며 다음과 같이 나타낼 수 있다.

$$Q = \frac{(P - 0.2\,S)^2}{(P + 0.8\,S)}, \ P \geq 0.2\,S \tag{9.20}$$

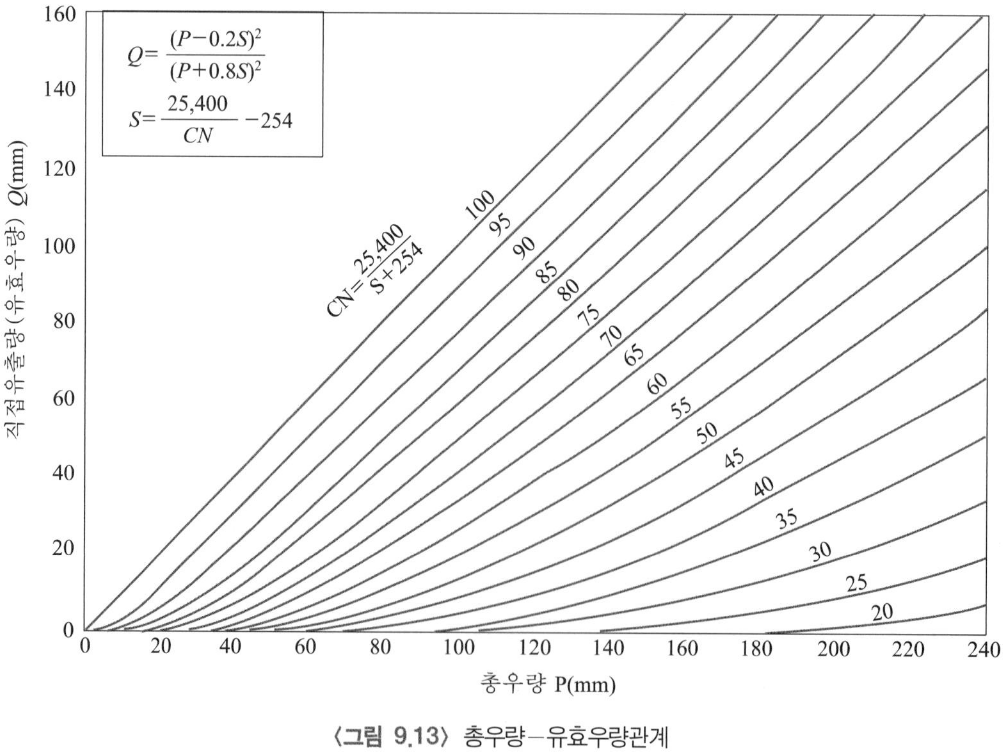

〈그림 9.13〉 총우량–유효우량관계

식(9.20)에서 사용된 S는 현장에서의 적용성 및 간략화를 위하여 식(9.21)과 같이 유출곡선지수인 CN으로 변환된다. 이 지수는 토양, 토지피복, 토지이용에 대해서 Q와 직접적으로 연관되어 정의된 상수로서 0에서 100사이의 수로 정의되며, 무차원값이다.

$$CN = \frac{1000}{10+S} \quad (S \ : \ \text{inch}) \tag{9.21a}$$

$$CN = \frac{25400}{254+S} \quad \text{또는} \quad S = \frac{25400}{CN} - 254 \quad (S \ : \ \text{mm}) \tag{9.21b}$$

그리고 〈그림 9.13〉은 S를 계산하지 않고 강우량에서 바로 유효우량을 계산하기 위하여 유용하게 사용할 수 있는 그림으로서, 많은 시험유역에서 주요한 강우사상 자료를 이용하여 총 강우량－유효우량의 관계를 표준화하여 명시한 것이다.

9.5.2 유출곡선지수의 변동성

실제 측정으로 얻어진 강우－유출 자료는 실제 유출곡선지수의 개념과 정확하게 맞아 떨어지지는 않는다. 실제 NRCS의 유출곡선관련 연구에서도 실제 강우－유출 자료에 대하여 경험적으로 유도한 곡선을 이용하고 있다. 이러한 유출곡선지수의 변동성은 크게 강우강도와 지속기간, 총 강우량, 토양수분조건, 식생피복정도와 기온, 유출곡선지수 산정에 쓰인 자료의 정확성 등과 같은 인자에 의해 유역의 유출특성이 변하기 때문이다.

(1) 선행토양함수조건

연구자들은 유역 유출특성의 변화요인을 토양이 이미 함유하고 있는 수분을 이용하여 나타내고자 하였다. 이를 위해 선행 5일 강수량을 이용한 선행토양함수조건(Antecedent Moisture Condition ; AMC)개념을 사용하여 유출의 변동성을 표현하였다. 즉, 유역에 내린 5일 선행강수량의 크기에 의하여 유역의 습윤 정도를 분류하였다(SCS, 1985). 5일 선행강수량은 한 유역에 대하여 선행토양함수조건을 대변하는 지표로서 동일한 강수가 내린 경우 선행 강수량이 많을수록 토양의 습윤도가 높아져 유효우량이 많아진다고 판단하는 것으로 NRCS에서 기준으로 정한 선행토양함수조건은 다음의 3가지이다.

- AMC-I (Dry condition) : 유역의 토양이 건조한 상태에 있으나, 농작물 생장에 지장이 없는 토양 습윤상태
- AMC-II (Average condition) : 유역의 토양 습윤상태가 평균적인 상태, 침투율이 중간 정도로 직접유출률도 보통이다.

〈표 9.5〉 5일 선행강수량(P_5)에 의한 유역 선행토양함수조건

AMC 조건	성수기		비성수기	
	P_5(inch)	P_5(mm)	P_5(inch)	P_5(mm)
I	$P_5 < 1.4$	$P_5 < 35.56$	$P_5 < 0.5$	$P_5 < 12.7$
II	$1.4 < P_5 < 2.1$	$35.56 < P_5 < 53.34$	$0.5 < P_5 < 1.1$	$12.7 < P_5 < 27.94$
III	$P_5 > 2.1$	$P_5 > 53.34$	$P_5 > 1.1$	$P_5 > 27.94$

- AMC-III (Wet condition) : 선행하는 강우로 인하여 유역의 토양이 거의 포화되어진 상태. 침투율이 낮아서 직접 유출율이 높다.

이러한 선행토양함수조건은 5일간 선행하여 내린 강우량의 양으로 판단하며, 성수기(growing season) 및 비성수기(dormant season)에 따라서 유역의 선행토양함수조건이 다르게 산정된다. 또한 각각의 AMC 조건은 다음의 관계식에 의해 환산이 가능하며, 각각의 $CN(I)$, $CN(II)$, $CN(III)$는 AMC-I, II, III 조건과 대응한다. 또한, 〈표 9.6〉을 이용하여 AMC 조건에 따른 CN을 산정할 수도 있다.

$$CN(I) = \frac{4.2\ CN(II)}{10 - 0.058\ CN(II)} \tag{9.22a}$$

$$CN(III) = \frac{23\ CN(II)}{10 + 0.130\ CN(II)} \tag{9.22b}$$

〈표 9.6〉 AMC 조건에 따른 CN값($I_a = 0.2S$)

AMC-II	AMC 조건 I	AMC 조건 III	AMC-II S(mm)	유출시작 P(mm)	AMC-II	AMC 조건 I	AMC 조건 III	AMC-II S(mm)	유출시작 P(mm)
100	100.0	100.0	0.00	0.0	60	38.7	77.5	169.3	33.9
99	97.7	99.6	2.57	0.5	59	37.7	76.8	176.5	35.3
98	95.4	99.1	5.18	1.0	58	36.7	76.1	183.9	36.8
97	93.1	98.7	7.86	1.6	57	35.8	75.3	191.6	38.3
96	91.0	98.2	10.58	2.1	56	34.8	74.5	199.6	39.9
95	88.9	97.8	13.37	2.7	55	33.9	73.8	207.8	41.6
94	86.8	97.3	16.21	3.2	54	33.0	73.0	216.4	43.3
93	84.8	96.8	19.12	3.8	53	32.1	72.2	225.2	45.0
92	82.8	96.4	22.09	4.4	52	31.3	71.4	234.5	46.9
91	80.9	95.9	25.12	5.0	51	30.4	70.5	244.0	48.8
90	79.1	95.4	28.22	5.6	50	29.6	69.7	254.0	50.8
89	77.3	94.9	31.39	6.3	49	28.8	68.8	264.4	52.9
88	75.5	94.4	34.64	6.9	48	27.9	68.0	275.2	55.0
87	73.8	93.9	37.95	7.6	47	27.1	67.1	286.4	57.3
86	72.1	93.4	41.35	8.3	46	26.4	66.2	298.2	59.6
85	70.4	92.9	44.82	9.0	45	25.6	65.3	310.4	62.1
84	68.8	92.4	48.38	9.7	44	24.8	64.4	323.3	64.7
83	67.2	91.8	52.02	10.4	43	24.1	63.4	336.7	67.3
82	65.7	91.3	55.76	11.2	42	23.3	62.5	350.8	70.2
81	64.2	90.7	59.58	11.9	41	22.6	61.5	365.5	73.1
80	62.7	90.2	63.50	12.7	40	21.9	60.5	381.0	76.2
79	61.2	89.6	67.52	13.5	39	21.2	59.5	397.3	79.5
78	59.8	89.1	71.64	14.3	38	20.5	58.5	414.4	82.9
77	58.4	88.5	75.87	15.2	37	19.8	57.5	432.5	86.5
76	57.1	87.9	80.21	16.0	36	19.1	56.4	451.6	90.3
75	55.8	87.3	84.67	16.9	35	18.4	55.3	471.7	94.3
74	54.4	86.7	89.24	17.8	34	17.8	54.2	493.1	98.6
73	53.2	86.1	93.95	18.8	33	17.1	53.1	515.7	103.1
72	51.9	85.5	98.78	19.8	32	16.5	52.0	539.8	108.0
71	50.7	84.9	103.7	20.7	31	15.9	50.8	565.4	113.1
70	49.5	84.3	108.9	21.8	30	15.3	49.6	592.7	118.5
69	48.3	83.7	114.1	22.8	25	12.3	43.4	762.0	152.4
68	47.2	83.0	119.5	23.9	20	9.5	36.5	1,016	203.2
67	46.0	82.4	125.1	25.0	15	6.9	28.9	1,439	287.9
66	44.9	81.7	130.8	26.2	10	4.5	20.4	2,286	457.2
65	43.8	81.0	136.8	27.4	5	2.2	10.8	4,826	965.2
64	42.7	80.3	142.9	28.6	0	0	0	∞	∞
63	41.7	79.7	149.2	29.8					
62	40.7	79.0	155.7	31.1					
61	39.6	78.2	162.4	32.5					

(2) 선행유출조건

NRCS에서 제시되어진 선행토양함수조건이 지속적으로 사용되어 왔으나 1990년대에 들어서 선행토양함수조건의 적합성에 대해서 회의적인 연구결과가 제시되었다. 선행토양함수조건에 따른 AMC 조건의 구분은 기본적으로 선행토양함수조건과 유역의 잠재저류량 S가 선형적인 관계가 있다는 가정을 기본으로 하나, 여러 유역에 대한 연구에서 5일 선행강수량과 잠재저류량 S와는 뚜렷한 상관관계가 없는 것으로 나타났으며, 유사한 연구결과가 Conshey(1983); Hjelmfelt et al(1982); Hjelmfelt(1987,1991); Van Mullem(1992)에 의하여 수행되었다. 이러한 결과를 토대로 NRCS는 기존의 선행토양함수조건은 타당성이 없는 것으로 판단하여 미국 NEH(National Engineering Handbook)에서 제외하였다(NRCS, 2003). 그러나 이는 범용적으로 공인된 사항은 아니고, 실제 실무에서는 CN값 산정을 위해 쉽고 이용하기에 편리한 AMC 조건을 사용하고 있다. 따라서 본 절에서는 AMC와 아래의 ARC 조건을 함께 설명하기로 한다.

선행토양함수조건이 유효하지 않게 됨에 따라서 유출곡선지수의 변동성을 대표하는 개념으로 선행유출조건(Antecedent Runoff Condition; ARC)이 제시되었다. 유역의 선행토양함수조건이 단순히 선행 강수량에 의거하여 결정하는데 반하여 선행유출조건은 유역의 함유 수분량, 유출특성, 선행 유출량 등을 모두 고려하여 유역의 복합적인 유출조건을 나타낸다. 이러한 선행유출조건은 크게 3가지 상태로 구분되는데, ARC-I 조건이 건조상태, ARC-II 조건이 일반적인 상태, ARC-III 조건이 습윤한 상태를 나타낸다(NRCS, 2003). AMC 기준이 단순히 선행 강수량에 의거하여 유출조건을 결정하는데 반하여, ARC 조건은 선행강수량과 다른 여러 수문학적인 조건을 고려하여 유역의 유출률을 판단하게 되어있다. 다만, 여러 가지 요인을 고려하기 때문에 아직까지 뚜렷한 판단기준이 없으며, 선행유출조건의 기준은 다음과 같이 제시되어 있으나, 강우량이나 어떠한 기준에 의거한 선택기준은 제시하고 있지 않다(Young and Carleton, 2006).

- ARC-I (Dry condition) : 토양이 건조한 상태. 단, 토양표면에 건조로 인한 갈라짐은 없는 상태
- ARC-II (Average condition) : 토양이 건조하지도 않고 습윤하지도 않은 보통 상태. 단, 결빙된 토양이나 강설에서 나오는 유출은 고려하지 않는다.
- ARC-III (Wet condition) : 선행하여 내린 강우량과 낮은 기온으로 인하여 토양이 포화습윤 상태이거나 그에 준하는 상태

〈표 9.7〉 ARC 조건에 따른 CN값($I_a = 0.2S$)

ARC-II	ARC 조건		ARC-II	유출시작	ARC-II	ARC 조건		ARC-II	유출시작
	I	III	S (mm)	P (mm)		I	III	S (mm)	P P(mm)
100	100	100	0	0.00	60	40	78	6.67	33.78
99	97	100	.101	0.51	59	39	77	6.95	35.31
98	94	99	.204	1.02	58	38	76	7.24	36.83
97	91	99	.309	1.52	57	37	75	7.54	38.35
96	89	99	.417	2.03	56	36	75	7.86	39.88
95	87	98	.526	2.79	55	35	74	8.18	41.66
94	85	98	.638	3.30	54	34	73	8.52	43.18
93	83	98	.753	3.81	53	33	72	8.87	44.96
92	81	97	.870	4.32	52	32	71	9.23	46.99
91	80	97	.989	5.08	51	31	70	9.61	48.77
90	78	96	1.11	5.59	50	31	70	10.0	50.80
89	76	96	1.24	6.35	49	30	69	10.4	52.83
88	75	95	1.36	6.86	48	29	68	10.8	54.86
87	73	95	1.49	7.62	47	28	67	11.3	57.40
86	72	94	1.63	8.38	46	27	66	11.7	59.44
85	70	94	1.76	8.89	45	26	65	12.2	61.98
84	68	93	1.90	9.65	44	25	64	12.7	64.52
83	67	93	2.05	10.41	43	25	63	13.2	67.06
82	66	92	2.20	11.18	42	24	62	13.8	70.10
81	64	92	2.34	11.94	41	23	61	14.4	73.15
80	63	91	2.50	12.70	40	22	60	15.0	76.20
79	62	91	2.66	13.46	39	21	59	15.6	79.25
78	60	90	2.82	14.22	38	21	58	16.3	82.80
77	59	89	2.99	15.24	37	20	57	17.0	86.36
76	58	89	3.16	16.00	36	19	56	17.8	90.42
75	57	88	3.33	17.02	35	18	55	18.6	94.49
74	55	88	3.51	17.78	34	18	54	19.4	98.55
73	54	87	3.70	18.80	33	17	53	20.3	103.12
72	53	86	3.89	19.81	32	16	52	21.2	107.70
71	52	86	4.08	20.83	31	16	51	22.2	112.78
70	51	85	4.28	21.84	30	15	50	23.3	118.36
69	50	84	4.49	22.86	25	12	43	30.0	152.40
68	48	84	4.70	23.88	20	9	37	40.0	203.20
67	47	83	4.92	24.89	15	6	30	56.7	288.04
66	46	82	5.15	26.16	10	4	22	90.0	457.20
65	45	82	5.38	27.43	5	2	13	190.0	965.20
64	44	81	5.62	28.45	0	0	0	∞	∞
63	43	80	5.87	29.72					
62	42	79	6.13	31.24					
61	41	78	6.39	32.51					

유출곡선의 산정은 3가지의 선행 유출 조건 중에 보통상태인 ARC-II 조건을 기준으로 산정하며 일반적으로 ARC-I 조건은 건기에, ARC-III 조건은 우기에 적용한다. 일반적으로 산정한 유출곡선지수가 ARC-II 조건이므로 다른 유출 조건에 대해서는 〈표 9.7〉을 이용하여 산정할 수 있다.

예제 9.4

어떤 유역에 〈표 9.8〉과 같은 강우가 발생하였다. 이 유역의 유출곡선지수 CN 이 61.0 이라면 각 강우사상별로 AMC 및 ARC 조건에 따른 유효우량을 결정하라.

〈표 9.8〉 소유역 주요 강우사상

강우사상	강우량 (mm)	5일 선행강우량 P_5(mm)	유역의 유출여건
2009. 4. 21 ~ 4. 22	34	4	가뭄으로 인한 지표건조
2009. 7. 12 ~ 7. 13	182	117	많은 강우로 지표 습윤상태
2009. 8. 11 ~ 8. 12	104	23	여름철 고온으로 건조
2009. 8. 29 ~ 8. 30	87	41	일반적인 상태

풀이

풀이를 단계별로 설명하면 아래와 같다.

Step.1 선행 5일 강수량을 이용하여 각각의 강우사상의 AMC 조건을 결정한다. 2009년 4월 21 ~ 4월 22일 사상을 제외하고는 모두 성수기에 해당하므로 〈표 9.5〉의 기준에 따라서 AMC 조건을 결정한다.

〈표 9.9〉 선행강우량에 의한 AMC 조건 결과

강우사상	강우량 (mm)	5일 선행강우량, P_5(mm)	AMC 조건	유역의 유출여건
2009. 4. 21 ~ 4. 22	34	4	I	가뭄으로 인한 지표건조
2009. 7. 12 ~ 7. 13	182	117	III	많은 강우로 지표 습윤상태
2009. 8. 11 ~ 8. 12	104	23	I	여름철 고온으로 건조
2009. 8. 29 ~ 8. 30	87	41	II	일반적인 상태

Step.2 유역의 유출여건을 이용하여 각각의 강우사상의 ARC 조건을 결정한다. 단, 아직까지 ARC 기준은 정량적이기 보다 경험적이므로 충분한 검토를 통해 결정을 하도록 한다.

〈표 9.10〉 유역 유출여건에 의한 ARC 조건 결과

강우사상	강우량 (mm)	5일 선행강우량, P_5(mm)	AMC 조건	유역의 유출여건	ARC 조건
2009. 4. 21 ~ 4. 22	34	4	I	가뭄으로 인한 지표건조	I
2009. 7. 12 ~ 7. 13	182	117	III	많은 강우로 지표 습윤 상태	III
2009. 8. 11 ~ 8. 12	104	23	I	다소건조하나 일반상태	I
2009. 8. 29 ~ 8. 30	87	41	II	여름철 고온으로 건조	II

Step.3 각 강우사상의 AMC 조건 및 ARC 조건에 따른 유출곡선지수를 〈표 9.6〉과 〈표 9.7〉을 이용하여 계산한다.

〈표 9.11〉 AMC 및 ARC 조건에 따른 CN 결과

강우사상	강우량 (mm)	5일 선행강우량, P_5(mm)	AMC 조건	CN (AMC)	유역의 유출여건	ARC 조건	CN (ARC)
2009. 4. 21 ~ 4. 22	34	4	I	39.6	가뭄으로 인한 지표 건조	I	41
2009. 7. 12 ~ 7. 13	182	117	III	78.2	많은 강우로 지표 습윤상태	III	78
2009. 8. 11 ~ 8. 12	104	23	I	39.6	여름철 고온으로 건조	II	4-1
2009. 8. 29 ~ 8. 30	87	41	II	61	일반적인 상태	II	61

Step.4 각 강우사상의 AMC 조건 및 ARC 조건에 따른 유출곡선지수와 식(9.20)을 이용하여 강우사상별 유효우량을 결정한다. 첫 번째 강우사상에 대한 유효우량은 다음과 같으며 계산 결과는 〈표 9.12〉와 같다.

$$S = \frac{25400}{CN} - 254 = \frac{25400}{39.6} - 254 = 387.4\mathrm{mm}$$

$$Q = \frac{(34 - 0.2 \times 387.4)^2}{(34 + 0.8 \times 387.4S)} = 5.49\mathrm{mm}$$

〈표 9.12〉 (예제 9.4)의 결과정리

강우사상	강우량 (mm)	AMC 기준			ARC 기준		
		AMC 조건	CN (AMC)	유효우량 (mm)	ARC 조건	CN (ARC)	유효우량 (mm)
2009. 4. 21 ~ 4. 22	34	I	39.6	5.5	I	41	4.7
2009. 7. 12 ~ 7. 13	182	III	78.2	118.0	III	78	117.5
2009. 8. 11 ~ 8. 12	104	I	39.6	1.7	I	41	2.4
2009. 8. 29 ~ 8. 30	87	II	61	13.7	II	61	13.7

9.5.3 유출곡선지수의 결정

앞 절에서 총 강우량과 유효우량과의 관계 모형을 유도하였으며, 이를 통하여 총 강우량에서 유효우량을 산정할 수 있다. 이러한 관계 모형을 이용하기 위해서는 유역의 유출곡선지수(CN) 결정이 필요하며, 해당 유역의 강우－유출 자료가 없는 경우에 유역을 구성하는 특성과 NRCS기준을 이용하여 유출곡선지수를 결정할 수 있다. 유출곡선지수를 결정하기 위한 조건으로는 ① 수문학적 토양군, ② 토지이용과 식생피복상태, ③ 수문학적 토양－피복형을 이용하여 유출곡선지수를 결정하게 된다.

(1) 수문학적 토양분류

수문학적 토양그룹(HSG)은 기본적으로 강우－유출 관계, 침투량에 따라서, 토양의 수문학적인 반응 특성을 분류한 것이다. 기본적으로 유출곡선지수 값은 토양과 밀접한 관련이 있기 때문에 이러한 수문학적 반응이 확연하게 차이가 나는 토양을 기준으로 4가지의 수문학적 토양그룹으로 분류하였다. 모든 토양은 A, B, C, D의 4가지 토양군 중에 한 가지로 분류되며, A 그룹은 가장 다공성이고 최소의 유출 경향성을 보이는 토양이며, D 그룹은 고운 재질로 이루어져 있어서 가장 많은 유출량을 보여주는 그룹이다.

Group A : A 그룹의 토양은 습윤 상태에서도 낮은 유출 특성을 보이며, 일반적으로 토양입자 사이로 수분이 자유롭게 이동하는 경향을 보인다. 이 그룹에 해당하는 토양은 보통 10% 이하의 점토질과 90% 이상의 모래, 자갈로 이루어져 있으며 일부 사질양토(Loamy sand), 모래옥토(Sandy loam), 찰흙(Loam), 토사옥토(Silt loam) 등을 포함하는 경우도 있으나 이 경우 매우 적은 양을 포함하거나, 35% 이상의 암석조각이 포함되어 있는 경우이다. A 그룹의 물리적인 특성은 크게 다음과 같이 정의된다.

① 포화습윤 상태에서 투수율이 초당 40μm/sec 이상
② 불투수성의 토양층까지의 거리가 50cm 이상
③ 지하수면까지의 거리가 60cm 이상

Group B : B 그룹의 토양은 습윤상태에서 중간 이하의 유출 특성을 보이며, 토양을 통해 수분이 이동하는데 큰 제약을 받지 않는다. 일반적으로 이 그룹에 해당하는 토양은 10∼20%의 점토와 50∼90%의 사질양토와 모래옥토로 이루어져 있다. 일부 토양은 찰흙과 실트(Silt), 모래점토(Sandy clay loam)를 포함하고 있으나, 적은 비율을 포함하거나 35% 이상의 암석조각이 포함되어 있다. B 그룹의 물리적인 특성은 크게 다음과 같이 정의된다.

① 포화습윤 상태에서 표면에서 50cm 깊이의 토양층 투수율이 10∼40μm/sec
② 불투수성의 토양층까지의 거리가 50cm 이상
③ 지하수면까지의 거리가 60cm 이상

Group C : C 그룹의 토양은 습윤 상태에서 중간 이상의 유출 특성을 보이며, 토양을 통해 수분이 이동하는데 일부분 제약을 받게 된다. 일반적으로 이 그룹에 해당하는 토양은 20∼40%의 점토와 50% 이하의 찰흙(Loam), 토사옥토(Silt loam), 모래점토(Sandy clay loam)로 이루어져 있다. 일부 토양은 찰흙과 실트질을 포함하고 있으나, 적은 비율을 포함하고 있거나 35% 이상의 암석조각이 포함되어 있다. C 그룹의 물리적인 특성은 크게 다음과 같이 정의된다.

① 포화습윤 상태에서 표면에서 50cm 깊이의 토양층 투수율이 1∼10μm/sec
② 불투수성의 토양층까지의 거리가 50cm 이상
③ 지하수면까지의 거리가 60cm 이상

Group D : D 그룹의 토양은 습윤 상태에서 높은 유출 특성을 보이며, 토양을 통해 수분이 이동하는데 심한 제약을 받는다. 일반적으로 이 그룹에 해당하는 토양은 40% 이상의 점토와 50% 이하의 모래나 찰흙성분 토양으로 이루어져 있다. 토양일부는 높은 수축및 확대력(Shrink-swell potential)을 가지고 있으며 모든 불투수성 토양층까지의 거리가 50 cm 이내이고, 지하수면까지의 거리가 60cm 이내에 위치하고 있다. D 그룹의 물리적인 특성은 크게 다음과 같이 정의된다.

① 포화습윤 상태에서 표면에서 50cm 깊이의 토양층 투수율이 1μm/sec 이하
② 불투수성의 토양층까지의 거리가 50cm 이하
③ 지하수면까지의 거리가 60cm 이하

■ 복합수문토양(Dual Hydrologic Soil Group)

습윤상태에서의 토양이 기본적으로 D 그룹의 특성을 나타내나, 배수상태(Drained)에서 불투수층과의 거리가 60 cm 이상이거나 투수율이 D 그룹보다 높게 나타날 경우 해당 토양의 투수율을 비롯한 수문학적 특성에 기준하여 복합 수문그룹(Dual Hydrologic Soil Group; A/D, B/D, C/D)으로 지칭한다. 첫 번째는 배수상태에서의 토양특성(A, B, C)을 나타내며, 두 번째의 D는 습윤상태에서의 토양특성 D를 나타낸다.

〈표 9.13〉 수문학적 토양군의 분류

토양군	토양군의 특성	투수율
A	낮은 유출율(Low runoff potential) 매우 높은 침투율(High infiltration rates) 모래질 및 자갈이 90% 이상	40μm/sec 이상
B	높은 침투율(Moderate infiltration rates) 모래질 및 사질양토 50∼90% 비율	10∼40μm/sec
C	낮은 침투율(Low infiltration rates) 50% 이하의 모래질 및 사질양토	1∼10μm/sec
D	높은 유출율(High runoff potential) 매우 낮은 침투율(Very low infiltration rates) 40% 이상의 점토질	1μm/sec 이하
복합/D	습윤상태에서의 토양군 D 특성 배수상태에서 A,B,C 토양군의 특성	습윤 : 1μm/sec 이하 배수 : 다양

(2) 토지이용과 식생피복상태

NRCS에서는 강우유출에 영향을 미치는 표면 상태를 토지이용(land use)과 토지피복상태(land treatment)로 나누어 고려하였다. 토지이용은 농작물이나 호수, 늪과 같이 유역의 표면이 어떠한 용도로 이용되고, 도로와 지붕과 같이 어떤 상태로 유지되고 있는가에 대한 분류이다. 토지피복은 주로 농경지에 해당되며, 절삭(contouring)이나 단지(terracing) 등과 같이 농경지 관리행위로 인한 농경지의 토지피복 상태를 나타낸다.

NRCS는 토지이용지역을 크게 농경지(Cultivated Land)와 초지(Grassland), 삼림(Forest), 도시 및 주거(Urban and Residual)지역으로 구분하고 있다. 다만, 도시 및 주거지역의 경우 다른 토지이용과 상이하므로 따로 분류하여 구분하며, 도시 및 주거지역을 제외한 토지이용에 대한 수문학적 조건은 다음과 같다.

가. 농경지(Cultivated Land)

■ 휴경지(fallow) : 작물을 수확한 후 다른 작물을 파종하기 위하여 일시적으로 경작을 하

지 않는 나지상태의 경작지로서 높은 유출 특성을 보인다.

- 이랑경작지(row crop) : 경작 작물(옥수수, 수수, 콩, 사탕무, 토마토, 튤립 등 작물종류에 관계없이) 중에 줄지어 심고 줄간의 간격이 커서 경작지의 토양표면이 강우에 노출되는 경작지로서 휴경지와 유사하게 큰 유출 잠재력을 보인다.
- 조밀경작지(small grain) : 밀, 보리, 귀리, 아마 등 줄을 따라 식재되어도 식생 사이의 간격이 작아서 초기 파종시나 수확된 이후를 제외하고는 토양이 강우에 노출되지 않아서 유출 특성이 상대적으로 적은 경작지
- 조밀식재 또는 윤번지(Close-seeded legumes or rotation meadow) : 알팔파, 클로버, 큰조아재비 등 빽빽하게 파종되어 있거나 무작위로 식재되어 있는 경작지로서 토양을 조밀하게 덮고 있어서 유출특성이 낮다. 윤번지의 경우에는 알팔파 등의 풀을 경작함으로서 토양의 지력을 높이는 휴경지이다.
- 경사 경작지(Straight-row field) : 경사지의 위와 아래를 연결하거나 경사를 가로질러 직선으로 작물을 경작하는 농경지이다. 이 경우 경사도는 2% 이내이다.
- 등고선 경작지(Contoured field) : 등고선을 이루어서 계단식으로 경작하는 농경지로서 계단식 등고선 사이에 배수로나 도랑이 위치하고 있으므로 상대적으로 유출특성은 작다.

농경지의 경우에는 경작지 표면이 피복되어 있는 면적비를 이용하여 판단하는데, 75% 이상이 식생이 차지하고 있는 경우에는 양호(Good), 50~75%가 차지하고 있을 경우에는 보통(Fair), 50% 이하의 식생피복이 차지하고 있을 경우에는 불량(Poor)으로 판단하게 된다(〈표 9.14〉). 판단기준은 일반적으로 목측이나 GIS 기법에 의하여 판단한다.

〈표 9.14〉 농경지의 수문학적 조건

식생피복 조건	수문학적 조건
낮은 피복률 - 뿌리 덮개나 식생피복이 전체 면적의 50% 이하	불량(Poor)
중간 피복률 - 식생피복이 전체 면적의 50～75% 사이	보통(Fair)
높은 피복률 - 식생피복이 전체 면적의 75% 이상	양호(Good)

나. 초지(Grassland)

초지는 풀을 비롯한 식생피복이 되어있는 목초지나 목장을 가리킨다. 목초를 생산하지 않는다는 가정 하에 식생 피복의 비율에 대하여 분류하며 식생 피복의 비율은 주로 목측을 이용한다. 이 경우에는 경작지에서 사용된 것과 같은 기준을 이용하여 수문학적 조건을 판단한다.

초지에 대한 다른 평가방법은 초지에 나있는 목초의 건조중량을 이용하는 방법이다. 목초의 건조중량은 샘플링을 통하여 획득하며 유역의 초지특성을 대표할 수 있는 지역을 선정하여 해당 지역의 목초를 샘플링 한다. 샘플링을 완료하면 건조중량과 피복정도를 고려하여 아래의 〈표 9.15〉를 참조하여 수문학적 조건을 결정한다. 이 경우 목측이나 GIS 기법에 의하여 식생피복의 비율을 측정한 후 샘플링된 목초의 건조중량을 이용하여 판단한다.

〈표 9.15〉 초지의 수문학적 조건

식생피복 비율	목초의 건조중량(ton/acre)[1]		
	0.5 이하	0.5~1.5	1.5 이상
50% 이하	불량(Poor)	불량(Poor)+	보통(Fair)
50~75%	불량(Poor)+	보통(Fair)	보통(Fair)+
75% 이상	보통(Fair)	보통(Fair)+	양호(Good)

1 ; 수문학적 조건에 붙어있는 + 마크는 상위 조건의 중간 정도 조건이다.

다. 삼림지역

수림지역과 관목숲 지역은 일반적으로 벌목의 정도 및 낙엽이나 잡목 등의 제거 정도를 이용하여 수문학적 조건을 판단한다. 불량(Poor)조건의 경우 벌목이 심하게 되어 있고, 낙엽이나 잡목의 처리가 거의 안된 경우이며, 보통(Fair)은 벌목 정도가 보통이고, 낙엽 및 잡목 제거도 일반적인 상태이다. 양호(Good)는 벌목이 없고 낙엽이나 잡목이 토양을 덮고 있어서 유출율이 가장 낮은 경우이다.

〈표 9.16〉 삼림지의 수문학적 조건

식생피복 조건	수문학적 조건
낮은 피복, 낙엽과 잡목이 많이 부서진 상태로 존재	불량(Poor)
중간 피복상태	보통(Fair)
많은 관목과 낙엽이 토양을 덮고 있음	양호(Good)

(3) 수문학적 토양-피복형을 이용한 유출곡선지수 결정

강우량과 직접유출의 관계는 앞서 설명한 수문학적인 토양군, 토지이용, 식생피복 등과 밀접한 관계가 있다. NRCS는 이러한 직접유출에 관계된 인자들을 모두 고려하여 직접 유출률을 결정하였다. 이때, 앞에서 설명한 수문학적 토양그룹과 토지이용 및 식생피복을 합하여 수문학적 토양-피복형(Hydrologic Soil-cover Complexes)으로 간주하며, 직접 유출에 관계되는 유출곡선지수, *CN*은 이러한 수문학적 토양-피복형과 수문학적 토양그룹에 의하여 결정한다. 이러한 토양－피복형에 대한 유출곡선 지수는 각 토지이용형태별로 제시되었으며, 도시 및 주거지역에 대해서는 피복상태 및 불투수율에 따라 유출곡선지수 값이 따로 제시되었다.

가. 농경지에 대한 유출곡선지수

〈표 9.17〉 농경지의 유출곡선지수(ARC-II, $I_a = 0.2S$ 경우)

식생피복			수문학적 토양군			
식생 및 토지 이용상태	식생피복 처리형태[1]	수문학적 조건[2]	A	B	C	D
휴경지	나대지	-	77	86	91	94
	경작 후 잔여식생피복(CR)	Poor	76	85	90	93
		Good	74	83	88	90
이랑 경작지	경사 경작지(SR)	Poor	72	81	88	91
		Good	67	78	85	89
	경사 경작 + 잔여피복(SR + CR)	Poor	71	80	87	90
		Good	64	75	82	85
	등고선 경작(C)	Poor	70	79	84	88
		Good	65	75	82	86
	등고선 경작 + 잔여피복(C + CR)	Poor	69	78	83	87
		Good	64	74	81	85
	등고선, 테라스 경작(C&T)	Poor	66	74	80	82
		Good	62	71	78	81
	등고선, 테라스 + 잔여피복(C&T + CR)	Poor	65	73	79	81
		Good	61	70	77	80
조밀 경작지	경사 경작지(SR)	Poor	65	76	84	88
		Good	63	75	83	87
	경사 경작 + 잔여피복(SR + CR)	Poor	64	75	83	86
		Good	60	72	80	84
	등고선 경작(C)	Poor	63	74	82	85
		Good	61	73	81	84
	등고선 경작 + 잔여피복(C + +CR)	Poor	62	73	81	84
		Good	60	72	80	83
	등고선, 테라스 경작(C&T)	Poor	61	72	79	82
		Good	59	70	78	81
	등고선, 테라스 + 잔여피복(C&T + CR)	Poor	60	71	78	81
		Good	58	69	77	80
조밀식재 및 윤번지	경사 경작지(SR)	Poor	66	77	85	89
		Good	58	72	81	85
	등고선 경작(C)	Poor	64	75	83	85
		Good	55	69	78	83
	등고선, 테라스 경작(C&T)	Poor	63	73	80	83
		Good	51	67	76	80

자연목초지 및 목장[3]		Poor	68	79	86	89
		Fair	49	69	79	84
		Good	39	61	74	80
초지		Good	30	58	71	78
덤불 숲[4]		Poor	48	67	77	83
		Fair	35	56	70	77
		Good	30[5]	48	65	73
숲-초지 혼합[6]		Poor	57	73	82	86
		Fair	43	65	76	82
		Good	32	58	72	79
수림		Poor	45	66	77	83
		Fair	36	60	73	79
		Good	30	55	70	77
농가		-	59	74	82	86
오솔길	각종 낙엽 등이 어지럽게 널린 오솔길	-	72	82	87	89
	자갈로 구성된 오솔길	-	76	85	89	91

1; 잔여식생피복은 최소 5% 이상의 면적을 연간 덮고 있는 경우에 해당한다.
2; 수문학적 조건은 유출과 침투에 영향을 미치는 a) 식생피복의 밀도, b) 일 년 중 피복정도, c) 파종간격, d) 잔여 식생비율 등을 종합적으로 고려하여 결정한다.
Poor : 수문학적 영향인자가 침투조건을 감소시켜 유출특성을 증가시킨다.
Good : 수문학적 영향인자가 침투조건을 증가시켜 유출특성을 감소시킨다.
3; Poor : 식생 피복이 50% 이하일 경우
Fair : 식생피복이 50~75% 사이일 경우
Good : 식생피복이 75% 이상
4; Poor : 토지 피복이 50% 이하일 경우
Fair : 토지 피복이 50~75% 사이일 경우
Good : 토지 피복이 75% 이상
5; 실제 유출곡신지수값이 30 이하일 경우 CN=30을 직접 유출량 계산에 이용한다.
6; CN값은 숲과 초지가 5 : 5 비율인 경우에 해당하며 다른 비율일 경우 각각 숲과 초지의 CN을 이용하여 계산한다.
약어; C : Contoured, T : Terraced, CR : Crop Residue cover, SR : Straight Row

나. 삼림지역에 대한 유출곡선지수

NRCS에서 제시한 유출곡선지수는 관목숲이나 산림지역에 대한 부분이 들어있지 않다. 이는 기본적으로 유출곡선지수법이 농경지나 기타 지역의 직접 유출에 초점을 맞추고 있기 때문이다. 따라서, 삼림지역에 대한 유출곡선지수는 미국 산림청(U.S. Forest Service. USFS)에서 개발한 방법을 이용하여 산정한다. 유출곡선지수의 산정은 수문학적 토양군과 식생 피복의 비율과 수종에 따라서 결정하며 크게 다음의 〈그림 9.14〉와 〈그림 9.15〉를 이용하여 산정한다. 단, 건조한 목초지에 가까운 관목 숲에 대해서는 〈표 9.18〉의 기준을 따른다.

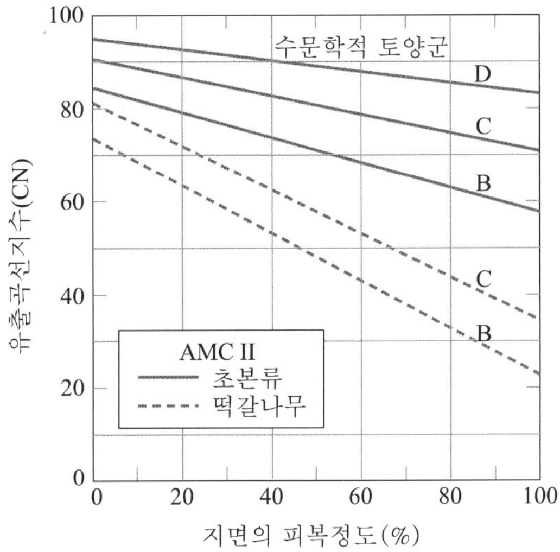

〈그림 9.14〉 초본, 떡갈나무지역의 CN

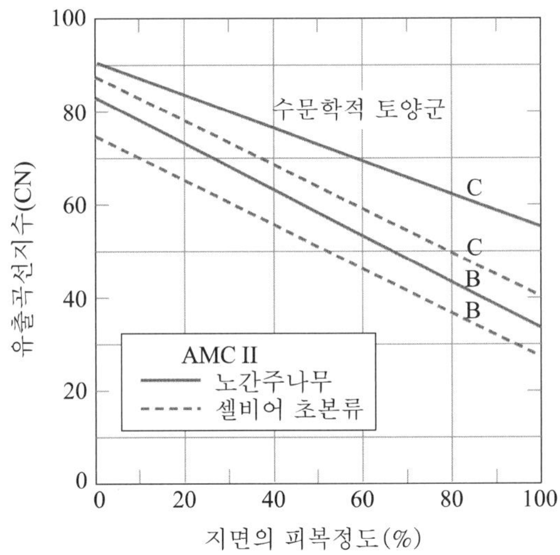

〈그림 9.15〉 노간주, 셀비어초본지역 CN

〈표 9.18〉 초지의 유출곡선지수(ARC-II, $I_a = 0.2S$ 경우)

식 생 피 복		수문학적 토양군			
식생피복 처리형태	수문학적 조건	A[1]	B	C	D
초본 – 잔디, 잡초, 작은 관목 등이 혼합되어 자라는 형태	Poor		80	87	93
	Fair		71	81	89
	Good		62	74	85
떡갈나무속 관목 – 떡갈나무, 포플러, 마호가니, 단풍나무 등의 관목 등이 혼합되어 자라는 형태	Poor		66	74	79
	Fair		48	57	63
	Good		30	41	48
소나무 – 노간주나무 – 소나무 및 노간주나무가 혼합되어 있고 그 아래로 초본이 있는 형태	Poor		75	85	89
	Fair		58	73	80
	Good		41	61	71
셀비어 – 초본 – 셀비어나무가 자라고 그 아래에 초본식생형태	Poor		67	80	85
	Fair		51	63	70
	Good		35	47	55
사막관목 – 솔트부쉬, 명아주, 솔트크래오 덤블, 콩, 메스키트, 선인장 등의 건조지역에 자라는 초본식생	Poor	63	77	85	88
	Fair	55	72	81	86
	Good	49	68	79	84

[1]; 수문학적 토양그룹 A는 오직 사막관목 지역에만 해당한다.

다. 도시 및 주거지역에 대한 유출곡선지수

도시 및 주거지역의 유출은 약간 다른 양상을 보인다. 그동안 수행된 연구에서 도시 및 주거지역의 유출은 불투수층의 비율이나 불투수층에서 유입된 유출량을 고려하여 유출곡선지수를 결정하여야 한다는 결과가 도출되었다(Rawls et al., 1981). 따라서, 도시유역에 대한 유출곡선지수는 이러한 인자를 고려하여 산정하여야 한다.

일반적으로 도시 및 주거지역과 불투수층의 비율을 고려한 유출곡선지수는 다음의 〈표 9.19〉에 제시되어 있으며 해당 표를 사용하여 유출곡선지수를 산정하는 방법은 아래와 같다.

- 도시 및 주거지역 중에 투수성이 있는 지역은 좋은 수문조건의 목초지와 같은 조건으로 간주한다.
- 불투수층이 배수시스템과 연결되어 있을 경우 유출곡선지수는 98로 간주한다.
- 그 외의 피복형태와 불투수층의 비율은 〈표 9.19〉의 내용을 따른다.

〈표 9.19〉 도시 및 주거지역의 유출곡선지수 (ARC-II, $I_a = 0.2S$ 경우)

식생피복		수문학적 토양군			
식생피복 처리형태	불투수층 비율[1]	A	B	C	D
A. 완전히 개발되어진 도시지역					
1. 개활지(잔디, 공원, 골프장, 묘지 등)[2]					
불량(Poor) : 초지피복률 50% 이하		68	79	86	89
보통(Fair) : 초지피복률 50% 이하		49	69	79	84
양호(Good) : 초지피복률 50% 이하		39	61	74	80
2. 불투수지역					
포장된 주차장, 지붕, 도로(접근로 불포함)		98	98	98	98
3. 가로 및 도로					
- 포장됨 : 연석아래 우수관거설치, 접근도로 비포함		98	98	98	98
- 포장됨 : 개거, 접근도로 포함		83	89	92	98
- 자갈도로 : 접근도로 포함		76	85	89	91
- 흙 도로 : 접근도로 포함		72	82	87	89
4. 미국서부의 사막지역 도시					
자연 사막지역 상태		63	77	85	88
사막지역에 인공배수시설 설치		96	96	96	96
5. 도시지역					
상업 및 업무지역	85	89	92	94	95
공업지역	72	81	88	91	93
6. 주거지역(구획지 크기에 따라)					
1/8 acre(약 150평) 이하	65	77	85	90	92
1/4 acre(약 300평) 이하	38	61	75	83	87
1/3 acre(약 400평) 이하	30	57	72	81	86
1/2 acre(약 600평) 이하	25	54	70	80	85
1 acre(약 1,200평) 이하	20	51	68	79	84
2 acre(약 2,400평) 이하	12	46	65	77	82
B. 현재 개발 중인 도시지역					
새로 조성된 단지(투수층만 존재, 식생피복 없음)		77	86	91	94

[1]; 불투수층의 비율에 따른 복합 CN을 이용하여 산정할 수도 있다.
[2]; 개활지의 CN은 초지의 CN값과 같다.

예제 9.5

어떠한 소유역에 강우기간 동안 내린 평균 강우깊이가 109mm이었다. 토지이용형태가 자연목초지이고 수문학적으로 양호한 조건, AMC-II 및 ARC-II 조건, 수문학적 토양군 C일 때, 이 지역의 유출곡선지수값과 직접유출을 산정하여 이를 AMC 및 ARC 조건별로 비교하라.

풀이

풀이를 단계별로 설명하면 아래와 같다.

Step.1 유출곡선지수를 결정한다. 〈표 9.17〉에서 "자연목초지, 양호"와 수문학적 토양그룹 C를 찾아서 CN=74를 읽는다. 또한 이때의 최대잠재보유수량은 식(9.21b)로부터 S=89.2mm를 구할 수 있다.

Step.2 유효우량을 계산한다. 〈그림 9.13〉을 이용하여 109mm의 강우와 CN=74에 대한 유효우량 Q=46.2mm 값을 보간법으로 구하거나 식(9.20)을 통하여 계산한다.

$$Q = \frac{(P - 0.2S)^2}{(P + 0.8S)} = 46.2(\text{mm})$$

Step.3 〈표 9.6〉을 이용하여 AMC-I, AMC-III 조건에 해당하는 각각의 CN=54.4와 CN=86.7을 구한다.

Step.4 〈표 9.7〉을 이용하여 ARC-I, ARC-III 조건에 해당하는 각각의 CN=55와 CN=88을 구한다.

Step.5 Step.2와 같은 과정을 적용하여 각각의 조건에 해당하는 각각의 유효우량을 구한다.

〈표 9.20〉 (예제 9.5)의 결과 정리

구분	조건	CN	유효우량(mm)	직접유출	
				강우대비 유출량	II 조건 대비 유출량
AMC	I	54.4	15.8	14.5%	34%
	II	74	46.1	42.3%	100%
	III	86.7	73.1	67.0%	159%
ARC	I	55	16.5	15.2%	36%
	II	74	46.1	42.3%	100%
	III	88	76.2	69.9%	165%

라. 배수시스템과 연결된 불투수층

불투수층이 배수시스템과 연결(Connected impervious areas)되어서 직접유출이 발생할 경우에는 직접유출에 대한 인자를 고려하여야 한다. 또한, 투수층이라고 하더라도 판상류(sheet flow)가 표면을 얇게 흘러서 배수시스템과 연결되는 경우에는 불투수층으로 고려하여 유출곡선지수를 산정하여야 한다. 이러한 배수시스템과 연결되어진 불투수층이 차지하는 비율을 고려해 〈표 9.19〉를 이용하여 유출곡선지수를 산정하나 불투수층의 비율과 토지이용 상태가 〈표 9.19〉에 존재하지 않을 경우 아래의 식(9.23)이나 다음의 〈그림 9.16〉을 이용하여 복합 CN을 산정하여 사용할 수 있다.

$$CN_c = CN_p + \left(\frac{P_{imp}}{100}\right)(98 - CN_p) \tag{9.23}$$

여기서, CN_c 는 복합 유출곡선지수, CN_p는 투수지역의 유출곡선지수, P_{imp}는 불투수지역의 백분율이다.

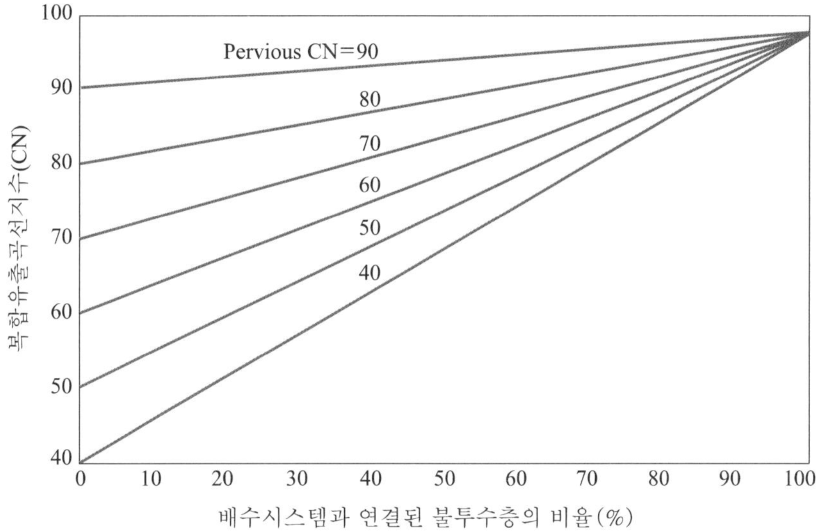

〈그림 9.16〉 배수시스템과 연결된 불투수층의 CN

마. 배수시스템과 연결되지 않은 불투수층

불투수층에서 유출된 직접유출이 투수지역을 통하여 유출되어 배수시스템과 연결된다면 해당 불투수지역은 연결되지 않은 불투수층으로 간주한다. 배수시스템과 직접 연결되지 않은 불투수층 지역의 CN 값은 다음과 같은 과정을 통하여 결정한다.

- 불투수층의 비율이 전체가 30% 미만일 경우에는 〈그림 9.17〉과 식(9.24)를 이용하여 결정한다.
- 불투수층의 비율이 전체의 30% 이상을 차지할 경우에는 투수층을 통하여 직접유출이 진행되어도 투수층의 흡수능력이 크지 못하므로 〈그림 9.16〉과 식(9.23)을 이용하여 결정한다.

$$CN_c = CN_p + \left(\frac{P_{imp}}{100}\right)(98 - CN_p)(1 - 0.5R) \tag{9.24}$$

여기서, CN_c 는 복합 유출곡선지수, CN_p는 투수지역의 유출곡선지수, P_{imp}는 불투수지역의 백분율, R은 총 불투수층에 대한 연결되지 않은 불투수층의 비율이다.

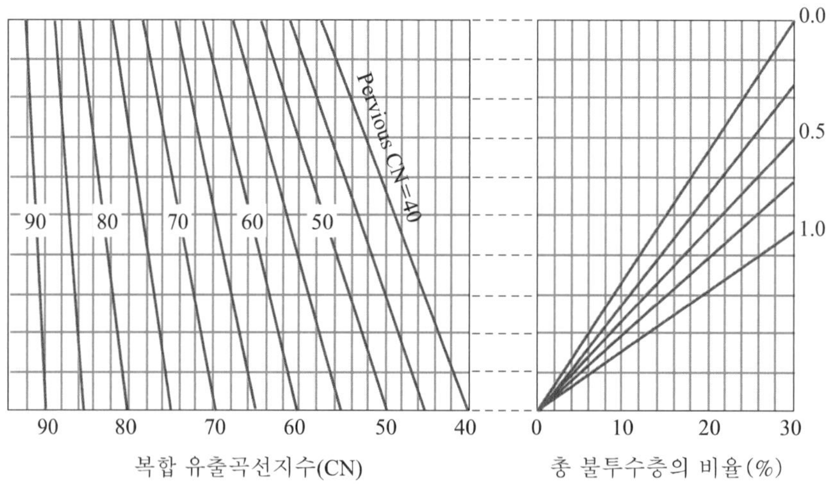

〈그림 9.17〉 배수시스템과 비연결된 불투수층의 CN

예제 9.6

어떤 지역의 면적이 0.5헥타르(ha)이고 수문학적 토양조건이 B로 조사되었다. 이 지역의 20%는 불투수층이며, 이 중 75%는 배수시스템과 연결되지 않은 불투수층이다. 투수층의 CN이 61일 때 이 지역의 복합 유출곡선지수를 구하라.

풀이

식(9.24)을 이용하여 복합 유출곡선지수를 구한다. 우선 투수층의 유출곡선지수가 61이며, 불투수층의 비율은 20%, 비연결된 불투수층의 비율은 0.75이다.

$$CN_c = 61 + \left(\frac{20}{100}\right)(98 - 61)[1 - 0.5(0.75)] = 66$$

9.5.4 강우-유출자료를 이용한 유출곡선지수 산정

유출곡선지수법에 대해서 연구하던 사람들은 유역의 강우-유출자료룰 통하여 유출곡선지수를 결정하는 방법을 표준화하기 위해 노력하여 왔다. 이러한 연구결과 중에 유역의 강우-유출 자료에 대한 산포도를 통한 CN 도출방법이 미국의 NEH(National Engineering Handbook) 그룹에 의하여 검토 및 인정이 되었는데 점근 유출곡선지수법이라 한다.

점근 유출곡선지수법(Asymptotic CN)이라고 불리는 이 방법의 가장 기본적인 가정은 식(9.20)인 $Q = (P - 0.2S)^2 / (P + 0.8S)$에서 출발한다. 제시된 유출방정식을 S에 대해서 정리하면 다음과 같은 형태가 된다.

$$S = 5\left[P + 2Q - \sqrt{(4Q^2 + 5PQ)}\right] \qquad (9.25)$$

이에 따라서, 강우(P)와 직접유출량(Q)를 알면 잠재 저류량 S를 계산할 수 있게 된다. 또한, 식(9.21a)와 (9.21b)의 관계식에 대입하면 결과적으로 강우량과 직접유출량을 통하여 해당 강우사상의 유출곡선지수를 결정할 수 있으며 식 (9.26a), (9.26b)와 같다.

$$CN = 200 / \left[2 + (P + 2Q - \sqrt{(4Q^2 + 5PQ)})\right] \text{ (in inch)} \qquad (9.26a)$$

$$CN = 25{,}400 / \left[254 + 5(P + 2Q - \sqrt{(4Q^2 + 5PQ)})\right] \text{ (in metric)} \qquad (9.26b)$$

따라서, 유역의 강우사상에 대해서 강우량 P와 직접유출량 Q를 이용하여 유출곡선지수를 산정할 수 있다. 다만, 이러한 방법은 연 최대치 계열이 아닌 다수의 사상에 적용할 경우 잘못된 결과를 얻을 수 있다.

만약, 해당 유역의 모든 강우-유출 자료를 이용할 경우 계산된 각각의 사상을 강우량 P에 대응하는 CN값으로 산포도를 작성하여야 한다. 이 경우 CN값은 사상에 따라서 각기 다른 값을 나타내나, 대부분의 경우 강우량이 증가할수록 일정한 값에 근접하는 경향을 보인다. 이 경우 수렴하는 곡선이 나타내는 값을 해당 유역에 가장 잘 맞는 유출곡선지수로 간주할 수 있다. 이 방법은 유출곡선지수 값을 기존의 그래프나 표에 의한 방법이 아니고 수학적인 방법으로 결정하기 때문에 프로그램화 할 수 있다는 장점이 있다. 또한, 산포도를 작성하면서 나타나는 유역 유출곡선지수의 변화 경향은 유역 분석 시에 유용한 자료로 사용할 수 있다.

또한, 설명한 방법에 따라 작성한 강우량에 따른 유출곡선지수 산포도에서 나타나는 몇 가지 경향성을 "유출곡선지수 경향성(CN Behavior)"이라고 정의한다. 이러한 경향성은 Hawkins(1993)에 의하여 Standard, Complacent, Violent 의 3가지로 정의되었다. 3가지의 경향성 중에서 Standard 경향성이 유출곡선지수방법에 가장 적합하며, Violent 경향성은

Standard보다 못한 적합성을 보이고, Complacent는 유출곡선지수법을 적용하기 어렵다.

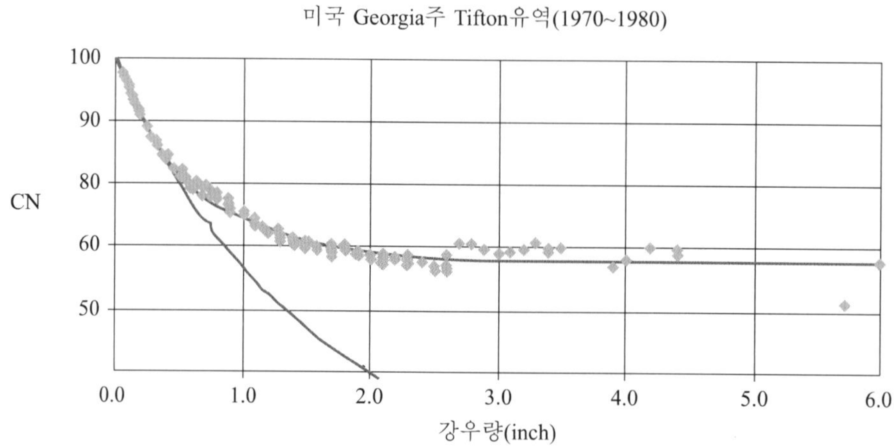

〈그림 9.18〉 Standard 경향성, 유역의 CN=68로 수렴

Standard 경향성은 가장 일반적으로 나타나는 형태이다. 계산된 유출지수값은 강우량이 증가함에 따라서 점차적으로 특정한 값에 수렴하는 형태를 보여준다. 이 경우 수렴하는 값이 해당 유역에 적합한 CN값이 되며, 유역의 70% 이상이 이러한 형태를 보인다. 일반적으로 작은 강우사상에서 큰 강우사상으로 갈수록 수렴하는 경향성을 보이는데, 이는 CN값이 오직 직접유출량에 의해서 결정되기 때문이다. 따라서, 유역의 CN이 낮고, 초기손실(I_a)이 높을 경우 직접유출량이 적기 때문에 CN값이 계산되지 않는다.

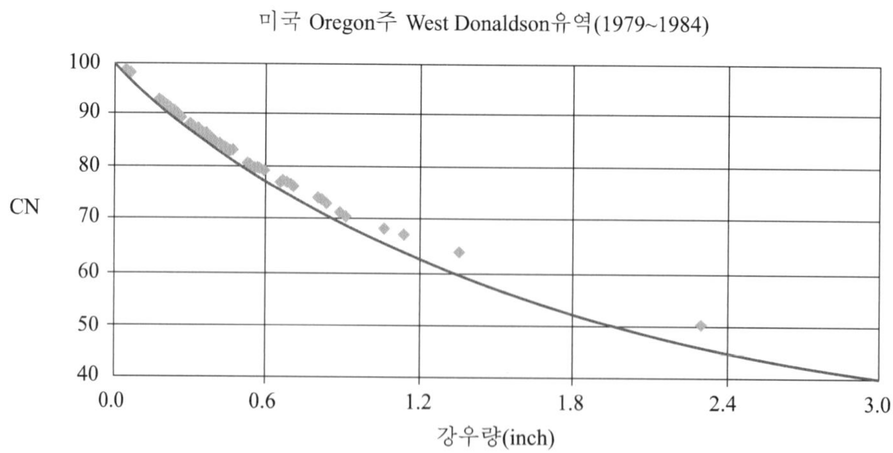

〈그림 9.19〉 Complacent 경향성, 해당 자료로 CN값 결정 불가능

Complacent 경향성은 강우사상이 증가함에 따라서 어떠한 값에 안정적으로 수렴하거나 특정한 경향성을 보이지 않는 경우에 해당한다. 유역의 *CN* 산포도가 이러한 분포를 보일 경우 어떠한 특정 *CN*값을 결정할 수 없다. 이 경우 *CN*값을 산정하기 위한 유역의 자료가 *CN*값을 결정하기에 너무 적거나 충분한 사상이 없을 가능성도 있다.

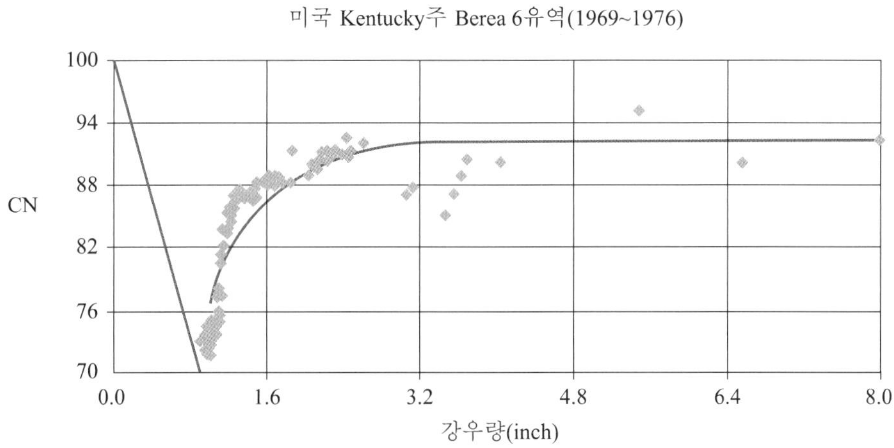

〈**그림 9.20**〉 Violent 경향성, 유역의 *CN*=93으로 수렴

Violent 경향성은 관측된 *CN*값이 특정 강우량에서 갑자기 상승하여 수렴하는 경우이다. 이러한 경향성은 낮은 강우에서는 Complacent 경향성과 유사하게 나타나다가, 특정 임계 강우량을 넘어서는 강우사상에 대해서 유출이 발생하며 점차적으로 특정한 *CN*값을 향해 수렴한다. 〈그림 9.20〉에서 이와 같은 경향성을 확인할 수 있으며 이 경우 임계 강우량은 0.8inch이다.

9.5.5 NRCS 방법에 따른 유효우량의 산정

(1) 지형도상 작업에 의한 방법

지금까지 NRCS 방법에 의한 유효유출량 산정방법론을 살펴보았다. NRCS 방법은 토지이용 및 식생피복, 수문학적 토양군과 조건에 의하여 단위구역별 유효유출량을 산정하게 된다. 그러나 실제의 하천유역은 여러 종류의 토지이용 구역이 복합적으로 조합되어 있기 때문에 일률적인 단위구역을 적용하기 어려우며, 이 때문에 토지이용 단위구역별로 산정된 유출곡선지수를 단위구역별 면적을 가중인자로 하여 유역평균 유출곡선지수를 산정하여 사용하게 된다. 이러한 유역평균유출곡선지수의 산정절차는 다음과 같다.

① 유효우량을 산정하기 위한 대상 유역을 결정하고 지형도상에 유역도를 결정한다.
② 대상 유역의 수치정밀토양도를 중첩시켜서 4개의 토양군별 분포를 대상 유역의 지형도에 중첩시킨다.
③ 대상 유역의 토지이용도를 이용하여 유역의 토지이용상태를 4개 수문학적 토양군별 분포도에 중첩시킨다.
④ 수문학적 토양군과 토지이용에 따른 면적을 지형도상에서 구적기(planimeter)를 이용하여 구한 후 〈표 9.17〉부터 〈표 9.20〉까지의 표를 이용하여 토지이용 및 토양군별 적정 CN값을 선택한다.
⑤ 각 토지이용, 수문학적 토양군별 CN값에 해당 면적을 가중인자로 곱하여 합산한 후 해당 토지이용상태의 면적으로 나누어 토지이용상태별 평균 CN값을 산정한다.
⑥ 토지이용상태별 평균 CN 값에 해당면적을 가중치로 곱하여 합한 후 총 유역면적으로 나누어 대상유역의 평균 CN(ARC-II 조건)을 얻는다.
⑦ 대상 유역의 유출조건을 고려하여 AMC기준을 결정한 후 해당 AMC 조건에 따른 CN 값을 〈표 9.6〉을 통하여 얻는다(ARC 기준의 경우 〈표 9.7〉을 이용한다).
⑧ 대상 호우의 총강우량 P를 결정하고, 식(9.21)을 이용하여 최대잠재보유수량 S를 결정한 후, 식(9.20)을 이용하여 유효우량을 산정한다. 또는 강우량 P와 유출곡선지수 CN을 이용해 〈그림 9.13〉를 이용하여 유효 우량을 산정한다.

(2) 유역의 강우－유출량 자료를 이용하는 방법

점근 유출곡선지수법은 유역의 강우－유출 자료를 통하여 유출곡선지수를 결정하는 방법으로 기존의 NRCS 방법과는 달리 유역에 충분한 양의 강우－유출량 자료가 존재하는 경우에 총 강우량과 직접 유출관계를 통하여 유출곡선지수를 결정하는 방법이다. 강우－유출 자료를 통한 유역평균유출곡선지수의 산정절차는 다음과 같다.

① 유효우량을 산정하기 위한 대상 유역을 결정하고 해당 유역의 강우량 및 유출량 자료를 수집한다.
② 대상 유역의 주요 호우사상을 선정하고 해당 호우사상의 총 강우량과 기저 유출을 배제한 직접 유출고 자료를 작성한다.
③ 호우 사상별 총 강우량P와 직접유출량 Q를 식(9.25)에 대입하여 각 호우 사상별 최대잠재보유수량 S를 결정한다.
④ 각 사상별 S와 식(9.26b)를 이용하여 호우사상별 CN값을 결정한다.
⑤ 호우 사상별 총 강우량 P와 사상별 CN값을 그래프로 도시한다.
⑥ 유출곡선지수 CN값이 총 강우량에 따라서 점근하는 값을 구하여 대상유역의 평균

CN(ARC-II 조건)을 얻는다.

⑦ 대상 유역의 유출조건을 고려하여 AMC기준을 결정한 후 해당 AMC 조건에 따른 CN값을 〈표 9.6〉을 통하여 얻는다(ARC 기준의 경우 〈표 9.7〉을 이용한다).

⑧ 대상 호우의 총강우량 P를 결정하고, 식(9.21)을 이용하여 최대잠재보유수량 S를 결정한 후, 식(9.20)을 이용하여 유효우량을 산정한다. 또는 강우량 P와 유출곡선지수 CN을 이용해 〈그림 9.13〉을 이용하여 유효우량을 산정한다.

예제 9.7

어떠한 유역에 대하여 토양의 종류 및 토양 이용이 다음의 〈그림 9.21〉과 〈표 9.21〉과 같이 주어졌을 때, 이 유역의 평균 유출곡선지수 CN을 산정하고 이를 각각 AMC와 ARC 조건에 따라 산정하라. 단, 논과 밭의 경우 수평 경작이며 수문학적 조건은 양호한 상태이고, 주로 농가가 많이 위치하고 있다.

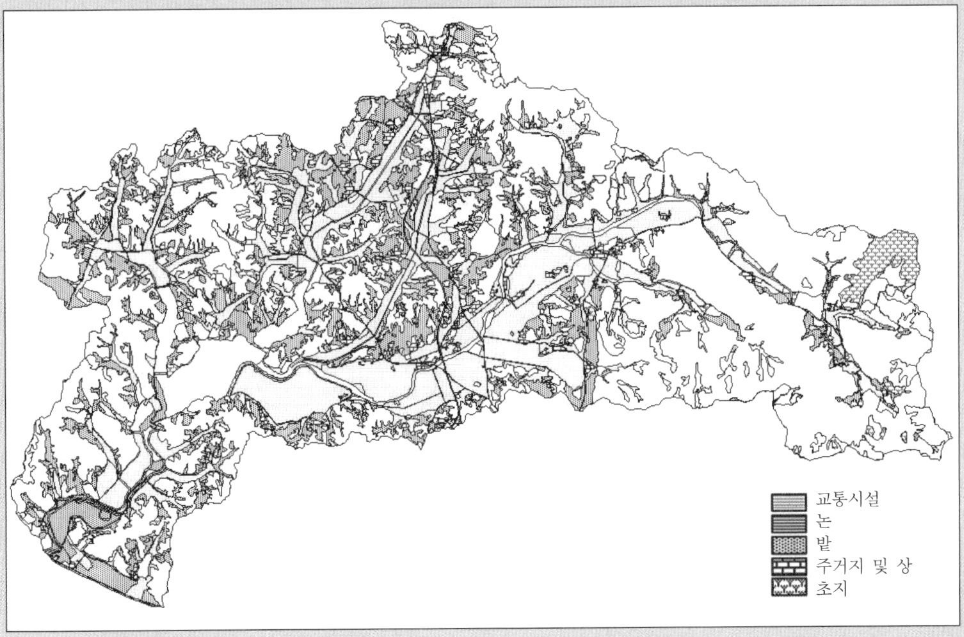

〈그림 9.21〉 유역의 토지이용도

〈표 9.21〉 수문학적 토양군의 분류

토지이용	수문학적 토양군				계
	A	B	C	D	
논	2.432	1.756	0	0	4.188
밭	1.942	2.154	0	0	4.096
교통시설	0.21	0.12	0.11	0	0.44
주거지	0.15	0.1	0	0	0.25
초지	0.589	0.423	0.205	0.324	1.541
계	5.323	4.553	0.315	0.324	10.515

풀이

풀이를 단계별로 설명하면 아래와 같다.

Step. 1 수문학적 토양군 및 토지이용에 따른 *CN*값을 〈표 9.17〉~〈표 9.20〉을 이용하여 구한다. 도로의 경우 현재 우리나라의 경우 대부분의 도로는 포장도로이므로 포장된 도로를 선택하였다.

Step. 2 토지이용에 따른 평균 *CN*값은 토양 종류별 면적을 가중치로 하여 각 토지이용별 가중평균을 구하여 구한다. 이를 이용하여 최종적으로 구한 유역의 평균 유출곡선지수는 69.0이다 (AMC-II 및 ARC-II 조건).

〈표 9.22〉 수문학적 토양-피복형에 의한 *CN*

토지 이용	수문학적 토양군								토지이용별 면적(km^2)	평균 *CN*
	A		B		C		D			
	면적(km^2)	*CN*	면적(km^2)	*CN*	면적(km^2)	*CN*	면적(km^2)	*CN*		
논	2.432	67	1.756	78	0	85	0	89	4.188	71.6
밭	1.942	63	2.154	75	0	83	0	87	4.096	69.3
교통	0.21	98	0.12	98	0.11	98	0	98	0.44	98.0
주거	0.15	59	0.1	74	0	82	0	86	0.25	65.0
초지	0.589	30	0.423	58	0.205	71	0.324	78	1.541	53.2
총계	5.323		4.553		0.315		0.324		10.515	69.0

Step.3 〈표 9.6〉을 이용하여 AMC-I, AMC-III 조건에 해당하는 각각의 $CN=48.3$과 $CN=83.7$을 구한다.

Step.4 〈표 9.7〉을 이용하여 ARC-I, ARC-III 조건에 해당하는 각각의 $CN=50.0$과 $CN=84.0$을 구한다.

〈표 9.23〉 (예제 9.7)의 결과 정리

유출곡선지수	AMC			ARC		
	I	II	III	I	II	III
69.0	48.3	69.0	83.7	50.0	69.0	84.0

예제 9.8

아래의 〈표 9.24〉는 (예제 9.7) 유역의 38년 동안의 연최대강우량(mm)과 해당 강우량에 따른 직접유출고(mm)에 대한 자료이다. 다음의 강우−유출량 자료를 이용하여 유역의 대표 점근 유출곡선지수 *CN*값을 결정하고, 각각의 ARC 조건에 따른 *CN*값을 산정하여 (예제 9.7)의 결과와 비교하라.

〈표 9.24〉 (예제 9.7)에 의한 총 강우량 및 직접유출량 자료

총 강우량(mm)	직접유출(mm)	총 강우량(mm)	직접유출(mm)
111.7	53.9	105.7	51.2
134.4	69.7	66.9	25.8
23.5	5.3	109.3	54.5
96.2	43.2	97.8	44.8
42.0	13.1	54.1	17.9
80.0	34.5	37.8	10.3
102.1	47.5	90.2	39.8
126.4	66.8	70.1	27.9
10.1	2.7	78.7	33.8
66.2	24.9	131.8	68.4
39.6	11.2	11.7	2.4
42.3	12.1	64.6	23.5
97.8	44.3	97.9	44.5
38.4	12.0	142.0	77.6
43.8	13.4	9.0	2.2
97.0	43.2	143.3	77.8
47.8	15.1	120.3	61.9
61.9	24.1	35.7	9.2
112.9	56.2		

풀이

풀이를 단계별로 설명하면 아래와 같다.

Step.1 강우량 P와 직접유출량 Q, 식(9.25)를 이용하여 각 〈표 9.24〉의 각 사상별 S를 산정한다(〈표 9.25〉).

〈표 9.25〉 〈표 9.24〉로부터 S값의 산정

총 강우량 (mm)	직접유출 (mm)	S (mm)	총 강우량 (mm)	직접유출 (mm)	S (mm)
111.7	53.9	76.2	105.7	51.2	71.7
134.4	69.7	81.8	66.9	25.8	61.2
23.5	5.3	34.9	109.3	54.5	70.9
96.2	43.2	72.7	97.8	44.8	71.9
42.0	13.1	47.9	54.1	17.9	58.2
80.0	34.5	63.8	37.8	10.3	48.5
102.1	47.5	53.8	90.2	39.8	69.8
126.4	66.8	74.6	70.1	27.9	61.8
10.1	2.7	13.2	78.7	33.8	63.1
66.2	24.9	62.3	131.8	68.4	80.2
39.6	11.2	49.3	11.7	2.4	18.6
42.3	12.1	52.1	64.6	23.5	63.0
97.8	44.3	73.0	97.9	44.5	72.8
38.4	12.0	43.7	142.0	77.6	79.0
43.8	13.4	50.8	9.0	2.2	12.6
97.0	43.2	74.1	143.3	77.8	80.7
47.8	15.1	53.8	120.3	61.9	74.2
61.9	24.1	56.0	35.7	9.2	48.0
112.9	56.2	73.4			

Step.2 각 사상별 S와 식(9.26b)를 이용하여 CN값을 산정한다(〈표 9.25〉).

〈표 9.26〉 〈표 9.25〉로부터 유출곡선지수 산정

총 강우량 (mm)	직접유출 (mm)	S (mm)	CN	총 강우량 (mm)	직접유출 (mm)	S (mm)	CN
111.7	53.9	76.2	76.9	105.7	51.2	71.7	78.0
134.4	69.7	81.8	75.6	66.9	25.8	61.2	80.6
23.5	5.3	34.9	87.9	109.3	54.5	70.9	78.2
96.2	43.2	72.7	77.7	97.8	44.8	71.9	77.9
42.0	13.1	47.9	84.1	54.1	17.9	58.2	81.3
80.0	34.5	63.8	79.9	37.8	10.3	48.5	84.0
102.1	47.5	53.8	82.5	90.2	39.8	69.8	78.4
126.4	66.8	74.6	77.3	70.1	27.9	61.8	80.4
10.1	2.7	13.2	95.1	78.7	33.8	63.1	80.1
66.2	24.9	62.3	80.3	131.8	68.4	80.2	76.0
39.6	11.2	49.3	83.8	11.7	2.4	18.6	93.2
42.3	12.1	52.1	83.0	64.6	23.5	63.0	80.1
97.8	44.3	73.0	77.7	97.9	44.5	72.8	77.7
38.4	12.0	43.7	85.3	142.0	77.6	79.0	76.3
43.8	13.4	50.8	83.3	9.0	2.2	12.6	95.3
97.0	43.2	74.1	77.4	143.3	77.8	80.7	75.9
47.8	15.1	53.8	82.5	120.3	61.9	74.2	77.4
61.9	24.1	56.0	81.9	35.7	9.2	48.0	84.1
112.9	56.2	73.4	77.6				

Step.3 각 사상별로 강우량 P와 유출곡선지수 CN을 이용하여 산포도를 작성하고 유역의 대표 유출곡선지수를 결정한다. 〈그림 9.22〉같이 강우량 P와 유출곡선지수 CN 산포도를 통하여 산정한 유역의 점근유출곡선지수는 약 72.1이다.

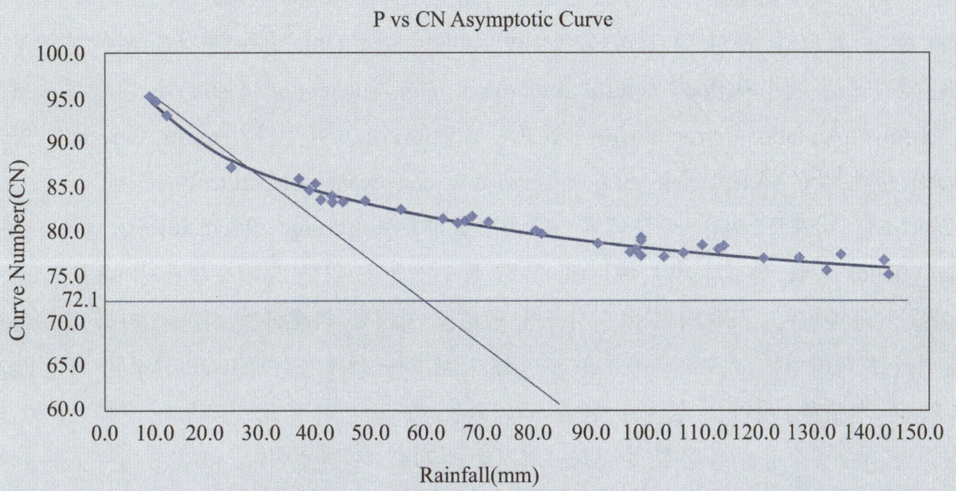

〈그림 9.22〉 점근 유출곡선지수법에 의한 CN 산정

〈표 9.27〉 〈그림 9.22〉의 결과정리

점근 유출곡선지수	ARC		
	I	II	III
72.1	53.1	72.1	86.1

Step. 4. 산정된 유출곡선지수를 이용하여 AMC 조건과 ARC 조건하의 유출곡선지수와 점근 유출곡선지수하의 CN값을 비교한다.

〈표 9.28〉 (예제 9.7)의 결과정리

구 분	조건	유출곡선지수
AMC 선행토양함수조건	I	48.3
	II	69.0
	III	83.7
ARC 선행유출조건	I	50.0
	II	69.0
	III	84.0
점근 CN 선행유출조건	I	53.1
	II	72.1
	III	86.1

9.6 소유역의 첨두홍수량 산정

홍수와 같은 자연재해를 저감시키기 위해 수공구조물을 이용하는데, 이 구조물들은 수문설계를 통해 그 크기, 운영 및 관리 등에 대한 내용이 결정된다. 홍수 저감을 위한 수공구조물로는 홍수조절 저수지(flood control reservoirs), 저류지(detention basins)와 같은 홍수조절 구조물(flow regulation structures)이 있고, 제방(levees), 우수관거(storm sewers), 암거(culvert) 등과 같은 홍수소통을 위한 구조물(flow conveyance structures)이 있다.

수공구조물 설계를 위해 수문설계 요소인 설계홍수위(design flood level), 설계홍수량(design flood) 등을 산정하여야 하는데, 특히 홍수소통을 위한 도시우수관거, 대규모 주차장, 비행장 등과 같은 소유역의 배수시스템 구조물 설계를 위해서는 시간에 따라 홍수유출량의 변화를 나타내는 홍수수문곡선을 도출하기 보다는 설계기준에 따라 산정한 최대 설계홍수량, 즉 첨두홍수량만을 필요로 한다. 즉, 홍수소통을 위한 수공구조물은 설계기준에 맞게 산정한 첨두홍수량을 소통할 수 있는 크기로 설계를 하는 것이다. 이러한 첨두홍수량 산정을 위한 방법에는 가장 널리 이용하고 있는 합리식(rational method)과 기타 첨두홍수량 공식이 있다. 본 절에서는 합리식에 대하여 살펴보도록 한다.

9.6.1 합리식

합리식은 Mulvaney(1850)에 의해 제안된 식으로 알려져 있다. 이 방법은 어떤 유역에 강우강도 I를 가지고 비가 내릴 때, 유역 출구에서 가장 먼 곳에 떨어진 강우가 주 하도(main channel)를 따라 유역 출구까지 흘러오는데 걸리는 시간인 도달시간 t_c에 있어서 첨두유출량 또는 첨두홍수량이 발생한다는 것이다. 즉, 유역에 떨어진 모든 강우가 유역출구로 흘러나와 첨두홍수량이 발생하는 시간이 t_c가 된다. 완전 불투수층 유역에서는 도달시간 t_c 후에 유역출구에서의 단위면적당 유출률(runoff rate)이 강우강도와 같아지게 되며 평형상태에 도달하게 된다. 이때 강우강도 I에 유역면적 A를 곱하면 첨두홍수량 Q_p를 산정할 수 있다. 그러나 자연유역은 완전 불투수층이 아니므로 침투 등이 발생한다. 따라서 IA에 유출감소계수 또는 유출계수(runoff coefficient) C를 곱하여 식(9.27)과 같이 첨두홍수량을 구한다.

$$Q_p = CIA \tag{9.27}$$

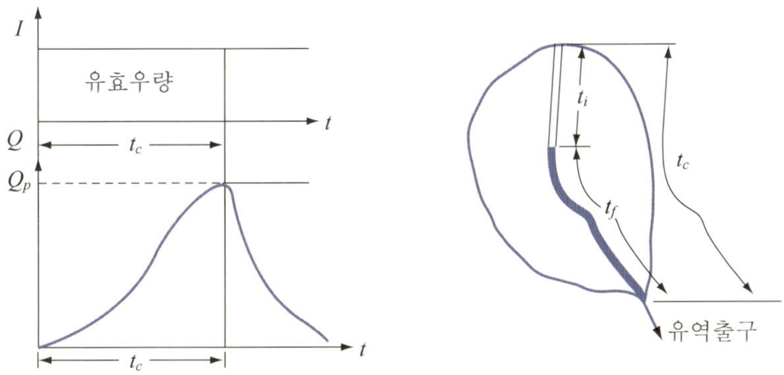

〈그림 9.23〉 유역의 도달시간과 첨두홍수량

여기서 Q_p는 ft^3/s(cfs, cubic feet per second)의 단위를 가지고, I는 inch/hr, A는 acres의 단위를 가진다. 이를 Q_p는 m^3/s(cms, cubic meter per second), I는 mm/hr, A는 km^2의 단위로 환산하면 식(9.28)과 같이 쓸 수 있다.

$$Q_p = 0.2778\,CIA \tag{9.28}$$

지표면의 특성이 다른 도시 유역이 m개의 소유역으로 구성되어 있다면 합리식은 식(9.29)와 같이 쓸 수 있다.

$$Q_p = 0.2778 \times I \sum_{j=1}^{m} C_j A_j \tag{9.29}$$

(1) 합리식의 매개변수

합리식에 유역면적, 강우강도, 유출계수의 매개변수가 있는데 이중에서 유역면적은 구적기나 지리정보시스템(Geographical Information System, GIS)을 이용해 구할 수 있고, 강우강도는 5.6절을 토대로 하여 IDF곡선으로부터 구한다. 여기서 강우의 지속기간 t_d는 도달시간 t_c로 가정하고(〈그림 9.23〉), 어떤 재현기간의 강우강도 I를 합리식에 대입해 구한 첨두홍수량 Q_p의 재현기간은 강우강도의 재현기간과 동일하다고 가정한다. 여기서 I는 재현기간과 지속기간의 함수로 정의된다.

〈표 9.29〉 도시유역의 유출계수

토지이용상태		유출계수	지표면상태			유출계수
상업지역	도심지역	0.70~0.95	포장지역	아스팔트		0.70~0.95
	근린지역	0.50~0.70		콘크리트		0.70~0.95
주거 지역	단독주택	0.30~0.50		벽돌		0.70~0.85
	독립주택단지	0.40~0.60	차도, 보도			0.75~0.85
	연립주택단지	0.60~0.75	지붕			0.75~0.95
	교외지역	0.25~0.40	잔디	사질토(sandy soil)	평탄 (2% 이하)	0.05~0.10
	아파트	0.50~0.70			보통 (2~7%)	0.10~0.15
산업지역	산재지역	0.50~0.80			급경사 (7% 이상)	0.15~0.20
	밀집지역	0.60~0.90		중토(heavy soil)	평탄 (2% 이하)	0.13~0.17
공원, 묘역		0.10~0.25			보통 (2~7%)	0.18~0.22
운동장		0.20~0.35			급경사 (7% 이상)	0.25~0.35
철도지역		0.20~0.35				
미개발지역		0.10~0.30				

유출계수를 선정하는 것은 수자원 전문가들의 경험과 판단이 중요한데 이는 유역의 불투수층의 정도, 경사, 토양수분, 지면저류의 정도 등에 영향을 받고, 현장답사와 사진 등을 이용할 수도 있다. 즉, 유출계수는 토지이용에 따라 달라지며, 재현기간이 큰 호우일수록 유출계수도 커지는데 이는 침투와 지면저류 등의 손실이 상대적으로 덜 중요하기 때문이다. 〈표 9.29〉는 미국토목학회(ASCE)(1969)에서 제안한 값으로 재현기간 2~10년에 대한 값이며, 10년 이상의 재현기간의 경우는 유출계수가 더 커지게 된다. Schwab 등(1971)은 자연유역에 대한 유출계수를 〈표 9.30〉과 같이 제안하였다.

〈표 9.30〉 자연유역의 유출계수

유역상태		토양구조별 유출계수		
		성긴 사양토 (open sandy loam)	점토 및 양토 (clay and loam)	조밀한 점토 (tight caly)
산지 (woodland)	0~5% 경사	0.10	0.30	0.40
	5~10% 경사	0.25	0.35	0.50
	10~30% 경사	0.30	0.50	0.60
초지 (pasture)	0~5% 경사	0.10	0.30	0.40
	5~10% 경사	0.16	0.36	0.55
	10~30% 경사	0.22	0.42	0.60
경작지 (cultivated land)	0~5% 경사	0.30	0.50	0.60
	5~10% 경사	0.40	0.60	0.70
	10~30% 경사	0.52	0.72	0.82

(2) 우수관거의 설계

일단 합리식에 의해 우수관거로 흘러갈 설계홍수량이 계산되면 우수관거의 직경 D를 결정해야 하는데, 관내의 흐름은 압력에 의한 흐름이 아니라 중력의 영향을 받는 흐름이라고 가정한다. 따라서 관거의 용량은 개수로 흐름 해석을 위한 Manning의 공식이나 Darcy-Weisbach 공식을 이용하여 계산할 수 있다.

Manning 공식을 고려하면, 흐름 단면적은 $A=\pi D^2/4$이고 동수반경은 $R=A/P=(\pi D^2/4)/\pi D=D/4$이다. 등류흐름이라고 가정하면 에너지 경사 S_f는 관의 바닥경사 S_0와 같게 되고, 관거의 유량 Q_p (m^3/s)는 식(9.30)과 같으며, 직경 D(m)는 식(9.31)과 같이 구할 수 있다.

$$Q_p=\frac{1}{n}AR^{2/3}S_f^{1/2}=\frac{1}{n}\left(\frac{\pi D^2}{4}\right)\left(\frac{D}{4}\right)^{2/3}S_0^{1/2} \tag{9.30}$$

$$D=\left(3.208\frac{nQ_p}{S_0^{1/2}}\right)^{3/8} \tag{9.31}$$

Darcy-Waisbach 공식식을 이용하면 유량 Q_p는 식(9.32)와 같고, 관거 직경 D는 식(9.33)과 같다.

$$Q_p=AV=A\left(\frac{8g}{f}RS_f\right)^{1/2}=\frac{\pi D^2}{4}\left(\frac{8g}{f}\frac{D}{4}S_0\right)^{1/2} \tag{9.32}$$

$$D=\left(\frac{0.811fQ_p^2}{gS_0}\right)^{1/5} \tag{9.33}$$

여기서 V는 평균유속, g는 중력가속도, f는 마찰계수이다.

9.6.2 도달시간 산정

강우강도 I는 강우지속기간과 재현기간의 관계로부터 얻어지는데 이는 유역의 집중시간 또는 도달시간과 관련이 있다. 앞에서도 언급하였듯이 도달시간은 강우가 유역에 내려 유역의 가장 먼 곳에서 주 하도를 따라 유역출구까지 도달하는 시간을 의미한다. 그러나 도달시간은 실제 강우가 유역 출구에서 가장 먼 곳에 내려 주 하도가 시작되는 점까지 도달하는데 걸리는 시간, 즉 유입시간(inlet time) t_i와 주 하도 시작점에서 유역출구까지 흐르는데 걸리는 시간인 유하시간(flow time) t_f의 합으로 나타낼 수 있다(〈그림 9.23〉). 유역이 클 경우에는 상대적으로 유하시간이 길고 유입시간이 짧으므로 유입시간을 무시할 수 있으나, 소규모의 유역에서는 유입시간과 유하시간의 차이가 상대적으로 작기 때문에 둘 모두를 고려하여 분석해야 한다. 따라서 합리식은 소규모의 도시유역 배수시스템에서 많이 이용하며, 도달시간을 식으로 표현하면 식(9.34)와 같이 쓸 수 있다.

$$t_c = t_i + t_f \tag{9.34}$$

(1) 유입시간 산정

미국의 SCS(1985)에서는 3가지 단계의 유역 흐름에 대하여 SCS 도달시간 공식을 제안하고 있다. 즉, 유입시간 산정을 위한 표면류에 해당하는 판상흐름(sheet flow)과 얕은집중흐름(shallow concentrated flow) 그리고 유하시간에 포함될 수 있는 하도흐름(channel flow)이다.

판상흐름은 표면류로서 발생하게 되는데 판상흐름에 걸리는 시간(travel time)은 식(9.35)에 의해 산정된다.

$$t_i = \frac{C_f (nL)^{0.8}}{P_2^{0.5} S_0^{0.4}} \tag{9.35}$$

여기서 n은 표면류 흐름에 대한 Manning의 조도계수로 Akan(1985)에서 〈표 9.31〉과 같이 주어진다. L은 흐름길이, P_2는 24시간 지속기간의 2년빈도 강우량, S_0는 지표면 경사이며, t_i는 시간(hours)의 단위를 갖는다. L과 P_2가 ft와 inches의 단위이면 $C_f = 0.007$이고, L과 P_2가 m와 cm 단위이면 $C_f = 0.029$이다.

〈표 9.31〉 표면류 흐름 지표면의 형태에 따른 Manning의 조도계수

지표면형태	n	지표면형태	n
콘크리트	0.01~0.013	쟁기 경작지, 잔재물 없음	0.06~0.12
아스팔트	0.01~0.015	쟁기 경작지, 잔재물 있음	0.10~0.16
모래	0.01~0.016	디스크 쇄토기 경작지 잔재물 있음	0.30~0.50
자갈	0.012~0.3	무경운, 잔재물 없음	0.04~0.10
점토질 양토	0.012~0.033	무경운(20~40% 지표피복)	0.07~0.17
휴경지	0.008~0.012	무경운(60~100% 지표피복)	0.17~0.47
보통 경작지, 잔재물 없음	0.06~0.12	성긴 식생	0.053~0.13
보통 경작지, 잔재물 있음	0.16~0.22	짧은 풀의 목초지	0.10~0.20

최대 약 90m(300ft) 정도 판상흐름이 지속되면 얕은집중흐름이 되는데 이 흐름의 걸리는 시간은 식(9.36a)에서 주어진다.

$$t_i = \frac{L}{3600\,V} \tag{9.36a}$$

$$V = \frac{1}{n} R^{2/3} S_0^{1/2} \tag{9.36b}$$

여기서 V는 평균유속으로 식(9.36b)처럼 Manning의 공식에 의해 주어지며, SCS에서는 비포장 지표면에 대해서 $R=12\text{cm}$와 $n=0.05$, 그리고 포장 지표면에 대해서는 $R=6\text{cm}$와 $n=0.025$를 가정하였다. 따라서 식(9.36b)는 $V=wS_0^{1/2}$로 나타낼 수 있고, 비포장 지표면에 대해 $w=4.91\text{m/s}$, 포장 지표면에 대해서는 $w=6.19\text{m/s}$의 값을 가진다.

하도흐름에 대해서는 식(9.36a)와 (9.36b)를 이용할 수 있으며, 단면은 측량에 의해서 구하는데 강턱유량 조건(bank full flow condition)을 고려하여 산정한다.

이외에도 유입시간 산정을 위한 공식들을 정리하면 〈표 9.32〉와 같다.

〈표 9.32〉 유입시간 산정을 위한 공식

공식명	공식	설명
Kerby	도시 및 자연하천유역 $t_i = 36.264\dfrac{(Ln)^{0.467}}{S^{0.2335}}$	t_i=유입시간(min), S=유역 평균경사$\left(S=\dfrac{H}{L}\right)$ L=표면류 거리(km) H=L의 시점과 종점의 표고차(m) n=조도계수(<표 9.24>)
미국 연방항공청	$t_i = \dfrac{0.994(1.1-C)L^{0.5}}{S^{0.333}}$	비행장 배수시스템을 위해 개발되었으나 도시유역의 표면류 흐름에 자주 이용됨 C=합리식의 유출계수 L=표면류 길이(m) S=지표면 경사(%)
SCS 평균유속	$t_i = \dfrac{1}{60}\sum_{j=1}^{N}\dfrac{L_j}{V_j}$	L=표면류 흐름길이(ft) V=평균유속(Manning공식 이용) N=소구간의 수

〈표 9.33〉 Kerby 공식을 위한 조도계수 n의 값

도시하천유역		자연하천유역	
지표면상태	조도계수(n)	지표면상태	조도계수(n)
포장지역	0.02	불투성의 완만한 지역	0.02
거친 나대지 지역	0.10	나지의 비포장 지역	0.10
거칠고 풀이 없는 지역	0.30	초지 없는 나지 지역	0.20
잔디 지역	0.40	초지 지역	0.40
나무나 풀의 조밀지역	0.80	낙엽으로 덮인 수목지역	0.60
		초지와 산림이 우거진 지역	0.80

(2) 유하시간 산정

유역의 우수관거 시스템에 있어서의 유하시간은 식(9.37)과 같다.

$$t_f = \sum_{j=1}^{N} \frac{L_j}{V_j} \tag{9.37}$$

여기서 L_j는 j번째 관거의 길이이고, V_j는 관로의 유속이다. 자연하천유역에서의 유하시간 공식을 정리하면 〈표 9.34〉와 같다.

〈표 9.34〉 유하시간 산정을 위한 공식

공식명	공식	설명
Kirpich	$t_f = 3.976\dfrac{L^{0.77}}{S^{0.385}}$ (min)	농경지 유역 L=하천길이(km), S=유역경사
Rziha	$t_f = 0.833\dfrac{L}{S^{0.6}}$	자연하천 상류부 $S \geq 1/200$
Kraven	(I) $t_f = 0.444\dfrac{L}{S^{0.515}}$ (II) $t_f = 16.667\dfrac{L}{V}$	(Ⅰ) 자연하천의 중하류부 $S \leq 1/200$ (Ⅱ) 경사별 유속 $S \leq 1/200$에 대해 $V = 2.1$m/s $1/200 < S < 1/100$에 대해 $V = 3.0$m/s $S \geq 1/100$에 대해 $V = 3.5$m/s
SCS 지체공식	$T_L = \dfrac{L^{0.8}(2540 - 22.86\,CN)^{0.7}}{0.56149\,CN^{0.7}S^{0.5}}$ $t_f = 1.67 \times T_L$	농경지유역에서 개발되었으나 8km^2 이하의 도시유역에서도 이용함. 포장지역에서 잘 맞고, 혼합지역에서는 과대추정하는 경향있음 T_L=유역지체시간, CN=유출곡선지수

예제 9.9

SCS 도달시간 방법에서 제시한 3단계의 흐름이 어떤 도시유역에서 일어나고 있다. 아래와 같은 자료가 주어져 있을 때 도달시간 t_c를 구하라.

판상흐름 구간 : $L = 40\text{m}$, $n = 0.20$, $S_0 = 0.01$, $P_2 = 9\text{cm}$

얕은집중흐름 구간(비포장 지역) : $L = 600\text{m}$, $S_0 = 0.015$

주 하도흐름 구간(사다리꼴 단면) : $L = 2000\text{m}$, $n = 0.025$,
$S_0 = 0.005$, $A = 3\text{m}^2$, $R = 2\text{m}$

풀이

- 판상흐름 구간 ($C_f = 0.029$)

$$t_i = 0.029\frac{[(0.20)(40)]^{0.8}}{(9)^{0.5}(0.01)^{0.4}} = 0.32\text{hrs}$$

- 얕은집중흐름 구간
  비포장 지표면에 대해 $w = 4.91\text{m/s}$이고,

$$V = wS_0^{1/2} = 4.91 \times (0.015)^{1/2} = 0.6\text{m/s}$$

$$t_i = \frac{600}{3600 \times 0.6} = 0.28\text{hrs}$$

- 주 하도흐름 구간

$$V = \frac{1}{0.025}(2)^{2/3}(0.005)^{1/2} = 4.49\text{m/s}$$

$$t_f = \frac{2000}{3600 \times 4.49} = 0.12\text{hrs}$$

- 총 도달시간 $t_c = 0.32 + 0.28 + 0.12 = 0.72\text{hrs}$

예제 9.10

아래 〈그림 9.24〉와 같은 소유역에서 재현기간 5년에 해당하는 호우에 대해 우수관 거의 용량(the required capacity of the storm sewer)을 결정하라. 즉, 관거의 직경을 구하라. 소유역의 유출계수는 0.6, 우수관거 유입시간은 10분(min)이며, 소유역의 면적은 0.02km^2이고, 관거 AB의 경사는 0.005이다. Manning의 조도계수는 $n = 0.015$로 가정한다. 이 지

역의 강우강도 관계식은 $I=\dfrac{2300\,T^{0.137}}{(t_d+37)}$이라 하며, T는 재현기간, t_d는 강우지속 기간이다.

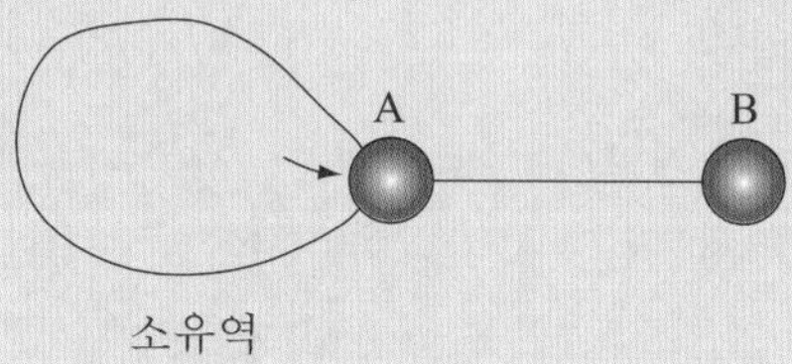

〈그림 9.24〉 소유역을 가진 단순 우수관거

풀이

- 유입시간이 10min이므로 강우지속기간도 $t_d=10$min으로 놓을 수 있다. 따라서 $T=5$년에 대한 강우강도는 다음과 같다.

$$I=\frac{2300\,T^{0.137}}{(t_d+37)}=\frac{2300\times(5)^{0.137}}{(10+37)}=61\,\text{mm/hr}$$

- 설계유량은 식(9.28)로부터

$$Q_p=0.2778\,CIA=0.2778\times0.6\times61\times0.02=0.203\,\text{m}^3/\text{s}$$

- 관거의 직경은 식(9.31)로부터

$$D=\left(3.208\frac{nQ_p}{S_0^{1/2}}\right)^{3/8}=\left(3.208\times\frac{0.015\times0.203}{0.005^{1/2}}\right)^{3/8}$$
$$=0.476\,\text{m}$$

- 관거 내의 유속과 관거 AB의 길이 $L=150$m일 때 관거 내 이동시간

$$V=\frac{Q_p}{A}=\frac{0.203}{(\pi\times0.476^2)/4}=1.141\,\text{m/s}$$

$$t_f=\frac{L}{V}=\frac{150}{1.141}=131.46\,\text{sec}=2.19\,\text{min}$$

9.6.3 합리식의 적용 절차

앞의 절들에서 살펴본 바와 같이 합리식을 적용하여 설계유량을 결정하고, 이에 따른 수리구조물 또는 우수관거 등의 용량과 크기를 결정하게 된다. 이러한 적용 절차를 적으면 아래와 같다.

① 유역 내에 설치할 수리구조물의 종류를 토대로 재현기간을 결정한다.
② 유역의 도달시간을 계산한다.
③ 도달시간과 동일한 시간을 설계호우 지속기간으로 설정한다.
④ 대상지점의 IDF곡선으로부터 호우의 강우강도를 결정하거나 지속기간과 재현기간의 함수로 표현된 강우강도 공식을 이용한다.
⑤ 유역면적 또는 소유역의 면적들을 결정한다.
⑥ 소유역의 면적들을 가중치로 하여 유출계수를 산정한다.
⑦ 합리식에 의해 설계 첨두홍수량을 결정한다.
⑧ 설계 첨두홍수량을 토대로 수리구조물의 용량과 크기 등을 결정한다.

연 습 문 제

9.1 유역면적이 2,500km^2, 하천의 주 하도의 길이가 110km, 유역의 둘레길이가 367km일 때, 유역에 대한 형상계수, 환상비, 연장비, 밀도계수를 구하라.

9.2 유역의 한 지점에 있어 19년 동안의 연유출용적이 아래 표와 같다. 이때 3.2.1절의 Weibull 공식을 이용하여 다음을 구하라.

(a) 75% 신뢰할만한 연유출용적

(b) 50% 신뢰할만한 연유출용적

(c) 705×10^6m^{3}의 연유출용적을 생산할 수 있는 신뢰성

연도	1980	1981	1982	1983	1984	1985	1986	1987	1988	1989
유출용적 ($\times10^6$m^3)	520	615	420	270	305	380	705	600	350	550
연도	1990	1991	1992	1993	1994	1995	1996	1997	1998	
유출용적 ($\times10^6$m^3)	560	400	520	435	395	290	430	1020	900	

9.3 어떤 유역출구에서 수로식 또는 자연유하식 수력발전소가 계획되어 있다. 이때 평균 낙차고가 5m라고 하면 상시동력(firm power)은 몇 KW인가?
단, 95% 신뢰할 수 있는 월유출량을 선택하면 (예제 9.1)의 유황곡선으로부터 유량이 14m^3/s 이었다. 터빈의 효율은 80%, 단위중량은 $\gamma=9810$N/m^{3}이다.

9.4 상시유량의 용적이 45×10^6(m^3/6개월)일 때, (예제 9.2)를 풀어라.

9.5 어떤 저수지에서 2009년 1월부터 12월까지의 월유출용적이 아래의 표와 같고, 월유출용적의 평균이 상시유출용적이라고 할 때, 연속-정점 알고리즘을 이용하여 저수지의 용량을 구하라.

월	1	2	3	4	5	6	7	8	9	10	11	12
유출용적 ($\times10^6$m^3)	22.8	18.3	13.7	11.4	9.1	13.9	91.4	102.8	68.4	41.1	32.1	27.4

9.6 어떤 하천에서 2월 1일 날 기저유출 $Q_0=30$m^3/s, 2월 10일 날 $Q_t=23$m^3/s이 관측되었다. 만약 2월 중에 강우가 없었다면, (a) 이때 2월 28일 날의 기저유출을 추정하라. (b) 그리고 2월 1일과 28일에 대한 지하수의 저류량을 m^{3}의 단위로 구하라. 단, 기저유출의 감수곡선은 식 (9.10)을 따른다.

9.7 어떠한 유역이 630헥타르(ha)이고 이 중에서 400헥타르가 등고선 경작중인 이랑경작지(수문학적 조건 "양호")였으며 230헥타르는 등고선 경작중인 윤번초지(수문학적 조건 "양호")이고, 전체지역이 수문학적 토양그룹 중 B형태일 때, 직접 유출을 결정하고 이에 따른 유역의 총 유출곡선지수 값을 결정하라(ARC II 조건).

9.8 어떠한 유역에 25.7에이커(acre)의 숲(수문학적 토양군 A, 수문학적 조건 "양호")과 379.6헥타르(ha)의 과수원, 440헥타르의 등고선경작중인 이랑경작지(수문학적 토양군 B, 수문학적 조건 "양호"), 56헥타르의 나대지(수문학적 토양군 B)가 있다면 이 지역에 대하여 가중 유출곡선지수와 일반 유출곡선지수를 이용하여 각각 25mm, 50mm, 100mm, 200mm, 250mm 강우량에 대한 직접유출을 산정하고 이 결과를 비교하라.

9.9 어떠한 유역에 대해서 시간별 우량이 다음의 표와 같다. 이 유역의 수문학적 토양피복형을 이용하여 구한 유출곡선지수가 AMC-II 조건 하에서 70.0이라고 할 때 시간별 유효유출량을 계산하라.

강우량(hr)	0~1	1~2	2~3	3~4	4~5	5~6	6~7	7~8
강우량(mm)	0.0	8.0	12.4	34.2	92.4	64.2	27.2	4.2

9.10 어떤 유역을 3개의 소유역으로 구분하였을 때, 소유역의 유역면적은 각각 0.02km^2, 0.03km^2, 0.015km^{2}이고, 유출계수는 각각 0.7, 0.6, 0.8이었다. 합리식에서의 평균유출계수를 구하라.

9.11 (예제 9.10)에서 재현기간 10년에 대한 우수관거의 용량을 결정하라.

Chapter 10

단위유량도

총 유출수문곡선을 직접유출과 기저유출로 분리한 후 다음 단계는 직접유출과 관련이 있는 유효우량과의 관계를 분석하는 것인데, 이는 Sherman(1932)에 의해 소개된 단위유량도(unit hydrograph 또는 unit graph, UH) 또는 단위도에 의해 수행될 수 있다. 제6장에서 설명한 방법들에 의해 손실량을 구하고 총 우량으로부터 손실량을 빼서 유효우량을 구하게 되는데 이 유효우량이 유역의 직접유출수문곡선(direct runoff hydrograph, DRH)이 된다. 따라서 직접유출수문곡선은 유효우량이 내리는 유역면적, 지표면의 특성 등에 따라 그 크기와 모양이 결정된다. 유역출구에서의 총 유출수문곡선으로부터 분리된 직접유출은 유효우량에 의한 직접유출과 같아야 하므로 유효우량과 직접유출수문곡선 사이에 어떤 관계가 존재하는지 단위도에 의해서 설명된다.

10.1 단위유량도 이론

10.1.1 단위도의 정의

유역의 단위유량도 또는 단위도는 특정 지속기간 동안 균일한 강도를 가지고 유역전체에 걸쳐 균등하게 내리는 단위 유효우량에 의해 발생하는 직접유출수문곡선으로 정의된다. 이를 다시 표현하면 〈그림 10.1〉에서 볼 수 있는 것처럼 단위 유효우량 1cm가 유역 전체에 균등하게 내려 유역출구에서 단위 유효우량에 의한 유출수문곡선, 즉 단위도를 얻을 수 있다. 단위도 면적은 〈그림 10.1〉과 같다.

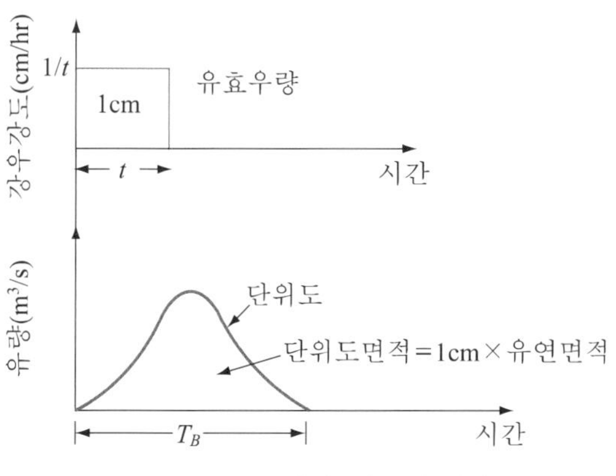

〈그림 10.1〉 단위유량도의 개념

10.1.2 단위도의 가정

단위도 이론은 앞에서 언급한 단위도의 정의와 단위도에 대한 가정으로 이루어진다. 단위도의 주요 가정은 일정 기저시간 가정(principle of equal base time), 비례가정(principle of proportionality), 중첩가정(principle of superposition) 등이 있다.

(1) 일정 기저시간 가정

〈그림 10.2〉와 같이 다른 강우강도를 가진 유효우량이 있는데 그 지속기간은 같다. 지속기간이 같은 유효우량으로 인한 직접유출수문곡선은 그 기저시간 T_B가 동일하며 첨두발생시간 또한 같음을 알 수 있고, 이를 일정 기저시간 가정이라고 한다.

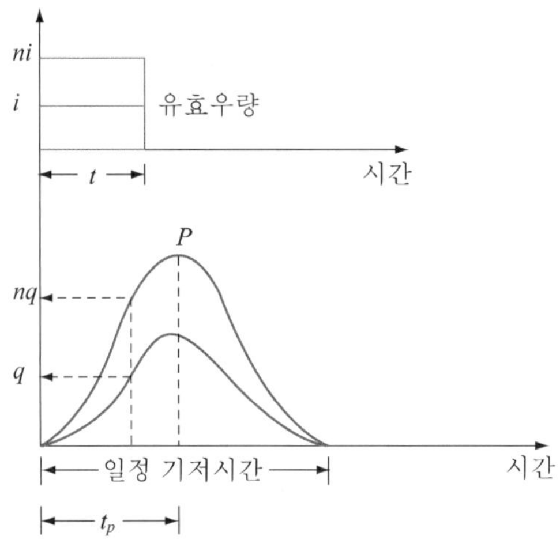

〈그림 10.2〉 일정 기저시간과 비례가정

(2) 비례가정

〈그림 10.2〉에서 보면, 강우강도가 i인 유효우량과 n배의 강우강도를 가진 ni의 유효우량이 있다. 이 두 유효우량으로 인한 직접유출수문곡선의 종거, q와 nq를 비교해보면 직접유출수문곡선의 종거 또한 n배의 차이를 보이고 있다. 이는 유효우량과 직접유출수문곡선간에 선형 비례관계에 있음을 알 수 있으며, 이를 비례가정이라고 한다.

(3) 중첩가정

〈그림 10.3〉을 보면 두 개의 유효우량 P_1과 P_2가 있다. 이 두 유효우량이 각기 다른 크기를 가지고 유역에 내렸을 때, 그에 따른 각각의 직접유출수문곡선은 (1), (2)와 같다. 이때

이들 두 수문곡선의 종거값들을 더하면 (3)의 수문곡선을 얻을 수 있고, 이는 유효우량 P_1과 P_2에 대한 직접유출수문곡선이 되며, 이를 중첩가정이라고 한다.

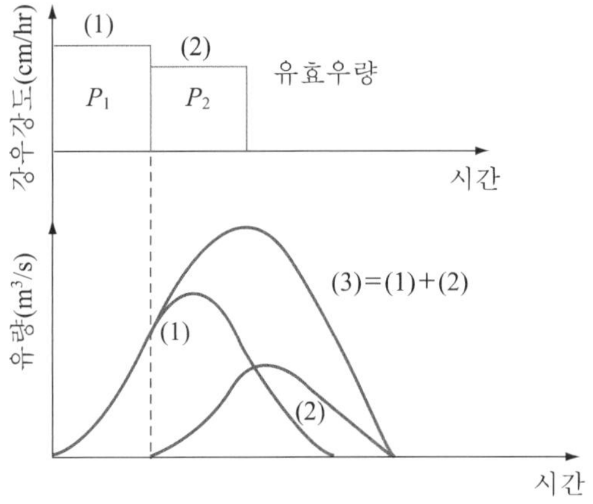

〈그림 10.3〉 중첩가정

(4) 기타

균일한 강도를 가지고 긴 지속기간 동안 강우가 내리기는 사실상 어렵기 때문에 단위도 분석을 위해 호우사상을 선택할 때는 상대적으로 지속기간이 짧은 호우사상들을 선정하여야 한다. 짧은 지속기간의 호우는 비교적 균일한 강도를 가진 유효우량과 단일 첨두의 직접유출수문곡선을 생산한다.

유역에 걸쳐 균등한 강우분포를 가지는 것이 실제로는 쉽지 않기 때문에 비교적 작은 유역에 단위도를 적용하면 유리하다. 따라서 만약 유역이 크면 소유역으로 나누어서 분석을 수행한다. 단위도를 적용하기 위해 적절한 유역면적은 문헌에 따라 다소 차이는 있지만 $2km^2$~$5000km^2$이며, 이는 유역면적 크기에 따라 그 신뢰성의 정도는 다를 것임을 예상할 수 있다.

일정 기저시간 가정, 비례가정, 중첩가정 등도 실제 호우사상과 유출수문곡선의 발생과의 사이에는 오차가 존재하지만 이러한 가정들은 단위도를 실제 유역에 적용하는데 매우 유용하며, 활용도가 오차에 비해 훨씬 크다고 할 수 있다.

10.1.3 단위도의 유도

(1) 단순 호우사상의 단위도

단순 호우사상과 이에 상응하는 유역의 유출수문곡선을 이용해 단위도를 유도하는 절차를 정리하면 다음과 같다.

① 강우자료로부터 필요한 지속기간, 유역에 균등한 호우분포, 단위 유출용적에 가까운 호우사상을 선택한다.
② 선택한 호우사상이 균일한 시간간격을 가지도록 우량주상도를 작성한다.
③ 작성한 우량주상도에 상응하는 유출수문곡선을 작성하고, 수문곡선분리 방법에 의해 기저유출을 분리한다. 유출수문곡선의 종거에서 기저유출의 종거값을 빼서 직접유출 수문곡선을 얻는다.
④ 직접유출수문곡선의 면적을 구하면, 이 면적은 직접유출용적(volume of direct runoff)이 되고, 직접유출용적을 유역면적으로 나누면 직접유출고 또는 유출고(depth of run-off)를 얻게 된다. 이는 식(10.1)과 같다.

$$R_d = 0.36 \times \frac{\Delta t \times \sum_{i=1}^{n} Q_i}{A} \tag{10.1}$$

여기서 R_d는 직접유출고(cm), Δt는 직접유출수문곡선 종거의 시간간격(hours), Q_i는 직접유출수문곡선의 종거(m^3/s), n은 종거의 수, A는 유역면적(km^2)이다.

⑤ 직접유출수문곡선의 종거 Q_i를 유출고 R_d로 나누어 단위도의 종거를 계산한다.
⑥ Φ-지표법을 이용해 우량주상도에 대해 손실량과 유효우량을 구하는데, 이 유효우량은 직접유출고와 동일하여야 한다. 이렇게 Φ-지표값을 구하면 단위도의 지속기간을 결정할 수 있다.

(2) 대표단위도

호우사상들의 지속기간과 강도가 동일하다 할지라도 호우사상의 방향성이나 강우자료의 특성 등이 다르기 때문에 호우사상 마다 다른 단위도를 얻게 된다. 따라서 한 개의 단순 호우사상을 이용한 단위도의 유도는 오차를 유발할 수 있으므로 여러 호우사상들로부터 단위도를 유도한 후 이들에 대한 평균을 구하여 대표단위도를 작성하는 것이 바람직할 수 있다. 〈그림 10.4〉에 보인 것처럼 첨두유량 발생시간들의 평균과 첨두유량값들의 평균을 구하여 이들을 대표단위도에 대한 좌표로 설정한다. 즉, 3개의 다른 단위도가 있다면 (t_p, Q_p)를 좌표로 하여 다른 단위도들의 형태를 따라 스케치 함으로써 대표단위도를 구한다. 여기서 $t_p = \frac{t_{p1} + t_{p2} + t_{p3}}{3}$ 이고, $Q_p = \frac{Q_{p1} + Q_{p2} + Q_{p3}}{3}$ 이며, 대표단위도를 스케치 할 때 유출고는 1cm가 되도록 한다.

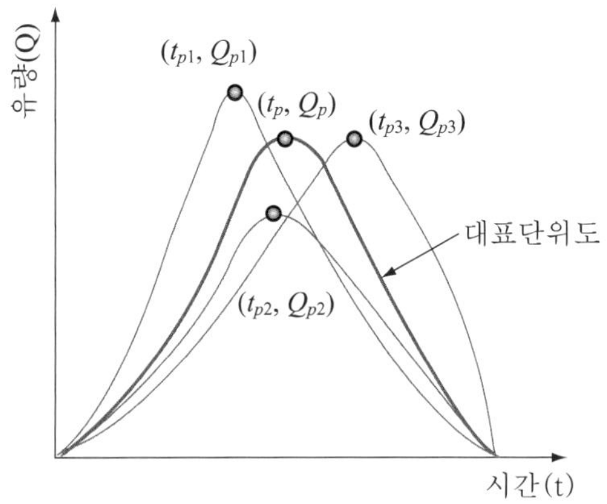

〈**그림 10.4**〉 단위도들의 평균에 의한 대표단위도 작성

예제 10.1

어떤 유역의 평균강우량과 관측유량이 아래의 〈표 10.1〉과 같다. 기저유량은 수평분리법에 의해 분리하고, 유역면적이 5870km^{2}일 때 (a) 단위도와 (b) 단위도의 지속기간을 구하라.

〈**표 10.1**〉 유역 평균강우량과 관측유량

(1) 시간 (hrs)	(2) 강우량 (mm)	(3) 시간 (hrs)	(4) 유량 (m^3/s)
03	29.36	03	113
06	13.42		
09	33.72	09	113
12	37.41		
		15	224
		21	5727
		03	4102
		09	3152
		15	2202
		21	1805
		03	1021
		09	815
		15	644
		21	543
		03	441
		09	351
		15	328
		21	240
		03	160

풀이

유출수문곡선의 시간간격 : $\Delta t = 6\text{hrs}$

우량주상도의 시간간격 및 지속기간 : $\Delta t = 3\text{hrs},\ t = 12\text{hrs}$

유출수문곡선 종거의 합 : $20060\text{m}^3/\text{s}$

수평분리법에 의한 기저유출량 : $113\text{m}^3/\text{s}$

$$\text{유출고 } R_d = 0.36 \times \frac{\Delta t \times \sum_{i=1}^{n} Q_i}{A} = 0.36 \times \frac{6 \times 20060}{5870} = 7.38\text{cm}$$

(a) 단위도 유도를 위한 유출분석 계산은 〈표 10.2〉와 같다. (1)란은 시간, (2)란은 유량, (3)란은 기저유출, (4)란은 (2)−(3)으로 직접유출량을 계산하고, (5)란은 직접유출량을 유출고로 나누어 단위도를 산정한다. 산정한 단위도는 〈그림 10.5〉에 보인다.

〈표 10.2〉 단위도의 유도

(1)	(2)	(3)	(4)	(5)
시간 (hrs)	유량 (m^3/s)	기저유출 (m^3/s)	직접유출 (m^3/s) (2)−(3)	단위도 (m^3/s) (4)/7.38
03	113	113	0	0.0
09	113	113	0	0.0
15	224	113	111	15.0
21	5727	113	5614	760.5
03	4102	113	3989	540.4
09	3152	113	3039	411.7
15	2202	113	2089	283.0
21	1805	113	1692	229.2
03	1021	113	908	123.0
09	815	113	702	95.1
15	644	113	531	72.0
21	543	113	430	58.2
03	441	113	328	44.4
09	351	113	238	32.2
15	328	113	215	29.1
21	240	113	127	17.2
03	160	113	47	6.4
총합	21981		20060	2717.4

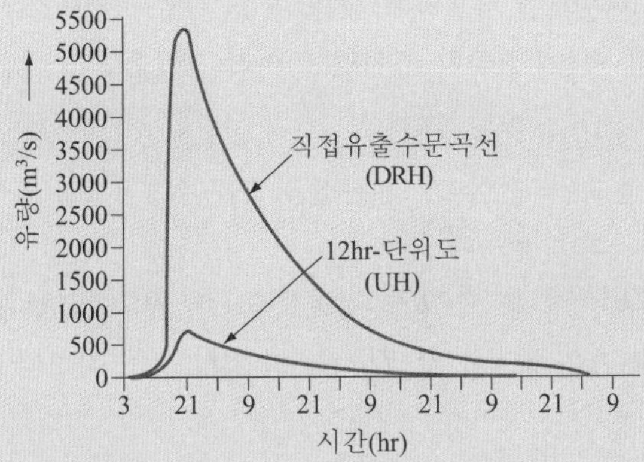

〈그림 10.5〉 유출수문곡선으로부터 유도된 12-hr 단위도

(b) 우량주상도로부터 Φ-지표법에 의해 손실량을 계산하고 유효우량을 구한다. 그러면 유효우량의 지속기간이 〈표 10.2〉의 (5)란에서 구한 단위도의 지속기간이 된다. 이에 대한 계산은 〈표 10.3〉에 주어진다.

〈표 10.3〉 유효우량 및 단위도 지속기간

(1)	(2)	(3)	(4)	(5)
시간 (hrs)	강우량 (mm)	강우강도 (mm/hr) (2)/3hr	Φ-지표 (mm/hr)	유효우량 (mm) [(3)−(4)]×3hr
3∼6	29.36	9.79	3.34	6.45×3=19.35
6∼9	13.42	4.47	3.34	1.13×3=3.39
9∼12	33.72	11.24	3.34	7.90×3=23.70
12∼15	37.41	12.47	3.34	9.13×3=27.39
총합				73.83mm ≈ 7.38cm

〈표 10.3〉으로부터 유효우량의 지속기간은 12시간이 된다. 따라서 〈그림 10.5〉의 단위도는 지속기간 12-hr의 단위도가 된다. 또한 단위도의 유출고가 1cm가 되는지 아래와 같이 검토한다.

$$\text{유출고 } R_d = 0.36 \times \frac{\Delta t \times \sum_{i=1}^{n} Q_i}{A} = 0.36 \times \frac{6 \times 2717.4}{5870} = 1.0\text{cm}$$

(3) 복합 호우사상의 단위도

유역에서 단일 첨두유량을 갖는 수문곡선을 생산하는 호우사상을 얻기가 어려울 경우, 복합 수문곡선을 이용해 단위도를 유도하게 된다. 복합 수문곡선은 강우강도가 다른 여러 호우사상들로부터 생산된 수문곡선들이 겹치면서 여러 첨두유량을 갖는 총 유출수문곡선을 의미한다.

① 우량주상도와 유출수문곡선으로부터 손실을 구해 유효우량을 구하고 기저유출을 분리해 직접유출수문곡선을 얻는다.

② 따라서 〈그림 10.6〉에서 볼 수 있는 것처럼 3개의 유효우량(cm)을 P_1, P_2, P_3라 하고, 각각의 지속기간은 일정한 값 D-hr를 가지며, 모두 기지의 값(알고 있는 값)이라고 하자.

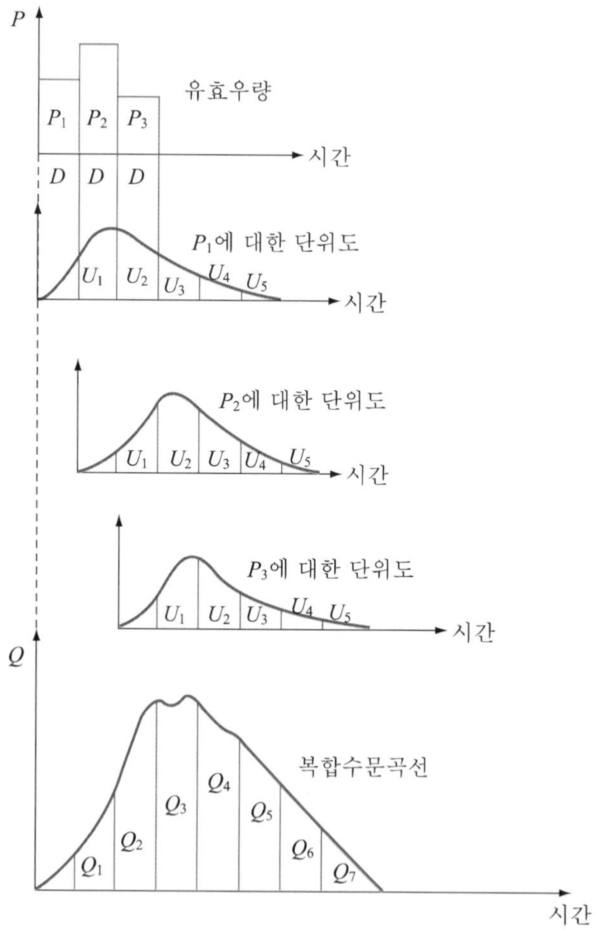

〈그림 10.6〉 3개의 유효우량에 의한 복합 직접유출수문곡선

③ 복합 직접유출수문곡선의 종거값(m^3/s)을 Q_1, Q_2, ⋯ 라 하고, 각각의 유효우량 호우사상에 적용되어질 단위도의 종거들을 U_1, U_2, ⋯ 라 하면, 직접유출수문곡선의 종거값들은 다음과 같이 나타낼 수 있다.

$$Q_1 = P_1 U_1 \tag{10.2a}$$

$$Q_2 = P_1 U_2 + P_2 U_1 \tag{10.2b}$$

$$Q_3 = P_1 U_3 + P_2 U_2 + P_3 U_1 \tag{10.2c}$$

$$\vdots$$

$$Q_7 = P_3 U_5 \tag{10.2d}$$

식(10.2a)에서 Q_1과 P_1은 주어진 값이므로 U_1을 계산한다. 식(10.2b)에서는 U_2를 계산하고, 식(10.2c)에서는 U_3를 산정하며, 나머지 공식에서도 단위도의 종거들을 계산해 나간다. 이를 매트릭스 형태로 나타내면 식(10.3)과 같다.

$$Q = PU \tag{10.3a}$$

$$U = P^{-1}Q = P^T P^{-1} P^T Q \tag{10.3b}$$

여기서 T는 transpose를 나타낸다. 이 방법에서 유효우량 P의 값들과 직접유출수문곡선 Q의 값들은 손실과 기저유출분리를 통해 얻어지므로 오차가 있음은 당연한데 이들을 이용해 단위도의 종거값 U를 구할 때 오차가 전파된다는 단점이 있다. 즉, U_1의 오차는 U_2에 영향을 미치고 U_2는 U_3에 영향을 미치며 오차가 누적이 되어 감수곡선상의 단위도 종거는 음의 값을 가질 수가 있다. 따라서 유효우량값을 구할 때 주의를 요하며, 최적화 방법 등을 이용하면 올바른 값을 얻을 수 있다.

10.2 단위도의 지속기간 변경

10.2.1 정수배 방법

직접유출량을 구하기 위해 지속기간 D-hr의 단위도를 이용할 경우, 이는 D-hr의 호우사상에만 적용할 수 있다. 보통 허용오차 ±20~25%를 고려하여 다소의 다른 지속기간을 가진 단위도를 이용할 수도 있지만, 수문학적 분석을 위해 호우사상의 지속기간과 동일한 지속기간의 단위도를 이용하는 것이 선호되고 있다. 따라서 필요한 지속기간의 자료가 있으면 좋지만, 없을 경우에는 기존에 있는 지속기간을 가진 단위도의 지속기간을 변경하여 이용한다. 단위도의 지속기간 변경을 위해 정수배 방법을 이용할 수 있는데, D-hr의 단위도가 있을 경우 $2D$-hr, $3D$-hr 등의 정수배의 지속기간을 갖는 단위도를 유도할 수 있다.

〈그림 10.7〉을 보면 D-hr의 단위도로부터 $2D$-hr의 단위도를 유도하는 과정을 보이고 있다. 〈그림 10.7(a)〉는 지속기간 D-hr의 유효우량에 대한 D-hr의 단위도를 보이고 있고, 〈그림 10.7(b)〉를 보면, D-hr의 유효우량 2개가 연속하도록 하여 지속기간 $2D$-hr의 유효우량을 만들었는데, 지속기간 $2D$-hr의 유효우량에 상응하는 단위도가 $2D$-hr 단위도가 된다. 따라서 지속기간 $2D$-hr의 유효우량에 상응하는 $2D$-hr 단위도의 유도를 위해 D-hr 단위도를 D-hr 지체시켜 단위도 (1)과 (2)를 만들고, 이들을 합한 수문곡선 (1)+(2)를 얻는다. 이 수문곡선을 2로 나누면 〈그림 10.2(b)〉의 점선과 같이 $2D$-hr 단위도를 얻을 수 있다.

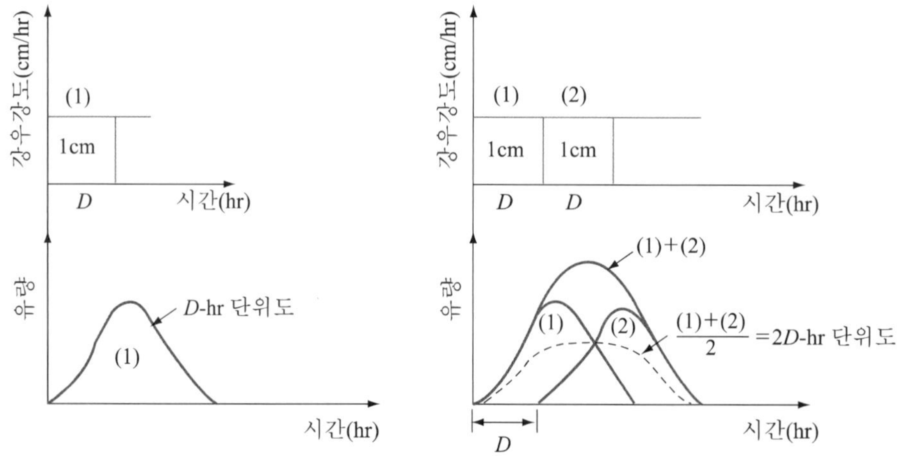

〈그림 10.7〉 D-hr 단위도로부터 $2D$-hr 단위도의 유도

만약 D-hr 단위도로부터 $3D$-hr 단위도를 유도한다면, 우선 지속기간 D-hr의 유효우량 3개를 연속하여 지속기간 $3D$-hr의 유효우량을 만든다. 이에 상응하는 $3D$-hr 단위도를 유도하기 위해 D-hr 단위도를 D-hr 및 $2D$-hr를 지체시키고, 이들 (1), (2), (3)의 3개의 단위도를 더하여 합성한다. 합성된 수문곡선 (1)+(2)+(3)를 3으로 나누면 $3D$-hr 단위도가 유도된다.

예제 10.2

아래의 〈표 10.4〉의 (2)란과 같이 $D=4$-hr 단위도가 주어져 있다. 정수배의 법칙을 이용해 $2D=8$-hr 단위도를 유도하라.

풀이

〈표 10.4〉의 (2)란에 $D=4$-hr 단위도가 주어져 있고, $2D=8$-hr 단위도를 유도하기 위해 우선 (2)란의 단위도를 4시간 지체시켜 (3)란에 작성한다. (2)란과 (3)란을 더하여 합성된 수문곡선을 (4)란에 나타낸다. 마지막으로 (4)란에 합성된 수문곡선을 2로 나누어 줌으로써 $2D=8$-hr 단위도를 얻게 되며, 이를 (5)란에 나타내었다.

〈표 10.4〉 4-hr 단위도로부터 8-hr 단위도의 유도

(1)	(2)	(3)	(4)	(5)
시간 (hr)	4-hr 단위도 (m^3/s)	4시간 지체된 4-hr 단위도 (m^3/s)	합성 수문곡선 (m^3/s) (2)+(3)	8-hr 단위도 (m^3/s) (4)/2
0	0		0	0
2	12.52		12.52	6.26
4	21.32	0	21.32	10.66
6	23.54	12.52	36.06	18.03
8	17.84	21.32	39.16	19.58
10	14.79	23.54	38.33	19.17
12	12.18	17.84	30.02	15.01
14	10.04	14.79	24.83	12.42
16	8.26	12.18	20.44	10.22
18	6.51	10.04	16.59	8.30
20	4.98	8.26	13.24	6.62
22	3.95	6.51	10.46	5.23
24	3.05	4.98	8.03	4.02
26	2.26	3.95	6.21	3.11
28	1.60	3.05	4.65	2.33
30	1.07	2.26	3.33	1.67
32	0.53	1.60	2.13	1.07
34	0	1.07	1.07	0.54
36		0.53	0.53	0.27
38		0	0	0

10.2.2 *S*-곡선방법

(1) *S*-곡선

S-수문곡선 또는 *S*-곡선방법은 주어진 지속기간의 단위도보다 긴 지속기간의 단위도, 짧은 지속기간의 단위도, 또는 정수배가 아닐 경우의 모두를 유도하기 위해 이용할 수 있다. *S*-곡선은 어떤 유역에 일정한 강우강도를 가진 유효우량이 연속적으로 무한히 지속된다고 가정할 때, 유역 출구에서의 직접유출수문곡선을 의미한다. 이는 〈그림 10.8〉에서 보는 것처럼, 지속기간 D-hr와 강우강도 $1/D$(cm/hr)를 가진 무한한 개개 단위 유효우량에 대한 무한한 D-hr 단위도들을 계속 더해 나가면 *S*모양의 *S*-곡선을 얻게 된다. 또한 〈그림 10.8〉에서 D-hr 지체된 *S*-곡선은 D-hr만큼 지체된 단위도들을 합함으로써 얻을 수 있다.

강우강도가 $I=1/D$(cm/hr)이므로 유역면적이 $A(\text{km}^2)$라면, 단위도의 기저시간 T_B 후에 *S*-곡선은 식(10.4)와 같이 평형유출량(equilibrium discharge) Q_e에 도달하게 된다. 9.6절에서 도달시간 t_c에 대하여 설명하였듯이 유역에 내린 강우가 모두 유역 출구로 흘러나올 때 첨두유출량이 발생하고, 첨두유출량이 발생하기까지 도달시간 t_c만큼이 걸린다. 따라서 평형유출량은 강우가 t_c까지 지속될 때 발생하고, 개념적으로 개개의 단위도가 t_c/D 또는 T_B/D만큼의 수가 될 때 평형유출이 발생하게 된다.

$$Q_e = I \times A = \frac{1}{D} \times A\ (\text{cm/hr} \times \text{km}^2) = 2.778\frac{A}{D}\ (\text{m}^3/\text{s}) \tag{10.4}$$

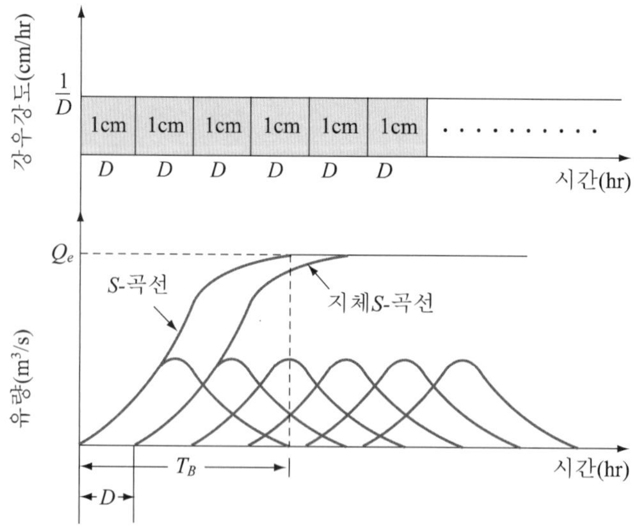

〈그림 10.8〉 *S*-곡선

(2) S-곡선을 이용한 단위도 유도

어떤 유역에서 D'-hr의 단위도가 필요할 경우, 〈그림 10.9〉와 같은 S-곡선을 이용하여 구할 수 있다. 〈그림 10.9〉를 보면 2개의 우량주상도가 있는데 위의 우량주상도는 S-곡선을 생산하고, 아래의 우량주상도는 D'-hr 지체된 S-곡선을 생산한다. 위의 우량주상도에서 아래의 우량주상도를 빼면 D'-hr의 지속기간을 가진 유효우량이 된다. 강우강도가 $1/D$ (cm/hr)이므로 이 유효우량의 값은 $D'\text{hr} \times 1/D$(cm/hr)인 D'/D(cm)가 된다. S-곡선의 종거에서 D'-hr 지체된 S-곡선의 종거를 뺀 값은 유효우량 $\dfrac{D'}{D}$(cm)로 인한 직접유출량이 된다. 따라서 이 직접유출량에 $\dfrac{D'}{D}$를 곱하면 D'-hr의 단위도가 된다. 임의의 시간 t에 있어서의 S-곡선을 $S(t)$라 하고, D'-hr 지체된 S-곡선을 $S(t-D')$라 하면, D'-hr의 단위도는 식(10.5)와 같다.

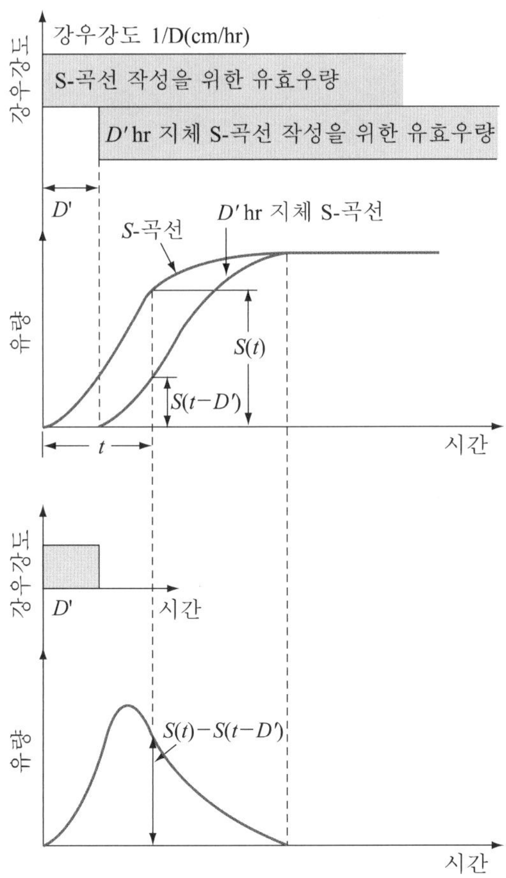

〈그림 10.9〉 S-곡선을 이용한 단위도 유도

$$\frac{D}{D'}[S(t) - S(t-D')] \tag{10.5}$$

S-곡선이 D-hr 단위도로부터 유도되었다면, S-곡선에서 D-hr 지체된 S-곡선의 종거값을 뺀 값은 D-hr의 단위도가 된다. 따라서 임의 시간 t에 있어서 D-hr 단위도의 종거 U(t)는 식(10.6)과 같이 쓸 수 있다.

$$U(t) = S(t) - S(t-D) \tag{10.6a}$$

$$S(t) = U(t) + S(t-D) \tag{10.6b}$$

식(10.6b)를 보면 임의의 시간 t에 있어서의 S-곡선은 D-hr 단위도와 시간 $(t-D)$에 있어서의 S-곡선을 더함으로써 얻어진다. $t \leq D$이면 S-곡선과 D-hr 단위도의 종거는 같고, $t > D$이면 식(10.6b)를 이용할 수 있고, 이를 S-곡선 덧셈(S-curve addition)이라고 한다.

예제 10.3

어떤 유역의 출구지점에서 4-hr 단위도가 아래의 〈표 10.5〉의 (1)란과 (2)란과 같이 주어져 있다. 이때, S-곡선법을 이용해 12-hr 단위도와 2-hr 단위도를 유도하라.

풀이

〈표 10.5〉 S-곡선에 의한 단위도 유도 (단위 : m^3/s)

(1)	(2)	(3)	(4)	(5)	(6)	(7)	(8)	(9)
시간 (hr)	4-hr 단위도 $U(t)$	S-곡선 $S(t)$	12-hr 지체 S-곡선 $S(t-12)$	(3)-(4)	12-hr 단위도 $\frac{4}{12}\times$(5)	2-hr 지체 S-곡선 $S(t-2)$	(3)-(7)	2-hr 단위도 $\frac{4}{2}\times$(8)
0	0	0		0	0		0	0
2	30	30		30	10	0	30	60
4	110	110		110	36.7	30	80	160
6	170	200		200	66.7	110	90	180
8	210	320		320	106.7	200	120	240
10	180	380		380	126.7	320	60	120
12	110	430	0	430	143.3	380	50	100
14	80	460	30	430	143.3	430	30	60
16	40	470	110	360	120.0	460	10	20(35)
18	35	495	200	295	98.3	470	25	50(25)
20	30	500	320	180	60.0	495	5	10
22	15	510	380	130	43.3	510	0	0
24	5	505(510)	430	75	25.0	510		
2	0	510	460	50	16.7	515		
4		510	470	40	13.3			
6		510	495	15	5.0			
8		510	500	10	3.3			
10		510	510	0	0.0			

〈표 10.5〉의 (2)란에 주어진 4-hr 단위도를 이용하여 12-hr 및 2-hr 단위도를 유도하였다. 우선 4-hr 단위도를 이용해 S-곡선을 (3)란에 구하고, 평형유출량부근에서 변동이 있으므로 이를 조정한 값이 괄호 안에 있다. 12-hr 단위도를 구하기 위해 $D'=$12-hr 지체시킨 S-곡선을 (4)란에서 구하고, 식(10.5)에서 $[S(t)-S(t-D')]$를 구하기 위해 (3)란에서 (4)란을 뺀 값을 (5)란에 나타내었다. 마지막으로 식(10.5)를 이용하여 12-hr 단위도를 구하기 위해 (5)란에 $D/D'=4/12$를 곱하여 (6)란에 작성하였으며, (6)란의 값이 12-hr 단위도가 된다.

2-hr 단위도 작성을 위해 12-hr 단위도를 구한 과정과 똑같은 과정을 거친다. 즉, (7)란에 2-hr 지체시킨 S-곡선을 구하고, (3)란에서 (7)란을 뺀 후, (8)란에 나타내고, (8)란에 4/2를 곱하여 (9)란과 같이 2-hr 단위도를 구하게 되며, 단위도 곡선의 연속성을 위해 조정한 값을 괄호 안에 나타내었다.

(3) 단위도의 이용 및 적용

단위도는 다음과 같은 여러 가지 수문학적 문제 해결 또는 연구를 위해 이용되어진다.

① 수공구조물 설계를 위해 필요한 설계호우에 상응하는 홍수수문곡선
② 유역유출 모의 모형
③ 홍수예경보 연구
④ 강우자료를 토대로 한 홍수량 자료의 연장

예제 10.4

어떤 유역에 〈표 10.4〉의 4-hr 단위도가 주어져 있고, 0.75cm/h의 강우강도를 가진 호우가 4시간 발생하였다. Φ-지표가 2.5mm/h이고 기저유출이 5m^3/s일 때 유출수문곡선을 구하라.

풀이

4시간 동안 강우가 발생하였기 때문에 4-hr 지속기간 단위도를 이용하여 직접유출량을 계산할 수 있다. 우선 Φ-지표값을 cm/h단위로 환산하고 강우강도 0.75cm/h에 대하여 유효우량의 깊이를 구한다.

$$\Phi\text{-지표}=2.5\text{mm/h}=0.25\text{cm/h}$$

$$\text{4시간 동안의 유효우량 깊이}=(0.75-0.25)\times 4=2\text{cm}$$

4-hr 단위도가 주어져 있으므로 4-hr 단위도에 유효우량의 깊이 2cm를 곱하면 〈표 10.6〉의 (3)란과 같이 직접유출량을 계산할 수 있고, (4)란의 기저유출을 이용해 (5)란과 같이 유출수문곡선을 구할 수 있다.

〈표 10.6〉 단위도로부터 직접유출량 산정

(1) 시간 (hr)	(2) 4-hr 단위도 (m^3/s)	(3) 유효우량 2cm의 직접유출량 (m^3/s)	(4) 기저 유출 (m^3/s)	(5) 유출 수문곡선 (m^3/s)
0	0.00	0.00	5	5.00
2	12.52	25.04	5	30.04
4	21.32	42.64	5	47.64
6	23.54	47.08	5	52.08
8	17.84	35.68	5	40.68
10	14.79	29.58	5	34.58
12	12.18	24.36	5	29.36
14	10.04	20.08	5	25.08
16	8.26	16.52	5	21.52
18	6.51	13.02	5	18.02
20	4.98	9.96	5	14.96
22	3.95	7.90	5	12.90
24	3.05	6.10	5	11.10
26	2.26	4.52	5	9.52
28	1.60	3.20	5	8.20
30	1.07	2.14	5	7.14
32	0.53	1.06	5	6.06
34	0.00	0.00	5	5.00

10.3 순간단위도

단위 유효우량의 지속기간에 따라 유역에서 단위 유출수문곡선이 몇 시간 단위도인지를 알 수 있다. 즉, 지속기간에 따라 2-hr 단위도, 4-hr 단위도 등의 이름을 가지게 되는데 이 지속기간이 아주 짧아질 경우를 생각하면 $D \rightarrow 0$와 같이 쓸 수 있고, 이는 1cm의 단위 유효우량이 유역에 균일하게 순간적으로 내린다는 것을 의미한다. 이러한 단위도를 순간단위도(instantaneous unit hydrograph, IUH)라고 하며, 유역의 강우－유출 과정을 분석할 때 이론적 측면에서 이용하고 있다. IUH의 장점이라고 하면 단위도의 유효우량 지속기간을 고려하지 않아도 된다는 것과 유역에 대한 많은 정보를 제공할 수 있다는 것이다.

IUH는 〈그림 10.10〉과 같이 시간 t에 있어서의 직접유출수문곡선의 종거 $Q(t)$를 구할 수 있는데 식으로 표현하면 식(10.7)과 같다.

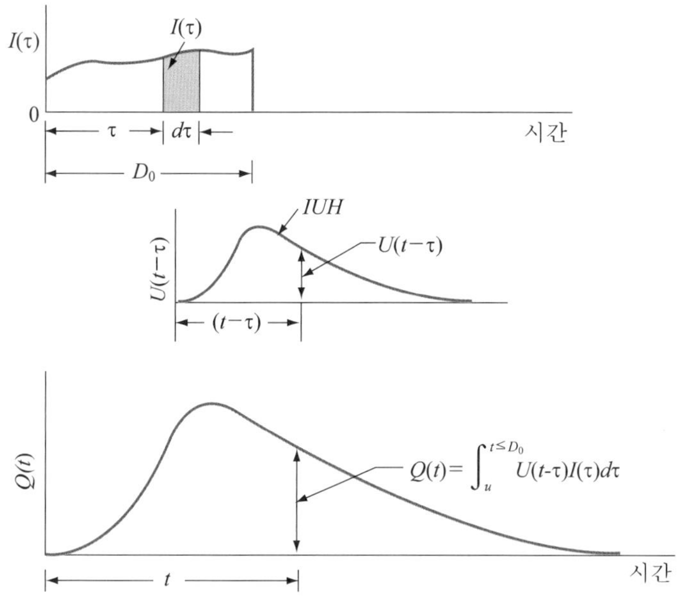

〈그림 10.10〉 강우강도 $I(t)$와 순간단위도 IUH의 회선

$$Q(t) = \int_0^{t \le D_0} U(t-\tau)\, I(\tau) d\tau \tag{10.7}$$

여기서 $U(t-\tau)$는 시간 τ에서의 IUH 종거이고, $I(\tau)$는 지속기간 D_0인 강우강도가 시간 τ의 함수임을 의미한다. $d\tau$는 유효우량 주상도의 미소시간을 나타내고, $t \le D_0$일 때 시간 t까지의 유효우량은 유출에 공헌한다. $d\tau$에 해당하는 유효우량은 $I(\tau) \times d\tau$이고, 여기에 IUH의 종거 $U(t-\tau)$를 곱하면 직접유출수문곡선의 종거 $U(t-\tau) \times I(\tau) \times d\tau$를 얻게 된다. 따라서 지속기간에 따른 유출수문곡선은 식(10.7)과 같이 얻을 수 있으며, 식(10.7)의 적분을 회선적분(convolution integral 또는 Duhamel integral)이라 하고, $U(t-\tau)$를 핵함수(Kernel function)라고 한다. 어떤 유역의 IUH가 주어지면 식(10.7)을 이용해 호우사상에 대한 직접유출량을 구할 수 있다.

(1) *S*-곡선으로부터 IUH의 유도

S-곡선을 이용해 *D*-hr 단위도로부터 D'-hr 단위도를 유도하기 위해 식(10.5)의 식을 이용하였다. 즉, $\frac{D}{D'}[S(t) - S(t-D')]$를 이용하였는데 D'대신에 Δt를 적고 Δt-hr 단위도의 종거를 $U(t,\ \Delta t)$라고 하면 식(10.8)을 쓸 수 있다.

$$U(t, \Delta t) = \frac{D}{\Delta t}[S(t) - S(t - \Delta t)] = D\frac{\Delta S(t)}{\Delta t} \tag{10.8}$$

여기서 $S(t)$는 S-곡선의 종거를 나타내며, 만약 $\Delta t \rightarrow 0$를 고려하면 IUH는 식(10.9)와 같이 나타낼 수 있다.

$$\lim_{\Delta t \rightarrow 0} U(t, \Delta t) = U(t) = D\frac{dS(t)}{dt} \tag{10.9}$$

따라서 식(10.9)는 임의의 시간 t에 있어서의 IUH 종거는 D-hr 단위도로부터 유도된 S-곡선의 구배(slope)에 지속기간 D를 곱한 것과 같다는 것을 의미한다. 그러나 S-곡선에 의한 IUH는 아주 정확하지는 않기 때문에 개략적인 근사값을 제공한다. 이외에 제11장에서 설명할 Nash 모형이나 Clark 모형 등을 이용해 IUH를 구할 수 있다.

(2) IUH로부터 단위도의 유도

제11장에서 설명할 개념적 모형들을 이용해 IUH를 유도하였다면, 이를 이용해 필요한 지속기간에 대한 단위도를 유도하기 위해 유도된 IUH를 이용할 수 있다. 앞에서 이용한 〈표 10.4〉들의 개념을 이용해 개념적인 절차를 보면 아래와 같다.

① (1)란과 (2)란에 각각 시간(hr)과 IUH 종거를 작성한다.
② (3)란은 필요한 단위도의 지속기간 D-hr만큼 IUH 종거를 지체시킨다.
③ (4)란에는 (2)란과 (3)란의 두 IUH를 더한다.
④ (4)란의 종거를 2로 나누어 (5)란에 적으면 D-hr 단위도가 된다.
⑤ 구하고자 하는 단위도의 지속기간은 3시간을 넘지 않는 것이 좋고, 그 이상의 지속기간에 대한 단위도는 S-곡선법이나 중첩가정을 이용하는 것이 좋다.

10.4 합성단위도

강우와 유출량 자료가 존재할 때 앞에서 설명한 방법들에 의해 단위도를 유도할 수 있다. 그러나 미계측유역의 경우, 자료가 없기 때문에 다른 방법으로 단위도를 구해야 하는데, 이를 위해 유역의 특성들을 단위도의 모양과 관계를 맺어 단위도를 추정하는 방법이 이용되고 있다. 유역의 매개변수들과 단위도의 매개변수들 간에 어떤 관계가 설정이 되면, 수문기상학적으로 동질성을 가진 다른 미계측유역에 이 관계를 이용하여 단위도를 유도하게 되는데, 이렇게 얻어진 단위도를 합성단위도(Synthetic unit hydrograph)라고 한다. 합성단위도를 구하는 데는 여러 가지 방법이 있으며 다음 절에서 그 방법론들을 살펴보기로 한다.

10.4.1 Snyder 방법

가장 널리 알려진 방법으로 Snyder는 단위도의 모양을 정의하기 위해 단위도의 첨두유량 Q_p(m³/s), 지체시간 t_p(hr), 기저시간 T_B(hr)를 선택하였다. 제9장에서 지체시간을 T_L, 첨두유량 발생시간을 t_p로 하였으나 여기서는 지체시간을 t_p로 표시하기로 한다. 기호의 표기들은 방법마다 또는 장(chapter)마다 다를 수 있음을 인식하기 바란다. 따라서 Snyder는 〈그림 10.11〉처럼 이들 매개변수들을 이용해 단위도의 유출용적이 1cm가 되도록 스케치하여 필요한 단위도를 얻었다.

(1) 지속기간 D의 Snyder 표준단위도

Snyder는 단위도와 유역의 매개변수들간에 관계를 맺어 다음과 같은 식들을 제시하였다.

$$t_p = C_t (LL_c)^{0.3} \tag{10.10}$$

$$q_p = \frac{Q_p}{A} = 2.778 \frac{C_p}{t_p} \tag{10.11}$$

$$T_B = 72 + 3t_p \tag{10.12}$$

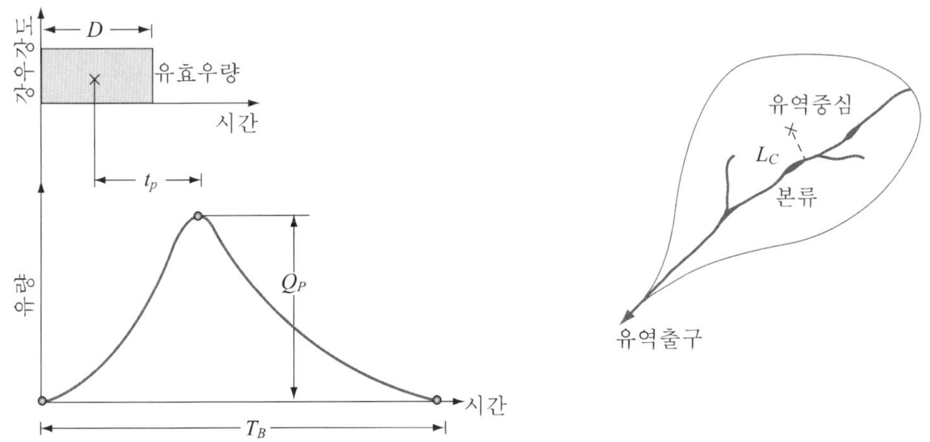

〈그림 10.11〉 Snyder의 표준단위도와 유역 매개변수 L_c

여기서 L은 유역출구로부터 본류 또는 주 하도를 따라 유역경계선까지의 길이(km)이고, L_c는 유역출구로부터 본류를 따라 가면서 유역중심과의 거리를 측정했을 때 가장 가까운 거리(km), A는 유역면적(km^2), q_p는 유역의 단위면적당 첨두유량(m^3/s/km^2), C_t는 유역의 저류량 및 경사(구배)와 관련된 상수로서 1.35~1.65의 값을 갖는다. 그리고 C_p는 무차원 계수로 0.56~0.69의 값을 갖는다. Snyder는 단위도의 지속기간 D를 다음의 식(10.13)과 같이 고정하였다.

$$D = \frac{2}{11} t_p \tag{10.13}$$

식(10.12)가 소유역에 대해서는 긴 기저시간을 줄 수 있음이 알려져, 첨두유량 발생시간에 5를 곱하여 기저시간을 계산하는 식(10.14)가 제안되었다.

$$T_B = 5\left(\frac{D}{2} + t_p\right) = 5\left(\frac{t_p}{11} + t_p\right) = 5.455 t_p \tag{10.14}$$

또한 단위도의 면적이 직접유출량 1cm와 같다는 사실과 단위도가 삼각형이라는 가정하에 식(10.15)와 같은 기저시간의 식이 제안되었다.

$$T_B = \frac{5.556}{q_p} \tag{10.15}$$

(2) 지속기간 D'일 때

만약 지속기간 D'의 유효우량에 대한 합성단위도가 필요하다면 수정된 지체시간 $t_p{}'$는 식(10.16)과 같이 나타낼 수 있고, 식(10.11)은 식(10.17)과 같다. 또한 식(10.12)와 식(10.14)는 t_p대신 $t_p{}'$를 대입할 수 있고, 식(10.15)는 q_p대신 $q_p{}'$를 대입할 수 있다.

$$t_p{}' = t_p + \frac{D' - D}{4} \tag{10.16}$$

$$q_p{}' = \frac{Q_p{}'}{A} = 2.778 \frac{C_p}{t_p{}'} \tag{10.17a}$$

$$Q_p{}' = 2.778 A \frac{C_p}{t_p{}'} \tag{10.17b}$$

(3) 수문곡선의 폭을 고려한 합성단위도

미국공병단(1959)에서는 합성단위도를 스케치하기 위해 첨두유량과의 관계를 이용해 단위도의 폭을 식(10.18)과 같이 정의하였고, 4개의 점을 더 찍음으로써 스케치를 용이하게 하였다(〈그림 10.12〉).

$$W_{50} = 2.14(q_p')^{-1.08} \tag{10.18a}$$

$$W_{75} = 1.22(q_p')^{-1.08} \tag{10.18b}$$

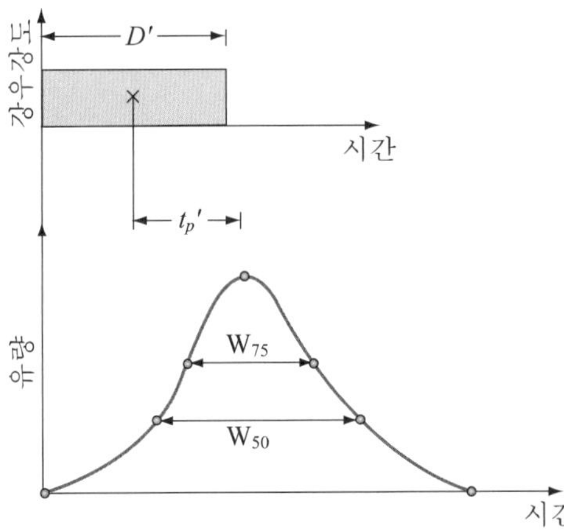

〈그림 10.12〉 단위도의 폭을 고려한 합성단위도

여기서 W_{50}과 W_{75}는 각각 첨두유량의 50%와 75%되는 점에서 단위도의 폭(hr)을 나타내고, 그리고 보통 이 폭의 1/3은 단위도의 첨두유량 발생전에 분포시키고, 2/3는 첨두유량 후에 분포시킨다.

Snyder는 C_t의 범위를 1.35~1.65로 제시하였으나 다른 연구자들은 0.3~6.0의 범위를 제시하기도 하였다. 따라서 Linsley는 식(10.19)를 제안하였다.

$$t_p = C_L\left(\frac{LL_c}{\sqrt{S}}\right)^n \tag{10.19}$$

여기서 S는 유역경사이고, C_L과 n은 회귀상수이다. Linsley는 산악지역의 유역에 대해 $C_L=1.715$, $n=0.38$을 제시하였고, 작은 언덕의 유역에 대해서는 $C_L=1.03$, 계곡형 유역에 대해서는 $C_L=0.5$를 제시하였다. Snyder는 C_p에 있어서도 0.56~0.69의 범위를 제시하였으나 0.31~0.93의 범위가 제시되기도 하였다. 식(10.19)는 식(10.20)과 같이 쓸 수 있다.

$$\log(t_p) = \log(C_L) + n\log\left(\frac{LL_c}{\sqrt{S}}\right) \tag{10.20}$$

예제 10.5

어떤 유역의 매개변수를 측정하였는데 $A = 3480\text{km}^2$, $L = 148\text{km}$, $L_c = 74\text{km}$이었다. 또한 유역에서 12-hr 단위도를 유도하였는데 첨두유량이 시간 40h에서 $155\text{m}^3/\text{s}$이었다. 이 유역의 합성단위도 유도를 위해 C_t와 C_p를 구하라.

풀이

$D' = 12\text{h}$일 때, $t_p{}' = 40 - \dfrac{D'}{2} = 40 - 6 = 34\text{h}$이다.

- 식(10.13)을 (10.16)에 대입하여 t_p를 구한다.

  $t_p' = t_p + \left[\dfrac{D'}{4} - \dfrac{D}{4}\right] \rightarrow 34 = t_p + \left[\dfrac{12}{4} - \dfrac{1}{4}\left(\dfrac{2}{11}t_p\right)\right]$

  $\therefore\ t_p = 32.48\ \text{h}$

- 식(10.10)으로부터 C_t를 구한다.

  $C_t = \dfrac{t_p}{(LL_c)^{0.3}} = \dfrac{32.48}{(148 \times 74)^{0.3}} = 1.994$

  $q_p{}' = \dfrac{Q_p{}'}{A} = \dfrac{155}{3480} = 0.04454$

- 식(10.17)로부터 C_p를 구한다.

  $C_p = \dfrac{0.04454 \times 34}{2.778} = 0.545$

예제 10.6

(예제 10.5)의 한 소유역이 $L = 100\text{km}$, $L_c = 50\text{km}$라고 할 때, 4-hr 합성단위도를 유도하라.

풀이

(예제 10.5)에서 $C_t = 1.994$, $C_p = 0.545$

- $t_p = C_t(LL_c)^{0.3} = 1.994(100 \times 50)^{0.3} = 25.67\text{h}$

$D=\frac{2}{11}t_p=\frac{2}{11}\times 25.67=4.67\text{h},\ D'=4\text{h}$

- t_p', q_p', Q_p'의 계산

$t_p'=t_p+\frac{D'-D}{4}=25.67+\frac{4-4.67}{4}=25.5\text{h}$

$q_p'=2.778\frac{C_p}{t_p'}=2.778\times\frac{0.545}{25.5}=0.0594\text{m}^3\text{/s/km}^2$

$Q_p'=Aq_p'=3480\times 0.0594=206.7\text{m}^3\text{/s}$

- T_B', W_{50}, W_{75}의 계산

$T_B'=\frac{5.556}{q_p'}=\frac{5.556}{0.0594}=93.5\text{h}$

$W_{50}=2.14(q_p')^{-1.08}=2.14(0.0594)^{-1.08}=45.2\text{h}$

$W_{75}=1.22(q_p')^{-1.08}=2.14(0.0594)^{-1.08}=25.7\text{h}$

따라서, 7개의 점으로 〈그림 10.13〉과 같이 합성단위도를 얻을 수 있다.

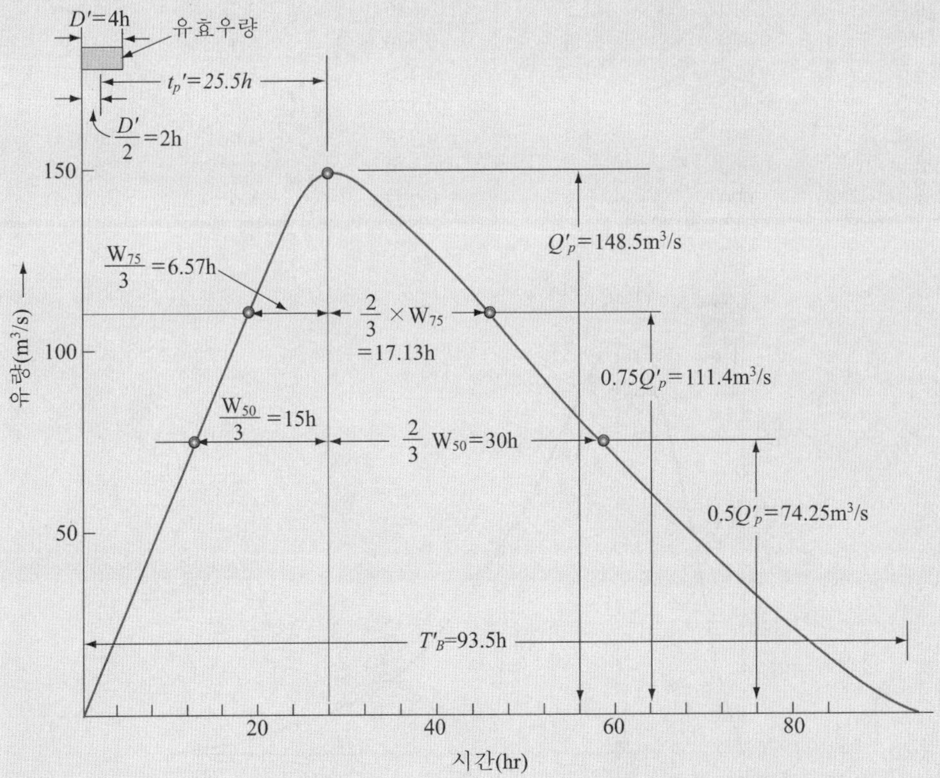

〈그림 10.13〉 (예제 10.6)의 합성단위도

10.4.2 SCS 무차원 단위도법

미국의 토양보존국(US Soil Conservation Service, SCS)은 다양한 크기의 면적을 가진 유역으로부터 수많은 단위도의 분석을 토대로 무차원 단위도를 제안하였다. 무차원 단위도의 종거는 Q/Q_p로 나타내고, 가로좌표는 t/t_{pk}로 나타내었다. 여기에서 Q_p는 첨두유량, Q는 시간에 따른 유량, t_{pk}는 첨두유량이 발생하는 시간(즉, $Q=Q_p$일 때의 시간), t는 단위도의 시작부분으로부터의 시간을 나타낸다. Q_p와 t_{pk}를 알면 〈표 10.7〉에 있는 Q/Q_p와 t/t_{pk}를 이용해 단위도를 작성할 수 있다.

〈표 10.7〉 SCS 무차원 단위도의 좌표

t/t_{pk}	Q/Q_p	t/t_{pk}	Q/Q_p	t/t_{pk}	Q/Q_p
0.0	0.000	1.1	0.990	2.4	0.147
0.1	0.030	1.2	0.930	2.6	0.107
0.2	0.100	1.3	0.860	2.8	0.077
0.3	0.190	1.4	0.780	3.0	0.055
0.4	0.310	1.5	0.680	3.2	0.040
0.5	0.470	1.6	0.560	3.4	0.029
0.6	0.660	1.7	0.460	3.6	0.021
0.7	0.820	1.8	0.390	3.8	0.015
0.8	0.930	1.9	0.330	4.0	0.011
0.9	0.990	2.0	0.250	4.5	0.005
1.0	1.000	2.2	0.207	5.0	0.000

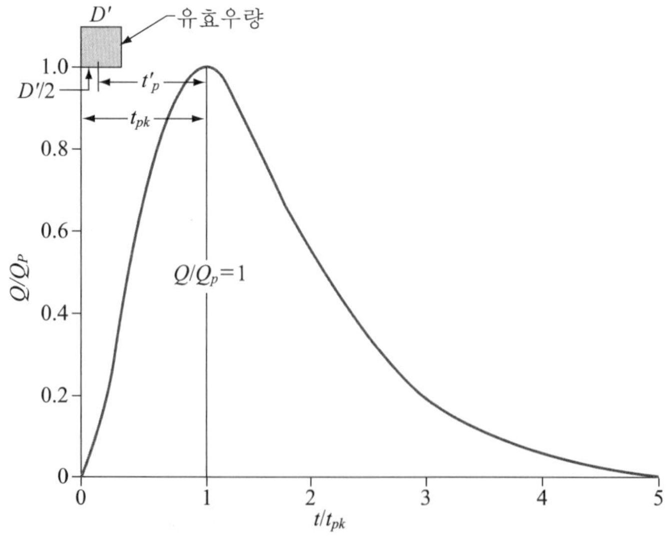

〈그림 10.14〉 SCS 무차원 단위도

첨두유량 발생시간 t_{pk}는 아래의 식(10.21)과 같이 나타낼 수 있다.

$$t_{pk} = t_p' + \frac{D'}{2} \tag{10.21a}$$

$$t_p' = 0.60 t_c \tag{10.21b}$$

$$D' = 0.133 t_c \tag{10.21c}$$

여기서 t_c는 유역의 도달시간이고, Q_p는 식(10.22)와 같다.

$$Q_p = 2.08 \frac{A}{t_{pk}} \tag{10.22}$$

여기서 A는 유역면적(km^2)이다.

예제 10.7

유역면적이 $A = 12.5km^2$이고, 도달시간 $t_c = 2.5h$일 때, SCS 무차원 단위도법에 의해 30-min 단위도를 구하라.

풀이

유효우량의 지속기간 = 30min = 0.5h

- 지체시간 $t_p' = 0.60 \times t_c = 0.60 \times 2.5 = 1.5h$
- 첨두유량 발생시간 $t_{pk} = t_p' + \frac{D'}{2} = 1.5 + \frac{0.5}{2} = 1.75h$
- 첨두유량 $Q_p = 2.08 \frac{A}{t_{pk}} = 2.08 \times \frac{12.5}{1.75} = 14.84m^3/s$

따라서 $t_{pk} = 1.75h$, $Q_p = 14.84m^3/s$, 그리고 〈표 10.7〉을 이용하여 〈표 10.8〉과 같이 30-min 단위도를 구할 수 있으며 〈그림 10.15〉와 같이 나타낼 수 있다. 〈표 10.8〉을 보면 (1)란과 (2)란은 〈표 10.7〉의 SCS 무차원 단위도 좌표를 나타내고, (3)란과 (4)란은 시간 t와 그에 따른 30-min 단위도를 보여주고 있다.

〈표 10.8〉 SCS 무차원 단위도법에 의한 30-min 단위도 유도

(1)	(2)	(3)	(4)	(1)	(2)	(3)	(4)
t/t_{pk}	Q/Q_p	$t=1.75\times$(1) (hr)	$Q=14.84\times$(2) (m^3/s)	t/t_{pk}	Q/Q_p	$t=1.75\times$(1) (hr)	$Q=14.84\times$(2) (m^3/s)
0.0	0.000	0.00	0.00	1.7	0.460	2.98	6.83
0.1	0.030	0.18	0.45	1.8	0.390	3.15	5.79
0.2	0.100	0.35	1.48	1.9	0.330	3.33	4.90
0.3	0.190	0.53	2.82	2.0	0.250	3.50	3.71
0.4	0.310	0.70	4.60	2.2	0.207	3.85	3.07
0.5	0.470	0.88	6.97	2.4	0.147	4.20	2.18
0.6	0.660	1.05	9.79	2.6	0.107	4.55	1.59
0.7	0.820	1.23	12.17	2.8	0.077	4.90	1.14
0.8	0.930	1.40	13.80	3.0	0.055	5.25	0.82
0.9	0.990	1.58	14.69	3.2	0.040	5.60	0.59
1.0	1.000	1.75	14.84	3.4	0.029	5.95	0.43
1.1	0.990	1.93	14.69	3.6	0.021	6.30	0.31
1.2	0.930	2.10	13.80	3.8	0.015	6.65	0.22
1.3	0.860	2.28	12.76	4.0	0.011	7.00	0.16
1.4	0.780	2.45	11.58	4.5	0.005	7.88	0.07
1.5	0.680	2.63	10.09	5.0	0.000	8.75	0.00
1.6	0.560	2.80	8.31				

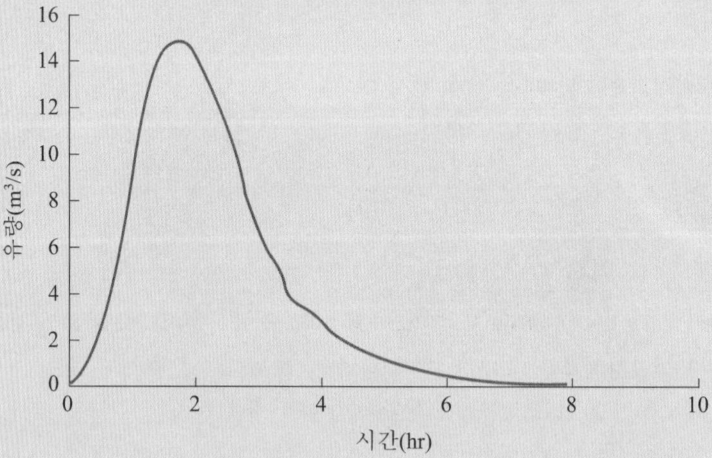

〈그림 10.15〉 SCS 무차원 단위도법에 의한 30-min 단위도 곡선

10.4.3 Nakayasu의 합성단위도법

일본의 합성단위도법으로는 Nakayasu 방법이 있다. Nakayasu는 일본 내의 다양한 유역에서 유도된 단위도를 이용해 유역의 매개변수들과 관계를 맺어 합성단위도를 개발할 수 있도록 하였다. Nakayasu는 〈그림 10.16〉에 보인 것처럼 지속기간 D(hr)인 유효우량 P_0(mm)로 인해 발생한 유출수문곡선을 식(10.23)~(10.26)과 같이 상승부와 하강부로 나누어 이들을 계산할 수 있도록 하였다.

- 상승부 곡선

$$\frac{Q}{Q_p} = \left(\frac{t}{t_p}\right)^{2.4} \tag{10.23}$$

- 하강부 곡선

$$0.3 \leq \frac{Q}{Q_p} \leq 1.0 \text{이면} \quad \frac{Q}{Q_p} = (0.3)^{(t-t_p)/t_k} \tag{10.24}$$

$$0.3^2 \leq \frac{Q}{Q_p} \leq 0.3 \text{이면} \quad \frac{Q}{Q_p} = (0.3)^{(t-t_p+0.5t_k)/1.5t_k} \tag{10.25}$$

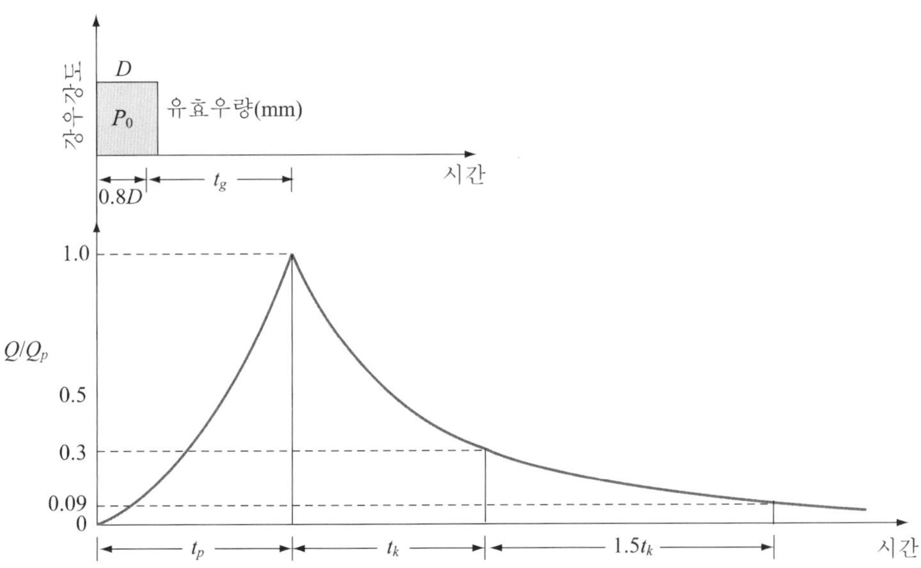

〈그림 10.16〉 Nakayasu의 합성단위도법

$$0.3^3 \le \frac{Q}{Q_p} \le 0.3^2 \text{ 이면 } \frac{Q}{Q_p} = (0.3)^{(t-t_p+1.5t_k)/2t_k} \tag{10.26}$$

여기서 Q(m^3/s)는 시간 t에 있어서의 유량이고, Q_p는 첨두유량, t_p는 첨두유량 발생시간, t_k는 유량 Q가 Q_p에서 $0.3\,Q_p$로, $1.5t_k$는 $0.3\,Q_p$에서 0.3^2Q_p로, $2t_k$는 0.3^2Q_p에서 0.3^3Q_p로 감소하는데 걸리는 시간을 의미한다. 식(10.23)~(10.26)에서 상승부곡선은 t_p와 Q_p를 알면 시간 t에 따른 단위도 유량 Q를 구할 수 있고, 하강부 곡선은 t_g, t_k, 그리고 Q_p를 알면 시간 t에 따른 단위도 유량 Q를 구할 수 있다.

따라서 시간의 매개변수들을 구해야 하는데 〈그림 10.16〉에서 볼 수 있듯이 첨두유량 발생시간 t_p는 $0.8D+t_g$이고, 여기서 t_g는 지체시간을 나타내며, 지속기간 D와 t_g를 알면 t_p를 구할 수 있다. t_g는 식(10.27)과 식(10.28)에서 구해진다. 또한 t_k는 식(10.29)로부터 구할 수 있다.

$$L < 15\text{km일 때, } t_g = 0.21L^{0.7} \tag{10.27}$$

$$L > 15\text{km일 때, } t_g = 0.4 + 0.058L \tag{10.28}$$

$$t_k = 0.47(AL)^{0.25} \tag{10.29}$$

여기서 L은 하천의 최대 하도길이(km)이고, A는 유역면적(km^2)이다. 그러므로 지속기간 D인 1cm=10mm의 유효우량 P_0(mm)에 대한 합성단위도를 얻을 수 있고, 합성단위도의 면적이 직접유출용적이 되므로 이는 P_0A와 같게 된다. 이를 식으로 표현하면 식(10.30)과 같고, 식(10.31)로부터 Q_p를 구할 수 있다.

$$\int_0^\infty Q\,dt \approx Q_p(0.3\,t_p + t_k) = P_0A \tag{10.30}$$

$$\therefore \; Q_p = 0.2778 \times \frac{P_0A}{0.3t_p + t_k} \tag{10.31}$$

예제 10.8

유역면적이 1,038km^{2}이고, 하천연장 L=30km인 유역에서 Nakayasu방법으로 1시간 단위도를 유도하라.

풀이

■ 시간 매개변수 계산

하천연장 $L=30\text{km}>15\text{km}$ 이므로 식 (10.28)로부터

$$t_g = 0.4 + 0.058 \times 30 = 2.14\text{hr}$$

식 (10.29)로부터

$$t_k = 0.47 \times (1{,}038 \times 30)^{0.25} = 6.24\text{hr}$$

Nakayasu 종합단위도의 지속시간 $D=1\text{hr}$ 이므로

$$t_p = 0.8D + t_g = 0.8 \times 1 + 2.14 = 2.94\text{hr}$$

■ 첨두유량 계산

1−hr 단위도에서 $D=1\text{hr}$ 동안의 유효우량 $P_0=10\text{mm}$ 이며, 유역면적 $A=1{,}038\text{km}^2$ 이므로 식(10.31)로부터

$$Q_p = 0.2778 \times \frac{10 \times 1{,}038}{0.3 \times 2.94 + 6.24} = 404.88\text{m}^3/\text{s}$$

■ 상승부와 하강부 곡선의 계산

첨두유량이 발생하는 상승부는 <그림 10.16>에서

$0 \le Q/Q_p \le 1.0$일 때, $t_{1.0} \le t_p$이므로

$$0 \le t \le 2.94 \text{이며} \quad \frac{Q}{Q_p} = \left(\frac{t}{2.94}\right)^{2.4} \qquad \text{(a)}$$

하강부는 식 (10.24)에서 식 (10.26)으로부터 산정한다.

$0.3 \le \dfrac{Q}{Q_p} \le 1.0$ 일 때, $t_{0.3} \le t_p + t_k$이므로

$$2.94 \le t \le 9.18 \text{이며} \quad \frac{Q}{Q_p} = (0.3)^{(t-2.94)/6.24} \qquad \text{(b)}$$

$0.3^2 \le \dfrac{Q}{Q_p} \le 0.3$ 일 때, $t_{0.3^2} \le t_p + 2.5t_k$이므로

$$9.18 \le t \le 18.54 \text{이며} \quad \frac{Q}{Q_p} = (0.3)^{(t-2.94+3.12)/9.36} \qquad \text{(c)}$$

$0.3^3 \le \dfrac{Q}{Q_p} \le 0.3^2$ 일 때, $t_{0.3^3} \ge t_p + 2.5t_k$이므로

$$t \ge 18.54 \text{이며} \quad \frac{Q}{Q_p} = (0.3)^{(t-2.94+9.36)/12.48} \qquad \text{(d)}$$

앞에서 계산한 첨두유량 $Q_p = 404.88\text{m}^3/\text{s}$를 해당되는 식 (a)~(d)에 대입하여 합성단위도의 종거 Q를 계산하면 <표 10.9>의 (3)란과 같이 1-hr 단위도를 얻을 수 있고, 이는 <그림 10.17>과 같다.

〈표 10.9〉 Nakayasu 방법에 의한 1-hr 합성단위도 유도

(1)	(2)	(3)	(1)	(2)	(3)	(1)	(2)	(3)
t (hr)	적용 공식	Q (m^3/s)	t (hr)	적용 공식	Q (m^3/s)	t (hr)	적용 공식	Q (m^3/s)
0	(a)	0.0	9.18	(b)	121.5	19	(d)	34.9
1	(a)	30.4	10	(c)	109.3	20	(d)	31.7
2	(a)	160.6	11	(c)	96.1	21	(d)	28.7
2.94	(a)	404.9	12	(c)	84.5	22	(d)	26.1
3	(b)	400.2	13	(c)	74.3	23	(d)	23.7
4	(b)	330.0	14	(c)	65.3	24	(d)	21.5
5	(b)	272.1	15	(c)	57.5	30	(d)	12.1
6	(b)	224.3	16	(c)	50.5	31	(d)	11.0
7	(b)	185.0	17	(c)	44.4	32	(d)	9.9
8	(b)	152.5	18	(c)	39.1	33	(d)	9.0
9	(b)	125.8	18.54	(c)	36.4	34	(d)	8.2

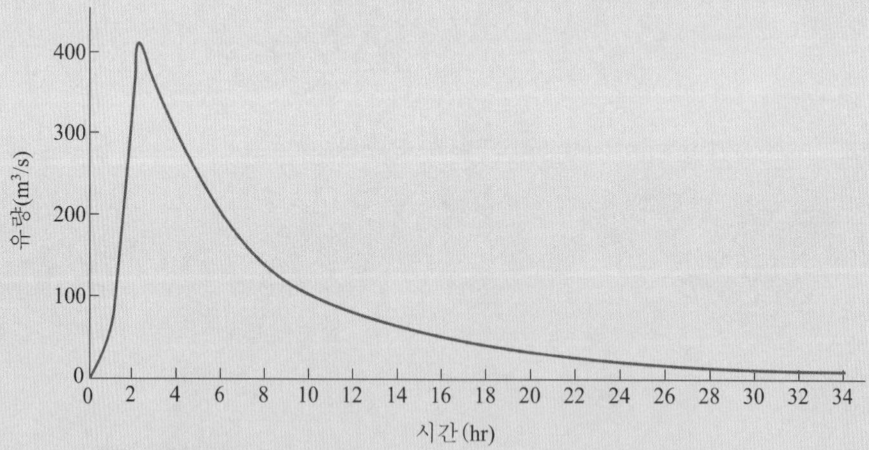

〈그림 10.17〉 Nakayasu 방법에 의한 1-hr 합성단위도 곡선

연 습 문 제

10.1 어떤 유역의 평균강우량과 관측유량이 아래의 <표>와 같다. 유역면적이 5870km²일 때 단위도를 구하라.

〈표〉 유역 평균강우량과 관측유량

(1) 시간 (hrs)	(2) 강우량 (mm)	(3) 시간 (hrs)	(4) 유량 (m^3/s)	(5) 기저유출 (m^3/s)
03	14.53	03	87	87
06	22.31			
09	30.97	09	155	88
12	21.28			
		15	2912	89
		21	4283	91
		03	2467	92
		09	1492	93
		15	791	94
		21	613	95
		03	486	96
		09	370	97
		15	285	98
		21	204	99
		03	165	100
		09	130	101
		15	102	102

10.2 <문제 10.1>에 대하여 단위도의 지속기간을 구하라.

10.3 (예제 10.2)에 주어진 지속기간 D=4-hr 단위도를 이용해 지속기간 12-hr 단위도를 유도하라.

10.4 유역면적이 300km²이고 강우 지속시간이 5시간일 때, 평형유출량은 얼마인가?

10.5 어떤 유역의 출구에서 4-hr 단위도의 종거가 1시간 간격의 단위로 주어지는데 그 값이 6, 36, 66, 91, 106, 93, 79, 68, 58, 49, 41, 34, 27, 23, 17, 13, 9, 6, 3, 1.5m³/s이다. S-곡선법을 이용해 3-hr 단위도를 구하라. 이때 S-곡선 덧셈을 이용하라. 그리고 유역면적이 300km²일 때 평형유출량을 구하라.

10.6 (예제 10.3)의 4-hr 단위도를 이용해 정수배의 방법으로 12-hr 단위도를 유도하고, (예제 10.3)의 결과와 비교하라.

10.7 (예제 10.4)의 4-hr 단위도가 주어지고, 강우강도가 0.75cm/h, 2.25cm/h, 1.25cm/h인 호우가 연속적으로 각각 4시간씩 발생하였다. Φ-지표는 (예제 10.4)와 같고 기저유출이 10m^3/s라고 가정할 때 총 유출수문곡선을 구하라.

10.8 어떤 유역의 특성들을 측정하였더니 유역면적이 $A = 3000\text{km}^2$, $L = 120\text{km}$, $L_c = 63\text{km}$이었다. 그리고 Snyder의 계수들이 $C_t = 1.60$, $C_p = 0.64$이었다면, 이때 3-hr 합성단위도를 유도하라.

10.9 (예제 10.7)에서 주어진 자료들과 SCS 무차원 단위도법을 이용하여 1-hr 단위도를 구하라.

10.10 유역면적이 441km^{2}이고, 하천연장 $L = 11\text{km}$인 유역에서 Nakayasu의 합성단위도법으로 3-hr 단위도를 유도하라.

Chapter 11

홍수추적

홍수추적(flood routing)은 하천 상류지점에 있는 기지의(know) 또는 가정한 홍수수문곡선으로부터 하류의 어떤 지점에 대한 홍수수문곡선을 추적하는 또는 결정하는 절차라고 할 수 있다. 홍수시에 하천의 유량이 증가하면 하도의 수위와 저류량도 일시적으로 증가하게 된다. 그러나 홍수파(flood wave)가 물러나면 하천의 수위가 떨어지고 하도의 저류량은 감소하게 되며, 홍수파는 하류로 전파되면서 홍수수문곡선의 기저시간이 길어지고, 첨두유량은 감소하게 된다. 즉, 홍수파가 약해지게 된다(attenuate).

홍수추적은 하류 지점에 대해 단기간의 홍수예측을 위한 첨두홍수량 크기 설정, 저수지 건설에 따른 영향 추정, 홍수방어를 위한 제방의 높이 결정, 여수로의 용량 결정, 하도 조건의 변화에 따른 하천의 거동 예측 등을 위하여 이용된다. 홍수추적의 기법을 분류하자면 수문학적 홍수추적(hydrologic routing)과 수리학적 홍수추적(hydraulic routing)으로 나눌 수 있고, 여기에는 저수지(reservoir routing), 하도(channel routing), 유역 홍수추적(watershed routing)이 있다. 수문학적 홍수추적에는 저수지 추적을 위한 수정 Puls, 하도 추적을 위한 Muskingum, 유역추적을 위한 Nash, Clark 모형이 있고, 수리학적 홍수 추적은 주로 하도 추적을 위해 이용하는데 운동파(kinematic wave routing) 및 동역학적 홍수추적(dynamic routing) 방법이 있다. 수문학적 홍수추적은 주로 시간의 함수로서 홍수량을 추적해 나가는 것이고, 수리학적 홍수추적은 시간과 공간의 함수로서 홍수량을 결정해 나가는 것이라 할 수 있다. 본 장에서는 수문학적 홍수추적만 다루기로 한다.

11.1 저수지 홍수추적

11.1.1 저류 방정식

저수지의 유입량(inflow)을 I, 유출량(outflow 또는 discharge)을 Q, 그리고 저류량(storage)을 S라고 하면, 연속방정식(continuity equation) 또는 저류방정식(storage equation)을 식(11.1)과 같이 나타낼 수 있고, 식(11.2)와 같은 형태로도 쓸 수 있다.

$$I-Q=\frac{dS}{dt} \tag{11.1}$$

$$\overline{I}\,\Delta t-\overline{Q}\,\Delta t=\Delta S \tag{11.2}$$

여기서 $\overline{I}$는 시간간격 Δt에 있어서의 평균 유입량이고, $\overline{Q}$는 평균 유출량이며, ΔS는

저류량의 변화를 나타낸다. Δt시간 동안 시작점에 있어서의 유입량과 유출량을 아래첨자 1로 표현하고, 끝나는 점의 유입량과 유출량을 2로 나타내면, 이때 저류량의 변화는 $S_2 - S_1$이 된다. 그리고 Δt시간 동안 유입량과 유출량의 변화가 선형관계를 유지한다면 식(11.2)는 식(11.3)과 같이 쓸 수 있다.

$$\left(\frac{I_1 + I_2}{2}\right)\Delta t - \left(\frac{Q_1 + Q_2}{2}\right)\Delta t = S_2 - S_1 \tag{11.3}$$

따라서 식(11.3)의 왼쪽 첫 번째 항은 저수지로 들어오는 물의 유입용적이고, 두 번째 항은 저수지로부터 나가는 물의 유출용적이 되며, 우측 항은 저수지내 저류량의 변화량이 된다. 식(11.3)에서 I_1과 I_2의 유입수문곡선은 주어지는 기지의(known) 값이고, Q_1과 S_1은 초기 유출량과 초기 저류량으로서 주어지거나 가정된다. 그리고 Q_2와 S_2는 계산해야 하는 값으로 미지의(unknown) 값이 된다.

저수지의 수표면(water surface) 또는 수면이 수평이라고 하면, 유입량은 저류량과 독립적(independent)인 관계에 있고, 유출량은 저류량과 종속적(dependent)인 관계가 있다. 즉, 저수지의 저류량은 저수지의 형상과 수면의 표고에 따라 계산이 가능하고, 유출량도 수면 표고의 함수로 나타낼 수 있다. 따라서 저류량 S와 유출량 Q는 두 변수 모두 저수지의 수면표고 H의 함수이므로 S와 Q사이에 관계를 맺을 수 있다. 모든 저수지의 홍수추적 방법은 S와 Q사이의 관계를 이용한다. S와 Q사이의 관계는 저수지의 지형자료와 여수로 및 수문의 방수로를 통한 유출량 또는 방류량으로부터 얻어진다.

11.1.2 저류량과 유출량의 관계

(1) 저수지의 저류량 산정

저수지의 표고에 따른 수면의 면적은 지도상의 등고선에 따라 구적기(planimeter)를 이용하여 구하고, 이를 이용해 표고(elevation)에 따른 수면의 면적곡선을 얻을 수 있다. 이 표고−면적곡선은 저수지의 증발량을 추정하는데 유용하게 이용할 수 있다. 등고선간의 간격 차이는 표고차를 의미하고, 표고−면적곡선과 표고차를 이용하면 표고차에 해당하는 저수지의 용적(reservoir volume) ΔV, 즉 저류량을 구할 수 있는데 이를 위해 〈그림 11.1〉과 식(11.4)를 이용할 수 있다.

$$\Delta V = \frac{h}{2}(A_1 + A_2) \ : \ \text{사다리꼴(trapezoidal) 공식} \tag{11.4a}$$

$$\Delta V = \frac{h}{3}(A_1 + A_2 + \sqrt{A_1 A_2}) \text{ : 원뿔(cone) 공식} \tag{11.4b}$$

$$\Delta V = \frac{h}{6}(A_1 + 4A_m + A_2) \text{ : 각주(prismoidal) 공식} \tag{11.4c}$$

여기서 A_1과 A_2는 두 개의 수면 면적이고, h는 등고선 간격 또는 표고차이며, A_m은 두 등고선의 중간 등고선에 해당하는 면적이다. 이렇게 해서 필요한 수면 표고까지 용적을 구하면 저류량이 되고, 표고와 저류량의 관계곡선을 구할 수 있다.

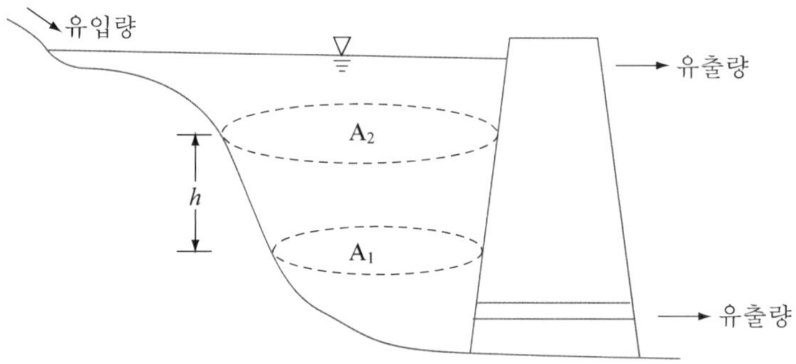

〈그림 11.1〉 저수지 저류량 산정을 위한 표고별 면적

(2) 저수지의 유출량 산정

표고에 따른 저류량은 〈그림 11.1〉로부터 구하고, 유출량은 〈그림 11.2〉와 같이 여수로(spillway)와 방수로(outlet works)를 통해 방류되는 유출량(또는 방류량)을 산정함으로써 구할 수 있다. 〈그림 11.2(a)〉의 경우는 여수로의 수문이 부분개방 되었을 때를 보여주고 있는데 식(11.5)에서 유출량을 구할 수 있다. 또한 〈그림 11.2(b)〉의 경우는 부분개방 또는 수문이 없는 경우로 식(11.6)에서 유출량을 계산할 수 있다.

$$Q_s = \frac{2}{3}\sqrt{2g}\, C_s L_e (H_1^{3/2} - H_2^{3/2}) \tag{11.5}$$

$$Q_s = C_s L_e H_s^{3/2} \tag{11.6}$$

여기서 Q_s는 유출량(m^3/s), L_e은 여수로 또는 위어마루의 유효길이(m), H_1과 H_2는 각각 접근속도수두(수면에서 점선까지의 수두)를 고려한 여수로 윗부분의 전 수두(m)(total head)와 수문 하단부 부터의 전 수두(m)이다. 그리고 C_s는 여수로 위어의 유량계수이고, g는 중력가속도이다. 또한 H_s는 〈그림 11.2(b)〉에서 보면, 접근속도수두를 고려한 여수로 위의 전수두(m)를 나타낸다.

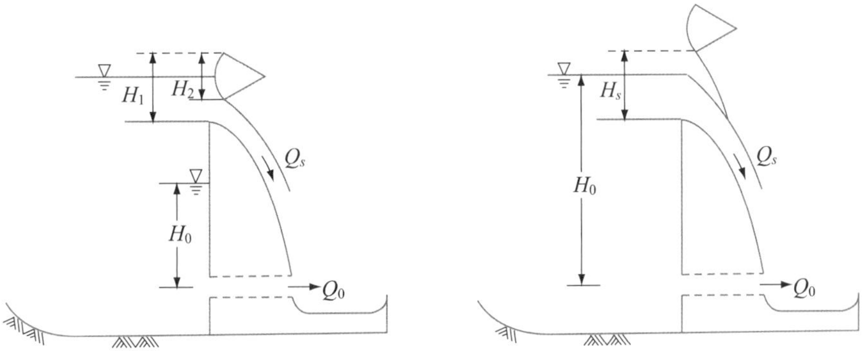

(a) 여수로 수문 부분개방과 방수로 (b) 여수로 수문 완전개방과 방수로

〈그림 11.2〉 여수로와 방수로의 유출량

〈그림 11.2〉에서 보면 방수로를 통한 유출량 또는 유량 Q_0를 보여주고 있는데 이는 오리피스의 공식으로 구할 수 있으며 식(11.7)과 같다.

$$Q_0 = C_0 A \sqrt{2gH_0} \tag{11.7}$$

여기서 Q_0는 방수로의 방류량 또는 유출량(m^3/s), C_0는 오리피스의 유량계수, A는 방수로의 단면적(m^2), H_0는 방수로의 중심선으로부터의 전수두(m)이다.

(3) 저수지의 저류량과 유출량의 관계곡선

본 절 11.1.2(1)에서 등고선 간격에 따른 표고별 저수지 수면의 면적을 구하고, 등고선 간격간의 높이를 알면 표고별 체적 또는 용적을 알 수 있고, 이 용적은 바로 표고별 저수지의 저류량이 된다. 따라서 표고(H)에 따른 저류량(S)의 관계곡선을 구할 수 있다(〈그림 11.3(a)〉. 또한 본 절 11.1.2(2)에서 유출량 또는 유량(Q)들도 〈그림 11.3(b)〉와 같이 표고(H)의 함수로 표현할 수 있으므로 저류량과 유출량의 관계곡선을 구할 수 있다(〈그림 11.3(c)〉.

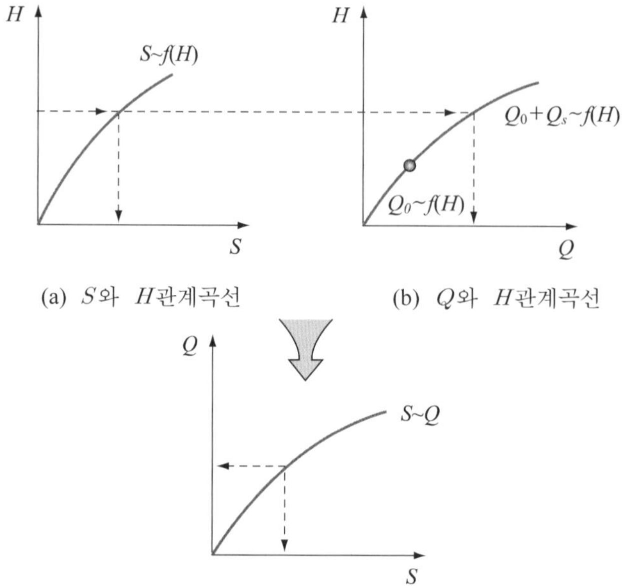

(a) S와 H관계곡선 (b) Q와 H관계곡선

(c) S와 Q관계곡선

〈그림 11.3〉 저류량–유출량 관계곡선 작성

예제 11.1

어떤 저수지의 지형측량 결과 아래의 〈표 11.1〉의 결과를 얻었다.

〈표 11.1〉 저수지의 지형측량 결과

표고(m)	470	472	474	476	478	480	482	484	486
수면면적($\times 10^6 m^2$)	2.19	2.27	2.40	2.57	2.78	3.03	3.30	3.62	3.96

방수로에 직경 2.5m를 가진 2개의 원형 오리피스가 있고, 그 중앙선까지의 표고가 470m이며, 여수로의 유효길이는 $L_e = 20$m이고, 정점 표고는 480m이었다. 오리피스의 유량계수는 $C_0 = 0.8$이고, 여수로 위어의 유량계수는 $C_s = 2.25$이다. 저수지의 (a) 표고별(H) 저류량(S)과 (b) 표고별(H) 유출량(Q)을 계산하라.

풀이

(a) 표고별 저류량의 계산

표고별 저류량을 계산하기 위하여 〈표 11.1〉에서 등고선간의 간격, 즉 $h = 2$m와 사다리꼴 공식을 이용한다. 계산한 내용은 〈표 11.2〉에서 주어진다. 따라서 (5)란과 같이 표고별 저류량을 구할 수 있다.

〈표 11.2〉 표고별 저류량의 계산

(1)	(2)	(3)	(4)	(5)
표고 (m)	수면면적 ($\times 10^6 m^2$)	평균수면면적 $(A_1+A_2)/2$ ($\times 10^6 m^2$)	저류량 $\Delta V = h \times$(3) ($\times 10^6 m^2$)	누가저류량 ($\times 10^6 m^2$)
470	2.19			0.00
472	2.27	2.230	4.46	4.46
474	2.40	2.335	4.67	9.13
476	2.57	2,485	4.97	14.10
478	2.78	2.675	5.35	19.45
480	3.03	2.905	5.81	25.26
482	3.30	3.165	6.33	31.59
484	3.62	3.460	6.92	38.51
486	3.96	3.790	7.58	46.09

(b) 표고별 유출량의 계산

여수로와 방수로의 수두는 각각 $H_s = H-480$, $H_0 = H-470$과 같이 쓸 수 있고, 따라서 식(11.6)과 식(11.7)을 이용해 두 식을 다음과 같이 나타낼 수 있다.

$$Q_s = C_s L_e H_s^{3/2} = 2.25 \times 20 \times (H-480)^{3/2} = 45(H-480)^{3/2}$$

$$Q_0 = nC_0 A\sqrt{2gH_0} = 2 \times 0.8 \times \left[\frac{\pi \times (2.5)^2}{4}\right] \times \sqrt{2g(H-470)}$$
$$= 34.79\sqrt{H-470}$$

유출량 $Q = Q_s + Q_0$

저수지로부터의 유출량은 표고별로 위의 공식에 의해 구할 수 있고, 다음의 〈표 11.3〉에 계산 결과를 나타내었다.

〈표 11.3〉 표고별 유출량의 계산

(1)	(2)	(3)	(4)	(5)	(6)
표고 (m)	$H_s = H-480$ (m)	Q_s (m^3/s)	$H_0 = H-470$ (m)	Q_0 (m^3/s)	Q=(3)+(5) (m^3/s)
470	-	-	0	00.0	00.0
472	-	-	2	49.2	49.2
474	-	-	4	69.6	69.6
476	-	-	6	85.2	85.2
478	-	-	8	98.4	98.4
480	0	000.0	10	110.0	110.0
482	2	127.3	12	120.5	247.8
484	4	360.0	14	130.2	490.2
486	6	661.4	16	139.2	800.6

(4) 저류량과 유출량의 함수관계

저수지의 유입수문곡선은 저수지를 거쳐 유출수문곡선이 되면서 첨두유량이 감소(attenuation)하고 첨두유량이 발생하는 시간도 지체(delay)가 된다(〈그림 11.4〉). 저수지의 넓이가 크고 수심도 깊을 경우, 저류량과 유출량의 관계는 $S=f(Q)$와 같은 단일 함수관계로 표현할 수 있다(〈그림 11.3(c)〉. 즉, 저류량과 유출량이 일정한 관계(invariable 또는 constant)를 유지하게 되며, 이는 저수지 수면이 수평하다는 가정을 전제로 하게 된다. 이와 같은 가정하에 저수지 홍수추적을 하게 된다. 〈그림 11.4〉에서 보면 유입수문곡선 $I(t)$에서 유출수문곡선 $Q(t)$를 빼서 누가하면 저류량 $S(t)$가 되는데, 유입수문곡선과 유출수문곡선의 첨두값이 만나는 점에서 저류량이 최대가 됨을 알 수 있고, 이는 $dS/dt=I-Q=0$에서 저류량이 최대가 된다는 것을 말해 준다.

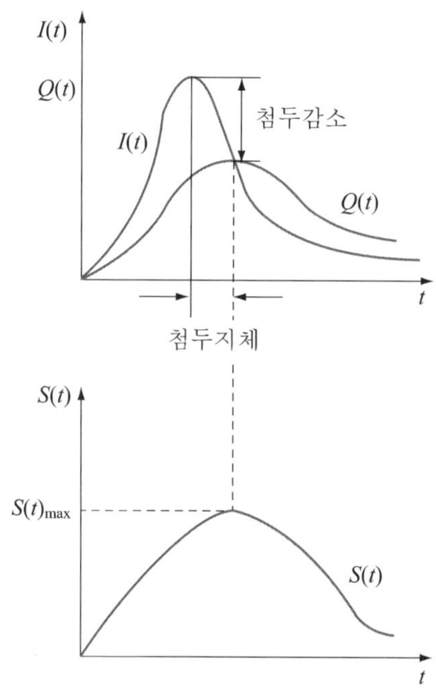

〈그림 11.4〉 저류량과 유출량의 일정한 관계

11.1.3 Puls방법과 저류량 지시법

Puls방법은 미국 공병단(US Army Corps of Engineers)의 Puls가 제안한 방법으로 식(11.3)을 식(11.8)과 같이 나타내어 저수지 홍수추적을 할 수 있도록 하였다. 또한 식(11.8)의 양변에 $2/\Delta t$를 곱하면 식(11.9)를 얻을 수 있는데 이를 수정 Puls방법 또는 저류량 지시법(Storage Indication method)이라고 하며, 식(11.9)의 오른쪽 항을 저류 지시량(storage indication quantity)이라고 한다.

$$\left(\frac{I_1+I_2}{2}\right)\Delta t+\left(S_1-\frac{Q_1}{2}\Delta t\right)=\left(S_2+\frac{Q_2}{2}\Delta t\right) \tag{11.8}$$

$$(I_1+I_2)+\left(\frac{2S_1}{\Delta t}-Q_1\right)=\left(\frac{2S_2}{\Delta t}+Q_2\right) \tag{11.9}$$

(1) Puls 방법

식(11.8)의 왼쪽 항들은 모두 알고 있는 값이므로 오른쪽 항의 값을 결정하면 된다. 오른쪽 항의 Q_2는 〈그림 11.3(c)〉의 $S \sim Q$ 관계곡선으로부터 얻을 수 있는데 그 절차를 설명하면 다음과 같다.

① $S \sim Q$ 관계곡선으로부터 $\left(S-\frac{Q}{2}\Delta t\right) \sim Q$ 관계곡선과 $\left(S+\frac{Q}{2}\Delta t\right) \sim Q$ 관계곡선을 얻는다.

② Q_1은 알고 있는 값이므로 $\left(S-\frac{Q}{2}\Delta t\right) \sim Q$ 관계곡선으로부터 $\left(S_1-\frac{Q_1}{2}\Delta t\right)$를 읽어 식(11.8)의 $\left(\frac{I_1+I_2}{2}\right)\Delta t$에 더해서 $\left(S_2+\frac{Q_2}{2}\Delta t\right)$를 얻는다.

③ $\left(S_2+\frac{Q_2}{2}\Delta t\right)$의 값을 $\left(S+\frac{Q}{2}\Delta t\right) \sim Q$ 관계곡선에서 읽고, 이에 해당하는 Q_2값을 읽어 얻는다.

④ 따라서 Q_2값은 이제 Q_1이 되고, 위의 절차를 반복하여 완전한 유출수문 곡선을 얻을 때까지 계속 홍수추적을 한다.

예제 11.2

(예제 11.1)의 저수지를 통해 〈표 11.4〉의 유입량이 들어오고 있고, 〈표 11.5〉의 (1)란과 (2)란에 저류량과 유출량의 관계가 주어져 있다. 이를 이용하여 유출수문곡선을 추적하라. 단, 저수지의 초기유출량은 200m^3/s로 가정하라.

〈표 11.4〉 시간에 따른 유입수문곡선

시간(hr)	0	6	12	18	24	30	36	42	48	54	60	66	72
유입량(m^3/s)	50	180	270	360	410	370	300	230	155	90	60	35	20

풀이

유출수문곡선의 홍수추적을 위해 필요한 계산들을 〈표 11.5〉에 주어진다. 유입수문곡선의 종거가 6시간 간격으로 주어져 있기 때문에 $\Delta t = 6\text{h} = 0.25\text{days}$로 주어진다. 유출수문곡선의 홍수추적을 위하여 앞에서 설명한 절차 ①의 내용에 대한 관계곡선들을 〈표 11.5〉의 (4)란과 (5)란에 구하였고, 〈그림 11.5〉에 나타내었다.

〈표 11.5〉 Puls방법의 홍수추적을 위한 계산

(1)	(2)	(3)	(4)	(5)
S (m^3/s · day)	Q (m^3/s)	$\frac{Q}{2}\Delta t = 0.125Q$ (m^2/s · day)	$\left(S+\frac{Q}{2}\Delta t\right)$ (m^3/s · day)	$\left(S-\frac{Q}{2}\Delta t\right)$ (m^3/s · day)
0	0	0	0	0
51.62	49.2	6.15	57.77	45.47
105.67	69.6	8.70	114.37	96.97
163.19	85.2	10.65	173.84	152.54
225.12	98.4	12.30	237.42	212.82
292.36	110.0	13.75	306.11	278.61
365.63	247.8	30.98	396.61	334.65
445.72	490.2	61.28	507.00	384.44
533.45	800.6	100.08	633.53	433.37

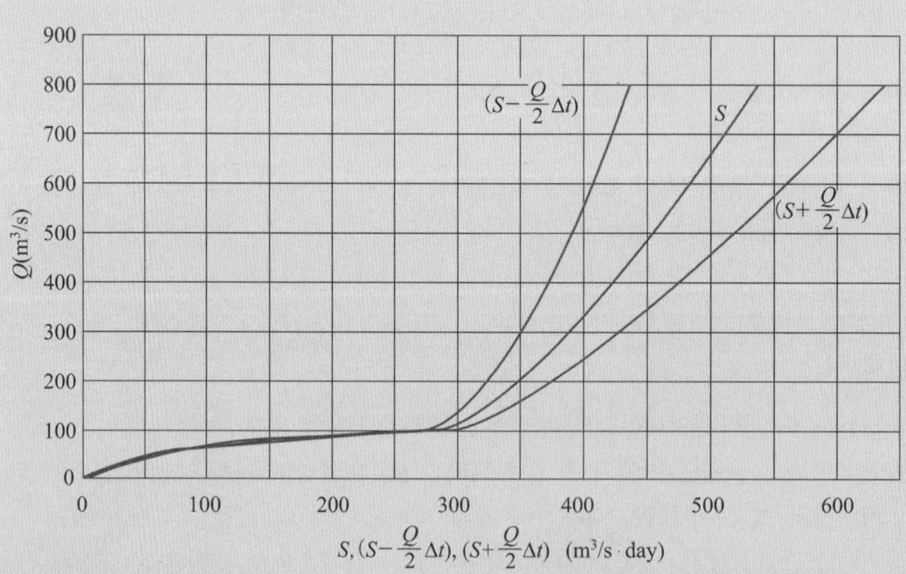

〈그림 11.5〉 $(S-\frac{Q}{2}\Delta t) \sim Q$ 과 $(S+\frac{Q}{2}\Delta t) \sim Q$의 관계곡선

〈그림 11.5〉의 관계곡선들을 이용하여 저수지 홍수추적을 수행하여 〈표 11.6〉에 나타내었다. $I_1 = 50\text{m}^3/\text{s}$, $I_2 = 180\text{m}^3/\text{s}$, $Q_1 = 200\text{m}^3/\text{s}$, $\Delta t = 0.25\text{day}$의 주어진 값들을 이용하여 앞에서 설명

한 절차에 따라 유출수문곡선을 추적하였고, 그 최종 결과는 〈표 11.6〉와 같다. 〈표 11.6〉 (1)란의 0~6h구간에 대해 추적 절차를 설명하면 다음과 같다.

〈표 11.6〉 Puls 방법을 이용한 저수지 유출수문곡선 홍수추적

(1)	(2)	(3)	(4)	(5)	(6)
시간 (hr)	I (m^3/s)	$\left(\frac{I_1+I_2}{2}\right)\Delta t$ ($m^3/s \cdot day$)	$S_1-\frac{Q_1}{2}\Delta t$ ($m^3/s \cdot day$)	$S_2+\frac{Q_2}{2}\Delta t$ ($m^3s \cdot day$) (5)=(3)+(4)	Q (m^3/s)
0	50				200
6	180	28.75	315	343.75	167
12	270	56.25	302	358.25	189
18	360	78.75	311	389.75	237
24	410	96.25	330	426.25	313
30	370	97.50	348	445.50	355
36	300	83.75	356	439.75	342
42	230	66.25	354	420.25	300
48	155	48.13	345	393.13	242
54	90	30.63	332	362.63	196
60	60	18.75	314	332.75	150
66	35	11.88	295	306.88	110
72	20	6.88	280	286.88	106

- 0~6h 구간에 대하여

  (1), (2)란 : 주어진 값

  (3)란 : $\left(\frac{I_1+I_2}{2}\right)\Delta t=\left(\frac{50+180}{2}\right)\times 0.25=28.75(m^3/s \cdot day)$

  (4)란 : 〈그림 11.5〉의 관계곡선에서 $S_1-\frac{Q_1}{2}\Delta t=315(m^3/s \cdot day)$를 읽는다. 또는 〈표 11.5〉에서 보간법에 의해 구해진다.

  (5)란 : (5)=(3)+(4)=28.75+315=343.75($m^3/s \cdot day$)

  (6)란 : 〈그림 11.5〉의 관계곡선에서 $S_2+\frac{Q_2}{2}\Delta t=343.75(m^3/s \cdot day)$을 읽거나 〈표 11.5〉에서 보간법으로 구한다. 읽으면 $Q_2=167(m^3/s)$를 얻는다. 이 값은 다음 시간간격을 위해서 Q_1이 된다.

- 나머지 시간구간에 대해서도 반복하여 계산을 수행한다.

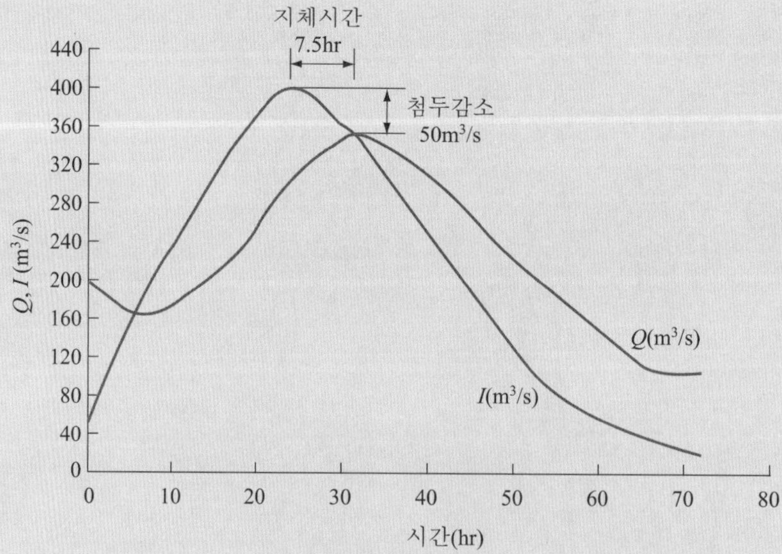

〈그림 11.6〉 유입수문곡선과 홍수추적한 유출수문곡선

(2) **저류량 지시법**

이 방법은 수정 Puls 방법으로도 알려져 있는데 식(11.9)의 오른쪽 항을 구해 나가면서 홍수추적을 하게 되며, 그 절차를 설명하면 다음과 같다.

① $S \sim Q$ 관계곡선으로부터 $\left(\dfrac{2S}{\Delta t}+Q\right)\sim Q$ 관계곡선을 얻는다.

② I_1, I_2, Q_1은 알고 있는 값이므로 $\left(\dfrac{2S}{\Delta t}+Q\right)\sim Q$ 관계곡선으로부터 Q_1에 대해 $\left(\dfrac{2S_1}{\Delta t}+Q_1\right)$을 읽는다.

③ $\left(\dfrac{2S_1}{\Delta t}+Q_1\right)$에서 $2Q_1$을 빼서 $\left(\dfrac{2S_1}{\Delta t}-Q_1\right)$의 값을 얻고, 이를 식(11.9)의 왼쪽 항에 있는 (I_1+I_2)에 더하여 $\left(\dfrac{2S_2}{\Delta t}+Q_2\right)$를 얻는다.

④ $\left(\dfrac{2S_2}{\Delta t}+Q_2\right)$로부터 Q_2를 읽고, 이 Q_2는 다시 Q_1이 된다.

⑤ 그리고 $\left[\left(\dfrac{2S_2}{\Delta t}+Q_2\right)-2Q_2\right]$는 $\left(\dfrac{2S_1}{\Delta t}-Q_1\right)$이 되며, 완전한 유출수문곡선을 얻을 때까지 이 절차가 반복된다.

11.1.4 시행착오법

식(11.1)을 식(11.10)과 같이 쓸 수 있다.

$$\int_0^{S_{j+1}} dS = \int_0^{(j+1)\Delta t} I\,dt - \int_0^{(j+1)\Delta t} Q\,dt$$
$$= \int_0^{(j+1)\Delta t} I\,dt - [\int_0^{j\Delta t} Q\,dt + \int_{j\Delta t}^{(j+1)\Delta t} Q\,dt] \qquad (11.10)$$

여기서 j는 시간간격 Δt의 지수를 나타낸다. 즉, $t=0, 2\Delta t, \cdots, j\Delta t$를 의미한다. 그리고 식(11.10)의 왼쪽 첫 번째 항은 저류량 S_{j+1}이고, 오른쪽 첫 번째 항은 누가유입용적 M_{j+1}, 그 다음항은 누가유출용적 V_{j+1}이다. 따라서 식(11.10)은 식(11.11)과 같이 쓸 수 있다.

$$S_{j+1} = M_{j+1} - V_{j+1} \qquad (11.11)$$

여기서 $V_{j+1} = V_j + \left(\frac{Q_{j+1} + Q_j}{2}\right)\Delta t$이고 초기 저류량은 $S_0 = 0$으로 가정한다. 식(11.11)을 통하여 유출량 Q를 계산하는 절차는 다음과 같다.

① 주어진 유입량을 이용해 누가유입용적 M_{j+1}를 계산한다.
② 누가유출용적 V_{j+1}을 가정한다.
③ 식(11.11)을 이용해 S_{j+1}를 계산한다.
④ Q_{j+1}을 $S \sim H$와 $Q \sim H$의 관계곡선으로부터 구한다.
⑤ $\overline{Q} = \frac{(Q_{j+1} + Q_j)}{2}\Delta t$를 계산한다.
⑥ $V_{j+1} = V_j + \overline{Q}\Delta t$를 계산한다.
⑦ ②와 ⑥을 비교하여 ②≈⑥가 될 때까지 반복하여 계산을 진행한다.

따라서 시행착오에 의해 ②≈⑥이 되도록 하여 유출량을 계산하므로 이를 시행착오법(trial and error method)이라고 한다.

11.2 하도 홍수추적

11.1절의 저수지 홍수추적에서 저류량은 유출량의 함수 $S=f(Q)$로 표현하였으나 하도 홍수추적에서는 저류량이 유입량과 유출량의 함수 $S=f(I, Q)$로 나타낸다. 홍수기의 하천 흐름은 부정류이기 때문에 하도구간(channel reach)의 수면은 하상(하천의 바닥)과 평행하지 않고, 시간에 따라 변하게 된다(〈그림 11.7(b)〉). 따라서 홍수흐름을 가진 어떤 하도 구간의 저류량은 대상저류(prism storage)와 쐐기저류(wedge storage)로 고려할 수 있으며, 〈그림 11.7(a)〉와 같이 표현할 수 있다.

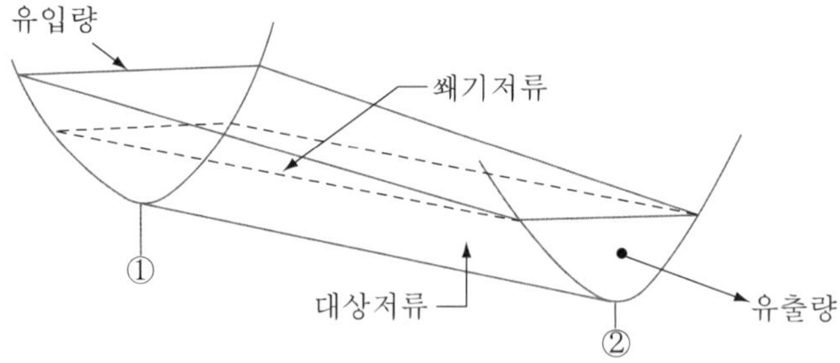

(a) 하도구간 ①-②의 대상 및 쐐기저류

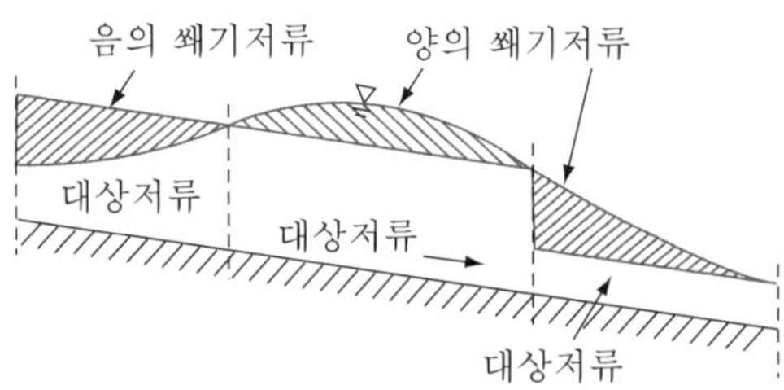

(b) 부정류 흐름에 있어서의 대상 및 쐐기저류

〈그림 11.7〉 하도구간에 있어서의 저류량

11.2.1 Muskingum 방법

(1) Muskingum 공식

〈그림 11.7(a)〉에서 보인 것처럼 어떤 하도구간의 저류량이 대상 및 쐐기저류량으로 구성되어 있다고 가정하였다. 대상저류량 S_P는 대상하도 구간의 길이를 따라 횡단면이 일정한

용적(volume)에 의해 표현이 되며, 이는 유출량 Q와 비례하게 된다(〈그림 11.8〉). 즉, $S_P = KQ$가 된다. 여기서 K는 시간의 차원을 갖는 비례상수로서 저류상수(storage constant)라고 한다. 〈그림 11.8〉에서 볼 수 있는 것처럼 쐐기저류량은 $I-Q$에 상응하는 대상용적(prismatic volume)의 부분으로 나타낼 수 있는데 이는 무차원 가중계수 x를 이용해 표현할 수 있다. 따라서 저류상수 K를 고려하면 쐐기저류량은 $S_W = K[x(I-Q)]$와 같이 되고, x는 $0 \le x \le 0.5$의 범위를 갖는다.

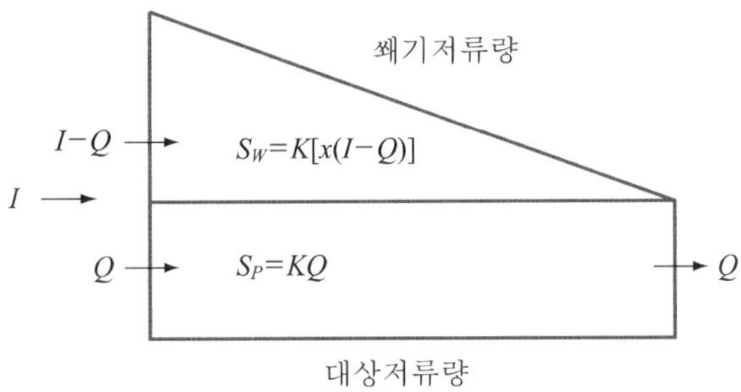

〈그림 11.8〉 Muskigum 공식 유도를 위한 저류량

앞에서 설명한 내용을 토대로 총 저류량 S를 표현하면 식(11.12)와 같고, Muskingum 공식의 형태로 식을 쓰면 식(11.13)과 같이 나타낼 수 있다. Muskingum 공식은 미국 Muskingum강에 대한 연구를 통해 McCarthy와 그의 동료들에 의해 개발되었다.

$$S = S_P + S_W = KQ + Kx(I-Q) \tag{11.12}$$

$$S = K[xI + (1-x)Q] \tag{11.13}$$

여기서 x의 값은 쐐기의 모양에 따라 달라지는데, $x=0$인 경우는 저수지와 같은 형태로 쐐기저류가 없는 경우이고 $x=0.5$인 경우는 완전 쐐기의 모양을 나타낸다. 자연하천에서는 보통 0에서 0.3의 범위의 값을 가지며, 평균값으로는 0.2의 값을 취한다. 그러나 x값이 결과에 크게 영향을 미치지는 않기 때문에 아주 정확한 값을 요하지는 않는다. 저류상수 K는 하도구간에서 홍수파의 도달시간(time of travel)을 나타내는데 하도구간의 길이와 조도계수 등의 특성에 따라 영향을 받는다. 식(11.13)을 시간간격지수 j를 이용해 이산적인 형태(discrete form)로 쓰면 식(11.14)와 같다.

$$S_j = K[xI_j + (1-x)Q_j] \tag{11.14a}$$

$$S_{j+1} = K[xI_{j+1} + (1-x)Q_{j+1}] \tag{11.14b}$$

식(11.14)를 식(11.3)과 같은 형태의 식과 같게 놓으면 식(11.15)와 같다.

$$\begin{aligned} S_{j+1} - S_j &= \frac{I_j + I_{j+1}}{2}\Delta t - \frac{Q_j + Q_{j+1}}{2}\Delta t \\ &= K[x(I_{j+1} - I_j) + (1-x)(Q_{j+1} - Q_j)] \end{aligned} \tag{11.15}$$

식(11.15)에서 미지의 값(모르고 있는 값)은 Q_{j+1}이므로 이에 대하여 풀면 식(11.15)는 식(11.16)이 된다.

$$Q_{j+1} = C_0 I_{j+1} + C_1 I_j + C_2 Q_j \tag{11.16}$$

여기서 C_0, C_1, C_2는 추적계수(routing coefficients)라고 하며 식(11.17)과 같다.

$$C_0 = \frac{-Kx + 0.5\Delta t}{C_3} \tag{11.17a}$$

$$C_1 = \frac{Kx + 0.5\Delta t}{C_3} \tag{11.17b}$$

$$C_2 = \frac{K - Kx - 0.5\Delta t}{C_3} \tag{11.17c}$$

$$C_3 = K - Kx + 0.5\Delta t \tag{11.17d}$$

추적계수들의 합은 $C_0 + C_1 + C_2 = 1.0$이 되는데 이는 계산한 값들을 검토할 때 이용할 수 있다. 유입수문곡선, 초기 유출량, 시간간격 Δt, K와 x를 알면 저류계수들과 유출수문곡선을 구할 수 있다.

(2) 시간간격 Δt의 선정

식(11.3)과 식(11.15)는 시간간격 또는 추적기간(routing period) Δt구간에서 유입 및 유출수문곡선이 선형관계를 유지한다는 가정 하에 평균을 취한 것이므로 Δt는 이 선형관계가 유지될 수 있도록 짧은 시간간격을 선정해야 한다. 어떤 하도구간에서의 도달시간은 유입수문곡선과 유출수문곡선 첨두량의 지체시간으로써 고려할 수 있는데 Δt는 하도구간에서 도달시간보다는 작아야 한다. 일반적으로 추적기간은 이 도달시간의 1/2~1/3를 추천하고 있다.

예제 11.3

아래의 〈표 11.7〉에 유입 홍수수문곡선이 주어져 있다. 그리고 K와 x의 값이 각각 12h와 0.278일 때, 유입 홍수수문곡선을 추적하여 유출수문곡선을 구하라. 초기 유출량은 초기 유입량과 같은 $42\text{m}^3/\text{s}$으로 가정하라.

〈표 11.7〉 유입 홍수수문곡선

시간 (hr)	0	7	14	21	28	35	42	49	56	63	70	77	84	91	98
유입량 (m^3/s)	42	68	116	164	194	200	192	170	150	128	106	88	74	62	54

풀이

■ 추적계수 계산 : 식(11.17)

$$K = 12\text{h},\ x = 0.278$$

$\Delta t > 2Kx = 2 \times 12\text{hr} \times 0.278 = 6.672\text{hr}$ 이어야 하므로 $\Delta t = 7\text{hr}$ 선정하고 C_0, C_1, C_2를 계산한다.

$$C_3 = K - Kx + 0.5\Delta t = 12 - 12 \times 0.278 + 0.5 \times 7 = 12.164$$

$$C_0 = \frac{-Kx + 0.5\Delta t}{C_3} = \frac{-12 \times 0.278 + 0.5 \times 7}{12.164} = 0.013$$

$$C_1 = \frac{Kx + 0.5\Delta t}{C_3} = \frac{12 \times 0.278 + 0.5 \times 7}{12.164} = 0.562$$

$$C_2 = \frac{K - Kx - 0.5\Delta t}{C_3} = \frac{12 - 12 \times 0.278 - 0.5 \times 7}{12.164} = 0.425$$

검토 : $C_0 + C_1 + C_2 = 0.013 + 0.562 + 0.425 = 1.0$

■ 추적공식 : 식(11.16)

$Q_{j+1} = C_0 I_{j+1} + C_1 I_j + C_2 Q_j = 0.013 I_{j+1} + 0.562 I_j + 0.425 Q_j$

따라서 위의 추적공식을 이용해 유출수문곡선을 구할 수 있고, 계산 결과는 〈표 11.8〉과 〈그림 11.9〉에 주어지며, 계산 예를 들면 다음과 같다.

(1)란, (2)란 : 추적기간과 유입량이 주어진다.

(3)란, (4)란, (5)란 : $I_2 = 68\text{m}^3/\text{s}$, $I_1 = 42\text{m}^3/\text{s}$, 가정한 $Q_1 = 42\text{m}^3/\text{s}$를 이용해

$$\begin{aligned} Q_2 &= 0.013 I_2 + 0.562 I_1 + 0.425 Q_1 \\ &= 0.013 \times 68 + 0.562 \times 42 + 0.425 \times 42 = 42.35\text{m}^3/\text{s} \end{aligned}$$

(6)란 : $Q_2 = 42.35\text{m}^3/\text{s}$이 되고, 이 값은 다음 추적기간에서는 Q_1이 된다.

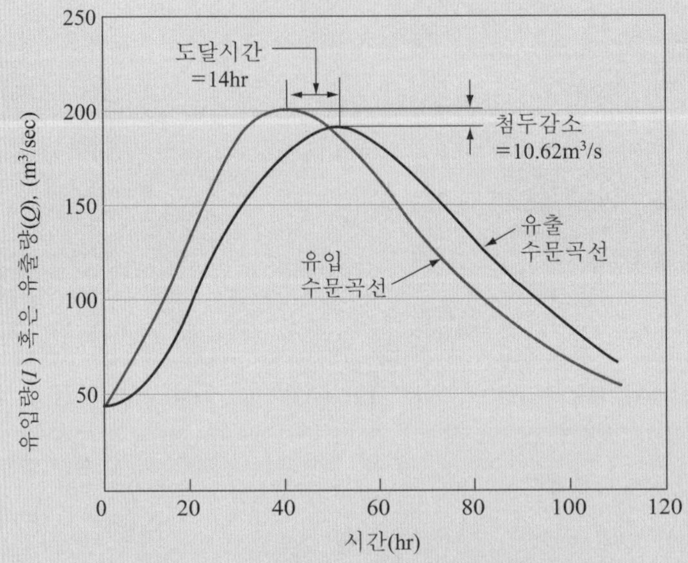

〈그림 11.9〉 (예제 11.3)의 유입 및 유출수문곡선

〈표 11.8〉 Muskingum 방법에 의한 홍수추적

(1)	(2)	(3)	(4)	(5)	(6)
시간 (hr)	I (m^3/s)	$0.013I_{j+1}$ (m^3/s)	$0.562I_j$ m^3/s	$0.425Q_j$ m^3/s	Q m^3/s
0	42				42.00
7	68	0.92	23.60	17.83	42.35
14	116	1.56	38.22	17.98	57.76
21	164	2.21	65.19	24.52	91.92
28	194	2.62	92.17	39.02	133.80
35	200	2.70	109.03	56.80	168.53
42	192	2.59	112.40	71.54	186.53
49	170	2.29	107.90	79.19	189.38
56	150	2.02	95.54	80.40	177.96
63	128	1.73	84.30	75.55	161.57
70	106	1.43	71.93	68.59	141.96
77	88	1.19	59.57	60.26	121.02
84	74	1.00	49.45	51.38	101.83
91	62	0.84	41.59	43.23	85.65
98	54	0.73	34.84	36.36	71.93

〈표 11.8〉에서 알 수 있듯이 도달시간은 14hr이며 첨두 감소량은 $10.62m^3/s$ 임을 확인할 수 있다. 또한 저수지 홍수추적과는 달리 하도 홍수추적에 의한 유출수문곡선의 첨두량은 유입 홍수수문곡선과 겹치는 시간에 발생하지 않는다.

(3) 매개변수 K와 x의 결정

① 도해적 방법에 의한 K와 x의 추정

어떤 하도구간에서 관측 유입 및 유출수문곡선이 존재하면 그래프 방법에 의해 K와 x를 결정할 수 있다. 즉, 유입 및 유출수문곡선을 알면 식 (11.14)와 같이 시간에 따른 저류량을 구할 수 있고, 식(11.14)를 이용해 K와 x를 구할 수 있다. 즉, 식(11.14)에서 x를 가정하여 S와 $[xI+(1-x)Q]$를 〈그림 11.10〉과 같이 그리면 고리형(loop) 곡선이 나오는데 이는 홍수위 상승시보다 하강시에 저류량이 큼을 의미하고, 저류량과 유입량 및 유출량의 관계가 가변(variable)의 관계에 있음을 나타낸다. x를 계속 가정하여 가장 고리형이 직선에 가까울 때 x값을 결정하고, 이 직선의 경사, 즉 $K=S/[xI+(1-x)Q]=m/n$에서 K값을 결정하게 된다.

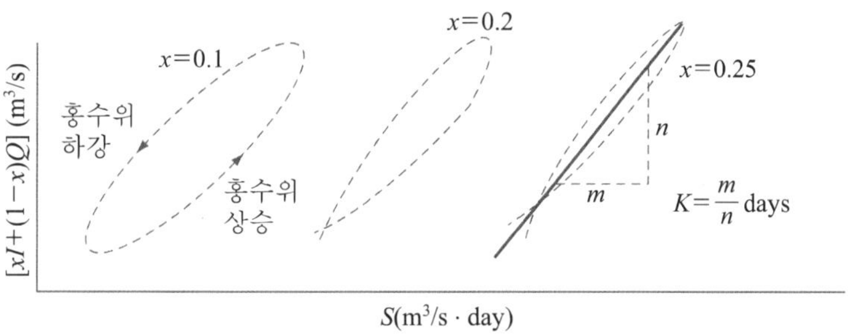

〈그림 11.10〉 Muskingum 매개변수 K와 x의 결정

예제 11.4

어떤 하도구간에 대한 유입량과 유출량이 〈표 11.9〉의 (2)란과 (3)란에 주어져 있다. 이 하도구간에 대한 Muskingum의 매개변수 K와 x를 결정하라.

풀이

주어진 유입 및 유출수문곡선으로부터 x를 가정하여 시간에 따른 S와 $[xI+(1-x)Q]$를 계산함으로써 K와 x를 결정하는데 계산 내용은 〈표 11.9〉에 나타내었다. 또한 계산결과를 〈그림 11.11〉에 도시하였다.

〈표 11.9〉 Muskingum 홍수추적의 매개변수 결정을 위한 계산

(1)	(2)	(3)	(4)	(5)	(6)	(7)	(8)	(9)	(10)
시간 (hr)	I (m^3/s)	Q (m^3/s)	$(I-Q)$ (m^3/s) (2)-(3)	$(I-Q)_{평균}$ (m^3/s)	ΔS ($m^3/s \cdot day$)	$S=\sum\Delta S$ ($m^3/s \cdot day$)	$[xI+(1-x)Q]$(m^3/s)		
							$x=0.3$	$x=0.2$	$x=0.1$
0	35	35	0	-	-	-	-	-	-
6	135	57	78	39.0	9.75	9.75	80.40	72.60	64.80
12	440	200	240	159.0	39.75	49.50	272.00	248.00	224.00
18	670	455	215	227.5	56.88	106.38	519.50	498.00	476.50
24	685	612	73	144.0	36.00	142.38	633.90	626.60	619.30
30	535	617	−82	−4.5	−1.13	141.25	592.40	600.60	608.80
36	385	510	−125	−103.5	−25.88	115.37	472.50	485.00	497.50
42	235	375	−140	−132.5	−33.13	82.24	333.00	347.00	361.00
48	140	246	−106	−123.0	−30.75	51.49	214.20	224.80	235.40
54	95	158	−63	−84.5	−21.13	30.36	139.10	145.40	151.70
60	60	102	−42	−52.5	−13.13	17.23	89.40	93.60	97.80
66	42	68	−26	−34.0	−8.50	8.73	60.20	62.80	65.40
72	35	56	−21	−23.5	−5.88	2.85	49.70	51.80	53.90

〈표 11.9〉의 계산에 대한 내용을 추적기간 0~6시간에 대해 살펴보면 아래와 같다.

(1), (2), (3)란 : 시간에 따른 유입 및 유출수문곡선이 주어진다.

(4)란 : (2)란에서 (3)란을 뺀다.

(5)란 : (4)란에서 추적기간의 시점과 종점의 값을 평균한다. 추적기간 0~6시간 사이의 평균값은 $(I-Q)_{평균}=(0+78)/2=39m^3/s$가 된다.

(6)란 : 저류량의 증가분으로 $\Delta S=(I-Q)_{평균}\times\Delta t=0.25(I-Q)_{평균}=0.25\times39=9.75m^3/s\cdot day$가 된다.

(7)란 : (6)란 저류량의 값들을 누가한 값이다.

(8)란 : $x=0.3$에 대해 $[xI+(1-x)Q]=[0.3\times135+(1-0.3)\times57]=80.4m^3/s$

(9), (10)란 : (8)란과 같이 $x=0.2$와 $x=0.1$에 대해 계산한다.

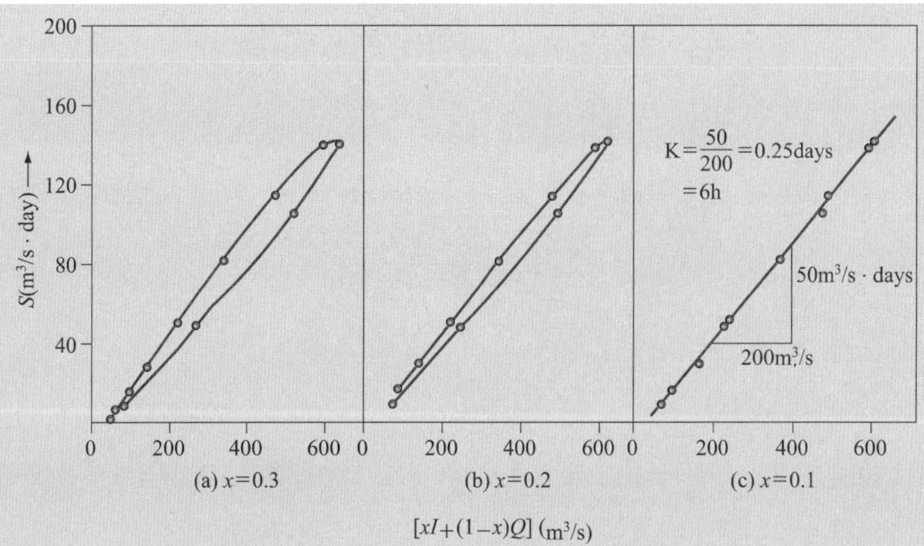

〈그림 11.11〉 Muskingum 홍수추적의 매개변수 결정

〈표 11.9〉에서 계산한 값들을 〈그림 11.11〉과 같이 도시하면, $x=0.1$일 때 가장 직선에 가까우며 이때 저류상수 K=0.25days 또는 6h를 구할 수 있다.

② 최소자승법에 의한 K와 x의 추정

Muskingum 매개변수 K와 x의 추정을 위해 최소자승법(least square method)은 5.3.1절 회귀식과 같은 방법으로 이용하면 된다. 여기에서 관측 저류량을 $S_0(j)$, Muskingum 공식에 의해 추정하는 저류량을 $S_e(j)=K[xI(j)+(1-x)Q(j)]$라고 하면, 관측치와 추정치 사이의 제곱오차 E는 식(11.18a)과 같이 쓸 수 있고, $A=Kx$, $B=K(1-x)$라고 하면 식(11.18b)와 같다.

$$E=\sum_{j=1}^{N}[S_0(j)-S_e(j)]^2=\sum_{j=1}^{N}[S_0(j)-KxI(j)-K(1-x)Q(j)]^2 \tag{11.18a}$$

$$E=\sum_{j=1}^{N}[S_0(j)-AI(j)-BQ(j)]^2 \tag{11.18b}$$

여기서 N은 자료의 수이다. 따라서 최적의 A와 B값은 제곱오차 E가 최소일 때(min$E$) 얻어지므로 다음과 같은 식(11.19a)와 식(11.19b)를 얻을 수 있고, 최종적으로 A와 B를 식(11.20)에서 구할 수 있다.

$$\frac{\partial E}{\partial A} = -2\sum_{j=1}^{N}[S_0(j) - AI(j) - BQ(j)]I(j) = 0 \quad (11.19a)$$

$$\frac{\partial E}{\partial B} = -2\sum_{j=1}^{N}[S_0(j) - AI(j) - BQ(j)]Q(j) = 0 \quad (11.19b)$$

$$A = \frac{\sum S_0 I \sum Q^2 - \sum S_0 Q \sum IQ}{\sum I^2 \sum Q^2 - (\sum QI)^2} \quad (11.20a)$$

$$B = \frac{\sum S_0 Q \sum I^2 - \sum S_0 I \sum IQ}{\sum I^2 \sum Q^2 - (\sum QI)^2} \quad (11.20b)$$

식(11.20)에서 A와 B를 구하면 $K = A + B$와 $x = A/(A+B)$로부터 K와 x를 얻을 수 있다.

11.3 유역 홍수추적

10.3절에서 설명한 것처럼 S-곡선을 이용하면 순간단위도(IUH)를 쉽게 유도할 수 있는데, 많은 연구자들은 순간단위도 유도를 위해 다양한 방법론들을 제안하였다. 그 중에서도 Nash는 유역을 연속적인 저수지로 가정하여 유역추적을 함으로써 순간단위도를 유도하는 방법을 제안하였고, Clark은 순간유효우량에 대한 유역추적을 통해 유역출구에서의 순간단위도를 유도할 수 있도록 하였다. 따라서 본 절에서는 유역추적에 의한 순간단위도 유도 방법론에 대하여 설명하기로 한다.

11.3.1 Nash 모형

(1) Nash 모형의 유도

Nash(1957)는 유역에 순간적으로 내린 강우의 유출은 유역을 n개의 선형저수지로 고려하였을 때, 연속적인 선형저수지들의 추적에 의해 구할 수 있다고 가정하였다. 그는 이러한 가정을 토대로 IUH의 방정식을 유도하였다. 〈그림 11.12〉와 같이 유역을 일련의 선형저수지로 가정하면 식(11.1)의 방정식 $I - Q = \frac{dS}{dt}$ 그리고 S와 Q의 선형관계를 나타내는 $S = KQ$를 이용할 수 있는데 이들은 식(11.21)과 같이 나타낼 수 있다.

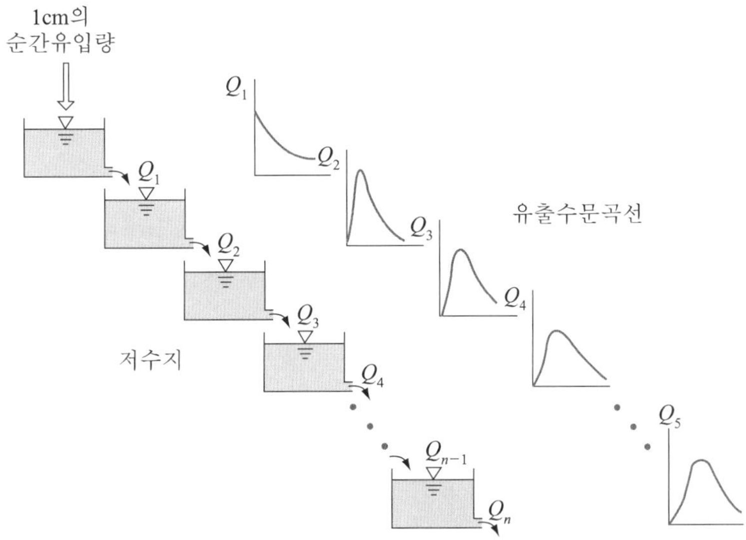

〈그림 11.12〉 Nash 모형의 선형저수지

$$\frac{dS}{dt} = K\frac{dQ}{dt} = I - Q \tag{11.21}$$

〈그림 11.12〉에서 첫 번째 저수지는 1cm의 순간유효우량과 같은 단위용적을 갖게 된다. 이 유입량은 첫 번째 저수지를 통해 추적되어 유출수문곡선을 생산한다. 첫 번째 저수지로부터 나온 유출수문곡선은 두 번째 저수지의 유입량이 되며, 추적되어 두 번째 유출수문곡선을 생산하고, 이러한 방법으로 n번째 저수지까지 추적되어 n번째 유출수문곡선 Q_n이 나오게 된다. 첫 번째 저수지가 순간적으로 만수되어 더 이상 유입량을 받아들일 수 없다면 $I_1 = 0$이 되며, 식(11.21)은 n개의 저수지에 대해 다음과 같이 나타낼 수 있다.

$$-Q_1 = K\frac{dQ_1}{dt} \rightarrow Q_1 = \frac{1}{K}e^{-t/K}$$

$$Q_1 - Q_2 = K\frac{dQ_2}{dt} \rightarrow Q_2 = \frac{1}{K}\left(\frac{1}{K}\right)e^{-t/K}$$

$$Q_2 - Q_3 = K\frac{dQ_3}{dt} \rightarrow Q_3 = \frac{1}{2K}\left(\frac{1}{K}\right)^2 e^{-t/K}$$

$$\vdots$$

따라서 n번째 유출수문곡선 Q_n은 식(11.22)와 같이 얻어진다.

$$Q_n = \frac{1}{K(n-1)!}\left(\frac{t}{K}\right)^{n-1} e^{-t/K} \tag{11.22}$$

식(11.22)를 순간단위도 $U(t)$로 나타내고, 감마(gamma)함수 $\Gamma(n) = (n-1)!$를 이용하면 식(11.23)과 같이 쓸 수 있으며, 감마함수에 대해서는 부록 C를 참고할 수 있다. $\lambda = 1/K$라고 놓으면 식(11.23)은 식(11.24)와 같이 되며, 식(2.42)를 보면 3변수 감마분포인데 식(11.24)는 2변수 감마분포가 된다.

$$U(t) = \frac{1}{K\,\Gamma(n)}\left(\frac{t}{K}\right)^{n-1} e^{-t/K} \tag{11.23}$$

$$U(t) = \frac{\lambda(\lambda t)^{n-1}}{\Gamma(n)} e^{-\lambda t} \tag{11.24}$$

식(11.22) 또는 (11.23)의 IUH 공식에서 t와 K는 같은 단위를 가지며, IUH의 종거는 cm/hr가 될 것이다. 따라서 IUH 종거에 $2.778A$를 곱하면 m^3/s의 단위로 변환할 수 있다. 여기서 A는 유역면적이며 km^2의 단위를 갖는다.

(2) 매개변수 n과 K의 결정

① 모멘트법

원점에 대한 r차 모멘트의 정의는 식(11.25)와 같으며, IUH의 면적은 1이므로 $M_0^0(U) = \int_0^\infty U(t)dt = 1$이 된다.

$$M_r^0(U) = \frac{\int_0^\infty t^r\, U(t)dt}{\int_0^\infty U(t)dt} \tag{11.25a}$$

$$M_r^0(U) = \frac{1}{K\,\Gamma(n)} \int_0^\infty t^r \cdot e^{-t/K}\left(\frac{t}{K}\right)^{n-1} dt$$

$$= K^r \frac{\Gamma(r+n)}{\Gamma(n)} \tag{11.25b}$$

따라서 식(11.25b)를 이용하면 순간단위도(IUH) $U(t)$에 대한 1 및 2차 모멘트인 $M_1^0(U)$과 $M_2^0(U)$를 식(11.26a)와 식(11.26b)처럼 도출할 수 있다. 식(11.26a)의 $M_1^0(U)$는 순간단위도 면적중심의 지체시간을 나타낸다. 즉, 유효우량의 중심과 직접유출수문곡선 중심간의 시간차로 지체시간 T_L과 같다.

$$\text{평균} : M_1^0(U) = \frac{n}{\lambda} = nK \tag{11.26a}$$

$$\text{분산} : M_2^0(U) = \frac{n}{\lambda^2} + \left(\frac{n}{\lambda}\right)^2 = n(n+1)K^2 \tag{11.26b}$$

일련의 선형저수지를 통해 유역의 입력, 즉 강우를 추적하는 것은 강우량(유효우량) $I(\tau)\,d\tau$를 유출량으로 변환하기 위한 것이다. 10.3절 IUH의 개념과 〈그림 10.10〉을 참고로 하여 유효우량이 개개의 선형저수지를 통해 직접유출량으로 변환되는 것을 〈그림 11.13〉에 표현하였다.

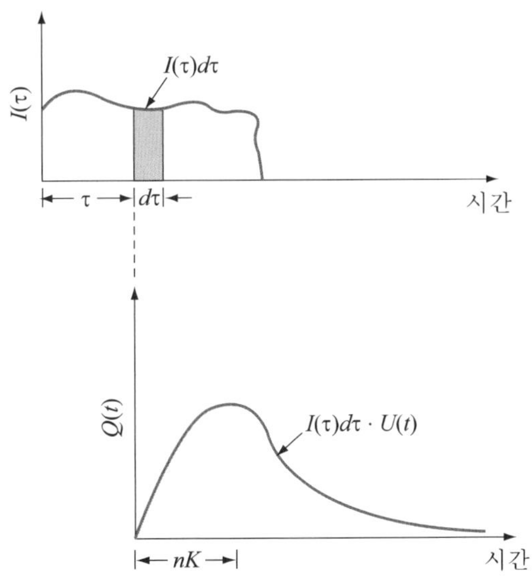

〈그림 11.13〉 유효우량을 직접유출로 변환하는 과정

〈그림 11.13〉을 보면 강우량의 중심이 오른쪽으로 nK만큼씩 이동하고, 총 유출량의 면적 중심 역시 nK만큼 오른쪽으로 이동한다. 즉, 강우량의 중심과 유출량의 중심이 nK만큼씩 이동한다. 따라서 원점에 대한 유출량과 강우량의 1차 모멘트의 차는 식(11.27a)와 같

이 나타낼 수 있고, 또한 각 순간강우량은 유출량이 식(11.27b)와 같은 2차 모멘트를 갖게 한다.

$$평균 : M_1^0(Q) - M_1^0(I) = nK \tag{11.27a}$$

$$분산 : M_2^0(Q) = M_2^0(I) + n(n+1)K^2 + 2nKM_1^0(I) \tag{11.27b}$$

여기서 $M_1^0(Q)$는 시간 원점에 대한 직접유출량의 1차 모멘트를 총 직접유출량으로 나눈 것이고, $M_1^0(I)$는 시간 원점에 대한 유효우량의 1차 모멘트를 총 유효우량으로 나눈 것이다. 그리고 $M_2^0(Q)$는 시간 원점에 대한 직접유출량의 2차 모멘트를 총 직접유출량으로 나눈 것이고, $M_2^0(I)$는 시간 원점에 대한 유효우량의 2차 모멘트를 총 유효우량으로 나눈 것이다.

예제 11.5

기어떤 유역에 단일 호우가 발생을 하였고 이때의 유효우량의 강우강도와 직접유출량이 아래의 〈표 11.10〉과 같이 주어져 있다. Nash 모형의 매개변수 n과 K를 구하여라.

〈표 11.10〉 단일 호우의 강우강도와 직접유출량

시간(hr)	1	2	3	4	5	6	7	8	9	10	11	12	13	14
강우강도(cm/h)	2.56	2.52	2.53	2.55										
유출(m^3/s)	2.83	14.15	40.5	52.6	45.8	34.5	24.9	19.2	14.7	10.2	6.8	3.96	2.26	0.9

풀이

- 강우강도의 1차 및 2차 모멘트

$$M_1^0(I) = \frac{(2.56\times1)0.5+(2.52\times1)1.5+(2.53\times1)2.5+(2.55\times1)3.5}{(2.56\times1)+(2.52\times1)+(2.53\times1)+(2.55\times1)}$$

$$= \frac{20.3}{10.16} = 2\text{h}$$

$$M_2^0(I) = \frac{(2.56\times1)0.5^2+(2.52\times1)1.5^2+(2.53\times1)2.5^2+(2.55\times1)3.5^2}{(2.56\times1)+(2.52\times1)+(2.53\times1)+(2.55\times1)}$$

$$= \frac{53.35}{10.16} = 5.25\text{h}^2$$

- 직접유출량의 1차 및 2차 모멘트

직접유출량의 1차 및 2차 모멘트를 계산하기 위한 요소들을 〈표 11.11〉에 계산하였다.

〈표 11.11〉 Nash 모형의 n과 K 결정을 위한 계산

(1)	(2)	(3)	(4)	(5)	(6)	(7)
시간 (hr)	직접유출 Q (m^3/s)	직접유출용적 ΔV ($m^3/s \cdot h$)	원점부터의 시간거리 t(hr)	t^2 (hr^2)	$\Delta V \times t$ (3)×(4)	$\Delta V \times t^2$ (3)×(4)^2
0	0.00					
1	2.83	1.42	0.5	0.25	0.71	0.355
2	14.15	8.49	1.5	2.25	12.75	19.1
3	40.50	27.33	2.5	6.25	68.30	171.0
4	52.60	46.50	3.5	12.25	163.00	570.0
5	45.80	49.20	4.5	20.25	221.00	998.0
6	34.50	40.15	5.5	30.25	221.00	1210.0
7	24.90	29.70	6.5	42.25	193.00	1250.0
8	19.20	22.05	7.5	56.25	165.00	1240.0
9	14.70	16.95	8.5	72.25	144.00	1225.0
10	10.20	12.45	9.5	90.25	118.00	1123.0
11	6.80	8.50	10.5	110.25	89.00	938.0
12	3.96	5.38	11.5	132.25	62.00	710.0
13	2.26	3.11	12.5	156.25	39.00	486.0
14	0.90	1.58	13.5	182.25	21.30	288.0
15	0.00	0.45	14.5	210.25	6.50	94.5
총합		273.26			1524.56	10323

〈표 11.11〉의 결과들을 이용하여 다음과 같이 직접유출량에 대한 모멘트를 구할 수 있다.

$$M_1^0(Q) = \frac{\sum \Delta V \cdot t}{\sum \Delta V} = \frac{1524.56}{273.26} = 5.6\text{h}$$

$$M_2^0(Q) = \frac{\sum \Delta V \cdot t^2}{\sum \Delta V} = \frac{10323}{273.26} = 37.8\text{h}^2$$

$$nK = M_1^0(Q) - M_1^0(I) = 5.6 - 2.0 = 3.6\text{h}$$

$$M_2^0(Q) - M_2^0(I) = n(n+1)K^2 + 2nKM_1^0(I)$$

$$37.8 - 5.25 = nK^2(n+1) + 2 \times 3.6 \times 2$$

$$32.65 = n^2K^2 + nK^2 + 14.4 \rightarrow nK^2 = 5.29$$

$$K = \frac{nK^2}{nK} = \frac{5.29}{3.6} = 1.47\text{h}$$

$$n = \frac{nK}{K} = \frac{3.6}{1.47} = 2.45$$

② 경험적인 방법

Nash는 IUH의 매개변수 n과 K가 유역의 매개변수들과 상관관계가 있음을 식(11.28)과 같이 보였다.

$$n = 2.29L^{0.1} \tag{11.28a}$$

$$K = \frac{1.2A^{0.3}}{L^{0.1}S^{0.3}} \tag{11.28b}$$

여기서 L은 본류의 길이(km), A는 유역면적(km^2), S는 유역의 경사이고, K의 단위는 시간(hr)이다.

11.3.2 Clark 모형

(1) Clark 모형의 유도

Clark(1945)은 유효우량을 추적하여 IUH를 구할 수 있음을 보이면서 순간단위도에 대한 개념을 처음 이용하였으며, 유역의 홍수추적에 있어 두 가지 측면을 다음과 같이 소개하였는데, 이는 전이효과(translation effect)와 저류효과(storage effect)로 알려져 있다. 즉, Clark 방법은 유역에서 유수의 전이효과와 저류효과를 동시에 고려하게 된다.

① 모든 물 입자들은 유량관측지점에 도달하기 전에 이동을 하는데, 이는 유역의 다양한 위치에서 이동하는 도달시간을 의미한다. 도달시간을 고려하는 것을 유수의 전이효과라고 한다.

② 유역의 다양한 위치로부터 오는 물의 양이 하도를 통과하면서 저류가 발생하는데, 이는 물 입자들의 도달시간에 영향을 미친다. 이와 같은 현상을 저류효과라고 한다.

〈그림 11.14(a)〉에 보인 것처럼 유역을 등시간선(isochrones)으로 나누는데 등시간선이란 유역의 어떤 점에서 물 입자들이 유역출구까지 같은 도달시간을 갖는 점들을 연결한 선으로 정의할 수 있다. 예를 들면, 〈그림 11.14(a)〉에서 6hr의 등시간선은 이 선상에 있는 어떤 물 입자가 유역의 출구까지 도달하는데 걸리는 도달시간이 6hr라는 것을 의미한다. 등시간선 사이의 면적들을 〈그림 11.14(b)〉와 같이 나타낼 수 있는데 이를 시간－면적 주상도(time area concentration diagram 또는 time area diagram)라고 한다. 시간－면적 주상도는 유효우량 주상도를 유출수문곡선으로 전이(translation)한 전이효과로 이해할 수 있다. 즉, 만약 유역의 저류효과가 없다면 시간-면적 주상도 자체가 바로 유역출구에서의 IUH가 된다.

전이효과에 의해 작성되어진 시간－면적 주상도는 유역의 저류효과를 고려하기 위해 저류

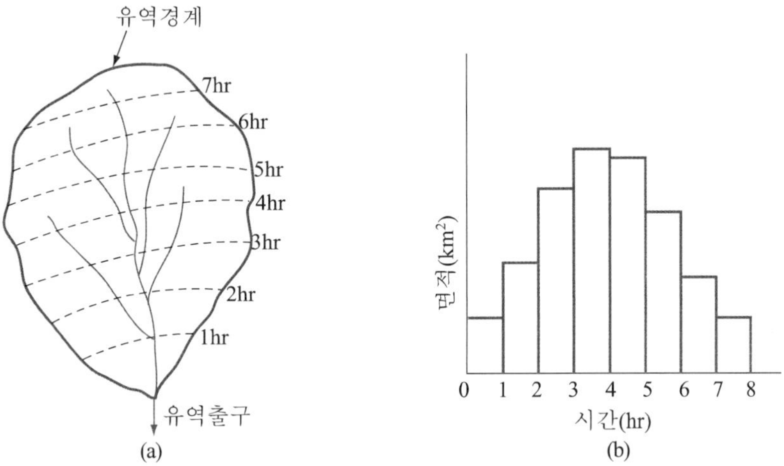

〈그림 11.14〉 시간-면적 주상도 작성

량 $S=KQ$를 가진 선형저수지를 통해 추적된다. 시간－면적 주상도의 종거는 면적이므로 양면적에 $2.778\times\dfrac{1}{\Delta t}$를 곱하여 주면 m^3/s의 단위로 변환되며, 이러한 개념은 식(10.4)를 참조할 수 있다. 여기서, Δt는 등시간선 사이의 시간간격을 의미한다. 선형저수지를 통해 시간－면적 주상도를 추적하기 위한 연속방정식은 식(11.3)을 아래와 같이 다시 쓸 수 있다.

$$\left(\frac{I_1+I_2}{2}\right)\Delta t-\left(\frac{Q_1+Q_2}{2}\right)\Delta t=S_2-S_1$$

여기서 유입량, 유출량, 저류량의 아래첨자 1과 2는 각각 추적기간 Δt시간의 시점과 종점을 의미한다. $S=KQ$를 이용하여 식(11.3)을 다시 쓰면 식(11.29)와 같다.

$$\left(\frac{I_1+I_2}{2}\right)\Delta t-\left(\frac{Q_1+Q_2}{2}\right)\Delta t=K(Q_2-Q_1) \tag{11.29}$$

식(11.29)를 Q_2에 대해서 풀면 식(11.30)을 얻을 수 있다.

$$Q_2=\left(\frac{I_1+I_2}{2}\right)C_0+Q_1C_1 \tag{11.30}$$

여기서 $C_0=\dfrac{\Delta t}{K+(\Delta t/2)}$, $C_1=\dfrac{K-(\Delta t/2)}{K+(\Delta t/2)}$이다.

〈그림 11.14(b)〉에서 각 등시간선 사이에서 시점의 유입량과 종점의 유입량이 같으므로, 즉 $I_1=I_2=I$이므로 식(11.30a)는 식(11.30b)와 같다.

$$Q_2 = IC_0 + Q_1 C_1 \tag{11.30b}$$

(2) Clark **모형의** ***K*추정**

① 직접유출수문곡선의 이용

K값은 유출수문곡선의 감수곡선(recession curve)으로부터 구할 수 있는데 저수지의 연속방정식 식(11.21)을 다시 쓰면 아래와 같다.

$$\frac{dS}{dt} = K\frac{dQ}{dt} = I - Q$$

하도의 저류를 위한 유입량이 멈추었을 때 $I = 0$이 된다. 식(11.21)로부터 K를 구하면 식(11.31)과 같다.

$$K = -\frac{Q}{(dQ/dt)} \tag{11.31}$$

만약 Q가 m^3/s의 단위를 가지면 dQ/dt의 단위는 $m^3/s/hr$가 되고 K는 시간의 단위, 즉 hr의 단위를 갖게 된다. 또한 감수곡선에서 dQ/dt는 항상 (−)의 값이기 때문에 식(11.31)의 K는 (+)의 값을 가지게 된다.

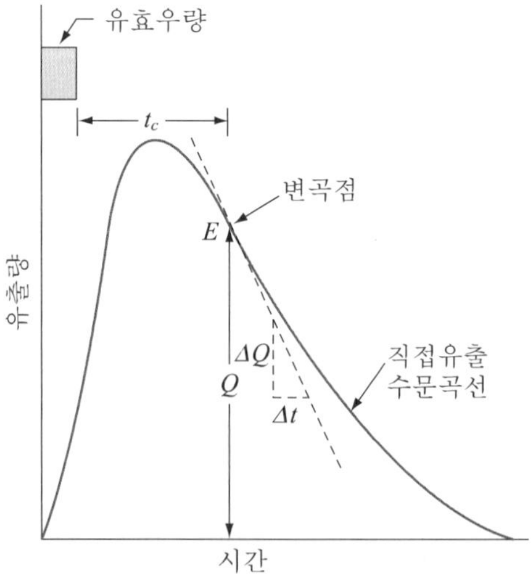

〈그림 11.15〉 직접유출수문곡선으로부터 K의 추정

〈그림 11.15〉에서 볼 수 있는 유출수문곡선의 변곡점은 표면류의 유출(overland flow), 즉 하도저류를 위한 유입량이 멈추는 시점으로 간주되기 때문에 이 변곡점 감수곡선의 기울기로부터 K값을 구할 수 있다(식 11.31). 또한 식(9.12)에서 $K=1/(-\ln K_r)$로부터도 구할 수도 있다. 여기에서 K_r은 직접유출의 감수상수이다.

② 경험공식

Clark 모형의 매개변수 K를 구하기 위하여 Clark은 식(11.32)와 같은 경험공식을 제안하였고, Linsley는 Clark의 경험공식을 수정하여 식(11.33)의 공식을 제안하였다.

$$K=\frac{cL}{\sqrt{S}} \tag{11.32}$$

$$K=\frac{bL\sqrt{A}}{\sqrt{S}} \tag{11.33}$$

여기서 K는 저류상수(hr), L은 주하도의 길이(km), S는 하도의 평균경사, A는 유역면적(km^2)이다. c는 상수로서 0.5~1.4의 범위값을 가지고, 또 다른 상수 b는 0.015~0.03의 값을 가진다. 시간－면적 주상도의 기저시간은 유역의 최대도달시간을 나타내는데 〈그림 11.15〉의 t_c의 값으로 얻을 수 있다. 즉, 유효우량의 종점부터 직접유출수문곡선의 변곡점까지의 시간이다. t_c를 구한 후에 지점별 또는 등시간선별 도달시간은 각 지점에서 유역출구까지 하도의 거리에 비례한다는 가정하에 시간－면적 주상도를 작성한다. Clark 모형을 이용해 IUH를 구하는데 강우량은 필요로 하지 않지만 매개변수 K와 t_c를 구하기 위해 적어도 단일호우사상에 대한 유출수문곡선은 필요하다.

예제 11.6

어떤 유역에 대해 1시간 간격 등시간선 사이의 면적이 15, 36, 81, 49, 28, 9km^{2}이었다. $K=3.5$h라고 가정하여 Clark 방법으로 IUH를 유도하여라.

풀이

주어진 값 : $\Delta t=1$h, $K=3.5$h

- 식(11.30b)의 계수값 계산
  $IC_0+Q_1C_1$

$$C_0 = \frac{\Delta t}{K+(\Delta t/2)} = \frac{1}{3.5+0.5} = 0.25$$

$$C_1 = \frac{K-(\Delta t/2)}{K+(\Delta t/2)} = \frac{3.5-0.5}{3.5+0.5} = 0.75$$

검토 : $C_0 + C_1 = 0.25 + 0.75 = 1.0$

- 유입량 I의 계산

$$I\ (\text{m}^3/\text{s}) = 2.778 \times \frac{1}{\Delta t} \times A(\text{km}^2)$$

따라서 위의 정보들을 가지고 〈표 11.12〉와 같이 IUH를 계산한다.

〈표 11.12〉 Clark 모형에 의한 IUH 계산

(1)	(2)	(3)	(4)	(5)	(6)
시간 (hr)	시간-면적 주상도 (km^2)	I (m^3/s)	IC_0	Q_1C_1 (m^3/s) (6)× C_1	IUH (Q_2) (m^3/s) (4)+(5)
0					0
1	15	41.67	10.42	0	10.42
2	36	100.01	25.00	7.81	32.82
3	81	225.02	56.25	24.61	80.87
4	49	136.12	34.03	60.65	94.68
5	28	77.78	19.45	71.01	90.46
6	9	25.00	6.25	67.84	74.09
7				55.57	55.57
8				41.68	41.68
9				31.26	31.26
10				23.44	23.44
11				17.58	17.58
12				13.19	13.19
13				9.89	9.89
14				7.42	7.42
15				5.56	5.56
16				4.17	4.17
17				3.13	3.13

연 습 문 제

11.1 (예제 11.1)을 참고로 하여 저류량의 단위를 $m^3/s \cdot day$로 변환한 후 $S \sim H$, $Q \sim H$ 및 $S \sim Q$의 관계곡선들을 그리고 설명하라.

11.2 (예제 11.2)에서 (a) 첨두감소량(attenuation)과 첨두지체시간(peak delay 또는 reservoir delay)을 구하고, (b) 추적한 유출수문곡선 표고를 구하여 시간에 따른 표고의 곡선을 작성하고, 최대 표고를 구하라. <표 11.3>을 이용할 수 있다.

11.3 (예제 11.2)를 저류량 지시법에 의해 구하라.

11.4 (예제 11.2)를 시행착오법으로 구하라.

11.5 아래 표와 같이 어떤 하도구간에 대한 유입 및 유출수문곡선이 주어져 있다. Muskingum 공식을 이용하기 위한 K와 x값을 추정하라. ΔS는 ($m^3/s \cdot hr$)의 단위를 이용하라.

시간 (hr)	0	6	12	18	24	30	36	42	48	54	60	66
유입량 (m^3/s)	5	20	50	50	32	22	15	10	7	5	5	5
유출량 (m^3/s)	5	6	12	29	38	35	29	23	17	13	9	7

11.6 어떤 하도구간을 통해 흐르는 유입수문곡선이 아래 표에 주어져 있다. 이 유입수문곡선을 추적하라. $K=12.0h$, $x=0.20$이고, 초기 유출량은 초기 유입량과 같은 $10m^3/s$이다.

시간 (hr)	0	6	12	18	24	30	36	42	48	54
유입량 (m^3/s)	10	20	50	60	55	45	35	27	20	15

11.7 식(11.25b)를 유도하라.

11.8 (예제 11.5)에서 K와 n을 구하였다. 유역면적 $A=300km^2$일 때 식(11.22) 또는 식(11.23)을 이용하여 IUH를 m^3/s의 단위로 구하여라.

11.9 어떤 유역에 대해 2시간 간격 등시간선 사이의 면적이 아래의 표와 같이 주어져 있다. 총 도달시간은 18h이고, 총 유역면적은 110km^2, $K=12$h라고 할 때 Clark 방법으로 IUH를 유도하여라.

도달시간 (hr)	2	4	6	8	10	12	14	16	18
소구역 면적 (km^2)	3	9	20	22	16	18	10	8	4

PART V

다양한 수문학

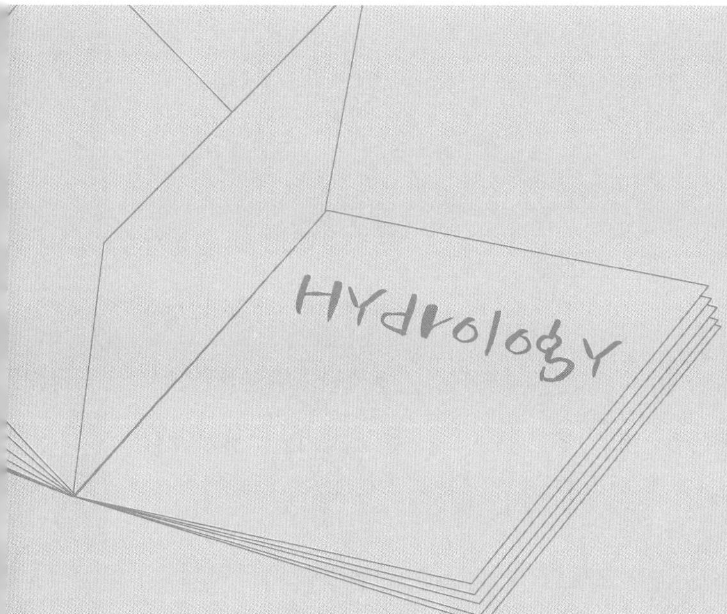

Chapter 12

구름수문학

응축(condensation)은 수증기의 증가나 찬 공기와 더운 공기의 혼합에 의한 혼합공기처럼, 수분이 공기에 더해져서 온도가 낮아지고 압력이 높아짐으로써 발생한다. 즉, 구름 형성에 있어 가장 중요한 응축은 먼저 공기의 온도가 이슬점까지 내려가 포화가 되는 것이다. 포화된 공기가 부력을 받아 좀 더 상승하게 되면 구름을 형성하게 되고 강수가 발생하게 된다.

공기의 온도변화는 2가지의 일반적인 과정에 의해 발생하는데 열교환과정(diabatic process)과 단열과정(adiabatic process)이다. 이 중에서 구름의 형성에 단열과정이 공헌을 하게 된다. 즉, 공기가 단열과정을 통해 냉각과 상승과정을 거치면서 충분한 고도까지 올라가 구름을 형성하게 된다. 본 절에서는 이러한 과정들에 대하여 설명을 하기로 한다.

12.1 대기의 열역학

12.1.1 열교환과 단열과정

(1) 열교환과정

열교환과정은 어떤 시스템에 에너지를 더해주거나 제거하는 과정으로 공기가 따뜻한 표면과 접촉할 때 전도에 의해 더워지고, 차가운 표면을 지나가는 공기는 전도에 의해 지표면에 에너지를 잃어 열교환으로 차가워진다. 열교환의 방향은 에너지가 높은 온도의 영역으로부터 낮은 온도의 영역으로 이동하는 열역학 제2법칙을 따른다. 열교환 과정은 종종 안개(fog)의 형성에 공헌을 하지만, 본 장에서는 구름의 형성을 다루고자 하며, 구름의 형성은 열교환 과정보다는 단열과정에 중점을 두기 때문에 단열과정에 대해 설명을 보다 더 자세히 하기로 한다.

(2) 단열과정

어떤 물질에 열이 더해지거나 제거되지 않고 온도가 변화하는 과정을 단열과정이라고 한다. 열교환 없는 온도의 변화가 직관적으로 이해가 잘 안가지만 단열과정은 대기에서 통상적으로 일어나는 일로 구름의 형성에 중요한 메커니즘이다. 이 과정을 이해하기 위해 열역학 제1법칙을 설명하여야 한다.

12.1.2 열역학 제1법칙

열을 받고 있는 건조 공기덩어리(a parcel of dry air)가 있다고 가정할 때, 단열조건하에서 다음과 같은 식(12.1)의 열역학 제1법칙을 적용할 수 있다.

$$dQ = dE + dW \tag{12.1}$$

여기서 dQ는 순열에너지이고, dE는 내부에너지, dW는 시스템에 의해 행해진 일이다. 단위질량에 대해 식(12.1)은 $dq = de + dw$와 같이 쓸 수 있는데 만약 운동, 중력, 모세관현상, 전자기력 등이 작용하지 않는다면 이는 식(12.2)와 같이 나타낼 수 있다.

$$dq = du + dw \tag{12.2}$$

여기서 dq는 어떤 시스템에 제공하는 미소 열에너지(differential heat energy)이고, du는 내부에너지의 미소변화(differential change in internal energy), 그리고 dw는 시스템이 행한 미소 일(differential work done by system)을 의미한다.

(1) 일과 내부에너지

일은 힘 곱하기 거리이므로 $dw = pAdx = pdV$로 나타낼 수 있으며, 여기서 A는 압력 p가 작용하는 면적이고, dx는 힘에 의해 움직인 거리이고, V는 체적이다. 비체적(specific volume)을 $\alpha = V/m\,(=1/\rho)$로 정의하면 단위질량에 대해 $dw = p\,d\alpha$로 쓸 수 있다. 내부에너지는 어떤 시스템에 제공된 열에너지에서 이 열에너지로 인해 행해진 일을 뺀 것이다. 즉, 시스템의 미소변화에 대한 내부에너지는 식(12.2)로부터 $du = dq - dw$이다. Joule의 법칙에 따르면, 공기 덩어리가 일도 하지 않고 열의 출입도 없이 팽창할 때 공기 덩어리의 온도는 일정하게 된다.

(2) 열용량과 비열

열용량(heat capacity)은 온도변화에 요하는 열량과 온도변화의 비로 나타낸다. 즉, 열용량 $C = dQ/dT$로 나타낼 수 있는데 여기서 dT는 온도변화이고 dQ는 온도변화에 필요한 열량(열에너지)을 의미한다. 비열은 어떤 물질의 단위질량에 대한 열용량으로 식(12.3)과 같이 나타낼 수 있다.

$$c = \frac{dQ}{m\,dT} = \frac{dq}{dT} \tag{12.3}$$

일정한 체적 또는 부피에 대한 비열은 식(12.4)와 같이 쓸 수 있다.

$$c_v = \left(\frac{dq}{dT}\right)_\alpha \tag{12.4}$$

여기에서 α가 일정하다면 식(12.2)는 $dq = du$가 되어 식(12.4)는 식(12.5)가 된다.

$$c_v = \left(\frac{du}{dT}\right)_\alpha = \frac{du}{dT} \tag{12.5}$$

따라서 식(12.2)는 다음의 식(12.6)과 같이 쓸 수 있다.

$$dq = c_v dT + p\, d\alpha \tag{12.6}$$

일정한 압력(정압)하에 있어서의 비열은 식(12.7)과 같으며 식(4.7)을 참조할 수 있다.

$$c_p = \left(\frac{dq}{dT}\right)_p \tag{12.7}$$

(3) c_v와 c_p의 관계

식(4.10)의 이상기체 법칙은 $p\alpha = RT$와 같게 되고, 이 식의 양변을 미분하면 $d(p\alpha) = RdT$가 되며 $d(p\alpha) = p\,d\alpha + \alpha\,dp$이다. 따라서 식(12.6)은 식(12.8)과 같다.

$$\begin{aligned} dq &= c_v dT + d(p\alpha) - \alpha\, dp \\ &= c_v dT + R\,dT - \alpha\, dp \\ &= (c_v + R)dT - \alpha\, dp \end{aligned} \tag{12.8}$$

일정한 압력에 대해 식(12.7)과 식(12.8)로부터 $c_p = (c_v + R)$이 된다. 따라서 식(12.9)와 같이 dq를 나타낼 수 있다.

$$dq = c_p dT - \alpha\, dp = c_p dT - RT\frac{dp}{p} \tag{12.9}$$

Joule은 일과 열이 본질적으로 동등함을 증명하였다. 즉, 열에너지와 역학적 에너지가 동등함을 증명하였고, 열 단위인 cal와 역학적 단위인 J(Joule)사이에 1kcal－1,000cal=4,186J의 관계가 있다.

12.2 공기의 냉각과 상승

12.2.1 건조공기의 단열과정

(1) 공기덩어리

공기 덩어리 또는 공기방울(air parcel)은 열역학적으로 주변으로부터 단열되어 있으며, 정수역학적인 평형을 이루어 외부공기(environmental air 또는 ambient air) 또는 대기의 공기와 똑같은 압력을 받는다.

(2) 단열체감율

단열과정은 열의 출입이 없으므로 식(12.9)에서 $dq=0$이 되고, 식(4.22)로부터 $dp=-\rho gdz=-(1/\alpha)gdz$가 된다. 따라서 $-\alpha dp=gdz$이며 식(12.9)로부터 건조공기(dry air) 또는 비포화공기(unsaturated air)에 대한 단열체감율(dry air adiabatic lapse rate, DALR)은 식(12.10)과 같이 얻어진다(〈그림 12.1〉).

$$\Gamma_d=-\left(\frac{dT}{dz}\right)_d=\frac{g}{c_p} \tag{12.10}$$

여기서 $g/c_p\approx 9.8$°K/km(≈ 1℃/100m)이다. 건조공기에 대하여 c_p=1,004 J/kg·°K, c_v=717J/kg·°K, R_d=287J/kg·°K이다. 그리고 식(4.23)의 외부공기에 대한 기온체감율(environmental or ambient lapse rate, ELR)은 관측에 의해 구할 수 있는데 식(12.11)로도 쓸 수 있다(〈그림 12.2〉).

$$\Gamma=-\left(\frac{dT}{dz}\right)_{amb}\approx\ 6\sim 7\text{°K/km} \tag{12.11}$$

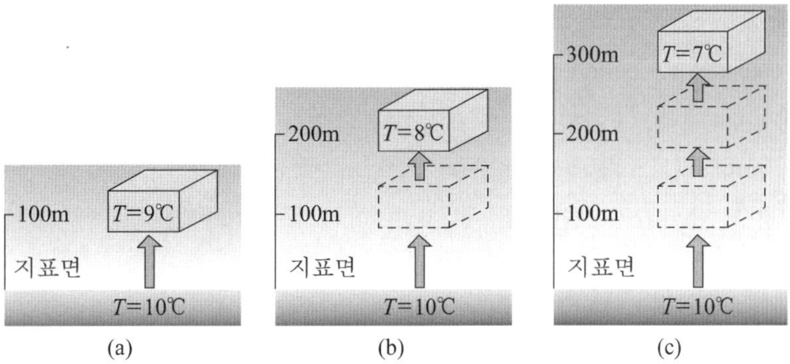

〈그림 12.1〉 건조공기 덩어리의 단열체감율(Γ_d)

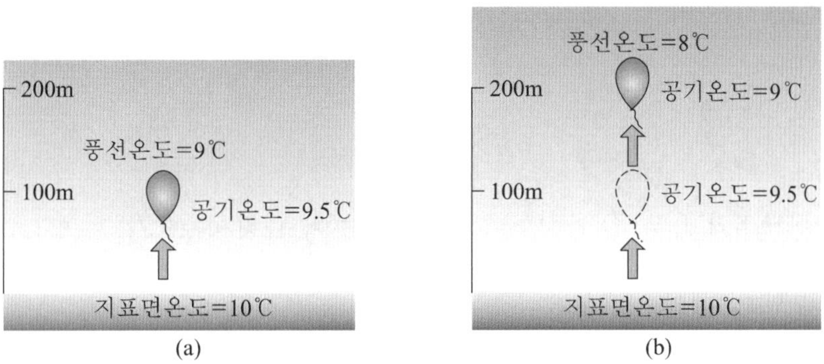

〈그림 12.2〉 풍선의 단열체감율과 외부공기의 기온체감율(Γ)

예제 12.1

이론적으로 가능한 균일한 대기(homogeneous atmosphere)는 밀도가 일정한 경우로 실제와 달리 대기의 상단에서 압력이 0이 된다. 이때, 균일한 건조공기의 체감율을 유도하라.

풀이

이상기체법칙과 정수역학방정식으로부터 균일한 건조공기의 체감율을 유도할 수 있다.

식(4.12b) : $p = \rho R_d T$ ①

식(4.22) : $\frac{dp}{dz} = -\rho g$ ②

따라서 위의 두 식①과 ②로부터 $\frac{dp}{dz} = \frac{d}{dz}\rho R_d T = -\rho g$가 되고

균일한 건조공기의 체감율은 $\frac{dT}{dz} = -\frac{g}{R_d}$가 된다.

(3) 잠재온도

잠재온도(potential temperature)는 단열과정동안 공기덩어리가 평균해수면의 압력 p_0에서 갖는 온도를 말한다. 즉, 공기덩어리가 냉각이나 가열되는 동안 초기의 온도 상태로 되돌아 올 것임을 의미한다. 이상기체 법칙과 단열과정 $dq=0$을 고려하면 식(12.9)로부터 $p\alpha = RT$를 얻고 $\alpha = RT/p$를 구할 수 있다. 따라서 식(12.9)는 다음의 식(12.12)와 같이 쓸 수 있다.

$$\frac{dT}{T} = \frac{R}{c_p}\frac{dp}{p} \tag{12.12}$$

식(12.12)를 적분하면

$$\frac{T}{T_0} = \left(\frac{p}{p_0}\right)^{1-n} \tag{12.13}$$

여기서 $1-n = R/c_p = (c_p - c_v)/c_p$ 또는 건조공기에 대해 $n = c_v/c_p \approx 1/1.41$. T_0는 절대압력 p에 있어서의 절대온도이다. 평균해수면에서의 T_0는 잠재온도 θ라 하고, $p_0 \simeq 1000\text{mb}$이면 식(12.13)은 식(12.14)와 같이 된다.

$$\frac{T}{\theta} = \left(\frac{p}{1{,}000}\right)^{1-n} \tag{12.14}$$

(4) 부력

〈그림 12.3〉과 같은 공기덩어리에 작용하는 힘은 $F=(p-(p+dp))dA - \rho_p g\,dA\,dz$이며, 단위체적당 작용하는 힘 또는 부력(buoyancy force)은 식(12.15)와 같다. dA는 압력이 작용하는 면적 T_p는 공기덩어리의 온도이다.

$$F_B = \frac{F}{dA\,dz} = \frac{gp}{RT_p}\left(\frac{T_p}{T_a} - 1\right) \tag{12.15}$$

공기덩어리와 외부공기의 초기 온도조건 T_p^0와 T_a^0를 고려하여 온도변화를 다시 적으면 식(12.16)과 같다.

$$T_p^d = T_p^0 - \Gamma_d \delta z$$
$$T_a^d = T_a^0 - \Gamma \delta z \qquad (12.16)$$

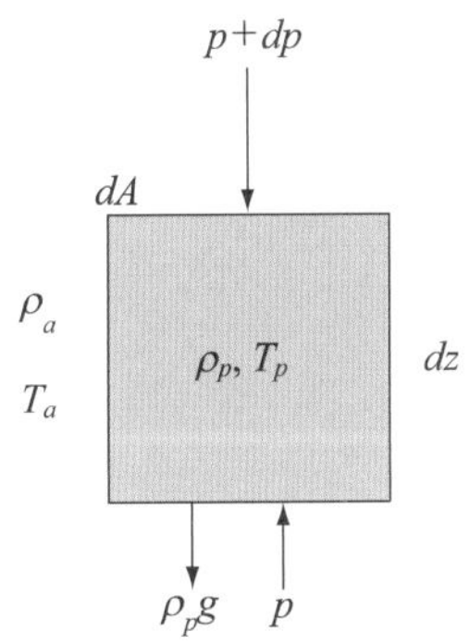

〈그림 12.3〉 공기덩어리(air parcel)에 작용하는 힘

식(12.15)와 식(12.16)으로부터 부력에 대한 식을 식(12.17)과 같이 나타낼 수 있다.

$$F_B = \frac{gp}{RT_p}\left[\frac{T_p^d - T_a^d}{T_a}\right] = \frac{gp}{RT_p}\left[\frac{(T_p^0 - \Gamma_d \delta z) - (T_a^0 - \Gamma \delta z)}{T_a}\right] \qquad (12.17)$$

만약 $T_p^0 = T_a^0$이라면 식(12.17)은 식(12.18)과 같다.

$$F_B = \frac{gp}{RT_p}\frac{\Gamma - \Gamma_d}{T_a}\delta z \qquad (12.18)$$

(5) 건조공기 덩어리의 안정조건

식(12.18)로부터 건조공기 덩어리의 안정조건을 다음과 같이 설명할 수 있다(〈그림 12.4〉).

① $\Gamma > \Gamma_d$: 불안정조건(unstable condition)

상승하는 공기덩어리가 점점 더 가열되면서 초기의 상승조건을 만족한다면 부력을 받아 상승을 계속하는 경우이다.

② $\Gamma = \Gamma_d$: 중립조건(neutral condition)

상승하던 공기덩어리가 어떤 고도에서 평형상태를 이루어 머물러 있는 경우이다. 즉, 부력이 0이 되는 경우이다.

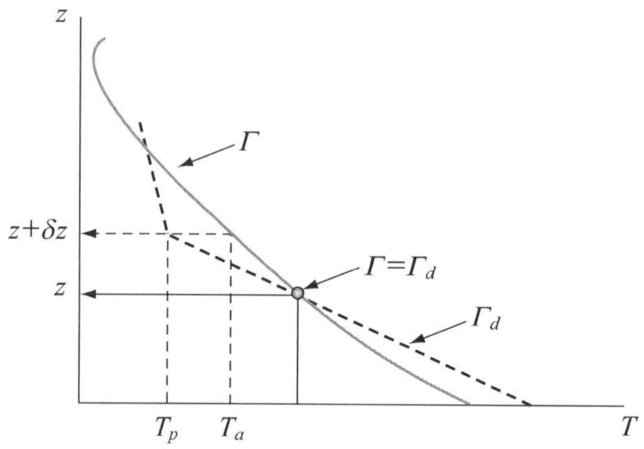

〈그림 12.4〉 건조공기 덩어리의 단열체감율에 따른 안정조건

③ $\Gamma < \Gamma_d$: 안정조건(stable condition)

상승하던 공기덩어리가 대기보다도 더 빨리 냉각되는 경우로 일단 상승하던 힘이 제거되면, 안정된 평형상태까지 가라앉게 된다.

식(12.14)에서 고도에 따른 잠재온도의 변화율로부터도 건조공기의 안정조건을 예상할 수 있다. 즉, $d\theta/dz > 0$이면 안정, $d\theta/dz < 0$이면 불안정, $d\theta/dz = 0$이면 중립이 되고, 〈그림 12.5〉에서 θ_p는 평균해수면에서 공기덩어리의 잠재온도이다.

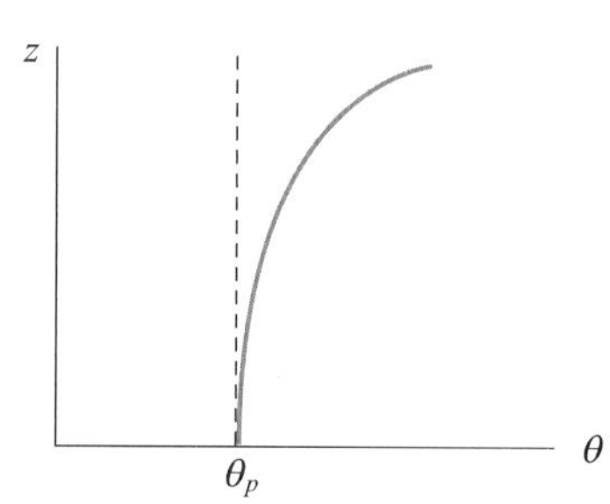

〈그림 12.5〉 고도에 따른 잠재온도의 변화율

12.2.2 혼합공기의 단열과정

(1) 혼합공기 덩어리

혼합공기, 혼합기체 또는 습윤공기(moist air, air mixture 또는 saturated air) 덩어리가 충분한 높이까지 상승하고 팽창하면 공기 덩어리의 온도는 이슬점까지 내려가게 되고 응축

또는 증착을 시작하게 된다. 즉, 공기덩어리는 포화가 되고 더 상승하여 냉각이 되어 응축이 된다. 응축하는 동안 잠재열이 방출되고 공기가 더워져 체감율이 감소가 되는데 이를 혼합공기 또는 포화 단열체감율(saturated adiabatic lapse rate, SALR)이라고 한다.

(2) 가상온도

가상온도(virtual temperature)는 같은 압력 하에서 건조공기가 혼합공기의 밀도에 도달하기 위해 필요한 온도이다. 4.3.2절에서 $R_d/R_v = 0.622 = \varepsilon$으로 나타내면 건조공기와 수증기의 혼합에 의한 혼합공기의 밀도 ρ_m은 식(12.19)와 같이 나타낼 수 있다.

$$\rho_m = (m_d + m_v)/\ V\ = \rho_d + \rho_v = \frac{p}{R_d T}\left[1 - \frac{e}{p}(1-\varepsilon)\right] \tag{12.19}$$

여기서 p는 혼합공기의 압력이다. 같은 압력과 온도하에서 혼합공기는 건조공기보다 밀도가 작다. 식(12.19)로부터 압력 p는 식(12.20)과 같다.

$$p = \rho_m R_d \frac{T}{\left[1 - \frac{e}{p}(1-\varepsilon)\right]} = \rho_m R_d T_V \tag{12.20}$$

여기서, T는 실제온도이고, T_V는 가상온도이며 식(12.21)과 같다.

$$T_V = \frac{T}{\left[1 - \frac{e}{p}(1-\varepsilon)\right]} = \frac{T}{1 - \frac{e\varepsilon}{p\varepsilon} + \frac{e\varepsilon}{p}} = \frac{T}{1 - w\left(\frac{1}{\varepsilon} - 1\right)} \tag{12.21}$$

여기서 $\varepsilon = \frac{R_d}{R_v} = \frac{p_d/\rho_d T}{e/\rho_v T} = \frac{p_d}{e}\frac{\rho_v}{\rho_d} = \frac{p_d}{e}w$. 따라서 혼합률은 다음의 식(12.22)와 같다.

$$w = \frac{e\varepsilon}{p_d} = \frac{e\varepsilon}{p-e} \simeq \frac{e\varepsilon}{p} \tag{12.22}$$

$\frac{1}{\varepsilon} = 1.608$이므로 가상온도는 식(12.23)과 같이 쓸 수 있다.

$$T_V = \frac{T}{1-0.608w} \simeq T(1+0.608w) \tag{12.23}$$

그리고 혼합공기의 압력 p는 식(12.24)와 같이 쓸 수 있다.

$$p = \rho_m R_d T_V = \rho_m R_d T(1+0.608w) = \rho_m R_m T \tag{12.24}$$

예제 12.2

혼합공기가 혼합율 5g/kg, 900mb의 압력, 그리고 280°K의 온도를 가지고 있다. 가상온도, 절대습도 또는 수증기의 밀도, 상대습도를 구하라.

풀이

T_a=280°K, p=900mb=90000Pa, w_0=5g/kg

(a) 가상온도

식(12.21): $T_V = \dfrac{T_a}{\left[1-\dfrac{e}{p}(1-\varepsilon)\right]} = \dfrac{T_a}{1-0.378\dfrac{e}{p}} = \dfrac{T_a}{1-0.378\dfrac{w_0}{\varepsilon}} =$ 280.85°K

(b) 수증기의 밀도

식(4.12a): $\rho_v = \dfrac{e}{R_v T_a} = \dfrac{723.47}{461.5\times 280} = 0.005599\ \text{kg/m}^3$

(c) 상대습도

T_a=280°K－273.16=6.84℃, 〈표 4.4〉로부터 보간법에 의해 $e_s(T_a)=1002.64Pa$를 구하면,

식(12.22)로부터 $w_s = \dfrac{\varepsilon e_s(T_a)}{p} = \dfrac{0.622\times 1002.64}{90000} = 0.0069$를 구할 수 있다.

따라서 식(4.16)으로부터 상대습도를 구할 수 있다.

$R_h = \dfrac{e}{e_s}\times 100 = \dfrac{w}{w_s}\times 100 = \dfrac{0.005}{0.0069}\times 100 = 72.37\%$

(3) 비열

부피가 일정한 경우에 대한 혼합공기의 비열은 $c_{vm} \simeq \left(\dfrac{dq}{dT}\right)_\alpha$ 이고, 수증기에 대한 비열을 c_{vv}라고 하면, $dQ = dQ_d + dQ_v = m_d c_v dT + m_v c_{vv} dT$를 이용해 혼합공기에 대한 미소 열

에너지를 다음의 식(12.25)와 같이 쓸 수 있다.

$$dq = \frac{m_d c_v dT}{m_d + m_v} + \frac{m_v c_{vv} dT}{m_d + m_v} = \frac{c_v dT}{1+w} + \frac{c_{vv} w dT}{1+w} \tag{12.25}$$

$$\frac{dq}{dT} = c_v \left[\frac{1 + w\dfrac{c_{vv}}{c_v}}{1+w} \right] = c_{vm} \tag{12.26}$$

여기서 $r = \dfrac{c_{vv}}{c_v} = 1.94$라고 하면

$$c_{vm} \simeq \left(\frac{dq}{dT}\right) = c_v \left(\frac{1+rw}{1+w}\right) \simeq c_v(1+1.94)(1-w) \simeq c_v(1+0.94w) \tag{12.27}$$

여기서 $c_{vv} = 1390$ J/kg · °K, $c_v = 717$J/kg · °K이며, 식(12.27)의 c_{vm}을 구한 것처럼 $c_{pm} = c_p(1+0.84)$을 구할 수 있다.

(4) 잠재온도

식(12.14)로부터 혼합공기에 대한 잠재온도는 식(12.28)과 같다.

$$\theta = T\left(\frac{p_0}{p}\right)^{\frac{R_m}{c_{pm}}} = T\left(\frac{p_0}{p}\right)^{\frac{R_d(1+0.608w)}{c_p(1+0.84w)}} = T\left(\frac{p_0}{p}\right)^{\frac{R_d(1-0.23w)}{c_p}} \tag{12.28}$$

(5) 이슬점

4.3.2절에서 이슬점 T_d에 대해 간단한 설명을 하였다. 이슬점은 혼합공기 덩어리가 포화조건(saturation condition)을 만족시키기 위하여 일정 압력과 혼합율의 상태에서 냉각될 수 있도록 하는 온도이다. 식(12.22)의 포화혼합율로부터 이슬점 또는 이슬점 온도를 구하면 식(12.29)와 같다.

$$w_s = \varepsilon \frac{e_s(T_d)}{p} \rightarrow e_s(T_d) = \frac{p w_s}{\varepsilon} \rightarrow T_d = e_s^{-1}\left[\frac{p w_s}{\varepsilon}\right] \tag{12.29}$$

(6) 습구온도

4.3.2절에서 습구온도 T_w에 대해 간단한 설명을 하였다. 습구온도는 혼합공기 덩어리가 일정 압력과 혼합율의 조건에서 증발에 의해 냉각이 진행됨으로써 포화상태에 도달하는 온도이다.

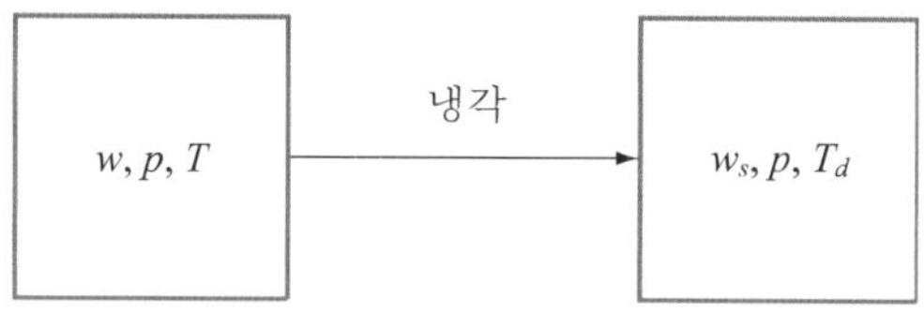

(a) 공기덩어리가 냉각에 의해 이슬점에 도달

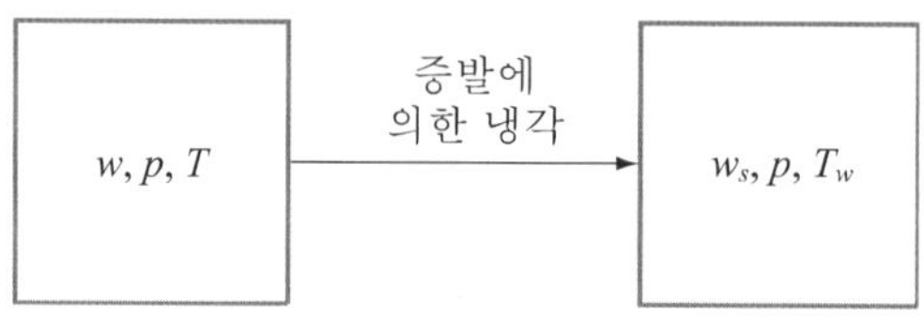

(b) 공기덩어리가 증발에 의한 냉각으로 습구온도에 도달

〈그림 12.6〉

습도를 측정하기 위해 회전식 습도계(sling psychrometer)가 널리 사용되는데 이는 한 쌍의 온도계로 구성되어 있다. 한 온도계는 온도계 끝 부분의 둥근 부분이 젖은 헝겊으로 둘러싸여 있고 다른 온도계는 일반 온도계이며, 이들은 각각 습구(wet bulb)온도계와 건구(또는 일반)(dry bulb)온도계라고 한다. 외부공기(environmental 또는 ambient air)가 비포화 상태이면 습구온도계의 젖은 헝겊으로부터 증발이 발생하고, 잠재열이 소비됨에 따라 온도가 떨어지게 된다. 어느 정도 시간이 지난 후 증발로 손실된 열은 주변의 더운 공기로부터 현열을 유입함으로써 상쇄되고 냉각은 멈추게 되어 습구는 일정한 온도를 유지하게 된다. 건구와 습구온도의 차이를 습구강하량(wet bulb depression)이라고 하는데 이는 공기 중 수분의 양에 따라 변화한다. 식(4.7)과 식(4.8)에서 물이 수증기로 변할 때 필요한 잠재기화열 l_v를 고려하면 열에너지를 식(12.30)과 같이 쓸 수 있다.

$$dq = c_{pm} dT = c_p dT(1 + 0.84w) \qquad (12.30a)$$

$$dq = -l_v dw \qquad (12.30b)$$

식(12.30)에서 $0.84w$가 무시할 수 있을 정도로 작은 값이라면 $c_p dT = -l_v dw$가 되고, 온도변화에 따라 이들 양변을 적분하면 $T_f - T_i = -\frac{l_v}{c_p}(w_f - w_i)$가 된다. 이를 재정리하면 식(12.31)을 얻을 수 있다.

$$\frac{T_f - T_i}{w_i - w_f} = \frac{l_v}{c_p} \tag{12.31}$$

여기서 T_i와 w_i는 초기온도와 혼합률이고, T_f와 w_f는 최종 또는 종기온도와 혼합률이다.

예제 12.3

압력 1000mb와 온도 25℃인 고도에서 혼합공기가 20℃의 습구온도를 갖는다면 이슬점은 얼마이겠는가?

풀이

식(12.31)로부터 $\frac{T_f - T_i}{w_i - w_f} = \frac{l_v}{c_p} \rightarrow \frac{T_w - T}{w - w_s(T_w, p)} = \frac{l_v}{c_p}$이 된다.

$$\text{따라서 } w = w(T_d, p) = \frac{c_p}{l_v}(T_w - T) + w_s(T_w, p) \qquad ①$$

〈표 4.4〉로부터 $T_w = 20℃$에서 $e_s(T_w) = 2337 Pa$

$$w_s(T_w, p) = \varepsilon \frac{e_s(T_w)}{p} = 0.622 \times \frac{2337}{100000} = 0.0145$$

식①로부터

$$0.622 \times \frac{e_s(T_d)}{100000} = \frac{1004}{2.5 \times 10^6}(293.15 - 298.15) + 0.0145 = 0.0127 \qquad ②$$

식②를 풀면 $T_d = 290.84°K$를 얻을 수 있다.

(7) Clausius−Clapayron 공식

식(4.20)의 공식과 유사하게 식(12.32)를 적을 수 있고 이로부터 식(12.33)을 유도할 수 있다. 식(12.33)은 온도에 따른 포화증기압을 나타내는 식으로 Clausius−Clapayron 공식 또는 C-C공식이라고도 한다.

$$\frac{de_s}{dT} = \frac{l_v e_s}{R_v T^2} \tag{12.32}$$

$$e_s(T_f) = e_s(T_i)\exp\left[-\frac{l_v}{R_v}\left(\frac{1}{T_f} - \frac{1}{T_i}\right)\right] \tag{12.33}$$

여기서 T_i는 초기온도, T_f는 최종온도를 의미하며, $T_i = 273.15°\mathrm{K}$에서 $e_s(T_i) = 6.11\mathrm{mb}$를 나타낸다.

(8) 단열과정

응축과정을 통하여 강수가 발생을 하게 된다. 강수는 단열 가정을 흩트리는 열을 동반함에도 불구하고 이로 인해 제거된 열은 아주 작아서 온도 체감율은 SALR과 비슷하게 된다. 이 과정을 혼합공기 단열과정(moist adiabatic process) 또는 가단열과정(pseudo-adiabatic process)이라고 한다.

식(12.9)와 〈연습문제 12.4〉에서 $d\ln T - \frac{R}{c_p} d\ln p = d\ln\theta$임을 이용하면 식(12.34)를 얻을 수 있다.

$$dq = c_p dT - RT\frac{dp}{p} = c_p T\left[d\ln T - \frac{R}{c_p} d\ln p\right] = c_p T d\ln\theta \tag{12.34}$$

식(12.30b)와 식(12.34)로부터, 즉 $c_p T d\ln\theta = -l_v dw_s$로부터 식(12.35)를 얻는다.

$$d\ln\theta + \frac{l_v dw_s}{c_p T} = 0 \tag{12.35}$$

식(12.35)는 식(12.36)과 같이 다시 나타낼 수 있다.

$$d\left[\ln\theta + \frac{l_v w_s}{c_p T}\right] = 0 \rightarrow d\ln\theta + \frac{l_v}{c_p} d\left(\frac{w_s}{T}\right) = 0 \tag{12.36}$$

여기서

$$d\left(\frac{w_s}{T}\right) = \frac{w_s}{T}[d\ln w_s - d\ln T] = \frac{w_s}{T}[d\ln e_s - d\ln p - d\ln T] \quad \left(w_s \simeq \varepsilon\frac{e_s}{p}\right)$$

$$= \frac{w_s}{T}\left[\frac{l_v}{R_v T} d\ln T - d\ln p - d\ln T\right]$$ 이고,

$\frac{l_v}{R_v T} d\ln T \gg d\ln T$, $\left(\frac{l_v}{R_v T} \simeq 18\right)$이므로 $d\ln T$ 값을 무시하면 $d\left(\frac{w_s}{T}\right) = \frac{w_s}{T} d\ln w_s$가 된다.

따라서 식(12.36)은 식(12.37)로 나타낼 수 있다.

$$d\ln\theta + \frac{l_v}{c_p} d\left(\frac{w_s}{T}\right) = d\ln\theta + \frac{l_v}{c_p}\frac{w_s}{T} d\ln w_s = 0 \tag{12.37}$$

식(12.37)을 적분한 후 재정리하면 식(12.38)을 얻을 수 있다.

$$\ln\theta_f + \frac{l_v}{c_p}\frac{w_{sf}}{T_f} = \ln\theta_i + \frac{l_v}{c_p}\frac{w_{si}}{T_i} \tag{12.38}$$

여기서 θ_i는 초기 잠재온도, θ_f는 최종 잠재온도, w_{si}는 초기 혼합율, 그리고 w_{sf}는 최종 혼합율을 나타낸다.

(9) 동등잠재온도

혼합공기의 모든 수증기가 가단열과정에 의해 응축되어 없어질 때 갖게 되는 잠재온도를 동등잠재온도(equivalent potential temperature) θ_e라고 한다. 식(12.38)에서 $w_{sf} = 0$이면 $\theta_f = \theta_e$가 되고 θ_e는 식(12.39)와 같다.

$$\theta_e = \theta \exp\left[\frac{l_v w_s}{c_p T}\right] \tag{12.39}$$

(10) 혼합공기의 단열체감율

공기 덩어리가 높이 상승하고 충분히 냉각되어 팽창함으로써 이슬점까지 온도가 내려가 응축 또는 증착을 하게 된다. 이런 현상이 발생하게 되는 고도(altitude)를 **상승응결고도**(lifting condensation level, LCL) 또는 상승응축고도라고 한다. 이렇게 포화된 공기가 LCL위로 상승하여 팽창이 계속되면서 온도는 낮아진다. 그러나 냉각은 응축 또는 증착으로부터 잠재열이 방출됨으로써 부분적으로 상쇄된다. 따라서 포화공기의 상승은 비포화 또는 건조공기의 상승보다 좀 더 느리게 진행이 되고 이때의 체감율을 SALR Γ_s라고 하며 식(12.40)과 같다.

$$\Gamma_s = -\left(\frac{dT}{dz}\right)_{sat} \tag{12.40}$$

식(12.9)와 식(12.30b)로부터 $c_p dT + g dz = -l_v dw_s$를 얻고, 이는 $\frac{dT}{dz} + \frac{g}{c_p} = -\frac{l_v}{c_p}\frac{dw_s}{dz}$로 다시 쓸 수 있으며, DALR Γ_d에 의해 식(12.41)과 식(12.42)로 나타낼 수 있다.

$$\Gamma_d = -\frac{dT}{dz} - \frac{l_v}{c_p}\frac{dw_s}{dz} = \frac{g}{c_p} \tag{12.41}$$

$$\Gamma_d = -\frac{dT}{dz}\left[1 + \frac{l_v}{c_p}\frac{dw_s}{dz}\right] = \Gamma_s\left[1 + \frac{l_v}{c_p}\frac{dw_s}{dz}\right] \tag{12.42}$$

따라서 식(12.42)로부터 SALR Γ_s는 식(12.43)과 같다.

$$\Gamma_s = \frac{\Gamma_d}{1 + \frac{l_v}{c_p}\frac{dw_s}{dz}} \tag{12.43}$$

여기서 $\frac{dw_s}{dz}$는 항상 양(+)의 값을 가지므로 $\Gamma_s < \Gamma_d$이다.

예제 12.4

(예제 12.2)를 참고로 (a) 이슬점, (b) 잠재온도, (c) 동등잠재온도를 구하라.

풀이

(a) 이슬점

식(12.29) : $e_s(T_d) = \frac{w_0 p}{\varepsilon} = \frac{0.005 \times 90000}{0.622} = 723.47\text{Pa}$

따라서 〈표 4.4〉로부터 $e_s(T_d) = 723.47Pa$에 해당하는 T_d를 보간법으로 구하면 $T_d = 2.15℃ = 275.31°\text{K}$가 된다.

(b) 잠재온도

식(12.14) : $\theta = T\left(\frac{p_0}{p}\right)^{R/c_p} = 280\left(\frac{100000}{90000}\right)^{287/1004} = 288.56°\text{K}$

(c) 동등잠재온도

식(12.39) : $\theta_e = \theta \exp\left[\dfrac{l_v w_s(T_s, \rho_s)}{c_p T_s}\right]$

- LCL에서 $w_0 = w_s(T_s, p_s) = \varepsilon \dfrac{e_s(T_s)}{p_s}$ 이며, $p_s = p_0\left(\dfrac{T_s}{\theta}\right)^{c_p/R}$ 이므로

$$w_0 = w_s(T_s, p_s) = \varepsilon \frac{e_s(T_s)}{p_0(T_s/\theta)^{c_p/R}} \rightarrow 0.005 = 0.622 \frac{e_s(T_s)}{100000(T_s/288.56)^{1004/287}}$$

- 시행착오법에 의해 $T_s = 272.82°K$, $p_s = 73965Pa$를 구한다.
- $\theta_e = \theta \exp\left[\dfrac{l_v w_s(T_s, p_s)}{c_p T_s}\right] = 288.56 \times \exp\left[\dfrac{(2.5\times10^6)(0.005)}{1004 \times 272.82}\right] = 302.03°K$

12.2.3 건조공기와 혼합공기의 안정성

대기에서 공기덩어리가 초기의 상승조건을 만족하면 상승과정이 지속되기도 하지만 대기가 공기덩어리의 상승에 저항을 하기도 한다. 이는 공기덩어리의 상승에 대한 공기의 민감성으로 정적 안정성(static stability)이라고 한다. 즉, 정적으로 불안정한 공기(statically unstable air)는 초기의 상승조건이 만족되면 계속해서 상승을 하고자 하며, 정적으로 안정한 공기(statically stable air)는 공기의 상승 이동에 저항하며 원래의 수준으로 되돌아갈 수 있도록 가라앉고자 한다. 공기가 상승과 가라앉음을 하지 않고 어떤 높이에서 머물러 있을 경우는 공기가 정적으로 중립의 상태(statically neutral air)에 있다고 한다.

(1) 불안정한 공기

〈그림 12.7a〉는 건조공기 덩어리가 상승을 하는데 ELR(Γ)이 DALR(Γ_d)보다 큼을 보이고 있다. 즉, 상승하는 공기가 주변의 외부공기보다 더 천천히 냉각을 하고 있다. 지표면 온도가 10℃이고 ELR이 1.5℃/100m, 그리고 DALR은 1℃/100m이므로 고도에 따라 건조공기는 외부공기보다 점점 더 더워진다. 따라서 건조공기는 부력을 받아 계속 상승하게 되며 이러한 상태를 절대 불안정(absolutely unstable)이라고 한다.

〈그림 12.7b〉는 포화(또는 혼합)공기 덩어리가 상승을 하는데 여기도 ELR이 SALR(Γ_s)보다 큼을 보이고 있다. 그러나 이 경우에는 공기가 포화되어 있으므로 SALR은 DALR보다 더 천천히 공기를 냉각시키고 있다. 즉, 고도에 따라 혼합공기와 외부공기의 온도 차이가 점점 더 커지므로 혼합공기는 더 따뜻해지고 더 강한 부력을 받게 되며, 절대 불안정한 상태가 된다.

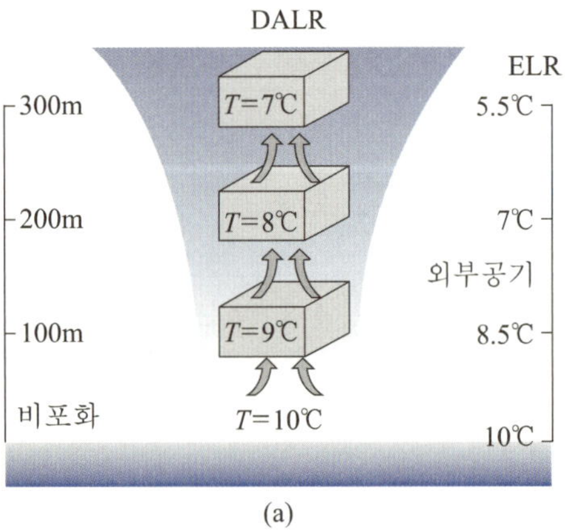

〈그림 12.7〉 DALR과 SALR 그리고 불안정한 공기

(2) 안정한 공기

〈그림 12.8a〉는 ELR이 0.2℃/100m이고 DALR은 1℃/100m로 건조공기가 외부공기보다 더 빨리 온도가 떨어지는 경우로 이는 공기 덩어리가 상대적으로 더 무거워지면서 부력이 작아지게 된다. 따라서 부력이 음(−)의 값을 가지면서 상승이 진행되지 못하고 공기덩어리는 원래의 상태로 되돌아가고자 가라앉게 되며, 이러한 상태를 절대 안정(absolutely stable)이라고 한다. 〈그림 12.8b〉의 경우도 혼합공기가 SALR로 냉각이 진행되면서 외부공기보다 더 차가워진다. 따라서 혼합공기도 원래의 상태로 되돌아가고자 가라앉게 된다.

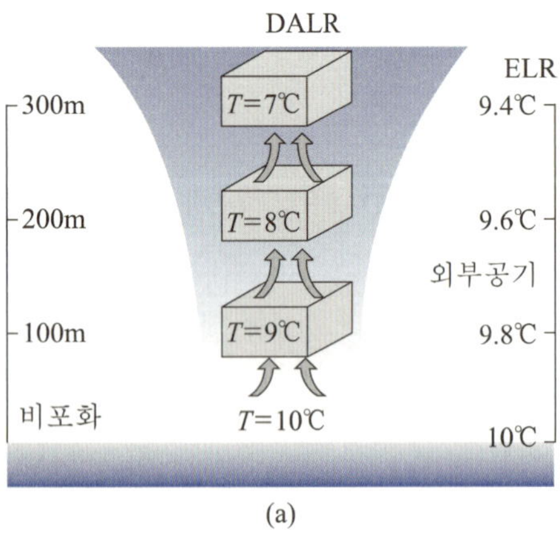

〈그림 12.8〉 DALR과 SALR 그리고 안정한 공기

(3) 조건부 불안정한 공기

ELR이 DALR과 SALR사이에 있을 때 대기는 조건부 불안정(conditionally unstable)한 상태에 있다고 한다. 〈그림 12.9a〉의 경우 ELR은 0.7℃/100m이고 DALR은 1℃/100m이므로 상승하는 건조공기는 외부공기보다 점점 차가워져 음(−)의 부력을 갖게 되고 공기는 더 이상 상승하지 않게 된다.

〈그림 12.9b〉에서 건조공기는 초기온도가 10℃이고 9.2℃에서 이슬점을 갖는다. 이 공기는 약 100m의 고도에서 포화가 되기 전까지 DALR의 비율로 냉각이 되며, 상승한 공기 덩어리는 외부공기보다 더 차갑게 된다. 이 공기가 더 상승하게 되면 ELR보다 작은 비율로 SALR로 냉각이 이루어지게 된다. 고도 200m에서도 상승한 공기는 여전히 외부공기보다 차갑다. 그러나 고도 300m에 도달하게 되면 공기는 외부공기보다 더 더워지게 되며, 상승한 공기는 부력을 받아 외부의 상승력이 작용하지 않아도 스스로 상승을 하게 된다. 따라서 만약 대기가 조건부 불안정한 상태라면, 공기덩어리는 어떤 특정한 고도에서 부력을 받게 되는데 이 수준을 **자유대류고도**(level of free convection, LFC)라고 한다. 즉, 이 고도에 있어서의 공기덩어리는 부력을 받아 스스로 상승하게 된다. 이와 같이 조건부 불안정한 상태의 공기덩어리가 LFC위로 상승할 때 구름은 그 깊이가 증가하게 되고, 강수를 발생하게 된다.

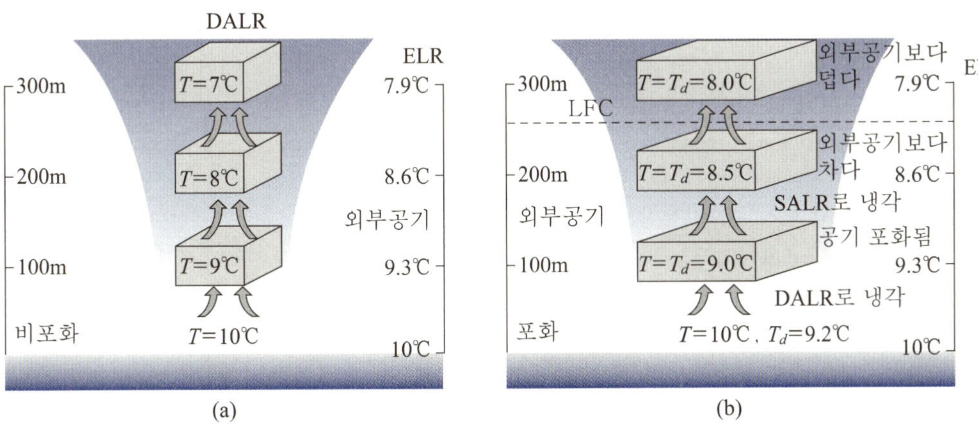

〈그림 12.9〉 조건부 불안정한 공기의 상승과정

〈그림 12.10〉은 〈그림 12.9〉에 대한 온도와 고도의 관계를 표현한 것이다. DALR로 LCL까지 상승하고, 여기에서 공기가 포화되어 LFC까지 상승한다. LFC부터는 부력에 의해 포화공기가 상승하게 되어 구름을 형성하고 강수를 발생하게 된다. 따라서 〈그림 12.10〉으로부터 다음과 같은 내용을 적을 수 있다.

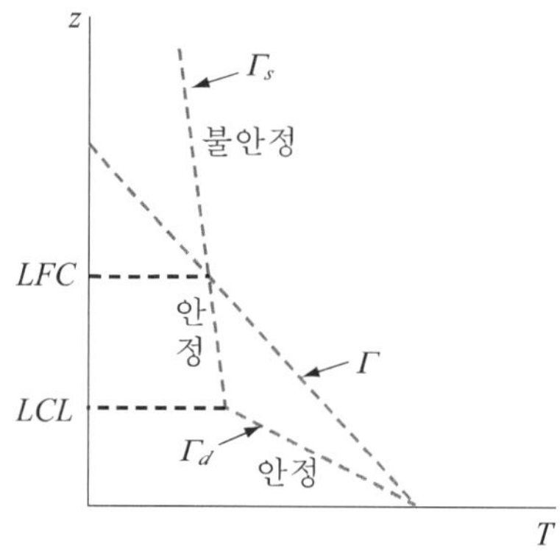

〈그림 12.10〉 조건부 불안정한 공기

① $\Gamma > \Gamma_s$: 불안정조건(unstable condition)

LFC를 지나 상승한 공기덩어리는 부력을 받아 스스로 상승하게 되어 공기는 불안정한 상태가 된다.

② $\Gamma = \Gamma_s$: 중립조건(neutral condition)

상승하던 공기덩어리가 어떤 고도에서 평형상태를 이루어 머물러 있는 경우이다. 즉, 부력이 0이 되는 경우이다. 상승하던 불안정한 공기가 평형상태에 도달하여 자유대류(free convection)가 멈추면서 안정된 상태로 되는 것이다. 이 고도는 종종 대류권계면 근처에 있게 되며, **중립부력고도**(level of neutral buoyancy, LNB) 또는 평형고도(equilibrium level, EL)라고 한다(〈그림 12.11〉을 참조).

③ $\Gamma < \Gamma_s$: 안정조건(stable condition)

상승하던 공기덩어리가 LCL과 LFC사이에 있는 경우이다.

12.3 이용가능 대류위치에너지

이용가능 대류위치에너지(Convective Available Potential Energy, CAPE)는 공기덩어리(air parcel)가 대기를 통해 수직으로 어떤 거리를 상승하였을 때 갖게 되는 에너지이며, 양(+)의 부력을 가진다. 이는 대기의 불안정성을 나타내는 지시자(indicator)로 뇌우와 같은 심한 날씨를 예측하는데 효과적으로 이용된다.

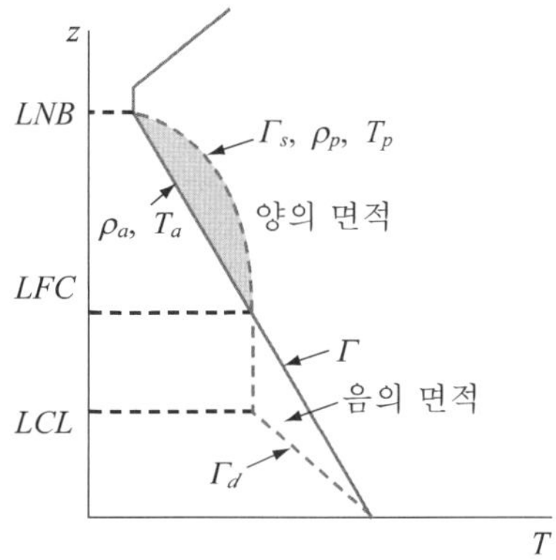

〈그림 12.11〉 이용가능 대류위치에너지

CAPE는 대류권의 조건부 불안정한 층내에 존재하며, 〈그림 12.11〉에서 LFC에서 LNB까지, 즉 빗금친 부분에 대한 공기덩어리의 부력을 적분함으로써 계산할 수 있다. 미소거리에 대한 미소 일은 힘 곱하기 거리이므로 $dW = F_B \times dz$이다. F_B^*를 공기덩어리에 작용하는 단위질량당 순 힘(net force) 또는 부력이라고 하면 식(12.44)와 같이 나타낼 수 있다.

$$F_B^* = \frac{F_B}{\rho_p} = g\frac{\rho_a - \rho_p}{\rho_p} \tag{12.44}$$

여기서, ρ_p는 공기덩어리의 밀도이다. CAPE는 그 정의에 따라 식(12.45)와 같이 쓸 수 있다.

$$\text{CAPE} = \int_{LFC}^{LNB} F_B^*\, dz = \int_{LFC}^{LNB} g\frac{\rho_a - \rho_p}{\rho_p} dz = \int_{LFC}^{LNB} g\frac{(T_V)_p - (T_V)_a}{(T_V)_a} dz \tag{12.45}$$

여기서 $(T_V)_p$와 $(T_V)_a$는 각각 공기덩어리와 외부공기에 대한 가상온도이다.

예제 12.5

지상에서 비포화 공기덩어리의 동등잠재온도는 340°K이고, 잠재온도는 300°K이다. 만약 LCL에서 외부공기의 온도가 295°K이라면 LCL에서 공기덩어리에 작용하는 부력은 얼마이겠는가? 지상에서의 압력은 1000mb이다.

풀이

식(12.44) : $F_B = g(\rho_a - \rho_p) = \dfrac{gp}{RT_p}\left[\dfrac{T_p}{T_a} - 1\right]$

지상의 조건 : $\theta = 300°\mathrm{K}$, $\theta_e = 340°\mathrm{K}$, $p_0 = 1000\mathrm{mb}$

LCL에서 $T_a = 295°\mathrm{K}$

- LCL에서 $T_p = T_s$이고, 단열과정이며 θ, θ_e, w_0는 보존된다고 가정한다.

$$w_0 = \varepsilon\frac{e_s(T_s)}{p_s} \cdots ①,\ p_s = p_0\left(\frac{T_s}{\theta}\right)^{c_p/R} \cdots ②,\ \theta_e = \theta\exp\left[\frac{l_v}{c_p}\frac{w_s(T_s, p_s)}{T_s}\right] \cdots ③$$

- 식 ①, ②, ③으로부터 식④를 얻는다.

$$\frac{c_p T_s}{l_v}\ln\left(\frac{\theta_e}{\theta}\right) = \frac{\varepsilon\theta^{c_p/R}e_s(T_s)}{p_0 {T_s}^{c_p/R}} \cdots ④$$

각 변수들의 값을 대입하고 시행착오법으로 풀면
$T_s = 291.5°\mathrm{K}$와 $p_s = 90434.12\mathrm{Pa}$를 얻는다.

- 따라서

$$F_B = \frac{gp_s}{R_d T_s}\left[\frac{T_s}{T_a} - 1\right] = -0.126\ \ \mathrm{N/m^2}$$

12.4 강수 모형

12.2.3절에서 설명하였듯이 혼합공기의 상승과 응축과정은 물방울들을 생산하게 되는데 이들은 구름의 형성에 공헌을 하게 된다. 이들 물방울들의 종단속도(terminal velocity)가 기류의 상승속도(updraft velocity)를 초과할 수 있도록 물방울들이 충분히 성장하면, 구름을 벗어나 지상을 향해 떨어지고, 강수로서 지상에 도달하게 된다.

12.4.1 구름 시스템

구름 시스템(cloud system)의 수분에 대한 양은 저수지에서의 물수지(water budget)를 생각하면 〈그림 12.12〉로부터 다음의 식(12.46)과 같이 쓸 수 있다. 〈그림 12.12〉에서 $X(t)$는 단위구름기둥(unit cloud column)에 대한 저류량이고, $I(t)$는 혼합공기의 단열과정에 의해 상승한 공기의 응축으로 생긴 물의 유입량이며, $O_t(t)$와 $O_b(t)$는 각각 구름시스템의 상단(top)과 하단(bottom)부분에서의 유출량이 된다. $P(t)$는 강수량이고, T_0와 p_0는 각각 지표면에서의 온도와 압력이며, v는 기류의 상승속도(updraft velocity)이다. 그리고 t는 시간을 의미한다.

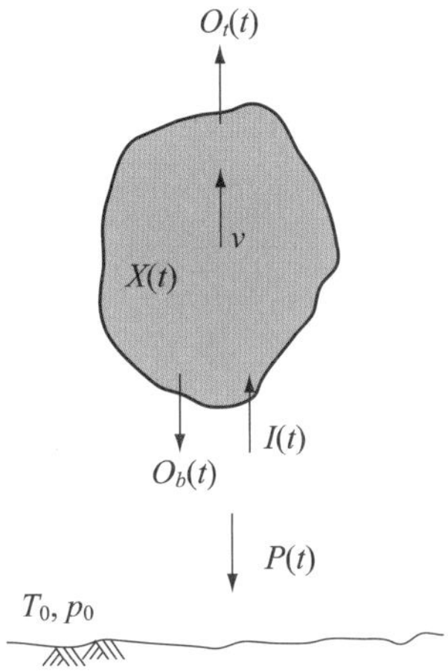

〈그림 12.12〉 구름 시스템

$$\frac{X(t)}{dt} = I(t) - O_t(t) - O_b(t) \tag{12.46}$$

시간에 따른 $X(t)$를 구하기 위해 식(12.46)을 이산형(discrete form)으로 다시 쓰면 식(12.47)과 같다.

$$X(t+\Delta t) = X(t) + [I(t) - O_t(t) - O_b(t)]\Delta t \tag{12.47}$$

(1) 구름물방울의 크기 분포

구름물방울의 크기 분포(cloud droplet size distribution)는 Marshall-Palmer의 공식에 의해 식(12.48)과 같이 나타낸다.

$$n(D) = N_0 e^{-cD} \tag{12.48}$$

여기서 D는 구름물방울들의 직경들을 표시하고, $n(D)dD$는 $(D,\ D+dD)$사이에 존재하는 구름물방울들의 수이다. N_0는 구름물방울 크기에 대한 Marshall-Palmer 분포의 매개변수이고, c는 구름물방울 평균직경의 역수이다$(=1/\overline{D})$. 단위체적당 $(D,\ D+dD)$사이에 존재하는 구름물방울들을 물의 질량으로 환산하면 다음의 식(12.49)와 같다.

$$X(D) = \rho_w n(D) \frac{\pi}{6} D^3 \tag{12.49}$$

식(12.49)에 상응하는 강수의 질량은 식(12.50)과 같이 쓸 수 있다.

$$P(D) = \rho_w n(D) \frac{\pi}{6} D^3 (v_T(D) - v) \tag{12.50}$$

여기서 종단속도 $v_T(D) = \alpha D$로 가정하고, α는 계수이며, v는 상승속도이다. 종단속도 v_T는 중력과 항력의 평형으로부터 유도할 수 있다.

지표면으로부터의 고도 z에 따라 구름물방울 평균직경의 역수인 c의 분포를 〈그림 12.13〉과 같이 가정하여 $c(z)$를 식(12.51)과 같이 나타낸다.

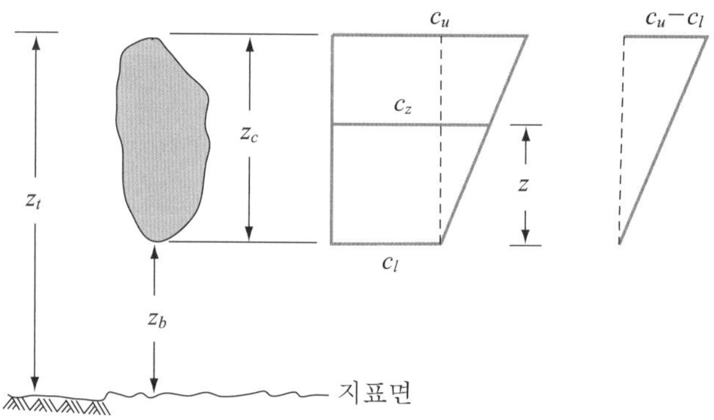

〈그림 12.13〉 구름의 깊이 z에 따른 $c(z)$의 분포

$$c(z) = c_l + \frac{z}{z_c}(c_u - c_l) \tag{12.51}$$

〈그림 12.13〉의 관계를 이용해 구름의 저류량 $X(t)$를 물의 질량으로 표시하면 식(12.52)와 같이 쓸 수 있다.

$$X(t) = \int_0^z \int_{D_{\min}}^{D_{\max}} \frac{\pi D^3}{6} \rho_w N_0 e^{-cD} \, dD \, dz \tag{12.52}$$

$D_{\min}=0$, $D_{\max}=\infty$, 그리고 $\gamma_c=c_u/c_l$로 하여 식(12.52)를 적분하면 식(12.53)을 얻을 수 있다.

$$X(t)=\frac{1}{3}\pi\rho_w N_0 z_c \frac{1}{c}\left(\frac{1}{\gamma_c}+\frac{1}{\gamma_c^2}+\frac{1}{\gamma_c^3}\right) \tag{12.53}$$

(2) 구름의 유입량

구름으로 유입하는 물의 질량을 구하기 위해 식(12.54)를 이용할 수 있다.

$$I(t)=-\rho_m v\,\Delta w=\rho_m v\,[w_0-w_s(T_t,\,p_t)] \tag{12.54}$$

식(12.54)를 구하기 위해 혼합공기의 밀도를 알아야 하고, 포화단열과정에 의해 지표면으로부터 구름의 상단까지 상승하는 공기덩어리의 혼합율의 변화도 계산해야 한다. 기류의 상승속도 v는 알고 있다는 가정과 필요한 가정을 통해 혼합공기 밀도와 Δw를 구하는 절차들을 아래와 같이 설명하도록 한다.

① LCL의 하부

혼합공기가 지표면과 LCL사이에서 단열과정을 통해 상승할 때, 잠재온도 θ와 혼합율 w_0는 보존되는 값이다. 따라서 LCL에서 다음의 식들을 가진다.

$$\theta=T_s\left(\frac{p_0}{p_s}\right)^{R/c_p}=\text{일정} \tag{12.55}$$

$$w_0=\frac{\varepsilon e_s(T_s)}{p_s}=\text{일정} \tag{12.56}$$

$$\theta_e=\theta\exp\left[\frac{l_v w_s(T_s,\,p_s)}{c_p T_s}\right] \tag{12.57}$$

따라서 위의 식들로부터 LCL에서 공기덩어리의 온도 T_s와 압력 p_s는 다음의 관계가 있다.

$$p_s=p_0\left(\frac{T_s}{\theta}\right)^{c_p/R} \tag{12.58}$$

$$\frac{c_p T_s}{l_v}\ln\left(\frac{\theta_e}{\theta}\right)=\frac{\varepsilon\theta^{c_p/R}e_s(T_s)}{p_0 T_s^{c_p/R}} \tag{12.59}$$

여기서 θ와 θ_e는 기지의 값(알고 있는 값)들로 LCL 하부에서는 일정한 값을 가진다. 식(12.59)에서 T_s는 시행착오법에 의해 풀게 된다. T_s를 얻은 후 식(12.58)에 의해 p_s를 구한다. 초기 혼합율 w_0는 식(12.56)에 의해 구하고 구름시스템의 하단의 고도는 식(12.60)에 의해 구한다.

$$z_b = \frac{T_0 - (T_a)_s}{\Gamma} \tag{12.60}$$

여기서 $(T_a)_s$는 LCL에서 외부공기(ambient air)의 기온이다.

② LCL의 상부

LCL의 위쪽으로 포화 단열과정을 통해 공기덩어리가 상승할 때, 동등잠재온도 θ_e는 보존되나 잠재온도 θ는 보존되지 않는다. 따라서 구름시스템의 상단에서 동등잠재온도는 다음의 식(12.61)과 같다.

$$\theta_e = \theta \exp\left[\frac{l_v w_s(T_t, p_t)}{c_p T_t}\right] = T_t\left(\frac{p_0}{p_t}\right)^{R/c_p} \exp\left[\frac{l_v w_s(T_t, p_t)}{c_p T_t}\right] \tag{12.61}$$

식(12.61)에서 동등잠재온도는 구름시스템 상단 공기덩어리의 온도와 압력의 함수로 표현된다. 만약 구름시스템 상단의 압력이 주어진다면 식(12.61)은 구름시스템 상단의 온도 T_t의 함수가 되며 시행착오법에 의해 구할 수 있게 된다. 일단 T_t를 얻으면 구름시스템 상단의 최종 혼합율은 식(12.62)로부터 구하고, Δw를 식(12.63)으로부터 얻는다.

$$w_s(T_t, p_t) = \frac{\varepsilon e_s(T_t)}{p_t} \tag{12.62}$$

$$\Delta w = -[w_0 - w_s(T_t, p_t)] \tag{12.63}$$

설명을 위해 만약 지표면에서의 혼합공기의 밀도를 이용한다면 이는 식(12.64)로부터 구할 수 있다.

$$\rho_m = \frac{p}{R_d T}\left(1 - 0.378\frac{e}{p}\right) \tag{12.64}$$

만약 고도에 따른 압력 분포가 고도에 따라 선형적인 변화를 가진 온도와 아래의 식

(12.65)와 같은 관계를 가진다고 가정하면, 구름 상단에서 외부공기의 온도 $(T_a)_t$는 식(12.66)과 같게 된다.

$$p(z) = p(z_0)\left[\frac{T(z)}{T(z_0)}\right]^{g/R_d\Gamma} \tag{12.65}$$

$$(T_a)_t = T_0\left(\frac{p_t}{p_0}\right)^{R_d\Gamma/g} \tag{12.66}$$

따라서 구름시스템의 상단의 고도는 식(12.67)과 같이 구할 수 있다.

$$z_t = \frac{T_0 - (T_a)_t}{\Gamma} \tag{12.67}$$

(3) 구름의 유출량

구름시스템의 하단과 상단으로부터 유출되는 물의 질량을 구하기 위해 하단과 상단부의 유출량을 나누어서 설명하도록 한다.

① 구름의 하단

구름 하단부의 유출량은 아래의 식(12.68)과 같이 설명된다.

$$O_b(t) = \int_{D_{\min}}^{\infty} O_b(D,t)\,dD \tag{6.68}$$

$$= \int_{v/\alpha}^{\infty} \frac{\pi D^3}{6}\rho_w n(D)[v_T(D) - v]\,dD$$

$$= \frac{\pi\rho_w N_0}{6}\int_{v/\alpha}^{\infty} D^3 e^{-cD}[\alpha D - v]\,dD$$

$$= \frac{\pi\rho_w N_0}{6}\left[\alpha\int_{v/\alpha}^{\infty} D^4 e^{-cD}dD - v\int_{v/\alpha}^{\infty} D^3 e^{-cD}dD\right]$$

$$= \frac{\pi\rho_w N_0}{6}[\alpha I_1 - vI_2]$$

식(6.68)에서 $cD = u$라고 놓으면 $c\,dD = du$가 되고 I_1과 I_2는 각각 아래의 식(12.69)와 식(12.70)과 같이 쓸 수 있다.

$$I_1 = \int_{cv/\alpha}^{\infty} \left(\frac{u}{c}\right)^4 e^{-u} \frac{du}{c} = \frac{1}{c^5} \int_{cv/\alpha}^{\infty} u^4 e^{-u} du = \frac{1}{c^5} \Gamma\left(5, \frac{cv}{\alpha}\right) \tag{12.69}$$

$$I_2 = \int_{cv/\alpha}^{\infty} \left(\frac{u}{c}\right)^3 e^{-u} \frac{du}{c} = \frac{1}{c^4} \int_{cv/\alpha}^{\infty} u^3 e^{-u} du = \frac{1}{c^4} \Gamma\left(4, \frac{cv}{\alpha}\right) \tag{12.70}$$

따라서 구름시스템 하단의 유출량은 식(12.71)과 같이 쓸 수 있고, $\Gamma(\ ,\ )$는 불완전 감마 함수(incomplete gamma function)를 나타낸다.

$$O_b(t) = \frac{\pi \rho_w N_0}{6} [\alpha I_1 - v I_2] = \frac{\pi \rho_w N_0}{6c^4} \left[\frac{\alpha}{c} \Gamma\left(5, \frac{cv}{\alpha}\right) - v \Gamma\left(4, \frac{cv}{\alpha}\right)\right] \tag{12.71}$$

② 구름의 상단

구름 상단부의 유출량은 아래의 식(12.72)와 같이 나타낼 수 있다.

$$O_t(t) = \int_0^{v/\alpha} O_t(D, t) dD = \int_0^{v/\alpha} \frac{\pi D^3}{6} \rho_w N_0 e^{-cD} [v - v_T(D)] dD \tag{12.72}$$

만약 구름 상단에서 c_u가 $c_l \gamma_c$ $(c_l \simeq c)$와 같다고 하면 식(12.72)는 식(12.73)으로 다시 쓸 수 있다.

$$\begin{aligned} O_t(t) &= \int_0^{v/\alpha} \frac{\pi D^3}{6} \rho_w N_0 e^{-\gamma_c c D} [v - v_T(D)] dD \\ &= \pi \rho_w \frac{N_0 \alpha}{(\gamma_c c)^5} \frac{1}{6} \left[\Gamma\left(5, \frac{\gamma_c c v}{\alpha}\right) - \left(\frac{\gamma_c c v}{\alpha}\right) \Gamma\left(4, \frac{\gamma_c c v}{\alpha}\right)\right] + \frac{\gamma_c c v}{\alpha} - 4 \end{aligned} \tag{12.73}$$

따라서 $c_l \simeq c$이므로 식(12.71)과 식(12.73)은 c_l의 함수로 표현되며, c_l은 식(12.74)와 같이 구할 수 있다.

$$c_l = \left[\frac{\pi \rho_w N_0 z_c \delta}{X}\right]^{1/4} \tag{12.74}$$

여기서 X는 구름기둥 안에 있는 물의 총질량으로 총 저류량이고, δ와 z_c는 각각 식(12.75)와 식(12.76)과 같다.

$$\delta = \frac{1}{3}\left(\frac{1}{\gamma_c} + \frac{1}{\gamma_c^2} + \frac{1}{\gamma_c^3}\right) \tag{12.75}$$

$$z_c = z_t - z_b \tag{12.76}$$

12.4.2 강수

구름시스템의 하단으로부터 떨어지는 구름물방울은 지상에 도달하게 되고 강수율(precipitation rate)에 공헌하게 된다. 그러나 비포화된 일부 구름층의 조건하에서는 구름물방울이 지상에 떨어지면서 증발에 의해 구름물방울의 질량이 감소하게 된다.

(1) 강수율

지상에서 단위 면적당 떨어지는 물의 강수율은 식(12.77)과 같이 나타낼 수 있다.

$$P(t) = \int_{D_{\min}}^{\infty} \frac{\pi D^3}{6} \rho_w N_0 e^{-cD} [v_T(D) - v]\, \tau(D)\, dD \tag{12.77}$$

여기서 $\tau(D) = \dfrac{\text{구름물방울의 최종질량(Final mass)}}{\text{구름물방울의 초기질량(Initial mass)}} = \left(\dfrac{D_F}{D_0}\right)^3$이고, $D_{\min} = \max\left[\dfrac{v}{\alpha},\ D_c\right]$이다. 구름물방울의 초기 질량은 구름시스템 하단의 유출량이고, 최종 질량은 지상에 도달한 강수율이며, D_c는 한계직경(critical diameter)이다.

(2) 강수하는 구름물방울의 증발

구름시스템의 하단을 통해 떨어지는 구름물방울은 지상으로 떨어지면서 증발하게 된다. 증발은 구름물방울 표면에서의 증기압과 외부공기(ambient air)의 압력 차이에서 기인한다. 구름물방울 표면에서의 증기압은 습구온도 T_w에서 포화된다고 가정할 수 있고, 외부공기에서의 증기압은 이슬점 T_d에서 포화된 것과 같다고 놓을 수 있다. $T_w > T_d$이므로 $e_s(T_w) > e_s(T_d)$이고, 이 경우의 증기압구배(water vapor pressure gradient)는 증발에 유리하다. 증발은 외부공기 또는 주변공기(surrounding air)에 대해 상대적으로 움직이는 구름물방울들에 대한 환기효과(ventilation effect)로 인해 더 증진된다(4.3.4절 참조). Byers(1965)에 따르면, 표면온도 T_w를 가지고 정지해 있는 구름물방울은 식(12.78)의 비율로 증발에 의해 그 질량을 잃는다.

$$\rho_w D \frac{dD}{dt} = \frac{4D^*}{R_v}\left[\frac{e_s(T_d)}{T_0} - \frac{e_s(T_w)}{T_w}\right] = 4D^*(\rho_{v_0} - \rho_{v_r}) \tag{12.78}$$

여기서 t는 시간이며, D^*는 공기 중 수증기의 Fickian 확산계수이고, ρ_{v_0}는 외부공기의 밀도이며, ρ_{v_r}은 구름물방울 표면의 밀도이다. R_v는 수증기에 대한 기체상수로 461 J/kg°K를 갖는다. Pruppacher와 Klett(1978)에 의하면 D^*는 식(12.79)와 같이 쓸 수 있으며, 환기효과를 고려하기 위해 환기효과 계수 $f_v(D)$를 도입하면 식(12.78)은 식(12.80)이 된다. 또한 식(12.80)으로부터 식(12.81)을 쓸 수 있다.

$$D^* = 2.11 \times 10^{-5}\left(\frac{T_0}{T^*}\right)^{1.94}\frac{p^*}{p_0} \tag{12.79}$$

$$\rho_w D \frac{dD}{dt} = 4D^* f_v(D)(\rho_{v_0} - \rho_{v_r}) \tag{12.80}$$

$$\rho_w \int_{D_F}^{D_0} \frac{D\, v_T(D)}{f_v(D)} dD = \int_0^{z_b} \frac{4D^*}{R_v}\left[\frac{e_s(T_w)}{T_w} - \frac{e_s(T_d)}{T_0}\right] dz \tag{12.81}$$

여기서 $T^* = 273.15°K$, $p^* = 101325 kg/m \cdot sec^2$(1013.25mb)을 가지며, 이때 D^*의 단위는 m^2/sec이다. 식(12.79)는 외부공기의 온도가 233.15°K(−40℃)와 313.15°K(40℃)사이에서 타당한 값을 가진다. 그리고 $\frac{dz}{dt} = -v_T(D) \rightarrow dt = -v_T(D)\,dz$이다. Beard와 Pruppacher (1971)는 실험에 의해 낙하하는 둥근 구(sphere) 모양의 방울에 대해 환기효과계수를 아래와 같이 제안하였다.

$$N_{sc}^{1/3}\mathrm{R}^{1/2} \le 1.4 \text{일 때 } f_v(D) = 1 + 0.108\, N_{sc}^{2/3}\mathrm{R}$$

$$N_{sc}^{1/3}\mathrm{R}^{1/2} > 1.4 \text{일 때 } f_v(D) = 0.78 + 0.308\, N_{sc}^{1/3}\mathrm{R}^{1/2}$$

여기서 $\mathrm{R} = \frac{D\, v_T(D)\, \rho_a}{\mu}$으로 Reynold 수이고, $N_{sc} = \frac{\mu}{\rho_a D^*}$이다. ρ_a(kg/m^3)는 T_0와 p_0에서의 공기의 밀도이고, μ는 공기의 동점성계수(kg/m · sec)로 아래의 식(12.82)와 같다.

$$\mu = 1.72 \times 10^{-5}\left(\frac{393}{T_0 + 120}\right)\left(\frac{T_0}{273}\right)^{3/2} \tag{12.82}$$

여기서, T_0는 Kelvin의 단위를 갖는다.

Georgakakos와 Bras(1984)에 의한 근사값들을 정리하면 아래와 같다.

$$c_l(D_0^3 - D_F^3) = \int_0^{z_b} \frac{4D^*}{R_v}\left[\frac{e_s(T_w)}{T_w} - \frac{e_s(T_d)}{T_0}\right]dz \tag{12.83}$$

$$D_F^3 = D_0^3 - \frac{4D^*}{c_l R_v}\left[\frac{e_s(T_w)}{T_w} - \frac{e_s(T_d)}{T_0}\right]z_b \tag{12.84}$$

$$\tau(D_0) = 1 - \frac{D_c^3}{D_0^3} \tag{12.85}$$

$$D_c = \left[\frac{4D^*}{c_l R_v}\left(\frac{e_s(T_w)}{T_w} - \frac{e_s(T_d)}{T_0}\right)z_b\right]^{1/3} \tag{12.86}$$

식(12.77)을 감마함수의 형태로 표현하면 강수율 $P(t)$는 다음의 식(12.87)에 의해 나타낼 수 있다.

$$P(t) = \frac{\pi \rho_w N_0}{6c_l^4}\left[\frac{\alpha}{c_l}\Gamma(5, c_l D_l) - v\Gamma(4, c_l D_l) - D_c^3 \alpha c_l^2 \Gamma(2, c_l D_l) + D_c^3 v c_l^3 e^{-c_l/D_l}\right] \tag{12.87}$$

여기서 D_l은 식(12.77)의 $D_{\min}$과 같은 식을 이용하면 되는데, 이는 구름하단의 구름물방울 분포에 대한 경계직경(threshold diameter)으로 지상의 강수율에 공헌한다. 구름물방울이 작으면 구름하단에서 상승속도를 초과하는 종단속도를 갖지 못할 뿐 아니라 지상에 도달하기 전에 모두 증발하게 된다.

식(12.86)에서 D_c는 구름 하단의 한계직경(critical diameter)으로 이 직경의 구름물방울은 지상에 도달할 때 완전히 증발한다. 따라서 D_c보다 큰 구름물방울들만이 실제 강수율에 공헌하게 된다. 식(12.86)에서 c_l은 kg/m^3 · sec의 단위를 갖는 상수로 다음의 값들을 갖는다.

$$c_l = \begin{cases} \text{강우(rain)} : 7.0 \times 10^5 \\ \text{강설(snow)} : 1.4 \times 10^5 \end{cases} \tag{12.88}$$

예제 12.6

지상에서 1000m고도에 있는 구름시스템 하단까지의 평균기온은 $T_0 = 30℃$, $T_w = 25.5℃$, 상대습도는 70%, 지상의 평균압력은 1000mb이다. 이슬비가 내리고 있을 때, 이슬비가 지상에 도달할 때까지 증발을 막으려면 구름시스템 하단에서의 구름물방울 입자의 크기는 얼마이어야 하겠는가? 즉, D_c는 얼마이겠는가?

풀이

식(12.86) : $D_c = \left[\frac{4D^*}{c_l R_v} \left(\frac{e_s(T_w)}{T_w} - \frac{e_s(T_d)}{T_0} \right) z_b \right]^{1/3}$

포화증기압을 구하기 위한 근사공식 :

$$e_s \approx 33.8639[(0.00738T + 0.8072)^8 - 0.000019|1.8T + 48| + 0.001316] \quad ①$$

$T_0 = 30℃ = 303.15°K$

- 공식①로부터
  $e_s(T_0) = 42.41\text{mb} = 4241\text{kg/m} \cdot \text{sec}^2$
  $e_s(T_w) = 32.62\text{mb} = 3262\text{kg/m} \cdot \text{sec}^2$
- 이슬점에서의 포화증기압 :
  $e_s(T_d) = 0.7 \times e_s(T_0) = 0.7 \times 42.41 = 29.69\text{mb} = 2969\text{kg/m} \cdot \text{sec}^2$
- 식(12.88) : $c_l = 7 \times 10^5 \text{kg/m}^3 \cdot \text{sec}$
- 식(12.79) : $D^* = 2.11 \times 10^{-5} \left(\frac{T_0}{T^*} \right)^{1.94} \frac{p^*}{p_0} = 2.11 \times 10^{-5} \left(\frac{303.15}{273.15} \right)^{1.94} \frac{101325}{100000}$
  $= 2.617 \times 10^{-5} \text{m}^2/\text{sec}$
- 식(12.86) : $D_c = \left[\frac{1}{7 \times 10^5} \frac{4(2.617 \times 10^{-5})}{461} \times \left(\frac{3262}{298.65} - \frac{2969}{303.15} \right) \times 1000 \right]^{1/3}$
  $= 7.2 \times 10^{-4} \text{m} = 0.72\text{mm}$

12.4.3 단위질량당 발생하는 에너지

LFC와 구름상단(cloud top)사이에서 공기덩어리(parcel)에 작용하는 양의 부력에 의해 행해진 일(work done)의 결과로 발생하는 단위질량당 에너지는 아래의 식에 의해 구할 수 있다.

$$\text{단위질량당 에너지} = \int_{LFC}^{\text{구름상단}} g\left(\frac{T_p(z)}{T_a(z)} - 1\right)dz \cong g\sum_{i=1}^{n} \Delta z_i \overline{\left(\frac{T_p}{T_a} - 1\right)}_i \qquad (12.89)$$

여기서 $\overline{\left(\frac{T_p}{T_a} - 1\right)}_i = \frac{1}{2}\left(\frac{T_p(z_{i+1}) - T_a(z_{i+1})}{T_a(z_{i+1})} + \frac{T_p(z_i) - T_a(z_i)}{T_a(z_i)}\right)$이고, $\Delta z_i = z_{i+1} - z_i$ 이다.

연 습 문 제

12.1 (예제 12.1)로부터 균일한 건조공기의 상단의 높이를 유도하라.

12.2 식(12.13)을 유도하라.

12.3 식(12.14)에서 잠재온도 θ가 건조공기 덩어리가 단열과정을 하는 동안 보존되는 값임을 보여라.

12.4 식(12.15)를 유도하라.

12.5 식(12.19)를 유도하라.

12.6 어떤 집에서 가습기가 공기중에 수증기를 뿜으면서 작동을 하고 있고, 상대습도가 증가하고 있다. 이 집의 부피는 200m^{3}이고 공기의 온도가 21℃이며, 상대습도는 10%이다. 상대습도를 60%까지 증가하게 한다면 증발된 물의 양은 얼마이겠는가? 압력은 1010mb로 일정하고 증발을 위해 필요한 열에너지는 스스로 제공한다고 가정한다.

12.7 식(12.33)을 유도하라.

12.8 지표면의 비포화 공기덩어리(air parcel)의 동등잠재온도는 340°K이고 잠재온도는 300°K이다. 공기덩어리는 단열과정에 의해 상승한다. 공기덩어리가 포화되는 점, 즉 응축이 시작되는 점에서 공기덩어리의 온도와 압력을 구하라.

12.9 <문제 12.8>에서 공기덩어리가 200mb의 압력인 LNB에 도달한다면 이 공기덩어리가 공헌한 구름시스템의 순유입 수분량을 g/kg으로 계산하라.

Chapter 13

레이더수문학

레이더 기술의 발달 그리고 레이더와 지상 관측지점 강수량 사이의 관계 등에 대한 이해의 증진은 유역에 내리는 강수의 공간적 분포 특성을 보다 정확하게 이해할 수 있게 하고 있다. 레이더 강수를 지상의 관측지점에서 측정한 강수량과 적절한 방법에 의해 조정을 하면, 수자원 및 수문분석의 목적을 위해 고해상도의 정보를 효율적으로 이용할 수 있다. 따라서 레이더와 지상의 우량계를 함께 이용하면 레이더나 우량계를 각각 따로 이용하여 측정한 것 보다 더 정확한 유역의 강수량 자료를 생산할 수 있다.

우량계를 가지고 지상의 강수를 측정할 경우, 적절한 정확성을 가지고 강수의 공간적인 분포에 대한 특성을 파악하기 위해서는 지역의 특성에 따라 우량계의 밀도를 조정해야 하고 균등한 분포로 설치를 해야 한다. 그래서 우량계에 의한 각 관측지점의 점우량(point rainfall)이 해당 지역의 공간적 특성을 충분히 고려할 수 있도록 해야 한다. 그러나 충분한 우량계를 설치하기 위해서는 예산상의 문제도 해결해야 하고, 지상의 우량계는 관측지점들 사이의 공간적인 강수의 변동성을 반영하지 못하는 단점도 있다. 점우량이 일정 면적에 대해 공간적으로 균등한 분포를 가진다는 가정은 강수의 공간분포 뿐만 아니라 이를 이용한 유역의 유출량 모의나 예측에 있어서도 오차가 존재하게 한다. 따라서 강수의 공간적인 분포를 고려할 수 있는 레이더의 이용이 지속적으로 증가하고 있으나 레이더만의 이용도 여러 가지 오차가 존재하므로 레이더와 우량계의 자료를 합성하여 오차를 줄이는 상호 보완적인 연구가 계속해서 이루어지고 있다.

13.1 레이더의 기본개념

13.1.1 레이더의 발전

레이더(radar)는 1900년대 초 독일의 기술자인 Huelsmeyer가 간단한 전방향 탐사장치를 발명하면서 시작이 되었지만, 19세기말 Hertz가 실험에 의해 전자기파를 발견하였고, 1886년 전자기파는 물체들에 반사가 된다는 사실을 보임으로써 레이더의 기본적인 초석이 되었다. 이후 1920~1930년대를 통하여 전자기파에 대한 여러 기법들이 개발되었고, 1938년경 조기경보레이더 시스템(early warning radar system)이 소개되었다. 1940년 MIT 복사연구소의 Ryde는 비와 구름이 마이크로 신호의 전파에 미치는 영향을 연구하여 발표하였고, 1941년 두 명의 미국 해군장교인 Furth와 Tucker가 RADAR(RAdio Detection And Ranging)라는 용어를 처음 사용하였으며(〈표 13.1〉), 이 시기에 PPI 스코프가 구축되었다. 제2차 세계대전을 거치면서 레이더는 많은 기술개발과 발전이 있었고, 1947년 기상레이더를 이용한 관측에 대한 연구를 시작하였다. 1970년 도플러 레이더가 개발이 되었고, 1985년 자동관측을 위한 레이더 S/W의 개발과 악기상을 자동으로 탐지하여 추적할 수 있는 레이더 시스템이 개발되었다.

1950년과 1980년 사이에 강수의 위치와 강도를 측정하는 반사도의 레이더들이 세계적으로 설치되기 시작하였으며, 1957년 CAPPI(Constant Altitude Plan Position Indicator)가 개발되었다. 1980년과 2000년 사이에는 기상레이더 네트워크화가 되기 시작하였고, 기존의 레이더들이 도플러 레이더로 대체되는 시기였다. 미국에서는 NEXRDA(Next Generation Radar) 또는 WSR-88D(Weather Service Radar 1988 Doppler)의 설치가 시작되었고, 캐나다도 1985년에 도플러 레이더를 설치하였다. 1990년대와 2000년대 초까지는 도플러 레이더의 네트워크화를 추진하는 시기였으며, 2000년대는 강우, 강설 등과 같은 강수에 대한 정보가 증가함에 따라 이들에 대한 실제 운영 및 이용을 위해 이중편파레이더(dual polarization radar)의 기법에 대한 연구가 주를 이루었다. 우리나라는 1969년 관악산에 설치한 관악산 기상레이더를 시작으로 제주 고산, 부산 구덕산, 동해, 군산 오성산 등에서 레이더를 운영하고 있다.

국토해양부에서도 홍수예보 개선을 목적으로 임진강 강우레이더를 운영하고 있고, 보다 많은 강우레이더 설치를 계획하고 있다.

〈표 13.1〉 레이더(RAdio Detection And Ranging)

Radio	▪ 고주파의 전자기파로 일반적으로 극초단파(microwave)를 지칭 - 전파경로 중 물체와 상호작용하며 산란, 흡수, 반사, 굴절 등의 물리적 현상을 일으킴 - Radio Frequency Allocation(주파수 할당) : 주파수 밴드별로 용도가 다름
Detection	▪ 물체의 존재를 식별 - 물체의 존재 유무 식별 : 에너지 산란 이용 → 소극적 - 물체의 종류, 특성 구분 : Polarimetry(편광측정기) 이용 → 적극적 : 비행기, 새, 군함, 비, 눈, 구름, 굴절률 변화 등을 구분
Ranging	▪ 관측자료부터 목표물까지의 거리를 파악 - 관측자와 목표물 간의 거리 식별 → 소극적 - 관측 목표물의 움직임 식별 : 도플러 기능 이용 → 적극적

13.1.2 레이더의 기본 원리

(1) 레이더의 기본 구조

〈그림 5.5〉에서 개념적인 기상 레이더의 원리를 설명하였는데 이를 다시 그려보면 〈그림 13.1〉과 같이 송신기, 수신기, 레이더 신호처리기, 표출시스템이 있다. 그리고 도파관과 안테나, 피드혼이 있고, 안테나를 보호하기 위한 레이돔이 있다.

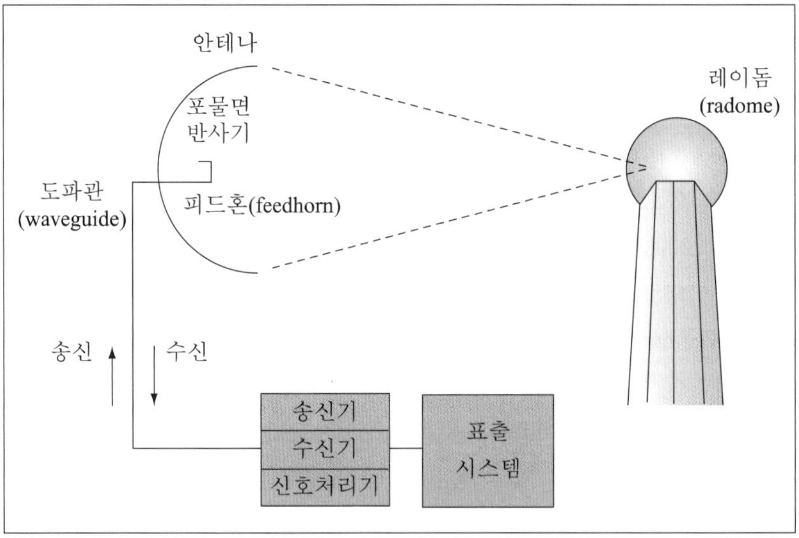

〈**그림 13.1**〉 기상 레이더의 기본 구조

전자기파는 도파관을 통해 송신기로부터 안테나로 유도가 되고, 안테나 끝쪽에는 피드혼(feedhorn)이 연결이 되어 있다. 안테나 포물면에는 반사경이 있고, 피드혼은 반사경의 초점에 위치해 있어 도파관과 피드혼을 통해 나온 전자기파(마이크로파, 초극단파)는 반사경을 거쳐 빔의 형태로 안테나를 떠나 송신이 이루어지게 된다. 마이크로파인 빔은 안테나에서 방사되어 목표물에 부딪히게 되는데 이때 에너지의 일부가 후방산란(backscattering)되어 안테나쪽으로 수신되게 된다. 후방산란된 에너지는 포물형 반사경에 의해 초점으로 모아져 피드혼으로 유도되고, 도파관을 따라 수신이 이루어진다. 이렇게 수신되는 전력은 송신된 전력에 비해 매우 적은 양의 에너지이다.

목표물의 위치와 방향을 알기 위하여 아래와 같이 방위각, 고도각, 목표물까지의 거리(range, 범위) 등 3가지의 정보가 필요하다. 이러한 정보를 토대로 표출기에 목표물을 〈그림 5.6〉과 같이 에코의 형태로 나타내게 된다.

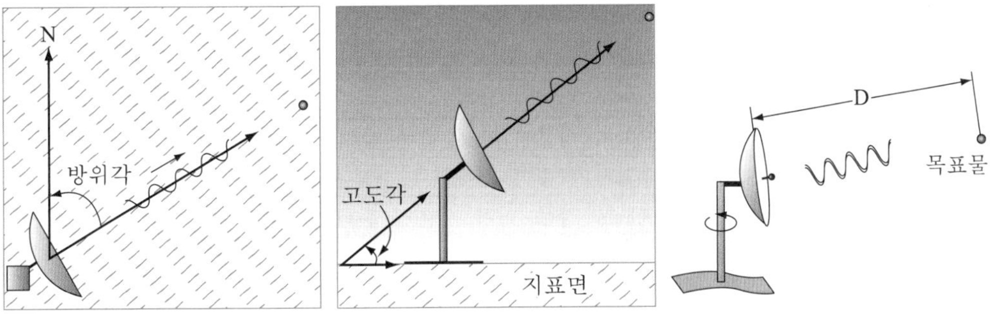

(a) 방위각 (b) 고도각 (c) 목표물까지의 거리

〈그림 13.2〉 목표물의 위치와 방향을 알기 위한 3가지의 정보

(2) 전자기 에너지

전자기파는 발사되는 송신파의 연속성에 따라 연속파 레이더와 펄스 레이더가 있는데, 연속파는 연속적으로 전자기 에너지를 목표물까지 송신하여 거리와 반사도를 측정해 목표물의 이동속도를 산정한다. 펄스 레이더는 짧은 간격으로 전자기 에너지를 송신하여 펄스와 펄스 사이에 목표물로부터 되돌아오는 신호를 수신한다. 펄스 레이더는 상대적으로 작은 에너지를 이용하고 하나의 안테나에 의해 송신과 수신을 할 수 있으며, 펄스와 펄스 사이의 위상변화를 체크해 목표물을 구성하는 요소와 시선속도(radial velocity)를 측정할 수 있다.

① 주파수와 파장

전자기 파의 주파수와 파장은 기상 레이더에서 중요한 특성으로 빛의 속도 $c = f\lambda$의 관계가 있으며, 여기서 빛의 속도 c는 3×10^8m/s이고, f는 주파수, λ는 파장으로 m의 단위를 갖는다. 〈표 4.3〉에서 파장의 종류에 대하여 보여주고 있다.

〈표 13.2〉에서는 보편적으로 이용하고 있는 레이더 파장의 범위(band)와 활용 분야를 보여주고 있다. 여기서 C-band 에서는 강수에 의한 반사도 감쇄가 S-band보다 크기 때문에 같은 강우강도의 강우라고 해도 약하게 관측된다고 할 수 있다. 세계적으로 C-band 레이더가 강우 관측용으로 가장 많이 사용되고 있지만 이는 강우강도가 약한 지속적 강우 시에 유효하며, 집중호우 등의 강한 강우 관측이라면 S-band가 C-band보다 우수하다고 알려져 있다(건설교통부, 2005).

〈표 13.2〉 강우레이더의 밴드별 특성(건설교통부, 2005)

밴드명	주파수 범위	파장 범위	주 사용목적	용도
P	225∼390MHz	133.3∼76.9cm	항공기 관제	항공
L	390∼1550MHz	76.9∼19.3cm	항공기 관제, 폭풍 탐지	항공
S	1.5∼3.9GHz	19.3∼7.7cm	폭풍 및 강우관측, 바람관측, 악기상관측	기상, 수문
C	3.9∼6.2GHz	7.7∼4.8cm	강우, 바람, 악기상 등의 기상현상관측	기상, 수문, 공항
X	6.2∼10.9GHz	4.8∼2.8cm	소규모 가상현상, 뇌우의 발달, 바람장 분석	기상, 수문, 연구용
K	10.9∼36GHz	2.8∼0.8cm	구름의 발달 및 구조 연구, 대기 경계층 연구	기상 연구용
Q	36∼46GHz	8.3∼6.5mm	대기 경계층 난류	연구용
V	46∼56GHz	6.5∼5.4mm	대기의 미시현상 관측	연구용

② 펄스와 거리 분해능

펄스형 전자기 에너지는 짧은 시간 동안 계속해서 방사되어 송신과 수신을 반복한다. 〈그림 13.3〉은 펄스의 길이와 빔폭 등을 보여주고 있다. 펄스의 길이 h는 $h = c\tau$로 구할 수 있다. 여기서, τ는 펄스의 폭 또는 레이더 전자기파의 송신시간을 나타낸다.

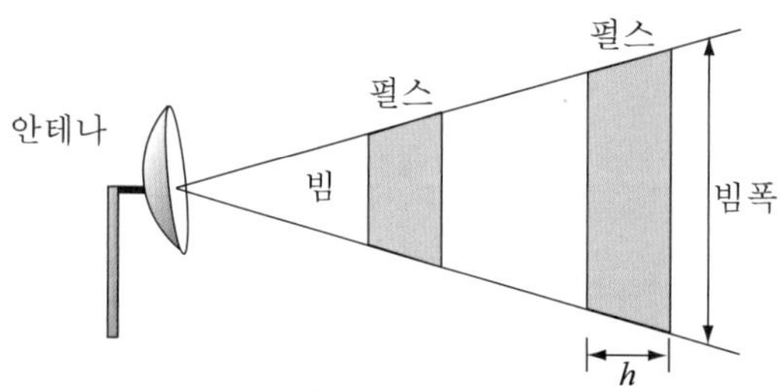

〈그림 13.3〉 레이더로부터 방사되는 전자기 에너지

같은 방위각상에 있는 목표물들은 거리로 인해 PPI 스코프상에 표출될 때 편이가 생기는데 이를 거리 편이라고 한다. 따라서 동일 방위각상에 있는 목표물들이 최소한의 거리를 두고 있어야 편이가 생기지 않는데 이를 거리 분해능(range resolution)이라고 한다. 탐지거리 편이로 인해 같은 방위각상에 있는 목표물들은 적어도 서로 $h/2$만큼 떨어져 있어야 분리되어 표출될 수 있다.

③ 에코

레이더로 관측한 대기의 상태를 화면상에 나타낼 때 나타내는 영상을 레이더 에코(echo)라 하며 이는 레이더 전파가 대기 중에서 진행하다가 비, 눈 등의 기상학적인 목표물이나 비행기, 곤충, 새 등의 비기상학적인 목표물에 반사되어 레이더 안테나로 되돌아온 전파 에너지를 의미한다. 이러한 에코는 관측되는 대상의 특성, 즉 목표물의 크기와 형태, 물리적인 특성 등을 알려준다. 따라서 레이더 에코의 특성 분석은 강우량 산출에 앞서 중요한 과정 중의 하나이다.

레이더 에코는 기상상태에 관련되어 나타나는 기상 에코와 기상상태와 관련이 없는 비기상 에코로 구분한다. 기상에코는 강우의 유무에 따라 다시 강수 에코(precipitation echo)와 비강수 에코(non-precipitation echo)로 세분화하고 강수 에코의 경우 전선(front), 태풍, 뇌우(thunderstorm) 등의 유무에 따라 그 특징이 달라진다.

(3) 레이더 영상 표출

통상 레이더의 주사(scanning)는 고도각을 일정하게 고정하고 안테나를 회전시켜 관측하는 PPI(Plan Position Indicator) 방식과 안테나 고도각을 변화시키면서 반복해서 관측하는 볼륨 관측(volume scan) 방식이 있다.

볼륨관측 중 특정 고도각에 대한 자료를 PPI 자료, 특정 고도각의 자료를 수평단면으로 표시한 자료를 CAPPI(Constant Altitude PPI) 자료, 특정 방위각의 연직단면 자료를 RHI(Range Height Indicator) 자료라고 한다. 특정 범위의 방위각과 고도각을 설정하여 관측하는 것을 섹터관측(Sector Scanning)이라고 한다.

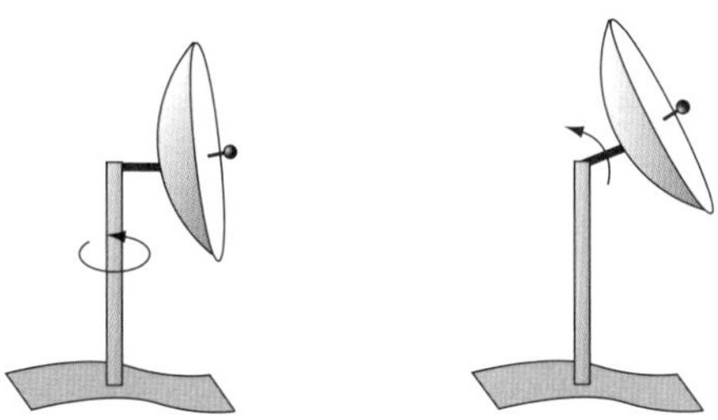

(a) PPI : 고도각이 일정 (b) RHI : 방위각이 일정

〈그림 13.4〉 방위각이 변하는 PPI와 고도각이 변하는 RHI

볼륨관측 자료에서 얻을 수 있는 레이더의 영상은 BASE(Base Section), PPI, RHI, CAPPI, CMAX(Column Maximum) 등으로 구성되며 이들 각각을 설명하면 다음과 같다.

① BASE(Base Section)반사도 영상
- 가장 낮은 고도 자료로써 상강수로 환산하거나 비교시에 사용
- 에코 전체가 균일한 분포를 갖는 층상형 강수 분석에 유용

- 높은 고도의 base가 표출되기도 하므로 CAPPI & PPI 자료와의 비교분석이 필요함 (상승·발달하는 에코 또는 하강시 증발하는 에코에 유의)

② PPI(Plan Position Indicator)영상

- 가장 전형적인 주사방식으로 일정 고도각 지점에서 안테나를 360° 수평으로 회전시키는 방식

③ CAPPI(Constant Altitude PPI)

- CAPPI는 같은 고도면을 표출하여 에코의 수평적인 해석이 용이함.

④ CMAX(Column Maximum) 반사도 영상

- Base 자료와의 비교로 대류운의 발달정도와 bright band를 판단하는데 활용
- 대류가 활발한 강수에코는 지상으로 떨어지기까지의 시간 차 또는 증발로 Base와 강도차이가 남.
- 여름철 강수 에코 분석에 유용

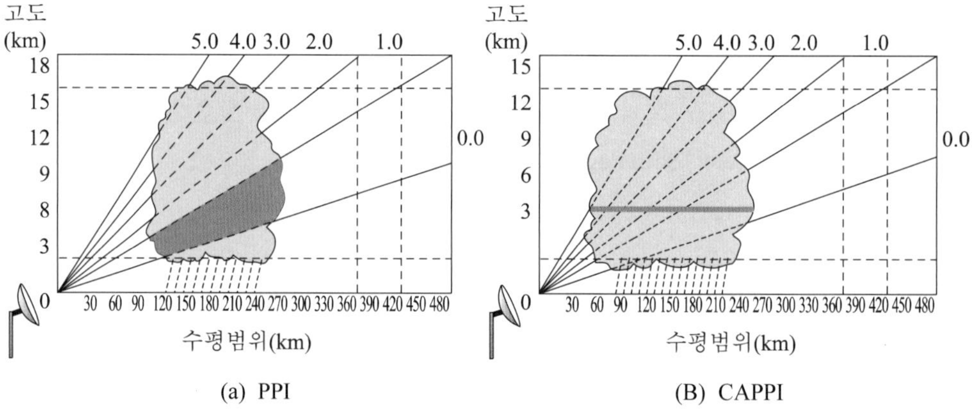

〈그림 13.5〉 PPI 및 CAPPI 레이더 영상 표출 원리

13.1.3 기본 단위

(1) 에너지와 전력

힘은 Newton의 제2법칙에 의하여 $F = ma$와 같이 나타낼 수 있는데, F는 힘이고, m은 질량, a는 가속도를 나타내며, 힘의 단위는 N(Newton)이다. 그리고 일은 $W = F \times d$로 여기서 d는 거리를 의미하고, 일의 단위는 J(Joules)이 된다. 동력(일률, 전력)(Power) $P = W/t$로 일을 수행한 시간이 되며, 단위는 W(Watt)가 되고 1W=1J/s와 같다. 일반적인 레이더의 최대 출력은 55,000∼500,000W이다.

(2) 데시벨

레이더 펄스전력의 단위는 송신과 수신 전력의 비를 의미하는 상대적인 단위 dB과 절대적인 단위인 dBm이 있고, 레이더 반사도를 나타내는 dBZ가 있다. Decibel에서 deci는 1/10일 나타내고, bel은 전화를 발명한 Bell의 이름에서 왔다. 따라서 두 전력의 값인 수신전력 P_1과 송신전력 P_2를 비교할 목적으로 사용되는 dB는 식(13.1a)와 같다.

$$\text{dB} = 10\log\left(\frac{P_2}{P_1}\right) \tag{13.1a}$$

예를 들면, 송신전력이 10W이고 수신전력이 100W인 경우, 다음과 같다.

$$10\log(100/10) = 10(\text{dB})$$

dB단위는 두 전력이 큰 차이가 날 경우 비교하는데 유용하고, dBm(decibel m)은 상용화된 무선 주파수(RF, Radio Frequency)와 같이 작은 전력을 나타낼 때 유용하다. 따라서 dBm은 작은 전력의 단위인 mW단위의 전력을 dB로 나타낸 것이며, 식(13.1b)와 같이 표현할 수 있다.

$$\text{dBm} = 10\log\left(\frac{W}{mW}\right) \tag{13.1b}$$

dBZ는 레이더 반사도를 나타내는 Z를 데시벨로 표현한 것으로서 1m^3당 직경 1mm의 물방울 한 개를 기준으로 한 반사도를 나타내는 단위이다. 물방울이 한 개 있으면 반사도는 0dBZ, 10개이면 10dBZ, 100개이면 20dBZ이다. 이를 식으로 표현하면 식(13.1c)와 같다.

$$\text{dBZ} = 10\log(Z) \tag{13.1c}$$

다음 절에서 나오는데 Z의 단위는 mm^6/m^3이다.

13.2 레이더에 의한 강수의 추정

우량계에 비해 레이더에 의한 강수 추정은 넓은 면적의 범위에 적용할 수 있고, 짧은 시간간격간의 정보 갱신이 가능하며, 긴 범위에 적용가능하고, 공간적으로 고해상도의 정보를 얻을 수 있다. 레이더의 주파수대(frequency band)와 송신기, 수신기 및 안테나의 특성들은 기상레이더에 의해 얻을 수 있는 범위와 해상도에 영향을 미친다. 〈표 13.2〉에서 설명하였듯이 이용 목적에 따라 기상레이더는 K, X, C, S, L 밴드를 이용할 수 있는데 각각의 파장길이는 1, 3, 5, 10, 23cm이다. 또한 각각의 활용분야를 보면 구름물리학, 항공기 레이더, 국지경보(local warning), 네트워크 레이더, 항공교통 통제 등에 이용하고 있다. 수자원분야 종사자들에게는 어떤 유역에 얼마만한 강수가 내릴 것인지가 주된 관심사가 될 것인데, 이를 위해서는 우선 레이더가 어떻게 강수를 추정하는지를 이해할 필요가 있다.

13.2.1 강수탐사

레이더는 극초단파(microwave) 에너지의 펄스를 송신하고 이 펄스가 목표물에 반사되어 되돌아오는 펄스의 수신전력(또는 동력, 일률)(power)을 이용하는데 이를 반사도(reflectivity)라고 한다. 목표물인 강수의 탐사는 여러 가지 인자들로부터 영향을 받는데 대체로 중요한 것은 1) 레이더와 목표물 사이의 대기조건, 2) 레이더로부터 목표물까지의 거리, 3) 목표물의 특성, 4) 레이더의 특성이다. 대기의 조건은 극초단파 에너지가 반사되어 레이더 수신기로 되돌아오는 효율성에 영향을 미친다. 대기의 간섭 속에서 빗방울에 의한 레이더 신호의 후방산란(backscattering)과 흡수는 신호의 강도를 감소시킨다. 또한 거리가 증가함에 따라 신호의 강도는 더욱 약해지며, 강우의 추정을 어렵게 한다. 레이더 운영자는 되돌아오는 신호의 강도에 영향을 미치는 빗방울의 크기나 크기별 분포를 알지 못하는데, 대기 중에 액체나 결빙상태의 강수가 함께 존재할 경우나 고도에 따른 강수 크기의 변화와 분포 등을 이해할 필요가 있다. 왜냐하면, 이들은 목표물로부터 되돌아오는 전력에 영향을 미치기 때문이다.

13.2.2 레이더 방정식

레이더 방정식은 수신전력과 레이더 시스템의 매개변수, 목표물, 산란특성, 목표물의 위치와의 기본적인 관계를 나타내는 방정식이다.

(1) 목표물과 송수신전력

등방성의 송신, 즉 모든 방향으로 에너지를 균등하게 송신하는 안테나로부터 첨두 송신 전력 P_t가 목표물로 방사되어질 때, 안테나를 원점으로 P_t가 도달하는 목표물까지의 거리, r을 반지름으로 한 구형(sphere)의 면적은 $4\pi r^2$이 되고, 목표물에 도착한 전력의 밀도는 $\frac{P_t}{4\pi r^2}$ 가 된다. 여기서 r은 안테나로부터 목표물까지의 거리인 범위(range)이며, $\frac{P_t}{4\pi r^2}$는 반지름 r을 가진 구의 단위면적당 전력을 나타낸다. 생각해보면, r이 커질수록 전력은 약해진다는 것을 알 수 있다. 송신전력은 작은 폭을 가진 빔의 형태로, 빔의 방향으로 방사되므로 사방으로 보내지는 것보다 전력의 밀도가 증가하게 되는데, 이러한 효과를 안테나 이득(antenna gain) G라고 한다. 이때 빔축에 수직인 목표물의 면적을 A_t라고 하면, 목표물에 부딪혀 반사되는 반사전력(reflected power) P_σ는 식(13.2)와 같이 얻을 수 있다(〈그림 13.6〉).

$$P_\sigma = \frac{P_t G}{4\pi r^2} A_t \tag{13.2}$$

반사된 전력은 안테나로 되돌아가고 안테나는 이 전력을 수신하게 된다. 목표물까지의 거리와 안테나로 되돌아갈 때의 거리가 같다면 범위 r은 같게 된다. 그리고 중간에 어떤 손실도 없다면 안테나에서 수신된 전력의 밀도는 $\frac{P_\sigma}{4\pi r^2}$가 되고, 여기에 안테나의 유효면적 A_e를 곱하면 수신전력(received power) P_r는 식(13.3a)와 같이 된다. 안테나의 유효단면적이 $A_e = G\lambda^2/4\pi$라 하고, 식(13.2)의 P_σ를 식(13.3a)에 대입하면 식(13.3b)와 같이 쓸 수 있다.

$$P_r = \frac{P_\sigma}{4\pi r^2} A_e \tag{13.3a}$$

$$P_r = \left(\frac{P_t G}{4\pi r^2} A_t\right)\left(\frac{1}{4\pi r^2}\right)\left(\frac{G\lambda^2}{4\pi}\right) = \frac{P_t G^2 \lambda^2 A_t}{(4\pi)^3 r^4} \tag{13.3b}$$

여기서 λ는 방사된 에너지의 파장 길이(wave length)이다. 앞에서 설명한 P_t, P_σ, P_r의 관계를 〈그림 13.6〉과 같이 나타내었다.

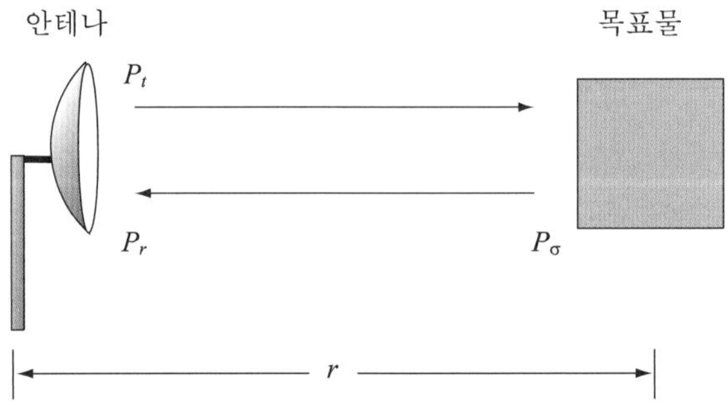

〈그림 13.6〉 P_t, P_σ, P_r의 관계

(2) 강수에 대한 수신전력

식(13.2)와 식(13.3)에서 목표물의 단면적 A_t는 목표물의 등방산란을 전제로 하였는데 실제 강수(precipitation) 또는 대기수상(hydrometeors)의 목표물은 전파를 등방산란하지 못한다. 따라서 이들 N개의 입자들이 산란하는 유효 단면적을 σ_i로 나타내면 안테나의 수신전력은 식(13.4)와 같다.

$$\overline{P_r} = \frac{P_t G^2 \lambda^2}{(4\pi)^3 r^4} \sum_{i=1}^{N} \sigma_i = \frac{P_t G^2 \lambda^2}{(4\pi)^3 r^4} \sum_{\text{체적}} \sigma_i \tag{13.4}$$

빔(beam)의 진행에 따른 체적은 r이 커질수록 커지므로 빔의 체적을 고려하여야 한다. 각 빔폭 θ, 펄스의 폭 h, 펄스의 지속시간 t를 갖는 빔이 범위 r까지 진행이 되었다면, 체적 V는 식(13.5a)와 같고, c는 빛의 속도를 나타낸다(〈그림 13.7〉). 따라서 식(13.4)의 $\sum_{i=1}^{N}\sigma_i$는 식(13.5b)와 같이 쓸 수 있고, $\sum_{\text{단위체적}} \sigma_i$는 단위체적 내 입자들 단면적의 합을 나타내며 이는 레이더의 반사도(radar reflectivity) Z와 관련이 있다. 그리고 식(13.5b)를 식(13.4)에 대입하면 식(13.5c)를 얻을 수 있다.

$$V = \pi \left(\frac{r\theta}{2} \right)^2 \frac{ct}{2} = \frac{1}{8} \pi r^2 \theta^2 h \tag{13.5a}$$

$$\sum_{i=1}^{n} \sigma_i = \frac{1}{8} \pi r^2 \theta^2 h \sum_{\text{단위체적}} \sigma_i \tag{13.5b}$$

$$\overline{P_r} = \frac{P_t G^2 \lambda^2}{512 \pi^2 r^2} \theta^2 h \sum_{\text{단위체적}} \sigma_i \tag{13.5c}$$

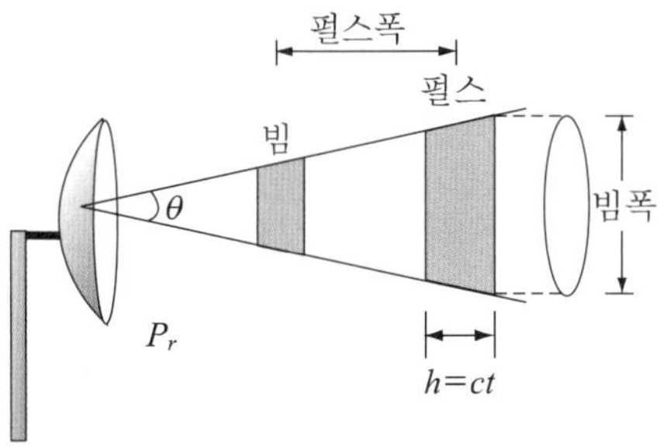

〈그림 13.7〉 각 빔폭과 펄스폭

(3) 수신전력과 반사도

반사도는 $Z \backsim \sum_{\text{단위체적}} \sigma_i$의 관계가 있는데 σ는 산란의 형태와 관련이 있다. 반사도의 값은 물방울 크기 분포에 따라 후방산란된 전력의 레이더 측정으로부터 얻어진다. 4.2.1절에서 언급한 바 있는 Rayleigh(레일리)산란과 Mie의 산란을 생각해보면 레이더 주파수에 의해 물방울을 탐사할 때, 복사 에너지의 파장, λ에 비해 물방울의 직경, D가 어느 정도 작다면 Rayleigh 후방산란이 이용되고($D < \lambda/16$), 그렇지 않으면 Mie의 산란이 이용된다. 5.1.2절에서 보듯이 사실 강수의 물방울 크기가 $D \geq 4 \sim 5\text{mm}$인 경우는 드물고, 기상과 수문관측에 주로 이용되는 S 밴드의 파장 범위는 7.7∽19.3cm이므로 S밴드의 경우는 Rayleigh 산란으로 볼 수 있다. σ에 대해 Rayleigh 근사식은 식(13.6)과 같이 적을 수 있다.

$$\sigma_i = \frac{\pi^5}{\lambda^4}|k|^2 D_i^6 \tag{13.6}$$

5.2.1절에서 언급하였듯이 k는 굴절계수(refraction factor)로서 물은 $|k|^2=0.93$이고 얼음은 0.21이며, D_i는 입자들의 직경을 나타낸다. Probert-Jones(1960)는 식(13.5c)는 레이더 빔 내에 입자가 균등하게 분포되었다는 가정 하에 유도된 식이므로 $2\ln 2$를 사용하여 보정하도록 하였다. 따라서 식(13.6)을 식(13.5c)에 대입하면 식(13.7a)를 얻을 수 있다. 그리고 반사도 Z는 식(13.7b)와 같이 정의되는데 식(5.2)를 참고할 수 있다.

$$\overline{P_r} = \frac{P_t G^2}{512(2\ln 2)r^2}\theta^2 h \frac{\pi^3}{\lambda^2}|k|^2 \sum_{\text{단위체적}} D_i^6 \tag{13.7a}$$

$$Z = \sum_{\text{단위체적}} D_i^6 = \int_0^\infty N(D)\, D^6\, dD \tag{13.7b}$$

식(13.7a)와 식(13.7b)를 이용하고, 상수값들을 C로 놓고, 감쇠손실 L을 고려한다면, 최종적으로 식(13.8)의 레이더 방정식을 얻을 수 있으며, 식(5.1)과 비교되어 진다.

$$\overline{P_r} = \frac{CLZ}{r^2} \tag{13.8}$$

13.2.3 반사도와 강우의 관계식

반사도로부터 강우를 추정하기 위해 우선, 물방울의 크기 분포와 강우강도간에 관계를 수립하여야 한다. 이러한 관계를 $Z-R$관계라 하며 이는 레이더를 가지고 강우를 추정하는 주요수단이다.

(1) 반사도의 추정

식(13.7b)처럼 목표물인 물방울로부터 되돌아온 전력은 물방울 직경의 6승에 비례한다. $1m^3$의 공기 중에 n가지의 크기를 가진 물방울이 있다면, n가지 각각의 물방울 직경에 6승을 한 후 모두 합하면 식(13.9)처럼 Z와 같아진다.

$$Z = \frac{1}{\nu}\sum_{i=1}^{n} N_i D_i^6 \tag{13.9}$$

여기서 n은 물방울 크기의 종류 수, N_i는 각 크기의 종류 i에 따른 물방울의 수, ν는 단위체적을 타나내고, D_i는 각 크기의 종류 i에 따른 물방울의 직경이다. 식(13.9)의 단위는 mm^6/m^3인데 보통 대수를 이용하여 변환되고, decibels(dBZ)에 의해 나타내어진다(dBZ=$10\log Z$).

식(13.7b) 또는 식(13.9)를 구하기 위해서는 단위체적당 각 물방울 크기에 따른 물방울들의 수를 알아야 한다. 이를 위해 Marshall-Palmer는 지수함수를 이용하였는데, 크기 D(mm)를 갖는 물방울의 수 N은 $mm^{-1}m^{-3}$의 단위를 갖는다〈식 (13.10)〉. 물방울 크기들(mm)의 범위에 걸쳐 적분을 하면 N의 단위는 단위체적당 물방울의 수가 되며, 식(13.10)은 식(12.48)을 참조할 수 있다.

$$N(D) = N_0 e^{-\Lambda D} \tag{13.10}$$

여기서 N_0=8000($mm^{-1}m^{-3}$)은 직경이 0에 접근할 때 물방울들의 수이다(직경이 0에 접근함에 따라 물방울의 숫자가 없어지는 것은 아니고 N_0에 수렴한다). $\Lambda = 3.67/D_0$는 단위 mm^{-1}을 갖는 물방울 크기의 중앙값(median)과 관련되며, 강우강도와도 연관성이 있어 입자의 크기 분포에 따라 강우량이 달라진다. Marshall-Palmer의 물방울 크기 분포에 대한 매개변수들은 $N_0 = 8000(mm^{-1}m^{-3})$이고 $\Lambda = 3.67/D_0 = 4.1R^{-0.21}$이다. 〈그림 13.8〉은 강우강도에 따른 Marshall-Palmer의 물방울 크기 분포를 보여주고 있다.

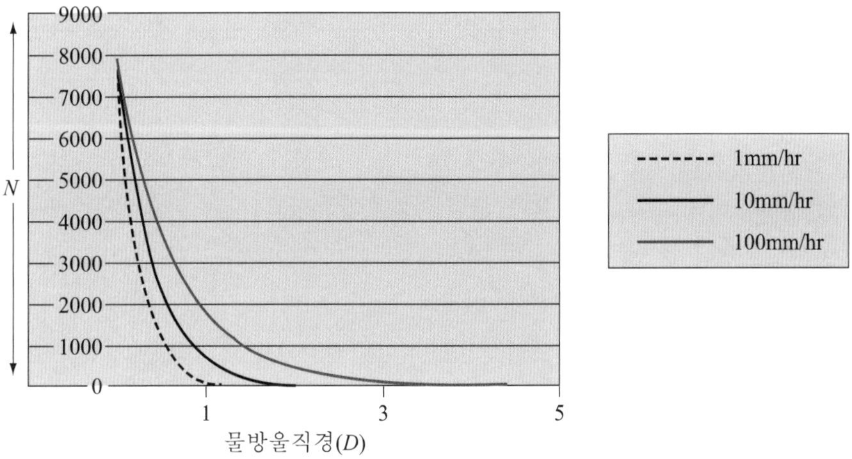

〈그림 13.8〉 강우강도에 따른 Marshall-Palmer의 물방울 크기 분포

식(13.10)을 식(13.7b) 또는 식(13.9)에 대입하고 모든 물방울에 대하여 적분을 하면 식(13.11)과 같이 쓸 수 있다.

$$Z = \int_0^\infty N_0 e^{-\Lambda D} D^6 \, dD = N_0 \frac{\Gamma(7)}{\Lambda^7} \tag{13.11}$$

여기서 $\Gamma(7)$은 11.3.1절에서 언급했던 것처럼 감마함수(gamma function)이다. 식(13.11)은 0에서 ∞까지의 범위에서 적분을 하기 때문에 과다 산정이 되는 경향이 있다. 따라서 무한대 대신에 최대 물방울 크기, D_{max}(보통 3∼4mm 이하)를 상한치로 이용해야만 한다. Marshall-Palmer의 물방울 크기 분포에 대한 매개변수 $\Lambda = 3.67/D_0$를 식(13.11)에 대입하면 식(13.12)를 얻을 수 있는데 D_0는 물방울 크기의 중앙값(median)을 나타낸다.

$$Z = N_0 \frac{6!}{(3.67/D_0)^7} = 0.080 N_0 D_0^7 \tag{13.12}$$

예제 13.1

주어진 물방울 수가 $N_0 = 8000\text{mm}^{-1}\text{m}^{-3}$이고, 물방울 크기의 중앙값 $D_0 = 2.42\text{mm}$일 때, 반사도 계수 Z를 구하라.

풀이

$Z = 0.080 N_0 D_0^7 = 0.080 \times 8000 \times 2.42^7 = 311{,}091(\text{mm}^6\text{m}^{-3})$

(2) $Z-R$ 관계

물방울 크기 분포에 대한 매개변수들은 반사도를 계산하는데 이용하기도 하지만 강우강도 R을 산정하는데도 이용된다. R과 관련한 강우량은 레이더에 의해 직접 산정하는 것은 아니고, 반사도로부터 추정한 물방울의 직경을 토대로 물방울의 종단속도(fall velocity)를 이용해 추론되어지며 12.4절을 참고하여 비교해 볼 수 있다.

Altlas와 Ulbrich(1977)는 빗방울 크기 D(m)의 종단속도에 대한 경험공식 $v_D = 386.6 D^{0.67}$ (m/s)를 제안하였다. 중앙값 $D_0 = 2.42\text{mm}$ 또는 0.00242m를 갖는 물방울은 고요한 공기 속에서 약 6.8m/s의 종단속도를 가진다. 뇌우기간 동안 하강기류는 종단속도를 커지게 하여 국부적으로 강우강도가 증가하도록 한다. 상승기류는 반대로 종단속도를 감소시켜 강우강도가 작아지게 한다. 국부적인 상승과 하강기류는 레이더로 추정한 강우강도와 지상의 우량계에서 측정한 강우강도 값의 차이를 유발하게 하며, 종단속도의 변동성과 가정한 물방울 크기 분포의 오차는 레이더로 추정한 강우량과 관련하여 오차를 증가시킨다.

단위시간당 깊이로 표현되는 강우강도 R은 물방울 크기 분포 및 종단속도와 관련하여 식(13.13)과 같이 나타낼 수 있다.

$$R = \int_0^{\infty} (\text{물방울의 수} \times \text{속도} \times \text{부피}) dD = \frac{N_0 D_0^{14/3}}{4026} (\text{mm/hr}) \qquad (13.13)$$

식(13.11)과 식(13.13)에서 Z와 R을 유도하였으며 두 식으로부터 $Z-R$의 관계를 유도할 수 있다. Battan(1973)은 69가지의 다른 $Z-R$의 관계식을 제시하였는데 층상형 강수, 뇌우성 강수, 열대성 강수 등과 같은 강수 메커니즘에 따라 분류하여 이용할 수 있도록 하였다. 그러나 물방울 크기 분포의 불확실성으로 인해 지상의 우량계와 보정을 할 필요가 있으며, 또 다른 불확실성으로는 송신과 수신의 차이에서 발생하는 것을 들 수 있다(Doviak and Zrnic, 1993). 5.2.1절에서도 언급하였듯이 Marshall과 Palmer(1948)는 물방울의 직경

1.0∼3.5mm사이의 크기에 대하여 경험적인 $Z-R$의 관계식을 식(13.14)와 같이 유도하였다.

$$Z=200\,R^{1.6} \tag{13.14}$$

그리고 Austin(1987)은 다음과 같은 $Z-R$관계식을 제시하였다.

$$Z=400R^{1.3} \quad \text{뇌우}$$
$$Z=230R^{1.2} \quad \text{대류성 호우}$$
$$Z=100R^{1.4} \quad \text{이슬비}$$

예제 13.2

식(13.12)와 식(13.13)을 이용하여 Z-R의 관계식을 유도하라.

풀이

$$Z=0.080N_0D_0^7,\ \ R=\frac{N_0D_0^{14/3}}{4026}$$

위의 R의 식으로부터 D_0^7을 구하면

$$R^{3/2}=\left[\frac{N_0D_0^{14/3}}{4026}\right]^{3/2}=\frac{N_0^{3/2}D_0^7}{4026^{3/2}}$$

$$D_0^7=\frac{4026^{3/2}R^{3/2}}{N_0^{3/2}}$$

구한 D_0^7을 Z의 식에 대입하고, $N_0=8000\text{mm}^{-1}\text{m}^{-3}$을 이용하면 $Z=228R^{1.5}(\text{mm}^6\text{m}^{-3})$을 얻는다.

가정한 물방울 크기 분포는 실제 호우와 다르므로 레이더에 의한 강우 추정치는 계통오차(systematic error)로 인해 편의된다. Atlas와 Chmela(1957)는 같은 종류의 강수에 대해 레이더에 의해 추정된 강우강도가 300%까지 변동이 있음을 제시하였다. Doviak과 Zrnic(1993)은 $Z-R$관계식의 변동폭이 큰 이유는 송신전력에 영향을 미치는 레이더의 검정(calibration) 때문임을 제시하였으나 레이더는 전력의 ±1dB 이내에서의 검정은 사실상 어려운데 이는 두 개 레이더의 전력 특성이 다르기 때문이다. 같은 지점에 대해 두 레이더로 추정한 강우량 추정치는 송신과 수신의 전력차이와 대기 중 목표물의 고도에 따라서도 다르다.

13.3 레이더의 보정

$Z-R$관계식에 내재되어 있는 본질적인 오차를 극복하기 위해서 우량계에 의한 지상강우와의 보정을 통해 실시간으로 레이더 보정을 하거나 나중에 기록된 레이더와 우량계에 의한 지상강우 자료들을 분석하는 것이다. 이러한 절차는 보통 레이더와 지상강우의 누적된 자료의 비교를 통해 이루어진다. 지상강우에 대한 레이더 강우의 비(ratio of radar to gage)를 편의보정계수(bias correction factor)라고 한다. 편의보정이 평균 강우장 편의(mean field bias)로서 계산될 수 있는데, 이의 보정 과정은 많은 레이더 누적강우와 지상강우자료들의 일대일 대응의 쌍을 이루는 자료들(레이더 격자자료와 지상 관측점의 자료)을 비교하고 대상면적(또는 window)에 걸쳐 평균함으로써 평균 보정치를 얻는다. 만약 레이더 자료가 10% 과소추정이 되었다면 편의를 보상해주기 위해 강우장(rainfall fields)은 10%를 증가시켜주어야 한다. 레이더 강우 추정치를 보정하는 가장 보편적인 방법은 Wilson과 Brandes(1979)의 방법으로 지상의 누정강우와 일치가 되도록 레이더 자료를 조정해 주는 것이다.

레이더와 지상강우 추정치를 합성하는 과정은 편의보정계수의 계산과 조정되지 않은 레이더 누적강우를 보정하는데에 달려있다. 공간적으로 일정한 단일 편의보정계수(a single bias correction factor)를 계산하는 것은 평균 강우장 편의보정(a mean field bias correction)(단일 매개변수 우량계 보정방법)이라고 하고, 공간적으로 변하는 보정계수를 이용하는 것은 국부 편의보정(a local bias correction)(다중 매개변수 우량계 보정방법)이라고 한다.

13.3.1 G/R 보정기법

(1) 평균편의

Wilson과 Brandes(1979)는 지상강우의 누적강우를 이용하여 레이더 추정치의 계통오차 제거를 서술 하였는데, 레이더의 편의는 지상누적강우와 비교하였을 때 레이더가 과소 또는 과다 추정하는 것을 의미한다. 즉, 어떤 한 지상 관측점에서의 자료와 레이더 자료를 비교했을 때, 레이더의 자료가 과소 또는 과다 추정될지도 모른다. 그러나 다수 지점에 대한 지상강우 자료의 평균은 레이더 자료의 계통적인 편의를 제거할 수 있는 대신에 통계적인 편의가 발생하게 된다. 지상(G_i)누적강우와 레이더(R_i) 누적강우를 구성하는 쌍들은 시간

(hours), 일(daily)의 시간단위 또는 어떤 호우사상의 총 강우 자료들이다. 보통 레이더 추정치를 보정하는데 2가지 방법이 이용되는데 다음과 같다 : (1) 지상과 레이더 한 쌍의 평균비(ratios of the means) (RM)와 (2) 비율 평균(mean of ratios)(MR). 레이더 편의 보정은 식(13.15)와 같이 정의되는 평균 강우장 편의(mean field bias, MFB)를 제거하는 승수계수(multiplicative factor) 또는 호우에 대한 평균편의(mean bias) MB_{RM} 을 적용함으로써 수행될 수 있다.

$$MB_{RM} = \frac{\frac{1}{n}\sum_{i=1}^{n} G_i}{\frac{1}{n}\sum_{i=1}^{n} R_i} \tag{13.15}$$

여기서 G_i와 R_i는 i번째 지상 및 레이더 누적강우이고, n은 i의 수이다. 한 호우사상의 총합을 계산할 때 G와 R은 사상의 총 누적강우량을 나타낸다. 이 계수는 $MB_{RM} = \overline{G}/\overline{R}$ 이고, 반면에 $MB_{MR} = \overline{(G/R)}$ 이다.

(2) 상대분산도와 우연오차

상대분산도(relative dispersion) 또는 변동계수(coefficient of variation) CV_{RD}는 평균에 대한 전체 자료의 분산 정도를 나타내는 추정치이다. 이는 평균편의 MB_{RM} 과 지상강우와 레이더 강우자료의 비(ratio)들의 표준편차로 계산되어진다. 즉, 상대분산도 CV_{RD}는 지상강우와 레이더 강우자료들의 비에 대한 표준편차 $\sigma(G_i/R_i)$를 MB_{RM}으로 나눈 식(13.16)과 같다. 편의(bias)가 없다면 정규화된 계수 MB_{RM} 또는 MB_{MR}은 1의 값을 갖는다.

$$CV_{RD} = \frac{\sigma(G_i/R_i)}{MB_{RM}} \tag{13.16}$$

각 격자 또는 셀 값에 의해 계산된 승수계수 또는 평균편의 MB_{RM} 을 곱하여 편의를 제거하면 계통오차는 없어지지만 우연오차(random errors)들은 남게 된다. 우연오차의 산정은 지상과 레이더의 누적강우량간의 평균차이(average difference) 또는 평균오차를 계산함으로써 수행할 수 있는데 식(13.17a)와 같다.

$$\overline{D} = \frac{1}{n}\sum_{i=1}^{n} \left| \frac{G_i - R_i}{G_i} \right| \tag{13.17a}$$

평균편의를 보정한 후의 평균오차 $\overline{D^*}$는 식(13.17b)와 같다.

$$\overline{D^*} = \frac{1}{n}\sum_{i=1}^{n}\left|\frac{G_i - R_i^*}{G_i}\right| \tag{13.17b}$$

여기서 R_i^*는 보정 후에 조정된 레이더 강우 추정치(adjusted radar rainfall)로 $R_i^* = R_i \cdot MB_{RM}$을 나타낸다. $\overline{D}$와 $\overline{D^*}$는 지상 강우량과 비교한 레이더 강우자료 추정치의 불확실성 정도를 측정하는 값이다. 특히, $\overline{D^*}$는 MB_{RM}에 의해 계통오차를 제거한 후 우연오차의 정도를 측정하는 값으로 고려할 수 있다.

예제 13.3

아래의 〈표 13.3〉과 같이 우량 관측지점별 지상 강우량(G_i)과 레이더 강우량(R_i)이 주어져 있을 때 (a) 편의(bias) C_i와 (b) 평균편의 MB_{RM}을 계산하라.

〈표 13.3〉 관측소별 지상 강우량과 레이더 강우량

관측지점	G1	G2	G3	G4	G5
G_i(cm)	1.37	0.82	1.07	1.01	0.87
R_i(cm)	0.97	0.91	1.05	1.03	0.77

풀이

- 편의 계산 : Bias(C_i)= G_i/R_i
- 평균편의 : $MB_{RM} = \overline{G}/\overline{R}$
- 편의 계산은 〈표 13.4〉에 나타내었다.

〈표 13.4〉 편의 계산

관측지점	G_i(cm)	R_i(cm)	편의(C_i)
G1	1.37	0.97	1.412
G2	0.82	0.91	0.901
G3	1.07	1.05	1.019
G4	1.01	1.03	0.980
G5	0.87	0.77	1.130
평균	1.028	0.946	1.088

- 평균편의 MB_{RM}의 계산

$$MB_{RM} = \overline{G}/\overline{R} = 1.028/0.946 = 1.088$$

(3) 레이더 강우 추정치의 조정

R_i^*는 보정 후에 조정된 레이더 강우 추정치로서 $R_i^* = R_i \cdot MB_{RM}$와 같이 표현하였다. 그러나 지상 우량계의 관측자료에 의해 조정된 레이더 강우 추정치는 지상 강우자료 R_i에다가 단순히 평균편의 MB_{RM}을 곱한 값이 아니고, 어떤 주어진 위치에 있어서 조정된 레이더 강우 추정치는 거리를 가중치로 하여 보정한 결과이다. 따라서 레이더 격자와 우량계 지점간의 거리를 가중치로 하여 보정을 함으로써 조정된 레이더 강우를 얻게 된다. 이를 식으로 나타내면 식(13.18)과 같고, G/R보정기법이라고 한다.

$$\overline{C} = \frac{\sum_{i=1}^{n} \frac{C_i}{d_i}}{\sum_{i=1}^{n} \frac{1}{d_i}} \tag{13.18}$$

여기서 $C_i = G_i / R_i$로 지점별 편의 또는 보정계수 d_i는 현재 보정 대상인 레이더 격자와 C_i를 제공하고 있는 우량계 지점 간의 거리이다. 그리고 $\overline{C}$는 평균 보정계수 또는 거리를 가중치로 할 때 MB_{RM}과 같은 개념이다. 따라서 우량계에 의해 조정된 레이더 강우자료는 식(13.19)와 같다.

$$R_i^* = R_i \times \overline{C} \tag{13.19}$$

13.3.2 면적평균강수량의 추정

(1) 면적평균강수량

어떤 지점 $\underline{u} = (x, y)$에 있어서의 강수량을 $z(\underline{u})$라고 할 때, 어떤 유역의 면적평균강수량(mean aerial precipitation, MAP)은 아래의 식(13.20)과 같이 쓸 수 있다. 또한 MAP를 추정하기 위해 식(13.21)의 방법들을 5.5절에서 살펴보았다.

$$\text{MAP} = P = z(\underline{u_0}) \tag{13.20}$$

$$\text{산술평균법 : } \hat{P} = \frac{1}{n}\sum_{i=1}^{n} z(u_i) \tag{13.21a}$$

$$\text{티센다각형법 : } \hat{P} = \sum_{i=1}^{n} \frac{A_i}{A_T} z(u_i) \tag{13.21b}$$

$$\text{등우선법 : } \hat{P} = \sum_{i=1}^{n} \frac{A_{i,\, i \neq 1}}{A_T}\left(\frac{P_i + P_{i+1}}{2}\right) \tag{13.21c}$$

여기서 A_i는 티센다각형 또는 등우선간 면적, A_T는 유역의 총면적, P_i는 i 등우선의 강수량을 나타내며, $\underline{u}$는 벡터를 의미한다.

(2) 크리깅에 의한 MAP 추정

① 준변이도(semivariogram)

$z(\underline{u})$와 $z(\underline{u}+h)$를 어떤 점 $\underline{u}$와 $(\underline{u}+h)$에서의 확률변수(random variable)라고 할 때, 확률변수, 즉 강수량 $z(\underline{u})$에 대한 기댓값 $E[z(\underline{u})]$와 $[z(\underline{u}), z(\underline{u}+h)]$의 분산은 $\underline{u}$에 종속적이지 않다고 가정한다. 그러면 준변이도는 거리 h의 함수로 확률변수들의 공간적인 상관관계를 측정할 수 있는 척도로 이용되며, 식(13.22a) 또는 식(13.22b)와 같이 정의할 수 있다.

$$\gamma(h) = \frac{1}{2} Var\left[\{z(\underline{u}+h) - z(\underline{u})\}\right] \tag{13.22a}$$

$$\gamma(h) = \frac{1}{2} E\left[\{z(\underline{u}+h) - z(\underline{u})\}^2\right] \tag{13.22b}$$

② 크리깅(Kriging)

크리깅은 확률변수 추정문제를 해결하기 위한 최적의 선형 불편의 추정자(Best Linear Unbiased Estimator, BLUE)라고 할 수 있는데, 이를 설명하면 다음과 같다.

크리깅(Kriging)은 선형 추정자(Linear estimator)이다. 즉, 확률변수 또는 강수량 $z(\underline{u_0})$의 최적 추정치(optimal estimate) 또는 면적평균강수량 $z^*(\underline{u_0})$ 또는 $\hat{P}$는 n개의 관측 강수량의 선형조합에 의해 식(13.23)과 같이 나타낼 수 있다.

$$\hat{P} = z^*(\underline{u_0}) = \sum_{i=1}^{n} \lambda_i z(u_i) \tag{13.23}$$

여기서 λ_i는 각 관측 강수량들에 대한 가중치이며, $z(u_i)$는 i관측점에서의 관측 강수량을 나타낸다.

크리깅은 최적의 추정자(Best estimator)이다. 즉, 식(13.23)의 가중치들은 식(13.24)와 같이 분산을 최소화함으로써 결정된다.

$$\min(\sigma_p^2) = \min\left[Var\left\{z^*(\underline{u_0}) - z(\underline{u_0})\right\}\right] \tag{13.24}$$

크리깅은 불편의 추정자(Unbiased estimator)이다. 즉, 식(13.25)와 같은 식으로 표현할 수 있다.

$$E[z^*(\underline{u_0}) - z(\underline{u_0})] = 0 \tag{13.25}$$

따라서 식(13.26)과 같은 크리깅 시스템을 얻을 수 있고, 분산은 식(13.27)과 같다.

$$\sum_{i=1}^{n} \lambda_i \gamma[z(u_i) - z(u_j)] + \mu = \gamma[z(u_i) - z(u_0)] \tag{13.26}$$

$$\sigma_p^2 = E[P^2 + \hat{P}^2 - 2P\hat{P}]$$
$$- \sum_{i=1}^{n}\sum_{i=1}^{n} \lambda_i \lambda_j \gamma[z(u_i) + z(u_j)] + 2\sum_{i=1}^{n} \lambda_i \gamma[z(u_i) - z(u_0)] \tag{13.27}$$

여기서 $\gamma[z(u_i) - z(u_j)]$는 지점 u_i와 u_j의 평균 준변이도이고, μ는 Lagrange 승수(Lagrange multiplier)이다. 식(13.26)으로부터 최적의 λ_i^*값들을 얻으면 최적의 면적평균강수량 추정치가 식(13.28)과 같이 얻어진다.

$$\hat{P}^* = \sum_{i=1}^{n} \lambda_i^* z(u_i) \tag{13.28}$$

(3) MAP 추정을 위한 우량계와 레이더의 크리깅 조합

우량계(gage)의 지점강수량들을 $z_g(\underline{u_i})$, $i=1, \cdots, N_g$이라 하고, 레이더(radar)의 강수량들을 $z_r(\underline{u_j})$, $i=1, \cdots, N_r$이라고 하면, 이때 우량계의 참값은 식(13.29)와 같이 나타낼 수 있다고 하자.

$$\text{MAP}=P=z(\underline{u})=\frac{1}{A}\int_A z_g(\underline{u})d\underline{u} \tag{13.29}$$

우량계와 레이더 강수량을 선형(Linearity) 코크리깅(Co-Kriging), 즉 크리깅 조합하여 면적평균강수량을 추정하기위해 식(13.30)을 쓸 수 있다.

$$\hat{P}=\sum_{i=1}^{N_g}\lambda_{g_i}z_g(\underline{u_i})+\sum_{j=1}^{N_r}\lambda_{r_j}z_r(\underline{u_j}) \tag{13.30}$$

여기서 λ_g와 λ_r은 우량계와 레이더에 상응하는 가중치들이고, z_g와 z_r은 우량계와 레이더의 강수량 자료들이다. 최적(Best)의 추정치를 구하기 위해서는 분산이 최소가 되어야 하고 식(13.31)과 같이 쓸 수 있다.

$$\min E[\{z(\underline{u})-\hat{z}(\underline{u})\}^2]=\min\sigma_v^2 \tag{13.31}$$

공분산 정상성을 고려하고 분산에 대하여 전개하면 식(13.32)와 같다.

$$\begin{aligned}\sigma_v^2 &= E[\{z(\underline{u})-\hat{z}(\underline{u})\}^2=E[z(\underline{u})^2-2z(\underline{u})\hat{z}(\underline{u})+\hat{z}(\underline{u})^2]\\
&=E\left[\frac{1}{A^2}\int_A\int_A z(\underline{u})\hat{z}(\underline{v})d\underline{u}d\underline{v}\right]-E\left[\frac{1}{A}\int_A z_v(\underline{u})d\underline{u}\cdots 2\sum_{i=1}^{N_g}\lambda_{g_i}z_g(\underline{u_i})\right]\\
&\quad -E\left[\frac{1}{A}\int_A z_v(\underline{u})d\underline{u}\cdot 2\sum_{j=1}^{N_r}\lambda_{r_j}z_r(\underline{u_j})\right]+E\left[2\sum_{i=1}^{N_g}\sum_{j=1}^{N_r}\lambda_{g_i}\lambda_{r_j}z_g(\underline{u_i})z_r(\underline{u_j})\right]\\
&\quad +E\left[2\sum_{i=1}^{N_g}\sum_{j=1}^{N_g}\lambda_{g_i}\lambda_{g_j}z_g(\underline{u_i})z_g(\underline{u_j})\right]+E\left[2\sum_{i=1}^{N_r}\sum_{j=1}^{N_r}\lambda_{r_i}\lambda_{r_j}z_r(\underline{u_i})z_r(\underline{u_j})\right]\\
&=\frac{1}{A^2}\int_A\int_A Cov_v(\underline{u}-\underline{v})d\underline{u}d\underline{v}-2\sum_{i=1}^{N_g}\lambda_{g_i}\frac{1}{A}\int_A Cov_{g_v}(\underline{u}-\underline{u_i})d\underline{u}\end{aligned}$$

$$- 2\sum_{j=1}^{N_r}\lambda_{r_j}\frac{1}{A}\int_A Cov_{r_v}(\underline{u}-\underline{u_j})d\underline{u} + 2\sum_{i=1}^{N_g}\sum_{j=1}^{N_r}\lambda_{g_i}\lambda_{r_j}Cov_{gr}(\underline{u_i}-\underline{u_j})$$
$$+ \sum_{i=1}^{N_g}\sum_{j=1}^{N_g}\lambda_{g_i}\lambda_{g_j}Cov_{gg}(\underline{u_i}-\underline{u_j}) + \sum_{i=1}^{N_r}\sum_{j=1}^{N_r}\lambda_{r_i}\lambda_{r_j}Cov_{rr}(\underline{u_i}-\underline{u_j})$$

불편의 조건을 고려하고 정상성을 가정하면 $E[\hat{z}(\underline{u})] = E[z(\underline{u})]$이고 식(13.33a)의 제약조건(constraints)을 고려하여 식(13.33b)의 Lagrange 함수를 적을 수 있다.

$$\sum_{i=1}^{N_g}\lambda_{g_i} = 1, \quad \sum_{j=1}^{N_r}\lambda_{r_j} = 1 \Rightarrow \sum_{i=1}^{N_g}\lambda_{g_i} + \sum_{j=1}^{N_r}\lambda_{r_j} = 1 \tag{13.33a}$$

$$\begin{aligned} F = {} & \sigma_v^2 + 2\mu_g\left[\sum_{i=1}^{N_g}\lambda_{g_i} - 1\right] + 2\mu_r\left[\sum_{j=1}^{N_r}\lambda_{r_j}\right] \\ = {} & \frac{1}{A^2}\int_A\int_A Cov_v(\underline{u}-\underline{v})d\underline{u}d\underline{v} - 2\sum_{i=1}^{N_g}\lambda_{g_i}\frac{1}{A}\int_A Cov_{g_v}(\underline{u}-\underline{u_i}) \\ & - 2\sum_{j=1}^{N_r}\lambda_{r_j}\frac{1}{A}\int_A Cov_{rv}(\underline{u_i}-\underline{u_j}) + 2\sum_{i=1}^{N_g}\sum_{j=1}^{N_r}\lambda_{g_i}\lambda_{r_j}Cov_{gr}(\underline{u_i}-\underline{u_j}) \\ & + \sum_{i=1}^{N_g}\sum_{j=1}^{N_g}\lambda_{g_i}\lambda_{g_j}Cov_{gg}(\underline{u_i}-\underline{u_j}) + \sum_{i=1}^{N_r}\sum_{j=1}^{N_r}\lambda_{r_i}\lambda_{r_j}Cov_{rr}(\underline{u_i}-\underline{u_j}) \\ & + 2\mu_g\left[\sum_{i=1}^{N_g}\lambda_{g_i} - 1\right] + 2\mu_r\left[\sum_{i=1}^{N_r}\lambda_{r_i} - 1\right] \end{aligned} \tag{13.33b}$$

여기서, $Cov_{gv}(\ )$은 우량관측치와 통합된 과정(integrated process) 사이의 공분산
$Cov_{rv}(\ )$은 레이더 관측치와 통합된 과정 사이의 공분산
$Cov_{gg}(\ )$은 우량관측치간의 공분산
$Cov_{gr}(\ )$은 우량계와 레이더 관측치간의 교차공분산(cross covariance)
$Cov_{rr}(\ )$은 레이더 관측치간의 공분산

13.3.3 레이더 강우자료의 이용

어떤 유역 내의 수문분석에 있어 강우자료는 입력자료로 매우 중요한데 유역의 수문분석을 하기 위해서는 유역의 평균 강우량을 계산하여야 한다. 전통적인 방법으로는 5.5절과 13.3.2절에서 언급한 티센법, 등우선법 등을 이용하여 유역 평균 강우량을 구한다. 그러나

지상의 우량계와 레이더에 의한 강우량을 이용해 지점과 공간적인 정보를 합성하여 보정하면서 보다 정도 있는 유용한 자료를 얻기 위하여 13.3.2절에서 설명한 크리깅(Kriging)이나 신경망 기법 등을 이용하고 있다. 이렇게 얻어진 강우 자료는 홍수예측이나 유출 모의 등을 위하여 수문모형인 강우－유출모형의 입력자료로서 이용되어진다. 이를 위해 레이더 강우자료와 수문모형을 연결하여 이용하게 되는데, 이때는 격자와 격자 또는 격자와 소유역간의 공간적인 정보의 결합이 요구된다. 공간적인 정보를 다루기 위해서는 정보의 지형적인 투영이 필요하고 이를 위해 GIS나 기타의 툴이 필요하게 된다. 〈표 13.5〉는 유역 평균 강우량을 계산하기 위한 기법들에 대해 정리한 내용을 보여주고 있는데, 이들은 지상 강우자료를 이용해 레이더 강우자료의 보정을 함으로써 정도를 높이기 위해 이용된다.

수문학에 있어서 레이더의 개발과 적용에 대해서는 Einfalt 등(2004)에서 서술하고 있다. 그리고 우량계를 이용한 레이더의 보정(adjustment)과 강우자료의 정확성에 영향을 미치는 인자들에 대해서는 Morin 등(1995), Rosenfield 등(1993, 1994), Simth 등(1996), Sanchez-Diezma 등(2001), Vieux와 Bedient(1998), Vieux와 Vieux(2005), Kim 등(2008)을 참고할 수 있다.

〈표 13.5〉 유역 평균 강우량 산정 기법별 특성

기 법		특 성
전통 기법	티센법	· 각 우량계의 지배면적비를 가중인자로 산정 · 우량계의 분포상태 고려 · 강우의 산악효과는 무시 · 기존 홍수예보에서 이용 · 임진강 강우레이더 이용
	등우선법	· 등우선 간의 면적비를 가중인자로 산정 · 강우에 대한 산악효과를 고려 · 우량계의 밀도가 조밀해야 함
	다항식 보간법	· 선형 기법
선형 기법 (지형통계 기법)	일반 크리깅	· 1, 2차 모멘트의 정상성(stationary) 가정 · 공간변수가 균일한 지역
	범용 크리깅	· 1, 2차 모멘트의 비정상성(non-stationary) 가정 · 공간변수가 불균일한 지역
	코크리깅	· 자기 공간 변수외의 외부변수 적용 가능
비선형 기법	이접 크리깅	· 비선형성
	신경망 기법	· 비선형성 · 비정상성 가정 · 공간변수가 불균일한지역 · 비매개변수(non-parametric) 기법

연 습 문 제

13.1 에코에 대하여 조사하여 그 종류에 대해서 정리하고 간단한 설명을 하라.

13.2 (예제 13.1)에서 Z를 decibel dBZ로 구하여라.

13.3 식(13.12)를 유도하라.

13.4 식(13.14)와 (예제 13.2)의 $Z-R$관계식을 그림으로 그리고 비교 설명하라.

13.5 (예제 13.3)에 대하여 아래와 같이 보정하여 조정된 레이더 강우 추정치 R_i^*가 주어져 있다. 이때 $\overline{D}$와 $\overline{D^*}$를 계산하라.

관측소	G_i(cm)	R_i(cm)	편의	R_i^*(cm)
1	1.37	0.97	1.412	1.30
2	0.82	0.91	0.901	0.85
3	1.07	1.05	1.019	1.06
4	1.01	1.03	0.980	1.01
5	0.87	0.77	1.130	0.83

Chapter 14

습지수문학

습지를 지구상에 존재하는 가장 소중한 자연생태계로 인식하기 시작한 것은 최근의 일로서 과거에는 쓸모없는 땅으로 여겨져 왔었다. 습지는 자연현상 및 인간의 활동으로 발생하는 유기 및 무기물질을 변화시키고 수문순환, 화학적 순환에 있어 중요한 역할을 하며, 이러한 과정에서 수질을 정화하고 홍수방지, 지하수 충전을 통한 지하수의 조절 등의 기능을 하기도 한다. 또한 습지는 다양한 종류의 생물들로 구성되어 식물과 동물들의 중요한 서식처인 동시에 자연적인 경관을 제공하기도 한다. 이러한 습지의 구조와 기능을 유지하기 위해 무엇보다도 중요한 것은 수문학적인 조건, 즉 물의 변화이다. 습지에 있어서 수문학적 조건은 연도별, 계절별 또는 홍수기와 비홍수기 등에 따라 변화하는데 이러한 수문주기의 변화는 습지의 유량, 수위, 유속, 토사, 탁도, 지하수위 등에 영향을 미쳐 습지 생태계에도 변화를 가져온다. 습지에서 규칙 또는 불규칙적인 수문주기에 따른 수문순환의 변화는 물수지 분석을 통해 분석할 수 있으며, 이를 통해 습지의 수문현상을 이해할 수 있다. 습지의 수문현상, 즉 물의 변화를 알면 습지의 지형학적, 생태학적 변화 뿐 아니라 물리적, 화학적 특성을 이해하는데 도움을 준다.

14.1 습지의 개요

14.1.1 습지의 정의와 분류

(1) 습지의 정의

습지는 그 형태와 종류가 다양한 만큼 습지의 정의에 대해서도 매우 다양한 종류의 정의를 가지고 있다. 습지는 육상생태계(terrestrial ecosystem)와 수생생태계(aquatic ecosystem)를 이어주는 전이대(ecotone)로서 양 생태계의 가장자리에 위치한 공간인데 어느 곳에서부터 습지라고 할 수 있는지 결정하기가 매우 어렵다(〈그림 14.1〉). 즉, 습지는 육상생태계 및 수생생태계와 다양한 형태로 연결이 되어 있고 결합되어 있기 때문에 그 경계선을 긋기가 어렵고, 정의를 단정하기가 쉽지 않다. 우리나라의 습지보전법(2007)에서 정의하고 있는 내용을 보면 다음과 같다.

> '습지'라 함은 담수·기수 또는 염수가 영구적 또는 일시적으로 그 표면을 덮고 있는 지역으로서 내륙습지 및 연안습지를 말한다. '내륙습지'라 함은 육지 또는 섬 안에 있는 호 또는 소와 하구 등의 지역을 말한다. '연안습지'라 함은 만조 시에 수위선과 지면이 접하는 경계선으로부터 간조 시에 수위선과 지면이 접하는 경계선까지의 지역을 말한다.

그리고 1971년 이란 람사르에서 습지와 관련한 국제협약이 채택되었는데, 이 람사르협약(The Ramsar Convention on Wetlands)에서는 다음과 같이 정의하고 있다. 특히, 6m를 언급한 것은 물새들이 먹이를 잡아먹을 수 있는 수심을 고려한 것으로 알려져 있다.

> 자연 또는 인공이든, 영구적 또는 일시적이든, 정수 또는 유수이든, 담수, 기수 혹은 염수이든, 간조시 수심 6m를 넘지 않는 곳을 포함하는 늪, 습원, 이탄지, 물이 있는 지역
> (areas of marsh, fen, peatland or water, whether natural or artificial, permanent or temporary, with water that is static or flowing, fresh, brackish or salt, including areas of marine water the depth of which at low tide does not exceed six metres)

을 습지로 정의하고 있다.

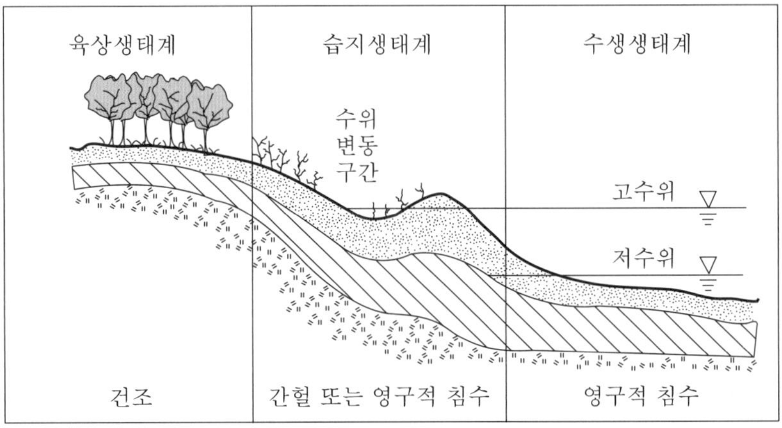

〈그림 14.1〉 육상생태계와 수생생태계의 전이대로서의 습지

〈그림 14.1〉을 보면 육상생태계와 수생생태계 사이에 습지가 존재하고 있다. 이는 하천을 생각하면 홍수터나 강변 또는 하천변(riverine)습지로 생각할 수 있을 것이다. 연안습지의 경우는 바닷가의 갯벌 등을 생각할 수 있다. 수문학적으로 나누면 육상생태계는 건조지역으로, 습지생태계는 간헐적으로 침수되거나 영구적으로 침수되는 수위의 변동구간이 된다. 수생생태계는 항상 침수되어 있는 구간이라고 할 수 있다. 생화학적 역할(biochemical role)을 보면 육상생태계는 화학물질, 유기질 등의 공급원(source)이 되고, 습지생태계는 이들의 공급원이며 흡수원(sink)이기도 할뿐 아니라 수생생태계로 전달해주는 전달자(transformer)의 역할도 한다. 반면에 수생생태계는 흡수원의 역할을 한다. 각 생태계의 생산성(productivity)을 보면 육상생태계는 낮거나 중간정도, 습지생태계는 일반적으로 높지만 가끔은 낮은 경우도 있다. 수생생태계는 일반적으로 낮은 경우를 보인다.

일반적으로 습지라 함은 다음의 3가지 조건 중 적어도 한 가지 이상의 속성을 지녀야 한다.

① 수문학적 특성 : 일정기간 동안 얕은 물에 잠기거나 지하수 또는 지표수에 의해 포화 상태를 유지할 수 있는 지역(습지연구자들은 일정기간을 토양과 식생이 습지의 특성을 지닐 수 있는 기간, 즉 약 2주 정도를 보고 있다.)

② 식생 특성 : 물이 있는 습한 지역에서도 생육이 가능한 수생식물(hydrophytic vegetation)이 존재하는 지역

③ 토양 특성 : 수분에 포화된 토양(hydric soil), 즉 육지의 토양과 구분되는 혐기성 상태의 토양이 될 수 있을 정도로 젖어 있어 습지의 특성을 나타내는 식생이 자랄 수 있는 토양

(2) 습지의 용어 및 분류

통상 홍수빈도해석, 확률강우량 등의 용어를 사용하고 있다. 습지는 그 구조나 기능에 따라 다양하게 분류가 되고 있고, 각 국가마다도 사용하는 용어가 다르기 때문에 기준이 확실히 정립되어 있지는 않다. 본 절에서는 습지에 대한 용어들을 살펴보고 개념적인 측면에서의 습지분류를 설명하고자 한다.

① 습지를 나타내는 용어

습지를 표현하는 용어들이 매우 다양한데 일반적으로 사용하고 있는 용어들을 보면 주로 목본 식물들이 우점하고 있는 소택지(swamp), 초본류가 우점하고 있는 늪(marsh), 이끼류 등이 분포하고 있는 습원(bog) 등이 있다. Mitsch와 Gosselink(2007)는 세계적으로 사용하고 있는 용어들을 아래와 같이 검토하였다. 〈그림 14.2〉와 〈그림 14.3〉은 습지의 형성과정과 일반적인 습지의 형태를 부분적으로 보여주고 있다.

■ Billabong(강변습지, riparian wetland)
주변 하천에 의해 주기적으로 침수되는 강변습지로 호주에서 사용

■ Bog(습원)
물의 유출입이 거의 없는 토탄 또는 이탄(peat)으로 형성된 습지

■ Bottomland(강가 또는 하천가의 낮은 지대)
하천을 따라 있는 저지대로 보통 주기적으로 침수되는 충적토의 홍수터

■ Carr(숲에 둘러싸인 습지)
오리나무속의 식물과 버드나무 숲으로 둘러싸인 습지로 유럽에서 사용

■ Dambo
특별한 하도나 삼림식생이 없는 하천의 상류에 계절적으로 물에 잠기고 초본으로 덮여

있는 선형 저지대지역. 중앙아프리카의 방언으로 목초지를 의미함.

- Delta(삼각주)

바다와 합쳐지는 강의 하구에 형성되는 퇴적물의 집합체로 습지, 하천, 육지가 혼합된 지역

- Fen(이탄습원)

주변지역으로부터 영양염류를 공급받아 습원 식물이 우점하는 지역으로 토탄으로 형성된 습지

- Lagoon(석호)

사주(coastal delta region)로 바다와 격리된 깊은 물의 호소로 유럽에서 자주 사용되는 용어

- Mangal, Mangrove

바닷가의 염생식물에 의해 우점된 아열대와 열대의 해안 생태계

- Marsh(늪)

포화된 토양조건에 적응한 초본식생들이 우점한 지속적으로 범람되는 습지로 유럽에서 사용

- Mire(토탄 습지)

토탄습지와 유사한 용어로 유럽에서 사용, 덴마크와 스웨덴에서는 'mose'

- Moor(습원)

토탄습지와 유사한 용어로 유럽에서 사용, highmoor는 고층습원(raised bog)을 의미하고, lowmoor는 하천유역의 토탄지대 또는 저지대의 저층 습원을 의미한다.

- Muskeg

매우 크고 넓은 토탄 또는 습원지역, 캐나다와 알라스카에서 사용

- Oxbow

소택지나 늪으로 변한 폐천(버려진 하도)

- Pakihi

골풀, 양치류, 흩어진 관목 등이 우점한 뉴질랜드 남서부의 토탄지역

- Peatland(토탄늪 또는 이탄지)

부분적으로 부패한 식물들이 쌓여 형성된 일반적인 습지

- Playa

뚜렷한 건기와 우기가 존재하는 건조 및 반건조 지역의 습지. 북미의 대평원 지역에서 얕고 낮은 지역에 물이 함양되는 습지. 미국 남서부에서 사용

- Pocosin

상록수의 관목과 나무가 우점하며 담수의 강변습지가 아닌 토탄으로 형성된 습지. 미국의 남동부 해안가에서 발견된다. 캐나다 알곤퀸(algonquin)족의 방언으로 언덕위의 소택지라는 의미이다.

- Pothole(구혈)

  얕은 늪 같은 연못. 미국의 Dakota지역과 캐나다 지역에서 사용

- Raupo swamp(갈대 소택지)

  갈대의 일종인 부들개지의 늪지로 뉴질랜드에서 사용하는 용어

- Reedmace swamp(갈대 소택지)

  갈대의 일종인 부들개지의 늪지로 영국에서 사용하는 용어

- Reedswamp(갈대 소택지)

  갈대가 우점하는 늪지역으로 유럽에서 사용

- Riparian ecosystem(수변 생태계)

  하천과 같은 수중생태계에 인접한 고수위를 가진 생태계. 여러 가지 용어로 부르기도 하는데 bottomland hardwood forest, floodplain forest, bosque, riparian buffer, stream-side vegetation strip 등으로도 불린다.

- Salt marsh(염기성 늪)

  수위가 변동하는 해수와의 경계면상에 있는 충적토사에 형성된 초본지역

- Sedge meadow

  사초과의 식물이 우점하는 매우 얕은 습지

- Slough(소택지)

  하천에 근접해 있는 긴 소택지 또는 얕은 호수시스템을 의미한다. 미국남 동부에 있는 느린 흐름을 가진 얕은 소택지 또는 늪. 영어의 고어에서 sloh라고 하는데 구렁으로 흐르는 물길이라는 의미를 갖는다.

- Swamp(소택지)

  미국에서는 관목 또는 교목이 우점인 습지. 유럽에서는 삼림의 이탄습지 그리고 갈대 소택지에 의해 우점된 습지를 나타낸다.

- Tidal freshwater marsh

  염분이 없는 물로부터 조수현상의 영향을 크게 받는 해안선에 근접한 하천과 하구를 따라 형성된 늪

- Turlough

  카르스트 지형의 지하수에 의해 게절적으로 침수되는 지역으로 습지의 특성을 갖도록 충분한 빈도와 지속기간을 갖고 침수가 됨.

- Vernal pool
  여름과 가을 대부분이 건기인 지중해성 기후를 가지고 얕고 간헐적으로 침수되는 습윤한 초원지역
- Vleis
  Dambo와 유사한 계절성의 습지로 남아프리카에서 사용
- Wad(복수 : Wadden)
  원래 북 네덜란드와 북서부 독일 해안선을 나타내는 말로 식생이 없는 갯벌을 의미함. 지금은 해안지역을 나타내는 말로 세계적으로 쓰임.

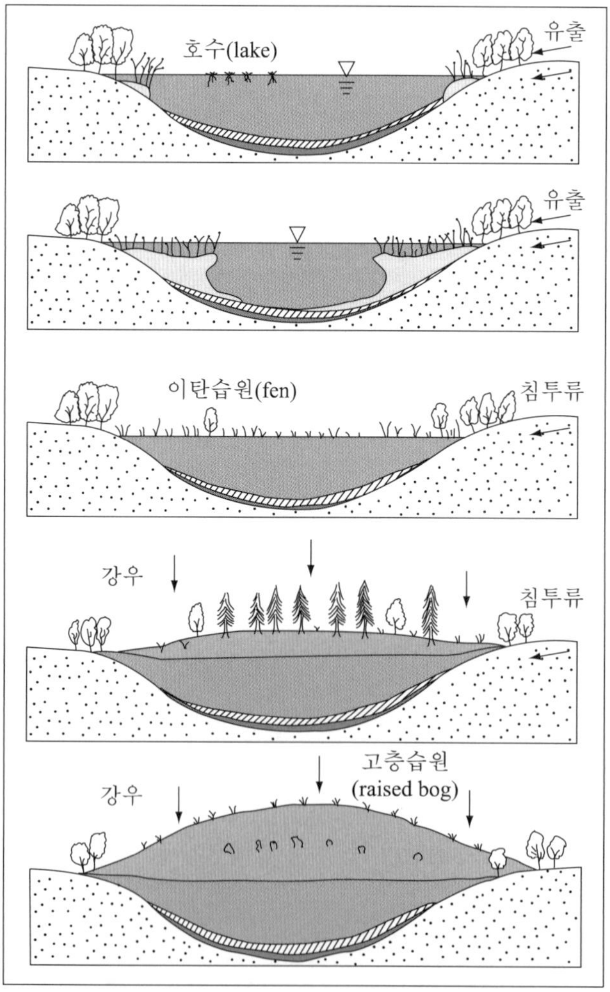

〈그림 14.2〉 호수가 고층습원으로 변해가는 모습과 수원

- Wet meadow(습지 초원)
  연중 대부분 머물러 있는 물은 없지만 지표면 부근 토양이 물에 잠겨있는 초본류가 우점인 지역
- Wet prairie(습지 초원)
  Marsh와 유사한 용어인데 marsh와 wet meadow사이의 중간정도의 수위를 가진 지역

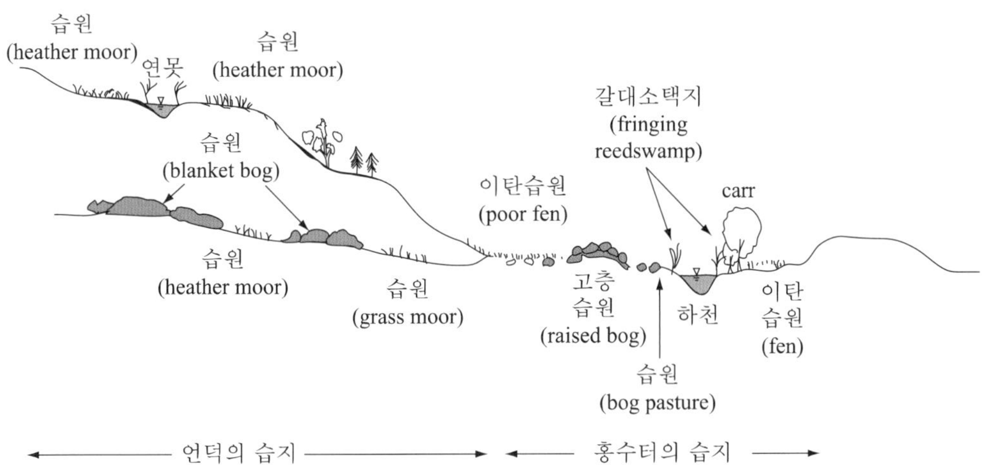

〈그림 14.3〉 상호 연결된 일반적인 습지의 형태

② 습지의 분류

습지의 분류 체계는 습지 연구와 보존, 기타 활동을 위한 보편적인 기준 또는 표준이 된다는 점에서 매우 중요하다고 하겠다. 그러나 습지의 형태나 종류가 워낙 다양하고 분류체계 또한 다양해서 쉽게 정리가 되지 못하고 있다. 국내 학자들도 습지의 분류 체계를 정립하고자 노력을 하고 있으나 아직까지 설정이 되어 있지는 않다.

가장 광범위하고 일반적인 분류는 크게 육지에 속해 있는 내륙습지와 해양 또는 해안가에 속해 있는 연안습지가 있다. 내륙습지는 수문학적인 조건과 지형적인 조건에 의해 홍수기에 하천의 범람이나 토양의 퇴적 등에 의해 형성되는 습지가 있다. 그리고 화산의 폭발, 빙산의 이동, 조산운동 등에 의해 고산지대에 형성되는 습지가 있다. 전 세계의 대부분의 습지는 연안습지로 하천으로부터 흘러온 퇴적물이나 침전물이 하구역에서 형성된 습지, 해안 침식에 의해 이루어진 습지, 또는 갯벌과 같은 습지가 있다.

지금까지 알려진 습지의 분류체계로는 미국의 어류 및 야생동물 서비스에서 분류한 Circular 39, 1970년대 후반 국가습지 목록작성을 위한 Cowardin 분류체계, 수문지형학적(HydroGeoMorphic, HGM) 모형으로 습지의 기능 평가를 하기 위해 미국 공병단(US Army

Corps of Engineers)에서 분류한 HGM 분류체계 등이 있다. 람사르협약에서 규정한 습지 분류체계가 있고, 각국에서도 나름대로 습지분류체계를 가지고 있거나 추진하고 있으며, 우리나라의 경우도 많은 노력과 지속적인 연구를 진행하고 있다(박수영 등, 2000; 구본학, 2009). 본 절에서는 비교적 간단한 HGM의 분류내용을 〈표 14.1〉에 나타내었다.

〈표 14.1〉 HGM 모형에서 습지의 분류

HGM의 분류	지형학적 조건	주요 수원	동수역학적 조건
하천변습지	하천주변	하도로부터의 월류	1차원 수평방향
지면저류습지	저지대	지하수와 중간유출에 의한 회귀수	수직방향
경사습지	경사진 지역	지하수에 의한 회귀수	1차원 수평방향
무기토양 평지	평지	강수	수직방향
유기토양 평지	평지	강수	수직방향
하구역습지	하구 주변	하구로부터의 제방월류	2차원 수평방향
호소역습지	호수 주변	호소로부터의 제방월류	2차원 수평방향

14.1.2 습지의 기능

최근 들어 습지의 중요성이 재인식되고 있는데, 이는 다음과 같은 인류사회에 습지가 유익한 기능을 제공하고 있음을 인식하고 있기 때문이다. 이에 습지의 대표적인 기능을 살펴보면 1) 다양한 서식환경제공, 2) 생산력의 보고, 3) 수문학 및 수리학적 기능, 4) 기후조절 기능, 5) 수질오염물질 제거, 6) 경제적 가치, 7) 경관적 가치 등이 있다. 각 기능별 내용을 살펴보면 다음과 같다.

(1) 다양한 서식 환경을 제공

습지 내 풍부한 플랑크톤이나 유기성 분해물질은 수서곤충이나 어패류의 먹이를 제공하고 수서곤충이나 어패류는 온갖 조류나 양서류, 소형 포유동물의 먹이가 된다. 이들은 뱀, 악어 등의 파충류나 물소, 사슴, 야생말 등의 동물들을 불러들여 거대한 먹이사슬을 제공할 수 있는 서식환경이다. 더욱이 습지는 지구상 그 어느 지역보다 생물학적 생산성이 높은 곳 중의 하나이며, '지구 생명의 신비와 질서'를 잘 간직하고 있는 곳이다(박수영 등, 2000).

(2) 생산력의 보고

지구상에 있는 습지 생태계의 생산력은 평균 3,000g/m^2 · yr 이상으로 알려져 있고, 이는 열대우림 생태계와 비슷하다. 해양 생태계 중에서 1차 생산력의 연평균 생산율을 보면 하구역이나 해조숲－산호초 생태계의 생산력이 대륙붕이나 용승 해역보다 4배 정도 높고, 외해역보다는 거의 10배 이상 차이가 난다. 또한 이산화탄소(CO_2) 교환에 의한 미국 연안 Fahkahatchee Bay 지역의 망그로브 습지 생태계의 순 생산량은 약 1.3gC/m^2·day에 이르고 있고, 담수 생태계의 경우 표준화된 측정 방법의 결여로 인해 정확한 비교는 어렵지만 단위 면적당 생산력이 1,000～3,000g/m^2·yr에 달하는 높은 생산력을 보인다.

(3) 수문학 및 수리학적 기능

습지의 토양은 단위 부피당 보유할 수 있는 물의 양이 많고 자연적으로 형성된 배수관개로서 복잡하며 조직적이어서 우기나 가뭄 때 필요한 자연 댐의 역할을 한다. 우기나 홍수 때의 과다한 수분은 습지토양 속에 저장되었다가 건기에 지속적으로 주위로 공급함으로써 수분을 조절한다. 이때 토양은 표면유출수를 효과적으로 흡수함으로써 토양 침식을 방지하거나 홍수 등을 조절하기도 한다. 이러한 기능은 마치 '자연의 스펀지'처럼 표면수의 급류를 일시적으로 차단, 흡수하여 천천히 방류시키기 때문에 순간적으로 발생될 수 있는 높은 수위를 낮출 수 있고, 습지를 구성하는 식물의 뿌리는 토사를 붙잡아 고정시키면서 해안 또는 하안의 침식을 방지하고 홍수의 피해를 최소화시킬 수 있는 완충지의 역할을 한다. 특히 도시 지역 내 하천 주변의 습지는 포장된 도로 또는 건물에서 유출되는 지표수로 인해 발생될 수 있는 범람의 피해를 줄이는 등 자연재해의 조절 기능을 수행한다.

(4) 기후조절 기능

전 세계의 약 6%를 차지하는 습지의 거시적인 기후조절 측면을 보면, 대기 중으로의 탄소의 유입을 차단하여 지구온난화의 주범인 이산화탄소의 양을 적절히 조절해주며, 미시적 측면에서는 한 지역의 대기온도 및 습도 등을 조절하는 국지적 기후조절 기능을 가진다.

(5) 수질오염물질 제거능

습지에 서식하는 동·식물, 미생물과 습지를 구성하는 토양 등은 주변으로부터 흘러나오는 각종 오염된 물을 흡수하여 오염물질을 정화시키고 깨끗한 물을 흘려보낸다. 습지의 이러한 자정능력은 습지가 인간을 포함한 모든 생물에게 매우 중요한 역할을 하고 있다.

〈표 14.2〉 습지의 유형과 가치항목의 관계

항목	습지 유형	습지 유형		
		하천	호소	소택지
생물 다양성의 가치	• 높은 다양성	◎	●	●
	• 서식지 제공/보호	●	●	●
	• 위기종의 보전/유전자 은행	●	●	●
	• 물질순환	◎	◎	●
경제적 가치	• 천연자원의 생산	●	●	●
	• 에너지 생산	○	○	○
	• 수상운송로 제공	○	◎	◎
심미적 가치	• 수자원 저장/공급/재충전	●	●	●
	• 홍수조절	●	●	●
	• 침전물 포획	●	●	●
	• 독성물질 제거/수질정화	●	●	●
관광·문화적 가치	• 관광	◎	●	◎
	• 문화/심미적 특이성	●	●	●
	• 연구/교육/자연 유산	◎	◎	◎
기타	• 기후변화/오염 효과의 완충	◎	◎	●
	• 해안선 안정화/침식 조절	●	◎	◎
	• 태풍, 해일 피해/염수 침입 방지	○	○	○

○=없거나 예외적. ◎=있음. ●=흔하거나 중요함.

(6) 경제적 가치

습지가 제공해 주는 경제적인 가치는 정확히 평가할 수 없는 단계이지만, 양적으로는 수자원의 확보와 적정 유지에 기여해 수자원 개발 및 관리와 관련된 비용을 절감시켜 주며, 질적으로는 수질을 정화해 환경오염에 따른 비용을 절감시켜 주고, 어업 및 수산업의 산실로서 전세계 어획고의 2/3 이상이 해안과 내륙습지의 이용과 관련되어 있어 막대한 수입원이 되고 있다. 그 외에도 지역에 따라서 농업, 목재 생산, 이탄과 식물자원 등의 에너지 자원, 야생동물 자원, 교통수단, 휴양 및 생태관광의 기회 제공 등으로 매우 높은 경제적 가치가 있다.

(7) 경관적 가치

습지는 물과 함께 다른 경관과 시각적으로 구분할 수 있는 독특한 경관 형태를 자아내고, 지역의 문화적 가치와 함께 생명력이 넘치는 역동적인 공간으로 인류사회의 내면적 경관적 가치와 관련되어 중요한 역할을 하고 있다. 이러한 내용을 기반으로 자연교육 및 체험장소로 활용된다.

14.1.3 습지수문의 중요성

습지는 육지의 동·식물 서식처와 수변 경계선상에 놓여 있고, 수변식물과 육지동물의 서식처로서 육지의 가장자리에 놓여있다. 따라서 습지의 수문학적인 조건이 조금만 변해도 생물의 변화에 큰 영향을 미칠 수 있다. 습지 수문학에서 기본적인 요소는 기후와 지형학이다. 습지는 덥고 건조한 지역보다 춥고 습한 지역에서 더 발달하는데, 추운지역에서는 증발산과 같은 손실이 적고 습한 지역에서는 초과 강수량 또는 유효우량이 많이 발생하기 때문이다. 지형학의 경우, 경사가 급한 지역이나 유역에서 보다 경사가 완만하거나 평탄한 지형에 습지가 보다 더 잘 발달한다. 기후와 지형학 그리고 수문학을 하나의 용어로 수문지형학(hydrogeomorphology)이라고 한다.

〈그림 14.4〉를 보면 기후학과 유역의 지형학은 습지 수문학, 습지의 물리·화학적 환경, 습지의 생물상에 직접적으로 영향을 미친다. 수문현상은 습지의 가용한 산소량이나 가용한 영양소, pH, 독성성분 등과 관련한 화학적 특성을 변화하게 한다. 또한 수문학은 유사(sediments), 영양물질, 독성물질 등을 이송하여 습지에 유입시킴으로써 습지의 물리·화학적 환경에 영향을 미치기도 하고, 반대로 습지로 부터의 유출은 생물과 비생물학적인 물질들을 제거하기도 한다. 습지 내의 토사의 퇴적과 같은 물리·화학적 환경변화는 유역의 지형과 유입량 또는 유출량에 영향을 미쳐 수문현상을 변화시키기도 한다.

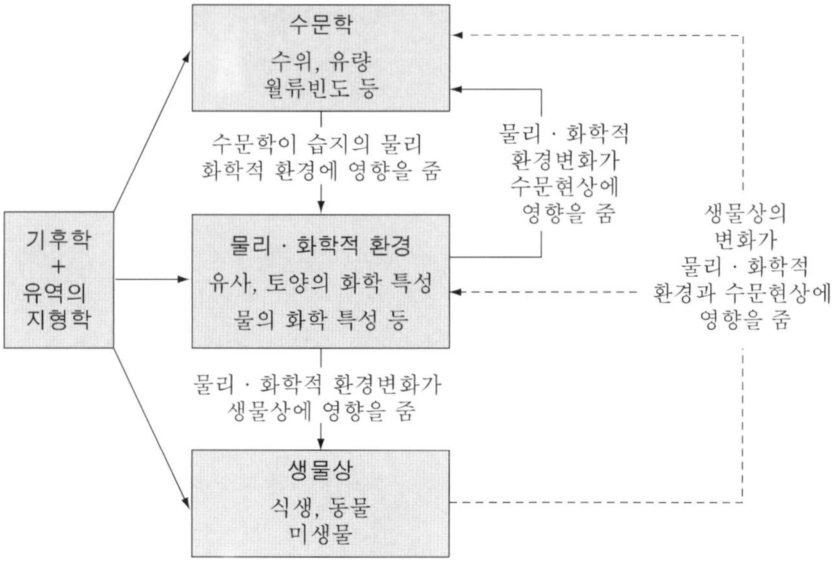

〈그림 14.4〉 습지에 대한 수문학의 영향과 생물상의 되먹임 개념도

물리·화학적 환경변화는 습지의 생물상에 영향을 미치고, 습지의 수문학적 조건은 약간만 바뀌어도 습지내의 종의 구성, 풍부성, 생태계의 생산성에 상당한 변화를 가져와 생물상을 변화시키기도 한다. 그러나 매년 유사한 수문학적인 현상이 지속된다면 습지 생물군의 구조와 기능은 비슷한 양상으로 나타날 것이다.

〈그림 14.4〉는 습지 생물상(biota)의 구성 요소들, 즉 식생, 동물, 미생물이 다양한 메커니즘을 통해 수문현상과 물리·화학적 환경에 영향을 주는 되먹임(feedback) 조절을 보여주고 있다. 특히, 습지의 미생물은 토양의 화학적 특성을 변하게 하고, 이로 인해 식물들이 이용할 수 있는 영양분을 조절하며, 황화물과 같은 식물의 독소를 생산하기도 한다. 식물은 토탄 또는 이탄의 생성 또는 축적(peat building), 부유물질의 퇴적(sediment trapping), 영양물질의 보유(nutrient retention), 증산 등과 같은 과정을 통해 물리적인 환경을 변화시킨다. 퇴적한 토사와 유기물질은 물의 흐름을 방해하여 습지의 침수 기간과 빈도를 감소시킬 수 있다. 동물들도 습지의 수문학적인 조건들을 변화시킨다. 예를 들면, 사향쥐는 습지에 굴을 파서 습지의 물 흐름을 바꾸어 수위에 영향을 미치기도 하고, 그들의 먹이와 집을 짓기 위해 엄청난 양의 식생을 수확하여 이용함으로써 늪의 넓은 지역의 식생을 없애기도 한다.

14.1.4 습지의 수문학적 특성에 따른 생물종 분포의 변화 양상

앞에서도 언급하였듯이 습지의 수문학적인 특성은 습지의 환경과 생태계에 영향을 미치고 습지의 생물종 분포에도 변화를 가져온다. 따라서 수문학적 특성에 따른 생물종 분포에 대한 변화 양상을 간략히 살펴보고자 한다.

(1) 탁도에 따른 식물의 생존 양상

습지식물 또는 수생식물은 물에서도 자랄 수 있는 능력을 가지고 있다. 그러나 이들이 자랄 수 있는 물은 이들의 잎에 빛이 다다를 수 있고, 필요한 산소를 얻을 수 있는 조건이라야 한다. 침수식물의 경우 빛 조건과 물의 흐름만 적당하다면 어느 정도 잘 자랄 수 있다. 그러나 부엽식물, 정수식물, 부수식물은 빛이 있어야 하고 대기 중에서 산소를 얻을 수 있어야 한다. 이것이 의미하는 것은 이들이 물에 잠기게 되면 생육이 느려지거나 죽을 수 있다는 것이다. 특히 홍수시기에 이들이 물에 잠기는 경우 탁도가 심한 흙탕물에 잠기기 때문에 빛과 산소 모두 다 받아들일 수 없게 된다. 그러므로 습지의 탁도와 지속시간은 이들의 생존에 중요하다.

(2) 평상 시 수심에 따른 분포 식물의 변화

수생식물 또는 습지식물이라 하여 수위와 무관하게 물에서 살 수 있다는 것을 의미하지는 않는다. 수생식물은 수심에 따라 서식할 수 있는 종류가 다르게 나타난다. 그러나 동일한 수심이라 할지라도 수문학적인 특성에 따라 분포하는 종이 달라지며, 종간 관계에 따라 분포종이 달라진다. 아직까지 수문학적인 특징을 수치적으로 고려하여 연구된 결과가 매우 미흡하고, 종간 관계에 대한 연구 또한 미진하므로 아직까지 수문학적인 특성에 따른 식물의 분포를 정확히 예측하기는 어렵다.

(3) 수문학적 특성에 따른 식물플랑크톤의 변화

식물플랑크톤은 홍수 시 탁도에 가장 큰 영향을 받는다. 생장과정에서는 광, 영양염, 수온 등에 의해 영향을 받고 있으나 그 중에서 영양염이 가장 중요한 인자가 되고 있다. 그러므로 수문학적인 변화 시에 이들이 어떻게 변화하고 있느냐가 식물플랑크톤의 변화를 예측하는 데 관건이라 하겠다. 그러나 수문학적 특성 변화에 따른 탁도 변화와 영양염 변화에 대한 연구가 아직까지 충분하지 않은 상황이다.

(4) 수문학적 특성에 따른 곤충상 및 개체군의 변화

메뚜기목, 노린재목, 딱정벌레목, 나비목 등의 육상곤충의 서식과 개체군 변동은 초지군락이 얼마나 형성되었느냐에 달려있다. 특히 나비류 중 흰나비과류는 십자화과, 콩과식물의 잎을 애벌레가 이용하고, 성충은 개망초, 벌노랭이, 낭아초 등을 이용한다. 그러나 습지의 면적이 증가하면 물방개류, 연체동물, 잠자리류는 서식처의 증가로 종류 및 개체군이 증가할 것으로 예상된다.

정수생태계의 저서생물은 빛, 수온, 바닥물질, 수위변동과 물의 흐름, 용존산소 등의 영향을 받게 되는 데 이들 환경요인이 적합하게 제공되는 연안대에 풍부하게 서식한다. 즉, 수심이 얕고 풍부한 영양물질이 공급되는 장소는 저서무척추 동물의 이상적인 서식환경서식처가 된다. 홍수와 같은 자연 교란이 있은 후, 저서무척추동물의 회복은 종류에 따라 다른 양상을 나타낸다. 이동성이 강하며 도피 능력이 높은 노린재류, 물방개류 등과 완전 수서생활을 하는 연체동물 등은 비교적 빠르게 회복되나 실잠자리류와 같이 수생식물과 연관되어 특이한 서식조건을 필요로 하는 종류는 회복이 늦다. 홍수와 같은 자연교란은 영양물질의 순환에 있어서 순기능을 담당하는데 이는 부영양화가 심한 담수생태계일수록 홍수 시 발생되는 물의 흐름에 힘입어 적체된 영양물질을 제거하여 서식처 기능을 정상적으로 회복시켜 주기 때문이다.

(5) 수문학적 특성에 따른 어류의 변화

정수생태계와 유수생태계에 따라 어류의 종류가 다르고 유량 및 지형학적 형태에 따라서도 달라질 수 있다. 어류는 수문학적 조건 뿐 아니라 수질과 먹이에도 민감하기 때문에 정확한 수질 예측 또한 필요하다. 따라서 습지의 어류 생태조건을 알기 위해서는 수위와 이에 따른 면적, 수질조건, 먹이와 서식처의 조건 등 종합적인 분석이 필요하다.

(6) 수문학적 특성에 따른 양서류의 변화

양서류는 습지에서 산란하며 서식하는 무리이다. 그러므로 습지의 증가는 이들 개체군의 증가를 불러올 것이다. 특히 중금속이나 농약과 같은 오염물이 급증하지 않을 경우 산란기 때 수심이 얕은 습지의 면적 증가는 이들의 산란지의 증가를 의미한다. 또한 습지의 증가는 이들의 서식지 증가를 의미하므로 개체군은 증가하리라 예상된다.

(7) 수문학적 특성에 따른 조류의 변화

수조류의 분포는 수심과 매우 깊은 관련을 가지고 있다. 수심이 깊은 곳은 쇠오리, 청머리오리, 고방오리 등의 오리류가 주로 이용하고, 수심이 얕은 곳은 백로류, 저어새류, 큰고니 등 다리가 길며 물속에서 먹이를 섭식하는 종이 주로 이용한다. 물에 잠기지 않고 습한 지역에는 큰기러기를 비롯하여 이곳에서 섭식하는 종들이 주로 이용한다. 수조류는 그들이 먹이로 하는 먹이원에 따라 분포를 달리하고 개체수가 변하게 된다.

조류는 습지 생태계의 먹이 사슬에서 최상위권의 소비자이다. 그러므로 생태계가 건전하게 잘 발달하게 되면 많은 먹이가 서식하게 되고 그에 따라 많은 종의 유입이 예상된다.

14.2 습지의 수문주기와 물수지

14.2.1 습지의 수문주기

수문주기는 습지 수위변화의 주기적인 패턴을 의미한다고 볼 수 있는데, 수문주기의 변화에 따라 습지의 형태가 결정되어지고 습지의 안정성에도 영향을 준다. 수문주기는 습지 수면의 변화와 습지의 모든 유입 및 유출량에 따른 지표하 흐름(subsurface water)을 나타낸다. 습지의 수문주기를 정량적으로 표현하기 위해 다양한 용어들이 사용되어 오고 있다. 예를 들면, 주기적 또는 간헐적인 침수 또는 범람과 같은 용어들을 사용하고 있는데 이러한 용어들을 좀 더 정확히 설명하기 위해서는 충분한 자료를 토대로 나타내어야 한다. 습지 수문주기에 대한 용어들을 정리하면 〈표 14.3〉과 같다(Mitsch와 Gosselink, 2007).

〈표 14.3〉 습지 수문주기에 대한 정의

습지	용어	영문용어	설명
연안습지 (tidal wetland)	조하대	Subtidal	조수에 의한 영구적인 침수
	불규칙적인 노출	Irregularly exposed	하루보다 짧은 조수에 의해 나타나는 습지표면
	규칙적인 침수	Regularly flooded	적어도 하루에 한 번씩 침수와 노출이 발생함
	불규칙적인 침수	Irregularly flooded	하루보다 짧은 기간 동안 침수
비연안습지 (nontidal wetland)	영구적인 침수	Permanently flooded	매년 일 년 내내 침수
	간헐적인 노출	Intermittently exposed	극한 가뭄을 제외하고는 일 년 내내 침수
	반영구적 침수	Semipermanently flooded	대체적으로 매년 성장기 동안 침수
	주기적인 침수	Seasonally flooded	성장기 동안에는 침수가 되지만 보통 성장기 말에는 지표수가 없는 습지
	포화	Saturated	성장기 기간 동안 기저생물은 포화가 되나 정수상태는 드물다.
	일시적인 침수	Temporarily flooded	성장기에 짧은 기간 동안 침수되고, 보통은 습지의 수면 아래에 지하수위가 있음
	간헐적인 침수	Intermittently flooded	일정한 주기가 없이 보통은 지표수와 함께 습지표면이 노출되어 있음

14.2.2 습지의 물수지

습지의 수문학적인 조건 또는 수문주기는 1) 유입량과 유출량간의 물수지, 2) 습지의 지표면 지형 형세, 3) 지표하 토양(subsurface soil), 지질특성, 지하수 조건 등의 요소들에 의해 설명되어질 수 있을 것이다. 첫 번째 요소는 습지의 물수지(water budget)이고, 두 번째와 세 번째 요소는 습지에 얼마나 많은 물을 저류할 수 있는지 그 용량을 정의한다. 습지의 물수지 방정식은 일반적으로 식(14.1)에 의해 나타낼 수 있고 〈그림 14.5〉와 같이 나타낼 수 있다.

$$\frac{\Delta S}{\Delta t} = P_n + Q_i + G_i - ET - Q_o - G_o \pm T \qquad (14.1)$$

여기서 S는 습지의 저류용량, $\Delta S/\Delta t$는 단위시간에 따른 습지 저류용량의 변화율 P_n은 순강수량(net precipitation)으로 $P_n = P - I$, P는 총 강수량, I는 초기손실이다. Q_i는 하천의 범람을 포함하여 습지로의 지표 유입량, G_i는 지하수 유입량, ET는 증발산량, Q_o는 습지의 지표 유출량, G_o는 지하수 유출량, T는 조수에 의한 유입량(+)과 유출량(−)을 나타낸다.

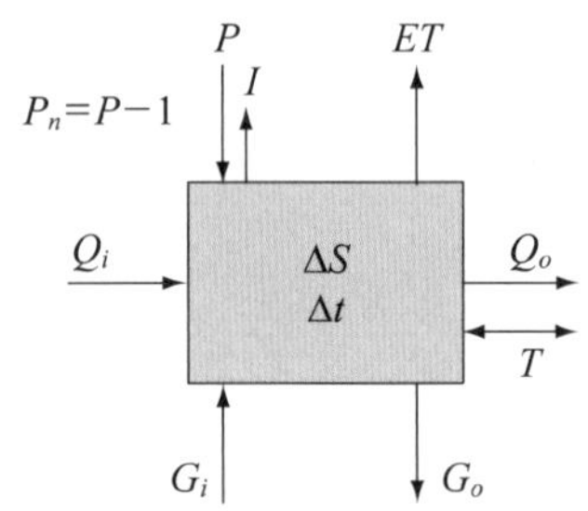

〈그림 14.5〉 습지의 물수지

어떤 시간에 있어서 습지의 평균 수심 d는 식(14.2)와 같이 쓸 수 있다.

$$d = \frac{S}{A} \qquad (14.2)$$

여기서 A는 습지의 수면면적이다. 식(14.1)의 변수들은 단위시간당 깊이(cm/yr) 등으로 나타내거나 단위시간당 용적(m^3/yr)으로 표현할 수 있을 것이다.

습지 수문학에서 물의 순환율(renewal rate) 또는 회전율(turnover rate)에 대한 정의인데 이것은 습지의 평균 저류량, $\overline{S}$에 대한 총 유입량$(Q_i)_T$의 비로 식(14.3)과 같이 나타낸다.

$$t^{-1} = \frac{(Q_i)_T}{\overline{S}} \qquad (14.3)$$

순환율은 호소학에서 자주 쓰이는 개념이지만 실제로 측정은 많이 이루어지지 않는다. 화학 및 생물 특성들은 종종 습지가 외부와 얼마나 연계성을 가지고 있는지에 따라 결정이 되는데 순환율은 이때 유용한 지수로서 이용되어 진다. 즉, 습지 내의 물이 얼마나 빨리 순환

되는지를 나타낸다. 순환율의 역수는 회전시간(turnover time), 체류시간(residence time), 또는 지체시간(detention time)을 나타낸다. 즉, 물이 습지 내에 머문 평균시간을 의미한다.

14.3 습지의 수문순환

습지의 물수지에 영향을 미치는 요소는 앞의 장들에서 설명한 수문순환의 요소인 강수, 증발산, 지표유입 및 유출, 지하수 등을 들 수 있고, 여기에 조수(tide)가 포함된다. 이들 물수지의 요소 또는 수문순환 요소들의 패턴과 이들 요소들에 영향을 받는 습지에 대해 〈표 14.4〉와 같이 정리하였다.

〈표 14.4〉 수문순환 요소가 영향을 미치는 습지

요 소	요 소 패 턴	영향을 미치는 습지
강수	많은 지역이 우기와 건기로 구분되지만 기후에 따라 변한다.	모든 습지
지표유입 및 유출	강수의 패턴과 봄철 해빙에 의한 지표유입 및 유출은 계절성을 나타냄; 하천유량에 의해 수로화될 수 있고, 유출로 비수로화될 수 있음; 충적습지(alluvial wetland)에 대한 하천의 범람	강수에 의존하는 이탄습원(ombrotrophic bog)을 제외한 모든 습지; 활엽수림이 있는 저지대의 강변습지와 기타 충적습지는 하천 범람에 의해 영향을 받는다.
지하수	지표유입량보다는 계절성이 덜하며, 항상 존재하지는 않는다.	강수에 의존하는 이탄습원(ombrotrophic bog)과 부유습지(perched wetland)를 제외한 모든 습지
증발산	여름에는 증발산이 많고 겨울에는 적게 발생하는 계절성을 띄며, 습지내 기상학적, 물리적, 그리고 생물학적 조건에 의해 변화한다.	모든 습지
조수	일일 1회에서 2회의 조수 기간(tidal period); 범람빈도는 수위에 따라 변한다.	조수의 영향을 받는 담수 및 염습지; 망그로브 소택지

14.3.1 강수

강수는 모든 습지에 영향을 미치는데, 일반적으로 습지가 많은 지역에 강수가 많고 습지가 적은 지역에 강수 또한 부족한 지역이 많다. 예외적으로 조수에 의해 영향을 받는 해안가의 염습지나 강수보다 하천 유량에 영향을 받는 강변습지 등이 있을 수 있다.

산림, 관목, 또는 정수식물을 가진 습지에 내리는 강수는 식생들에 의해 차단되어 초기손실이 발생하게 된다. 6.3.1절에서 언급하였듯이 특히 삼림습지는 강수가 식생에 저류되고, 나뭇잎이나 식생이 저류할 수 있는 물의 양이 넘치면 나무들 사이로 떨어지는 수관통과수(trough fall)가 있다. 그리고 나무 줄기를 따라 흘러내리는 강수를 수간류(stem flow)라고 한다. 따라서 식생에 의해 저류되는 강수의 양을 차단(interception)이라고 하는데 이 차단의 양은 강수량, 강수강도, 식생의 특성, 식생의 크기, 식생의 종류 등에 따라 다르게 나타난다. 산림의 경우 차단의 양은 8~35% 정도의 범위로 변화하고, 낙엽수림의 경우는 13%, 침엽수림의 경우는 28% 정도라는 연구결과도 있다. 따라서 산림습지에서는 강수량의 29% 정도가 차단된다고 설명하고 있으며, 습지 중에 산림습지에서 초기손실이 가장 많이 발생하는 것으로 보고되고 있다(10~35%).

앞의 설명을 토대로 강수 P에 대한 물수지를 적기위해 초기손실 I, 수관통과수 TF, 수간류 SF를 고려하면 식(14.4a)와 같이 나타낼 수 있고, 순강수량 P_n는 식(14.4b)와 같이 쓸 수 있다.

$$P = I + TF + SF \tag{14.4a}$$

$$P_n = TF + SF \tag{14.4b}$$

14.3.2 증발산

습지 내의 물과 토양으로부터 증발하는 물과 관다발 식물을 통해 대기 중으로 내보내는 수문을 합쳐서 습지의 증발산이라고 한다. 제6장에서 설명되어진 바와 같은 개념으로 생각하면 되고, 습지에서의 증발산량 산정도 일반적으로 제6장에서 다루어진 방법론들을 이용한다. 이러한 방법론들을 이용해 습지의 증발산량을 추정하고 비교한 연구들이 있는데 아주 만족할 만한 결과는 아니지만 개략적인 근사값을 주기도 하였다. 다만 습지 식생의 종류와 지형조건 등에 따라 증발량과 증산량에 각각 영향을 미치고 각기 다른 결과들을 도출하기도 하였다. 식(14.5)는 Hammer와 Kadlec(1983)의 공식으로 사초속식물(sedge), 버드나무, 진퍼리꽃나무, 부들식생이 피복된 습지에 적용되었다.

$$ET = a + bR_s + cT_a + dR_h + eu \tag{14.5}$$

여기서, a, b, c, d, e는 상관계수, R_s는 입사하는 단파 복사에너지, T_a는 대기온도, R_h는 상대습도, u는 풍속을 의미한다. 다른 공식들보다 식(14.5)에 의한 증발산량 추정이 보다 더 좋은 결과를 주었으며, 실측값을 분석하였을 때 복사에너지 항이 지배적인 것으로 나타났다.

14.3.3 지표유출

건조한 지역에서의 유출은 습한 지역보다 작지만 강변습지의 중요한 하천유량에 기여한다. 유역의 하천 상류쪽에 위치해 있는 습지는 지표유출량을 유입하여 하류로 방류하는 저수지와 같은 역할을 하기도 하는데 이는 습지에서 하류 유출량을 조절하는 기능을 가지고 있음을 의미한다.

습지로 유입하는 지표유출은 수로화 되지 않은 판상류 흐름(sheet flow)인 표면류 유출(overland flow)이 있고, 수로화 된 하천흐름(streamflow)이 있다. 하천이나 홍수터(floodplain)에 인접해 있는 습지는 하천의 주기적인 흐름 형태에 큰 영향을 받는다. 즉, 습지는 계절적으로 발생하는 유출이나 첨두홍수량에 의해 발생하는 지표유출을 유입하여 주기적으로 안정적인 습지의 형태를 유지하게 된다. 연안습지의 경우도 담수의 유출량에 의해 영향을 받는데 이들 유출량은 습지에 영양물질과 에너지를 공급하고, 토양의 염분과 산소부족에 대한 영향을 개선시켜준다.

유역으로부터 온 습지의 지표유입량은 자료가 없이는 추정이 어렵기는 하지만 습지의 물수지에 있어 매우 중요한 변수이다. 따라서 습지로 유입하는 직접유출량은 식(14.6)에 의해 추정한다.

$$Q_i = R_p P A_w \tag{14.6}$$

여기서 Q_i는 습지로 유입되는 직접유출량(m^3)이고, R_p는 수문학적 반응계수(hydrologic response coefficient)라고 하며, P는 유역 평균강수량(m)이다. 그리고 A_w는 습지로 배수되는 유역의 면적(m^2)이다. 이 식은 습지로 유입되는 유량과 유역 내 강수량의 체적($P \times A_w$)이 비례한다고 가정을 전제로 하고 있다. R_p는 유역 내에 떨어지는 강수량 중 직접 지표유출에 기여하는 비율을 나타낸다. 습지로 유입하는 첨두유량에 관심을 가질 경우는 9.6절의 합리식을 참고할 수 있다.

14.3.4 지하수

습지는 기본적으로 2가지의 수원(water sources)에 의존을 하게 되는데 하나는 지표유출에 의한 습지의 유입량이며, 다른 하나는 지하수이다. 물이 고일 정도로 충분한 지표유출이 발생하는 지역이면 습지가 형성될 수 있고, 지하수에 의한 경우는 보통 하천의 하도를 따라 지하수의 영향을 받아 습지가 형성되어진다. Novitski(1979, 1982)는 습지에 대한 지하수 흐름패턴을 4가지로 아래와 같이 설명을 하고 있고, 이에 대하여 〈그림 14.6〉을 참고할 수 있다(Golet 등, 1993).

① 지표수에 의한 지면저류 습지(surface water depression wetland)

이 습지는 지표유출량과 강수에 의해 주로 영향을 받고, 토양의 낮은 투수성으로 인해 지하수의 영향은 약간 받는다. 이런 습지는 부유습지(perched wetland)와 유사한데 이는 비포화대로 인해 지하수위와 연결이 되어 있지 않은 습지를 의미한다. 7.1.1절의 부유대수층(perched groundwater)의 개념을 생각해 볼 수 있다(〈그림 14.6a)〉.

② 지표수에 의한 경사습지(surface water slope wetland)

지표수에 의한 경사습지는 호수나 하천에 인접한 충적토에서 나타나는 습지로 강수나 지표유출로부터도 물을 공급받지만 인근 하천이나 호수의 범람에 의해 더 많은 영향을 받는다. 이 습지의 수문주기는 인근의 하천이나 호수의 주기 패턴과 유사하다. 습지는 지하수에 의해 어느 정도의 물이 함양이 되기도 하지만 하천이나 호수로 금방 유출이 되기도 한다(〈그림 14.6b)〉.

③ 지하수에 의한 지면저류 습지(groundwater depression wetland)

이 습지는 지하수로부터 물을 공급받는데, 예를 들면 소택지가 지하수면보다 낮아 지하수가 소택지로 유입하게 되어 발생하게 된다. 지하수에 의한 지면저류 습지는 지표수와 지하수의 상호 교환이 이루어지는 조립질의 토양지역에서 발생할 수 있다. 또한 이런 종류의 습지에 있어서의 수위변동은 지표수에 의한 습지보다는 비교적 안정성을 가지고 있다(〈그림 14.6c)〉.

④ 지하수에 의한 경사습지(groundwater slope wetland)

지하수가 지표면으로 유출이 되어 경사면이나 언덕에서 습지가 형성되는데 이를 지하수에 의한 경사습지라고 한다. 습지로의 지하수 유입량은 습지와 인근 고지대의 지질수문특성과 증발산량에 따라 지속적으로 또는 계절적으로 발생하게 된다(〈그림 14.6d)〉.

〈그림 14.6〉 습지에 대한 지하수 흐름 패턴

14.4 습지의 수문설계

14.4.1 수문설계 요소

습지 공학에서 수문학은 습지와 관련된 모든 수리·수문학적 과정에서 폭넓게 사용되며, 습지 복원 및 조성에 있어서 다양한 수리·수문학적 측면의 고려사항들은 매우 중요하다고 할 수 있다. 습지 수문은 습지의 다양한 기능에 영향을 끼치면서 중요한 역할을 하고 있는데, 습지의 기능과 형태에 따라 매우 다른 수리·수문학적 조건들이 요구된다. 그러나 다양한 조건들 중에서 중요한 수문학적 설계 기준을 위한 요소들을 살펴보면 수문학적 조건, 범람 기간과 발생시기, 수심, 유속, 흐름저항, 수리학적 체류시간, 저류용량, 수면면적, 그리고 취송거리를 들 수 있다. 이러한 수문학적 설계 기준은 상호 완전히 독립되어 있지 않고 서로 연관되어 있다. 이를 테면 습지의 수면면적, 저류능력 그리고 체류시간은 습지의 수문학적 특성과 지형의 기하학적 특성에 의해 상관관계를 갖게 된다.

(1) 수문학적 조건

습지의 수문학적 조건은 다른 수체와 관련하여 습지의 위치를 설명하기 위해 사용이 되는데, 수체는 작은 하천, 강, 호수, 하구, 지하수 또는 다른 습지로 이루어질 수 있다. 모든 습지의 기능에 있어서 수문학적 조건은 중요하지만 특히 지하수의 함양(recharge)과 유출, 침전물, 홍수흐름의 변화, 그리고 생산 물질 배출 등이 중요하다.

수문학적 조건에서 지하수의 함양과 유출 기능이 특히 중요하고, 수위와 관련된 습지의 지형고도는 습지의 용량을 이해하는데 수문학적 조건으로 사용될 수 있다. 또한 하천의 홍수 수문곡선도 하천 유역 내 습지에 미치는 영향과 홍수흐름 변화를 파악하는데 중요한 고려사항이다. 생산 물질의 유출을 위해 습지는 많은 양의 수체가 흐르는 하도를 통해서 상류와 수리적으로 연결된다. 또한 수문학적 조건은 습지의 수중 생물 다양성에 있어서 중요하다. 연안과 강변습지는 하천, 강, 호수 그리고 하구와 같은 큰 수체와 연결되어 있어 수중 생물들은 큰 수체를 먹이활동 지역과 양육지역 등으로 종종 이용하기도 한다. 다른 수체의 수중 생물이 습지를 이용하는 것은 습지에 발생하는 범람 시기, 수심, 그리고 기간에 따라 달라진다.

(2) 범람 지속기간과 시기

습지에서 범람 지속기간과 시기(flooding duration and timing)는 수문주기로 설명할 수 있으며 모든 습지의 기능을 가장 잘 수행하기 위해서는 적절한 수문주기가 필수적이다. 범람 지속기간과 시기는 습지에 서식할 수 있는 식물 종, 습지를 방문하거나 이용하는 조류와 동물, 레크리에이션 활동, 그리고 지하수의 함양과 유출에 상당한 영향을 미칠 수 있다. 또한 범람으로 인한 흐름의 발생 시기와 지속기간은 유사와 독성물질 저류, 유사 안정화, 그리고 생물학적 생산량/배출량과 관련하여 중요한 설계 기준이다.

(3) 수심

홍수심은 많은 습지의 기능에 있어서 중요하며, 범람 시기 및 지속기간과 관련성이 있고, 수심과 물의 탁도는 식생에 심각한 영향을 미친다. 범람 기간 및 시기와 동시에 수심과 물의 탁도는 습지에서 성장할 수 있는 식생의 형태에 큰 영향을 미친다. 일반적으로 수심 0.5~1.0m에서 정수식물(emergent vegetation)이 침수식물(submergent vegetation)로 전이되며,

수심이 1.0m보다 더 깊을 때는 침수식물에서 부유식물(floationg vegetation)로 전이된다. 이러한 식생의 직접적인 영향은 홍수흐름 변화, 유사의 안정화, 유사/독성물질 유지, 영양물질 제거/변형, 생산량 배출, 그리고 야생 및 수중 생물 종의 이용성에 간접적인 영향을 미친다. 또한 수심은 지하수 함양과 유출, 유사/독성물질의 저류와 유사 안정화, 습지 바닥의 퇴적층 등에 영향을 미쳐 야생동물의 수와 종 다양성 그리고 수중 생물의 수와 종 다양성 등에 직접적인 영향을 미친다.

범람 지속기간, 시기, 수심은 습지의 물수지에 의해 결정이 되며, 일반적으로 월단위로 계산이 이루어지지만 필요에 따라 필요한 시간간격으로도 이루어질 수 있다. 물수지는 어떤 습지 설계에 있어 가장 먼저 고려해야 할 사항이며, 가급적이면 지역 선정 과정 중에 결정되어야 한다. 물수지는 수위, 수문주기, 그리고 다른 수문학적 조건들과 관련된 다수의 설계기준이 결합되어 정의되며, 물수지 계산에서 고려해야 하는 사항들은 지표유출, 강수, 증발산, 지하수 함양과 유출, 저류용량을 들 수 있다.

(4) 유속

유속은 유사와 독성물질의 저류, 그리고 유사의 안정화에 상당한 영향을 미치고, 토양 침식과 침강 그리고 유기질 입자 등에게도 중요한 인자이다. 유속은 토양과 유기물질의 침식에 에너지를 제공하고, 난류는 물질이 부유 상태로 떠 있도록 유지시켜준다. 또한 습지 내 생산/배출 기능에 영향을 미치며, 습지에 얼마나 많은 유기 물질이 하류로 배출되는지를 결정할 수 있도록 한다. 그리고 유속은 수질 개선과 지체시간에도 영향을 미치는데 유속이 증가할수록 지체시간은 감소한다. 지체시간의 감소는 부유사와 다른 오염물질의 효율적인 처리효과를 감소시킬 수 있다. 추가적으로, 유속의 증감에 따라 수중 생물(aquatic organism) 서식처의 환경 특성에도 큰 영향을 준다.

(5) 흐름저항

습지에서 침수심과 유속은 흐름 저항에 의해 좌우되는데, 지표수 흐름의 경우 흐름 저항은 지표면과 식생의 마찰항력(frictional drag)이라고 할 수 있다. 식생이 조밀한 습지는 지표수 흐름에 대한 저항을 만들어내며, 유속을 산정하는데 사용되는 Manning 공식과 같은 식에서 조도계수는 밀집된 식생에 의해 크게 증가될 수 있다. 자연하도에서 Manning의 조도계수는 자갈로 된 하상을 갖는 약간의 곡류 하도일 경우에 해당하는 0.035에서 나무나 암석으로 복잡하고 불규칙한 하도일 경우에는 0.150까지 변화한다. Manning의 n값의 증가는 흐름에 대해 마찰 저항이 증가하는 것과 같다. 흐름 저항이 증가하면 유속은 감소하고 침수심은 증가한다. 식생은 흐름 특성을 변화시키고 물의 흐름 저항을 재분배시키기 때문에 식생이 밀집한 습지에서 Manning의 공식은 적용성이 없다고 할 수 있다. 흐름 저항은 첨두홍수량의 감소(flood attenuation), 유사/독성물질 저류, 그리고 유사 안정화를 포함하는 일부 기능에서도 중요한 영향을 미친다.

(6) 지체시간

지체시간(hydraulic retention time, HRT)은 습지에서 물이 빠져나가기 전까지의 평균 시간으로 정의된다. HRT는 유사/독성 제거 그리고 영양분 제거/변형과 같은 수질 향상 기능에 있어서 주요 설계 기준이다. 물리적, 화학적, 그리고 생물학적 과정으로 이루어져 있는 메커니즘이 오염물질을 제거하기 위해서는 최소한의 HRT가 필요하다. 습지에서 과도한 HRT는 용존 산소량을 감소시키고 황화물 및 메탄가스의 생산과 같은 수질 문제를 발생시킨다. 수리학적 지체시간은 수문학적 환경, 수심, 유속, 식생, 그리고 다양한 다른 설계 기준에 의해 영향을 받게 된다.

(7) 저류용량

습지의 저류용량은 얼마나 많은 하천 또는 유량이 습지와 연계되어 흐르고 있느냐에 의해 결정되기 때문에 저류용량은 홍수흐름 변화 기능에서 가장 중요하다. 또한 HRT는 저류량이 아니고 설계시 고려되는 매개변수이지만 습지의 저류용량은 HRT에 영향을 받고, 지하수 함양/유출과 수중 생물 개체수/종 다양성에 의해서도 영향을 받는다. 규모가 큰 습지에서는 지하수의 함양에 대한 잠재성이 크며 수중 생물을 유지시킬 수 있다.

(8) 수면면적

습지 수면면적은 11.1.2절의 저수지의 저류용량을 산정하는 방법과 같은 개념에서 습지의 저류용량 등을 산정하는데 이용될 수 있다. 수면면적은 지하수 함양 및 유출에 있어서 중요한데 지하수 함양은 수면면적, 수위, 상층부 토양의 투수성 등과 관련이 있고, 함양된 물의 양은 습지의 수면면적과 직접적으로 비례한다. 습지의 수면면적은 또한 지하수 유출과 수질 기능에서 중요할 수 있는 증발산에도 영향을 미친다.

(9) 취송거리

취송거리(fetch)는 수면상에 풍속, 풍향이 발생하여 파를 일으키고 있는 구역의 길이를 의미한다. 취송거리는 일반적으로 바람에 의해 영향을 쉽게 받을 수 있는 얕은 수체이기 때문에 습지에서 중요한 수리학적인 고려사항이다. 습지의 취송거리는 유사 안정화와 유사 및 독성물질 유지에 있어서 특히 중요하며, 긴 취송거리는 바람이 부는 쪽의 해안선을 침식시키기도 한다. 또한 긴 취송거리는 유사의 재부유와 독성 화합물과 영양분의 결합을 유발할 수도 있다. 이들 성분들이 재부유되면 습지를 방문하거나 습지에서 생활하는 생물들에게 해로운 영향을 미칠 수도 있고, 유사는 물의 흐름에 의해 하류로 이송된다. 부유 입자들을 침전시켜 수질개선을 유도하는 과정에도 영향을 미쳐 손실이 발생하게 된다. 또한 취송거리가 클수록 산소가 부족한 물에 산소가 재도입되는 재폭기(reaeration)가 더 잘 이루어지기 때문에 취송거리는 수질 관계에서도 중요하다.

14.4.2 습지의 수리 · 수문학적 설계

(1) 수리 · 수문학적 설계 과정

습지 조성의 장기적인 성공은 실용가능한 수자원과 수문현상의 보완에 달려있다고 할 수 있다. 습지의 대표적인 수원 중에 하나인 지표수는 강수, 유출, 하천흐름, 밀물과 인접한 수역으로부터의 범람을 통하여 습지로 유입될 수 있다. 또한 습지는 지하수와 천연 용천수(natural spring)로부터 물의 유입이 이루어질 수도 있다. 습지로의 물 유입은 자연수면형 습지(surface wetland)와 지하수, 유입수역(receiving water)의 사이에서 지속적으로 변화된다. 물은 자연배수, 자연적 지하수구배, 삼출(seepage), 증발산, 썰물, 치수구조물 등을 통하여 습지를 빠져나간다. 지역적 강우는 종종 계절적 패턴을 따르며, 이러한 패턴은 습지 조성을 위한 설계에서 평가되고 적용된다. 침투, 삼출, 증발산과 같은 다른 수문학적인 특성들은 대규모(large-scale)의 지형학적 특성, 토양종류, 지형, 지형학적 위치에 의해 조절된다. 이러한 특성들을 습지 조성에 적용시키기 위하여 그들 특성에 부분적인 변화를 줄 수도 있다.

습지의 수리학적 설계는 1) 수리학적 설계를 위한 제안, 2) 조성지역의 배수분석과 지표수의 동수역학적 분석, 3) 명시된 설계기준을 기반으로 하여 제안된 설계를 평가하고 4) 제안된 설계를 수정하는 절차로 구성된다.

수문학적 설계와 분석절차는 주로 강우, 유출, 지하수면의 변동, 조수의 시공간적 분포에 대한 설명을 포함하고 있다. 수문학적 과정은 유효우량, 유출, 하천유량, 침투, 지표면저류, 지표하 저류, 지하수 흐름 등으로 습지에 영향을 미친다. 습지 내의 지표수의 순환은 습지의 설계를 목적으로 할 때 중요한 부분이며, 습지 자체에서의 물 교환 비율, 습지 내의 흐름, 그리고 설계기준에 의존한다. 습지설계를 위해 고려되는 특성으로는 치수구조물(water control structure), 지형조정(site grading), 준설수로, 전환 구조물(conversion structure), 배수로, 침식조절 방법 등이 있다. 이들을 설계하기 위해 요구되는 수문학적 분석들은 다음과 같다; 1) 설계우량과 설계조수의 결정, 2) 최대/최소 수위를 결정, 3) 순환패턴과 최대유속 결정, 4) 풍랑의 전파에 대한 결정, 5) 범람면적과 지속기간의 결정, 6) 최소유입량의 결정,

7) 허용가능한 최대 유출량의 결정

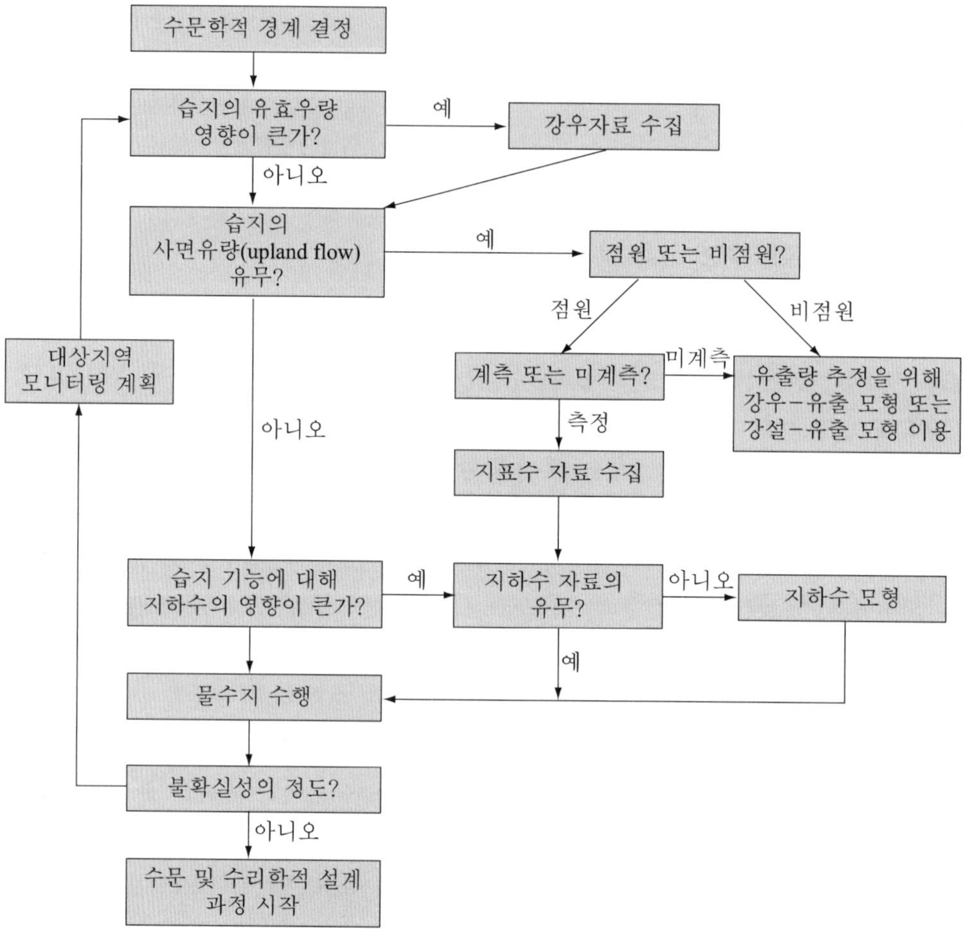

〈그림 14.7〉 습지 수문분석의 기본적인 과정

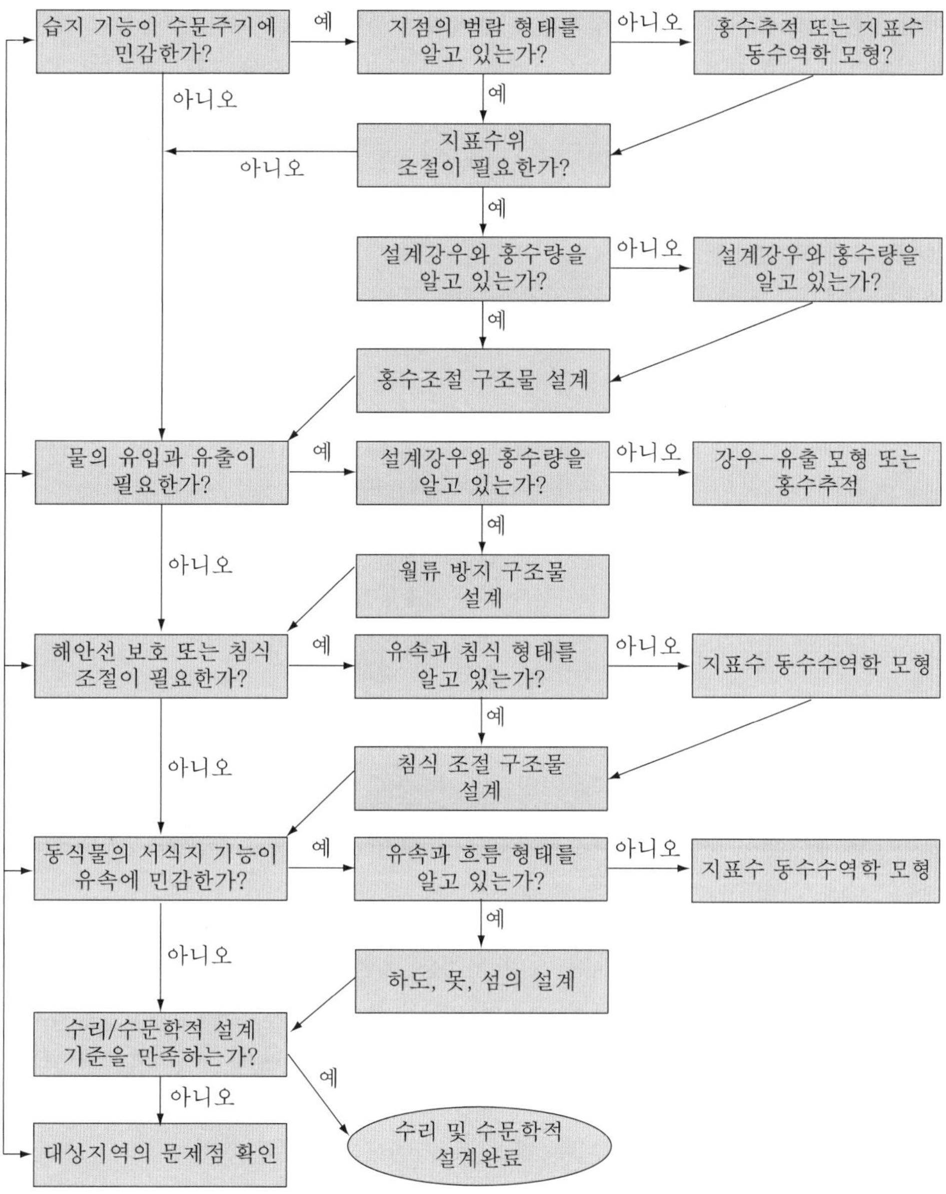

〈그림 14.8〉 습지에 대한 수문학적 및 동력학적 설계 절차

(2) 습지 조성을 위한 수리·수문학적 분석

수리·수문학적 분석은 수문 자료의 수집, 구성, 적용의 과정이라고 말할 수 있다. 이러한 분석들은 대상 지역에서 물의 분포, 양, 동적거동에 대하여 이해하는 것이 주된 목적이다. 수문학적 분석의 다양한 단계들은 조성지역의 사전평가, 조성지역 선정, 개념적인 설계

의 개발, 엔지니어링 업무로서의 설계가 이루어지는 동안에 요구된다. 수문학적 분석은 습지 조성지역과 이에 기여하는 유역의 관계를 설명하는데 필요하다. 〈표 14.5〉는 가장 일반적인 수문학적 분석기법과 각 분석 기법을 이용하는 목적에 대한 설명을 나타내고 있다. 각 형태에 따른 수문학적 분석을 위한 자료의 요구조건들은 〈표 14.6〉에 제시되어 있다.

〈표 14.5〉 수문학적 분석 방법의 종류

수문학적 분석 방법	목 적
물 수지	증발 또는 침투의 정량화 수문단위 내에서의 모든 수원 및 함몰에 대한 파악 적정 용수공급 결정
강우-유출 모형	강우사상에 의한 유출량의 정량화 강우사상에 대한 유역출구에서의 첨두유출량 결정 강우사상에 대한 유역출구에서의 첨두시간 결정 강우사상에 대한 지체시간 결정
융설-유출 모형	강설사상에 의한 유출량의 정량화 강설기간에 대한 유출량의 정량화
빈도분석	강우사상의 재현기간 결정 구조물 설계의 신뢰성 결정
홍수추적	하천망에서 홍수파의 시공간적 활동 예측
지하수 유량 모형	1,2,3 차원에서 지하수의 시공간적 분포 예측
지표수의 역학적 모형	1,2,3 차원에서 지표수의 시공간적 분포 예측

수리·수문 분석을 위한 자료로는 강수, 바람, 온도, 하천흐름, 호수의 수위, 하천 수위 등이 있으며, 이와 같은 수문기록들은 습지 설계를 위해 필요한 자료들이다. 조성지역과 관련한 유량 자료, 호수의 수위와 하천 수위자료를 수집하게 된다. 강수, 바람, 그리고 온도 등은 현재 기상청에서 운영하고 있는 기상관측소의 자료를 이용할 수 있으므로 조성지역 부근에 위치하고 있는 기상관측소의 관측자료를 수집하여 사용하게 된다. 이렇게 수집된 자료를 이용하여 습지 조성지역의 수문학적 분석을 실시하게 된다.

〈표 14.6〉 수문학적 분석을 위해 필요한 데이터

수문학적 분석 방법	필요한 데이타	기록기간	요구되는 빈도
물 수지	강우 강설 지하수 저류량 지표수 저류량 점 오염원 및 취수 토지이용 및 식생피복 유역특성	≥1년 ≥1년 ≥1년 ≥1년 ≥1년 일 회	일 일 주 일 일 계절
강우-유출 모형	강우 강설 유역특성 토지이용 및 식생 피복 선행 토양습도	강우 기간 유역에 의존하는 반응시간 일 회 ≥1년 이전의 선행 강우사상	유역 반응시간에 의존 유역 반응시간에 의존 일 회 계절 일 회
융설-유출 모형	평균 기온 강설 두께 강설 수분 강설표면 반사율 태양복사열 강수(강우 및 강설)	해빙기 " " " " "	일 " " " " "
빈도분석	강수 시계열 하천유량 시계열 조위 시계열	≥1년 ≥1년 매년	유역 반응시간에 의존 유역 반응시간에 의존 적어도 매시간 마다
홍수추적	유역 유입량 시계열 하도단면, 길이, 경사 하상조도	호우사상 지속기간 안정하도에서 한 번 안정하도에서 한 번	유역 반응시간에 의존 유역 반응시간에 의존 최소시간 단위
지하수 모형	대수층 및 투수계수 유역에서의 초기수두 지표하 흐름 경계조건 지하수 수원과 함몰	일 회 모의사상 당 한 번 모의사상 당 한 번 모의사상의 기간	한 번 모의사상 당 한 번 모의사상 당 한 번 유역 반응시간에 의존
지표수 동수역학 모형	유역수심과 하상조도 초기수위와 유속장 지표수 경계조건 지표수의 수원과 함몰	안정하도에서 한 번 모의사상 당 한 번 모의사상 당 한 번 모의사상의 기간	안정하도에서 한 번 모의사상 당 한 번 모의사상 당 한 번 유역 반응시간에 의존

14.5 습지의 수문지형학적 기능평가

습지 기능평가와 관련하여 국외에서는 많은 연구가 진행되고 있으며 특히 미국에서 많은 연구가 이루어졌는데, 사우스 플로리다에서 개발한 Wetland Raipid Assessment Procedure (WRAP)(Miller and Gunsalus, 1999)는 단위 생태와 인위적인 변량을 수량 등급화하고, 현재 상태의 습지에 대한 등급을 지수화하여 나타내는 방법으로서 그 변량에는 야생동물의 이용, 관목의 피도, 수질개선의 시스템, 수문학적인 지표, 인접 고지대 등이 포함된다. 캘리포니아주에서 개발한 California Rapid Assessment Method(CRAM)(Sutula et al., 2006)는 캘리포니아주의 습지를 대상으로 습지의 생태적인 측면과 수문학적인 측면 그리고 물리적 구조 및 생물학적 구조 등의 측면에서 습지를 평가하는 방법이다. 특히 hydrogeomorphic (HGM) (Brinson. et al., 1995)방법이 개발된 이후에는 많은 방법들은 HGM방법을 기반으로 조금씩 수정되거나 보충되어 개발되었다(袁军과 吕宪国, 2004). 국내에서도 습지에 대한 기능평가 연구가 수행되었는데, 그 수행 연구로는 수정 RAM(일반기능평가기법)을 이용하여 물영아리 오름과 방동소택지의 기능을 평가한 연구(구본학과 김귀곤, 2001)와 댐 저수지 내의 습지 유형 및 기능 평가에 대한 연구(양병호 등, 2005)가 있다. 또한 수정 HGM기법으로 우포늪의 서식처 기능을 평가(구본학, 2001)한 바도 있다. 한국수자원공사(2009)에서는 HGM을 이용하여 수문학적 특성을 고려한 댐습지의 기능평가를 수행하였다. HGM 방법을 이용하여 〈표 14.1〉에서 분류한 습지들에 대해서 습지의 기능평가를 수행할 수 있는데, 본 절에서는 하천변습지에 대하여 수문학적인 측면과 생태학적인 측면에서 습지의 다양한 기능을 고려한 HGM방법에 대하여 설명하고자 한다.

14.5.1 HGM 방법의 습지 기능구분 및 기능지수 산정공식

습지에 대한 수문지형학적(HGM) 방법에서는 습지의 기능을 크게 수문학적 측면(Hydrologic), 생지화학적 측면(Biogeochemical), 식물 서식처 측면(Plant Habitat) 그리고 동물 서식처 측면(Animal Habitat)으로 분류하였고, 각 분류마다 구체적인 기능과 그 변수들을 포함하고 있다(Brinson et al. 1995, 한국수자원공사, 2009). 다음의 〈표 14.7〉에서는 HGM방법에서 구분하고 있는 습지의 기능을 보여준다. 습지의 기능을 정량적으로 평가하기 위하여 연구 대상습지와 비교할 수 있는 기준습지를 우선 선정하여야 한다. 기준습지는 되도록 대상습지와 지형, 수문, 생태학적으로 유사한 특성을 가진 습지가 좋다. 기준습지에 대해서는 이미 자료가 축적되어 있으므로 이를 기준으로 대상습지와 상대적으로 비교하여 점수를 줌으로서 기준습지에 비해 어느 정도의 습지의 기능을 수행하고 있는지를 평가할 수 있게 된다. 습지에는 습지의 기능들을 평가하기 위한 변수들이 있고, 이들 변수들을 이용한 공식으로 각 기능들에 대한 기능지수를 구하게 된다. 만약 〈표 14.7〉에 보이고 있는 수문학적 기능 중 단기 지표수 저류기능이 기준습지에서 1.0이라고 할 때 대상습지의 기능지수가 0.7이 도출되었다면 이 습지는 기준습지에 비해 70% 정도의 단기 지표수 저류기능을 가지고 있음을 말해준다.

〈표 14.7〉 HGM 분류에 의한 습지의 기능

수문학적 측면
단기 지표수 저류(Dynamic Surface Water Storage)
장기 지표수 저류(Long-Term Surface Water Storage)
에너지 감쇄(Energy Dissipation)
지표하 저류(Subsurface Storage of Water)
적정 지하수(Moderation of Groundwater Flow or Discharge)
생지화학적 측면
영양분 순환(Nutrient Cycling)
이입된 원소와 화합물의 제거(Removal of Imported Elements and Compounds)
미립자의 보유(Retention of Particulates)
유기탄소 이출(Organic Carbon Export)
식물서식처 측면
특징적인 식물 군집의 유지(Maintain Characteristic Plant Communities)
특징적인 잔재 생체량의 유지(Maintain Characteristic Detrital Biomass)
동물서식처 측면
서식처의 공간적 구조 유지(Maintain Spatial Structure of Habitat)
산재와 연결성의 유지(Maintain Interspersion and Connectivity)
무척추동물의 분포와 수도 유지(Maintain Distribution and Abundance of Invertebrates)
척추동물의 분포와 수도 유지(Maintain Distribution and Abundance of Vertebrates)

(1) 수문학적 측면

① 단기 지표수 저류기능

단기 지표수 저류기능은 홍수와 같이 단기간에 제방을 범람하는 홍수량이나 주변지역에서 유입되는 지표수 유입량을 저류시킴으로써 홍수파를 저감시키는 능력을 나타낸다. 이런 능력으로 인해 하류에서 첨두유량의 감소와 도달시간의 지연과 같은 효과가 있다. 단기 지표수 저류기능은 식(14.7)을 이용해 그 기능지수(Index of Function 또는 Functional Capacity Index, FCI)를 구할 수 있고, 그 변수들은 〈그림 14.9〉와 〈표 14.8〉에서 설명된다.

단기 지표수 저류기능에서의 변수로는 월류빈도(V_{FREQ}), 평균침수심(V_{INUND}), 미시지형학적 복잡성(V_{MICRO}), 목본 식생 조도(V_{SHRUB}, V_{BTREE}, V_{DTREE}), 그리고 큰 나뭇가

지 조도(V_{CWD})가 있다. 제방 월류(overbank flow) 또는 상류의 급한 경사지에서의 지표유출(upland surface flow)은 이 기능에서 가장 필수적인 요소이다. 만약 월류나 지표흐름이 발생하지 않는다면, 지수값은 수식에서 나타나듯이 0.0이 될 것이다. 또한 침수심(depth)과 조도에 대한 변수가 모두 없다면 이에 대한 지수값도 0.0이 될 것이다. 대조기준(reference standard)에서 월류와 지표흐름 그리고 침수심과 조도 모두 동일하게 중요하다. 경사에 대한 변수는 하천의 차수가 낮고(low-order) 경사가 급한 시스템에 대해 추가적으로 사용될 수도 있다.

$$\mathrm{FCI} = \left[V_{FREQ} \times \frac{(V_{INUND} + V_{MICRO} + V_{SHRUB} + V_{BTREE} \text{ or } V_{DTREE} + V_{CWD})}{5} \right]^{\frac{1}{2}} \quad (14.7a)$$

만약 V_{MICRO}, V_{SHRUB}, V_{BTREE}, 또는 V_{DTREE}, 그리고 V_{CWD} 변수들이 합쳐진 Manning 조도계수를 사용한다면 그 식은 다음과 같다.

$$\mathrm{FCI} = \left[V_{FREQ} \times \frac{(V_{INUND} + V_{MICRO,\, SHRUB,\, BTREE \text{ or } DTREE,\, CWD})}{2} \right]^{\frac{1}{2}} \quad (14.7b)$$

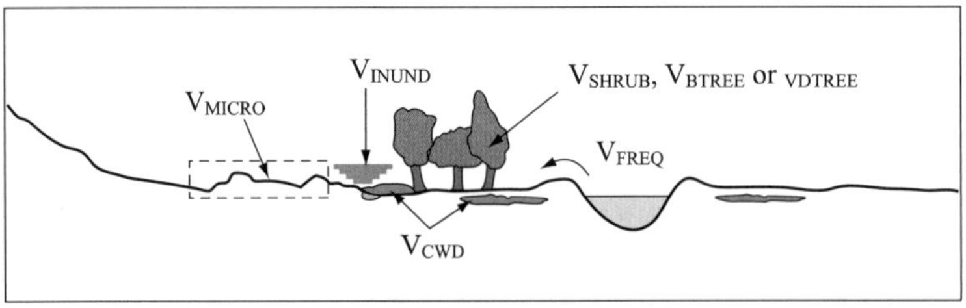

〈그림 14.9〉 단기 지표수 저류기능

〈표 14.8〉 단기 지표수 저류기능에 대한 변수

모델 변수	직접 측정	간접 측정	변수의 지수
V_{FREQ} : 월류빈도	대조기준과 유사한 1.5년 발생빈도의 측정	최소한 다음 사항 중 하나 이상 : 홍수를 보여주는 항공사진, 흔적수위, 실트선, 낙엽과 미세침전물의 혼합층, 얼음자국, 표류선, 유사세굴, 유사침전, 대조기준과 유사한 식물	1.0
	2년 미만 또는 1년 이상의 발생빈도 측정	위의 항목들 중에서 대조기준보다 크거나 작은 경우	0.5
	대조기준에서 극단적으로 벗어난 자료의 측정	위의 항목들이 부재하나 연관된 항목들이 월류흐름이 발생하였음을 암시하는 경우	0.1
	월류흐름으로 인한 홍수가 없음을 보여주는 자료의 측정	항목들이 부재하거나 홍수흐름이 없었던 증거가 있는 경우	0.0
V_{INUND} : 평균침수심	대조기준의 75%와 125% 사이의 침수심 측정	물 흔적의 높이와 침수심을 나타내는 다른 지표들(얼음자국, 선태식물, 표류선 등)이 대조기준의 75%와 125% 사이에 위치	1.0
	대조기준의 < 75% 또는 > 125%인 침수심 측정	물 흔적의 높이와 침수심을 나타내는 다른 지표들(얼음자국, 선태식물, 표류선 등)이 대조기준의 < 75% 또는 > 125% 사이에 위치	0.5
	대조기준과 비교해서 드물거나 적은 월류홍수 측정	위의 지표들은 없지만 관련된 지표들이 현상을 의미할 때	0.1
	홍수가 발생하지 않았음을 의미하는 자료 측정	항목들이 없거나 홍수가 발생하지 않은 증거가 있는 경우	0.0
V_{MICRO} : 미시지형적 복잡성	미지형복작성의 측정값이 대조기준의 75%에서 125% 사이	눈으로 측정된 미지형복잡성이 대조기준의 75%에서 125% 사이	1.0
	측정된 미지형복잡성이 대조기준의 25%에서 75% 사이	눈으로 측정된 미지형복잡성의 존재가 확실하지만, 대조기준보다는 작은 경우	0.5
	측정된 미지형복잡성이 대조기준의 0%에서 25% 사이	눈으로 측정된 미지형복잡성의 존재가 확실하지만, 대조기준보다 아주 많이 작은 경우	0.1
	대상지역의 미지형복잡성이 없거나 자연기질이 인공표면으로 대체된 경우	눈으로 측정된 미지형복작성이 존재하지 않거나 자연기질이 인공표면으로 대체된 경우	0.0
V_{SHRUB} : 관목과 유목의 밀도, 생물량, 또는 피복도	관목의 수도가 대조기준의 75%보다 큰 경우	눈으로 측정된 관목과 유목이 대조기준의 75%보다 클 때	1.0
	관목의 수도가 대조기준의 25%에서 75% 사이	눈으로 측정된 관목과 유목이 대조기준의 25%에서 75% 사이	0.5
	관목의 수도가 대조기준의 0%에서 25% 사이	관목과 유목이 대조기준에 비해 희박하거나 없는 경우	0.1
	관목이 존재하지 않는 경우	관목이 없는 경우	0.0

V_{BTREE} : 기저면적	기저면적이나 생물량이 대조기준의 75%보다 큰 경우	천이의 단계가 대조기준과 유사	1.0
	기저면적이나 생물량이 대조기준의 25%에서 75% 사이	천이의 단계가 대조기준과 상당한 편차	0.5
	기저면적이나 생물량이 대조기준의 0%에서 25% 사이	천이의 단계가 대조기준과 극단적으로 벗어난 차이	0.1
	나무가 없는 경우	복원가능성이 없는 경우	0.0
V_{DTREE} : 나무밀도	측정하거나 추정된 수목 밀도가 대조기준의 75∼125%인 경우	대조기준과 유사한 천이단계인 경우	1.0
	수목 밀도가 대조기준의 25∼75%, 또는 125∼200%인 경우	천이단계가 대조기준과 상당히 다른 경우	0.5
	수목 밀도가 대조기준의 0∼25% 또는 200%보다 크거나 복원이 가능한 경우	천이단계가 대조기준과 극히 다른 경우이거나 복원이 가능한 경우	0.1
	나무가 없고 복원이 불가능한 경우	나무가 없고 복원이 불가능한 경우	0.0
V_{CWD} : 큰 나뭇가지 (CWD)	CWD 생체량이 대조기준의 75∼125%인 경우	CWD의 평균 직경과 길이가 대조기준의 75∼125%인 경우	1.0
	CWD 생체량이 대조기준의 25∼75%인 경우	CWD의 평균 직경과 길이가 대조기준의 25∼75%인 경우	0.5
	CWD 생체량이 대조기준의 0∼25%이고 복원이 가능한 경우	CWD의 평균 직경과 길이가 대조기준의 0∼25%이고 복원이 가능한 경우	0.1
	CWD 생체량이 없고 복원이 불가능한 경우	CWD가 존재하지 않고 북원이 불가능한 경우	0.0

② 장기 지표수 저류기능

장기 지표수 저류기능은 장기간 지표수를 저장할 수 있는 습지의 능력을 나타낸다. 물의 공급은 제방의 범람, 지표유출, 지류로부터의 유입, 주변지역의 지표하유출, 또는 강우에 의해 이루어진다. 장기간 지표수 저류는 지표면 상에 흐르고 있는 물이 아닌 습지에 저류되어 있는 물을 주로 나타낸다. 지역에 따라 저류 기간이 다르지만 대개 장기간 저류는 하천으로부터 범람이 발생했을 때를 시작으로 7일 이상 습지에 물이 머무르고 있는 것이라 말할 수 있다. 장기간 저류는 강우나 주변지역에 의해 물이 공급되었을 때부터 저류된 물이 증발산이나 배수에 의해 손실될 때까지를 말한다. 습지는 홍수나 지표수로 인해 유입된 물을 장기간 저류할 수 있어 흡착된 영양물질이나 오염원을 가라앉히게 된다. 장기 지표수 저류기능은 식(14.8)을 이용해 그 기능지수를 구할 수 있고, 그 변수들은 〈그림 14.10〉과 〈표 14.9〉에서 설명하였다.

$$\text{FCI} = \frac{(V_{SURWAT} + V_{MACRO})}{2} \tag{14.8}$$

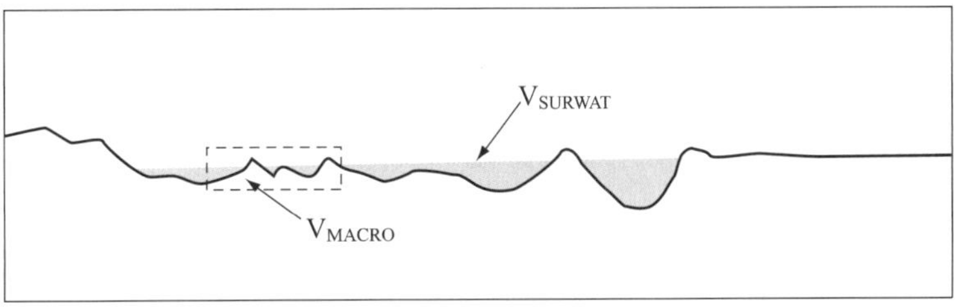

〈그림 14.10〉 장기 지표수 저류기능

〈표 14.9〉 장기 지표수 저류기능에 대한 변수

모델변수	직접 측정	간접 측정	변수의 지수
V_{SURWAT} : 지표수 흔적의 지표	1. 측정된 자료가 월류흐름이 연못수로 충분한 경우를 나타낼 때 2. 직접측정된 연못수 3. 항공사진이 대조기준과 유사한 홍수를 나타낼 때	지역적인 대조기준과 비교 ; 1. 1년생 하부식생 또는 2. 토양면에 높은 유기물 축적 또는 3. 낮은 투수성의 토양구조와 토양면에 뿌리들의 부족 4. NRCS의 수문학적 토양군이 C 또는 D인 경우	1.0
		위의 항목들이 대조기준보다 작은 경우	0.5
		위의 항목들이 부재하지만 연관된 항목들이 이를 의미하는 경우	0.1
	측정자료가 월류흐름이 없음을 의미할 때; 연못이 작거나 없을 때; 항공사진으로부터 홍수흔적을 찾지 못할 때	항목들이 없거나 월류가 발생하지 않은 증거가 있는 경우	0.0
V_{MACRO} : 거시지형학적 기복	1. 등고선도가 큰 기복이나 나타내거나 대조기준과 유사한 경우 2. 지형조사결과 대조기준과 유사한 기복이 나타난 경우	우각호, 곡류, 폐천 등이 대조기준과 유사한 크기인 경우	1.0
		위의 항목들이 대조기준보다 아주 덜 개발되고 낮은 지표면 경사인 경우	0.5
	지도와 지형조사의 기복이 대조기준의 기복과 매우 다른 경우	모든 위의 항목들이 없고 급한 지표면 경사인 경우	0.0

③ 에너지 감쇄 기능

에너지 감쇄 기능은 습지 내외에서의 물의 흐름에 따른 여러 가지 에너지를 습지에 존재하는 조도에 의해 분산시키는 능력을 나타내며, 이런 능력으로 인해 제방과 하상의 압력이 낮아져 에너지 시스템이 안정화 된다.

에너지 감쇄 기능은 에너지 분산을 위해 물이 습지로 이동하기 위해 월류하는 월류빈도(V_{FREQ})와 지역별 조도(V_{MACRO}, V_{DTREE})를 고려해 식(14.9)와 같이 나타낼 수 있다. 여기서 목본의 밀도는 물의 흐름에 조도를 주어 그 에너지를 감소시키는 변수이며 이 변수는 목본의 분포면적을 습지면적으로 나누어준 값으로 대체하여 구할 수 있다. 그 변수들은 〈그림 14.11〉과 〈표 14.10〉에서 설명하였다.

$$\mathrm{FCI} = (V_{FREQ} \times V_{REDVEL})^{1/2} \tag{14.9a}$$

또는

$$\mathrm{FCI} = \left(V_{FREQ} \times \frac{V_{MACRO} + V_{MICRO} + V_{DTREE} + V_{CWD}}{4} \right)^{1/2} \tag{14.9b}$$

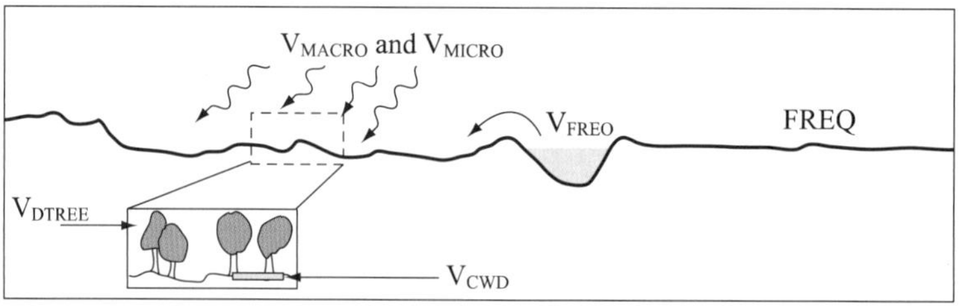

〈그림 14.11〉 에너지 감쇄기능

〈표 14.10〉 에너지 감쇄기능에 대한 변수

모델변수	직접 측정	간접 측정	변수의 지수
V_{REDVEL} : 유속 저감	습지의 유속이 대조기준 기대값의 75%보다 큰 경우	유사침전, 식물위의 실트침전, 매몰뿌리층, 부유물 더미 등이 대조기준과 유사한 경우	1.0
	대조기준과 비교해서 75% 유속감소보다 작은 경우	유사 세굴, 세굴된 뿌리층, 큰 나무 부유물, 토양면의 침식 등이 대조기준보다 작은 경우	0.5
		만곡식물, 노출토양표면, 대조기준과의 큰 편차	0.1
	직접측정에 의한 유속감소가 없는 경우	하도세굴에 의한 하상저하의 강력한 증거, 뿌리층의 노출, 관련 변수의 부재	0.0

④ 지표하 저류기능

지표하 저류기능은 습지 지표하에 물을 저장하는 능력으로서, 습지의 침수심을 낮추고 하천으로 물이 유입되는 것을 늦추며 기저유출에 기여하고 생물학적 과정과 수문학적 과정을 유지시키는 능력을 나타낸다. 지표하 저류기능은 물의 저장 공간으로 사용할 수 있는 토양의

$$\mathrm{FCI}=\frac{V_{PORE}+V_{WTF}}{2} \tag{14.10}$$

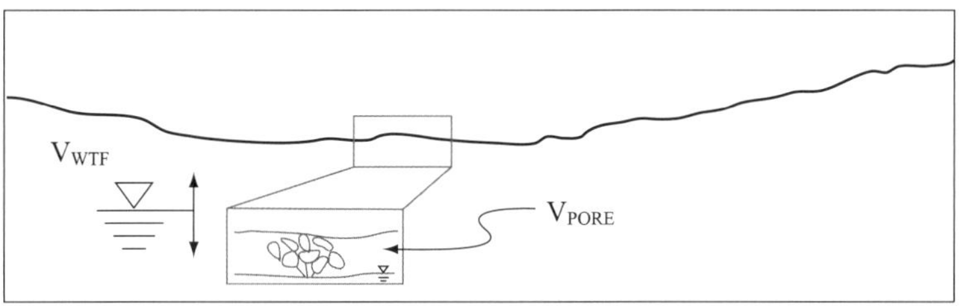

〈그림 14.12〉 지표하 저류기능

〈표 14.11〉 지표하 저류기능에 대한 변수

모델변수	직접 측정	간접 측정	변수의 지수
V_{PORE} : 저장 공간으로 사용할 수 있는 토양공극	예: 대조기준은 사질토에서 양호한 기준을 가지는 거친 조직의 토양	직접 측정	1.0
	토양조직이 사질토보다 더 미세한 경우	직접 측정	0.5
	지표면 또는 연못의 토양포화가 성장계절 동안 지속	1. 공극안의 조류 2. 토양면의 막 3. 토양이 미세공극으로 압축 또는 대체	0.1
	지표면 또는 연못의 토양포화가 연간 지속	3. 토양이 미세공극으로 압축 또는 대체	0.0
V_{WTF} : 수위변동	수심의 변동폭이 대조기준의 75%에서 125% 사이	예: 수심이 표면에서 급격하게 15∼30cm 떨어질 때	1.0
	수심의 변동폭이 대조기준의 25%에서 75% 사이이거나 125% 큰 경우	수심이 표면에서 천천히 15cm 떨어질 때	0.5
	수심의 변동폭이 대조기준의 0%에서 25% 사이	토양이 포화되어 있거나 수심이 수일에서 일주일 동안 수 cm 변동하는 경우	0.1
	정지수심이 대조기준보다 매우 깊은 경우	토양이 연간 표면에 포화되어 있거나 수심이 오랜기간 동안 30cm 이상인 경우	0.0

공극(V_{PORE})과 습지의 수위 변동(V_{WTF})으로 식(14.10)과 같이 나타낼 수 있다. 여기서 토양공극은 토양의 토성을 비교하여 판단할 수 있다. 그 변수들은 〈그림 14.12〉와 〈표 14.11〉에서 설명하였다.

⑤ 적정 지하수 기능

적정 지하수 기능은 습지의 외부로부터 유입되거나 습지를 통과하는 물의 흐름을 완화시킴으로써 육지로부터 유입되는 영양물질과 오염물질을 침전시켜 하류의 수질을 향상시키는 능력을 말한다. 적정 지하수 기능은 습지 내 지표하 흐름(V_{SUBIN})과 습지에서 대수층의 기저류까지의 지표하 흐름(V_{SUBOUT})으로 나타낼 수 있고, 식(14.11)과 같다. 그 변수들은 〈표 14.12〉에서 설명하였다.

$$\mathrm{FCI} = \frac{V_{SUB\,IN} + V_{SUBOUT}}{2} \tag{14.11}$$

〈표 14.12〉 적정 지하수 기능에 대한 변수

모델변수	직접 측정	간접 측정	변수의 지수
V_{SUBIN} : 습지 내 지표하 흐름	1. 지하수량이 습지에서 스며 나오거나 유출되는 것으로 측정되는 경우 2. 압력수두에서 양(+)의 지하수구배가 측정된 경우	지역특성에서 결정된 대조기준 예 : 1. 습지경계의 침투수 존재 또는 2. 비수기나 가뭄기간 동안 식물의 성장 3. 경사언저리에서 습지 발생 또는 4. 습지표면의 피압층 지하수 흐름	1.0
		지역기준이 크게 감소된 경우	0.5
		지역기준이 미달하지만 회복가능성 존재	0.1
		지역기준에 미달하면서 회복가능성 없을 경우	0.0
V_{SUBOUT} : 습지에서 대수층의 기저유출까지의 지표하 흐름	피조메타에서 음(−)의 지하수구배가 측정된 경우	지역특성에서 결정된 대조기준 예 : 1. 토양아래에 방해층이 없는 사질토 2. 아래 지층이 투수성이 경우	1.0
		지역기준이 크게 감소된 경우	0.5
		지역기준이 미달하지만 회복가능성 존재	0.1
		지역기준에 미달하면서 회복가능성 없을 경우	0.0

예제 14.1

습지기능평가를 위해 HGM 방법을 사용하고자 하며, 에너지 감쇄 기능에 대해 평가하고자 한다. 아래의 〈표 14.13〉에 주어진 자료와 식(14.19a)를 이용하여 에너지 감쇄 기능지수를 구하여라. 단, 유속저감 능력 V_{REDVEL}는 하천에서 만수위일 때의 평균유속과 습지의 평균수심일 때의 비인 유속 감소율을 이용해 구할 수 있다. 대상습지가 있는 하천유역에서 만수위일 때 하천의 평균유속은 1.52m/s이고, 대상습지는 2년에 한 번씩 월류된다고 한다. 기준습지의 경우는 매년 월류되고, 유속감소율은 0.8이다. 변수들(V_{FREQ}와 V_{REDVEL})의 지수값을 〈표 14.10〉보다 좀 더 자세히 구분하면 기준습지 변수의 75% 이상이면 1.0, 25%∽75%이면 0.5, 25% 이하이면 0.1, 아무것도 발생하지 않으면 0점이다.

〈표 14.13〉 대상습지 단면 및 수문자료

단면	폭(m)	평균수심(m)	유량(m^3)
1	3	1	0.944
2	3	1.2	1.2
3	3	1.5	1.8
4	3	1.6	2
5	3	1.7	2.5
6	3	1.4	2
7	3	1.2	1.8
8	3	1	1.2
9	3	0.8	0.8
10	3	0.6	0.8

풀이

식(14.9a)에서 2개의 변수에 대한 지수값을 구해야 한다.

- V_{FREQ}

  기준습지의 월류빈도는 매년 1회이므로 1

  대상습지의 월류빈도는 매년 0.5회이므로 0.5

  기준습지에 대한 대상습지의 월류빈도는 0.5/1=0.5

  대상습지의 월류빈도는 기준습지 월류빈도의 50%이므로 $V_{FREQ}=0.5$

- V_{REDVEL}

  기준습지의 유속 감소율 : 0.8

  대상습지의 평균수심(또는 평균침수심)과 평균유속(〈표 14.14〉)

  평균유속=유량/단면적(=폭×평균수심)

〈표 14.14〉 평균침수심에서의 평균유속

소단면	폭(m)	평균수심(m)	유량(m^3)	평균유속(m^3/sec)
1	3	1	0.944	0.31
2	3	1.2	1.2	0.33
3	3	1.5	1.8	0.40
4	3	1.6	2	0.42
5	3	1.7	2.5	0.49
6	3	1.4	2	0.48
7	3	1.2	1.8	0.50
8	3	1	1.2	0.40
9	3	0.8	0.8	0.33
10	3	0.6	0.8	0.44
총 평균유속				0.41

대상습지의 유속감소율 $= \dfrac{(1.51-0.41)}{1.51} = 0.73$

기준습지에 대한 대상습지의 유속감소율의 비 = 0.73/0.8 = 0.91

기준습지와 대상습지의 비가 91%>75%이므로 $V_{REDVEL}=1.0$

■ 에너지 감쇄의 기능지수

FCI $= (V_{FREQ} \times V_{REDVEL})^{1/2} = (0.5 \times 1.0)^{1/2} = 0.71$

따라서 대상습지는 기준습지에 비하여 71%의 에너지 감쇄 기능을 가지고 있다.

(2) 생지화학적 측면

① 영양분순환 기능

영양분순환 기능은 습지에 의해 유입되는 영양분과 다른 요소들의 영구적인 이동이 생지화학적 작용을 더욱 잘 유지하도록 하는 능력, 즉 비 생물학적 그리고 생물학적 과정을 나타낸다. 영양분순환 기능은 지상부 순 1차 생산량(V_{PROD})과 연간 유기물 분해물의 전이(V_{TURNOV})로 식(14.11)과 같이 나타낼 수 있고, 〈그림 14.13〉과 〈표 14.15〉를 참고할 수 있다.

$$\text{FCI} = V_{PROD} > V_{TURNOV} \tag{14.11}$$

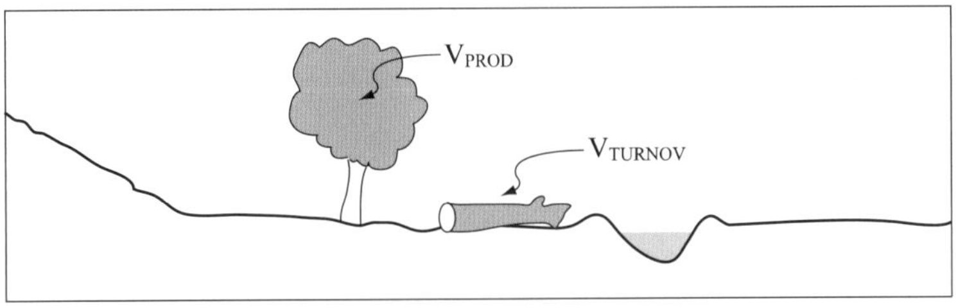

〈그림 14.13〉 양분 순환기능

〈표 14.15〉 양분 순환기능에 대한 변수

모델변수	직접 측정	간접 측정	변수의 지수
V_{PROD} : 지상부 순 1차 생산량	연간 낙엽 또는 살아있는 생물량이 대조기준(1.0)과 유사 경우로부터 존재하지 않을 경우(0.0)사이의 선형관계를 이용해 평가	모든 지층의 피복도가 대조기준의 75∼125%인 경우	1.0
		모든 지층의 피복도가 대조기준의 25∼75%, 그리고 125% 이상인 경우	0.5
		엽면적 또는 살아있는 생물량이 대조기준의 0∼25%이거나 살아있는 생물량이 부족한 지역의 경우 회복 가능성이 있는 경우	0.1
		엽면적이 존재하지 않아 회복 가능성이 없는 경우	0.0
V_{TURNOV} : 연간 유기 분해물의 전이	유기 분해물의 전이는 대조기준과 0사이의 선형적 관계	토양과 지질층의 유기물질이 대조기준의 75∼125%에 해당하는 경우 : 쓰러진 나무, 죽은 나무잔해, 나뭇잎, 발효 및 부식된 지층 등	1.0
		위와 같은 조건이 대조기준의 25∼75% 또는 125% 이상인 경우	0.5
		토양과 지질층의 유기물질이 대조기준의 0∼25%인 경우	0.1
		메마른 땅으로 회복력이 없는 경우	0.0

만약 이 식이 성립된다면, 지수를 V_{TURNOV}로 하며, 그 밖의 경우에는 지수를 V_{PROD}로 한다. 여기서 지상부 순 1차 생산량은 습지에 생존하는 생물량으로 구할 수 있다. 연간 유기분해물의 전이는 현장에서 군락별로 토양을 조사하거나 균에 존재하는 균근류를 관찰 조사하여 산정한다.

② 이입된 원소와 화합물의 제거 기능

이입된 원소와 화합물의 제거 기능은 습지로 유입되는 양분, 오염물질 그리고 기타 요소와 화합물질을 제거하는 능력을 나타낸다. 습지에서는 수착, 퇴적, 탈질, 매장, 분해, 흡수 그리고 오래된 수목과 다년생 초본의 생물량 등에 의해 오염물질, 원소 및 화합물질이 제거된다. 이입된 원소와 화합물의 제거 기능은 월류빈도(V_{FREQ}), 지표유입량(V_{SURFIN}), 토양의 흡착 특성(V_{SORPT}), 나무 기저면적(V_{BTREE}), 즉 원소를 보유하였다가 천천히 분해시키는 능력으로 나타낼 수 있으며 식(14.12)로 구할 수 있고, 〈그림 14.14〉와 〈표 14.16〉을 참고할 수 있다.

$$\text{FCI} = \frac{\left\{ \dfrac{V_{FREQ} + V_{SURFIN} + V_{SUBIN}}{3} + \dfrac{V_{MICRO} + V_{MICROB} + V_{SORPT}}{3} + V_{BTREE} \right\}}{3} \tag{14.12}$$

여기서 지표유입량은 원소나 화합물질들의 유입경로의 한 변수로서 이 변수는 주변지역의 연결된 지류의 개수로 구할 수 있고, 토양 흡착특성은 토양의 유기물질과 토성을 대조기준과 비교하여 구할 수 있다.

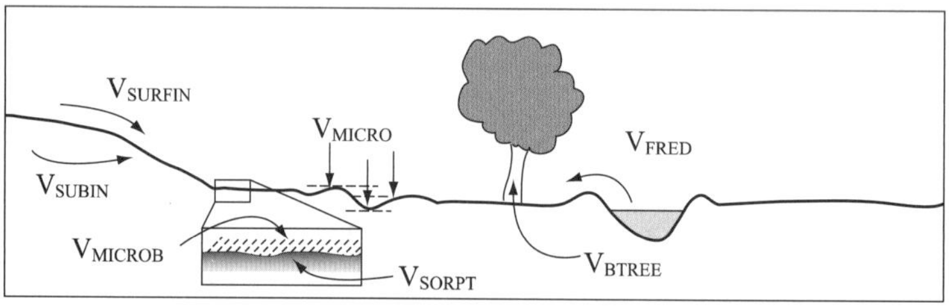

〈그림 14.14〉 이입된 원소와 화합물의 제거기능

〈표 14.16〉 이입된 원소와 화합물의 제거기능에 대한 변수

모델변수	직접 측정	간접 측정	변수의 지수
V_{SORPT} : 토양의 흡착특성	양이온 전환능력과 염기포화가 대조기준과 유사한 경우	토양의 물리적 특성이 대조기준과 유사한 경우	1.0
	위의 조건이 대조기준보다 적은 경우	토성, 유기탄소 함량, 그리고 다른 특성에서 벗어난 토양인 경우	0.5
	위의 조건이 대조기준과 많은 차이를 보이는 경우	주요 변형(예 : 자갈에서 모래, 모래에서 점토)이 있는 경우	0.1
	토양이 없는 지역 : 토양이 없는 지역으로 변경된 경우	지면에 토양과 자연지층이 부족한 경우(예 : 아스팔트, 콘크리트 지역)	0.0
V_{SURFIN} : 습지로의 지표 유입량	대조기준(1.0)에서 0.0을 연속적으로 나타내는 변수로 유출량 자료를 사용	대조기준과의 유사성을 나타내는 아래 지표들 중 하나가 나타나는 경우: 1. 주변 고지대 경사에 있는 시내 2. 하도에 연결되지 않고 홍수터에 유입되는 측방 지류	1.0
		위의 지표들이 대조기준과 유사하지 않고, 위 지표들이 대조기준보다 적게 나타나는 경우	0.5
		위의 지표들이 나타나지 않는 경우	0.1
		습지와 경사 끝자락에 있는 수로가 교차되는 지역에 나타나는 함몰지역이나 수로에 의해 동수경사와 위의 지표들이 나타나지 않는 경우	0.0
V_{MICROB} : 미생물 활동을 위한 표면	대조기준(1.0)에서 0.0의 지속적인 변수로서 측정된 낙엽층의 양을 이용	지표(낙엽층, 부식층, 나무잔해, 그리고 부유물, 침전물 등)들이 대조기준과 유사한 경우	1.0
		위의 지표들이 대조기준보다 적은 경우	0.5
		지표들이 없거나 회복가능성이 있는 경우	0.1
		지표들도 없으며, 회복가능성도 없는 경우	0.0

③ 미립자 보유 기능

미립자 보유 기능은 물리적 과정을 통해 수체로부터 발생하는 무기 및 유기 미립자($>0.45\mu m$)의 침전과 저류능력을 나타낸다. 미립자 보유 기능은 월류빈도(V_{FREQ}), 지표유입량(V_{SURFIN}), 초본에 의한 조도(V_{HERB}), 관목에 의한 조도(V_{SHRUB}), 나무 기저면적(V_{BTREE}), 나무 밀집도에 의한 조도(V_{DTREE}) 등 조도요소로 식(14.13)과 같이 나타낼 수 있고, 〈그림 14.15〉와 〈표 14.17〉을 참조할 수 있다.

FCI=

$$\left(\frac{V_{FREQ}+V_{SURFIN}}{2}\times\frac{V_{HERB}+V_{SHRUB}+V_{BTREE}+V_{DTREE}+V_{MICRO}+V_{CWD}}{6}\right)^{1/2} \tag{14.13}$$

여기서 초본 밀도, 생체량 또는 피도는 초본의 분포면적/습지의 전체 면적으로 대체하여 구할 수 있다.

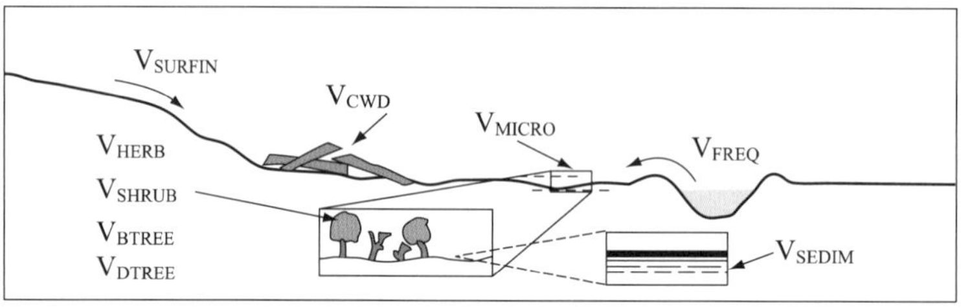

〈그림 14.15〉 미립자의 보유기능

〈표 14.17〉 미립자의 보유기능에 대한 변수

모델변수	직접 측정	간접 측정	변수의 지수
V_{HERB} : 초본의 밀도, 생체량, 또는 피도	대조기준의 직선 기능으로 1.0에서 0.0 사이의 값을 가지는 초본 밀도, 생체량	초본의 피도가 대조기준의 75%와 125% 사이	1.0
		초본의 피도가 대조기준의 25%와 75% 사이, 또는 125% 이상	0.5
		초본의 피도가 대조기준의 0%에서 25% 사이	0.1
		초본이 없거나 복원이 불가능	0.0
V_{SEDIM} : 퇴적물 침전	cesium-137, lead-210, feldspar clay layer를 이용하여 측정한 축적율을 대조기준의 직선 기능으로 0.0(축적률)에서 1.0까지 표시	실트나 퇴적층이 표면을 덮고 있거나 식물의 뿌리 부분을 덮고 있을 때, 대조기준의 75%에서 125% 사이의 자연 제방	1.0
		위와 같은 대조기준의 25%와 75%, 사이 또는 >125%	0.5
		위와 같은 대조기준의 0%와 25% 사이	0.1
		수문학적 변경으로 변수가 사라진 경우 : 복원 불가능	0.0

④ 유기탄소 이출 기능

유기탄소 이출 기능은 습지에서 용해되거나 입자 상태로 있는 유기탄소를 추출, 세척(flushing), 여과, 침식 등 방법으로 이출하는 능력을 나타낸다. 유기탄소 이출 기능은 월류빈도(V_{FREQ}), 지표유입량(V_{SURFIN}), 하도를 통한 지표면의 수리학적 연결($V_{SURFCON}$), 습지내 유기물질(V_{ORGAN}) 등 변수로 나타낼 수 있다. 만약 $V_{ORGAN}=0$이면 기능은 부재하며 식(14.14)와 〈표 14.18〉을 참조하여 구할 수 있다.

$$\mathrm{FCI}=\left(\frac{(V_{FREQ}+V_{SURFIN}+V_{SUBIN}+V_{SURFON})}{4}\times V_{ORGAN}\right)^{1/2} \tag{14.14}$$

여기서 지표면의 수리적 접합은 주요하도에 연결된 내부 배수로를 나타내는 시각적 측정치로써 구할 수 있다.

〈표 14.18〉 유기탄수 이출기능에 대한 변수

모델변수	직접 측정	간접 측정	변수의 지수
V_{FREQ} : 월류빈도	대조기준과 유사하게 관측자료의 재현기간이 1.5yr인 경우	적어도 한 가지가 해당되는 경우 : 항공사진에서 범람흔적이 나타난 경우, 흐름흔적, 침수흔적, 미세유사와 나뭇잎이 교류되는 지층, 결빙흔적, 표류물 또는 표착물의 흔적, 유사세굴, 유사퇴적, 식생의 성장 등이 대조기준과 유사하게 직접적으로 바뀐 경우	1.0
	관측자료의 재현기간이 > 2년 또는 < 1년일 경우	위와 같으나, 대조기준보다 변화가 크거나 작은 경우	0.5
	대조기준으로부터 관측자료가 극한값을 갖는 경우	위의 지표들이 없거나, 범람을 발생시킬 수 있는 관련 지표들이 암시될 경우	0.1
	관측자료에 범람이 발생하지 않은 것으로 나타난 경우	지표가 없거나 또는 변수의 변화에 영향을 미칠 수 있는 흔적이 없는 경우	0.0
V_{SURFIN} : 습지로의 지표 유입량	대조기준(1.0)에서 0.0을 연속적으로 나타내는 변수로 유출량 자료를 사용	대조기준과의 유사성을 나타내는 아래 지표들 중 하나가 나타나는 경우 : 1. 주변 고지대 경사에 있는 시내 2. 하도에 연결되지 않고 홍수터에 유입되는 측방자료	1.0
		위의 지표들이 대조기준과 유사하지 않고, 위 지표들이 대조기준보다 적게 나타나는 경우	0.5
		위의 지표들이 나타나지 않는 경우	0.1
		습지와 경사 끝자락에 있는 수로가 교차되는 지역에 나타나는 함몰지역이나 수로에 의해 동수경사와 위의 지표들이 나타나지 않는 경우	0.0

V_{SUBIN} : 습지 내 지표하 흐름	1. 유출지역 또는 용출지역에서 측정된 지하수 유출량 그리고 습지로부터의 유출량 2. 피에조미터의 의해 측정된 정확한 지하수 경사도 ; 대조기준과 연관하여 평가	지역표준에 의해 결정되는 대조기준의 예 : 1. 유출지역이 습지의 외곽에 나타나는 경우 2. 동면기간 또는 가뭄기간에 식물이 성장하는 경우 3. 습지가 경사 끝부분에 생성되는 경우 4. 습지표면에 Artesian 흐름이 있는 경우	1.0
		지역표준이 크게 감소할 경우	0.5
		회복력을 가지고 있으며 지역표준이 사라지는 경우	0.1
		회복력이 없으며 지역표준이 없는 경우	0.0
$V_{SURFCON}$: 하도를 통한 지표면의 수리학적 연결	직접 측정은 어려움	주요 하도에 연결된 내부 배수로를 나타내는 시각적 측정치가 대조기준의 75∼125%인 경우	1.0
		위의 사항이 대조기준의 25∼75% 그리고 125% 이상인 경우	0.5
		위의 사항이 대조기준의 0∼25%인 경우	0.1
		내부 배수로가 없거나 나타나지 않고, 주요 하천과 단절된 경우	0.0
V_{ORGAN} : 습지 내 유기물질	측정된 죽거나 살아있는 생물량, 그리고 토양 유기물질이 대조기군의 75∼125%인 경우	낙엽, 나무잔해, 살아있는 나무, 살거나 죽은 초본식물, 유기물질이 풍부한 토양, 또는 대조기존의 75∼125%에 해당하는 유기질 토양이 나타나는 경우	1.0
	위의 사항이 대조기준의 25∼75% 또는 125% 이상인 경우	위 사항이 대조기준의 25∼75% 또는 125% 이상인 경우	0.5
	위의 사항이 대조기준의 0∼25%인 경우	위 사항이 대조기준의 0∼25%인 경우	0.1
	살았거나 죽은 생물량과 토양 유기물질이 없는 경우	유기물질 없는 경우 ; 회복가능성이 없는 경우	0.0

(3) 식물서식처 측면

① 특징적인 식물 군락의 유지 기능

특징적인 식물 군락의 유지 기능은 살아있는 생물량의 종구성과 물리적 특성을 말하고, 이는 하천변 생태계에 대한 식물상의 중요성으로서 거대 무척추동물의 군집 구조적 변화, 수서 생태계의 종 다양성의 감소, 하류 수질의 악화 및 수문학적인 변화가 관련되기 때문이다. 특징적인 식물군집의 유지 기능은 목본, 유목, 관목, 지표 식물의 종구성(V_{COMP}), 목본 밀도(V_{DTREE}), 나무의 기저면적(V_{BTREE}) 등으로 나타낼 수 있으며 식(14.15)와 〈표 14.19〉를 참조하여 구할 수 있다.

$$\mathrm{FCI} = \frac{\left[\left(V_{COMP} + V_{REGEN} + V_{CANOPY} \right) + \left(\frac{V_{DTREE} + V_{BTREE}}{2} \right) \right]}{4} \tag{14.15}$$

〈표 14.19〉 특징적인 식물 군집의 유지기능에 대한 변수

모델변수	직접 측정	간접 측정	변수의 지수
V_{COMP} : 목본, 유목, 관목, 그리고 지표식물의 종 구성	3 식생 층 각각에서 우점종 셋이 대조기준에서의 3 우점종 중 셋과 일치하는 경우	간행물의 목록 중에서 기준 지역과 같은 종의 우점종이 있는 경우	1.0
	위와 같으나 지표 피도가 대조기준과 다를 경우		0.75
	위와 같으나 지표 피도와 유목이 대조기준과 다를 경우		0.5
	위와 같으나 목본층만이 대조기준과 다를 경우		0.25
	어떤 층도 대조기준과 일치하지 않는 경우	대조기준에 있는 식생이나 종이 없는 장소	0.0
V_{REGEN} : 유묘/유목 그리고/또는 클론을 형성하는 줄기	수관 종에 대한 유묘/유목의 비율이 대조기준의 75% 이내 대조기준	출간되거나 출간되지 않은 자료 중 대조기준과 동일한 종구성을 나타내는 자료가 있는 경우	1.0
	위와 같으나 대조기준의 25~75%인 경우		0.5
	위와 같으나 대조기준의 0~25%인 경우		0.1
	유묘/유목 또는 클론을 형성하는 싹이 없거나 대조기준에 있는 것이 전혀 없는 장소	식생이 없거나 공유되는 종이 없는 장소	0.0
V_{CANOPY} : 수관의 피도	수관 피도의 측정치가 대조기준의 >75%	원격 또는 다른 간접적인 방법은 추천하지 않음	1.0
	수관 피도의 측정치가 대조기준의 25~75%인 경우		0.5
	수관 피도의 측정치가 대조기준의 0~25%인 경우		0.1
	수관 피도가 0인 경우		0.0

V_{DTREE} : 나무 밀도	측정하였거나 추정된 수목 밀도가 대조기준의 75~125%인 경우	대조기준과 비슷한 천이단계	1.0
	수목 밀도가 대조기준의 25~75% 또는 125~200%인 경우	천이 단계가 대조기준과 상당히 다른 경우	0.5
	수목 밀도가 대조기준의 0~25% 또는 200%보다 크거나 복원이 가능한 경우	천이단계가 대조기준과 극히 다른 장소	0.1
	나무가 없고 복원이 불가능	나무가 없고 복원이 불가능	0.0
V_{BTREE} : 나무의 기저면적	기저면적이나 생체량이 대조기준의 75% 이상인 경우	천이 단계가 대조기준과 비슷	1.0
	기저면적이나 생체량이 대조기준의 25~75%인 경우	천이 단계가 대조기준과 상당히 다른 경우	0.5
	기저면적이나 생체량이 대조기준의 0~25% ; 복원이 가능한 경우	천이단계가 대조기준과 극히 다른 장소이거나 복원이 가능한 장소인 경우	0.1
	나무가 없고 복원이 불가능	나무가 없고 복원이 불가능	0.0

② 특징적인 잔재물 생체량을 유지하는 기능

특징적인 잔재물 생체량을 유지하는 기능은 생산, 축적, 그리고 모든 크기의 죽은 식물들의 생체량을 말한다. 습지에 있는 죽은 나뭇가지는 부식을 감소시키고 흙의 생성을 도와줌으로써 생태계 기능의 유지를 도와준다. 특징적인 잔재물 생체량의 유지 기능은 서있는 죽은 나무의 밀도(V_{SNAGS}), 큰 나뭇가지(V_{CWD}), 부패중인 통나무(V_{LOGS}), 작은 나뭇가지(V_{FWD})로 나타낼 수 있고, 식(14.16)과 〈표 14.20〉을 참조로 하여 산정할 수 있다.

$$\text{FCI} = \frac{\left\{V_{SNAGS} + \left[\left(\frac{V_{CWD} + V_{LOGS}}{2}\right)\right] + V_{FWD}\right\}}{3} \tag{14.16}$$

〈표 14.20〉 특징적인 잔재물 생체량의 유지기능에 대한 변수

<table>
<tr><th>모델의 변수</th><th>직접 측정</th><th>간접 측정</th><th>변수의 지수</th></tr>
<tr><td rowspan="4">V_{SNAGS}
: 서있는 죽은 나무의 밀도</td><td>밀도가 대조기준의 >75%</td><td>적절한 측정 방법이 없음</td><td>1.0</td></tr>
<tr><td>밀도가 대조기준의 25~75%</td><td></td><td>0.5</td></tr>
<tr><td>밀도가 대조기준의 0~25%</td><td></td><td>0.1</td></tr>
<tr><td>서있는 죽은 나무가 없다: 복원이 불가능한 경우</td><td></td><td>0.0</td></tr>
<tr><td rowspan="4">V_{CWD}
: 큰 나뭇가지 (CWD)</td><td>CWD 생체량이 대조기준의 > 75% 그리고 <125%</td><td>CWD 평균 직경과 길이가 대조기준의 > 75% 그리고 < 125%</td><td>1.0</td></tr>
<tr><td>CWD 생체량이 대조기준의 25~75%인 경우</td><td>CWD 평균 직경과 길이가 대조기준의 25~75%인 경우</td><td>0.5</td></tr>
<tr><td>CWD 생체량이 대조기준의 0~25% ; 복원이 가능한 경우</td><td>CWD 평균 직경과 길이가 대조기준의 0~25%; 복원이 가능한 장소</td><td>0.1</td></tr>
<tr><td>CWD 없다; 복원 불가능한 경우</td><td>CWD 없다; 복원 불가능한 경우</td><td>0.0</td></tr>
<tr><td rowspan="4">V_{LOGS}
: 분해 단계에 있는 통나무</td><td>대조기준에 대한 통나무 분해 범주 종류의 75% 이상</td><td>적절한 간접 측정 방법이 없음</td><td>1.0</td></tr>
<tr><td>대조기준에 대한 통나무 분해 범주 종류의 25~75%</td><td></td><td>0.5</td></tr>
<tr><td>평균 직경과 길이와 무관하게 통나무는 단지 한 분해 범주에만 있음</td><td></td><td>0.1</td></tr>
<tr><td>통나무가 없는 장소</td><td></td><td>0.0</td></tr>
<tr><td rowspan="4">V_{FWD}
: 작은 나뭇가지 (흐르는 물길, 물길 가장자리, 그리고 움푹 들어간 곳에 쌓인)</td><td>나뭇가지의 피도가 대조기준의 ≫ 75%</td><td>적절한 간접 측정 방법이 없음</td><td>1.0</td></tr>
<tr><td>나뭇가지의 피도가 대조기준의 25~75%인 경우</td><td></td><td>0.5</td></tr>
<tr><td>나뭇가지의 피도가 대조기준의 0~25%인 경우</td><td></td><td>0.1</td></tr>
<tr><td>임상에 나뭇가지가 없는 경우</td><td></td><td>0.0</td></tr>
</table>

(4) 동물서식처 측면

① 서식처의 공간 구조 유지 기능

서식처의 공간 구조 유지 기능은 이종의 서식처로 동물의 개체수와 집단을 유지하는 능력을 나타낸다. 서식처의 공간구조 유지 기능은 죽은 나무의 밀도(V_{SNAGS}), 성숙한 나무의 풍부도(V_{MATUR}), 초목의 수직 층과 속성(V_{STRATA}), 초목의 조각(V_{PATCH}), 수관 틈(V_{GAPS}) 등의 변수로 식(14.17)과 같이 나타낼 수 있고, 서식처의 공간 구조 유지 기능을

산정하기 위하여 〈표 14.21〉을 참고할 수 있다.

$$\text{FCI} = \frac{V_{SNAGS} + V_{MATUR} + V_{STRATA} + V_{GAPS}}{5} \tag{14.17}$$

〈표 14.21〉 서식처의 공간 구조 유지기능에 대한 변수

모델변수	직접 측정	간접 측정	변수의 지수
V_{SNAGS} : 서있는 죽은 나무의 밀도	밀도가 대조기준의 > 75%	선택된 숲 유형에서 항공사진이 밀도를 추정하는 데 사용될 수 있는 경우	1.0
	밀도가 대조기준의 25~75%인 경우		0.5
	밀도가 대조기준의 0~25%인 경우		0.1
	서있는 죽은 나무가 없는 경우		0.0
V_{MATUR} : 매우 성숙한 나무의 밀도	매우 성숙한 나무의 밀도가 대조기준의 >75%	적절한 측정방법이 없다.	1.0
	매우 성숙한 나무의 밀도가 대조기준의 25~75%인 경우		0.5
	매우 성숙한 나무의 밀도가 대조기준의 0~25%; 복원이 가능한 경우		0.1
	매우 성숙한 나무가 없다; 복원을 위한 가능성이 없는 경우		0.0
V_{STRATA} : 식생의 수직층의 수와 속성	1. 수직층의 수 또는 2. 각 층에서 식물의 밀도나 피도, 또는 3. 앞의 사실을 복합적으로 나타내는 지수가 대조기준의 >75%	잎이 있는 계절에 촬영한 항공사진에서 보여주는 수관의 복잡성(층의 수)을 현장 교정한 것이 대조기준과 비슷한 경우	1.0
	위와 같은 것으로서 대조기준의 25~75%인 경우	위와 같은 것으로서 대조기준보다 적은 경우	0.5
	위와 같은 것으로서 대조기준의 0~25%인 경우	수관이 없다; 복원 가능한 경우	0.1
	수직 층이 없는 경우	수관이 없다; 복원 불가능	0.0

V_{PATCH} : 식생의 조각화 정도	조각화의 적절한 측정치가 대조기준의 75～125%인 경우	잎이 있는 계절에 촬영한 항공사진에서 보여주는 수관의 조성을 현장 교정한 것이 대조기준과 비슷한 경우	1.0
	위와 같은 것으로서 대조기준의 25～75% 또는 ＞125%	위와 같은 것으로서 대조기준보다 적은 경우	0.5
	위와 같은 것으로서 대조기준의 0～25%인 경우		0.1
	수관이 없는 경우	최근 항공사진에 수관이 보이지 않는 경우	0.0
V_{GAPS} : 숲틈	숲의 수관에서 숲틈의 수, 분포 또는 크기빈도가 대조기준의 75～125%인 경우	잎이 없는 계절에 촬영한 최근의 항공사진에서 보여주는 수관의 틈이 대조기준에서의 수, 크기, 그리고 수도와 비슷한 경우	1.0
	위와 같은 것으로서 대조기준의 25～75% 또는 ＞125%	위와 같은 것으로서 대조기준보다 적은 경우	0.5
	위와 같은 것으로서 대조기준의 0～25%인 경우		0.1
	숲틈이 없는 경우	위의 방법에서 수관의 틈이 발견되지 않는 경우	0.0

② 산재와 연결성의 유지 기능

산재와 연결성의 유지 기능(maintain interspersion and connectivity)은 습지가 영구적이거나 일시적인 표면의 하도나 월류, 혹은 대수층에 의하여 유기체의 진출을 허용하는 능력을 말한다. 월류 빈도(V_{FREQ}), 월류 지속기간(V_{DURAT}), 미시지형의 복잡성(V_{MICRO}), 지표면의 수리학적 연결(V_{SURFON}), 지표하의 수리학적 연결(V_{SUBCON})과 습지와 습지 상부, 하도간, 상류와 하류 사이에 인접한 식생들의 피복과 밀접한 정도(V_{CONFIG})는 서식지 산재와 연결성을 포함하는 기능을 평가할 때 사용한다. 각 항목들은 직접적 또는 간접적으로 측정되어지며, 반드시 기준습지를 통해 비교되어야 하고, 습지의 기능적 구분에 따른 지형학적 조건에 적합하여야 한다. 이 기능은 식(14.18)로 구할 수 있고, 〈표 14.22〉를 참고할 수 있다.

$$\mathrm{FCI} = \frac{V_{FREQ} + V_{DURAT} + V_{MICRO} + V_{SURFCON} + V_{SUBCON} + V_{CONTIG}}{6} \tag{14.18}$$

〈표 14.22〉 산재와 연결성의 유지기능에 대한 변수

모델변수	직접 측정	간접 측정	변수의 지수
V_{FREQ} : 월류빈도	대조기준과 유사하게 관측자료의 재현기간이 1.5yr인 경우	적어도 한 가지가 해당되는 경우 : 항공사진에서 범람흔적이 나타난 경우, 흐름흔적, 침수흔적, 미세유사와 나뭇잎이 교류되는 지층, 결빙흔적, 표류물 또는 표착물의 흔적, 유사세굴, 유사퇴적, 식생의 성장 등이 대조기준과 유사하게 직접적으로 바뀐 경우	1.0
	관측자료의 재현기간이 >2년 또는 <1년일 경우	위와 같으나, 대조기준보다 변화가 크거나 작은 경우	0.5
	대조기준으로부터 관측자료가 극한값을 갖는 경우	위의 지표들이 없거나, 범람을 발생시킬 수 있는 관련 지표들이 암시될 경우	0.1
	관측자료에 범람이 발생하지 않은 것으로 나타난 경우	지표가 없거나 또는 변수의 변화에 영향을 미칠 수 있는 흔적이 없는 경우	0.0
V_{DURAT} : 월류 지속기간	월류지속기간이 대조기준의 75∼125%인 경우	월류와 관련된 지속기간을 나타내는 지표가 있거나 대조기준과 유사한 경우	1.0
	월류지속기간의 대조기준의 25∼75% 또는 125% 이상인 경우	항공사진에 지속기간이 나타나는 경우, 홍수에 내성이 있는 나무가 있는 경우 중 하나가 나타나거나 대조기준보다 적은 지속기간이 나타나는 경우	0.5
	월류지속기간의 대조기준의 0∼25%인 경우	대조기준의 지속기간과 관련된 지표들이 크게 감소한 경우	0.1
	월류기록이 없는 경우	범람이 발생하지 않은 경우	0.0
V_{MICRO} : 미시지형적 복잡성	미시지형적 복잡성(MC)이 대조기준의 75∼125%로 관측되었을 경우	미시지형적 복잡성에 대한 시각적 측정지표가 대조기준의 75∼125%일 경우	1.0
	미시지형적 복잡성이 대조기준의 25∼75%로 관측되었을 경우	미시지형적 복잡성을 평가할 수 있는 시각적 지표가 대조기준보다 미시지형적 복잡성이 약간 적은 경우	0.5
	미시지형적 복잡성이 대조기준의 0∼25%로 관측되었을 경우	미시지형적 복잡성을 평가할 수 있는 시각적 지표가 존재하거나 대조기준보다 미시지형적 복잡성이 많이 적은 경우	0.1
	미시지형적 복잡성이 나타나지 않거나 지면이 인공적으로 변화된 경우	미시지형적 복잡성을 평가할 수 있는 시각적 지표가 없거나 지면이 인공적으로 변화된 경우	0.0

$V_{SURFCON}$: 지표면의 수리적 연결	직접 측정이 어려움	주요 하도에 연결된 내부 배수로를 나타내는 시각적 측정치가 대조기준의 75∼125%인 경우	1.0
		위의 사항이 대조기준의 25∼75% 그리고 125% 이상인 경우	0.5
		위의 사항이 대조기준의 0∼25%인 경우	0.1
		내부 배수로가 없거나 나타나지 않고, 주요 하천과 단절된 경우	0.0
V_{SUBCON} : 지표하 수리적 연결	직접 측정이 어려움	Seeps, springs, upwelling이 대조기준과 유사한 경우	1.0
		지표하 연결로 초과 미세유사가 공급되는 경우	0.5
		최소의 연결로 하도와 홍수터가 크게 변화하는 경우	0.1

③ 무척추동물의 분포와 수도의 유지 기능

무척추동물의 분포와 수도의 유지 기능은 무척추동물의 특징적 밀도와 공간적 분포를 유지하는 습지의 능력을 나타낸다. 토양 무척추 동물의 분포와 수 (V_{SINVT}), 잎의 잔해와 파편 사이에 사는 무척추 동물의 수(V_{LINVT}), 수생 무척추 동물의 수(V_{AQINVT})는 무척추 동물의 활동성과 풍부도에 따라 평가된다. 식(14.19)와 〈표 14.23〉을 참조로 하여 구할 수 있다.

$$\text{FCI} = \frac{V_{SINVT} + V_{LINVT} + V_{AQINVT}}{3} \qquad (14.19)$$

〈표 14.23〉 무척추동물의 분포와 수도의 유지기능에 대한 변수

모델변수	직접 측정	간접 측정	변수의 지수
V_{SINVT} : 저서 무척추동물의 분포와 수도	종 구성과 수도를 위한 유사도 지수가 대조기준의 75% 이상	땅에 굴, 껍질, 집, 구멍 등이 대조기준과 비슷(간접 측정은 정량화할 수 있도록 개발될 수도 있다)	1.0
	종 구성과 수도를 위한 유사도 지수가 대조기준의 25~75%인 경우	위의 것과 같은 것으로 대조기준에 훨씬 못 미치는 경우	0.5
	종 구성과 수도를 위한 유사도 지수가 대조기준의 0~25%인 경우	위 항목에 대한 증거가 없으나 서식지를 회복할 가능성이 있는 경우	0.1
	토양 무척추동물이 없거나 발견된 증거가 없는 경우	위 항목에 대한 증거도 없고 서식지를 회복할 가능성도 없는 경우	0.0
V_{LINVT} : 낙엽층 무척추동물의 분포와 수도	종 구성과 수도를 위한 유사도 지수가 대조기준의 75% 이상	통나무와 가지에 곤충 통로, 목재에 굴, 껍질, 허물, 이동통로, 구멍 등 직접 관찰하여 평가한 것이 대조기준과 비슷(측정은 정량화할 수 있도록 개발될 수 있다)	1.0
	종 구성과 수도를 위한 유사도 지수가 대조기준의 25~75%인 경우	위의 것과 같은 것으로 대조기준에 훨씬 못 미치는 경우	0.5
	종 구성과 수도를 위한 유사도 지수가 대조기준의 0~25%인 경우	위 항목에 대한 증거가 없으나 서식지를 회복할 가능성이 있는 경우	0.1
	낙엽층에 무척추동물이 없거나 발견된 증거가 없는 경우	위 항목에 대한 증거도 없고 서식지를 회복할 가능성도 없는 경우	0.0
V_{AQINVT} : 수서 무척추동물의 분포와 수도(미세하게 들어간 곳, 주변 수로, 물이 스미는 곳)	종 구성과 수도를 위한 유사도 지수가 대조기준 또는 지역 지표종/핵심종의 75%인 경우	적절한 수 서식지의 존재(미세하게 움푹 들어간 곳, 물이 스며 나오는 곳 등)와 껍질 파편, 배출물 등이 대조기준과 비슷. 측정은 정량화할 수 있도록 개발될 수 있는 경우	1.0
	종 구성과 수도를 위한 유사도 지수가 대조기준의 25~75%인 경우	위의 것과 같은 것으로 대조기준에 훨씬 못 미치는 경우	0.5
	종 구성과 수도를 위한 유사도 지수가 대조기준의 0~25%인 경우	위 항목에 대한 증거가 없으나 서식지를 회복할 가능성이 있는 경우	0.1
	수생 서식지에 무척추동물이 없거나 발견된 증거가 없는 경우	적절한 수생 서식지의 증거도 없고 서식지를 회복할 가능성도 없는 경우	0.0

④ 척추동물의 분포와 수도의 유지 기능

척추동물의 분포와 수도의 유지 기능은 척추동물의 특징적 밀도와 공간적 분포를 유지하는 습지의 능력을 나타낸다. 척추동물의 분포와 수도 유지 기능은 거주하거나 이주하는 물고기의 분포와 수도(V_{FISH}), 거주하거나 이주하는 파충류의 분포와 수도(V_{HERP}), 거주하거나 이주하는 조류의 분포와 수도(V_{BIRD}), 거주하거나 이주하는 포유류의 분포와 수도(V_{MAMM}) 등의 변수로 나타낼 수 있으며 식(14.20)과 같이 구할 수 있고, 〈표 14.24〉를 참조할 수 있다.

$$\mathrm{FCI} = \frac{V_{FISH} + V_{HERB} + V_{BIRD} + V_{MAMM}}{4} \tag{14.20}$$

〈표 14.24〉 척추동물의 분포와 수도의 유지

모델변수	직접 측정	간접 측정	변수의 지수
V_{BEAV} : 비버의 수도	수도가 대조기준의 75%	대조기준과 비슷한 대체 측정 (즉 최근 항공사진, 통나무와 댐의 존재, 잘린 나무, 소리, 길 흔적)	1.0
	수도가 대조기준의 25~75%인 경우	위의 지시자가 대조기준에 훨씬 못 미치는 경우	0.5
	수도가 대조기준의 0~25%인 경우	위의 지시자에 대한 증거가 없으나 서식지 회복의 가능성이 있는 경우	0.1
	비버가 없거나 발견된 증거가 없는 경우	위의 지시자에 대한 증거가 없으나 서식지 회복의 가능성이 없는 경우	0.0
V_{FISH} : 거주지와 이주하는 물고기의 분포와 수도	종 구성과 수도를 위한 유사도 지수가 대조기준의 75%	대조기준과 비슷한 대체 측정 (즉 알덩어리, 유생, 그리고 성체)	1.0
	종 구성과 수도를 위한 유사도 지수가 대조기준의 25~75%인 경우	위의 지시자가 대조기준에 훨씬 못 미치는 경우	0.5
	종 구성과 수도를 위한 유사도 지수가 대조기준의 0~25%인 경우	위의 지시자에 대한 증거가 없으나 서식지 회복의 가능성이 있는 경우	0.1
	물고기가 없거나 서식 증거가 발견되지 않는 경우	위의 지시자에 대한 증거가 없으나 서식지 회복의 가능성이 없는 경우	0.0

V_{HERP} : 파충류의 분포와 수도	종 구성과 수도를 위한 유사도 지수가 대조기준의 75%인 경우	대조기준과 비슷한 대체 측정(즉 알덩어리, 길, 울음소리, 유생, 껍질, 골격)	1.0
	종 구성과 수도를 위한 유사도 지수가 대조기준의 25~75%인 경우	위의 지시자가 대조기준에 훨씬 못 미치는 경우	0.5
	종 구성과 수도를 위한 유사도 지수가 대조기준의 0~25%인 경우	위의 지시자에 대한 증거가 없으나 서식지 회복의 가능성이 있는 경우	0.1
	파충류가 없거나 증거가 발견되지 않는 경우	위의 지시자에 대한 증거가 없으나 서식지 회복의 가능성이 없는 경우	0.0
V_{BIRD} : 거주지와 이주하는 조류의 분포와 수도	종 구성과 수도를 위한 유사도 지수가 대조기준의 75%	대조기준과 비슷한 대체 측정(즉 둥지, 길, 소리, 깃털, 골격)	1.0
	종 구성과 수도를 위한 유사도 지수가 대조기준의 25~75%인 경우	위의 지시자가 대조기준에 훨씬 못 미치는 경우	0.5
	종 구성과 수도를 위한 유사도 지수가 대조기준의 0~25%인 경우	위의 지시자에 대한 증거가 없으나 서식지 회복의 가능성이 있는 경우	0.1
	조류가 없거나 증거가 발견되지 않는 경우	위의 지시자에 대한 증거가 없으나 서식지 회복의 가능성이 없는 경우	0.0
V_{MAMM} : 영원히 또는 계절적으로 거주하는 포유류의 분포와 수도	종 구성과 수도를 위한 유사도 지수가 대조기준의 75%	대조기준과 비슷한 포유류의 목견증거(즉 길, 소리, 사체, 피식자의 존재, 구멍, 식이식물)	1.0
	종 구성과 수도를 위한 유사도 지수가 대조기준의 25~75%인 경우	위의 지시자가 대조기준에 훨씬 못 미치는 경우	0.5
	종 구성과 수도를 위한 유사도 지수가 대조기준의 0~25%인 경우	위의 지시자에 대한 증거가 없으나 서식지 회복의 가능성이 있는 경우	0.1
	포유류가 없거나 증거가 발견되지 않는다. 서식지의 회복에 대한 가능성이 없는 경우	위의 지시자에 대한 증거가 없으나 서식지 회복의 가능성이 없는 경우	0.0

14.5.2 HGM 방법의 습지 기능지수 산정에 대하여

HGM 방법은 하천변습지의 기능평가를 위해 4가지 측면, 즉 수문학적 측면(Hydrologic), 생지화학적 측면(Biogeochemical), 식물 서식처 측면(Plant Habitat) 그리고 동물 서식처 측면(Animal Habitat)으로 분류하였고, 이들에 대해 총15개의 기능들을 부여하였다. 이들 기능들은 기능지수에 의해 평가되도록 하였는데, 기능지수값들은 각 기능지수를 표현할 수 있는 기능변수들의 조합으로 나타내었다. 대상습지의 기능변수들을 기준습지의 기능변수들과 비교하여 상대적인 기능변수들의 값을 구하고, 이들 기능변수들의 값을 가지고 각 공식들을 이용해 대상습지의 기능지수들을 산정하게 되는 것이다.

그러나 기준습지나 대상습지에 따라서는 모든 기능변수들이 존재하지 않거나 기능변수들을 앞에서 설명한대로 나타낼 수 없는 경우가 많다. 따라서 상황에 따라 이용 가능한 자료를 수집하고, 수집한 자료들을 가지고 기능변수들을 구하여 대상습지의 기능을 평가하여야 한다. 만약 해당 기능변수들에 꼭 맞는 자료들이 없을 경우에는 대체할 수 있는 자료들을 수집하여 수정 또는 변환하여 이용할 수도 있을 것이다. 습지의 기능을 평가하기 위해서는 무엇보다도 자료의 축적이 중요하고, 지역 조건이나 환경에 맞는 방법론들의 개발이 중요하다 하겠다.

연 습 문 제

14.1 람사르협약 당사국들은 전 세계적으로 중요한 습지를 람사르협약에 따라 등록하도록 되어 있다. 우리나라에서 등록되어 있는 습지를 조사하고 간략히 정리하라.

14.2 우리나라에서 가장 유명한 내륙습지인 우포늪이 있다. 우포늪의 형성에 있어 수문학적인 영향을 조사하고 간략히 정리하라.

14.3 아래의 <그림 14.3.1>는 우포늪의 출구지점에서 2009년 3월 28일부터 12월 23일까지 관측한 수위를 보여주고 있다. (a) 봄, 여름, 가을에 대한 수위 변동에 대하여 설명하고, (b) 특히 6월, 7월, 8월의 수위변화에 대하여 수문순환 요소들의 변화와 연계하여 설명하라.

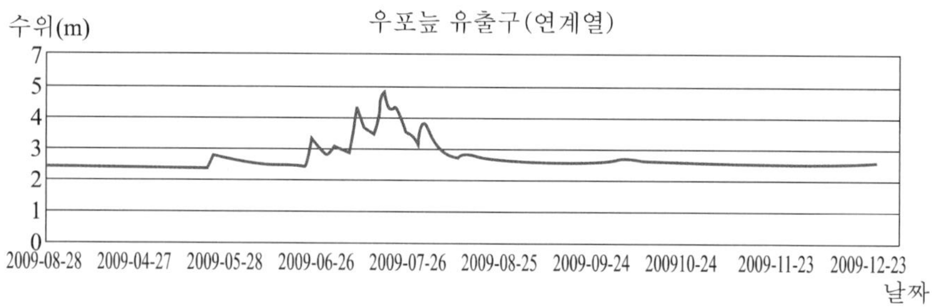

〈그림 14.3.1〉 우포늪 유출구 지점의 연간 수위변화

14.4 미국과 유럽에서의 marsh와 swamp를 각각 어떻게 정의하고 있는지 간략히 적어라.

14.5 어떤 소택지에서 지표 유입량이 229, 총 강수량이 105, 지하수 유입량이 22, 초기손실이 31, 증발산량은 72, 지표 유출량은 232, 지하수 유출량은 21이었다. 조수의 유출입은 없다고 가정할 때, 순 강수량과 시습지 저류량의 변화율을 구하여라.

14.6 어떤 소택지와 소택지의 상부지역이 있다. 상부지역의 총 강수량은 131, 지하수 유출량은 4, 소택지와 연결되어 있어 상부지역으로부터 소택지로 유출되는 양이 39, 상부지역의 저류량 변화율은 0이다. 소택지 자체 내에서의 물수지는 총 강수량이 131, 증발산량이 93, 지표 유출량이 73, 지하수 유출량이 4이다. 이때 상부지역의 증발산량을 구하고, 소택지 내에서의 저류량의 변화율을 구하라. 본 문제에서 언급하지 않은 수문순환 요소의 유출입은 없다.

14.7 Mineral과 Organic 토양을 구분하는 유기물 함량은 얼마인가?

14.8 무기질 토양에서 bog와 marsh 중 무엇이 P의 제거에 더 효율적인가? 그리고 그 이유는 무엇인가?

14.9 습지의 수문주기에 대하여 간략히 설명하라.

14.10 습지의 수문설계 요소들에 대하여 간략히 설명하라.

14.11 습지기능평가 방법들 중에서 RAM과 HGM 방법에 대하여 간략히 비교 설명하라.

14.12 습지기능평가 방법인 HGM에서 정의하고 있는 습지의 기능에는 단기 지표저 류기능이 있다. 식(14.7b)를 이용하여 단기지표저류기능의 지수를 산정하라. 이 지역의 조도계수는 0.033으로 가정한다. 그리고 대상지역의 습지 표면적은 $A=1184\text{m}^2$이며, 평균침수심은 습지 저류량을 습지 표면적으로 구할 수 있다.
필요한 자료들은 연간 강수량, 지표유입량, 지표유출량, 지하수 유입량, 지하수 유출량, 증발산량이 다음 <표 14.12.2>에 주어져 있다.

〈표 14.12.1〉 대상습지 변수의 지수값 산정 방법

기준습지의 변수	지수의 값
V_{FREQ} : 1년	기준습지의 75% 이상 : 1.0 기준습지의 25~75% : 0.5 기준습지의 25% 이하 : 0.1 월류가 일어나지 않으면 : 0
V_{INUND} : 1.5m	기준습지의 75% 이상 : 1.0 기준습지의 25~75% : 0.5 기준습지의 25% 이하 : 0.1 월류가 일어나지 않으면 : 0
$V_{MICRO, SHRUB, BTREE \text{ or } DTREE \text{ and } CWD}$: 0.033	기준습지의 75% 이상 : 1.0 기준습지의 25~75% : 0.5 기준습지의 25% 이하 : 0.1 조도가 없을 때 : 0

〈표 14.12.2〉 습지의 주요 수문자료

연도	강수량 (m^3/yr)	지표 유입량 (m^3/yr)	지표 유출량 (m^3/yr)	지하수 유입량 (m^3/yr)	지하수 유출량 (m^3/yr)	증발산량 (m^3/yr)
1999	810.13	400	0	10	8	1
2000	580.91	400	0	10	8	1
2001	357.36	400	0	10	8	1
2002	422.47	400	0	10	8	1
2003	636.06	400	0	10	8	1
2004	690.82	400	0	10	8	1
2005	431.38	400	0	10	8	1
2006	541.31	400	0	10	8	1
2007	356.21	400	0	10	8	1
2008	694.58	400	0	10	8	1
2009	587.01	400	0	10	8	1

Chapter 15

기후변화

현재 전 세계는 기후변화로 인한 자연재해의 증가로 인하여 상당한 사회·경제적 피해를 입고 있다. 기후변화가 미치는 가장 큰 영향은 온도와 강수의 변화인데, 실제로 기후변화는 대부분 지역의 평균온도를 증가시키고 있으며, 이러한 변화는 한반도가 위치하고 있는 중위도 지역과 고위도 지역에서 상대적으로 크게 나타나고 있다. 강우 역시 일정량의 강우가 여러 번에 나뉘어서 내리는 것이 아니라 단기간에 많은 비가 한 번에 내려 홍수를 증가시키게 됨은 물론이고, 집중호우시 상당수의 강우가 바다로 직접 유출되기 때문에 수자원 관리가 어려워지게 되어 봄이나 겨울철 가뭄에 대한 취약성도 커지고 있는 상황이다. 따라서 기후변화에 대한 이해를 바탕으로 기후변화가 미치는 영향을 파악함으로써 기후변화에 능동적으로 대처할 수 있는 방안이 필요한 시점이라고 하겠다.

15.1 기후변화란?

우리가 살고 있는 지구는 이산화탄소, 메탄과 같은 온실가스에 의해서 생명체가 살아갈 수 있는 일정정도의 온도를 유지하고 있다. 그러나 산업혁명 이후 인류는 석유, 석탄과 같은 화석 연료를 과다하게 사용함으로써 지구상에 필요 이상의 온실가스를 배출하게 되었고, 이로 인한 온실가스의 증가는 자연적으로 발생하는 양 이상의 태양복사에너지가 축적되어 지구의 온도를 전반적으로 상승시키는 지구온난화를 야기하였다. 이러한 지구온난화는 지구의 기후에도 영향을 미치게 되어 과거에는 관측되지 않았던 극한 홍수나 극한 가뭄의 발생빈도를 현저하게 증가시키고 있다. 우리나라의 경우도 1998년과 1999년의 대홍수, 2002년 태풍 루사, 2003년 태풍 매미, 2006년 집중호우 등으로 인해 수많은 인명과 재산피해가 발생하였다. 특히 태풍 루사와 매미로 인한 재산 피해와 복구비를 합하면 약 26조원(행정자치부, 2003)에 달하는 엄청난 피해가 발생하였다.

이렇듯 사회적으로 큰 피해를 유발하는 기후변화의 원인은 크게 자연적인 원인과 인위적인 원인으로 나눌 수 있다. 자연적인 원인으로는 태양의 흑점활동, 지구공전궤도와 자전축의 변화, 화산활동, 엘니뇨현상 등이 있으며, 인위적인 원인으로는 온실가스의 증가와 오존층 파괴 등이 있다. 일부에서는 현재의 기후변화는 자연적인 원인에 의한 현상이라고 주장하는 학자들도 있었다. 그러나 IPCC(2001)의 보고서에 의하면 기후변화의 원인을 인간의 활동에서 찾고 있으며, 지난 50년 동안의 온도 상승은 인간의 활동에 의해서 변화되었음을 모형을 통해서 분석하여 결과를 〈그림 15.1〉과 같이 제시하였다.

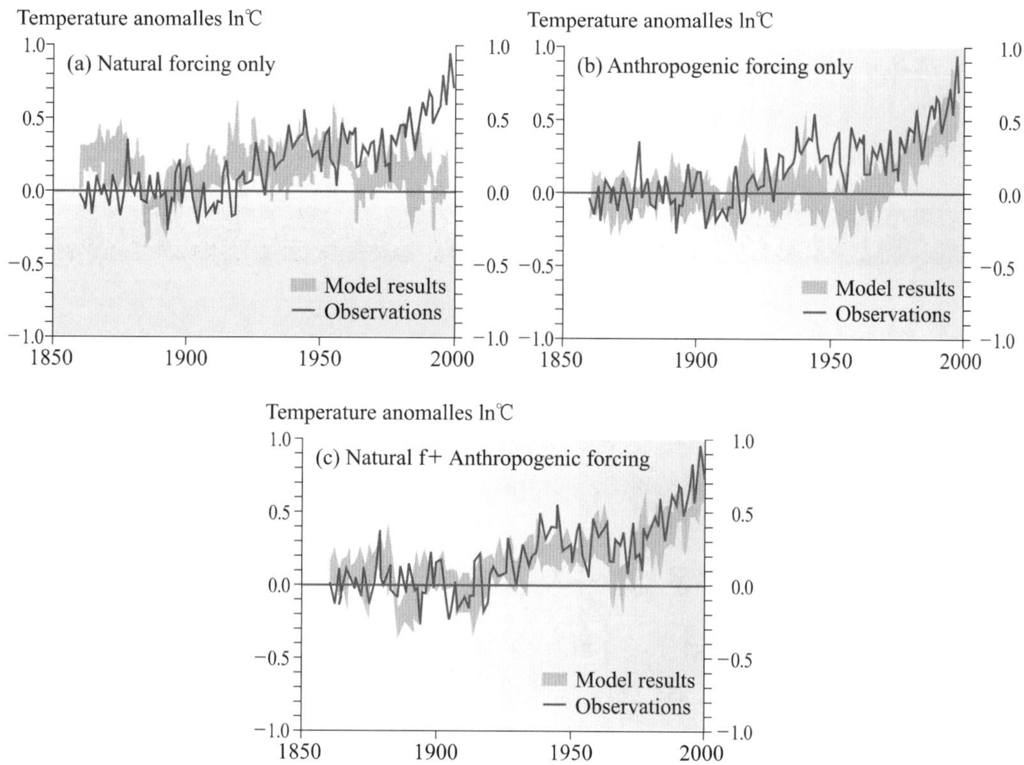

〈그림 15.1〉 1860년대 이후 온도변화에 대한 모의결과와 관측값과의 비교(IPCC, 2001)

〈그림 15.1〉에서 보는 바와 같이 최근 50년간의 모의된 온도를 보면 자연이 주는 영향만을 고려할 경우(a), 온도 상승에 대한 부분은 거의 없는 것으로 나타났다. 반면에 인간의 영향만을 고려하였을 경우(b), 평균온도가 관측값보다 낮기는 하나 관측값과 거의 비슷한 양상을 보이고 있음을 알 수 있다. 마지막으로 자연의 영향과 인간의 영향을 동시에 고려하였을 경우(c), 관측값과 비슷한 양상을 보이는 것을 알 수 있다. 모형에 의한 모의 결과가 인간의 활동에 대한 구체적인 세부내용을 보여주고 있지는 않지만, 기후변화의 원인이 인간의 활동 때문이라는 결과를 보여주고 있다. 비록 이러한 연구결과는 일정정도의 불확실성을 포함하고 있으며, 이러한 불확실성은 인간에 의하여 황산화된 경우와 화산폭발 등과 같은 자연현상에 의하여 황산화된 경우를 구별하지 못하는데서 기인한다고 할 수 있다. 그러나 불투수층의 증가와 같은 인간에 의한 요소 등을 고려하지 않았기 때문에 이러한 불확실성은 어느 정도 해소될 수 있음을 알 수 있다. 다시 말해 자연현상에 의한 황산화가 인간의 활동에 의한 결과로 포함되었다 하더라도 연구에서 고려되지 않은 인간에 의해 변화된 요소가 훨씬 더 지구온난화에 영향을 미친다는 것이다. 더군다나 인간 활동에 의한 온실가스나 대

기오염 물질의 배출은 계속해서 대기를 변화시킬 것이며, 이는 지속적으로 지구의 기후에 영향을 미치게 되기 때문에 기후변화에 대응하기 위한 방안을 마련해야 한다.

15.2 기후변화가 미치는 영향

지구온난화에 기인한 기후변화는 수문, 수자원, 농업, 식량, 생태, 보건 등 사회환경 전반에 걸쳐 영향을 미치고 있다. 이러한 영향 중 직간접적으로 가장 큰 영향을 미치는 것은 기후변화에 따른 온도 변화와 강우의 양과 패턴의 변화라고 할 수 있으며, 이러한 변화는 한반도 수문순환 및 수자원관리에 영향을 미치고 있다.

15.2.1 기후변화가 수문 및 수자원에 미치는 영향

기후변화가 수문순환을 포함한 강우의 양과 패턴의 변화에 얼마나 많은 영향을 주고 있는지를 명확하게 규명하기란 매우 어려운 일임에도 불구하고 기후변화로 인하여 수자원은 이미 상당한 영향(stress)을 받고 있다는 것은 명확한 사실이다. 이러한 기후변화의 영향은 특정지역에서의 가뭄과 극한 강우뿐만 아니라 하천의 유량도 변화시키고 있으며, 이는 수문순환과정에서 일어나는 사상(event)들의 강도가 커지게 되는 것을 의미한다. 그러나 전 지구적으로 이러한 홍수나 증발산량에 대해 주목할 만한 변화가 발생하는 것은 아니다. 일부 지역에서는 기후변화에 의해서 지하수위나 호수의 수위가 일부 감소하는 것으로 이야기되고 있으나 실제로는 기후변화의 영향보다는 취수행위와 같은 직접적인 인간의 활동이 더 큰 지배요인으로 작용하기 때문이다.

지난 세기 동안 많은 지역에서 기후변화로 인하여 유출량이나 하천유황이 증가하게 되었으며, 특히 이러한 현상은 북반구에 위치하고 있어 융설이나 해빙의 영향을 받는 지역에서 두드러지게 나타났다. 실제로 유라시아 대륙에 위치한 북극 부근 강들의 평균유출량 증가나 북아메리카/유라시아 대륙의 이른 봄철의 유출량 증가 및 겨울철 기저유출량의 증가도 기후변화와 연관이 있다. 또한 일부 건조지역에서는 가뭄의 강도가 점차 심해지고 있다는 징후 또한 나타나고 있다. 북극지역의 영구동토대(permafrost)에 위치한 호수들이 점차 줄어들고 있다는 보고가 그것이다. 담수호나 강의 수온 상승으로 인한 화학적 변화도 주목할 만한 변화 중의 하나이며, 마지막으로 수표면과 깊은 호수의 수온이 상승하면서 염분 및 유사의 증가나 영양물질에 영향을 주는 열평형기간을 증가시키고 있다.

국내의 경우도 지구온난화로 인한 기후변화로 인하여 가뭄과 홍수에 대한 빈도, 강도, 지속기간들이 증가하고 있고, 이러한 영향이 수자원 분야에서는 가장 큰 영향(stress)으로 간주되며, 실제로 홍수와 가뭄과 같은 재해로 인하여 상당한 사회적비용이 발생하는 것도 사실이다. 기후변화에 대응하기 위한 수자원계획을 수립하기 위해서 가장 중요한 것은 현재까지의 기후변화로 인해서 발생하고 있는 영향을 명확하게 분석함으로써 다양하게 적응할 수 있는 사회적 시스템을 구축하는 것이라고 하겠다.

(1) 수자원의 활용

기후변화는 아시아의 일부 지역을 제외한 대부분의 지역에서 수자원에 부정적인 영향을 미치게 될 것으로 예상되며, 이는 기후변화로 인한 계절별 수자원의 변화와 하천에서의 유출량의 변화에서 기인한다고 할 수 있다. 실제로 러시아 남서쪽에서 곡물을 재배하는 일부 지역에서는 기후변화의 영향으로 인하여 하천의 유출량이 급격히 적어지는 기간의 발생횟수가 증가할 것으로 예측되었다. 이러한 유출량의 감소는 수력발전 등에도 영향을 미치게 되며, 유프라테스강 또는 티그리스강과 같은 세계의 주요 강으로부터 사용할 수 있는 수자원의 양에도 영향을 미치게 된다. 레바논의 경우, 현재보다 이산화탄소의 농도가 2배가 되면 온도가 평균적으로 1.2℃ 상승하게 되고 가용한 수자원의 양이 15% 정도 감소하게 될 것으로 GCM의 모의결과를 바탕으로 제시되었다. 또한 중국의 북부지역의 경우, 기후변화와 수자원에 대한 수요의 증가로 인하여 곡물생산에 필요한 지표수와 지하수의 70% 정도만 확보할 수 있을 것이라는 전망을 하고 있다. 기후변화에 따른 온도의 증가는 오랜 기간 눈이 쌓이면서 육지에 형성된 빙하에도 영향을 미치게 된다. 북아시아 지역의 경우, 빙하가 녹으면서 하천에 공급된 하천수를 농업용수나 생활용수로 사용하고 있다. 그러나 기후변화로 인하여 기온이 상승하게 됨에 따라서 앞으로는 봄철에 빙하로부터 하천으로 유입되는 물의 양이 현재에 비해서 상대적으로 증가하게 될 것으로 예측되며, 이러한 현상은 홍수의 발생할 가능성도 커지게 하고 있다. 그러나 더욱 중요한 것은 빙하의 해빙시기가 변화하게 되면서 겨울철에 사용할 수 있는 수자원의 양이 부족하게 되어 심각한 겨울 가뭄을 야기할 가능성이 커지게 된다는 것이다. 이렇듯 기후변화는 홍수뿐만 아니라 가뭄 등에도 영향을 두루 미치게 될 것으로 예상되기 때문에 기후변화에 대비하기 위한 수자원확보가 필요하다.

예제 15.1

〈표 2.1〉에 서울관측소의 연 강수량 자료가 1961～2008년까지 주어져 있다. 이 자료를 이용하여 5.4.1절에서 설명한 이동평균방법에 의해 3년 및 5년 이동평균을 구하여 그 경향성을 비교하라.

풀이

〈표 2.1〉과 이동평균법으로 구한 값은 다음 표와 같다.

연도	〈표 2.1〉	이동평균법(3년)	이동평균법(5년)	연도	〈표 2.1〉	이동평균법(3년)	이동평균법(5년)
1961	1436.6	-	-	1985	1544.6	1333.07	1232.94
1962	986.2	-	-	1986	1247.4	1347.17	1239.18
1963	1626.6	1349.8	-	1987	1751.4	1514.47	1399.6
1964	1794	1468.93	-	1988	760.8	1253.2	1310.74
1965	1216.3	1545.63	1411.94	1989	1437.1	1316.43	1348.26
1966	2018.9	1676.4	1528.4	1990	2355.5	1517.8	1510.44
1967	1248.8	1494.67	1580.92	1991	1158.2	1650.27	1492.6
1968	1288.2	1518.63	1513.24	1992	1454.9	1656.2	1433.3
1969	1736.8	1424.6	1501.8	1993	1292.7	1301.93	1539.68
1970	1708.2	1577.73	1600.18	1994	1055.8	1267.8	1463.42
1971	1359.7	1601.57	1468.34	1995	1598.6	1315.7	1312.04
1972	1769.6	1612.5	1572.5	1996	1256.6	1303.67	1331.72
1973	928.1	1352.47	1500.48	1997	1210.2	1355.13	1282.78
1974	1250.7	1316.13	1403.26	1998	2349.1	1605.3	1494.06
1975	1067.4	1082.07	1275.1	1999	1733.1	1764.13	1629.52
1976	1109.5	1142.53	1225.06	2000	1186.8	1756.33	1547.16
1977	1147.5	1108.13	1100.64	2001	1386	1435.3	1573.04
1978	1160.9	1139.3	1147.2	2002	1388	1320.27	1608.6
1979	1279.4	1195.93	1152.94	2003	1989.5	1587.83	1536.68
1980	1242.4	1227.57	1187.94	2004	1499.1	1625.53	1489.88
1981	1216.2	1246	1209.28	2005	1358.4	1615.67	1524.2
1982	949.3	1135.97	1169.64	2006	1681.9	1513.13	1583.38
1983	1205.1	1123.53	1178.48	2007	1212.3	1417.53	1548.24
1984	1249.5	1134.63	1172.5	2008	1253.5	1382.57	1401.04

위의 표로 다음과 같은 그래프를 그릴 수 있다.

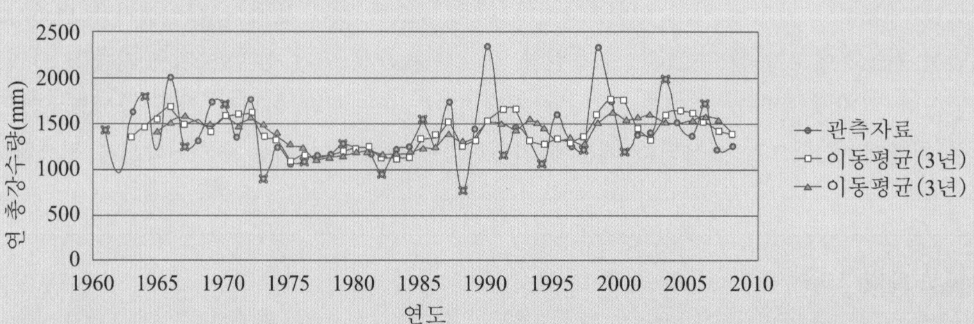

이동평균법은 주로 추세분석에 쓰이며, 증가 및 감소시점을 판단하기 위해서도 사용된다. 분석결과 1975년을 기점으로 전반적으로 연 총강수량이 증가하는 것을 알 수 있다. 또한 관측자료의 추세를 상대적으로 잘 반영하는 것은 5년 이동평균보다 3년 이동평균이라는 것을 알 수 있다.

이것으로 보아 추세를 잘 반영하기 위해서는 구간을 정하는 것이 중요함을 알 수 있다. 또한, 이동평균법은 주식 등의 예측시 사용될 수 있다.

(2) 수질

아시아의 많은 나라에서는 과도하게 지하수를 취수하여 사용하고 있어 전반적으로 지하수의 수위가 낮아지고 있으며, 이로 인하여 하천이 바다와 만나는 하류부근에서 지하수위보다 해수면이 높아지게 되어 해수의 염분이 육지로 침투하는 현상이 발생하게 된다. 인도, 중국, 방글라데시의 경우, 과도한 지하수 취수와 더불어 기후변화의 직접적인 결과인 해수면 상승으로 인하여 해안지역을 중심으로 지하수뿐만 아니라 지표수자원(surface water resources)의 염분농도가 진해지고 있다. 더군다나 가뭄으로 인한 유역 내 수자원의 절대적 부족으로 인하여 이러한 염분 문제는 더욱 심각해지게 되고 지표수와 지하수의 수질도 악화시키고 있다.

(3) 가뭄과 홍수

중국의 북서부지역과 같이 아시아의 북쪽에 위치한 지역은 지구온난화가 눈과 빙하를 녹여 갑작스런 하천 수량의 증가를 야기할 수 있는데, 이는 홍수 발생가능성의 증가를 의미하게 된다. 지표면의 온도증가는 빙하와 동토대에 영향을 미치게 되어 홍수나 토석류의 발생을 증가시키고 가뭄의 발생가능성을 크게 할 수 있다. 일반적으로 계절에 따라 눈이 쌓이게 되는 고산지역의 경우, 봄철 이전에 눈이 녹게 됨으로써 절대적인 눈의 양이 감소하게 되어 봄철 가뭄을 야기하게 된다.

인류가 살아가기 위해서 일정정도의 물을 사용하게 된다. 이러한 물은 대부분 강우로부터 얻어지게 된다. 그러나 기후변화로 인하여 강우의 양과 패턴이 변하고 있으며, 기후변화의 영향은 지역적으로 매우 다른 양상으로 나타나게 된다. 여름철 집중호우의 증가는 홍수를 야기하게 됨은 물론이고 상당량의 강우를 바다로 내보내기 때문에 수자원 관리가 더욱 어려워지게 되어 가뭄에 대한 취약성도 증가하게 된다. 이렇듯 기후변화는 지역에 따라 다소 차이를 보이기는 하나 전반적으로 홍수와 가뭄을 증가시키게 되어 수자원을 관리하는데 있어 불확실성과 잠재적 위험성을 증가시키게 된다.

15.2.2 기후변화가 농업 및 식량에 미치는 영향

최근의 연구에 따르면 기후변화로 인하여 금세기말 아시아 지역의 잠재적 곡물생산량이 심각하게 줄어들 것으로 예측하였다. 그러나 감소되는 쌀, 밀, 옥수수 등의 예측량은 사용된 기후변화 시나리오와 모형에 따라 지역별로 다르게 나타난다. 영국에서 개발된 기후모형인 HadCM2모형의 경우, 동아시아와 동남아시아에서는 곡물 생산량이 20% 이상 증가하는 반면에 중앙아시아와 남아시아에서는 이산화탄소 증가에 따른 긍정적인 영향을 직접적으로 고려한다 하더라도 30% 이상 곡물생산량이 감소할 것으로 예측하였다. 또한 이산화탄소 증가에 따른 생산성 증가, 온도, 물 부족을 종합적으로 고려한 결과 아시아 지역에서 21세기 말 쌀의 생산량은 3.8% 감소하는 것으로 나타났다. 방글라데시에서는 2050년에 쌀의 경우, 8%가 감소하고 밀의 경우, 32%가 감소하는 것으로 예측되었다. 앞으로도 인류가 주로 화석연료를 사용한다는 가정의 시나리오인 A1FI(온난화 정도가 가장 심한 시나리오)를 고려하면 아시아에서는 지역별로 2020년대에는 2.5∼10%, 2050년대에는 5∼50% 정도가 감소할 것으로 예측되었다.

15.2.3 기후변화가 생태계와 종의 다양성에 미치는 영향

아시아 전체종의 50% 이상이 기후변화로 인하여 위협을 받고 있다. 아시아북부지역의 아한대 산림대가 점차 북상하고 있고 툰드라(tundra)지대를 대신하여 타이가(taiga)지대가 증가하고 있다. 툰드라지대의 이동은 극지사막의 면적감소를 초래하게 될 것이다. 다양한 종의 수많은 개체가 기후변화와 서식지 파편화(habitate fragmentation)로 인하여 사라질 것이다. 2CO_2 상황에서 모의한 결과 중국은 105∼1,522종의 식물종과 133∼2,835종의 척추동물이 인도-부르마지역은 133∼2,835종의 식물종과 10∼213종의 척추동물이 멸종하는 것으로 예측되었다. 반면에 중국의 북동쪽의 경우, 기후변화로 인한 산림 내 생태시스템의 생산성에 대한 공간분포는 크게 변화가 없는 것으로 나타났다.

한반도의 경우, 한반도에 넓게 분포되어 있는 소나무의 분포지역이 북상하면서 전반적으로 20∼35% 감소하는 것으로 나타났다. 일본 온대림의 대표수종인 너도밤나무 역시 금세기 말에는 사라지게 될 것으로 예상되었다. 식물의 생산성을 증가시키기 위해서는 대기 중의 이산화탄소 농도 이외에도 대기 중의 대기나 토양속의 질소도 영향을 미치기 때문에 이산화탄소의 농도가 증가한다고 하더라도 전체적인 식물의 생산성 향상에는 큰 영향을 미치지 못한다. 따라서 기후변화가 산림에 미치는 영향은 전반적으로 부정적이라고 할 수 있다.

지난 20여 년 동안 남동아시아 지역의 산불의 발생횟수와 전파범위가 증가하고 있는 것을 알 수 있다. 이는 기후변화로 인한 기온상승 및 강우량의 부족과 함께 토지이용의 증가가 원인이 된다. 이러한 산불은 앞으로도 증가하는 기온과 강수의 패턴변화로 인하여 지속될 가능성이 매우 크다. 물론 이러한 분석이 상당한 불확실성을 가지고 있는 것도 사실이다. 그러나 중요한 것은 온도의 증가가 산불의 발생과 확산에 영향을 미치고 있다는 것이다.

15.2.4 기후변화가 보건에 미치는 영향

기후변화는 인류의 건강에도 상당한 위협을 주게 된다. 이미 동남아시아의 많은 나라에서는 기후변화가 설사와 영양실조와 같은 질병에 영향을 미치고 있으며, 이러한 영향은 앞으로 더욱 증가하게 될 것이다. 인도와 중국의 경우, 댕기열에 노출되는 인구수가 점차 증가하고 있다는 분석결과도 있으며, 높은 기온의 영향으로 인하여 사망에 이르게 되는 인구가 상당수 증가할 것으로 예측되고 있다. 이외에도 도시의 대기오염과 기후의 변동성 증가로 인하여 인류의 건강이 광범위하게 위협을 받고 있다는 증거가 상당수 존재한다. 새롭게 산업발전을 이룩하고 있는 아시아의 국가들 역시 도시지역의 공기가 악화되고 있어 도시지역의 고온과 스모그가 문제가 될 것이다. 스모그는 심혈관계 질환과 호흡기 질환을 유발할 수 있다. 일본도 여름철 온도상승으로 인하여 향나무 꽃가루로 인한 환자가 증가한 사례도 있다. 러시아에서는 여름철 온도상승이 대뇌허혈(Cerebral ischemia)과 뇌경색(Cerebral infraction)의 중요한 요인 중 하나라는 연구결과가 보고된 바 있다. 또한 기후변화에 의해서 말라리아, 주열흡충병(schistosomiasis), 댕기열 그리고 기타 바이러스성 질병이 증가하게 됨으로써 인류의 안전을 위협할 것으로 예상되어 이에 대한 대비가 필요하다.

15.3 기후변화가 수자원에 미치는 영향평가기법

기후변화가 미치는 영향을 평가하기 위해서 IPCC(기후변화에 관한 정부간 패널, Intergovernmental Panel on Climate Change)에서는 1990년 1차 보고서를 시작으로 5~6년마다 한 번씩 기후변화에 대한 보고서를 발간하고 있다. 이러한 보고서들 외에도 세계의 여러 국가들은 다양한 기후변화 영향평가 기법들을 토대로 자국 내에서 발생하는 기후변화의 영향을 평가하고자 부단한 노력을 기울이고 있다.

일반적으로 기후가 수자원에 미치는 영향을 평가하기 위해서는 강우자료, 토지이용도, 토지피복도, 유출량, 식생분포, 수공구조물에 대한 정보 등이 필요로 하게 된다. 기후변화가 수자원에 미치는 영향을 평가할 경우에도 미래상황에서의 동일한 자료를 필요로 하게 된다(〈그림 15.2〉).

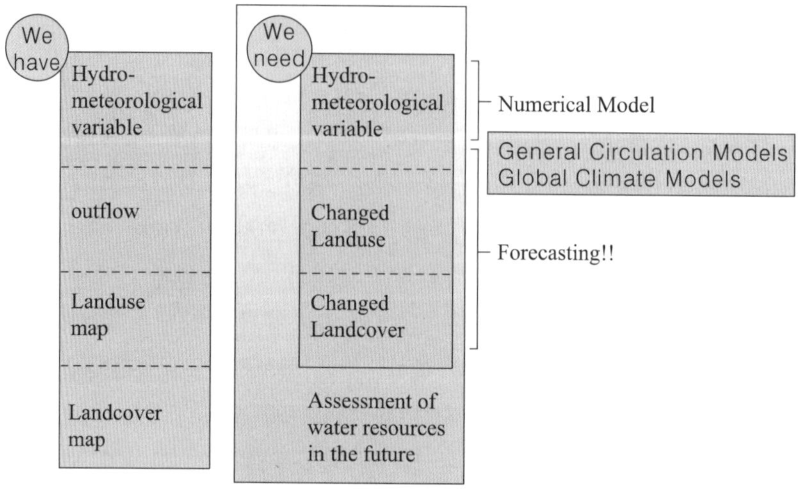

〈그림 15.2〉 기후변화가 수자원에 미치는 영향평가 시 필요한 요소

기후변화가 고려된 미래의 수자원을 평가하는데 있어서 가장 큰 영향을 미치는 것이 강우를 포함한 기상변수이다. 따라서 이러한 기상변수를 예측하는 것이 무엇보다 중요하다고 하겠다. 이때 일반적으로 사용되는 것이 GCM이다. 일반적으로 GCM은 전구기후모형(Global Climate Model)과 대기순환모형(General Circulation Model)을 전반적으로 일컫는 말이다. 이러한 GCM은 미래의 경제, 인구 등을 가정하는 기후변화 시나리오를 기반으로 미래의 기후를 복잡한 수치계산에 의해서 격자 단위로 모의한다. 그러나 격자단위로 제시되는 GCM은 경우에 따라서는 격자 하나의 크기가 300∼500km 정도로 한반도가 4개 또는 9개의 격자로 둘러싸이게 된다. 따라서 기후모형의 결과를 수자원 분야에 활용하기 위해서는 유역 내지는 지점단위로 격자단위 자료를 축소할 수 있는 시공간적 축소기법이 필요로 하게 된다. 기후변화관련 연구에서 말하는 시나리오, 기후모형, 축소기법에 대한 내용을 정리하면 다음과 같다.

15.3.1 기후변화 시나리오

IPCC의 정보공급센터(DDC, Data Distribution Center)를 통해서 기후에 대한 관측자료와 기후변화 모형의 결과, 기후변화모형에서 시나리오를 결정하는데 사용되는 사회·경제적 가정에 대한 정보 등을 제공하고 있다. 이중 미래에 해당하는 사회·경제적 가정을 기후변화 시나리오라고 부르고 있다. 이러한 시나리오는 IPCC 1차 보고서(First Assessment Report, FAR)서 제시한 SA90(Scientific Assessment 1990)에서 시작하여 현재는 SRES (Special Report on Emission Scenarios) 시나리오를 사용하고 있으며, 2013년에서는 5차 보고서(Fifth Assessment Report, AR5)와 함께 RCPs(Representative Concentration Pathways) 시나리오를 제공할 계획을 가지고 있다.

2차 보고서에서는 1992년에 IS92a부터 IS92f까지 총 6개의 시나리오를 제시하였으며, 당시까지 채택된 기후관련 정책을 제외하고는 다른 향후 정책에 대한 고려 없이 미래의 온실가스 배출에 대한 영향만을 가정하였다. 따라서 IS92 시나리오는 사회, 경제, 환경적 상황에 따라서 결과가 상당히 다양하게 모의되었기 때문에 미래의 온실가스 배출범위 또한 매우 다양하게 나타나게 된다. IS92를 위한 이러한 가정들은 국제기구나 전문가들에 의해서 예측된 미래 시나리오로 광범위한 검토의 대상이었다. IS92 시나리오 중 IS92a, IS92b 시나리오는 1990년도에 발간된 IPCC 1차 보고서에서 사용한 SA90 시나리오를 기반으로 개선된 시나리오이다. 특히 IS92a는 제시된 6개의 시나리오 중에서 가장 대표적으로 사용되었던 시나리오로서 당시 주로 사용하던 연료와 미래의 신재생에너지를 동시에 사용한다는 가정 하에 2100년까지 인구가 113억 명이 되고, 1990년부터 2100년까지 연간 2.3%의 경제성장을 고려한 시나리오이다. 또한 가장온실가스를 많이 배출하는 시나리오인 IS92e는 다른 가정은 동일한데 반해서 적정한 인구증가와 화석연료에 대한 높은 의존도 그리고 핵 발전이 점차 줄어들게 될 것이라고 가정하고 있다. 이외에도 IS92c의 경우, 종국에는 1990년대 이전의 온실가스 방출량 이하로 떨어진다는 시나리오로 인구의 경우 초반에는 증가하나 21세기 중반부터 감소하게 되고, 경제성장도 둔화되고 화석연료가 과다 공급되게 된다는 시나리오이다. 각각의 IS92 시나리오에 해당하는 이산화탄소 배출량은 〈그림 15.3〉과 같다.

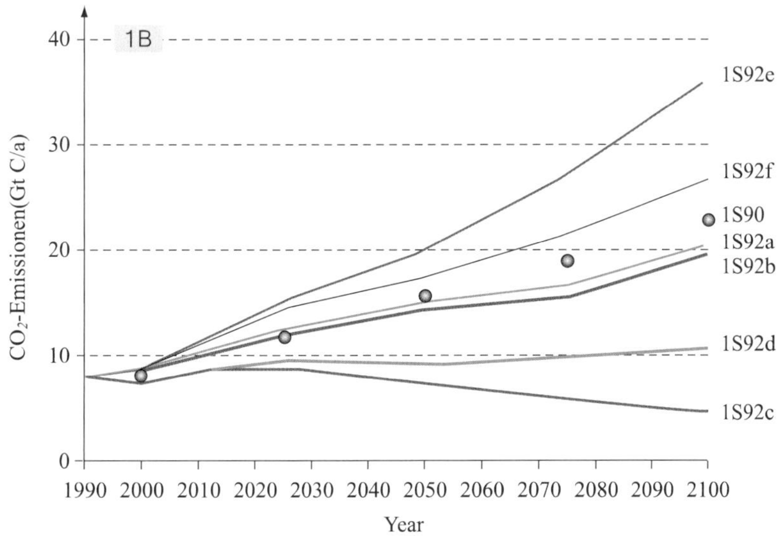

〈그림 15.3〉 IS92 시나리오의 이산화탄소 배출량(Girod and Flüeler, 2009)

2001년 발간된 IPCC 3차 보고서(Third Assessment Report, TAR)에서는 2000년에 제시된 SRES(Special Report on Emissions Scenarios)를 사용하였다. SRES는 미래의 온실가스와 에어로졸 방출에 따른 미래의 다양한 지구환경을 대변하는 시나리오를 포함하고 있으며, 다음 〈표 15.1〉과 같은 용어를 사용하여 정의하고 있다.

〈표 15.1〉 SRES 관련 용어

용 어	설 명
Storyline	시나리오에 대한 설명으로 "a family of scenarios"라고도 한다. 시나리오의 주된 특성에 대한 설명과 시나리오에 영향을 주는 주요 요소들 간의 관계에 대한 설명을 나타냄.
Scenario	Storyline에 기반한 명확한 논리로부터 기후변화에 따른 미래의 잠재적 영향에 대한 예측을 의미함.
Scenario family	하나 또는 하나 이상의 시나리오 집단으로 각각의 집단은 유사한 인구, 정치-사회, 경제, 기술을 가정하고 있음.

SRES 시나리오는 〈그림 15.4〉와 같은 storylines을 가지고 있고, A1, A2, B1, 그리고 B2로 나누어 각각 21세기 전 지구를 대상으로 기후변화에 영향을 주는 사회경제적 요소와 온실가스 등 에어로졸 배출에 대한 관계를 설명하고 있으며, 각각의 storylines은 각기 다른 사회경제적 요소를 가지고 있다.

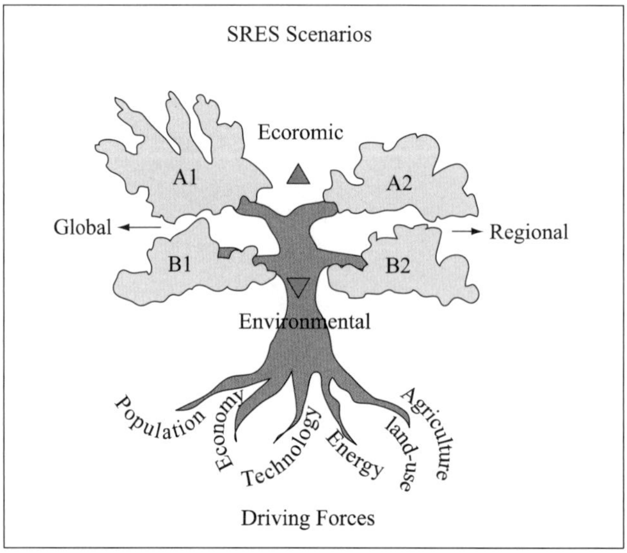

〈그림 15.4〉 SRES stroyline (http://www.ipcc-data.org)

A1 storyline and scenario family : 매우 빠른 경제 성장을 전제로 21세기 중반에 인구가 최고조에 달한 후, 감소하게 되는 것을 가정하고 있으며, 자원의 효율을 높이기 위한 신기술이 매우 빠르게 개발되는 미래사회를 가정한 시나리오

A2 storyline and scenario family : 국가 간에 상당한 차이를 보이며 세계의 인구는 지속적으로 증가하게 되고 지역 간의 경제성장에 대한 불균형이 가장 심한 시나리오.

B1 storyline and scenario family : A1 시나리오와 동일하게 세계의 인구는 21세기 중반에 점차 수렴하게 되고, 서비스와 정보 중심의 산업구조를 가지게 되는 시나리오로써 화석연료의 사용이 줄어들고 새로운 친환경 내지는 재생에너지에 대한 기술이 개발된다는 가정의 시나리오

B2 storyline and scenario family : 기후변화에 따른 경제, 사회, 환경적 문제를 지역적으로 해결하는 사회로 지속적인 인구증가와 중간정도의 경제 성장을 가정하고 있는 시나리오

4개의 기본적인 storyline을 결정한 후 신뢰성 있는 미래의 인구, 경제, 사회에 대한 데이터를 활용하여 통합평가모형(Integrated Assessment Model)에 적용하여 총 40개의 시나리오가 개발되었다. 이중 검증을 거쳐 A2, B1, B2 storyline에는 오직 하나의 시나리오만 결정되었고 A1 시나리오만 A1FI(화석연료의 주된 사용), A1T(비화석연료의 주된 사용), A1B(에너지 자원의 효율적사용)의 scenario family를 가지게 되었다. 〈그림 15.5〉는 SRES 시나리오의 이산화탄소 배출량을 보여준다.

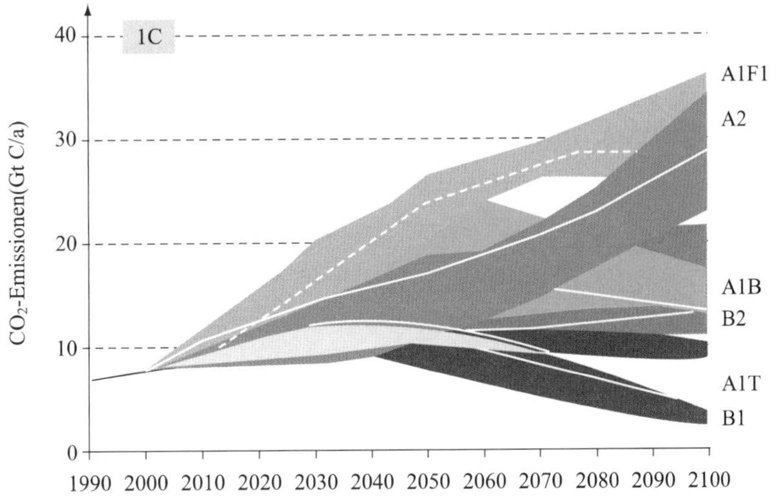

〈그림 15.5〉 SRES 시나리오의 이산화탄소 배출량(Girod and Flüeler, 2009)

2007년 4차 보고서(Fourth Annual Report, AR4)에서는 SRES 시나리오와 함께 다음과 같은 다양한 시나리오를 제시하였다. IPCC는 4차 보고서와 함께 새로운 시나리오들을 제시하고 각각의 시나리오를 대상으로 국가별 연구소들은 기후모형을 개발하여 DDC를 통해서 제공하고 있다. 이 중 COMMIT 시나리오는 가장 이상적인 시나리오로서 장기간 지속되는 온실가스가 대기에 미치는 영향이 AD2000 수준으로 고정되는 시나리오이다. PIcntrl 시나리오는 온실가스의 농도가 산업혁명 이전의 수준으로 꾸준하게 유지된다는 가정 하에서 모의된 시나리오로서 기간은 1850.1.1～1999.12.31이다. 20C3M 시나리오는 지난 20세기를 통해서 관측된 온실가스의 증가량을 고려해서 모의를 진행한 시나리오로서 일반적인 모의기간은 1850.1.1～1999.12.31이다. A2 시나리오는 지역적 다양성이 중요시되는 시나리오로서 지역적으로 발생하는 문제는 지역의 문화나 사회적 특성을 고려해서 해결하고자 하며, 무엇보다 자국민의 이익이나 해당지역의 전통이 중요시되는 시나리오이다. 인구 성장률은 매우 크다고 가정하는 반면에 급속한 경제발전은 크게 고려하지 않는다. 모의기간은 일반적으로 2000.1.1～2099.12.31이다. A1B 시나리오는 급속한 경제성장을 기반으로 한 시나리오이다. 인구의 증가율은 낮은(low) 단계로 가정하고 새롭고 효율적인 기술이 빠르게 개발된다고 가정하는 시나리오이다. 주되게 고려되는 사항은 국가 간의 경제 및 문화적 차이가 수렴하고 국가 간 일인당 소득의 격차가 상당히 줄어든다는 가정 하에 모의되는 시나리오로서 사람들은 환경적 가치보다는 개개인의 이득을 추구하게 된다. B1 시나리오는 A1계열의 시나리오들과 마찬가지로 인구 증가율은 낮은 단계로 수렴한다고 가정하고 있다. B1 시나리오의 경우, 세계의 경제구조가 서비스와 정보 경제 중심으로 급속하게 변화하는 사회를 의미하며 청정기술과 자원의 효율성을 높이기 위한 기술이 다양하게 소개되는 세계를 가정하여 묘사하고 있다. 1%2X 시나리오는 산업혁명 이전을 기준으로 매년 1%씩 증가한다는 가정 하에 이산화탄소가 2배가 되는 시점까지 증가하고 그 이후로는 온실가스의 양이 일정하게 유지된다는 시나리오를 말한다. 1%4X 시나리오는 산업혁명 이전을 기준으로 매년 1%씩 증가한다는 가정 하에, 이산화탄소가 4배가 되는 시점까지 증가하고 그 이후로는 온실가스의 양이 일정하게 유지된다는 시나리오를 말한다. 앞에서 설명한 시나리오들을 기간에 따라서 정리하면 다음 〈그림 15.6〉과 같고, 또한 각각의 시나리오에 해당하는 사회경제적 요소들의 정량적인 값들을 〈표 15.2〉에 정리하였다.

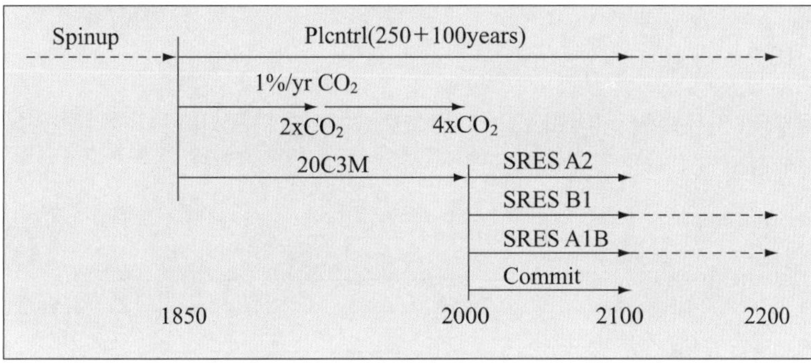

〈그림 15.6〉 AR4 시나리오의 시간적 범위

〈표 15.2〉 AR4 SRES 시나리오에서 가정하는 사회경제적 지표(IPCC, 2007)

Emissions Scenario	Global population (billions)	Global GDP 10^{12}US$\$a^{-1}$	Per capita income ratio	CO_2 concentration (ppm)	Global ∇T (℃)	Global sea level rise (cm)
1990	5.3	21	16.1	354	0	0
2000	6.1～6.2	25～28	12.3～14.2	367	0.2	2
2050						
SRES A1B	8.7	181	2.8	536	1.6	17
SRES A2	11.3	82	6.6	536	1.4	16
SRES B1	8.7	136	3.6	491	1.2	15
2100						
SRES A1B	7.1	529	1.6	711	2.9	39
SRES A2	15.1	243	4.2	857	3.8	42
SRES B1	7.0	328	1.8	538	2.0	31

SRES 시나리오는 이산화탄소 농도를 각각의 시나리오별로 규제하고 있으며, AR4 시나리오에 포함된 SRES 시나리오의 이산화탄소 안정화 시나리오는 〈표 15.3〉과 같다. A2 시나리오를 최악의 시나리오라고 하는 이유는 기본적으로 A2 시나리오에서 가정이 되는 온실가스의 농도가 안정화되지 않고 지속적으로 증가하기 때문이다.

〈표 15.3〉 AR4 SRES 시나리오의 온실가스 안정화 시나리오(IPCC, 2007)

SRES illustration	Description of emission	Surrogated stabillisation scenario
A1B	Intermidiate case	750ppm
A2	High case	Dose not stabilise
B1	Low end of SRES range	550ppm

예제 15.2

〈표 15.2〉로부터 가로축의 시나리오와 세로축의 해수면 온도상승을 시나리오별로 도시하고 비교 설명하라.

풀이

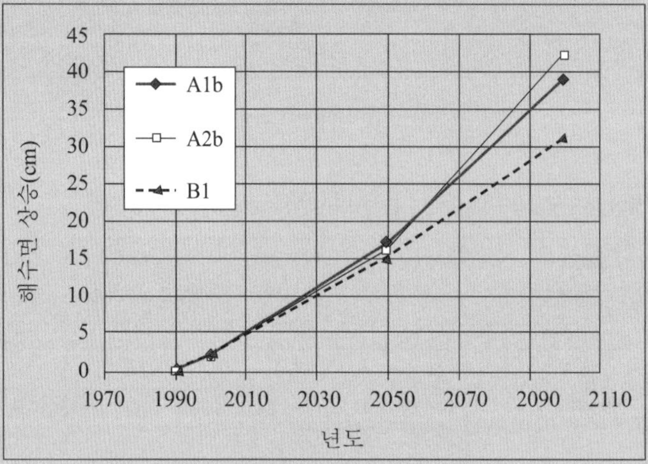

2050년까지는 A1b 시나리오에 의한 해수면 상승이 17cm로 가장 높았으나 2100년에는 A2 시나리오가 42cm로 가장 높은 것을 알 수 있다. 이는 A1b 시나리오의 경우, 2050년 이후로 이산화탄소 배출이 안정화되는 시나리오를 기반으로 하고 있기 때문이다.

15.3.2 기후모형

인간에 의한 지구온난화에 잠재적 영향을 평가하는데 일반적으로 사용되는 기후모형은 전구기후모형인 GCM(Global Climate Model)이다. 따라서 기후모형이 무엇이며, 기후모형이 어떻게 모의가 되고 한계가 무엇인지에 대해서 이해하는 것이 중요하다. 기후모형은 수학적 방정식을 기반으로 작성된 컴퓨터 프로그램이다. 이러한 방정식들은 태양에 의해서 가열되어 지표면과 대기에 반응하는 대기의 온도, 기압, 바람, 증기, 구름, 강수 등을 정량적으로 산정하는데 사용된다. 또한 대기 중의 온실가스요소(수증기, 구름, 이산화탄소, 메탄)가 지표면에서 가까운 대기의 온도를 얼마나 따뜻하게 유지해 줄 수 있는지에 대한 방정식을 포함하고 있다. 이러한 방정식의 해는 〈그림 15.7〉과 같이 지구 전체를 3차원의 개별적 격자로 구성하여 산정된다.

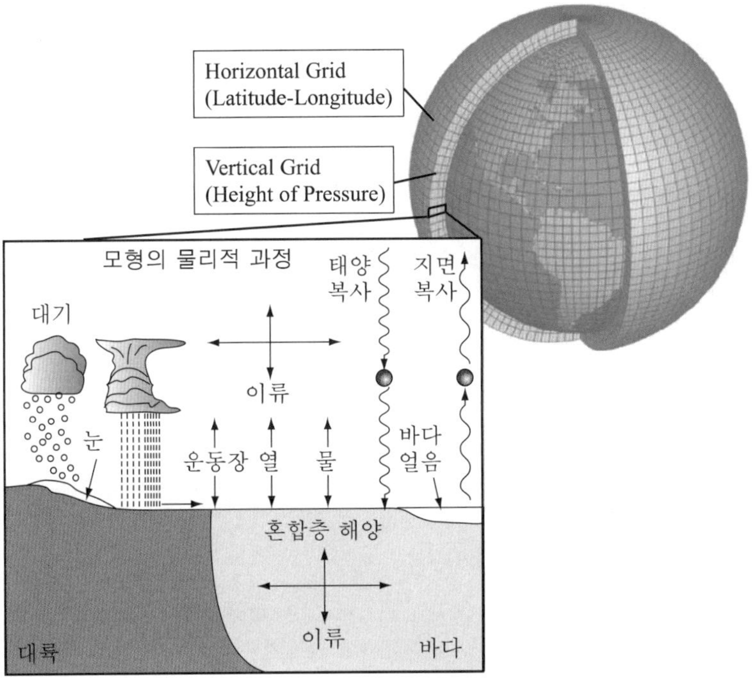

〈그림 15.7〉 기후모형의 구조(Sperneer, 2009)

가장 많이 사용되고 있는 접합기후모형(Coupled climate model)은 3차원 해양순환을 표현할 수 있는 방정식을 포함하고 있다. 즉, 지구로 흡수된 태양에너지에 대한 이동과 대기 중의 열과 수증기 사이의 교환 과정을 수식으로 표현하고 있다. 최근의 접합기후모형은 지표면의 토양, 식생, 눈, 얼음층과 대기사이의 에너지 및 수증기의 교환에 대한 고려가 가능하다. 〈그림 15.8〉은 GCM 중 하나인 NCAR(National Center for Atmospheric Research)의 CCSM의 모의 과정을 보여준다.

기후모형은 지구에 흡수되는 태양빛의 작은 변화에 지구의 기후가 어떻게 반응하는지에 대한 연구나 인간에 의한 지구온난화의 영향을 분석하고, 평가하는데 주로 사용된다. 태양에너지와 기후시스템 외부의 열에너지로부터 발생하는 복사에너지의 흐름에 의해서 장기간의 기후시스템의 평균온도를 컨트롤하게 된다. 만약 두 복사에너지의 흐름이 균형을 이루게 되면, 기후시스템의 온도는 일정하게 유지되나 균형이 깨지게 되어 기후시스템의 온도도 변화하게 된다. 이러한 에너지균형에 대한 기본개념이 어렵게 보일지 모르나 일상생활에서 항상 접하고 있는 현상이다. 예를 들어, 주전자에 물을 끓인다고 하면 외부에서 주전자 내부로 공급되는 열이 주전자 주변의 온도에 의해서 냉각되는 정도보다 크게 될 경우,

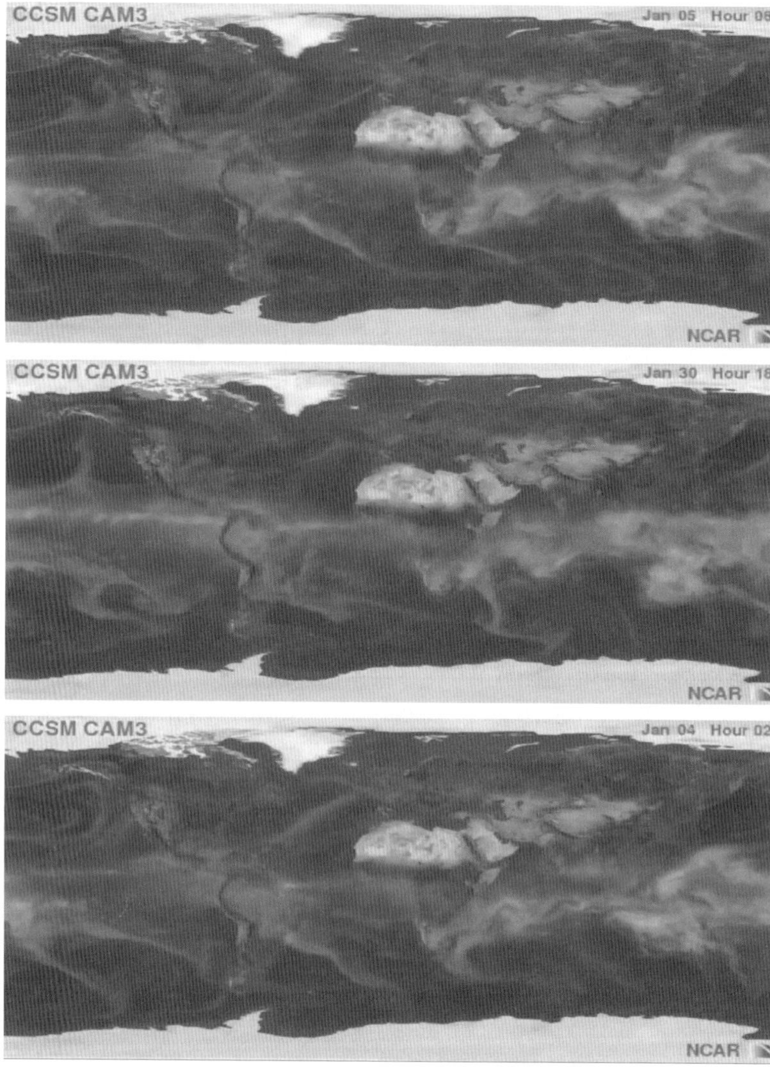

〈그림 15.8〉 GCM의 모의과정 개념도(NCAR, CCSM)

주전자 내부의 온도는 올라가다가 평형에 도달한 후, 열이 계속 공급된다면 내부의 온도가 지속적으로 올라가 물이 끓게 된다. 이와 유사하게 겨울철 자동차를 출발하자마자 음지에서 양지로 나오게 될 경우, 태양에 의해서 자동차 내부로 공급되는 열로 자동차 내부의 온도가 평형에 도달하게 될 때까지 자동차 내부의 온도는 증가하게 되고, 이후에도 태양열에 의해서 자동차의 내부 온도가 일정정도 올라가게 될 것이다. 같은 원리로 인해서 태양에 의한 지구내부의 온도와 외부의 온도와의 차이가 생겼을 경우에 지구의 평균온도는 변화하게 된다. 지구가 평균적으로 235watt/m^{2}의 열을 흡수하고 240watt/m^{2}의 열을 외부로 잃는다고 가정하면 기후모형에서는 더 많은 태양에너지를 흡수하는 동시에 외부로 빼기는 열을 감소시킴으로써 지구의 열평형에 근접하려고 조정하게 된다. 이러한 과정을 모형화하였을 때 모형이 실제 지구의 기후시스템을 합리적으로 반영한다고 했을 경우, 모형은 미래의 지구온난화를 모의할 수 있다고 여겨지게 된다. 이때 중요한 것은 기후모형이 지구 기후시스템을 95% 정도로 정확하게 묘사할 수 있도록 구성되었다고 하더라도 모형의 예측 정확도가 95%를 의미하는 것은 아니다. 왜냐하면 모형이 단지 중요한 하나의 순환과정을 잘못 묘사할 경우 심각한 오류가 발생할 수 있기 때문이다. 실제로 모형이 구름층(cloud cover)을 어떻게 해석하느냐에 따라서 지구의 기후에 심각한 문제를 발생시킬 수도 있고, 자연적 변동으로 간주되어 무시될 수도 있다.

기후모형에서 가장 큰 불확실성 요인은 기후시스템에서 이산화탄소에 의한 온난화의 영향을 어떻게 반영할 것인가이다. 기후모형 뿐만 아니라 실제의 기후시스템에서도 이산화탄소 증가에 따른 지구의 에너지 불균형을 복구하는데 서로 다른 방법이 존재한다. 온도 측면에서 가장 쉬운 방법은 온도의 증가이다. 예를 들면, 대기 중 이산화탄소의 농도가 지난 150년 동안 40%가 증가했고, 결과적으로 온도만 0.5℃시 상승시켰다고 이론적으로 쉽게 계산할 수 있다. 이러한 계산에서는 온도 외에 다른 요소가 고려가 되지 않았기 때문에 되먹임(feedback)이 고려되지 않는다. 그러나 기온의 변화는 구름, 수증기와 같은 기후시스템의 다른 요소들에게도 영향을 미칠 수 있으며 이러한 영향은 다시 기온에 영향을 주게 된다. 이러한 상호관의 영향관계를 고려하는 방법을 되먹임(feedback)방법이라고 한다. 되먹임 방법은 이산화탄소에 의한 온도상승영향을 증가시키기도 하고 감소시키기도 하게 된다. 일반적으로 온도상승 정도를 증가시키는 경우는 주요 온실가스 중 하나인 수증기의 양을 증가시키거나 중-저 고도의 구름의 양을 감소시키기 때문이며, 가장 크게는 더 많은 태양열을 기후시스템에 공급하게 만들기 때문이다.

현재까지도 기후모형을 개선하기 위한 많은 노력이 있었다는 것은 의심의 여지가 없다. 그러나 그러한 노력이 기후모형을 통해서 지금으로부터 20년, 50년, 100년 후를 명확하게 예측할 수 있다는 것을 의미하는 것은 아니다. 엄밀히 말하면 기후변화를 연구하는 사람이나 정책을 결정하는 사람들은 현재까지 개발된 가능한 모든 방법을 고려해서 제시된 미래의 기후모의 결과를 신뢰해야 한다는 것이며, 이를 통해서 미래를 예측하는 기술이 더욱더 발전을 할 수 있기 때문이다. 개발된 모형을 평가하는데 있어서 가장 좋은 지표는 실제의 현상과 비교하는 것이다. 그러나 불행하게도 기후모형의 경우, 결과를 국지적으로 비교하거나 검증하기 위한 방안이 없다. 따라서 현재까지 제시된 기후모형을 적극 활용하여 문제점을 보완하여 기후모형이 가지고 있는 불확실성을 줄이는 것이 중요하다고 하겠다.

현재는 IPCC 4차 보고서와 함께 제시된 AR4 시나리오 기반의 모형들을 포함해서 2차,

3차 보고서에서 제시된 시나리오들을 PCMDI(Program for Climate Model Diagnosis and Intercomparison)로부터 지원을 받아 월 단위로 제공하고 있다. 실제로 IPCC 4차 보고서에서는 AR4 시나리오를 사용하지 않았으며, 제시된 AR4 시나리오는 향후에 작성될 보고서에 사용되는 것이 일반적이다. 2007년에 AR4 시나리오를 제시한 국가로는 중국, 노르웨이, 캐나다, 호주, 독일, 한국, 미국, 러시아, 프랑스, 일본, 영국, 이탈리아가 있으며, 각각의 국가별로 1∼3개의 연구소에서 월 단위 GCM을 DDC를 통해서 제공하고 있다(〈표 15.4〉).

〈표 15.4〉 국가별 기후변화 모형(AR4 시나리오)

Center	Center Acronym	Model
Beijing Climate Center , China	BCC	CM1
Bjerknes Centre for Climate Research , Norway	BCCR	BCM2.0
Canadian Center for Climate Modelling and Analysis, Canada	CCCma	CGCM3(T47 solution)
		CGCM3(T63 solution)
Centre National de Recherches Meteorologiques, France	CNRM	CM3
Australia's Commonwealth Scientific and Industrial Research Organisation, Australia	CSIRO	Mk3.0
Max-Planck-Institut for Meteorology, Germany	MPI-M	ECHAM5-OM
Meteorological Institute, University of Bonn, Germany Meteorological Research Institute of KMA, Korea Model and Data Groupe at MPI-M, Germany	MIUB METRI M&D	ECHO-G
Institude of Atmospheric Physics, China	LASG	FGOALS-g1.0
Geophysical Fluid Dynamics Laboratory, USA	GFDL	CM2.0
		CM2.1
Goddard Institute for Space Studies, USA	GISS	AOM
		E-H
		E-R
Institute for Numerical Mathematics, Russia	INM	CM3.0
Institut Pierre Simon Laplace, France	IPSL	CM4
National Institute for Environmental Studies, Japan	NIES	MIROC3.2 hires
		MIROC3.2 medres
Meteorological Research Institute, Japan	MRI	CGCM2.3.2
National Centre for Atmospheric Research, USA	NCAR	PCM
		CCSM3
UK Met. Office, UK	UKMO	HadCM3
		HadGEM1
National Institute of Geophysics and Volcanology, Italy	INGV	SXG 2005

예제 15.3

다음은 프랑스 국립기상연구소에서 개발한 CNCM3모형으로부터 제시된 1979～1980년까지 인천지점의 월 강수량자료와 동일기간에 인천관측소에서 관측된 월 강수량자료를 보여준다. 각각에 대한 평균, 표준편차, 왜곡도를 비교하라.

년/월	인천관측소	CNCM3	년/월	인천관측소	CNCM3
1979년1월	10.6	15.1	1980년1월	29.9	13.4
1979년2월	39	14.4	1980년2월	4.4	56.0
1979년3월	57.4	41.0	1980년3월	31.4	25.5
1979년4월	112.6	36.6	1980년4월	168.5	56.2
1979년5월	78.5	83.1	1980년5월	76.1	83.1
1979년6월	266.5	131.6	1980년6월	128.1	121.2
1979년7월	183.9	104.0	1980년7월	213.3	133.7
1979년8월	249.3	194.1	1980년8월	238.9	262.4
1979년9월	28.8	75.4	1980년9월	75.9	167.8
1979년10월	17.7	65.3	1980년10월	43.5	66.2
1979년11월	17.2	63.2	1980년11월	12.6	44.1
1979년12월	28.5	14.6	1980년12월	35.6	24.3

풀이

평균, 표준편차, 왜곡도를 구하는 방법은 아래의 식과 같다.

$$\text{평균}: \bar{x} = \frac{1}{n}\sum_{i=1}^{n} x_i$$

$$\text{표준편차}: s = \left[\frac{1}{n-1}\sum_{i=1}^{n}(x_i - \bar{x})^2\right]^{1/2}$$

$$\text{왜곡도계수}: C_s = \frac{n\sum_{i=1}^{n}(x_i - \bar{x})^3}{(n-1)(n-2)\,s^3}$$

(여기서, n = 자료의 총 개수, i = 각 월에 대한 온도)

	인천관측소	CNCM3
평 균	89.51	78.85
표준편차	84.67	63.13
왜 곡 도	0.99	1.36

평균값을 비교해 보면 모형(CNCM3)값이 실측(인천관측소)값보다 작게 추정되어 있으나, 표준편차를 비교해보면 각 평균값을 기준으로 한 폭은 실측(인천관측소)값이 더 크다는 사실을 알 수 있다. 이는 CNCM3모형이 값이 관측값에 비해서 과소 추정되고 평균주변에 많은 값들이 분포하게 됨을 의미한다. 이는 전형적인 기후모형의 특징으로 기후모형에 의해서 극한 값을 생성하는

것이 어렵기 때문에 생기는 결과이다. 이외에도 왜곡도계수(C_s)는 인천관측소 및 CNCM3 모두 양의 방향으로 왜곡됨을 알 수 있다(제2장 참고).

15.3.3 축소기법

기후변화가 수자원에 미치는 영향을 평가하기 위해서는 전구단위로 모의되는 GCM의 결과를 지점이나 유역단위로 축소하기위한 축소기법이 일반적으로 사용되고 있다. 이러한 축소기법은 크게 동역학적 축소기법(dynamical downscaling)과 통계학적 축소기법(statistical downscaling)으로 나눌 수 있다. 각각의 축소기법의 장·단점은 〈표 15.5〉와 같다.

〈표 15.5〉 축소기법의 장·단점

	통계학적 축소기법	동역학적 축소기법
장점	• 계산이 빠르고 간편함 • GCM으로부터 지점단위 기후변수를 얻을 수 있음 • RCM으로부터 얻을 수 없는 기상변수를 얻을 수 있음 • 다양한 지역을 대상으로 모의할 수 있음 • 통계학적 이론에 근거하고 있음 • 관측치의 직접사용이 가능함	• 물리적 프로세스가 고려됨 • GCM을 경계조건으로 대기 순환 요소를 고려하여 고해상도로 모의가 가능함
단점	• 매개변수 추정을 위해서 비교적 긴 기간의 관측자료가 필요함 • 어떠한 설명변수를 사용하느냐에 따라서 결과가 달라짐 • 기후시스템의 feedbacks이 고려가 안 됨 • GCM을 경계조건으로 사용하기 때문에 GCM의 편의가 수정되지 못함 • 유역의 크기, 지역특성, 계절적 효과가 방법론에 영향을 미치게 됨	• 계산부하가 매우 큼 • 가용한 시나리오가 제한적임 • 경계조건인 GCM결과의 영향력이 매우 큼

(1) 통계학적 축소기법

통계학적 축소기법은 기후모형의 결과와 지상관측소와의 통계적 관계를 이용하여 기후모형으로부터 지점단위의 수문기상자료를 생성해내는 기법으로 크게는 회귀모형을 이용하는 방법, 일기분류법, 일기발생기를 이용한 방법으로 나뉜다.

▪ 회귀모형

통계학적 축소를 위한 회귀 모형(Regression model)의 경우, 일반적으로 전이함수

(Transition function)을 사용하게 된다. 전이함수를 통해서 축소하고자 하는 지역의 기상변수들을 예측변수(Predictand)로 하여 여러개의 설명변수(Predictors)와 관계를 회귀모형 등을 이용하여 정량화해서 사용하게 된다. 회귀모형은 예측변수와 설명변수와의 관계를 가장 간단하게 정량화하는 방법이며, 비선형 예측에 주로 쓰는 인공신경망(ANN, artificial neural network)기법을 이용한 축소기법이 대표적인 회귀모형에 의한 축소기법이라고 할 수 있다.

- 일기분류법

일기분류(Weather typing)기법은 지표의 특정지역에 일정한 기상현상이 발생했을 경우에 대기중의 수문기상변수의 분포를 이용해서 축소하는 기법이다. 예를 들면, 지상에 강우가 발생했을 경우 대기의 기상조건들에 대한 조건부 확률을 관측자료로부터 산정한 후, 기후모형으로부터 나온 미래의 수문기상변수에 기 산정된 조건부 확률을 적용하여 미래의 지상강우를 구하는 과정으로 간단하게 요약될 수 있다.

- 일기발생기

일기발생기(Weather generator)를 이용한 축소기법은 강수가 가지는 지역적 특징을 매개변수로 하여 강우를 다시 생성한다는 관점에서 최근 들어 가장 활발히 활용되고 있는 통계학적 축소기법의 일종이다. 축소기법으로 사용되는 일기발생모형은 지점 관측자료의 통계학적 특성에 근거하여 추계학적으로 발생시키는 방법이다. 이러한 일기발생기는 크게 천이확률과 강수량의 확률밀도함수를 이용하여 강수를 발생시키는 부분과 강수가 발생하였을 때를 조건부로 하여 기타 관심 있는 습도, 온도, 반사도 등을 모의하는 부분으로 나뉘게 된다. 이러한 개념은 Richardson(1981)에서 처음으로 제안되어 “Richardson-type” 으로 불리고 있으며 농업, 수자원, 환경 분야를 포함하여 기후변화관련 분야에서도 매우 활발하게 적용이 되고 있다.

(2) 동역학적 축소기법

동역학적 축소기법으로는 지역기후모형인 RCM(Regional Climate Model)을 대표적인 예로 들 수 있으며, GCM을 경계조건으로 해서 물리적 순환과정을 거쳐 고해상도의 기후 시나리오를 만드는 과정이라고 할 수 있다. 동역학적 축소기법의 경우, 대기의 물리적 특성이 고려된 지형성 강우를 모의하는 것이 가능하나 계산시간이 매우 오래 걸리는 한계점이 있다.

동역학적 축소기법은 앞에서 설명한 기후모형과 동일하게 기상학적 방정식에 의해서 날씨, 기후에 대한 변수와 플럭스를 제공해주는 컴퓨터 프로그램 기반의 수치모형이다. 동역학적 축소모형인 지역기후모형은 우리나라와 같이 복잡한 산악지형으로 이루어져 지역 간의 기후의 편차가 큰 지역을 대상으로 수십 km격자로 비교적 상세히 동역학적으로 모의하기 위하여 개발되었다. RCM의 경우, 어떠한 GCM을 사용하느냐에 따라서 시나리오가 결정되며, RCM 자체적으로는 기후변화 시나리오를 생산하지 못한다. 즉, RCM을 구축하고자 하는 지역을 가장 잘 반영하는 GCM과 시나리오를 선정한 후 선정된 GCM을 경계조건 내지는 초기조건으로 설정하여 GCM 격자 내에서 상세하게 모의하는 것이다.

예제 15.4

다음은 동역학적 축소기법에 의해서 제시된 지역기후모형의 결과 중 인천 지점에 해당하는 온도이다. 현재기간인 1990s(1981∼2010년)과 2020s(2010∼2039년), 2050s(2040∼2069년), 2080s(2070∼2099년)의 월 평균온도의 연최대값의 변화에 대해서 평균, 표준편차, 왜곡도를 산정한 후 현재에 비해서 통계학적으로 어떠한 변화가 있는지에 대해서 논하라.

	1990s	2020s	2050s	2080s		1990s	2020s	2050s	2080s
1	19.9	20.8	20.1	22.2	16	19.5	20.1	20.4	22.8
2	18.8	18.7	20.6	22.8	17	20.4	21.6	22.1	22.5
3	18.1	19.3	20.8	22.4	18	20.0	20.8	20.5	24.6
4	18.5	19.1	20.8	22.3	19	20.4	21.0	21.5	24.0
5	19.6	19.3	22.0	23.2	20	18.1	20.6	22.4	21.7
6	20.0	20.3	21.0	22.7	21	18.9	20.2	21.8	23.5
7	19.7	19.0	21.2	23.0	22	20.3	19.3	21.3	25.0
8	19.6	20.7	21.5	21.7	23	19.9	20.2	21.5	21.9
9	19.2	19.0	20.4	22.1	24	19.0	20.1	21.0	22.1
10	19.1	19.1	22.0	23.4	25	19.1	21.0	22.6	23.7
11	19.0	19.2	21.3	23.4	26	19.8	20.4	22	22.4
12	18.6	20.4	20.4	23.2	27	19.9	19.2	21.5	23.8
13	19.2	20.3	20.8	21.5	28	20.4	20.5	22.1	23.4
14	18.9	20.3	21.7	22.5	29	20.1	20.1	21.8	23.2
15	20.3	20.1	22.2	22.0	30	19.3	21.6	22.7	23.9

풀이

$$\text{평균}: \bar{x} = \frac{1}{n}\sum_{i=1}^{n} x_i$$

$$\text{표준편차}: s = \left[\frac{1}{n-1}\sum_{i=1}^{n}(x_i - \bar{x})^2\right]^{1/2}$$

$$\text{왜곡도계수}: C_s = \frac{n\sum_{i=1}^{n}(x_i - \bar{x})^3}{(n-1)(n-2)\, s^3}$$

(여기서, n=자료의 총 개수, i=각 월에 대한 온도)

	1990s	2020s	2050s	2080s
평 균	19.45	20.08	21.40	22.90
표준편차	0.67	0.79	0.72	0.87
왜 곡 도	−0.33	0.02	−0.03	0.49

미래의 기온은 현재보다 평균 약 3℃ 정도 증가할 것으로 판단된다. 2020s와 2080s의 왜곡도는 '양의 방향으로 왜곡'됨을 알 수 있고, 1990s와 2050s의 왜곡도는 '음의 방향으로 왜곡'됨을 알 수 있다.

15.3.4. 기후변화 영향평가기법

(1) 기후변화가 강우에 미치는 영향평가 기법

기후변화가 수자원 시스템에 가장 크게 영향을 미치는 것이 강수의 양과 패턴의 변화이다. 따라서 이러한 강우의 변화를 예측하는 것은 수자원분야에서 가장 중요하게 연구되고 있는 분야이다. GCM으로부터 제공되는 모의 결과 중 변수명에 강수(Precipitation)가 포함되어있어 강수와 직접적인 관련이 있는 변수로는 "pr"로 표시되는 "total precipitation"과 "prc"로 표현되는 "convective precipitation"이 있다. 이 중 "pr"은 다음과 같이 설명하고 있다. "In accordance with common usage in geophysical disciplines, "flux" implies per unit area, called "flux density" in physics" 즉, 일반적으로 지구물리학에서 단위면적 개념으로 사용되는 플럭스의 의미를 가진 플럭스 밀도의 강수를 의미한다. 또한 "prc"는 "pr" 중 대류성(convective) 강수를 의미한다. 두 변수 모두 단위는 kg/m^2/sec로 우리가 알고 있는 일반적인 강수가 아니다. 따라서 GCM의 결과 중 강수를 사용하게 될 경우에는 주의가 필요하며, 몇몇의 모형에서는 GCM으로부터 강우가 직접 제공되기도 하나 일반적으로는 축소기법을 활용하여 GCM으로부터 유도하여 사용하고 있다.

(2) 기후변화가 유출에 미치는 영향평가 기법

기후변화를 고려한 유출해석은 크게 두 가지로 나눌 수 있다. 하나는 기후를 모의하는 과정에서 지면모형에서 유출을 고려하는 경우이고 다른 하나는 기후모형으로부터 축소기법을 통해서 제시된 강수량을 강우−유출 모형에 적용하여 유출량을 산정하는 것이다.

서울대학교에서 개발한 지역기후모형(Seoul National University Regional Climate Model, SNU RCM)은 지면모형인 CLM3(Community Land Model Version 3)가 지면 물리 과정을

계산하기 위하여 접합되었으며, CLM3에서는 유출모형인 TOPMODEL의 개념방정식을 물리과정에 적용함으로써 유출량을 모의하였다. 기후모형으로부터 직접 유출량을 모의하는 것 외에 기후변화가 유출량에 미치는 영향을 평가하는데 가장 많이 사용되는 방법은 기후모형으로부터 강수량을 산정한 후 강우-유출모형에 적용함으로써 유출량을 산정하는 방법이다. 이 방법을 적용하는데 있어서 가장 중요한 것은 실제 강수가 가지고 있는 공간적 상관성(거리가 가까운 관측소들 끼리 유사한 강우패턴을 가지는 것)을 재현하는 것이다. 그러나 현재까지 개발된 기후모형들의 경우, 수자원 분야에 적용하는데 필요한 관측사상의 공간상관성을 재현하는 데는 아직까지 많은 한계를 가지고 있다. 따라서 이렇게 모의된 강수량을 이용하여 공간상관성을 고려하지 않고, 강우-유출모의를 하게 되면 유역이 가지고 있는 강수장의 특성(비가 내리는 날에 유역내의 상당수의 관측소도 같이 비가 내리는 특성)이 반영되지 않아 유출량이 전반적으로 과소 추정되게 하는 문제점이 발생하게 되기 때문에 이에 대한 고려가 필요하다.

15.4 기후변화에 따른 국가별대응 방안

15.4.1 한국

국내의 경우, 기후변화가 수자원에 미치는 영향 평가와 관련한 연구는 크게 수문기상인자의 변동에 관한 연구와 기후변화에 따른 수자원 영향에 관한 연구 그리고 기타 GCM관련 연구와 중규모 지면-대기 접합 모형에 관련된 연구 등으로 구분될 수 있다. 수문기상 인자의 변동에 관한 연구는 강수량, 온도, 증발산량 및 토양수분 등으로 나누어 살펴볼 수 있으며 현재까지의 연구는 대부분 강수량이나 예측된 강수량으로부터 모의된 유출량에 집중되어 왔다. 이는 무엇보다도 강수량 또는 유출량의 변화가 홍수나 가뭄 등과 같이 사회적으로 직접적인 영향을 미칠 수 있는 중요한 요인임에도 불구하고 강수량 자체의 불확실성이 매우 크기 때문에 접근하는데 어려움이 따르기 때문이다.

기후변화의 영향을 정량적으로 평가하는데 있어서는 크게 과거 관측치를 이용한 변동특성 분석과 GCM 결과를 입력 자료로 이용한 변화예측으로 나눌 수 있다. 전자가 과거의 관측기록에 대해 통계분석 및 시계열 분석을 통하여 장기변동 특성을 정량화하고 아울러 모형화 과정을 통해 예측가능성의 정량화를 시도하였다면, 후자의 경우는 앞으로 있을 지구환경의 변화를 여러 가지 기후변화 시나리오에 근거하여 GCM의 모의결과를 분석함으로써 강수 등 수문특성의 변화를 예측하는 과정으로 요약할 수 있다. 이러한 수문특성의 변화 중

기상 및 수문분야에서 중요하게 고려되어야 할 부분은 극한강우, 가뭄 등과 같은 극한사상의 발생빈도 및 크기의 변화와 지구환경의 변화에 대한 연구이다. 그럼에도 불구하고 기후변화가 극한강우나 가뭄에 미치는 영향에 대하여 정량적으로 평가한 연구는 아직까지 다양하게 이루어지지 못하고 있는 실정이다.

기후변화에 따른 문제를 해결하기 위하여 정부 부처를 중심으로 기후변화로 인한 영향을 최소화 하기 위한 다양한 활동을 전개하고 있다. 그러나 아직까지는 이산화탄소 저감(Mitigation)을 위한 사업에 대한 투자가 상당수를 차지하고 있음을 알 수 있다. 다행스러운 것은 최근 들어 수자원측면에서 기후변화의 영향에 적응(Adaptation)하기 위한 노력이 증가하고 있는 점이다. 즉, 기후변화에 의하여 가장 크게 영향을 받고 있는 수자원 분야에 대한 투자를 늘림으로써 홍수 및 가뭄과 같은 자연재해에 적응하고 대응할 수 있는 기반을 마련하고, 이를 통해서 향후 발생할지도 모르는 재해로부터 국민의 생명과 재산을 보호하기 위한 다양한 전략을 준비하고 있다는 것이다.

15.4.2 미국

미국 내에서 기후변화와 관련하여 수자원 분야에 대한 연구를 가장 활발하게 진행하고 있는 주 중에 하나는 캘리포니아 주정부이다. 2005년 6월 1일, 주지사 아놀드 슈왈츠제네거는 행정명령 S-3-05를 내어 캘리포니아의 온실가스배출 목표를 설정하고 수자원을 포함한 여러 분야에 잠재적인 영향을 끼칠 수 있는 기후변화에 대한 보고서를 각 부서별로 제출하도록 지시하였다. 주지사는 Climate Acton Team(CAT)을 설립함으로써 일련의 과정을 총괄하도록 하였고, CAT는 두 개의 전구기후모형(GCM)과 두 개의 온실가스방출 시나리오를 기초로 네 개의 기후변화 시나리오를 선택한 후, 각각의 시나리오로부터 생성된 결과를 모든 분야에 적용하도록 방침을 정하였다. 2006년에 발간된 첫 번째 보고서에서는 기후변화에 대한 과학적 접근방안과 캘리포니아 수자원 관리를 결합시키기 위한 현재의 진행 사항과 미래방향을 제시하고 있는 동시에 평가 방법론과 예비 연구결과에 초점을 두고 있다.

2008년에는 전 지구적으로 발생하는 기후변화가 미국본토 전반에 미치는 영향에 대한 과학적 평가결과에 대한 보고서를 미국국가과학기술위원회(NSTC, National Science and Technology Council)에서 발간하였다. 보고서에서는 기후변화가 온도, 강수, 유출, 가뭄, 강설, 해수면상승, 허리케인에 미치는 영향을 정량적으로 평가하고 이러한 변화가 종의 다양성, 생태계, 자연환경, 농업 및 식량, 수자원, 사회환경, 보건, 자원, 교통에 미치는 영향을 다각적으로 분석함으로써 기후변화에 대응하기 위해서 필요한 국가정책을 결정하는데 기초자료로 활용하고자 하고 있다.

15.4.3 일본

일본의 경우, 우리나라와 유사하게 기후변화로 인한 극한 강우의 빈도가 증가하고 있으며, 이에 대한 다양한 대비책을 세우고자 부단한 노력을 기울이고 있다. 이러한 노력의 대표적인 사례로 제방의 치수 안전성에 대한 문제를 해결하고자 고 규격 제방인 '슈퍼 제방'을 도입하여 시행중이다. 슈퍼제방이란 둑 높이의 30배에 해당하는 곳에 경사를 두어 건물을 배치하는 것으로 만일 제방 폭이 10m라면 제내지쪽(마을쪽)의 경사면으로부터 300m거리까지 제방높이와 동일하게 흙을 돋워 사실상 마을전체를 제방위에 위치하게 하는 제방(〈그림 15.9〉)을 의미한다.

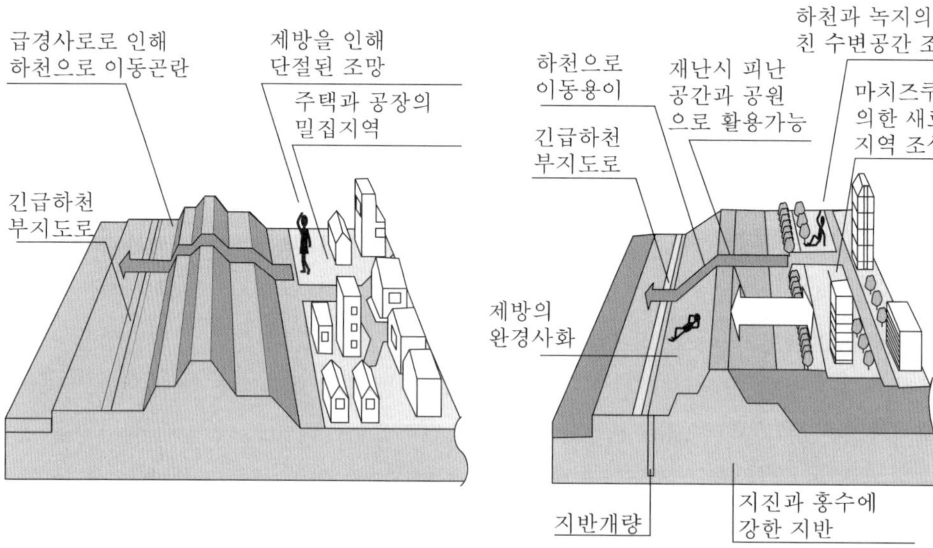

〈그림 15.9〉 슈퍼제방의 개념

슈퍼제방은 하천 주변을 초과 홍수로부터 안전하게 지켜줌은 물론 경관과 전망을 좋게 한다. 중요한 것은 이러한 슈퍼제방 정비사업이 마을만들기 차원에서 이루어지고 있다는 점이다. 이들 슈퍼제방은 도시재생기구의 주택건설이나 공원 및 고도정수처리시설 등을 조성하면서 함께 조성되고 있으며, 오사카 부에만 오사카시에 다카미, 시로키타지구 등 4곳, 히라카타시 5곳, 네야가와시 2곳 등 모두 19곳의 슈퍼제방이 있다.

15.4.4 영국

영국 템스(Thames)강 하구는 대홍수로 1953년 300명이 목숨을 잃을 정도로 홍수 상습지대였다. 따라서 런던시는 1974년부터 10년에 걸쳐 템스강 하구를 가로지르는 이동식 하굿둑을 5억3500만 파운드(약 1조원)를 들여 건설했다. 보통 때는 열려 있다가 만조와 홍수가 겹칠 때는 닫혀 바닷물의 침입을 막도록 고안된 이 독특한 구조물은, 장기간의 해수면 상승에 대비해 설계되었다. 영국의 해수위 상승은 지구온난화가 아닌 빙하기 후유증 때문에 생긴 현상이지만, 멀리 내다본 이 하굿둑 덕분에 사상 최고의 강수량을 기록한 2009년에도 런던은 극심한 홍수 피해를 피할 수 있었다. 얼마 전 방한한 블레어 전 영국 총리의 과학자문관인 데이비드 킹은 이 하굿둑을 '기후변화에 대한 적응'의 성공사례로 꼽았다(한겨레신문, 2007년 9월 11일).

영국의 수도인 런던의 홍수는 아주 긴 역사를 가지고 있다. 런던 중심가에 마지막으로 홍수가 일어난 시기는 1928년이고 이때 14명의 익사자가 발생했다. 그리고 1953년에 실로 엄청난 홍수가 템즈강 하류와 바다가 만나는 지점에서 발생했다. 이 홍수의 영향으로 300명의 아까운 인명이 희생되었다. 이 홍수가 저지대이자 중심가인 런던시내 한복판까지 영향을 미쳤다면 그 피해는 기하급수적으로 증가했을 것이다. 영국 정부는 이러한 템스강의 홍수로부터 런던시내를 보호하기 위하여 템스베리어(Thames Barrier)를 건설하였다. 템스베리어 건설 이후, 1982년부터 2003년 4월까지 수문을 닫아서 87건의 폭풍해일 피해를 막았다. 위험상황 36시간 전부터 인공위성을 이용하여 저기압골, 해수면 등의 변화를 관찰하고 위험이 지속될 경우, 긴급구조 시스템의 가동과 수문조작을 통하여 홍수로부터 런던시내를 보호하고 있다. 또한 해수면 상승에 대한 예측이 정확하다면 2030년까지 30회 이상의 홍수를 조절해야 하는 상황이 발생할 것으로 보고 있다.

〈그림 15.10〉 Thames Barrier

템스베리어는 설계 당시 2030년을 목표로 설계되었다. 그러나 기후변화로 인한 해수면 상승을 고려하여 설계 목표년도를 2100년으로 상향 조정하고자 하는 연구를 Newcastle 대학과 Tyndall centre를 중심으로 진행 중이다. 이는 기후변화로 인하여 향후에 홍수 위험도가 증가할 것으로 예상되기 때문이다. 영국의 경우, 기후변화가 홍수와 같은 극한 사상에 미치는 영향 평가 부분에 있어서는 상당한 기술적 진보를 보이고 있다. 이는 국민의 요구에 부흥하기 위하여 국가가 기후변화관련 연구에 과감한 투자를 했기 때문이다.

15.5 수자원 측면에서의 기후모형의 활용방안

기후모형의 결과를 수자원 분야에서 활용하기 위해서는 다양한 기법들이 필요하게 된다. 가장 먼저 필요한 것은 15.3.3절에서 설명한 축소기법의 적용이다. 전구기후모형을 사용하게 될 경우, 통계학적 축소기법을 통해서 유역이나 기상관측소에 해당하는 기상변수(강우, 온도, 습도, 풍향 등)를 얻을 수 있게 된다. 다른 방법은 동역학적 축소기법에 의해서 제시된 지역기후모형의 결과인 기상변수를 사용하는 방법이다. 그러나 동역학적 축소기법을 일반 PC를 통해서 구현하는 것은 현실적으로 불가능하며, 일반적으로 지역기후모형을 생산할 수 있는 연구소에서 제시한 결과를 사용하게 된다.

축소기법(Downscaling)을 통해서 미래기간에 해당하는 기상변수가 유역 또는 기상관측소

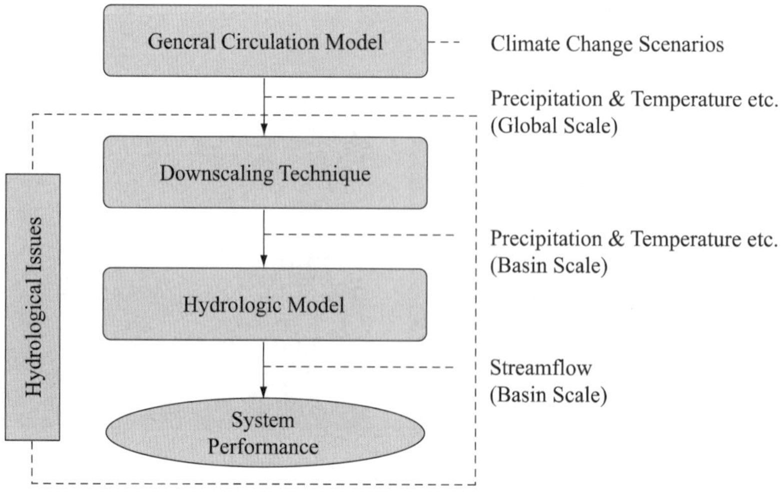

〈그림 15.11〉 기후모형을 이용한 수자원 영향평가기법

단위로 제시되면, 제시된 기상변수를 강우-유출모형에 입력자료로 활용함으로써 미래기간에 해당하는 유출모의가 가능하게 된다. 유출모의를 하는 과정에서 이벤트 모형을 사용하게 될 경우, 기후변화가 홍수에 미치는 영향에 대한 평가가 가능하게 되고 연속형 모형을 사용하게 될 경우에는 기후변화가 가뭄이나 하천유황에 미치는 영향을 정량적으로 평가할 수 있게 된다. 이러한 일련의 과정을 그림으로 요약하면 〈그림 15.11〉과 같다.

국내에서도 기후변화가 수자원에 미치는 영향평가에 대한 연구가 상당부분 진행된 바 있다. 우선 기후변화가 용담댐 유역의 수문요소 및 수자원에 미치는 영향평가를 Kim 등(2007)에서 진행하였다. 연세대학교에서 개발한 YONU GCM을 대상으로 통계학적 축소기법의 하나인 일기발생 모형을 이용하여 미래상황에서의 일 강수자료와 기온자료를 용담댐 유역을 대상으로 모의하였다. 제시된 강수 및 기온자료를 이용하여 준분포형 강우-유출모형인 SLURP에 적용하여 유출모의를 진행함으로써 기후변화가 용담댐유역의 하천유황에 미치는 영향을 평가하였다. 평가결과 기후변화를 고려할 경우, 용담댐 유역의 연 유출량이 다소 감소함을 확인하였다. 계절별로는 여름철의 하천유량은 감소하지만 겨울철의 하천유량은 다소 증가하게 되었다.

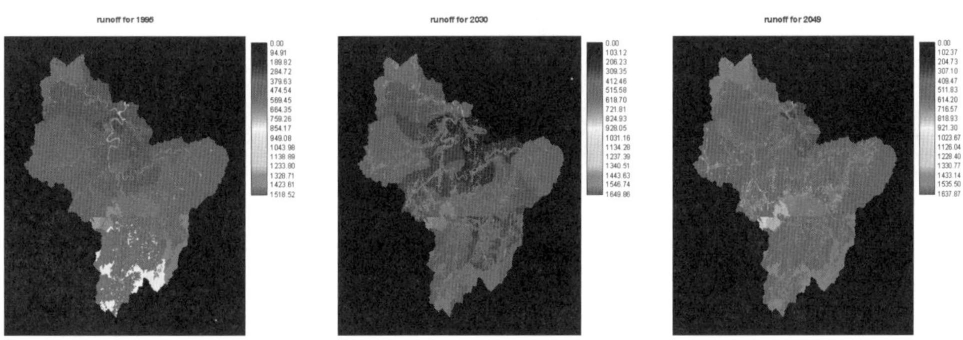

(a) 1995년 (b) 2031년 (b) 2050년

〈그림 15.12〉 기후변화에 따른 용담댐 유역의 연 유출량의 공간적 분포변화

홍수측면에서는 기후변화의 영향을 정량적으로 평가하는 것은 상대적으로 많은 어려움이 따르게 된다. 우선 홍수모의를 위해서는 시 단위 또는 최소 일 단위 강우자료가 필요하나 강우-유출모형에 입력하였을 때 홍수를 발생시킬 수 있는 극한 강우사상을 기후모형으로부터 만들어내기는 상당히 어렵다. 실제로 기후모형은 이전 시간에 모의된 기상변수들을 기반으로 바로 다음 시간의 기상변수를 모의하도록 되어있어 갑자기 발생하는 집중호우 등을 기후모형을 통해서 모의하기란 쉬운 일이 아니다. 설령 모의과정에 기존과는 다른 특이한 외력을 가해서 집중호우를 만들어낸다 하더라도, 이렇게 가해진 외력은 모형 내에서 지속적

으로 영향을 준다면 상당히 많은 양의 강우를 발생시켜 비현실적인 결과를 도출하게 되기 때문이다. 이러한 이유로 기후변화가 홍수량에 미치는 영향에 대한 연구는 상대적으로 활발하게 연구가 진행되지 못하고 있다. 최근 경민수(2010)에서는 기후변화가 확률강우량에 미치는 영향을 평가하여 한반도를 대상으로 제시하였다. 실제로 홍수에 대비하기 위한 수공구조물을 설계하기 위해서는 확률강우량을 사용하는 것이 일반적이다. 따라서 기후변화에 따른 확률강우량의 변화를 알 수 있다면 기후변화의 영향을 고려하여 홍수에 대비할 수 있는 수공구조물을 설계하는데 활용할 수 있을 것이다. 기후변화가 확률강우량에 미치는 영향을 평가하기 위해서 프랑스, 중국, 일본, 노르웨이에서 개발한 월 단위 GCM을 대상으로 통계학적 축소기법을 적용하여 전국 기상청 관측소에 해당하는 일 강수량을 생성하였다. 생성된 일 강수량을 대상으로 빈도해석을 적용하여 80년, 100년, 150년, 200년에 해당하는 확률강우량의 증감량(mm)을 미래기간별로 제시하였다. 이 중 비교적 한반도를 잘 묘사하고 있는 프랑스 GCM을 이용하여 산정한 150년 빈도 확률강우량도는 〈그림 15.13〉과 같다.

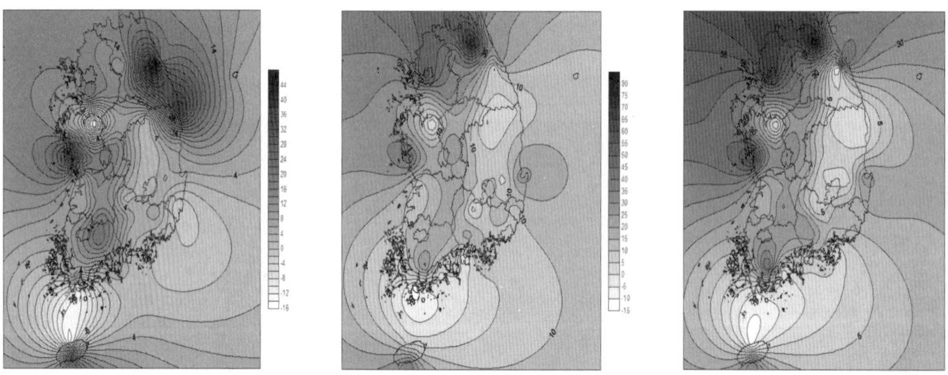

2020s(2010~2039년) 2050s(2040~2069년) 2080s(2070~2099년)

〈그림 15.13〉 기후변화를 고려한 150년 빈도 확률강우량의 변화(mm)

2020s과 2050s에서는 증가하는 지점이 52개로 전제 58개 관측소 중 89.6%를 차지하였으나 2080s에서는 49개 지점으로 다소 감소하는 것으로 예측되었다. 또한 2020s 확률강수량이 전국적으로 3.2%증가하고 2050s에서는 5.8%증가가 예측되었으며, 2080s에서는 7.7%가 증가하여 가장 큰 증가폭을 보였다. 따라서 지역에 따라서 다소 차이를 보이기는 하나 전반적으로 홍수에 대한 위험성이 증가하는 것으로 분석되었다.

앞에서 제시한 결과들은 일부모형과 특정한 축소기법을 이용하여 제시된 결과로 절대적이라고는 할 수 없다. 다만 이러한 연구 성과들이 축적된다면 기후변화의 영향을 평가하는데 있어서 발생하는 불확실성을 줄일 수 있을 것이다.

연 습 문 제

15.1 Global warming과 Global cooling에 대하여 조사하고 간략히 설명하라.

15.2 엘니뇨와 라니냐 현상에 대하여 조사하고 간략히 정리하라.

15.3 기후모형에서 말하는 에너지균형에 대하여 설명하라.

15.4 기후모형을 모의하는데 필요한 기후변화 시나리오에 대해서 설명하라.

15.5 <표 15.2>로부터 가로축에 시나리오와 세로축에 CO_2 농도를 도시하고 비교 설명하라.

15.6 동역학적 축소기법에 의해서 제시된 기상청의 지역기후모형의 결과 중 1980∼2009년까지 인천 지점에 해당하는 연 최대 일강수량과 동일기간에 인천지방에서 관측된 연 최대 일강수량을 정리하면 아래의 <표>와 같다.

	관측자료	지역기후모형		관측자료	지역기후모형
1980	118.8	45.2	1995	136	31.1
1981	136.7	52.3	1996	79.6	34.4
1982	96.2	67.6	1997	260.8	67.2
1983	61.8	60.6	1998	105.4	43.5
1984	268.4	43.7	1999	255.6	44.6
1985	104.3	64.2	2000	137.1	66
1986	102.3	37.9	2001	189.8	36.3
1987	302.5	57.1	2002	110.5	48.7
1988	96.1	91.7	2003	176.5	71.7
1989	85.3	65.1	2004	93	155.1
1990	255.3	57.2	2005	127.5	52.2
1991	96	121.8	2006	202.5	55.6
1992	121.1	51.7	2007	63.5	53.2
1993	77.3	92.9	2008	193.5	77.8
1994	92.1	74.8	2009	143	61.5

지역기후모형으로부터 제시된 자료와 관측자료의 평균, 표준편차, 왜곡도를 비교 검토하라.

15.7 기후모형에 의한 결과들을 이용하여 수자원측면에서의 활용방안에 대하여 설명하라.

부 록

A. 단위환산표

B. 물의 성질

C. Gamma함수

A. 단위환산표

(1) 길이 (표준단위 : m)

단 위	mm	cm	m	km	in	ft	yd	mi
1mm	1	0.1	0.001	10^{-6}	0.0394	0.00328	0.00109	6.21×10^{-7}
1cm	10	1	0.01	10^{-5}	0.3937	0.0328	0.0109	6.21×10^{-6}
1m	10^{3}	100	1	0.001	39.37	3.281	1.094	6.21×10^{-4}
1km	10^{6}	10^{5}	10^{3}	1	39,400	3,281	1,094	0.621
1in	25.4	2.54	0.0254	2.54×10^{-5}	1	0.0833	0.0278	1.58×10^{-5}
1ft	304.8	30.48	0.3048	3.05×10^{-4}	12	1	0.3333	1.89×10^{-4}
1yd	914.4	91.44	0.9144	9.14×10^{-4}	36	3	1	5.68×10^{-4}
1mi	1.61×10^{6}	1.61×10^{5}	1.61×10^{3}	1.6093	63,360	5,280	1,760	1

(2) 면적 (표준단위 : m^2)

단위	cm^2	m^2	km^2	ha	in^2	ft^2	yd^2	mi^2	acre
1cm^2	1	10^{-4}	10^{-10}	10^{-8}	0.155	1.076×10^{-3}	1.2×10^{-4}	3.861×10^{-11}	2.47×10^{-8}
1m^2	10^{4}	1	10^{-6}	10^{-4}	1,550	10.76	1.196	3.861×10^{-7}	2.47×10^{-4}
1km^2	10^{10}	10^{6}	1	100	1.55×10^{9}	1.076×10^{7}	1.196×10^{6}	0.3861	247.1
1ha	10^{8}	10^{4}	0.01	1	1.55×10^{7}	1.076×10^{5}	1.196×10^{4}	3.861×10^{-3}	2.471
1in^2	6.452	6.45×10^{-4}	6.4510^{-10}	6.45×10^{-8}	1	6.94×10^{-3}	7.7×10^{-4}	2.49×10^{-10}	1.59×10^{-7}
1ft^2	929	0.0929	9.28×10^{-8}	9.29×10^{-6}	144	1	0.111	3.587×10^{-8}	2.3×10^{-5}
1yd^2	8,361	0.8361	8.36×10^{-7}	8.36×10^{-5}	1,296	9	1	3.23×10^{-7}	2.07×10^{-4}
1mi^2	2.59×10^{10}	2.59×10^{6}	2.59	259	4.01×10^{9}	2.79×10^{7}	3.098×10^{6}	1	640
1acre	4.0510^{7}	4,047	4.05×10^{-3}	0.4047	6.27×10^{6}	43,560	4,840	1.563×10^{-3}	1

※ 1ha=100a=10000m^2

(3) 부피(표준단위 : m^3)

단위	ml	l	m^3	in^3	ft^3	gal	ac-ft	mg
1ml	1	0.001	10^{-6}	0.06102	3.53×10^{-5}	2.64×10^{-4}	8.1×10^{-10}	2.64×10^{-10}
1l	10^3	1	0.001	61.02	0.0353	0.264	8.1×10^{-7}	2.64×10^{-7}
1m^3	10^6	10^3	1	61,023	35.31	264.17	8.1×10^{-4}	2.64×10^{-4}
1in^3	16.39	1.64×10^{-2}	1.64×10^{-5}	1	5.79×10^{-4}	4.33×10^{-3}	1.33×10^{-8}	4.33×10^{-9}
1ft^3	28,317	28.317	0.02832	1,728	1	7.48	2.30×10^{-8}	7.48×10^{-6}
1gal	3,785.4	3.785	3.78×10^{-3}	231	0.134	1	3.07×10^{-6}	10^{-6}
1ac-ft	1.233×10^9	1.233×10^6	1,233.5	75.27×10^6	43,560	3.26×10^5	1	0.326
1mg	3.875×10^9	3.785×10^6	3,785	2.31×10^8	$1,338\times10^5$	10^6	3.0684	1

※ mg : million gallons

(4) 속도(표준단위 : m/sec)

단 위	ft/sec	mi/hr	m/sec	km/hr	knots
1ft/sec	1	0.6818	0.3048	1.097	0.5925
1mi/hr	1.467	1	0.447	1.609	0.869
1m/sec	3.281	2.237	1	3.6	1.944
1km/hr	0.9113	0.6214	0.2778	1	0.54
1knots	1.688	1.151	0.5144	1.852	1

(5) 유량(표준단위 : m^3/sec)

단위	m^3/sec	m^3/day	l/sec	ft^3/sec	frt^3/day	ac-ft/day	gal/min	gal/day	mgd
1m^3/s	1	8.64×10^4	10^3	35.31	3.05×10^6	70.05	1.58×10^4	2.28×10^7	22.824
1m^3/d	1.16×10^{-5}	1	0.0116	4.09×10^{-4}	35.31	8.1×10^{-4}	0.1835	264.17	2.64×10^{-4}
1l/s	0.001	86.4	1	0.0353	3,051.2	0.07	15.85	2.28×10^4	2.28×10^{-2}
1ft^3/s	0.0283	2,446.6	28.32	1	8.64×10^4	1.984	448.8	6.46×10^5	0.646
1ft^3/d	3.28×10^{-7}	0.02832	3.28×10^{-4}	1.16×10^{-5}	1	2.3×10^{-5}	5.19×10^{-3}	7.48	7.48×10^{-6}
1ac-ft/d	0.0143	1,233.5	14.276	0.5042	43,560	1	226.28	3.26×10^5	0.3258
1&gal/m	6.3×10^{-5}	5.451	0.0631	2.23×10^{-3}	192.5	4.42×10^{-3}	1	1,440	1.44×10^{-3}
1gal/d	4.4×10^{-8}	3.79×10^{-3}	4.38×10^{-5}	1.55×10^{-6}	0.1337	3.07×10^{-6}	6.94×10^{-4}	1	10^{-6}
1mgd	4.38×10^{-2}	3,785	43.82	1.55	1.337×10^5	3.07	694	10^6	1

※ mgd : million gallons/day, ac-ft : acre-foot, gal : gallon

(6) 에너지(표준단위 : Joule)

단 위	Btu	cal	J	KW·hr	ft·lb	Hp·hr
1Btu(60°F)	1	252	1,055	0.000293	777.9	0.0003929
1cal(15℃)	0.003969	1	4.186	1.163×10^{-6}	3.087	1.559×10^{-6}
1Joule	0.0009482	0.2389	1	2.788×10^{-7}	0.7376	3.725×10^{-7}
1KW·hr	3,413	860,100	3.6×10^{6}	1	2.655×10^{6}	1.341
1ft·lb	0.001286	0.3239	1.356	3.766×10^{-7}	1	5.051×10^{-7}
1Hp·hr	2,545	641,300	2.685×10^{6}	0.7457	1.98×10^{6}	1

※ Btu : British thermal unit

(7) 압력(표준단위 : milibar)

단 위	ft H_2O	in Hg	mm Hg	milibar	kPa	psi	kg/m^2
1ft H_2O(32°F)	1	0.883	22.42	29.89	2.989	0.4335	304.8
1in Hg(32°F)	1.133	1	25.4	33.86	3.386	0.4912	345.3
1mm Hg(0℃)	0.0446	0.03937	1	1.333	0.1333	0.01934	13.6
1milibar	0.0335	0.02953	0.7501	1	0.1	0.0145	10.2
1kPa($N/m\times10^3$)	0.335	0.2953	7.501	10	1	0.145	102
1lb/in^2(psi)	2.307	2.036	51.71	68.95	6.895	1	703.1
1kg/m^2	0.00328	0.002896	0.07356	0.09807	0.009807	0.001422	1

(8) 질량(표준단위 : kg)

질량 단위 명칭	크 기	질량 단위 명칭	크 기
그램(gram)	1 g = 10^{-3} kg	파운드(pound)	1 lb= 0.45359237 kg
그레인(grain)	1 gr = 1/7000 lb= 64.7989 mg	톤(ton)	1 ton = 10^3 kg
슬러그(slug)	1 slug = 14.5939 kg	영국톤(ton)	1 ton = 2240 lb= 1016.05 kg
온스(ounce)	1 oz = 1/16 lb=28.3495 g	미국톤(short ton)	1 sh.ton = 2000 lb= 907.15 kg
캐럿(carat)	1 ct = 200 mg = 10^{-5} kg		

(9) 힘(표준단위 : Newton)

힘 단위 명칭	크 기	힘 단위 명칭	크 기
뉴턴(Newton)	1 N = 1 kg · m/sec^2	파운드 중(pound force)	1 lbf = 4.44822 N
다인(dyne)	1 dyne = 1 g · cm/sec^2 = 10^{-5} N	킬로그램 중 (kilogram weight)	1 kg = 9.80665 N
파운달(poundal)	1pdl = 0.138255 N		

(10) 동력, 공률(표준단위 : watt)

동력, 공률 단위 명칭	크 기
킬로칼로리 · 매시	1 Kcal/hr = 1.16222 W
킬로그램 중 · 미터 · 매시	1 kgw · m/sec = 9.80665 W
피트 · 파운드 중 · 매초	1 ft · lbf/sec = 1.35582 W
프랑스마력(metric horce power)	1 P.S. = 75 w · m/sec = 735.5 W
영국마력(British horce power)	1 hp = 550 ft · lbf/sec = 745.7 W

(11) 온도

온도 단위	크 기	온도 단위	크 기	온도 단위	크 기
섭씨(Centigrade)	℃=5/9(°F − 32)	화씨(Fahrenheit)	°F=9/5(℃)+32	켈빈(Kelvin)	K=℃+273

(12) SI 단위의 크기구분별 접두어

접두어 명칭	기 호	크 기	접두어 명칭	기 호	크 기
엑사(exa)	E	10^{18}	데시(deci)	d	10^{-1}
페타(peta)	P	10^{15}	센티(centi)	c	10^{-2}
테라(tera)	T	10^{12}	밀리(mili)	m	10^{-3}
기가(giga)	G	10^{9}	마이크로(micro)	μ	10^{-6}
메가(mega)	M	10^{6}	나노(nano)	n	10^{-9}
킬로(kilo)	k	10^{3}	피코(pico)	p	10^{-12}
헥토(hecto)	h	10^{2}	펨토(femto)	f	10^{-15}
데카(deca)	da	10	아토(atto)	a	10^{-18}

13. 물의 성질

(1) 물의 성질

온도 (℃)	비중 S	밀도 ρ (g/cm³)	증발열 L (cal/g)	점성계수 $\mu \times 10^3$ (N·s/m²)	동점성계수 $\nu \times 10^6$ (m²/s)	증기압 P_ν		
						(mmHg)	(mb)	(g/cm²)
0	0.99987	0.99984	597.3	1.792	1.792	4.58	6.11	6.23
5	0.99999	0.99996	594.5	1.519	1.519	6.54	8.72	8.89
10	0.99973	0.99970	591.7	1.308	1.308	9.20	12.27	12.51
15	0.99913	0.99910	588.9	1.140	1.141	12.78	17.04	17.38
20	0.99824	0.99821	586.0	1.005	1.007	17.53	23.37	23.83
25	0.99708	0.99705	583.2	0.894	0.897	23.76	31.67	32.30
30	0.99568	0.99565	580.4	0.801	0.804	31.83	42.43	43.27
35	0.99407	0.99404	577.6	0.723	0.727	42.18	56.24	57.34
40	0.99225	0.99222	574.7	0.656	0.661	55.34	73.78	75.23
50	0.98807	0.98804	569.0	0.549	0.556	92.56	123.40	125.83
60	0.98323	0.98320	563.2	0.469	0.477	149.46	199.26	203.19
70	0.97780	0.97777	557.4	0.406	0.415	233.79	311.69	317.84
80	0.97182	0.97179	551.4	0.357	0.367	355.28	473.67	483.01
90	0.96534	0.96531	545.3	0.317	0.328	525.89	701.13	714.95
100	0.95839	0.95836	539.1	0.284	0.296	760.00	1013.25	1033.23

(2) 물의 점성계수(centipoise = 0.01poise = 0.01dyne · sec/cm²)

t℃	0	1	2	3	4	5	6	7	8	9	10
μ	1.7921	1.7313	1.6727	1.6191	1.5674	1.5188	1.4728	1.4284	1.3860	1.3462	1.3077
t℃	11	12	13	14	15	16	17	18	19	20	21
μ	1.2713	1.2363	1.2028	1.1708	1.1404	1.1111	1.0828	1.0559	1.0299	1.0050	0.9810
t℃	22	23	24	25	26	27	28	29	30	-	-
μ	0.9579	0.9358	0.9143	0.8937	0.8737	0.8545	0.8360	0.8180	0.8007		

(3) 물의 표면장력(dyne/cm)

t℃	0	5	10	15	16	17	18	19
T	75.64	74.92	74.22	73.49	73.34	73.19	73.05	72.90
t℃	20	21	22	23	24	25	30	-
T	72.75	72.59	72.44	72.28	72.13	71.97	71.18	-

(4) 물의 밀도(g/cm^3)

t℃	0.0	0.1	0.2	0.3	0.4	0.5	0.6	0.7	0.8	0.9
0	0.000868	875	881	888	894	900	905	911	916	922
1	927	932	936	941	945	949	953	957	961	965
2	968	971	974	977	980	982	984	987	989	691
3	992	994	995	996	997	998	999	999	999	000
4	1.00000	000	000	999	999	998	997	996	995	993
5	0.99992	990	998	986	984	982	980	977	974	971
6	968	965	962	958	955	951	947	943	939	934
7	930	925	920	915	910	905	899	894	888	882
8	876	870	864	858	851	845	838	831	824	817
9	809	802	794	786	778	770	762	754	746	737
10	738	719	710	701	692	683	673	663	653	643
11	0.999633	623	612	602	591	580	570	559	549	536
12	525	513	502	490	478	466	454	442	429	417
13	404	361	378	365	352	339	326	312	299	285
14	271	257	243	229	215	200	186	171	156	142
15	127	111	096	081	066	050	034	018	003	986
16	0.998970	954	938	921	905	888	871	854	837	810
17	803	786	768	750	733	715	697	679	661	643
18	624	606	587	569	550	531	512	493	474	454
19	435	415	396	376	356	336	316	296	275	255
20	234	214	193	172	151	130	109	088	066	045
21	0.998023	002	980	958	936	914	892	869	847	824
22	0.997802	779	756	734	710	987	664	641	617	594
23	570	547	523	499	475	451	426	402	378	353
24	329	304	279	254	229	204	179	154	128	103
25	077	051	026	000	974	948	921	895	869	842
26	0.996816	789	762	736	709	682	655	627	600	573
27	545	518	490	462	434	406	387	350	322	294
28	265	237	208	179	151	122	093	064	035	005
29	0.995976	947	917	888	858	828	798	768	738	703
30	678	648	617	587	556	526	495	464	433	402

(5) 물의 동점성계수($\times 10^2 cm^2/sec$)

t℃	0.0	0.1	0.2	0.3	0.4	0.5	0.6	0.7	0.8	0.9
0	1.792	1.786	1.780	1.774	1.768	1.761	1.755	1.749	1.743	1.737
1	.731	.725	.719	.713	.707	.701	.696	.690	.684	.679
2	.673	.667	.661	.655	.650	.645	.639	.634	.629	.624
3	.619	.613	.603	.608	.598	.592	.582	.577	.572	.572
4	.567	.562	.557	.552	.542	.537	.537	.533	.528	.524
5	1.519	1.515	1.510	1.505	1.500	1.496	1.491	1.478	1.482	1.477
6	.473	.468	.464	.459	.455	.451	.446	.442	.438	.433
7	.428	.424	.420	.416	.412	.408	.403	.399	.395	.391
8	.386	.383	.379	.375	.371	.367	.363	.359	.355	.351
9	.346	.342	.339	.335	.331	.327	.323	.319	.315	.311
10	1.308	1.304	1.300	1.296	1.293	1.289	1.285	1.282	1.278	1.274
11	.274	.267	.264	.260	.256	.253	.250	.246	.243	.240
12	.237	.233	.230	.226	.223	.220	.217	.214	.211	.207
13	.204	.201	.198	.194	.191	.185	.182	.178	.175	.175
14	.172	.169	.166	.162	.159	.156	1.53	.150	.147	.144
15	1.141	1.138	1.135	1.132	1.129	1.126	1.123	1.120	1.117	1.115
16	.112	.109	.106	.103	.100	.098	.095	.092	.089	.063
17	.048	.081	.078	.075	.072	.069	.067	.065	.062	.059
18	.057	0.55	.053	.050	.047	.045	.042	.040	.037	.035
19	.032	0.29	0.26	.024	.022	0.19	.017	.014	.012	.009
20	1.007	1.004	1.002	1.000	0.997	0.995	0.993	0.990	0.988	0.986
21	0.983	0.981	0.978	0.076	.974	.972	.969	.967	.964	.962
22	.960	.958	.955	.953	.951	.949	.947	.945	.942	.940
23	.938	.936	.934	.932	.929	.927	.925	.923	.921	.919
24	.917	.915	.913	.911	.909	.907	.905	.903	.901	.899
25	0.897	0.895	0.893	0.893	0.891	0.889	0.887	0.885	0.883	0.879
26	.877	.875	.873	.871	.869	.867	.866	.864	.862	.860
27	.858	.856	.854	.852	.850	.848	.846	.845	.843	.841
28	.839	.837	.835	.833	.832	.830	.828	.826	.825	.823
29	.821	.819	.818	.816	.814	.813	.811	.809	.808	.806
30	0.804	0.803	0.801	0.799	0.798	0.796	0.794	0.793	0.791	0.790

C. Gamma함수

$$\Gamma(n) = \int_0^\infty e^{-x} x^{n-1} dx\ ;\ \Gamma(n+1) = n\Gamma(n)$$

n	$\Gamma(n)$	n	$\Gamma(n)$	n	$\Gamma(n)$	n	$\Gamma(n)$
1.00	1.00000	1.25	0.90640	1.50	0.88623	1.75	0.91906
1.01	0.99433	1.26	0.90440	1.51	0.88659	1.76	0.92137
1.02	0.98884	1.27	0.90250	1.52	0.88704	1.77	0.92375
1.03	0.98355	1.28	0.90072	1.53	0.88757	1.78	0.92623
1.04	0.97844	1.29	0.89904	1.54	0.88818	1.79	0.92877
1.05	0.97350	1.30	0.89747	1.55	0.88887	1.80	0.93138
1.06	0.96874	1.31	0.89600	1.56	0.88964	1.81	0.93408
1.07	0.96415	1.32	0.89464	1.57	0.89049	1.82	0.93685
1.08	0.95973	1.33	0.89338	1.58	0.89142	1.83	0.93969
1.09	0.95546	1.34	0.89222	1.59	0.89243	1.84	0.94261
1.10	0.95135	1.35	0.89115	1.60	0.89352	1.85	0.94561
1.11	0.94739	1.36	0.89018	1.61	0.89468	1.86	0.94869
1.12	0.94359	1.37	0.88931	1.62	0.89592	1.87	0.95184
1.13	0.93993	1.38	0.88854	1.63	0.89724	1.88	0.95507
1.14	0.93642	1.39	0.88785	1.64	0.89864	1.89	0.95838
1.15	0.93304	1.40	0.88726	1.65	0.90012	1.90	0.96177
1.16	0.92980	1.41	0.88676	1.66	0.90167	1.91	0.96523
1.17	0.92670	1.42	0.88636	1.67	0.90330	1.92	0.96878
1.18	0.92373	1.43	0.88604	1.68	0.90500	1.93	0.97240
1.19	0.92088	1.44	0.88580	1.69	0.90678	1.94	0.97610
1.20	0.91817	1.45	0.88565	1.70	0.90864	1.95	0.97988
1.21	0.91558	1.46	0.88560	1.71	0.91057	1.96	0.98374
1.22	0.91311	1.47	0.88563	1.72	0.91258	1.97	0.98768
1.23	0.91075	1.48	0.88575	1.73	0.91466	1.98	0.99171
1.24	0.90852	1.49	0.88595	1.74	0.91683	1.99	0.99581
						2.00	1.00000

○ 양의 큰 값 x에 $\Gamma(x)$는 다음 식에 의한 값에 접근한다.

$$x^n e^{-x}\sqrt{\frac{2x}{x}}\left[1+\frac{1}{12x}+\frac{1}{288x^2}-\frac{139}{51840x^3}-\frac{571}{2488320x^4}+\cdots\right]$$

참 고 문 헌

국립방재연구소(2002), 국지성 집중호우의 조기대응시스템 개발(Ⅰ)

국립방재연구소(2009) 산지소하천유역 돌발홍수 피해예측기술개발(1차년도) : 산지 특성을 고려한 GIS 기반 돌발홍수예측시스템 프로토타입 개발

건설교통부(2004), 전국 강우레이더 설치 및 홍수예경보시스템 개선 기본계획 수립(3차년도)

건설교통부(2005), 강우레이더에 의한 돌발홍수예보시스템 개발(1차년도)

건설교통부(2006), 강우레이더에 의한 돌발홍수예보시스템 개발(2차년도)

건설교통부(2007,) 강우레이더에 의한 돌발홍수예보시스템 개발(3차년도)

건설교통부(2005), 천변저류지 기본계획 수립에 관한 연구, 건설교통부.

건설교통부(2007), 우포늪의 생태치수기능 개선방안 연구, 건설교통부.

경민수(2010), 기후변화가 표준강수지수 및 확률강우량에 미치는 영향 평가, 박사 학위논문, 인하대학교

구본학(2009), 습지생태학, 도서출판 조경.

구본학(2001). 우포늪의 서식처 기능 평가 연구: 수정 HGM(Hydrogeomorphic)기 법의 적용, 논문집 제27집(2001, 12)-자연과학편, 혜천대학, pp.487-503

구본학, 김귀곤(2001) RAM(일반기능평가기법)을 이용한 내륙습지 기능평가, 한국 환경복원녹화기술 학회지, 제4권, 제3호, pp.38-48.

권오헌(1995), 수자원공학, 제2판, 새론.

김길호(2008), 소수력 개발을 위한 타당성 분석방안, 석사학위논문, 인하대학교.

김덕길, 유병국, 김재근, 신한규, 김형수, 박두호, 안재현, 안경수(2009), 댐습지의 기능 및 가치평가 연구(2)-CE를 이용한 가치평가:보령댐을 대상으로, 한국습지 학회지, 제11권, 제3호, pp. 133-143.

김준권, 김형수, 정상만(2002), 습지의 체적-면적-깊이에 대한 관계식 추정, 한국수 자원학회논문집, 제35권, 제2호, pp. 231-240.

김재근, 김홍태(옮긴이)(2009), 생태학:개념과 적용, 4판, 라이프사이언스.

김형수(1998), CEE573, 응용지하수학, 강의노트, 고려대학교.

김형수(2001), 습지설계의 수문/수리분석에 대한 개요, 한국수자원학회지, 제34권, 제5호, pp. 23-30.

김형수(2005), KL638, 물리수문학, 강의노트, 인하대학교.

김형수(2007), KL739, 유역유출모형론, 강의노트, 인하대학교.

김형수(2008), KL632, 수문통계학, 강의노트, 인하대학교.

김형수, 이상식, 정상만, 박수영(2002), 폐천의 습지 이용과 치수경제성분석, 한국습지학회지, 제4권, 제1호, pp. 43-50.

과학기술부(2004) 21세기 프론티어연구개발사업 -수자원의 지속적 확보기술개발사업- 장·단기 기상예보 활용기술 개발

곽재원, 김재근, 김형수, 유병국(2010), 천변저류지 조성에 따른 효과분석: (1) 홍수 조절 및 생태적인 효과, 대한토목학회논문집(in press), 제30권, 1B호, pp.13∼21.

문영일, 박남식, 이도훈, 이상일(공역)(1998), 수문학:이론 및 응용, 사이텍미디어.

박수영, 윤성윤, 이기철, 김귀곤, 배덕효, 김형수, 경남발전연구원(2000), 습지학원론, 은혜기획.

선우중호(1983), 수문학, 동명사.

신한규, 김덕길, 김재근, 김형수, 안재현, 유병국, 안경수, 박두호(2009), 댐습지의 기능 및 가치평가 연구 (1)-HGM을 이용한 기능평가: 보령댐을 대상으로, 한국습지 학회지, 제11권, 제3호, pp. 115-132.

안상진(2001), 수문학, 제2판, 구미서관.

양병호, 조운식, 구본학(2005). 댐 저수지 내 습지 유형 및 기능평가 연구 : 보령호를 중심으로, 한국환경복원녹화기술확회지, 제8권, 제6호, pp.80-91

유병국, 곽재원, 김형수, 김재근(2010), 천변저류지 조성에 따른 효과분석: (2) 경제적 가치평가, 대한토목학회논문집, 제30권, 1B호, pp.23～31.

윤선화, 김덕길, 김형수, 곽재원(2010), HGM을 이용한 화포천 습지의 기능평가, 대한토목학회논문집, 제30권, 1B호, pp.53～60.

윤용남(2007), 수문학 : 기초와 응용, 청문각.

윤용남(1973), 한강수계의 하천형태학적 특성과 빈도유량과의 상관성, 대한토목학회지, 제21권, 제1호.

윤태훈(대표저자)(2004), 생태환경수리학, 청문각.

윤태훈(1997), 응용수문학, 청문각.

엄원근(1995), 레이더 기상학, 영재사.

이상식, 김형수, 정상만(2002), 폐천의 습지 활용에 대한 레크레이션 및 심미적 가치평가, 한국도시방재학회지, 제2권, 제1호, pp. 127-134.

이종석(2001), 하천공학, 새론.

이종호, 류찬수(2009), 레이더기상학, (주)시그마프레스.

이재수(2006), 수문학, 구미서관.

정종호, 윤용남(2002), 수자원설계실무, 구미서관.

한국수자원공사(2009), 댐습지의 기능과 가치평가 방법의 개발 : 보령댐을 중심으로, 한국수자원공사.

袁军, 吕宪国(2004). 湿地功能评價研究进展. 湿地科学(중국), 2004, 2(2): pp. 153-160

ASCE(1990a), Riview of Geostatistics in Geohydrology(I:Basic Concepts), Journal of Hydraulic Engineering, ASCE, 116(5), pp. 612-631.

ASCE(1990b), Riview of Geostatistics in Geohydrology(II:Applications), Journal of Hydraulic Engineering, ASCE, 116(5), pp. 633-649.

Aguado, E. and Burt, J.E.(2001), Understanding Weather and Climate, Second Edition, Prentice Hall, Upper Saddler River, NJ.

Akan, A.O.(1985), Similarity Solution of Overland Flow on Pervious Surface, Journal of Hydraulic Engineering, ASCE, 111, pp 1057-1067.

Akan, A.O. and Houghtalen, R.J.(2003), Urban Hydrology, Hydraulics, and Stormwater Quality, John Wiley & Sons, Inc.

Allen, R.G., Jensen, M.E., Wright, J.L., Burman, R.D.(1989), Operational estimates of reference evapotranspiration, Agrono. J. 81(4), pp 650-662.

American Society of Civil Engineers and Water Pollution Control Federation(1969), Design and Construction of Sanitary and Storm Sewers, WPCF Manual of Practice No. 9, Water Pollution Control Federation, Washington, D.C.

Atlas, D. and Chmela, A.C.(1957), Physical-Synoptic Variations of Drop Size Parameters, Proc. 65th Weather Radar Conf., pp. 21-30.

Atlas, D. and Ulbrich, C.W.(1977), Path and Area-Integrated Rainfall Measurement By Microwave Attenuation in the 1-3 Cm Band, J. Applied Meteorology, 16, pp. 1322-1331.

Austin, P.M.(1987), Relation between measured radar reflectivity and surface rainfall, Weather Review 115, pp. 1053-1070.

Battan, L.J.(1973). Radar Observation of the Atmosphere, The University of Chicago Press, Chicago, IL, p. 324.

Bedient, P.B., Huber, W.C., and Vieux, B.E.(2008), Hydrology and Floodplain Analysis, 4th Edition, Prentice Hall Inc.

Bouwer, H.(1978), Groundwater Hydrology, McGraw-Hill Book Company, Tokyo.

Bras, R.L.(1990), Hydrology : An Introduction to Hydrologic Science, Addison Wesley, Publishing Company, New York.

Brassington, R.(2007), Field Hydrogeology 3rd Edition, John Wiley & Sons.

Brinson, M.M., Rheinhardt, R.D., Hauer, F.R., Lee, L.C., Nutter, W.L., Smith, R.D., Whigham, D.(1995). A Guidebook for Application of Hydrogeomorphic Assessments to Riverine Wetlands, US Army Corps of Engineers.

Brooks, K.N., Ffolliott, P.F., Gregersen, H.M., and DeBano, L.F.(2003), Hydrology and the Management of Watersheds, Third Edition, Iowa State Press.

Chow, V.T.(1964), Handbook for Applied Hydrology, McGraw-Hill Book Company, New York.

Chow, V.T., Maidment, D.R., and Mays, L.W.(1988), Applied Hydrology, McGraw-Hill.

Cluckie, I.D. and Collier, C.G.(Editors)(1991), Hydrological Applications of Weather Radar, Ellis Horwood.

Cronshey, R.G.(1983), Discussion-Antecedent Moisture Condition Probabilities (Gray, D.D. et al.), J. of Irrigation and Drainage Engineering, Vol. 109, No. 2, pp. 296-298.

Doviak, R.J. and Zrnic, D.S.(1993), Doppler Radar and Weather Observations, Second Edition, Academic Press.

Dunbar, M.J. and Acreman, M.C.(2001), Applied hydro-ecological sciences for the twenty-first century, In Acreman, M.C.(Editor), Hydro-Ecology: Linking Hydrology and Aquatic Ecology, Proceedings of Birmingham Workshop, July 1999, IAHS Publication No. 266, pp. 1-17.

Eagleson, P.S.(1970), Dynamic Hydrology, McGraw-Hill Book Company, New York.

Einfalt, T., Arnbjerg-Nielsen, K., Faure, D., Jensen, N.E., Quirmbach, M., Vaes, G., Vieux, B.E., and Golz, C.(2004), Towards a Roadmap for Use of Radar Rainfall Data in Urban Drainage, Journal of Hydrology, 299, 3-4, pp 186-202, Special Issue on Urban Hydrology.

Frissell, C.A., Wiss, W.J., Warren, C.E., and Huxley, M.D.(1986), A Hierachical Framework for Stream Classification: Viewing Streams in a Watershed Context, Environ. Mange., 10, pp. 199-214.

Georgakakos, K.P. and Bras, R.L.(1984a), A Hydrologically Useful Station Precipitation Model: 1 Formulation, Water Resources Research, Vol. 20, No. 11, pp. 1585-1596.

Georgakakos, K.P. and Bras, R.L.(1984b), A Hydrologically Useful Station Precipitation Model: 2 Case Studies, Water Resources Research, Vol. 20, No. 11, pp. 1597-1610.

Golet, F.C., Calhoun, J.K., DeRagon, W.R., Lowry, D.J., and Gold, A.J.(1993), Ecology of Red Maple Swamps in the Glaciated Northeast: A Community Profile, Biological Report 12, US Fish and Wildlife Service, Washington, DC.

Gray, D.M.(1973), Principles of Hydrology, McGraw-Hill Book Company, New York.

Hack, J.T.(1957), Studies of Longitudinal Stream Profiles in Virginia and Maryland, USGS, Water Supply Paper 294-B.

Hammer, D.E. and Kaklec, R.H.(1983), Design Principles of a New England Wetland on Water Quantity and Quality, New Hampshire Water Resource Center Research Report 4, University of New Hampshire, Durham.

Haslam, S.M.(2003), Understanding Wetlands : Fen, Bog, and Marsh, Taylor & Francis.

Hawkins, R.H.(1993), Asymptotic determination of runoff curve numbers from data. Journal of Irrigation and Drainage Engineering. Amer Soc Civ Eng. 119(2): 334-3 45.

Hawkins, R.H., Ward, T.J., Woodward, D.E., and Mullem, J.A.V.(Editors) (2009), Curve Number Hydrology : State of the Practice, ASCE.

Hayes, D.F., Olin, T.J., and Fischenics, J.C.(2000), Wetlands Research Program; Wetland Engineering Handbook, US Army Corps of Engineers.

Hjelmfelt, A.T., L.A. Kramer, and R.E. Burwell.(1982), Curve numbers as random variables. Rainfall-Runoff Relationship Resources Publ., Littleton, CO, pp. 365–370.

Hjelmfelt, A.T.(1987), Curve numbers in urban hydrology. Topics in Urban Hydraulics and Hydrology, Proc. XXII Cong., Intr. Assoc. for Hydr. Research, pp. 73–78.

Hjelmfelt, A.T.(1991), Investigation of curve number procedure. J. Hydr. Engr. ASCE. Vol. 117, No. 6, pp. 725–737.

Jensen, M.E., Burman, R.D., Allen, R.G.(1990), Evapotranspiration and irrigation water requirements, ASCE Manual and Report on Engineering Practice No. 70, ASCE, NY, USA.

Kim, B.S., Kim, B.K, and Kim, H.S.(2008), Flood simulation using the gauge-adjusted radar rainfall and physics-based distributed hydrologic model, Hydrological Processes, 22, pp. 4400-4414.

Kim, B.S., Kim, H.S., Seoh, B.H., and Kim, N.W.(2007), Impact of climate change on water resources in Yongdam Dam basin, Korea, Stochastic Environmental Research and Risk Assessment, Vol. 21, No.4, pp. 355-373.

Kim, Sungwon and Kim, Hung Soo(2008), Neural networks and genetic algorithm approach for nonlinear evaporation and evapotranspiration modeling, Journal of Hydrology, Vol. 351, pp 299-317.

Linsley, R.K. and Franzini, J.B.(1979), Water Resources Engineering, 3rd Edition, International Edition, McGraw-Hill, Tokyo.

Linsley, R.K., Kohler, M.A., and Paulhus, J.L.H.(1988), Hydrology for Engineers, SI Metric Edition, McGraw-Hill, New York, NY.

Mansell, M.G.(2003), Rural and Urban Hydrology, Thomas Telford.

Miller, R.E. and Gunsalus, B.E. (1999) Wetland Rapid Assessment Procedure. Technical Publication REG-001, Natural Recource Management Division, Regulation Department, South Florida Water management District, West Palm Beach, Florida.

Mitsch, W.J. and Gosselink, J.G.(2007), Wetlands, 4th Edition, John Wiley & Sons, Inc.

Monteith, J.L.(1965), The state and movement of water in living organism, Proc. Evaporation and Environment 111st Symp. Soc. For Exp. Biol., Swansea, Cambridge Univ. Press, NY, pp 205-234.

Morin, J., Rosenfield, D., and Amitai, E.(1995), Radar Rain Field Evaluation and Possible Use of Its High Temporal and Spatial Resolution for Hydrological Purposes, Journal of Hydrology, 172, pp 275-292.

National Resources Conservation Service(2003), National Engineering Handbook. "Part 630: Hydrology". NRCS, USDA, Washington, DC.

Newson, M.(1994), Hydrology and the River Environment, Clarendon Press, Oxford.

Novitzki, R.P.(1979), Hydrologic Characteristics of Wisconsin's Wetlands and Their Influence on Floods, Streamflow, and Sediment, In P.E. Greeson, J.R. Clark, and J.E. Clark(Editors), Wetland Functions and Values: The State of Our Understanding American Water Resources Association, Minneapolis, MN, pp. 377-388.

Novitzki, R.P.(1982), Hydrology of Wisconsin Wetlands, University of Wisconsin Extension Ceological Natural History Survey Circular 40, University of Wisconsin, Madison.

Nuttle, W.K.(2002), Is ecohydrology one idea or many? Hydrological Sciences Journal, 47, pp. 805-807.

Obeysekera, J.(1991), CWR6525, Dynamic Hydrology, Lecture Note, Florida Atlantic University, USA.

Overton, D.E. and Meadows, M.E.(1976), Stormwater Modeling, Academic Press, New York.

Patra, K.C.(2008), Hydrology and Water Resources Engineering, Second Edition, Alpha Science International Ltd.

Ponce, V.M.(1989), Hydrology-Principles and Practices, Prentice-Hall, Englewood Cliffs, New Jersy.

Probert-Jones, J.R.(1960), Meteorological use of pulsed Doppler radar, Nature, 186, pp. 271-273.

Raghunath, H.M.(1985), Hydrology, John Wiley & Sons.

Ramirez, J.A.(1993), CE522, Engineering Hydrology, Lecture Note, Colorado State University, USA.

Ramirez, J.A.(1993), CE520, Physical Hydrology, Lecture Note, Colorado State University, USA.

Rao, A.R. and Hamed, K.H.(2000), Flood Frequency Analysis, CRC Press.

Rawls, W.J., A. Shalaby, and R.H. McCuen(1981), Evaluation of methods for determining urban run-off curve numbers. Trans. Amer. Soc. Agricul. Eng. 24(6):1562-1566.

Reddy, P.J.R.(2008), Hydrology, University Science Press.

Restrepo, J.(1991), GLY6827, Advanced Hydrogeology, Lecture Note, Florida Atlantic University, USA.

Rosenfield, D., Wolff, D.B., and Atlas, D.(1993), General Probability-Matched Relations between Radar Reflectivity and Rain Rate, Journal of Applied Meteor., 32, pp 50-72.

Rosenfield, D., Wolff, D.B., and Atlas, D.(1994), The Window Probability -Matching Method for Rainfall Measurements with Radar, Journal of Applied Meteor., 33, pp 682-693.

Salas, J.D., Smith, R.A., Tabios III, G.Q., and Heo, J.H.(1993), CE622, Statistical Computer

Techniques in Hydrology and Water Resources, Unpublished Textbook.

Sanchez-Diezma, R., Sempere-Torres, D., Creutin, J.D., Zawadzki, I., and Delrieu, G.(2001), Factors Affecting the Precision of Radar Measurement of Rain : An assessment from an Hydrological Perspective, Preprints, 30th International Conference on Radar Meteorology., American Meteor. Soc., Munich, Germany, pp 573-575.

Sauvageot, H.(1992), Radar Meteorology, Artech House.

Scarlatos, P.(1991), CWR6125, Groundwater Flow, Lecture Note, Florida Atlantic University, USA.

Schulz, E.F.(1973), Problems in Hydrology, Water Resources Publications, Fort Collins, Colorado, USA.

Schwab, G.O., Barnes, K.K., Frevert, R.K., and Edminster, T.W.(1971), Elementary Soil and Water Engineering, 2nd edition, John Wiley & Sons, New York.

Seo, D.J.(1998), Real-time estimation of rainfall fields using radar rainfall and rain gage data, Journal of Hydrology, 208, pp. 37-52.

Smith, J.A., Seo, D.J., Baeck, M.L., and Hudlow, M.D.(1996), An Intercomparison Study of WSR-88D Precipitation Estimates, Water Resources Research, 32(7), pp 2035-2045.

Soil Conservation Service(1985), SCS National Engineering Handbook, US Department of Agriculture, Washington, DC.

Soil Conservation Service(1986), Urban hydology for small watersheds, Tech Release No. 55, SCS, USDA, Washington, D.C.

Subramanya, K.(1994), Engineering Hydrology, Second Edition, McGraw-Hill.

Sutula, M.A., Stein, E.D., Collins, J.N., Elizabeth Fetscher, A., and Clark, R. (2006). A Practical Guide for the Development of a Wetland Assessment Method: The California Experience, Journal of the American Water Resources Association, American Water Resources Association, Vol.42 , Issue 1, pp.157-175.

Tabios III, G.Q. and Salas, J.D.(1985), A Comparative Analysis of Techniques for Spatial Interpolation of Precipitation, Water Resources Bulletin, 21(3), pp. 365-380.

Todd, D.K.(1980), Groundwater Hydrology 2nd Edition, John Wiley & Sons, New York.

United States Department of Agriculture, Forest Service(1959), Section 1 of Handbook on methods of hydrologic analysis, Section 1. Washington, DC.

Van Mullem, J.(1992), Soil moisture and runoff another look. In Irrigation and Drainage, Proc. Water Forum, E.T. Engman, ed, ASCE, NY, pp. 372–377.

Verruijt, A.(1970), Theory of Groundwater Flow, Gordon and Breach Science Publishers.

Vieux, B.E. and Bedient, P.B.(1998), Estimation of Rainfall for Flood Prediction from WSR-88D Reflectivity : A C-88DStudy, 17-18 October 1994, Journal of Weather and Forecasting, 13(2), pp. 407-415.

Vieux, B.E. and Vieux, J.E.(2005), Statistical Evaluation of a Radar Rainfall System for Sewer System Management, J. of Atmospheric Research, 77, pp. 322-336.

Ward, A.D. and Trimble, S.W.(2004), Environmental Hydrology, Second Edition, Lewis Publishers.

Wassen, M.J. and Grootjans, A.P.(1996), Ecohydrology: an interdisciplinary approach for wetland management and restoration, Vegetatio, 126, pp. 1-4.

Weisner, C.J.(1983), Hydrometerology, Chapman & Hall Ltd., London.

Williams, J.(1992), The Weather Book, Vintage Books, A Division of Ranom House, Inc., New York.

Wilson, J. and Brandes, E.(1979), Radar Measurement of Rainfall: A Summary, Bull. Amer. Meteor. Soc., 60, pp. 1048-1058.

Young, D.F. and Carleton, J.N.(2006), Implementation of a probabilistic curve number method in the PRZM runoff model, Environmental Modelling & Software, 21(2006), pp. 1172–1179.

Yuan, P.T.(1933), Logarithmic frequency distribution. Annals of Mathematical Statistics, Vol. 5, pp. 30–74

웹사이트

http://www.cocorahs.org/media/docs/radar_basics.pdf

미국 기상청(National Weather Service) http://www.nws.noaa.gov/

찾아보기

(ㅎ)

(영문)

저 자 소 개

· 김 형 수

- 학력

1979-1983 고려대학교 토목공학과 졸업, 공학사

1983-1985 고려대학교 대학원, 공학석사(수공학)

1991-1992 미국 Florida Atlantic University 대학원, 공학석사(수자원 및 환경)

1993-1997 미국 Colorado State University 대학원, 공학박사(수문학)

- 경력

1988-1988 한국건설기술연구원 연구원

1997-1998 한국건설기술연구원 선임연구원

1998-2003 선문대학교 토목산업환경공학부 조교수

2003-현재 인하대학교 사회기반시스템공학부 교수

- 학회/협회/기타

역임

한국수자원학회 기획이사

한국습지학회 편집위원장/이사

한국물학술단체총연합회 이사

한국방재협회 기술위원장/기획운영위원장

한국방재학회 학술이사

대한토목학회 수공분과/논문편집위원회 간사

중앙건설기술심의위원회 위원

소방방재청 규제심사위원회 위원

인천광역시 지방하천관리위원회 위원

현재

한국습지학회 부회장/이사

한국물포럼 정책위원회 부위원장

한국방재협회 이사

4대강 살리기 자문위원

인천광역시 하천살리기추진단 기획위원장

인천광역시 경제자유구역청 도시경관위원회 위원

지자체 사전재해영향성검토위원회/설계자문위원회 위원

- 저서

습지학원론(공저), 은혜기획, 2000

수리학(공역), 도서출판 동화기술, 2008

- 홈페이지

http://hydroeco.inha.ac.kr

수문학 정가 28,000원

인 쇄 2010년 3월 2일 초판 1쇄
발 행 2012년 3월 10일 2 판 1쇄
저 자 김형수
발행인 정우용
발행처 도서출판 동화기술
경기도 파주시 문발동 파주출판도시 500-13(광인사길 201)
Tel (031)955-4211~6 donghwae@kornet.net
Fax (031)955-4217 www.donghwapub.co.kr
(등록) 1977년 12월 19일/9-16호

Printed in Korea
ISBN 978-89-425-1676-6